核辐射测量原理

（第2版）

汤　彬　葛良全　方　方
刘义保　赖万昌　周四春　编著

哈尔滨工程大学出版社
Harbin Engineering University Press

内容简介

本教材着重阐述原子与原子核基本知识，核素衰变规律，常见放射性射线的产生机理、探测原理与测量装置及其与物质相互作用的基本原理和作用方式，核辐射测量数据与物质的关系和基本方程。本教材主要内容包括：核辐射基础知识，射线与物质的相互作用，核辐射测量中统计学与误差预测，α、β、γ射线测量方法，中子测量方法，辐射防护与辐射剂量测量方法等。

本教材第1版填补了我国核工程类本科专业教材的空白，被国内10余所高校使用了10余年；第2版在第1版的基础上更正了不规范用词、不准确数据等问题，实用性更强，与核辐射测量方法、技术及应用领域的发展趋势更相适应，名词术语规范化及标准化程度更高，能更好地服务于人才培养，并满足最新教学内容的需求。

本教材可作为高等学校核工程与核技术、辐射防护与核安全、核化工与核燃料工程等核工程类本科专业学生的教材和相关硕士专业研究生的教学参考书，也可供相关领域的科研人员和工程技术人员参考。

图书在版编目(CIP)数据

核辐射测量原理 / 汤彬等编著. —2版. —哈尔滨：哈尔滨工程大学出版社，2022.2(2025.1重印)
ISBN 978-7-5661-3421-9

Ⅰ.①核… Ⅱ.①汤… Ⅲ.①辐射探测-高等学校-教材 Ⅳ.①TL81

中国版本图书馆CIP数据核字(2022)第033452号

核辐射测量原理(第2版)
HE FUSHE CELIANG YUANLI(DI 2 BAN)

选题策划 石 岭
责任编辑 张 昕
封面设计 李海波

出版发行 哈尔滨工程大学出版社
社　　址 哈尔滨市南岗区南通大街145号
邮政编码 150001
发行电话 0451-82519328
传　　真 0451-82519699
经　　销 新华书店
印　　刷 哈尔滨午阳印刷有限公司
开　　本 787 mm×1 092 mm 1/16
印　　张 25.75
字　　数 659千字
版　　次 2022年2月第2版
印　　次 2025年1月第3次印刷
定　　价 70.00元
http://www.hrbeupress.com
E-mail:heupress@hrbeu.edu.cn

序

核工业肩负我国核能技术研发、核技术应用、核武器及核装置研制等使命，是大国地位、综合国力和战略性产业发展的象征。核工业的发展对增强国防力量、保卫祖国安全、建设国家完整工业体系和国民经济体系具有重要意义。核工业与核技术的发展离不开核辐射探测与测量，因此在高等教育中建立核辐射探测与测量方面的本科教材体系十分必要。

我国早期的核科学技术类学科专业布局紧密贴合核工业和国防科技事业发展需要。党的十一届三中全会召开后，为适应国家经济建设和改革开放发展步伐，教育部以拓宽基础、合理归类、合并专业为目标，先后进行了四次专业目录调整。这一过程涉及核工业的铀矿地质与勘探、铀矿采冶、放射医学等多个本科专业，或打散或合并到其他专业类别。至1998年第三次专业调整，专业目录中仅剩核工程与核技术(080502)一个本科专业，且设置在能源动力类专业类别(0805)中。为使核科学技术学科专业的国防特色"不褪色"，2007年国家国防科技工业委员会(现国防科技工业局)组织遴选并资助了一批"十一五"国防特色规划教材，由汤彬教授提出申请的《核辐射测量原理》本科教材获得该项资助，并由6名作者共同编著，于2011年正式出版。该教材现已被国内10余所高校的核科学技术类本科专业教学使用了10余年。

在该教材出版前后，我国核科学技术类本科专业发生了很大变化，部分涉核高校逐步突破了教育部的专业目录限制，申请并设立了多个"国控专业"和个别目录外专业；在2012年的第四次专业目录调整中，教育部发布的专业目录再次独立设立核工程类专业类别(0822，归属工学学科门类)，包括核工程与核技术(082201)、辐射防护与核安全(082202)、工程物理(082203)、核化工与核燃料工程(082204)等四个本科专业；同时，该专业目录中还出现了核物理专业(070203，归属理学学科门类的物理学类专业类别0702)，放射医学专业(100206TK，归属医学学科门类的临床医学类专业类别1002)等。

与10年前相比，我国主办核工程类本科专业的高校新增了10余所。据教育部核工程类专业教学指导委员会的最新统计，目前我国开设的核工程类本科专业有48个，分布在17个省市的32所高校，相应地，有在校本科生约12 000名，每年约有3 000名毕业生；对应硕士、博士学位研究生教育的一级学科为核科学与技术(包括四个二级学科)，每年约有500名硕士研究生和300名博士研究生毕业。

"核辐射测量原理"是核科学技术类本科专业的一门重要专业基础课程，为适应我国本科专业教学用书和研究生教学参考书的发展需求，特别是核辐射测量新方法、新技术不断涌现，新应用不断扩展，部分名词术语更新，规范性和标准化不断加强，第1版教材介绍的核辐射探测器也有部分被淘汰，需要更正相应的用词和数据。汤彬教授等原作者本着奉献核科学与技术事业的朴素情怀，以及怀抱"为党育人、为国育才"的崇高理想，决定对《核辐射测量原理》进行再版,并在再版过程中吸纳了多名年轻教师参与相应章节的编著工作,这对核事业传承具有积极作用。

相信《核辐射测量原理》的再版对我国核科学技术类学科专业的高质量发展、人才培养起到积极的促进作用。特作此序,并对该教材再版表示热烈祝贺。

中国工程院院士

2021 年 12 月 30 日

第2版前言

为适应我国核科学技术类学科专业人才培养的迫切需求,“十一五”期间,国家国防科技工业委员会(现国防科技工业局,简称国防科工局)组织遴选并立项资助了一批国防规划教材(国防特色教材)出版,这些教材已由国防科工局所属五家高校出版社联合出版。当时核辐射测量类教材严重短缺,由汤彬提出申请并联合5位作者共同编著的《核辐射测量原理》本科教材获得资助,于2011年8月由哈尔滨工程大学出版社正式出版。

10余年来,核辐射测量方法与技术取得了长足进步,应用领域进一步扩展,名词术语规范化及标准化程度更加完善。因此,此次本教材再版,一方面更正了书中的不规范用词、不准确数据和个别笔误等问题,另一方面删除或更新了一些已过时的教学内容,使其更好地服务于人才培养和满足最新的教学需求。

本次再版所修订的主要内容为:第2章更新了贝特(Bethe)公式和两种能量损失率之比的表达式,修正了相关图表中符号的表示方法;第4章增加了溴化铈、硅漂移(SDD)等探测器相关内容,更新了常见闪烁体探测器的主要物理性能表;第5章修改了测氡方法应用于油气田勘查的相关机理;第6章采用HPGe探测器替代已逐步淘汰的Ge(Li)探测器进行γ能谱性能与谱线分析,增加了最新的γ能谱测量应用介绍,更新了相关测量数据和图表;第7章增加了利用X射线荧光光谱技术检测土壤和水溶液中重金属的方法;第8章增加了散裂中子源简介,补充了$^{155,157}Gd(n,\gamma)$核反应的数据,更新了中子测井等部分内容;第9章修正了剂量当量的表述及其相关公式,增加了当量剂量的表述,修改了个体在不同发育阶段的辐射敏感性表述;附录中增加了元素特征X射线参数表。

再版教材的第1章、第3章、第8章、第9章及附录由汤彬主持修编,张焱参加了第1章、第3章的修编工作,张雄杰参加了第8章、第9章的修编工作,伍义远参加了附录的修编工作;第2章由刘义保主持修编,魏强林参加了该章的修编工作;第4章由赖万昌主持修编,王广西参加了该章的修编工作;第5章由方方主持修编,张庆贤参加了该章的修编工作;第6章由葛良全主持修编,谷懿参加了该章的修编工作;第7章由周四春主持修编,李飞参加了该章的修编工作;邹继军、张怀强负责组织修编讨论和出版联络等工作。

本教材再版之际,衷心感谢国防科工局、东华理工大学、成都理工大学、哈尔滨工程大学出版社的大力支持!同时,特别感谢本教材所参阅的论文、论著作者,以及进行整理书稿等修编工作的相关老师。

本教材的课堂教学课时以45~60学时为宜,其中带“*”章节为可选课堂教学内容,另需要安排20~30学时的实验教学内容。

此外,为方便读者查阅资料,本教材提供了以下网址:

http://www.ortec.com

http://www.canberra.com

http://www.amptek.com

http://www.ketek.net

http://www.bhphoton.com

http://www.moxtek.com

http://www.nuclear.csdb.cn/endf/CENDL/

http://www.nuclear.csdb.cn/endf.html

由于编著者水平有限,书中难免存在错误和不足之处,恳请读者批评指正。

编著者

2021 年 12 月于南昌、成都

第1版前言

近十余年来，核辐射测量原理及应用方面的教材一直处于短缺状态，为适应新世纪培养核科学技术类本科专业人才的需要，经原国家国防科技工业委员会(现国家国防科技工业局)立项资助了一批国防规划教材，本教材属其中之一。

本教材适应于核工程与核技术、核技术、辐射防护与环境工程等本科专业的教学，也可作为相关专业硕士研究生的教学参考书。全书分为九章，其中第1章、第3章、第8章、第9章由汤彬负责编著，第2章由刘义保负责编著，第4章由赖万昌负责编著，第5章由方方负责编著，第6章由葛良全负责编著，第7章由周四春负责编著。参与本教材部分章节编著和书稿整理工作的还有杨磊、覃国秀、吴和喜、刘玉娟等同志。本教材由汤彬、葛良全按章节分别进行统稿和定稿。本教材由程业勋教授、刘庆成教授负责审稿。

在国家国防科技工业局、东华理工大学、成都理工大学、哈尔滨工程大学出版社的大力支持下，编著者经过两年多断断续续的编著工作，终于完稿并出版，在此对为本教材付出辛勤劳动的各位同仁和相关单位表示衷心的感谢！同时对被本教材所引用和参阅的论著作者表示衷心的感谢！

本教材的课堂教学以45~60学时为宜(其中带“*”为可选课堂教学内容，另需要安排20~30学时的实验教学内容)。由于编著者水平有限，加之时间仓促，书中难免有不当与错误之处，恳请读者批评指正！

联系方式:TangBin@ ecit. edu. cn

编著者

2010年6月于江西抚州

目　录

第1章　核辐射基础知识

1.1　原子与原子核

1.1.1　原子与原子核模型

自然界由各种各样的物质组成，尽管物质种类繁多、形态各异，但所有这些物质都是由存在于自然界中的90多种元素的原子所组成。例如，水（H_2O）由两个氢原子和一个氧原子组成；乙醇（C_2H_5OH）由六个氢原子、两个碳原子和一个氧原子组成。各种元素的原子具有不同的质量和性质，但它们的原子结构却又十分相似。

1. 原子模型和原子结构

1911年卢瑟福（Rutherford）在观察天然放射性物质放出的α射线穿透金箔时，发现大部分α粒子能够径直穿透金箔，但也有个别α粒子以很大的角度被散射，极个别的α粒子像碰到了东西似的，按原路弹回，如图1.1所示。

卢瑟福认为被散射或被弹回的α粒子，在前进的路线上碰到了一个带正电、很重而且很小的东西，即存在原子的核心，这就是著名的卢瑟福α粒子散射实验。在解释实验现象的基础上，他提出了原子结构模型，即原子中带正电的部分是原子的核心部分（即原子核），电子绕着核心运动。原子核集中了原子的全部正电荷和99.95%以上的质量。原子核的直径为$10^{-15}\sim10^{-14}$ m，约为原子线度的1/10 000。1913年玻尔（Bohr）进一步提出了带正电的原子核和带负电的轨道电子的玻尔原子结构模型（图1.2），其中带负电的轨道电子围绕着带正电的原子核在不同的轨道上高速运行，分别对应于太阳系中的太阳和行星。

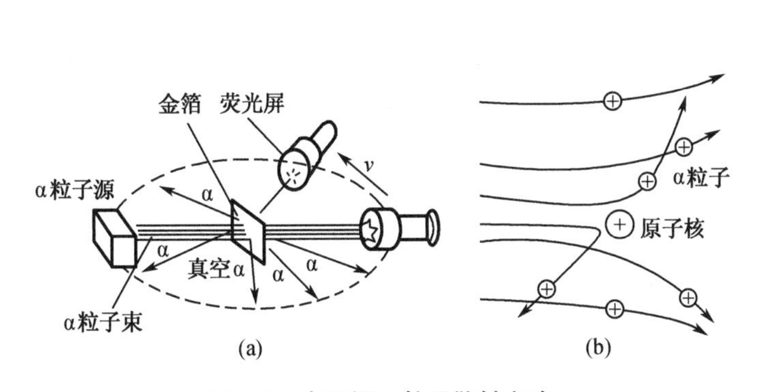

图1.1　卢瑟福α粒子散射实验

（包括径直穿过、小角度散射、大角度散射、正面碰撞）

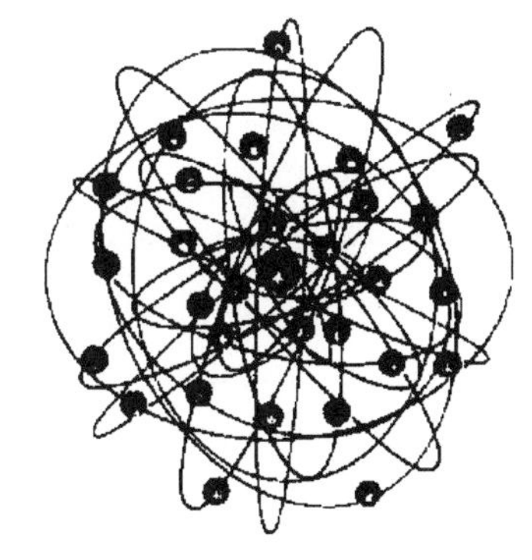

图1.2　玻尔原子结构模型示意图

（其中原子核带正电、轨道电子带负电）

对某种原子而言，其电子从一个轨道跃迁到另一个轨道，所放射出的电磁波的波长λ具有固定值，即

$$\lambda = \frac{hc}{E_2 - E_1} = \frac{(6.6 \times 10^{-34}\ \text{J}\cdot\text{s})\cdot(3.0 \times 10^{10}\ \text{cm}\cdot\text{s}^{-1})}{(E_2 - E_1)\cdot(1.6 \times 10^{-19}\ \text{J})} \approx \frac{12\ 345}{E_2 - E_1} \times 10^{-8}\ \text{cm} \quad (1.1)$$

式中　$E_2 - E_1$——两个轨道之间的能量差,单位为 J,通常还采用 eV 为单位,表示电子通过电位差为 1 V 的电场时所获得的能量;

h——普朗克(Planck)常量,其值为 6.6×10^{-34} J·s;

c——光速,其值为 $c = 3.0 \times 10^{8}$ m·s^{-1};

λ——光的波长(波长 λ 与振动频率 ν 的关系为 $\nu = c/\lambda$)。

为便于记忆,这里将式(1.1)中原有的 12 375 用 12 345 代替。因电子带一个单位的负电荷(记为电子电量 e,且 1 $e = 1.6 \times 10^{-19}$ C),按 1 $e = 1.6 \times 10^{-19}$ C,1 V = 1 J·C^{-1}进行单位换算,求得 1 eV = 1.6×10^{-19} J。玻尔采用该模型很好地解释了当时所测得的氢原子光谱,他的观点包括以下内容:

(1)原子内的电子与原子核保持一定的距离,并在某些特定的轨道上运动。各轨道上运动的电子具有一定的能量(动能和势能),离核越远其能量越大,离核越近则能量越小。

(2)在轨道上运动的电子不发射电磁波(光),仅当外层电子跃迁到内层空位时才发射电磁波(光),其能量为两个轨道的能量差,即 $E_2 - E_1$。内层电子也可吸引外来能量并跃迁到外层轨道(称为激发),当激发能很大时,可使轨道电子脱离原子核吸引而自由运动(称为电离)。

(3)由于光辐射是以光量子形式进行的,其能量 E 为

$$E = E_2 - E_1 = hc/\lambda \quad 或 \quad E = E_2 - E_1 = h\nu \quad (1.2)$$

以上就是玻尔根据电磁理论和量子理论提出的原子结构模型以及理论解释。玻尔理论尽管有不完善的地方,但仍被广大科学家所认同,因此吸引了不少人去探求原子核的组成。1932 年查德威克发现了中子,推动了人们对原子核结构的进一步认识,并发现原子核是由带正电的质子和不带电的中子组成。原子核内的质子和中子统称为核子。在原子核内,一定条件下的中子可以转变成质子,质子也可以转变成中子,它们之间的相互转变可用下式表示:

$$\text{n} \rightarrow \text{p} + \text{e}^- \quad 或 \quad \text{p} \rightarrow \text{n} + \text{e}^+ \quad (1.3)$$

式中　n——中子;

p——质子;

e^-——负电子;

e^+——正电子。

2. 原子核结构和原子核基本特性

原子很小,经测定其直径为 10^{-8} cm;原子核更小,直径仅为 $10^{-13} \sim 10^{-12}$ cm。原子的质量也很小,为 $10^{-24} \sim 10^{-22}$ g。例如,氢为最轻的元素,其原子质量只有 $1.673\ 6 \times 10^{-24}$ g,铀为自然界中能够找到的最重的元素,其原子质量也只有 $3.951\ 0 \times 10^{-24}$ g。通常,原子质量采用 ${}^{12}_{6}\text{C}$ 原子质量的 1/12 来表示,称为原子质量单位(记为 u)。经测定:1 u = $1.660\ 57 \times 10^{-24}$ g,由此得出质子、中子和电子的质量分别为:$m_{\text{p}} = 1.007\ 276$ u,$m_{\text{n}} = 1.008\ 665$ u,$m_{\text{e}} = 0.000\ 549$ u。

如果原子核由 Z 个质子(即原子序数为 Z)和 N 个中子组成,则该原子核的质量为全部核子(质子、中子)的质量之和,即 $m = Z \cdot m_{\text{p}} + N \cdot m_{\text{n}}$。因 m_{p} 和 m_{n} 均接近 1 u,当以 u 为单位时,该核的质量非常接近一个整数。如果采用 A 表示原子核质量最接近的那个整数,并称之为质量数,则 $A = Z + N$。元素及其原子核的常见表示方式列于表 1.1 中。

表 1.1 元素及其原子核的常见表示方式

元素名称			氢	氘	氚	氦	元素 X
元素符号			H	D 或 d	T 或 t	He	X
原子核名称	中子	质子	氢核	氘核	氚核	氦核	X 核
原子核符号	n	p	H	D 或 d	T 或 t	α 或 He	X
质子数 Z	0	1	1	1	1	2	Z
中子数 N	1	0	0	1	2	2	N
质量数 A	1	1	1	2	3	4	A
核素符号	${}_0^1n$	${}_1^1p$	${}_1^1H$	${}_1^2H$	${}_1^3H$	${}_2^4He$	${}_Z^AX$

1.1.2 核力、原子核的结合能和放射性核素

1. 核力和原子核的稳定性

原子核由中子和质子组成,是什么力将这些核子约束在原子核内呢?目前公认的说法是原子核内核子间存在核力,它是中子与中子、中子与质子以及质子与质子间的相互吸引力,正是核力的存在使核子紧密地聚集在一起(各核子间具有相同的核力)。原子核内的质子与质子间还存在服从库仑定律的静电斥力,使核倾向于分裂。此外,原子核内核子间还存在万有引力以及对 β 衰变一类变化起作用的弱力。

在核物理中,常常用“相互作用”这个术语代替力,核子的结合被归于强相互作用。原子核中呈现的力,无论是强相互作用还是弱相互作用,都随距离的增加而迅速减小。表 1.2 列出了上述几种相互作用的相对强度和力程。由表 1.2 可知,原子核内核子间的核力很强,所以原子核是一个结合得很紧密的实体。但是,由于核力的力程(相互作用的距离)很短,在 10^{-13} cm 以内,核子只能与相邻的核子相互吸引;而静电斥力是长程力,核内所有的质子之间都有静电斥力。所以,随着原子序数的增加,静电斥力的增加要快于核力的增加,静电斥力与质子对之间键的数目成正比,而质子间键的数目等于 $Z(Z-1)/2$,这意味着质子间静电斥力近似正比于质子数目的平方。

表 1.2 相互作用的相对强度和力程

相互作用类型	强	电磁	弱	万有引力
在其中起重要作用的过程或体系	核子结合成原子核	γ 衰变、电子与原子核结合	β 衰变	太阳系
相对强度	1	10^{-2}	10^{-13}	10^{-38}
力程/cm	10^{-13}	无限	$<10^{-13}$	无限

然而,核子间的强相互作用只涉及相邻的核子,例如在一个中等大小的原子核内增加一个中子,该原子核中的大多数核子将不受它的影响,也不因它的加入而结合得更紧密。尽管如此,由于轻的和中等大小的原子核相互作用比电磁相互作用(静电斥力属于这一类)强 100 倍,故轻的和中等大小的原子核是非常稳定的。对于较重的原子核,由于质子数的增加,核内静电斥力迅速增加,这时要使原子核保持稳定就要求核内有更多的中子,即通过增加核内的中

子数来增加核力,以维持原子核的稳定。所以,当原子核的 Z 增大时,核内中子数与质子数的比值也增大。对于轻核存在 $N:Z\approx1$;当 $Z>20$ 时存在 $N:Z>1$。不过,对于铅以后的原子核,虽然 $N:Z\geqslant1.5$,但由于核内静电斥力迅速增加,原子核仍不稳定,因此形成了许多天然放射性核素。

放射性核素总是能自发地从原子核内释放出某种粒子(如α、β、γ等),并使原子核结构和能量发生变化而趋于稳定,这种现象称为核衰变,也称为放射性衰变。

2. 原子核的结合能

任一原子核 ^A_ZX 是由 Z 个质子与 $A-Z$ 个中子组成的,该原子核质量应等于 Z 个质子与 $A-Z$ 个中子的质量之和,但实际并非如此。例如:氦原子的质量 $m_{\text{He}}=4.002\ 603\ \text{u}$,如果忽略电子的结合能,则氦原子核的质量 $m_{\text{He}}-2\times m_{\text{e}}=4.002\ 603\ \text{u}-2\times0.000\ 549\ \text{u}=4.001\ 505\ \text{u}$;而两个质子与两个中子质量之和为 $2\times1.007\ 276\ \text{u}+2\times1.008\ 665\ \text{u}=4.031\ 882\ \text{u}$。它比氦原子核的质量要大,其差额为 $\Delta m=4.031\ 882\ \text{u}-4.001\ 505\ \text{u}=0.030\ 377\ \text{u}$,即由两个质子和两个中子结合成氦原子核时,质量少了 Δm,该减少的质量称为质量亏损。

科学家在研究原子核的质量时,发现由单个质子和中子结合成任何原子核时,都有质量亏损,这种现象可以用爱因斯坦的质能关系定律 $E=mc^2$(E 是原子核的总能量,m 是原子核的总质量,c 是光速)来解释。显然,如果某原子核的质量为 m,则它具有的能量为 $E=mc^2$,当它的质量改变了 Δm 时,则它具有的能量也将有相应的改变,即

$$\Delta E = \Delta mc^2 \tag{1.4}$$

反之,如果能量有 ΔE 的改变,也必然伴随着一定的质量改变,即

$$\Delta m = \Delta E/c^2 \tag{1.5}$$

当单个质子和中子相距很近时,由于核子间强烈的吸引作用,会使一定数量的质子和中子结合成一个紧密的原子核,并向外释放能量。由于核子总能量的减少,按照质能关系定律,核子的总质量也将相应减少,这样原子核的质量就比结合前的单个核子质量的总和要小,这就产生了质量亏损。

如果将核子结合成原子核时所释放的能量称为结合能,并将原子核分成单个核子所要消耗的能量称为分离能,则结合能和分离能在数值上是相等的。原子核的结合能是和它的质量亏损相对应的,根据质能关系定律,从质量亏损可求出结合能。

通常,原子的质量能够在实验中测定,而原子核的质量却难以测定。为方便计算,往往用原子的质量代替原子核的质量,用氢原子的质量代替质子质量,则质量亏损为

$$\Delta m = Zm_{\text{H}} + (A-Z)m_{\text{n}} - m_{\text{x}} \tag{1.6}$$

相应的结合能 E_{B} 为

$$E_{\text{B}} = \Delta mc^2 = [Zm_{\text{H}} + (A-Z)m_{\text{n}} - m_{\text{x}}]c^2 \tag{1.7}$$

在核物理中,能量单位常用 eV、质量单位常用 u,根据 $1\ \text{u}=1.660\ 57\times10^{-24}\ \text{g}$ 的关系,可按式(1.7)进行换算,得出 1 u 质量所具有的能量为 931 MeV(请读者自己换算),即

$$E_{\text{B}} = 931\Delta m \quad (\text{MeV}) \tag{1.8}$$

例如,当两个质子和两个中子结合成一个氦核时,其质量亏损为 $\Delta m=0.030\ 377\ \text{u}$,按上式求得其结合能为 $E_{\text{B}}\approx28.28\ \text{MeV}$。结合能 E_{B} 是 Z 个质子和 $A-Z$ 个中子结合成原子核时所释放的总能量,如果将结合能平均到原子核内的每个核子,并称其为比结合能 E_{b},则

$$E_b = E_B/A \tag{1.9}$$

比结合能是描述原子核性质的一个重要物理量，比结合能大的原子核结合得更紧密，该原子核就更稳定。由式(1.9)得到氦核的比结合能为 $E_b = 28.28/4 = 7.07$ MeV，同理氘核的比结合能为 1.11 MeV，这表明氦核比氘核的结合要紧密得多，氦核更稳定。表 1.3 列出了部分核素原子质量和比结合能之间的关系，可将该计算结果与质量数的关系绘制于图 1.3 中。

表 1.3 核素原子质量和比结合能之间的关系

核素	原子质量 /u	结合能 /MeV	比结合能 /MeV	核素	原子质量 /u	结合能 /MeV	比结合能 /MeV
e	0.000 549			^{85}Kr	84.912 523	739.387	8.69
p	1.007 277			^{90}Sr	89.907 747	782.628	8.69
n	1.008 665			^{95}Zr	94.908 035	821.152	8.64
$^{1}_{1}H$	1.007 825			^{130}I	129.920 915	1 094.747	8.42
$^{2}_{1}H$	2.014 102	2.225	1.11	$^{232}_{90}Th$	232.038 097 9	1 766.683	7.61
$^{3}_{2}He$	3.016 050	8.482	2.83	$^{233}_{92}U$	233.039 654	1 771.723	7.60
$^{4}_{2}He$	4.002 603	28.288	7.07	$^{235}_{92}U$	235.043 943	1 783.871	7.59
$^{6}_{3}Li$	6.015 124	31.993	5.33	$^{238}_{92}U$	238.050 819	1 801.680	7.57
$^{7}_{3}Li$	7.016 004	39.245	5.61	$^{239}_{94}Pu$	239.052 175	1 806.924	7.56

比结合能以质量数最小的原子核为最低，并随原子核质量数的增加而迅速增大。但原子核的质量数增至 40 ~ 120 时，比结合能接近最大值 8.5 MeV，然后随着质量数的增加而缓慢下降，铀核 $^{235}_{92}U$ 的比结合能下降为 7.5 MeV。

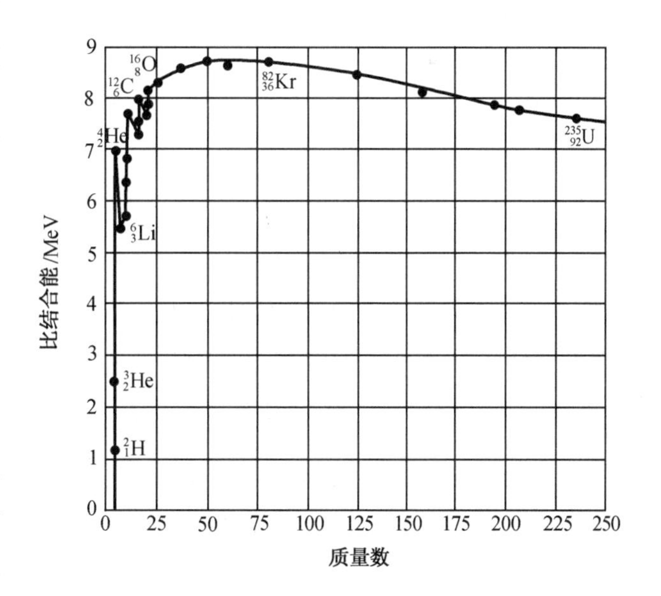

图 1.3 核素原子质量和比结合能之间的关系图

若将 $^{235}_{92}U$ 吸收 1 个中子变成复合核 $^{236}_{92}U$，再按质量数为 236 的重原子核分裂成质量数为 118 的两个中等原子核时，则它们的比结合能之差为 1 MeV(即比结合能从 7.5 MeV 增至 8.5 MeV)。亦即具有 236 个核子的重核分裂成两个具有 118 个核子的中等核时，分裂过程所要释放的能量为 236 MeV，这就是制造裂变反应堆以及原子弹的理论根据。

同理，如果将两个质量数低的轻原子核结合为一个较重的原子核，它们的比结合能也要增加,如两个氘核($^{2}_{1}H$)结合成一个氦核($^{4}_{2}He$)时,平均每个核子将增加6 MeV的能量。相比重核分裂,这种情况下平均每个核子增加的能量更高,这就是制造热核反应堆以及氢弹的理论根据。

3. 同位素、同质异能素和放射性核素

两个原子核的质量数 A 和原子序数 Z 都相同,并且它们处于相同的核能态时,称它们为同一种核素,例如核素 $^{235}_{92}U$ 就是所有 $^{235}_{92}U$ 原子核的总称。

原子序数相同,而质量数不同的核素互为同位素,如氕($^{1}_{1}H$)、氘($^{2}_{1}H$)和氚($^{3}_{1}H$)的原子序数 Z 都为1,但质量数 A 分别为1,2,3,则 $^{1}_{1}H$、$^{2}_{1}H$ 和 $^{3}_{1}H$ 三种核素都为氢的同位素。

原子序数和质量数都相同的原子核处于不同核能态的一类核素称为同质异能素,如 $^{99m}_{43}Tc$ 和 $^{99}_{43}Tc$ 为锝的同质异能素。

现在,世界上已发现的元素有111种,核素有2 000多种,其中的稳定核素有300种左右(如 ^{31}P、^{32}S 等),其余的核素都是放射性核素(如 ^{131}I、^{32}P 等)。

由于中子和质子的质量均近似为1 u,故任何原子的质量也应该接近为1 u的整数倍。但是,一种元素的相对原子质量(又称平均质量数)却与整数有较大偏离,如氯的相对原子质量为35.45,铜的相对原子质量为63.54……当然,原子内存在的质子或中子不会为半个,出现该现象的原因是自然界中的氯有两种稳定同位素 $^{35}_{17}Cl$ 和 $^{37}_{17}Cl$,前者和后者所占比例分别为75.4%和24.6%,故自然界中氯的相对原子质量为 $A = 35 \times 75.4\% + 37 \times 24.6\% = 35.49$。

现已证实:自然界的元素,实际上是它的全部同位素按一定比例组成的混合体,例如氖是三种同位素(^{24}Ne、^{21}Ne、^{22}Ne)按90.48%、0.27%和9.25%的比例混合组成,而且不管在什么地方,用什么方法得到的自然界中的氖,这三种氖的同位素的百分比是不变的,故称某种同位素所占的百分比为该同位素的丰度。

1.1.3 核外电子与元素周期表、能级与能谱

1. 核外电子与元素周期表

原子核带正电,核外电子(又称轨道电子)带负电,它们之间存在静电吸引力,通过这种引力使电子束缚于原子内,并绕原子核运动。绕核运行的轨道电子严格遵循一定的规律,每一个电子除绕自身的轴旋转外,还按一定的轨道绕原子核旋转,这些轨道按能量的高低,分别属于不同的壳层。每个电子壳层用主量子数 n 表示($n = 1,2,3,4,\cdots$),如图1.4所示,n 越大,表示电子壳层离核越远,电子与原子核结合得越弱(即核对轨道电子的束缚力越弱)。最靠近核的电子壳层称为K层($n = 1$),可容纳的电子数为2个(即 $2n^2$ 个电子);从该核往外计算的第二层称为L层($n = 2$),可容纳电子数 $2 \times 2^2 = 8$ 个电子;第三层称为M层($n = 3$),可容纳 $2 \times 3^2 = 18$ 个电子;再向外是N层,可容纳32个电子……

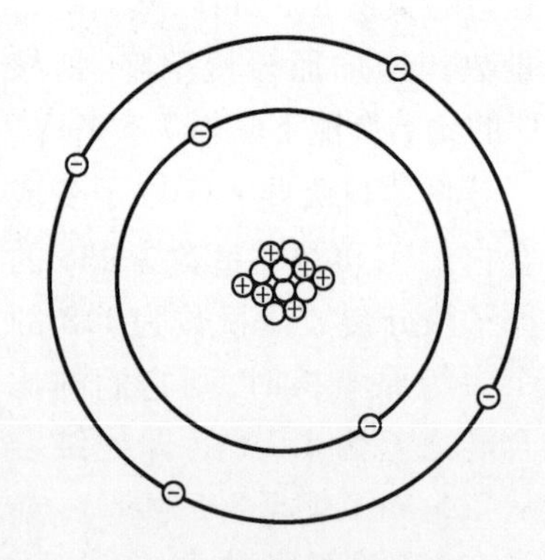

图1.4 电子壳层模型与核外电子分布

人们还发现,电子壳层与元素所在的周期有内在联系,即各电子壳层所容纳的电子数与周

期系的周期长度相一致。第 1 周期有 2 个元素；第 2、第 3 周期各有 8 个元素；第 4、第 5 周期各有 18 个元素；第 6、第 7 周期各有 32 个元素，元素周期表如图 1.5 所示。由于原子核内的质子数等于绕核运行的轨道电子数，故整个原子呈电中性，故元素的化学性质与原子核的质子数有关，而元素的化学变化只和最外层的电子数有关。

元素周期表

原子序数 —— 92 U —— 元素符号，红色指放射性元素
元素名称注*的是人造元素 —— 铀
$5f^3 6d^1 7s^2$ —— 价层电子排布，括号指向可能的电子排布
238.0 —— 相对原子质量（加括号的数据为该放射性元素半衰期最长同位素的质量数）

非金属元素　金属元素　过渡元素　稀有气体元素

周期	IA 1	IIA 2	IIIB 3	IVB 4	VB 5	VIB 6	VIIB 7	VIII 8	VIII 9	VIII 10	IB 11	IIB 12	IIIA 13	IVA 14	VA 15	VIA 16	VIIA 17	0 18	电子层	0族电子数
1	1 H 氢 $1s^1$ 1.008																	2 He 氦 $1s^2$ 4.003	K	2
2	3 Li 锂 $2s^1$ 6.941	4 Be 铍 $2s^2$ 9.012											5 B 硼 $2s^2 2p^1$ 10.81	6 C 碳 $2s^2 2p^2$ 12.01	7 N 氮 $2s^2 2p^3$ 14.01	8 O 氧 $2s^2 2p^4$ 16.00	9 F 氟 $2s^2 2p^5$ 19.00	10 Ne 氖 $2s^2 2p^6$ 20.18	L K	8 2
3	11 Na 钠 $3s^1$ 22.99	12 Mg 镁 $3s^2$ 24.31											13 Al 铝 $3s^2 3p^1$ 26.98	14 Si 硅 $3s^2 3p^2$ 28.09	15 P 磷 $3s^2 3p^3$ 30.97	16 S 硫 $3s^2 3p^4$ 32.06	17 Cl 氯 $3s^2 3p^5$ 35.45	18 Ar 氩 $3s^2 3p^6$ 39.95	M L K	8 8 2
4	19 K 钾 $4s^1$ 39.10	20 Ca 钙 $4s^2$ 40.08	21 Sc 钪 $3d^1 4s^2$ 44.96	22 Ti 钛 $3d^2 4s^2$ 47.87	23 V 钒 $3d^3 4s^2$ 50.94	24 Cr 铬 $3d^5 4s^1$ 52.00	25 Mn 锰 $3d^5 4s^2$ 54.94	26 Fe 铁 $3d^6 4s^2$ 55.85	27 Co 钴 $3d^7 4s^2$ 58.93	28 Ni 镍 $3d^8 4s^2$ 58.69	29 Cu 铜 $3d^{10} 4s^1$ 63.55	30 Zn 锌 $3d^{10} 4s^2$ 65.38	31 Ga 镓 $4s^2 4p^1$ 69.72	32 Ge 锗 $4s^2 4p^2$ 72.63	33 As 砷 $4s^2 4p^3$ 74.92	34 Se 硒 $4s^2 4p^4$ 78.96	35 Br 溴 $4s^2 4p^5$ 79.90	36 Kr 氪 $4s^2 4p^6$ 83.80	N M L K	8 18 8 2
5	37 Rb 铷 $5s^1$ 85.47	38 Sr 锶 $5s^2$ 87.62	39 Y 钇 $4d^1 5s^2$ 88.91	40 Zr 锆 $4d^2 5s^2$ 91.22	41 Nb 铌 $4d^4 5s^1$ 92.91	42 Mo 钼 $4d^5 5s^1$ 95.96	43 Tc 锝 $4d^5 5s^2$ [98]	44 Ru 钌 $4d^7 5s^1$ 101.1	45 Rh 铑 $4d^8 5s^1$ 102.9	46 Pd 钯 $4d^{10}$ 106.4	47 Ag 银 $4d^{10} 5s^1$ 107.9	48 Cd 镉 $4d^{10} 5s^2$ 112.4	49 In 铟 $5s^2 5p^1$ 114.8	50 Sn 锡 $5s^2 5p^2$ 118.7	51 Sb 锑 $5s^2 5p^3$ 121.8	52 Te 碲 $5s^2 5p^4$ 127.6	53 I 碘 $5s^2 5p^5$ 126.9	54 Xe 氙 $5s^2 5p^6$ 131.3	O N M L K	8 18 18 8 2
6	55 Cs 铯 $6s^1$ 132.9	56 Ba 钡 $6s^2$ 137.3	57~71 La~Lu 镧系	72 Hf 铪 $5d^2 6s^2$ 178.5	73 Ta 钽 $5d^3 6s^2$ 180.9	74 W 钨 $5d^4 6s^2$ 183.8	75 Re 铼 $5d^5 6s^2$ 186.2	76 Os 锇 $5d^6 6s^2$ 190.2	77 Ir 铱 $5d^7 6s^2$ 192.2	78 Pt 铂 $5d^9 6s^1$ 195.1	79 Au 金 $5d^{10} 6s^1$ 197.0	80 Hg 汞 $5d^{10} 6s^2$ 200.6	81 Tl 铊 $6s^2 6p^1$ 204.4	82 Pb 铅 $6s^2 6p^2$ 207.2	83 Bi 铋 $6s^2 6p^3$ 209.0	84 Po 钋 $6s^2 6p^4$ [209]	85 At 砹 $6s^2 6p^5$ [210]	86 Rn 氡 $6s^2 6p^6$ [222]	P O N M L K	8 18 32 18 8 2
7	87 Fr 钫 $7s^1$ [223]	88 Ra 镭 $7s^2$ [226]	89~103 Ac~Lr 锕系	104 Rf 𬬻 * $(6d^2 7s^2)$ [265]	105 Db 𬭊 * $(6d^3 7s^2)$ [268]	106 Sg 𬭳 * [271]	107 Bh 𬭛 * [270]	108 Hs 𬭶 * [277]	109 Mt 鿏 * [276]	110 Ds 𫟼 * [281]	111 Rg 𬬭 * [280]	112 Cn 鿔 * [285]	113 Nh 鿭 * [284]	114 Fl 𫓧 * [289]	115 Mc 镆 * [288]	116 Lv 𫟷 * [293]	117 Ts 鿬 * [294]	118 Og 鿫 * [294]	Q P O N M L K	8 18 32 32 18 8 2

系															
镧系	57 La 镧 $5d^1 6s^2$ 138.9	58 Ce 铈 $4f^1 5d^1 6s^2$ 140.1	59 Pr 镨 $4f^3 6s^2$ 140.9	60 Nd 钕 $4f^4 6s^2$ 144.2	61 Pm 钷 * $4f^5 6s^2$ [145]	62 Sm 钐 $4f^6 6s^2$ 150.4	63 Eu 铕 $4f^7 6s^2$ 152.0	64 Gd 钆 $4f^7 5d^1 6s^2$ 157.3	65 Tb 铽 $4f^9 6s^2$ 158.9	66 Dy 镝 $4f^{10} 6s^2$ 162.5	67 Ho 钬 $4f^{11} 6s^2$ 164.9	68 Er 铒 $4f^{12} 6s^2$ 167.3	69 Tm 铥 $4f^{13} 6s^2$ 168.9	70 Yb 镱 $4f^{14} 6s^2$ 173.1	71 Lu 镥 $4f^{14} 5d^1 6s^2$ 175.0
锕系	89 Ac 锕 $6d^1 7s^2$ [227]	90 Th 钍 $6d^2 7s^2$ 232.0	91 Pa 镤 $5f^2 6d^1 7s^2$ 231.0	92 U 铀 $5f^3 6d^1 7s^2$ 238.0	93 Np 镎 $5f^4 6d^1 7s^2$ [237]	94 Pu 钚 $5f^6 7s^2$ [244]	95 Am 镅 * $5f^7 7s^2$ [243]	96 Cm 锔 * $5f^7 6d^1 7s^2$ [247]	97 Bk 锫 * $5f^9 7s^2$ [247]	98 Cf 锎 * $5f^{10} 7s^2$ [251]	99 Es 锿 * $5f^{11} 7s^2$ [252]	100 Fm 镄 * $5f^{12} 7s^2$ [257]	101 Md 钔 * $(5f^{13} 7s^2)$ [258]	102 No 锘 * $(5f^{14} 7s^2)$ [259]	103 Lr 铹 * $(5f^{14} 6d^1 7s^2)$ [262]

图 1.5　元素周期表示意图

（图中每个元素包括其原子序数、元素符号、中文名称、平均质量数）

另外，原子核外电子的结合能大致是：外层电子为几个电子伏特，内层电子为 100 eV 左右，有机化合物的原子间的结合能约为几电子伏特。

2. 原子的能级

原子中束缚电子绕核运动有一定的轨道，相应原子处于一定的能量状态。每种原子的束缚电子数目和可能的运动轨道都是一定的，因此每一原子只能够处于一定的、不连续的一系列稳定状态中，这一系列稳定状态，可用相应的一组能量 E_i 来表征，称为原子的能级。

处于稳定状态的原子不释放能量。当原子由较高的能级 E_L 过渡到较低的能级 E_K 时，相应的能量变化为 $\Delta E = E_L - E_K$，并以发射光子的形式释放出来，即该光子满足

$$h\nu = E_L - E_K$$

或

$$\nu = (E_L - E_K)/h \tag{1.10}$$

式中　h——普朗克常量；

ν——光子的频率；

$h\nu$——光子的能量。

可见,光子的频率完全由能级之差决定。将某种原子发射的各种频率的光子按波长进行排列(也就是按能量排列),便构成了该种原子的发射光谱,可见,原子的光谱也就是原子的能谱。在原子光谱学中,可以将其分为以下两种类型。

第一,轨道电子在外部壳层各轨道之间跳跃时所产生的光谱,称为光学光谱。例如,若轨道电子原来位于N层,当它在N、O、P、Q等外部壳层之间跳跃时,就发生光学光谱。这种外部壳层跳跃时的原子能量变化较小,发出的光频率较低,一般在可见光区或其附近。地质工作中用来分析岩矿元素的光谱分析,利用的就是这种特性。

第二,轨道电子在K、L、M等壳层之间跳跃时所产生的光谱,称为线状伦琴光谱,这时的原子能量变化大,发射的光子频率高。线状伦琴光谱由内壳层电子的跳跃所引起,而内壳层电子离核很近,所以这种光谱与原子核电荷之间有密切关系,称为标识伦琴射线(又称特征X射线)。近年来,分析和鉴定中迅速发展起来的X射线荧光法,便利用了该特性。

3. 原子核的能级

组成原子核的中子和质子,也处于运动变化之中。核子的运动状态不同,相应的能量状态也不同。目前人们对原子核的结构,虽然还不像对原子的结构那样了解得很清楚,但是原子核如同原子一样有不同的能级,核子在能级之间也发生跃迁,因能级跃迁而辐射γ光子的现象早已被实验所证实,并且许多原子核的能级已经被实验所确定。类似于原子能级,原子核的能级也可形象地用图示来表示,例如$^{137}_{55}Cs$经β衰变,可成为$^{137}_{56}Ba$,其核能级变化可采用衰变纲图来描述,如图1.6所示(关于该图的具体阐述见本书第1.2节)。

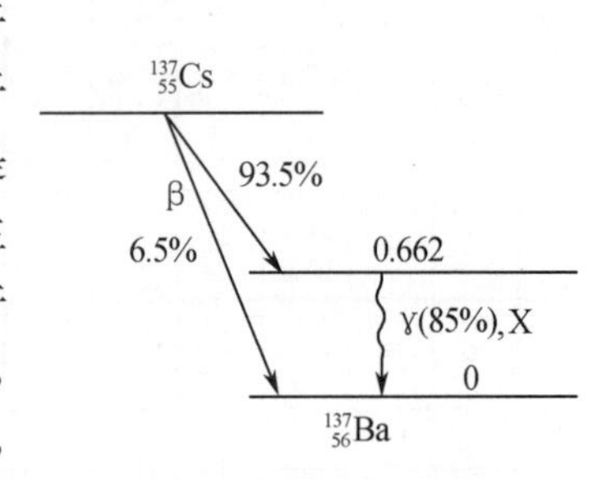

图1.6 衰变纲图表示的核能级变化示意图

一个原子核最低的能量状态叫基态,比基态高的能量状态称为激发态。激发态的能级又分为第一能级、第二能级等。如果原子核的运动状态处在激发态的某个能级上,这种状态是不稳定的,它往往通过放出光子从高能级的激发态回到基态(或低能级的激发态)。核能级变化放出的光子波长很短、能量很大,我们把这种光子称为γ光子(即γ射线)。原子核发射的各种能量的γ光子集合,称为该原子核的γ射线谱(即原始γ能谱)。

1.2 放射性衰变和衰变规律

1.2.1 放射性和放射性衰变

人们发现,由不稳定的原子核组成的天然物质能自发地转变成稳定的原子核。在这种转变过程中,常伴随着发射带电粒子(α粒子、β粒子等)和γ射线,其本身变成另一种核素,该过程称为放射性衰变,这种现象称为放射性现象,这类物质称为放射性物质。

法国科学家贝可勒尔(Becquerel)于1896年最早发现放射性和放射性现象,在此后的十余年内,卢瑟福、索迪(Soddy)、居里夫人(Marie Curie)等科学家在大量实验中证实了某些原子核的不稳定性,这些不稳定的原子核主要产生几种类型的辐射,即α、β和γ等辐射,或轨道电子被俘获之后辐射X射线。具有放射性现象的核素称为放射性核素。1900年,卢瑟福和索迪经进一步研究指出:放射性现象与原子核从一种结构或能量状态自发地转变为另外一种结构或能量状态相联系。微观粒子系统从某一状态到另一状态的过程称为跃迁,放射性核素放射出来的粒子(或辐射)是原子核发生自发跃迁的结果。

1.2.2 核辐射的主要类型

辐射是以波(又称光子)和粒子束的形式进行能量传播的一种形式。核辐射涉及由原子核产生的各类辐射,包括由核辐射出的 α 粒子、β 粒子(正负电子)、γ 粒子(γ 光子)和中子等,分别称为 α 辐射、β 辐射、γ 辐射和中子辐射等,下面介绍常见的主要核辐射类型。

1. α 辐射

α 辐射是由氦原子核组成的以粒子流形式传播的能量流。α 粒子由 2 个质子和 2 个中子组成,这 4 个粒子紧密结合就像一个基本粒子,其质量为 4 u,带 2 个正电荷(电子电量为 $2e$,$1\ e=1.6\times10^{-19}$ C)。它较重,因此在磁场中有微弱偏转。高速运动的 α 粒子能量流也称 α 射线。

在大多数天然 α 辐射中,核素的原子序数 $Z\geqslant82$,仅少数 $Z<82$。如 $^{147}_{62}Sm$(钐,半衰期 $T_{1/2}=6.7\times10^{11}$ a)的原子序数就小于 82。原子核进行 α 衰变的一般反应式记为

$$^{A}_{Z}X \rightarrow {}^{A-4}_{Z-2}Y + {}^{4}_{2}He + Q \tag{1.11}$$

式中 X——母体核素(简称母核素或母核);

Y——子体核素(简称子核素或子核);

Q——衰变能。

例如:$^{226}_{88}Ra$(镭,$T_{1/2}=1\ 600$ a)放出 α 粒子变成了 $^{222}_{86}Rn$,其 α 衰变的反应式为

$$^{226}_{88}Ra \rightarrow {}^{222}_{86}Rn + \alpha + Q$$

在 α 衰变过程中,核内释放出的能量为 α 粒子具有的动能与子核的反冲能之和。其中,α 粒子所具有的动能称为 α 辐射能。

2. β 辐射

β 辐射是由核电荷数改变而核子数不变的核衰变所产生的,主要包括 β^+ 辐射、β^- 辐射、电子俘获(EC)三种核衰变所产生的辐射。

(1)β^- 辐射(β^- 衰变)

β^- 辐射是由原子核发射出来的高速运动的电子(称为核电子)所组成,它以粒子流的形式传播能量流。核电子与原子电子具有相同的特性,带一个负电荷,原子质量为 1/1 840 u。因为它很轻,所以在磁场中有较大偏转。原子核进行 β^- 衰变的一般反应式为

$$^{A}_{Z}X \rightarrow {}^{A}_{Z+1}Y + e + \bar{\nu} + Q \tag{1.12}$$

式中,$\bar{\nu}$ 是反中微子,它是在 β^- 衰变过程中伴随 β^- 粒子而放射出来的一种基本粒子,它的反粒子称为中微子,记作 ν。$\bar{\nu}$ 和 ν 都不带电,静止质量接近零,它们与其他物质的相互作用极微弱,因而 $\bar{\nu}$ 和 ν 的穿透能力极强。

例如:$^{214}_{82}Pb$(铅,$T_{1/2}=26.8$ min)放出一个电子变成了 $^{214}_{83}Bi$,其 β^- 衰变的反应式为

$$^{214}_{82}Pb \rightarrow {}^{214}_{83}Bi + \beta^- + \bar{\nu} + Q$$

原子核是由质子和中子组成的,β^- 衰变可以看成是母核内的一个中子发生衰变,生成一个质子,放出一个 β^- 粒子和一个反中微子的过程,即

$$n \rightarrow p + \beta^- + \bar{\nu} \tag{1.13}$$

β^- 衰变的衰变能 Q 可以从母核静止质量和子核、电子及反中微子的质量之差中求出。

(2)β^+ 辐射(β^+ 衰变)

1932 年,安德森(Anderson)发现了 β^+ 辐射,由于 β^+ 粒子是带一个正电荷的粒子,其原子质量也为 1/1 840 u,它是电子的反粒子,故称为正电子,β^+ 辐射称为正电子辐射。一般,正电子在辐射防护中的辐射效应没有 β^- 粒子大。原子核进行 β^+ 衰变的一般反应式为

$${}^A_Z X \rightarrow {}^{\ A}_{Z-1} Y + {}^{\ 0}_{+1} e + \nu + Q \tag{1.14}$$

例如:${}^{13}_{7}N$(氮,$T_{1/2} = 9.96$ min)放出正电子(可记为 e^+)变成了 ${}^{13}_{6}C$,其 β^+ 衰变的反应式为

$${}^{13}_{7}N \rightarrow {}^{13}_{6}C + {}^{\ 0}_{+1}e + \nu + Q$$

β^+ 衰变可以看成是母核内的一个质子发生衰变,生成一个中子,放射出 β^+ 粒子和中微子的过程,这个过程可以写为

$$p \rightarrow n + \beta^+ + \nu \tag{1.15}$$

(3)电子俘获

电子俘获是 β 衰变的另一种形式,它是原子核俘获某一电子壳层的核外电子,使核发生跃迁的过程,又称轨道电子俘获。由于 K 壳层的电子离原子核最近,故俘获 K 壳层电子的概率最大,称为 K 俘获。原子核发生电子俘获的一般反应式为

$${}^A_Z X + {}^{\ 0}_{-1} e \rightarrow {}^{\ A}_{Z-1} Y + \nu + Q \tag{1.16}$$

例如:${}^{7}_{4}Be$(铍,$T_{1/2} = 53.22$ d)经电子俘获,生成子核 ${}^{7}_{3}Li$ 的过程可用反应式表示为

$${}^{7}_{4}Be + {}^{\ 0}_{-1}e \rightarrow {}^{7}_{3}Li + \nu + Q$$

同理,电子俘获也可看作核内的一个质子转变为一个中子并放出中微子的过程,即

$$p + {}^{\ 0}_{-1}e \rightarrow n + \nu \tag{1.17}$$

如果母核发生了 K 俘获,则 K 壳层少了一个电子,K 层出现一个电子空穴,此时,处于较高能态的电子(如 L 壳层或其他壳层的电子)就会跃迁到 K 层来填补这个空穴,多余的能量以特征 X 射线能量的形式放射出来,即

$$E_X = h\nu = E_K - E_L \tag{1.18}$$

式中 E_X——特征 X 射线能量;

h——普朗克常量;

ν——X 射线频率;

E_K、E_L——K、L 壳层电子的结合能。

在 K 俘获产生子核的过程中,多余能量除了以特征 X 射线能量的形式释放外,还可能交给某层电子,如 L 层电子或其他壳层电子,而使这个电子成为自由电子而被放出,该电子称为俄歇电子,该过程称为俄歇效应。K 俘获所引起的发射特征 X 射线(也称 KX 射线)和俄歇电子的过程,如图 1.7 所示。其中俄歇电子的动能为

$$E_e = h\nu - E_L \tag{1.19}$$

还应指出 β^- 衰变有三个生成物,即子核、电子和反中微子,而 β^+ 衰变的三个生成物则为子核、正电子和中微子,因此衰变能由这三个粒子共同携带。由于子核的质量比电子和中微子的质量大很多,按照能量守恒原理,衰变能主要由电子和反中微子携带。电子和反中微子携带的能量各自都是连续的。

图1.8给出了所发射的β粒子能量曲线示意图,由图可以看出,β射线的能量分布是连续的;右边有一个确定的最大能量值E_{max}。其中,在最大能量1/3左右的β粒子数量最多,动能很小和动能很大的β粒子数目都很少,故取β粒子的平均能量为

$$E_{\beta} = \frac{1}{3}E_{max} \tag{1.20}$$

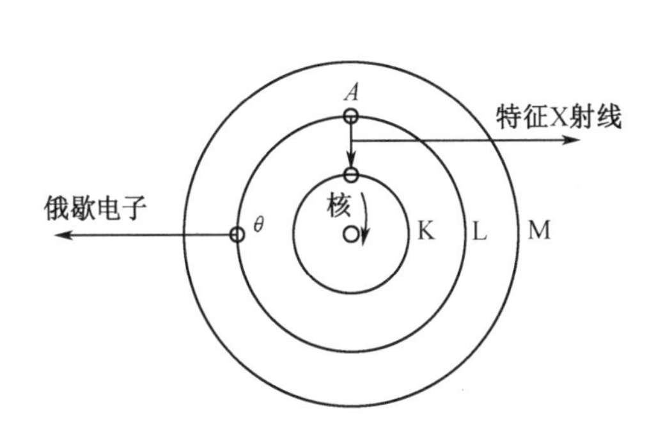

图1.7 特征X射线、俄歇电子示意图

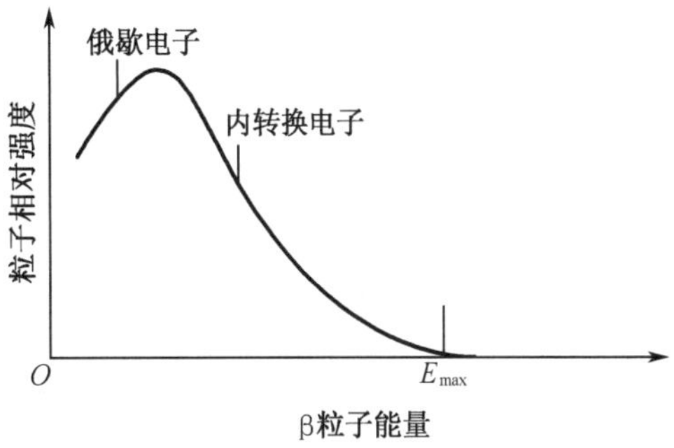

图1.8 β粒子能量曲线示意图

3. γ辐射

γ辐射是一种电磁辐射,该类辐射是由光子按波的运动方式传播能量流,属于这种类型的辐射还有无线电波、可见光、微波等。实验证明,光子的能量E与辐射的波长λ有关,即E与$1/\lambda$成正比。电磁辐射在真空中的传播速度为光速c,即$3.0\times10^{8}\ \mathrm{m\cdot s^{-1}}$。光子不带电,在磁场中不发生偏转,γ辐射是波长很短的光子流,具有很强的穿透物质的能力。

γ辐射是伴随着原子核的α衰变或β衰变而产生的核辐射。当某个原子核发生α衰变或β衰变时,衰变所产生的子核常常处于高能态,即子核的激发态。当子核从激发态跃迁到基态或能量更低的激发态时,就会放出γ射线。一般来说,原子核在激发态存在的时间很短($10^{-12}\sim10^{-11}$ s),因而可认为γ射线与α射线或β射线同时产生。

也有一些核素的激发态寿命较长,可采用常规方法来测定其半衰期$T_{1/2}$。因这类原子核的质量数、电荷数均保持不变,只是原子核的能量状态发生了变化而放出γ射线,故又称这种过程为同质异能跃迁(记为IT)。同质异能跃迁的一般表达式如下,即

$$^{Am}_{Z}\mathrm{X} \rightarrow {}^{A}_{Z}\mathrm{X} + \gamma + Q_{\gamma} \tag{1.21}$$

例如,同质异能跃迁$^{60m}_{27}\mathrm{Co}\rightarrow{}^{60}_{27}\mathrm{Co}+\gamma$可放出能量$E_{\gamma}$分别为1.33 MeV和1.17 MeV的γ光子。若衰变前后的核能级差为Q_{γ},则γ衰变能Q_{γ}可由γ光子辐射能E_{γ}和核反冲能E_{x}求得,即

$$Q_{\gamma} = E_{x} + E_{\gamma} \tag{1.22}$$

由于核反冲能E_{x}很小,故$Q_{\gamma}\approx E_{\gamma}=h\nu$,即核能级差$Q_{\gamma}$几乎全被γ光子带走,故γ光子的能量是单色的。通常可通过γ光子的辐射能E_{γ}来分析核能级状况。

(1)内转换

内转换是指处于激发态的原子核把激发能给予核外电子,结果将导致该电子从壳层发射出来,此时原子核从激发态回到基态。应指出的是:内转换过程所发射出来的电子主要是K层电子(也有L层或其他层的电子),其发射的电子的能量为

$$E_e = \Delta E - E_i \tag{1.23}$$

式中　ΔE——核激发态与核基态的能级差;

E_i——第 i 层的电子结合能,$i = \mathrm{K,L,M},\cdots$,表示 i 取不同的电子壳层。

核能级的不连续性,使内转换电子的能量 E_e 是单一的,这一点与 β 衰变发射出来的电子有明显区别,但也有些核素的内转换电子与 β^- 粒子的能量混在一起。例如,$^{137}_{55}Cs$ 经 β 衰变处于 $^{137}_{56}Ba$ 的激发态的概率约占 93.5%(图 1.6),从 $^{137}_{56}Ba$ 的激发态回到基态并放出 0.662 MeV 的 γ 光子的概率约占 85%,还有一部分是通过放出内转换电子回到 $^{137}_{56}Ba$ 的基态。因此内转换也是一种 γ 跃迁,因为这种跃迁不放出光子,所以将该 γ 跃迁称为无辐射跃迁。内转换过程示意图如图 1.9 所示,在该图中,M 层电子因内转换被发射出来,外层电子将填补空位,其后仍有可能发射特征 X 射线或放出俄歇电子,这与电子俘获相类似。

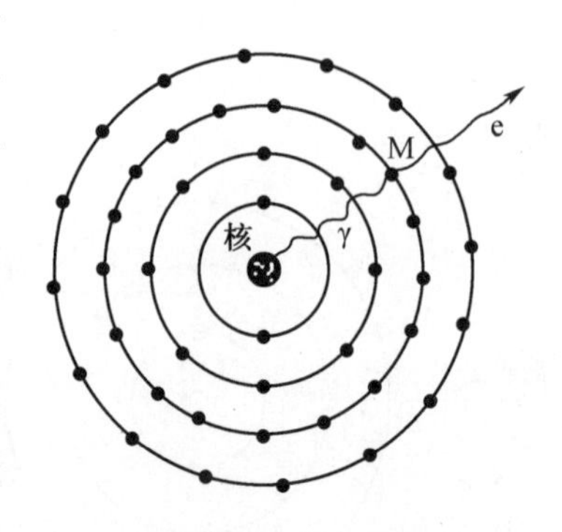

图 1.9　内转换过程示意图

(2)穆斯堡尔效应

穆斯堡尔(Mößbauer)于 1958 年发现了该效应,他将发射 γ 光子的原子核和吸收 γ 光子的原子核分别置于固体晶格中,使其尽可能固定,并与晶格形成一个整体,因而在吸收 γ 光子或发射 γ 光子时,反冲体不是一个原子核,而是整个晶体。此时核反冲能量 E_x 极小,实际上可看成零,该现象称为穆斯堡尔效应。

利用穆斯堡尔效应,可直接观测核能级的超精细结构,以及验证广义相对论等,这种效应被大量应用的基础是原子核与核外电子的超精细作用。穆斯堡尔效应被广泛应用于物理学、化学、生物学、地质学、冶金学等学科的基础研究,已发展成为一门重要的边缘学科。

处于激发态的原子核发生 γ 跃迁时,原子核的反冲能量 E_x 比 γ 辐射 E_γ 小得多,可忽略,但 E_x 与核能级宽度比较,就不能忽略。因为只有稳定的原子核基态,才有完全确定的能级,而具有一定寿命的非稳定核的能级是不能完全确定的,也就是它具有一定的能级宽度。

当核的激发能级有一定宽度并发生 γ 跃迁时,放出的 γ 射线能量具有一定的展宽,称为 γ 谱的自然展宽。理论上,通过测量 γ 射线能量的展宽可以测定激发能级的宽度。由于目前 γ 谱仪的能量分辨率尚不能达到如此高的要求,故只能间接对它进行测量。

例如,采用 γ 射线共振吸收法可进行相关测量。当入射 γ 射线的能量等于原子核激发能级的能量时,将发生 γ 射线的共振吸收现象,但让一种原子核放出的 γ 光子通过同类核素的原子核时,不易观测到该现象。原因是发射 γ 光子(能量为 $E_{\gamma e}$)的原子核携带了反冲能 E_R,导致 $E_{\gamma e}$ 低于相应能级差 ΔE,即

$$E_{\gamma e} = \Delta E - E_R \tag{1.24}$$

当同类原子核吸收 γ 光子受激时,原子核也有一个同量的反冲能 E_R。因此要发生共振吸收,吸收光子的能量 $E_{\gamma a}$ 必须大于相应能级差 ΔE,即

$$E_{\gamma a} = \Delta E + E_R \tag{1.25}$$

因此,实际发射能量 $E_{\gamma e}$ 与吸收能量 $E_{\gamma a}$ 相差 $2E_R$。如图 1.10 所示,只有当发射谱与吸收谱出现重叠时(阴影部分),才能发生 γ 共振吸收。要发生显著的 γ 共振吸收,必须使 $E_R < \Gamma$(Γ 为能级宽度);当 $E_R \gg \Gamma$ 时(如 ^{57}Fe),发射谱与吸收谱之间不能出现重叠,则不可能发生 γ 共振

吸收。

4. 中子辐射

中子是原子核的重要组分之一，自由中子是极不稳定的，它可以自发地产生 β^- 衰变，并生成质子、电子和反中微子，自由中子的半衰期 $T_{1/2}$ 仅为 10.6 min。中子辐射主要通过核反应产生，也有的原子核能自发裂变而发射中子。

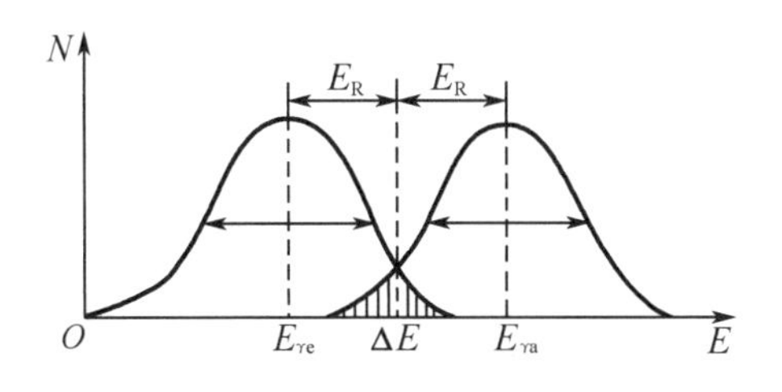

图 1.10 γ 射线的发射谱与吸收谱

（1）原子核自发裂变产生中子辐射

一些超铀元素（$Z>92$ 的重核）能产生自发裂变并辐射中子。例如，人工放射性元素锎（Cf）的多个同位素可自发辐射中子，${}^{252}_{98}\mathrm{Cf}$ 每次自发裂变平均产生 3.76 个中子，半衰期 $T_{1/2}=$ 2.65 a，中子产额为 $2.31\times10^{12}\ \mathrm{s^{-1}\cdot g^{-1}}$，中子平均能量为 2.348 MeV，伴随 γ 射线发射率为 $1.3\times10^{12}\ \mathrm{s^{-1}\cdot g^{-1}}$。事实上，${}^{252}_{98}\mathrm{Cf}$ 自发裂变是相继进行的，${}^{252}_{98}\mathrm{Cf}$ 裂变为 ${}^{248}_{96}\mathrm{Cm}$，${}^{248}_{96}\mathrm{Cm}$ 继续裂变为 ${}^{244}_{94}\mathrm{Pu}$，${}^{244}_{94}\mathrm{Pu}$ 再继续裂变为 ${}^{240}_{92}\mathrm{U}$，且 ${}^{240}_{92}\mathrm{U}$ 仍不稳定。其中 ${}^{252}_{98}\mathrm{Cf}$ 自发裂变为 ${}^{248}_{96}\mathrm{Cm}$ 的中子辐射反应式为

$${}^{252}_{98}\mathrm{Cf}\rightarrow{}^{248}_{96}\mathrm{Cm}+\alpha+{}^{1}_{0}\mathrm{n}+\gamma+Q(6.176\ \mathrm{MeV})$$

（2）原子核反应产生中子辐射

利用带电粒子轰击靶核，使其发生核反应而辐射中子的例子很多。例如，同位素中子源是由自发放射 α 粒子的材料与靶核物质混合制成的，α 粒子轰击靶核并发生核反应而生成新核素，同时产生中子；加速器中子源是利用加速器中的带电粒子轰击靶核或者带电粒子相互撞击，使它们发生核反应而生成新核素，并产生中子；同理，反应堆中子源是在反应堆中发生核反应而产生中子。

通常，同位素中子源是由 ${}^{241}_{95}\mathrm{Am}$、${}^{226}_{88}\mathrm{Ra}$、${}^{210}_{84}\mathrm{Po}$、${}^{239}_{94}\mathrm{Pu}$ 等 α 衰变物质与 ${}^{9}_{4}\mathrm{Be}$ 混合制成的，其产生中子的核反应式为

$${}^{9}_{4}\mathrm{Be}+\alpha\rightarrow{}^{12}_{6}\mathrm{C}+{}^{1}_{0}\mathrm{n}+Q(5.701\ \mathrm{MeV})$$

常见的加速器中子源采用氚离子照射氘靶生成 ${}^{4}_{2}\mathrm{He}$，其核反应方程为

$${}^{2}_{1}\mathrm{H}+{}^{3}_{1}\mathrm{H}\rightarrow{}^{4}_{2}\mathrm{He}+{}^{1}_{0}\mathrm{n}+Q(17.58\ \mathrm{MeV})$$

反应堆中子源主要来自反应堆内的链式反应，生成的子核众多，释放的辐射种类也很多，因此对屏蔽防护要求也很高。

1.2.3 放射性衰变的基本规律

通常利用单一放射性核素的衰变来研究放射性衰变的基本规律，即从母核衰变到子核后，子核不再发生新衰变（或者母核衰变与子核衰变能够相互分离）。

一个放射性原子核以什么形式衰变，取决于核内结构和核子的运动状况，何时衰变具有极大的随机性。也就是说，一个指定的原子核只存在一定的衰变概率，但不可预测它何时衰变，但对于同类核素的大量原子核的衰变，则具有宏观的统计规律，因而若已知某核素现有原子核数目，就可预先指出该核素经过若干时间后尚存的原子核数目。即已知某种原子核在时间间隔 dt 内衰变的概率为 $\lambda\cdot\mathrm{d}t$，则该核素的衰变规律可写为如下表达式：

$$-\mathrm{d}N/N=\lambda\cdot\mathrm{d}t \tag{1.26}$$

式中 N——t 时刻在母核中存在的原子核数目；

dN——从 t 时刻衰变到 $t+dt$ 时刻,母核中发生核衰变的原子核数目,因衰变使母核的原子核数目减少,故取负号;

λ——衰变常数,s^{-1}。

设 $t=0$ 时,有 N_0 个原子,到任意时刻 t 时,尚有 N 个原子核,则核衰变满足下式:

$$-\int_{N_0}^{N} dN/N = \int_0^t \lambda \cdot dt$$

可解得 $\ln N_0 - \ln N = \lambda t$,即

$$N = N_0 e^{-\lambda t} \tag{1.27}$$

关于衰变常数 λ,它被定义为特定能态的放射性核素在时间间隔 dt 内发生的自发核跃迁概率,将式(1.26)表示为另一种形式,即

$$\lambda = \frac{dN/N}{dt} \tag{1.28}$$

衰变常数 λ 是一个重要参数,它从统计观点描述了特定能态的放射性核素的每个原子核在单位时间内的衰变概率,是放射性核素的特征量,表示其衰变的速度。λ 愈大,衰变速度愈快;反之,则衰变速度愈慢。衰变速度不受一般物理作用的影响,每一种放射性核素的 λ 值都是特定的,且没有哪两种核素具有相同的 λ 值,故 λ 又称放射性核素的"指纹"。

人们还采用半衰期 $T_{1/2}$ 来描述放射性核素的衰变速度,即定义特定能态的放射性核素的数目衰减到原数目的一半时,所需要时间的期望值为该放射性核素的半衰期 $T_{1/2}$,常用单位为 s。根据其定义,可导出半衰期 $T_{1/2}$ 与衰变常数 λ 之间的关系,即

$$N_0/2 = N_0 e^{-\lambda T_{1/2}} \quad 或 \quad T_{1/2} = -\ln(1/2)/\lambda = 0.693/\lambda \tag{1.29}$$

理论上,当 $t\to\infty$ 时,$N\to 0$。但从测量或实用的角度来看,往往不需要 $t\to\infty$,只需要测量精度认为该核素"衰变完了"即可,因此,一般认为 $N/N_0=1/1\,000=0.1\%$ 就衰变完了(即达到 0.1% 的精度)。由式(1.27)可得

$$N=N_0/1\,000=N_0 e^{-\lambda t} \quad 或 \quad t=\ln 1\,000/\lambda \approx 6.91/\lambda \approx 10T_{1/2}$$

镎系的母核 ^{237}Np 的半衰期 $T_{1/2}=2.14\times10^6$ a,还不到地球年龄的千分之一,因此镎系早已衰变完了,尚存一个长寿子核 ^{209}Bi($T_{1/2}=2.7\times10^{18}$ a)。

有时,人们亦用平均寿命来表示某个核素的衰变速度,即定义处于特定能态的一定量的放射性核素的平均生存时间为该放射性核素的平均寿命 τ。根据其定义可设 N_0 为原子核的原有数目,到时刻 t 时尚存 N 个原子核,从 t 时刻到 $t+dt$ 时刻有 $-dN$ 个原子核发生了衰变,即这 $-dN$ 个原子核的寿命都为 t,则它们的寿命之和为 $t\cdot dN$。由式(1.26)可求得 $t\cdot(-dN)=t\cdot(\lambda N\cdot dt)$。虽然 N_0 个原子核的衰变概率都相同,但具体到每个原子核的寿命却大不相同,在时间区间[0,∞]内,N_0 个原子核的寿命总和应为

$$\int_{N_0}^{0} t\cdot(-dN) = \int_0^{\infty} t\cdot(\lambda N\cdot dt) = \int_0^{\infty} t\cdot(\lambda N_0 e^{-\lambda t}\cdot dt)$$

这 N_0 个原子核的平均寿命 τ 为

$$\tau = \frac{1}{N_0}\int_0^{\infty} t\cdot(\lambda N_0 e^{-\lambda t}\cdot dt) = 1/\lambda \tag{1.30}$$

将式(1.30)代入式(1.27),可得 $N=N_0 e^{-1}$,即某个放射性原子核的平均寿命 τ 就是它的全部原子核衰减到原数量的 1/e 时所需时间期望值。

可见,衰变常数 λ、半衰期 $T_{1/2}$、平均寿命 τ 都是描述核衰变速度的物理量,它们之间的关系如图 1.11 所示,可由式(1.29)、式(1.30)表示为

$$\tau = 1/\lambda = T_{1/2}/0.693 = 1.44T_{1/2} \tag{1.31}$$

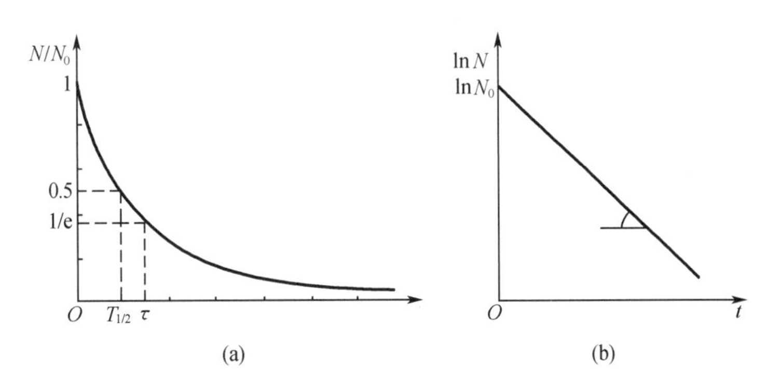

图 1.11 核衰变规律示意图

[其中,图(b)采用对数坐标,直线的斜率为衰变常数 λ]

在实际工作中,人们通常关心放射性核素在单位时间内衰变的原子核数目,即放射性核素的衰变率 $\mathrm{d}N/\mathrm{d}t$,称为放射性活度(也曾称为放射性强度或衰变强度,可表征放射性物质的质量大小),采用符号 A 表示。放射性活度 A 的确切定义为:在给定时刻,处于特定能态一定量的放射性核素在 $\mathrm{d}t$ 时间内发生自发核跃迁次数 $\mathrm{d}N$ 的期望值。根据定义可得

$$A = -\mathrm{d}N/\mathrm{d}t = \lambda N = (\lambda N_0) \cdot \mathrm{e}^{-\lambda t} = A_0\mathrm{e}^{-\lambda t} \tag{1.32}$$

式中,$A_0 = \lambda N_0$,是 $t=0$ 时刻的放射性活度。

比较式(1.27)和式(1.32)可知:核素的放射性活度与原子核数目有相同的衰减规律。在实际应用中,尚存的原子核数目 N 是难以测量的,而采用仪器测量其放出的射线可求得放射性活度 A,每次核衰变都有某种射线放出,而仪器的计数率 $I(t)$ 与原子核的衰变率 $\mathrm{d}N/\mathrm{d}t$ 成正比,即

$$I(t) \propto -\mathrm{d}N/\mathrm{d}t \quad 或 \quad I(t) \propto \lambda N$$

放射性活度的单位为 Bq,即每秒发生核衰变的次数,$1\ \mathrm{Bq} = 1\ \mathrm{s}^{-1}$。早期,放射性活度还采用 Ci(居里)作为单位,$1\ \mathrm{Ci} = 3.7 \times 10^{10}\ \mathrm{Bq}$,因 Ci 单位太大,常用其派生单位 μCi 和 mCi,即 $1\ \mu\mathrm{Ci} = 10^{-6}\ \mathrm{Ci}$,$1\ \mathrm{mCi} = 10^{-3}\ \mathrm{Ci}$。

在实际工作中,常遇到比活度的概念,比活度的定义是:样品的放射性活度 A 除以该样品的总质量 m,记作 a。比活度表示单位质量的放射性物质的放射性活度,即

$$a = A/m$$

比活度的单位是 $\mathrm{Bq \cdot kg^{-1}}$,早期还采用 $\mathrm{Ci \cdot kg^{-1}}$。比活度主要用于固态物质,其数值大小表明了放射性物质纯度的高低。

对于液体或气体,还采用放射性浓度的概念,它表示单位体积物质中所含有的放射性活度,常用单位为 $\mathrm{Bq \cdot m^{-3}}$,有时也采用 $\mathrm{Bq \cdot L^{-1}}$,早期还以 $\mathrm{Ci \cdot L^{-1}}$ 为单位。

应注意射线强度与放射性活度的区别,射线强度是指单位时间内放出某种射线的数目。仅当每次核衰变只放射一个粒子时,射线强度才与放射性活度在数值上相等。

另外,当核素有衰变分支,即 α、β 或 γ 等多种衰变同时发生时,原子核在单位时间内的衰

变常数 λ 应是各衰变分支的衰变常数 λ_i 之和,即

$$\lambda = \sum \lambda_i \tag{1.33}$$

此时,原子核的半衰期 $T_{1/2}$ 应为

$$T_{1/2} = \ln 2/\lambda = \ln 2/\sum \lambda_i = 0.693/\sum \lambda_i \tag{1.34}$$

该核素原子核的平均寿命 τ 应为

$$\tau = 1/\lambda = 1/\sum \lambda_i \tag{1.35}$$

该核素的原子核数目和放射性活度的衰减规律为

$$N = N_0 e^{-(\sum \lambda_i)t} \tag{1.36}$$

$$A = \lambda N_0 e^{-\lambda t} = \sum A_i = (\sum \lambda_i) N_0 e^{-(\sum \lambda_i)t} \tag{1.37}$$

应当注意,放射性活度随时间按 $e^{-\lambda t}$ 的规律衰减,而第 i 分支的衰变虽然也按 $e^{-\lambda_i t}$ 的规律衰减,但仅代表了部分放射性活度 A_i,而该物质的放射性活度 S 是所有分支衰变的总和。通常称第 i 分支衰变的放射性活度 A_i 与该物质的放射性活度 A 之比为它的衰变分支比,即

$$b_i = A_i/A = \lambda_i/\lambda \tag{1.38}$$

可见,第 i 分支衰变的放射性活度总是与该物质的放射性活度成正比。

1.2.4 衰变链中放射性子核的积累规律*

往往母核(第 1 代核素)衰变到子核(第 2 代核素)后,子核(第 2 代核素)并不稳定,还要继续衰变到第 3 代核素,即第 2 代核素成了新的母核,它继续衰变到第 3 代核素(新的子核),如果第 3 代核素仍不稳定,还要继续衰变到第 4 代核素……如此衰变,直到第 n 代核素才达到稳定,因此称这种放射性衰变为链式衰变或者级联衰变,由这 n 代核素组成的衰变系列,称为放射性系列,简称为放射性系。

对于某个放射性系列,假设各核素依次进行链式衰变,在 $t=0$ 时刻,各核素的原子核数目分别为 $N_{01}, N_{02}, N_{03}, N_{04}, \cdots$,与之对应的衰变常数分别为 $\lambda_1, \lambda_2, \lambda_3, \lambda_4, \cdots$,其半衰期分别为 $T_1, T_2, T_3, T_4, \cdots$。衰变到任意时刻时,各核素所对应的原子核数目将分别变为 $N_1, N_2, N_3, N_4, \cdots$。即链式衰变具有如下衰变形式:

第 1 代核素(母核)→第 2 代核素(子核)→第 3 代核素(子核)→…→第 n 代核素(子核)

目前发现的天然放射性系列有铀系、锕铀系和钍系,还有一些人工放射性核素也属于放射性系列,例如镎系。下面将分别讨论衰变链中各种核素原子核数目(或放射性活度)的变化规律,并引出一些重要概念。

1. 衰变链中第 2 代放射性子核的积累规律

这里先讨论衰变链中的第 2 代放射性核素(子核)的变化规律,即它的积累规律。因第 2 代核素仍具放射性,它还要衰变到第 3 代核素,至于第 3 代核素是否具有放射性,暂且不讨论。显然,第 2 代核素的变化有两个因素:一是第 2 代核素自身衰变而使原子核数目减少(减少速率为 $-\lambda_2 N_2$);二是第 1 代核素(母核)衰变而使第 2 代核素的原子核数目增加(增加速率为 $\lambda_1 N_1$)。可见,在任意时刻 t 的瞬时间隔 dt 内,第 2 代核素的原子核数目变化速率为

$$dN_2/dt = \lambda_1 N_1 - \lambda_2 N_2 \tag{1.39}$$

仅讨论第 2 代核素的原子核数目的变化速率,至于这三代核素之间是否分离,以及第 3 代

核素是否具有放射性都无关紧要。假设母核在 $t=0$ 时刻的原子核数目为 N_{01}，则有 $N_1=N_{01}e^{-\lambda_1 t}$，将其代入式(1.39)，并移项可得

$$dN_2/dt+\lambda_2 N_2=\lambda_1 N_{01}e^{-\lambda_1 t} \tag{1.40}$$

该式为一阶线性非齐次微分方程，给定初始条件 $t=0$ 时 $N_2=N_{02}$，可解得

$$N_2=N_{02}e^{-\lambda_2 t}+\frac{\lambda_1}{\lambda_2-\lambda_1}[1-e^{-(\lambda_2-\lambda_1)t}]N_{01}e^{-\lambda_1 t} \tag{1.41}$$

很明显，N_2 由两部分组成：第一部分记为 $N_{22}=N_{02}e^{-\lambda_2 t}$，表示第 2 代核素的原有原子核从 $t=0$ 时刻衰变到任意时刻 t 时尚存的原子核数目；第二部分记为 N_{21}，即

$$N_{21}=\frac{\lambda_1}{\lambda_2-\lambda_1}[1-e^{-(\lambda_2-\lambda_1)t}]N_{01}e^{-\lambda_1 t}$$

式中，N_{21} 表示母核的原有原子核从 $t=0$ 时刻衰变到任意时刻 t_m 时，第 2 代核素的原子核所积累的原子核数目，即在时间间隔 t 内，第 2 代核素一边增加又一边减少。N_2、N_{22}、N_{21} 三者之关系如图 1.12 所示。

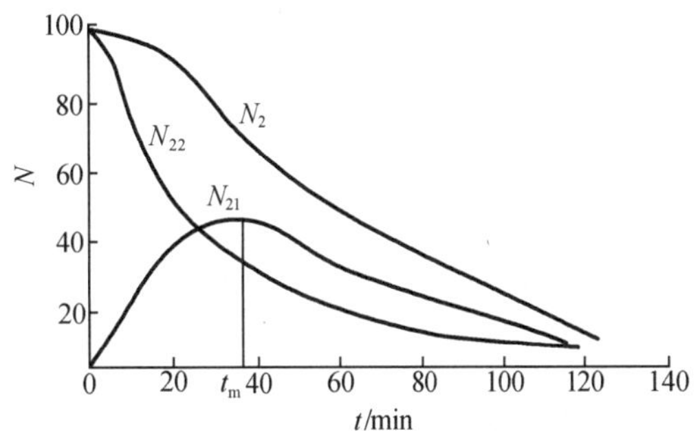

图 1.12 第 2 代放射性子体的积累规律示意图

同理，第 2 代核素的放射性活度 A_2 可由公式 $A_2=\lambda_2 N_2=\lambda_2(N_{22}+N_{21})$ 来表示，即

$$A_2=\lambda_2(N_{22}+N_{21})=A_{02}e^{-\lambda_2 t}+A_{01}e^{-\lambda_1 t}\frac{\lambda_2}{\lambda_2-\lambda_1}[1-e^{-(\lambda_2-\lambda_1)t}] \tag{1.42}$$

当母核与子核共存并且不考虑第 3 代核素时，母核和第 2 代核素的总放射性活度 A 将由第 1 代核素的放射性活度 $A_1=A_{01}e^{-\lambda_1 t}$ 和式(1.42)表示的第 2 代核素的放射性活度 A_2 之和组成，即

$$A=A_1+A_2=A_{02}e^{-\lambda_2 t}+A_{01}\left[\frac{2\lambda_2-\lambda_1}{\lambda_2-\lambda_1}e^{-\lambda_1 t}-\frac{\lambda_2}{\lambda_2-\lambda_1}e^{-\lambda_2 t}\right] \tag{1.43}$$

从式(1.43)可以看出：经过时间间隔 t，第一项表示子核的原有放射性活度在衰变后尚存的放射性活度；第二项表示母核的原有放射性活度在衰变后所积累到的子核的放射性活度，即在时间间隔 t 内，子核的放射性活度一边增加又一边减少。

为便于讨论第 2 代核素的积累规律，以后将假设 $t=0$ 时的初始条件为 $N_{02}=0$ 或 $A_{02}=0$，即第 2 代核素全部由第 1 代核素衰变而来。此时，式(1.41)和式(1.42)可进一步简化为

$$N_2=\frac{\lambda_1 N_{01}e^{-\lambda_1 t}}{\lambda_2-\lambda_1}[1-e^{-(\lambda_2-\lambda_1)t}]=\frac{\lambda_1 N_1}{\lambda_2-\lambda_1}[1-e^{-(\lambda_2-\lambda_1)t}] \tag{1.44}$$

$$A_2=\frac{\lambda_2 A_{01}e^{-\lambda_1 t}}{\lambda_2-\lambda_1}[1-e^{-(\lambda_2-\lambda_1)t}]=\frac{\lambda_2 A_1}{\lambda_2-\lambda_1}[1-e^{-(\lambda_2-\lambda_1)t}] \tag{1.45}$$

从上述两式可以看出：此时，第 2 代核素的原子核数目和放射性活度的变化仅与 λ_1、λ_2 及其差值$(\lambda_2-\lambda_1)$有关，基于式(1.44)，下面将分三种情况进行讨论。

(1) $\lambda_1 \ll \lambda_2$

前提条件：第 1 代核素（母核）的衰变速度比第 2 代核素（子核）的衰变速度慢得多，即 $\lambda_1 \ll \lambda_2$ 或 $T_1 \gg T_2$。若满足这个条件，则 $e^{-(\lambda_2-\lambda_1)t}\approx e^{-\lambda_2 t}$，故式(1.44)可简化为

$$N_2 = \frac{\lambda_1 N_1}{\lambda_2 - \lambda_1}[1 - e^{-\lambda_2 t}] \tag{1.46}$$

式(1.46)是长寿母核的子核所具有的积累规律的一般公式,当 t 足够大时,可认为 $e^{-\lambda_2 t} \ll 1$,则 $1 - e^{-\lambda_2 t} \approx 1$,式(1.46)可进一步简化成 $N_2 \approx (\lambda_1/\lambda_2)N_1 \approx (\lambda_1/\lambda_2)N_{01}$,即在一定精度下,可写成

$$\lambda_1 N_1 = \lambda_1 N_{01} = \lambda_2 N_2 \tag{1.47}$$

也就是,当母核的半衰期比子核的半衰期长很多,即 $T_1 \gg T_2$ 或 $\lambda_1 \ll \lambda_2$ 时,在观察时间内,母核的原子核数目或放射性活度的变化可忽略不计,子核的原子核数目和放射性活度达到饱和值,而且子核与母核的放射性活度相等,这种衰变关系被称为放射性长期平衡(也称为久平衡),简称放射性平衡。

因此,只有达到放射性平衡时,式(1.47)才能成立,即当 $\lambda_1 \ll \lambda_2$ 时,才会出现放射性平衡的情况,如图 1.13 所示。图 1.13 中虚线 a(几乎为直线)表示母核放射性活度;虚线 b(几乎为直线)表示子核单独存在时的放射性活度;实线 c 表示子核在积累过程中的放射性活度;实线 d 表示在子核积累过程中母核与子核放射性活度之和。由式(1.47)和图 1.13 还可得知,当达到放射性平衡时可总结出以下几点:

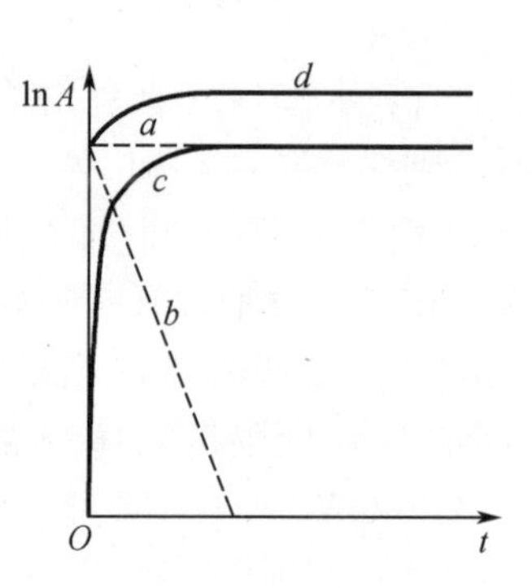

图 1.13 放射性平衡示意图

①子核按母核的变化规律而变化,即 N_2 正比于 N_1,且有 $N_2 = (\lambda_1/\lambda_2)N_1$;

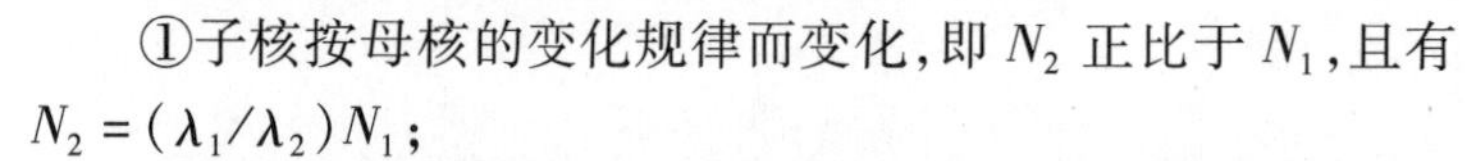

②子核原子核数目达到饱和值,且子核原子核数目为固定值,即 $N_2 = (\lambda_1/\lambda_2)N_{01}$;

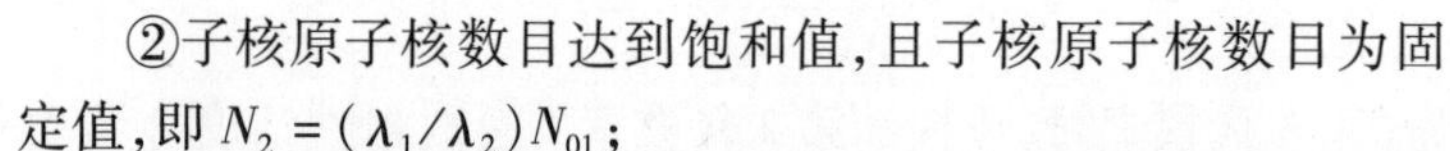

③子核放射性活度达到饱和值,且两个核素的放射性活度相等,即 $A_2 = A_1 = A_{01}$;

④子核与母核放射性活度总和为 $A = A_2 + A_1 = 2A_{01}$。

由放射性平衡的定义及推导过程可以看出:若绝对地看问题,则式(1.47)是不可能出现的;如果指定测量精度,不仅可使式(1.47)成立,而且可以在该精度条件下,给出出现放射性平衡的开始时间 t_1 和结束时间 t_2,以及 $\lambda_1 \ll \lambda_2$ 的定量关系。一般地,人们习惯使用 1/1 000(即 0.1%)精度条件下的 t_1、t_2 和 $\lambda_1 \ll \lambda_2$ 的数值关系。

对于放射性平衡的起始时间 t_1,通常是根据"子核的原子核数目达到饱和值"这一要求,即在 0.1% 精度下,由式(1.44)得到起始时间 t_1 所满足的不等式,即

$$N_2 = \lambda_1 N_1 [1 - e^{-(\lambda_2 - \lambda_1)t_1}]/(\lambda_2 - \lambda_1) \geqslant 0.999\ \lambda_1 N_1/\lambda_2 \approx \lambda_1 N_{01}/\lambda_2$$

此时,即可认为出现了放射性平衡。解上述不等式,可得

$$t_1 \geqslant -\ln(0.001 + 0.999\lambda_1/\lambda_2)/(\lambda_2 - \lambda_1) \tag{1.48}$$

若设 $\lambda_1/\lambda_2 = 1/1\,000$,则 $t_1 \geqslant 8.977T_2$;若设 $\lambda_1/\lambda_2 = 1/10\,000$,则 $t_1 \geqslant 9.831T_2$。所以,在一般情况下认为,$t_1 \approx 10T_2$ 时,衰变达到放射性平衡。

再考察放射性平衡的结束时间 t_2,它可根据"观察时间内母核的变化可忽略不计"这一要求进行推算。若仍设 0.1% 精度,则 $N_1 = N_{01}e^{-\lambda_1 t_2} \geqslant 0.999N_{01} \approx N_{01}$,解得

$$t_2 \leqslant 0.001/\lambda_1 = 1.444 \times 10^{-3}T_1 = 0.001\tau_1 \tag{1.49}$$

故当 $t_2 \leqslant 1.444 \times 10^{-3}T_1$(或 $t_2 \leqslant 0.001\tau_1$),以 0.1% 精度来测量时,母核原子核数目(及放射性活度)的减少就可视为"忽略不计",可认为公式 $N_2 = (\lambda_1/\lambda_2)N_{01}$ 成立,即在放射性平衡

的结束时间 t_2 之前，可使用公式 $N_2=(\lambda_1/\lambda_2)N_1$。由放射性平衡的起止时间 t_1 和 t_2，可推出母核和子核发生长期平衡的先决条件 $\lambda_1 \ll \lambda_2$ 的定量关系。显然，若要长期平衡现象出现，必有 $\Delta t=t_2-t_1>0$，由式(1.48)和式(1.49)可得

$$\Delta t=t_2-t_1=0.001/\lambda_1+\ln(0.001+0.999\lambda_1/\lambda_2)/(\lambda_2-\lambda_1)>0$$

解此不等式，可得 $\lambda_2/\lambda_1>6\ 771$，即 $T_1/T_2>6\ 771$。

应当指出，上述 t_1、t_2 及 $\lambda_1 \ll \lambda_2$ 的最低限值皆在0.1%精度条件下得出。如果要求的精度不同，出现平衡的起止时间也不同，精度要求越高，则 t_1 将增大，t_2 将减小，即维持长期平衡的时间将越短，而且 T_1/T_2 值的要求更大。通常所说的“当经过子核的4~7倍半衰期后，衰变就可达到放射性平衡”，是基于精度要求低于0.1%的条件提出的。

(2) $\lambda_1<\lambda_2$

如果母核比子核的半衰期长，即 $\lambda_1<\lambda_2$ 或 $T_1>T_2$，但相差倍数不是很多，即在观察时间内，母核的放射性随时间有显著变化。当子核积累到相当长时间后，子核与母核将建立特殊关系，即它们之间的原子核数目或放射性活度分别达到固定比值，也就是子核的原子核数目或放射性活度随母核的衰变规律而变化，称此为放射性暂平衡。

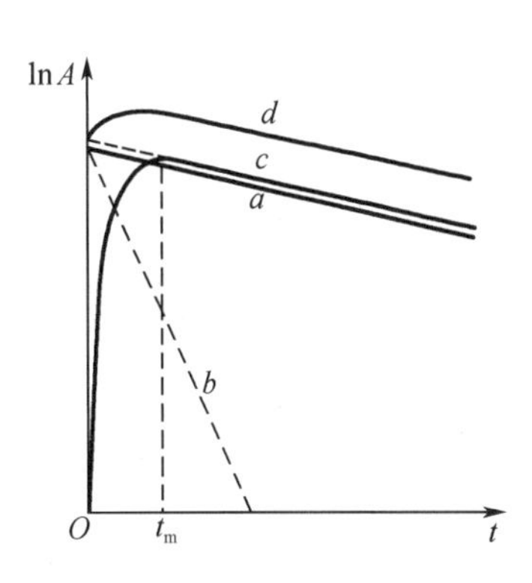

图1.14　放射性暂平衡示意图

图1.14所示是放射性暂平衡示意图，实线 a 表示母核的放射性活度，虚线 b 表示子核单独存在时的放射性活度，实线 c 表示子核积累过程中的放射性活度，实线 d 表示在子核积累过程中，母核与子核的放射性活度之和。

出现放射性暂平衡的前提条件是母核比子核半衰期长，但长的倍数不是很多（即 $\lambda_1<\lambda_2$ 或 $T_1>T_2$）。在观察时间内，母核的原子核数目或放射性活度有显著的变化，但仍遵守式(1.44)，即

$$N_2=\lambda_1 N_1[1-e^{-(\lambda_2-\lambda_1)t}]/(\lambda_2-\lambda_1)$$

虽然 $\lambda_1<\lambda_2$，但当 t 足够大时，仍可有 $e^{-(\lambda_2-\lambda_1)t}\ll 1$，因而 $1-e^{-(\lambda_2-\lambda_1)t}\approx 1$（但 $e^{-\lambda_1 t}$ 不趋于0），上式可简化为

$$N_2=\lambda_1 N_1/(\lambda_2-\lambda_1)$$

或

$$N_2/N_1=\lambda_1/(\lambda_2-\lambda_1) \tag{1.50}$$

则放射性活度为

$$A_2=\lambda_2 N_2=\lambda_2 A_1/(\lambda_2-\lambda_1)$$

或

$$A_2/A_1=\lambda_2/(\lambda_2-\lambda_1) \tag{1.51}$$

母核与子核的放射性活度之和为

$$A=A_1+A_2=[(2\lambda_2-\lambda_1)/(\lambda_2-\lambda_1)]A_1 \tag{1.52}$$

式(1.50)至式(1.52)表明了出现放射性暂平衡时子核与母核的关系。可见，子核在积累过程中，其原子核数目和放射性活度先由少到多，然后再减少，其间有一极大值。在实际应用中，往往需要知道什么时候出现子体的最大活度，即求解 $N_2(t)$ 的极大值。可令

$$(dN_2/dt)\Big|_{t=t_m}=0$$

将式(1.50)代入可求得

$$t_m = \ln(\lambda_2/\lambda_1)(\lambda_2-\lambda_1) = [T_1 \cdot T_2 \cdot \ln(T_1/T_2)]/[0.693(T_1-T_2)] \quad (1.53)$$

可见,t_m 是子核的原子核数目达到极大值或它的放射性活度达到极大值的时间。将 t_m 代入式(1.50)和式(1.51),可得

$$N_2(t_m) = (\lambda_1/\lambda_2)N_1(t_m) \quad 和 \quad A_2(t_m) = A_1(t_m) \quad (1.54)$$

式(1.54)表明,当子核的放射性活度达到极大值的短暂时刻 t_m,具有母核与子核的放射性活度相等这一特殊关系。按照考察长期平衡所采用的思路和精度要求,对放射性暂平衡现象也可进一步考察。假设 ε 为测量精度(相对误差),则放射性暂平衡起始时间 t_1 及终止时间 t_2 为

$$t_1 = -\ln\varepsilon/(\lambda_2-\lambda_1) \quad 和 \quad t_2 = -\ln\varepsilon/\lambda_1 \quad (1.55)$$

例如,当指定精度 ε 为 0.001 时,则起始时间 $t_1 \approx 10\cdot(T_1\cdot T_2)/(T_1-T_2)$,终止时间 $t_2=10T_1$。

同样道理,出现放射性暂平衡的先决条件 $\lambda_1<\lambda_2$ 的定量关系可由 $t_2-t_1>0$ 来推导,即

$$\ln\varepsilon/\lambda_1 < \ln\varepsilon/(\lambda_2-\lambda_1)$$

则

$$\lambda_2 > 2\lambda_1 \quad 或 \quad T_1 > 2T_2 \quad (1.56)$$

所以,出现放射性暂平衡的前提条件不是简单地认为母核半衰期大于子核半衰期,而是母核半衰期大于子核半衰期的 2 倍。

(3)$\lambda_1>\lambda_2$

当母核半衰期比子核半衰期更短时,即 $T_1<T_2$ 或 $\lambda_1>\lambda_2$ 时,不可能出现任何形式的放射性平衡。但是,可期望在某种条件下,子核积累到足够长时间后,母核“全部衰变完了”,而剩下的子核按照自己的衰变规律变化。$\lambda_1>\lambda_2$ 时的子核变化情况如图 1.15 所示。图中,虚线 a 是母核的放射性活度衰减曲线;虚线 b 是子核单独存在时的衰减曲线;实线 c 为子核的积累曲线;实线 d 为子核在积累过程中,母核与子核的放射性活度总和。

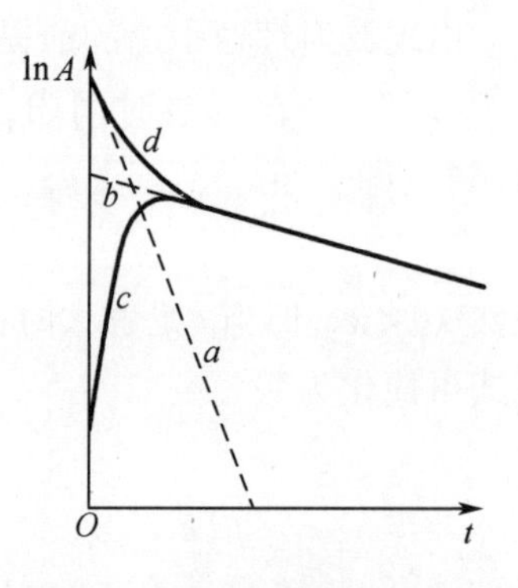

图 1.15 $\lambda_1>\lambda_2$ 时的子核变化情况

同样,可将子核的积累公式式(1.44)和式(1.45)写成下式,即

$$\begin{cases} N_2 = \lambda_1 N_{01} e^{-\lambda_2 t}[1-e^{-(\lambda_1-\lambda_2)t}]/(\lambda_1-\lambda_2) \\ A_2 = \lambda_2 A_{01} e^{-\lambda_2 t}[1-e^{-(\lambda_1-\lambda_2)t}]/(\lambda_1-\lambda_2) \end{cases} \quad (1.57)$$

由式(1.57)可以看出:当有母核存在时,N_2 和 A_2 的变化规律受 λ_1、λ_2 和 $\lambda_1-\lambda_2$ 的影响,当 t 足够大时,可使 $1-e^{-(\lambda_1-\lambda_2)t}\approx 1$,即子核按自己的衰变规律变化。$1-e^{-(\lambda_1-\lambda_2)t}\approx 1$ 可在精度为 ε 的条件下实现,满足 $e^{-(\lambda_1-\lambda_2)t_1}<\varepsilon$ 的 t_1 就是在精度为 ε 的条件下,子核不受母核的衰变规律影响,起始时间 t_1 可通过解此不等式得到,即

$$t_1 > -\ln\varepsilon/(\lambda_1-\lambda_2) = -(1.443\ln\varepsilon)T_1/(1-T_1/T_2) \quad (1.58)$$

从式(1.58)可以看出,子核何时开始不受母核影响而按自己的衰变规律变化,与要求的

精度以及母核与子核半衰期的比值有关。当 $T_1 \ll T_2$ 时，在 T_1/T_2 的所有可能的取值范围内，如果精度 ε 为 0.001，起始时间 t_1 最少需要 $9.98T_1$，如果精度 ε 为 0.05，起始时间 t_1 最少需要 $4.32T_1$。在相同的精度条件下，T_1/T_2 愈大，摆脱母核影响所需时间 t_1 就愈长。

在实际中，有时采用"冷置"一段时间的方法让短寿母核"衰变完"，从而使母核和子核分离。应当指出，T_1/T_2 数值愈小，愈能做到母核和子核的有效分离；T_1/T_2 数值愈接近 1，则愈难以做到有效分离。这是因为在这种情况下，母核"衰变完"时，子核已衰变得太多了，甚至所剩无几，以子核的原子核数目积累到最大值 $N_2(t_m)$ 为基准，与 $t=10T_1$ 时子核的原子核数目 $N_2(10T_1)$ 进行比较，当 $T_1/T_2=1/1\ 000$ 时，有 $N_2(10T_1)/N_2(t_m)=98.63\%$；当 $T_1/T_2=1/10$ 时，有 $N_2(10T_1)/N_2(t_m)=42.94\%$。

2. 衰变链中第 n 代放射性子核的积累规律

先考虑衰变链中第 3 代放射性核素的变化率，它取决于第 2 代放射性核素的衰变率（即第 3 代核素的生成率），以及第 3 代核素自身的衰变率，从 t 时刻衰变到 $t+\mathrm{d}t$ 时刻时，有

$$\mathrm{d}N_3/\mathrm{d}t = \lambda_2 N_2 - \lambda_3 N_3 \tag{1.59}$$

同理，对于衰变链中的第 n 个核素自身的衰变率，有

$$\mathrm{d}N_n/\mathrm{d}t = \lambda_{n-1} N_{n-1} - \lambda_n N_n \tag{1.60}$$

上述两式类似于一阶线性非齐次微分方程 $\mathrm{d}y/\mathrm{d}x+p(x)y=q(x)$，通解为

$$y = \mathrm{e}^{\int p(x)\mathrm{d}x}\left(\int q(x)\mathrm{e}^{\int p(x)\mathrm{d}x}\mathrm{d}x + c\right)$$

将式(1.41)中的 N_2 代入式(1.59)中，以及相应函数项代入上式，并给出 $t=0$ 时的初始条件：$N_1=N_{01}$，$N_2=N_{02}$，$N_3=N_{03}$，最后可解得如下公式：

$$N_3=N_{03}\mathrm{e}^{-\lambda_3 t}+\frac{\lambda_2 N_{02}(\mathrm{e}^{-\lambda_2 t}-\mathrm{e}^{-\lambda_3 t})}{\lambda_3-\lambda_2}+$$
$$\lambda_1\lambda_2 N_{01}\left[\frac{\mathrm{e}^{-\lambda_1 t}}{(\lambda_2-\lambda_1)(\lambda_3-\lambda_1)}+\frac{\mathrm{e}^{-\lambda_2 t}}{(\lambda_1-\lambda_2)(\lambda_3-\lambda_2)}+\frac{\mathrm{e}^{-\lambda_3 t}}{(\lambda_1-\lambda_3)(\lambda_2-\lambda_3)}\right] \tag{1.61}$$

第一项记为 N_{33}，表示第 3 代核素在 t 时刻自身所残留的原子核数目；第二项记为 N_{32}，表示在 t 时刻第 2 代核素因衰变而积累到第 3 代核素的原子核数目；第三项记为 N_{31}，表示在 t 时刻第 1 代核素因衰变而积累到第 3 代核素的原子核数目。故可将式(1.61)写成

$$N_3 = N_{33} + N_{32} + N_{31}$$

如果给定初始条件为当 $t=0$ 时，有 $N_{02}=N_{03}=0$，即开始时不存在第 1 代核素和第 2 代核素，则式(1.61)被简化为只有第三项，即 t 时刻的第 3 代核素的原子核数目为

$$N_3 = \lambda_1\lambda_2 N_{01}\left[\frac{\mathrm{e}^{-\lambda_1 t}}{(\lambda_2-\lambda_1)(\lambda_3-\lambda_1)}+\frac{\mathrm{e}^{-\lambda_2 t}}{(\lambda_1-\lambda_2)(\lambda_3-\lambda_2)}+\frac{\mathrm{e}^{-\lambda_3 t}}{(\lambda_1-\lambda_3)(\lambda_2-\lambda_3)}\right] \tag{1.62}$$

同理可设在起始条件 $t=0$ 时，有 $N_{0n}=N_{0n-1}=N_{0n-2}=\cdots=N_{02}$，并且 $N_1=N_{01}\neq 0$，则微分方程式(1.60)的解也只有最后一项，即

$$N_n=\lambda_1\lambda_2\cdots\lambda_{n-1}N_{01}\left[\frac{\mathrm{e}^{-\lambda_1 t}}{(\lambda_2-\lambda_1)(\lambda_3-\lambda_1)\cdots(\lambda_n-\lambda_1)}+\right.$$
$$\left.\frac{\mathrm{e}^{-\lambda_2 t}}{(\lambda_1-\lambda_2)(\lambda_3-\lambda_2)\cdots(\lambda_n-\lambda_2)}+\cdots+\frac{\mathrm{e}^{-\lambda_n t}}{(\lambda_1-\lambda_n)(\lambda_2-\lambda_n)\cdots(\lambda_{n-1}-\lambda_n)}\right] \tag{1.63}$$

或改写成以下形式：

$$N_n = \left(\prod_{i=1}^{n-1}\lambda_i\right)N_{01}\sum_{j=1}^{n}\frac{e^{-\lambda_j t}}{\prod_{i=1,i\neq j}^{n}(\lambda_i-\lambda_j)} \tag{1.64}$$

相应地,它的放射性活度可写成

$$A_n = \lambda_n N_n = \left(\prod_{i=1}^{n}\lambda_i\right)N_{01}\sum_{j=1}^{n}\frac{e^{-\lambda_j t}}{\prod_{i=1,i\neq j}^{n}(\lambda_i-\lambda_j)} = \left(\prod_{i=2}^{n}\lambda_i\right)A_{01}\sum_{j=1}^{n}\frac{e^{-\lambda_j t}}{\prod_{i=1,i\neq j}^{n}(\lambda_i-\lambda_j)} \tag{1.65}$$

式中,$n=2,3,4,\cdots$。

对于第3代放射性核素的原子核数目将按如图1.16所示的积累曲线变化。在该图中,当 $t<t_a$ 时,$N_3=N_{31}$ 可视为0。

同理,N_n 的变化曲线与图1.16中的第3代核素有类似的变化情况,都是在开始 t_a 一段时间内,N_n 为0,而后上升到最大值,然后下降,t_a 的取值与该子核和其前的所有核素的衰变常数都有关。在同一衰变链中,愈靠后面的子核,其积累曲线中的 t_a 段愈长。

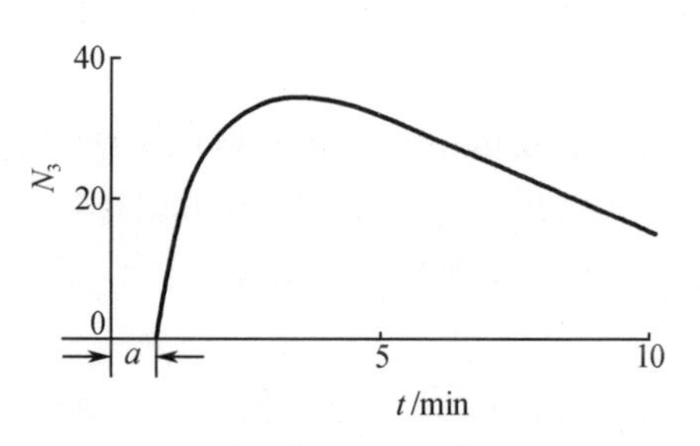

图1.16　第3代放射性核素(子体)的积累规律示意图

3. 放射性系列的平衡系数

(1)放射性系列平衡

对于一个放射性系列,若母核半衰期比系列中任何子核半衰期都长得多,即 $\lambda_1 \ll (\lambda_2, \lambda_3, \cdots, \lambda_n)$,则该母核称为长寿母核。在长寿母核的放射性系列中,当子核积累到相当长时间后,即达到系列中寿命最长的子核的10倍半衰期时,系列中各子核便与母核达到了放射性平衡,此时母核与系列中任何子核之间都具备特殊关系,即原子核数目保持固定比值(与衰变常数成反比,或者说与半衰期成正比),系列中各核素的衰变率(即放射性活度)相等,以上论述可由衰变链中任意子核的积累公式,即式(1.63)得到证明。

当时间大于衰变链中寿命最长的子核的10倍半衰期时,式(1.63)中除了含因子 $e^{-\lambda_1 t}$ 的一项外,其他各项皆近似为0,此时式(1.63)可简化成

$$N_n = \lambda_1\lambda_2\cdots\lambda_{n-1}N_{01}\frac{e^{-\lambda_1 t}}{(\lambda_2-\lambda_1)(\lambda_3-\lambda_1)\cdots(\lambda_n-\lambda_1)}$$

又因 $\lambda_1 \ll \lambda_2, \lambda_3, \cdots, \lambda_n$,在一定精度条件下,则有 $\lambda_2-\lambda_1 \approx \lambda_2, \lambda_3-\lambda_1 \approx \lambda_3, \cdots, \lambda_n-\lambda_1 \approx \lambda_n$;由此式(1.63)进一步简化为 $N_n=\lambda_1 N_{01}e^{-\lambda_1 t}/\lambda_n=\lambda_1 N_1/\lambda_n$,即

$$N_n/N_1=\lambda_1/\lambda_n \quad 或 \quad \lambda_n N_n=\lambda_1 N_1$$

因为 n 可以是衰变链中的任意子核,所以当时间 t 大于最长寿子体的10倍半衰期时,整个衰变链都处于放射性平衡状态,则

$$\lambda_1 N_1 = \lambda_2 N_2 = \cdots = \lambda_n N_n \tag{1.66}$$

在三个天然放射性系列中,铀系母核 $^{238}_{92}U$ 的半衰期为 4.468×10^9 a,最长寿子核 $^{234}_{92}U$ 的半衰期为 2.5×10^5 a;钍系母核 $^{232}_{90}Th$ 的半衰期为 1.41×10^{10} a,最长寿子核 $^{228}_{88}Ra$ 的半衰期为5.76 a;锕铀系母核 $^{235}_{92}U$ 的半衰期为 7.038×10^8 a,最长寿子核 $^{231}_{91}Pa$ 的半衰期为 3.28×10^4 a。这三个系列的母核都比最长寿子核的半衰期长四个数量级以上,属于长寿母核,因此都能在适当时候出现系列平衡,铀系约需 250×10^6 a,锕铀系约需 3.3×10^5 a,而钍系只需60 a。在铀系

中,不乏半衰期较长的子核,如 $^{230}_{90}Th$ 和 $^{226}_{88}Ra$ 的半衰期分别长达 7.7×10^4 a 和 1 602 a,但它们的地球化学性质与 $^{238}_{92}U$ 不同,一旦某种地质活动使它们中的任何一个与母体分离,就能使系列平衡破坏,且难以恢复平衡,所以自然界中放射性系列不平衡的现象比较常见;而钍系恢复平衡只需60 a,这在地质时代上是短暂的,所以自然界中的钍系可看成是平衡的。

至于非长寿母核衰变系列(如许多人工放射性衰变链),则无放射性系列平衡可言,但是衰变链中必有一核素最长半衰期者,在足够长时间后,衰变链将只剩下该最长寿核素及其以后各代子体,而所有的残存核素,均按照该最长寿核素的衰变规律衰减。

(2)平衡系数

由式(1.66)可知,当放射性系列达到平衡时,若将原子核数目之比改成核素的质量(或重力)之比,可得到系列中各核素之间的质量关系,即可由母核的质量求出与之处于平衡时子核的质量。即在放射性系列平衡时,如果系列中的第 i 个和第 j 个放射性核素的原子核数目分别为 N_i 和 N_j,其衰变常数分别为 λ_i 和 λ_j,则

$$N_i/N_j = \lambda_j/\lambda_i \tag{1.67}$$

考虑原子核数目 N 与质量数 m 的关系是 $m = N\cdot M/6.02\times10^{23}$ [M 为摩尔质量(或原子数),6.02×10^{23} 为阿伏伽德罗常数,指 1 g 物质所含核子数目],故平衡时的质量数比为

$$m_i/m_j = (N_i\cdot M_i)/(N_j\cdot M_j)$$

将其代入式(1.67)中,有

$$m_i/m_j = (\lambda_j\cdot M_i)/(\lambda_i\cdot M_j) \tag{1.68}$$

例如:在铀系中,对于 1 g 含铀物质,与它平衡时所含镭的质量数为

$$m_{Ra} = \frac{\lambda_U\cdot M_{Ra}}{\lambda_{Ra}\cdot M_U}m_U = \frac{4.91\times10^{-18}\times226}{1.37\times10^{-11}\times238}\times1\ g = 3.40\times10^{-7}\ g$$

平衡系数是以平衡时的质量比 m_i/m_j 为依据来定义的,即当某物质(如岩矿石)中含有同一放射性系列的任何两种放射性核素时,平衡系数被定义为两种核素的实际质量比 m_{ir}/m_{jr} 与它们处于放射性平衡时的质量比 m_i/m_j 的比值,并采用符号 K_p 表示,则

$$K_p = \frac{m_{ir}/m_{jr}}{m_i/m_j} = \frac{m_{ir}/m_{jr}}{\lambda_j\cdot M_i/(\lambda_i\cdot M_j)} \tag{1.69}$$

所以,铀系中的铀镭平衡系数可定义为

$$K_p = \frac{m_{Ra}/m_U}{3.40\times10^{-7}} = 2.94\times10^6\frac{m_{Ra}}{M_U} \tag{1.70}$$

当 $K_p = 1$ 时,铀镭处于放射性平衡;

当 $K_p > 1$ 时,铀镭的放射性平衡被破坏,并偏镭;

当 $K_p < 1$ 时,铀镭的放射性平衡被破坏,并偏铀。

在采用放射性方法寻找铀矿时,了解岩石的铀镭平衡状况是十分必要的。因为铀系的主要 γ 辐射体属于镭组核素,许多 γ 测量方法直接测量的对象都是镭组核素,而铀是要寻找的对象,岩石中的铀镭平衡状况关系到能否正确选择找矿方法,以及能否准确地评价铀的状况,因此在放射性勘查工作中,测定平衡系数是常用的基本参数之一。

1.2.5 天然放射性衰变系列和天然放射性射线谱*

1. 天然放射性衰变系列

科学家们在研究铀矿石时发现矿石中总是含有镤、镭、铋等放射性元素或同位素,它们与铀共生,进一步研究后还发现,这些元素是相继衰变的放射性系列,系列中的起始元素变成新元素 $^{238}_{92}U$(常称衰变子体)后,该新元素还继续衰变,直到生成稳定元素或稳定同位素才停止衰变。因此,自然界中的铀元素 $^{238}_{92}U$ 形成的系列被称为天然放射性系列,简称铀系。

事实上,自然界中有铀(U)系、钍(Th)系和锕铀(AcU)系共三个天然放射性系列,人们通过人工方法还获得了镎(Np)系。这些放射性系列中的所有元素的原子序数都不小于81。目前共发现了230多种天然放射性核素,除上述成系列的天然放射性核素外,其他都是不成系列的天然放射性核素,它们经过一次衰变后就成为稳定元素,如 $^{40}_{19}K$(钾)、$^{87}_{37}Rb$(铷)等。

(1)铀系

铀系又称铀镭系,该系列中各核素的相继衰变示意图如附图A-1所示。图中,带箭头的斜线和竖线均表示相继衰变的顺序,斜线为α衰变,竖线为β衰变。通常在α衰变和β衰变的同时,还伴随γ衰变(图中没有标注),有些核素既有α衰变又有β衰变(即存在分支衰变),在α衰变分支中,斜线上方标注了该分支的衰变百分比,β衰变分支的衰变百分比为剩余的百分比(图中没有标注)。为了方便了解衰变链中各核素的衰变关系,每个核素的半衰期标注在α衰变的斜线下方或β衰变的竖线左侧。图中纵坐标为原子序数,横坐标为质量数,通过横纵坐标的交叉点可推算具体核素的标准名称,考虑到大部分核素都有别名,在交叉点附近标注了该核素的别名。例如,$^{238}_{92}U$ 的别名为U1,$^{218}_{84}Po$ 的别名为RaA。

分析附图A-1中的衰变关系可知:铀系的起始元素为U1($^{238}_{92}U$, $T_{1/2}=4.47\times10^{9}$ a),经过α衰变成为 UX_1($^{234}_{90}Th$),UX_1 经β衰变成为 UX_2($^{234}_{91}Pa$)。应当注意,UX_2 有两种衰变方式,其中大部分原子核直接经β衰变而成U2($^{234}_{92}U$),另有一小部分原子核(占0.15%)先放出γ射线成为UZ(UZ与 UX_2 为一对同质异能素),然后UZ再经β衰变而成U2。U2的半衰期很长,U2经α衰变成为Io($^{230}_{90}Th$),Io经α衰变成为Ra($^{226}_{88}Ra$),Ra再经α衰变成为气体放射性元素Rn($^{222}_{86}Rn$),Rn还经α衰变成RaA($^{218}_{84}Po$)。经过上述连续的α衰变,衰变进入短寿核素的衰变链中。

短寿核素RaA有两个分支衰变,大部分(99.7%)经α衰变成RaB($^{214}_{82}Pb$),极少部分(0.3%)经β衰变成为At($^{218}_{85}At$,At的寿命很短,量又很少,一般不再考虑该分支)。RaB经β衰变成为RaC($^{214}_{83}Bi$),RaC也有两个分支衰变,但绝大部分(99.96%)再经β衰变成为RaC′($^{214}_{84}Po$),RaC′经α衰变而成RaD($^{210}_{82}Pb$),RaD的半衰期较长,经β衰变成为RaE($^{210}_{83}Bi$),RaE经β衰变成为RaF($^{210}_{84}Po$),最后RaF经α衰变成为稳定同位素RaG($^{206}_{82}Pb$)。

在铀系中,RaA、RaB、RaC、RaC′、RaC″的寿命都很短,称为Rn的短寿放射性子体;而RaD、RaE、RaF的寿命比较长,称为Rn的长寿放射性子体。此外,Rn($^{222}_{86}Rn$)是气体放射性元素,RaC($^{214}_{83}Bi$)是重要的γ辐射体。上述衰变过程从起始元素U1($^{238}_{92}U$)开始,到稳定同位素RaG($^{206}_{82}Pb$)停止,共经历了8次α衰变和6次β衰变。

(2)钍系

按相同的思路,钍系衰变示意图如附图A-2所示。钍系的起始元素为Th($^{232}_{90}Th$,

$T_{1/2}=1.40\times10^{10}$ a),钍系衰变子体元素的寿命一般比铀系衰变子体元素的寿命短得多,最长寿者 $MsTh_1$($^{228}_{88}Ra$)的半衰期也只有5.75 a。衰变过程从起始元素Th($^{232}_{90}Th$)开始,到稳定同位素ThD($^{208}_{82}Pb$)停止,共经历了6次α衰变和4次β衰变。

(3)锕铀系

最初认为锕是这个系列的起始元素,故称锕系,现知,AcU($^{235}_{92}U$)是该系列的起始元素,故改称锕铀系,如附图A-3所示。锕铀系经过7次α衰变和4次β衰变,最后变成稳定同位素AcU($^{235}_{92}U$)。应当指出,AcU为铀的同位素,在自然界中 $^{238}_{92}U$ 和 $^{235}_{92}U$ 两者共生,其比例为140:1,即仅占自然铀的0.72%。

(4)天然放射性衰变系列的特点及其镎系的发现

通过分析上面的三个天然放射性系列,可以看出:

①三个系列的起始元素的半衰期都很长,为 $10^8\sim10^{10}$ a,正因为这个原因,三个系列才能在自然界存在。

②在每个系列的中部各有一个元素为气态放射性元素,其原子序数为86,是氡的同位素,通常称为射气。铀系的射气记为Rn,简称氡射气,$T_{1/2}=3.825$ d;钍系的射气记为Tn,简称钍射气,$T_{1/2}=54.5$ s;锕铀系的射气记为An,简称锕射气,$T_{1/2}=3.96$ s。

③系列中的射气都能逸散,因而衰变子体有可能附着于物体表面,称为放射性沉淀物。铀系含有氡的短寿沉淀物(RaA、RaB、RaC、RaC′、RaC″)和长寿沉淀物(RaD、RaE和RaF);钍系和锕系的射气衰变子体都是短寿沉淀物。

④三个系列的射气衰变子体记为A元素(如RaA、ThA),它们是钋的同位素,几乎全部放出α射线而成B元素(如RaB、ThB);B元素为铅的同位素,经过β衰变而成C元素;C元素有两个分支衰变,一个是经β衰变成C′元素,另一个经α衰变成C″元素。伴随着产物C的衰变,将放出很强的γ放射线,所以产物C是系列中主要的γ辐射体。

⑤三个系列的衰变产物C′元素均为α辐射体,它们放出的α射线的能量是整个系列中最大的α辐射能。C′元素衰变产物是铅的同位素,其中只有RaD($^{210}_{82}Pb$)具有较强的放射性。

⑥各系列衰变的最后产物均是铅的稳定同位素,对应于铀系为 $^{206}_{82}Pb$,锕铀系为 $^{207}_{82}Pb$,钍系为 $^{208}_{82}Pb$。

⑦从三个系列的元素质量数的变化中可以看出,它们都有一定的规律,钍系每一元素的质量数都是4的倍数,即 $A=4n$,而铀系为 $A=4n+2$,锕铀系为 $A=4n+3$,其中 n 为正整数,铀系 $n=51\sim59$,钍系 $n=52\sim58$,锕铀系 $n=52\sim59$。这使人怀疑是否还存在一个 $A=4n+1$ 的系列。

在人工放射性核素中已经找到了该系列,其长寿起始元素为镎($^{237}_{93}Np$),故称为镎系。由于镎的原子序数大于铀的原子序数,故把它列入超铀元素。镎系衰变示意图如附图A-4所示。对于镎系,可指出:$^{237}_{93}Np$ 是镎系中寿命最长的核素,$T_{1/2}=2.25\times10^6$ a,约为地球年龄的千分之一,经过漫长的地质年代,镎系在自然界里已不存在;镎系可按不同途径得到,例如 $^{238}_{92}U$ 经中子轰击后,放出2个中子变成 $^{237}_{92}U$,$^{237}_{92}U$ 经β衰变而成 $^{237}_{93}Np$,也可以用中子轰击 $^{232}_{90}Th$ 变成 $^{233}_{90}Th$,$^{233}_{90}Th$ 经β衰变而成 $^{233}_{91}Pa$(镎系第1代子核);镎系最后一个元素为 $^{209}_{83}Bi$,原来认为它是稳定元素,后来发现它也有放射性,$T_{1/2}>2\times10^{18}$ a,它经α衰变后成 $^{205}_{81}Tl$。

铀和钍作为三个天然放射性系列的起始元素,是重要的核燃料,下面简单介绍其特征。

①金属铀的化学活动性与铁相似,在空气中易氧化,也易溶于酸。自然界铀的同位素有三个:U1($^{238}_{92}U$)、U2($^{234}_{92}U$)和 AcU($^{235}_{92}U$),其半衰期 $T_{1/2}$ 分别为 4.47×10^9 a、2.44×10^5 a 和 7.1×10^4 a;它们在自然界的分布比例为 U1:U2:AcU = 1:(1/17 000):(1/140)。

应当注意,AcU 不属于铀系,而是锕铀系的起始元素,但在自然界中不单独存在,总与铀($^{238}_{92}U$)共生在一起。$^{235}_{92}U$ 在慢中子作用下,分裂成为两个中等原子质量的核,同时还放出 1 ~ 3 个中子。当 $^{235}_{92}U$ 的浓度和体积达到一定条件时,可以发生链式反应,释放巨大的能量,最早便是利用它来作核燃料。但是 $^{235}_{92}U$ 的丰度只占铀的约 0.7%,不但量微,而且与 $^{238}_{92}U$ 分离、提纯的工艺也比较复杂,成本很高。

$^{238}_{92}U$ 可经中子轰击成 $^{239}_{92}U$,再经两次 β 衰变成 $^{239}_{94}Pu$。$^{239}_{94}Pu$ 与 $^{235}_{92}U$ 有类似的性质,可以作为核燃料,它是将精冶的天然铀放在铀 - 钍循环反应堆中处理后得到的。

②钍为银白色金属,难与氧化合。它有六个同位素,主要是 $^{232}_{90}Th$,其他几个丰度都很低。$^{232}_{90}Th$ 经中子轰击,形成 $^{233}_{90}Th$,$^{233}_{90}Th$ 经过两次 β 衰变,生成 $^{233}_{92}U$。$^{233}_{92}U$ 和 $^{239}_{94}Pu$ 一样,可以作为核燃料。钍的储量和蕴藏量几乎和铀相等,是很有前景的核燃料资源,目前由于工艺和工程方面的困难,尚未被广泛应用。

(5)不成系列的天然放射性核素

除了三个天然放射性系列外,自然界还存在一些不成系列的放射性核素,它们经过一次衰变后就成了稳定元素,现已知的有 180 余种,它们的半衰期从数秒到若干亿年。在自然界中,这些放射性核素的含量极少,较有意义的是钾、铷、铟、锡、镧等元素的放射性同位素,这些同位素几乎都是 β 衰变体,只有少数几个是经 β 衰变以及 K 俘获两种途径衰变的。目前研究最多的是钾的放射性核素,因为钾在地壳中分布极广。

天然钾有三个同位素,$^{39}_{19}K$(93.31%)、$^{40}_{19}K$(0.012%)和 $^{41}_{19}K$(6.7%),其中只有 $^{40}_{19}K$ 是放射性核素,$T_{1/2}=1.26\times10^9$ a。1 g 天然钾在 1 s 内放出约 28 个 β 粒子,其中最大能量为 1.31 MeV,另外还放出约 3 个能量均为 1.46 MeV 的 γ 光子。钾衰变后形成 $^{40}_{18}Ar$(氩)和 $^{40}_{20}Ca$(钙),它们均为稳定元素,存在于含钾的岩石中。常见的不成系列的天然放射性核素列于表 1.4 中。

表 1.4　常见的不成系列的天然放射性核素

元素名称	核素符号	丰度/%	半衰期/a	衰变类型	能量/MeV		衰变产物
					α 或 β 粒子	γ 射线	
钾	$^{40}_{19}K$	0.012	1.26×10^9	β(89%)、K(11%)	1.31	1.46	$^{40}_{20}Ca$、$^{40}_{18}Ar$
铷	$^{87}_{37}Rb$	27.85	4.6×10^{10}	β	0.28	—	$^{87}_{38}Sr$
镧	$^{138}_{57}La$	0.089	1.2×10^{11}	β、K	0.21	1.436,0.788	$^{138}_{58}Ce$、$^{138}_{56}Ba$
钐	$^{147}_{62}Sm$	14.97	1.07×10^{11}	α	2.23	—	$^{143}_{60}Nd$
镥	$^{176}_{71}Lu$	2.60	3×10^{10}	β	0.42	0.302,0.202,0.088	$^{176}_{72}Hf$、$^{176}_{70}Yb$
铼	$^{187}_{75}Re$	62.5	5×10^{10}	β	0.002 5	—	$^{187}_{76}Os$

2. 天然放射性核素的射线谱

天然 α 射线来自原子序数 $Z>60$ 的放射性重核,大多属于三个天然放射性系列,只有少数几种不成系列，多数由母核基态放出 α 粒子到子核不同能态，只有个别核素由母核基态放出 α 粒子直接到子核基态。因此，同一种核素可放出不同能量的 α 粒子，称为 α 射线的复杂谱，但皆为线状谱；若能量是单一的，则称为 α 射线单色谱。

天然 β 射线的辐射体，可以是轻核、中核和重核的放射性核素，每种放射性母核都可以放出几组 β 射线（对应于各子核的多种能级），每组 β 射线的能量都是连续的（$0 \sim E_{max}$），各种图表中给出的 β 射线能量皆为该 β 粒子的最大能量 E_{max}。原子核发生 β 或 α 衰变后，子核处于不同能级，若退激时放出 γ 光子，其能量则对应于退激前后核的两能级之差，所以伴随 α 衰变或 β 衰变，往往有不同能量的 γ 光子，而且其本征谱都是线状谱，天然放射性核素的 γ 辐射中，伴随 β 衰变放出的 γ 光子往往能量较大。

各种射线的能量，不同资料给出的数据有时存在差异，这与测量方法和测量精度有关。目前，带电粒子（α、β）的能量测量大致有以下几种方法：

（1）磁偏转法，是一种绝对测量方法，为目前测量 α、β 粒子最准确的方法；

（2）射程测量法，是最简单的绝对测量方法，又有径迹长度量度法和介质吸收法之分；

（3）切仑科夫效应法，用这种方法可以很准确地相对测定带电粒子的能量；

（4）吸收谱仪法，是目前使用最普遍的方法，该法使用不同仪器测定，如电离室谱仪（测定 α 粒子）、半导体谱仪（测定 α、β 粒子）及正比计数管谱仪（测定 β 粒子）等。

对于 γ 射线的测量，目前普遍采用 γ 射线谱仪，由探测器（包括晶体闪烁计数器、半导体探测器等）配以电子仪器组成，γ 射线的测量实质上是对 γ 射线与介质相互作用后产生的各种次级电子的测量，属于相对测量。

附表 A－1、附表 A－2 和附表 A－3 分别列出了铀系、钍系、锕铀系三个天然放射性系列的 α、β、γ 射线谱，下面对三个天然放射性系列的 α、β、γ 射线谱进行简要说明：在附表 A－1、附表 A－2 和附表 A－3 中，能量 E 是指放出射线的能量，其中 α 射线为加权平均能量（例如，${}^{232}_{90}\mathrm{Th}$进行 α 衰变放出能量为 4.012 MeV 的 α 粒子占 77%，能量为 3.953 MeV 的 α 粒子占 23%，则加权平均能量为 3.993 MeV），β 射线为每组的最大能量，γ 射线为伴随放出的某个单色谱能量；百次衰变粒子数 n 表示该核素放出能量为 E 的 α 粒子或 β 粒子份额，而一次衰变光子数 n 表示伴随放出相应能量 γ 射线的概率；nE 表示该核素在每百次衰变（或一次衰变）中放出粒子的能量之和；$\sum nE$ 表示整个系列中各核素在达到放射性平衡时每百次衰变（或一次衰变）所放出粒子的能量总和；相对强度 $nE/\sum nE$ 表示该核素放出粒子的能量在达到放射性平衡的整个系列中所占能量比例。

（1）α 射线谱

一般将铀系分为铀组和镭组，铀组的 α 辐射主要是由 U1（${}^{238}_{92}\mathrm{U}$）、U2（${}^{234}_{92}\mathrm{U}$）和 Io（${}^{230}_{90}\mathrm{Th}$）三个核素放出的，镭组的 α 辐射主要是由 Ra（${}^{220}_{88}\mathrm{Ra}$）、Rn（${}^{222}_{86}\mathrm{Rn}$）、RaA（${}^{218}_{84}\mathrm{Po}$）、RaC′（${}^{214}_{84}\mathrm{Po}$）、RaF（${}^{210}_{84}\mathrm{Po}$）五个核素放出的；铀系 α 粒子最大能量 7.687 MeV 是由 RaC′（${}^{214}_{84}\mathrm{Po}$）放出的，最小能量 4.185 MeV 是由 U1（${}^{238}_{92}\mathrm{U}$）放出的。在铀系处于放射性平衡时，铀组占铀系 α 射线总能量的 31.8%，镭组占 68.2%。

钍系中的 α 辐射主要是由 Th（${}^{232}_{90}\mathrm{Th}$）、RaTh（${}^{228}_{90}\mathrm{Th}$）、ThX（${}^{224}_{88}\mathrm{Ra}$）、Tn（${}^{224}_{86}\mathrm{Rn}$）、ThA（${}^{216}_{84}\mathrm{Po}$）、ThC（${}^{212}_{83}\mathrm{Bi}$）、ThC′（${}^{212}_{84}\mathrm{Po}$）七个核素放出的，钍系 α 粒子最大能量 8.785 MeV 是由 ThC′（${}^{212}_{84}\mathrm{Po}$）

放出的,最小能量3.993 MeV是由Th($^{232}_{90}$Th)放出的。

锕铀系总是与铀系共生,因丰度很低,对天然辐射测量贡献很小,一般测量时不考虑。

(2)β射线谱

铀系的β辐射主要是由铀组的UX_2 + UZ($^{234}_{91}$Pa)和镭组的RaB($^{214}_{82}$Pb)、RaC($^{214}_{83}$Bi)、RaE($^{210}_{83}$Bi)四个核素放出的;铀系β射线最大能量3.2 MeV是由RaC($^{214}_{83}$Bi)放出的;在铀系处于放射性平衡时,铀组占铀系β射线总能量的41.0%,镭组占59.0%。

钍系β辐射体主要是由$MsTh_2$($^{228}_{89}$Ac)、ThB($^{212}_{82}$Pb)、ThC($^{212}_{83}$Bi)、ThC″($^{208}_{81}$Tl)四个核素放出的;钍系β射线最大能量2.387 MeV是由ThC″($^{208}_{81}$Tl)放出的。

(3)γ射线谱

铀系的γ辐射主要是由铀组的UX_1($^{234}_{90}$Th,但只占铀系γ总能量的1%)以及镭组的RaB($^{214}_{82}$Pb)和RaC($^{214}_{83}$Bi)三个核素放出的。铀组占铀系γ射线总能量的2.1%,镭组占97.9%。其中,能量分别为0.093 MeV UX_1($^{234}_{90}$Th)、0.352 MeV RaB($^{214}_{82}$Pb)、1.120 MeV RaC($^{214}_{83}$Bi)和1.764 MeV RaC($^{214}_{83}$Bi)的γ射线最具意义,这些能量的γ射线常被天然γ能谱分析所采用。表1.5粗略地给出了铀系γ射线能谱段分布比例,可见铀系几乎50%的γ射线能量小于0.5 MeV,约24%为1.0~2.0 MeV。

表1.5 铀系γ射线能谱段分布比例

能谱段/MeV	相对比例/%	占铀系总能量比例($nE/\sum nE$)/%
<0.5	46.5	16.3
0.5~1.0	26.2	24.0
1.0~1.5	13.5	23.3
1.5~2.0	10.3	25.7
2.0	3.5	7~10

锕铀系近70%的γ射线由AcB($^{211}_{82}$Pb)、AcC($^{211}_{83}$Bi)、AcU($^{235}_{92}$U)、UY($^{231}_{90}$Th)放出,主要是能量分别为0.185 MeV AcU($^{235}_{92}$U)、0.351 MeV AcC($^{211}_{83}$Bi)、0.829 MeV AcB($^{211}_{82}$Pb)的γ射线;系列中最大能量的γ射线为0.890 MeV,当天然γ测量仅针对1.0 MeV的γ射线时,基本可忽略锕铀系的影响。

钍系γ射线主要来自ThC″($^{208}_{81}$Tl)、$MsTh_2$($^{228}_{89}$Ac),其γ射线能量分别占钍系能量的61.0%和26.2%,另外ThB($^{212}_{82}$Pb)和ThC($^{212}_{83}$Bi)的γ射线能量分别占钍系能量的6.1%和5.6%,主要特征γ谱线有0.511 MeV ThC″($^{208}_{81}$Tl)、0.583 MeV ThC″($^{208}_{81}$Tl)、0.908 MeV ThC″($^{228}_{89}$Ac)和2.620 MeV ThC″($^{208}_{81}$Tl),其中2.620 MeV是天然γ能谱测量中的钍系常用能量。钍系γ射线能谱段分布比例如表1.6所示,其中钍系85%的γ光子能量低于0.1 MeV,而2.620 MeV γ光子数量占钍系总光子数的8%,钍系γ能谱分布为“两头大,中间小”,与铀系相比有明显差异。

表 1.6 钍系 γ 射线能谱段分布比例

能谱段/MeV	相对比例/%	占铀系总能量比例 $(nE/\sum nE)$ /%
<0.1	85	50
1.0 ~ 2.0	7	4
2.62	8	46

(4)其他天然放射性核素及 γ 射线谱

铀系、钍系、锕系和 ${}^{40}_{19}K$ 是天然 γ 辐射的主要来源，${}^{138}_{57}La$、${}^{176}_{71}Lu$、${}^{50}_{23}V$ 等其他核素的贡献很少。当各放射性核素按正常岩石的平均含量进行分布时，1 g 岩石所放射的 γ 射线能量及比例列于表 1.7 中。可见，正常岩石 ${}^{40}_{19}K$ 的 γ 射线能量贡献约占 42%，钍系占 32.0%，铀系和锕铀系共占约 25%，其他核素只占 1%。

表 1.7 1 g 岩石所放射的 γ 射线能量及比例

核素	平均含量/%	能量/MeV	能量比例/%
铀系	2.98×10^{-4}	6.82×10^{-2}	24.8
锕系	0.02×10^{-4}	0.153×10^{-2}	0.6
钍系	11.4×10^{-4}	8.78×10^{-2}	32.0
${}^{40}_{19}K$	3.0	11.4×10^{-2}	41.6
其他核素		0.27×10^{-2}	1.0
总计		27.423×10^{-2}	100

1.2.6 放射性衰变规律的应用

1. 确定考古年代

${}^{14}_{6}C$ 是由宇宙射线经过大气产生核反应形成的，并可进入有机体，因新陈代谢作用使有机活体内保持与大气中相同的 ${}^{12}_{6}C$ 与 ${}^{14}_{6}C$ 原子核数目的比值，即 ${}^{12}_{6}C : {}^{14}_{6}C = 10^{12} : 1.2$。一旦有机体死亡，新陈代谢停止，遗骸内 ${}^{14}_{6}C$ 只有衰变没有补充，因而使 ${}^{12}_{6}C : {}^{14}_{6}C$ 比值改变。据此根据放射性衰变规律，可推算出生物死亡年代，从而确定含有机碳的古文物年代。

已知 ${}^{14}_{6}C$ 的半衰期 $T_{1/2} = 5\ 730$ a，设 $t = 0$ 时，${}^{14}_{6}C$ 的比活度为 n_0（在古今大气中，活体生物中的 n_0 基本不变），t 时刻 ${}^{14}_{6}C$ 的比活度为 n，按衰变规律 $n/n_0 = e^{-\lambda t}$（$\lambda = 0.693/T_{1/2}$），有

$$t = T_{1/2}\ln(n_0/n)\ln 2 = 8\ 266.6\ln(n_0/n) \tag{1.71}$$

因 ${}^{14}_{6}C$ 比活度很小，约为 0.23 $Bq \cdot g^{-1}$，经长时间衰变后则更小，必须用特殊装置才能精确测量，因测量精度所限，目前根据 ${}^{14}_{6}C$ 考古确定的年代极限约为 30 000 a。

2. 确定地质年代

如果岩（矿）石形成后，它所含的放射性核素和最终子体没有任何外加流失，并在形成时不含最终子体，或者从同位素的比值中可以推算出由衰变得来的最终子体，则可由放射性核素和最终子体的含量推算出岩（矿）石形成的年代，从而划定有关地层年龄。一般可利用许多放

射性核素来推断地质年代,不同核素又有不同推测方法,对同一岩(矿)石施用不同的推算方法,其结果应大致相同。目前使用较多的方法有铅/铀比值法、铅同位素比值法等。

铅/铀比值法是假设矿石形成时不含 $^{206}_{82}Pb$,即假设单位质量的岩(矿)石含 N 个 $^{238}_{92}U$ 原子核,有一些 $^{238}_{92}U$ 经过 8 次 α 衰变和 6 次 β 衰变而变成 $^{206}_{82}Pb$,若在这一漫长的地质年代中,它们都没有逃逸出来,则从现存的铀量与积累的铅量之比可求出岩(矿)石年龄,即

$$\begin{cases} N_{U1} = N_{U01}e^{-\lambda_{U1}t} \\ N_{Pb1} = N_{U01} - N_{U1} - \sum N_i = N_{U1}(e^{\lambda_{U1}t} - 1) - \sum N_i \end{cases} \tag{1.72}$$

可得

$$t = \ln\left[1 + (N_{Pb1} + \sum N_i)/N_{U1}\right]/\lambda_{U1} \tag{1.73}$$

式中 N_{U1}、N_{Pb1}、N_i——$^{238}_{92}U$、$^{206}_{82}Pb$、铀系中其他放射性子核在单位质量岩(矿)石中现存的原子核数目;

N_{U01}——$^{238}_{92}U$ 在单位质量岩(矿)石中原有的原子核数目;

t——岩(矿)石的形成年龄;

λ_{U1}——$^{238}_{92}U$ 的衰变常数。

若 $t > 2.5 \times 10^6$ a,铀系将平衡,$\sum N_i$ 中的各 N_i 值与 N_{U1} 成一定比例(与衰变常数 λ_i 成反比)。若 $t > 1.0 \times 10^9$ a,则 $\sum N_i \ll N_{Pb1}$,式(1.73)可简化为 $N_{Pb1} = N_{U1}(e^{\lambda_{U1}t} - 1)$,即

$$t = \ln(1 + N_{Pb1}/N_{U1})/\lambda_{U1} \tag{1.74}$$

可见,只要测得 N_{Pb1}/N_{U1} 的值,就可算出岩(矿)石年龄。

与铅/铀比值法类似,利用 $^{235}_{92}U$ 和 $^{207}_{82}Pb$ 或 $^{232}_{90}Th$ 和 $^{208}_{82}Pb$ 的比值也可达到同样目的。当岩(矿)石年龄大于 3.0×10^5 a 时,锕铀系达放射性平衡,而钍系只需 60 a 就可达到系列平衡。当时间足够长时,各系列中的放射性子核都可比稳定性铅($^{208}_{82}Pb$、$^{207}_{82}Pb$)小很多,因而其放射性子核都可忽略不计,此时可求得

$$t = \ln(1 + N_{Pb2}/N_{U2})/\lambda_{U2} \quad 或 \quad t = \ln(1 + N_{Pb3}/N_{Th})/\lambda_{Th} \tag{1.75}$$

式中 N_{Pb2}、N_{Pb3}——$^{207}_{82}Pb$、$^{208}_{82}Pb$ 在单位质量岩(矿)石中的现存原子核数目;

λ_{U2}、λ_{Th}——$^{235}_{92}U$、$^{232}_{90}Th$ 的衰变常数;

N_{U2}、N_{Th}——$^{235}_{92}U$、$^{232}_{90}Th$ 在单位质量岩(矿)石中的现存原子核数目;

t——岩(矿)石的形成年龄。

铅同位素比值法是采用 $^{207}_{82}Pb$ 和 $^{206}_{82}Pb$ 的比值来求得岩(矿)石年龄。显然,式(1.74)和式(1.75)求出的岩(矿)石年龄 t 应相同,而 $^{238}_{92}U$ 与 $^{235}_{92}U$ 之比为 $N_{U2}/N_{U1} = 1/138$,则

$$N_{Pb2}/N_{Pb1} = (e^{\lambda_{U2}t} - 1)/\left[138(e^{\lambda_{U1}t} - 1)\right] \tag{1.76}$$

所以,只要测得 N_{Pb2}/N_{Pb1},就可从式(1.76)中解得岩(矿)石年龄 t。其他方法还有氦/铀比值法、钾/氩比值法等,都是利用核素衰变规律来推算岩(矿)石年龄 t。

3. 保存短寿放射源

某些应用常需一些短寿放射性核素,因它衰变快而不便于运输和储存,此时可储存母核,利用母核与子核的衰变关系,待需使用时才利用化学方法或其他方法将其分离出来,称这种储存母核的处理装置为“母牛”。制作氡室就采用镭源作为氡发生器,即 $^{226}Ra - ^{222}Rn$ 发生器,在医疗中常用的“母牛”有锡-铟($^{113}Sn - ^{113m}In$)发生器、钼-锝($^{99}Mo - ^{99m}Tc$)发生器等。

显然,氡发生器利用了固体 ^{226}Ra 与气体 ^{222}Rn 便于分离的特点,并考虑 $\lambda_1=\lambda_2$ 且 $\lambda_1\approx0$ 的条件,当 $t=0$ 时,将氡室和氡发生器中的氡气排空到氡气活度的底数值 A_{02},则可按照前述的式(1.42),通过镭活度 A_{01},求得 t 时刻氡室中累积到的氡气活度 A_2,即

$$A_2 = A_{02}e^{-\lambda_2 t} + A_{01}(1 - e^{-\lambda_2 t}) \tag{1.77}$$

医疗中使用的 $^{113}Sn-{}^{113m}In$ 发生器和 $^{99}Mo-{}^{99m}Tc$ 发生器,分别遵循如下衰变:

$$\begin{cases} {}^{113}\mathrm{Sn} \xrightarrow[115\ \mathrm{d}]{\mathrm{EC}} {}^{113\mathrm{m}}\mathrm{In} \xrightarrow[99.8\ \mathrm{min}]{\mathrm{IT}(64.9\%)} {}^{113}\mathrm{In} + \gamma(0.393\ \mathrm{MeV}) \\ {}^{99}\mathrm{Mo} \xrightarrow[66.2\ \mathrm{h}]{\beta} {}^{99\mathrm{m}}\mathrm{Tc} \xrightarrow[6.0\ \mathrm{h}]{\mathrm{IT}} {}^{99}\mathrm{Tc} + \gamma(0.14\ \mathrm{MeV}) \end{cases}$$

对于 $^{113}Sn-{}^{113m}In$ 发生器,考虑两者半衰期之比 $T_1/T_2=115\ d/99.8\ min=1\ 659$,当 $t>16$ h时,可认为子核 ^{113m}In 与母核 ^{113}Sn 达到了放射性平衡,即在单位时间内子核衰变掉的原子核数目等于它从母核衰变中获得的原子核数目。子核 ^{113m}In 可通过化学淋洗方法分离出来并确定放射性活度值,作为定量的短寿放射性核素来使用。

同理,对于 $^{99}Mo-{}^{99m}Tc$ 发生器,母核 ^{99}Mo 与子核 ^{99m}Tc 之间有 $T_1/T_2\approx11$,两者只存在动平衡。按 $T_1>T_2$ 的子核积累规律,可由式(1.53)计算 ^{99m}Tc 原子核数目达到最大值所需的时间 t_m 为 22 h 55 min($t_m=22.92$ h),此时 $A_2(t_m)=A_{01}e^{-\lambda_1 t_m}\approx0.786\ 8A_{01}$ 为 ^{99m}Tc 的最大活度。应注意 ^{90}Mo 和 ^{99m}Tc 分别以 MoO_4^- 和 TcO_4^- 的形式存在,前者在 Al_2O_3 颗粒上有很强的附着力,而后者的附着力很差,采用生理盐水淋洗就可将二者分离,即先用生理盐水淋洗掉以前残留的子核 ^{99m}Tc,经过 22 h 55 min 再淋洗并收集子核 ^{99m}Tc,即可将其作为定量的短寿放射性核素来使用。

1.3 核 反 应*

1.3.1 核反应的一般性描述

所谓核反应是指原子核与原子核,或者原子核与其他粒子(如中子 n、质子 p、α 粒子、γ 光子等)之间的相互作用所引起的变化过程。现在的核反应实验大多利用加速器进行,历史上第一次利用加速器产生的核反应是在 1932 年完成的,这个核反应为

$${}^7_2\mathrm{Li} + {}^1_1\mathrm{H} \rightarrow {}^4_2\mathrm{He} + {}^4_2\mathrm{He}$$

核反应常被标记为 A(a,b)B,等效的核反应式为 A + a→B + b。这里的 a、A 分别表示入射粒子和靶核,b、B 分别表示出射粒子和剩余核,将这类反应称为二体反应。当入射粒子 a 的能量较高时,还可能放出两个或多个粒子,此时称为三体或多体崩裂反应。

1. 核反应分类

通常,核反应可按不同情况进行分类,主要分类情况如下:

(1)按入射粒子的种类划分

①中子核反应,包括弹性散射(n,n)、非弹性散射(n,n′)、辐射俘获(n,γ)等;

②带电粒子核反应,包括质子引起的核反应,例如(p,p)、(p,n)、(p,α)等;氘核引起的核反应,例如(d,p)、(p,α)等;α 粒子引起的核反应,例如(α,p)、(α,n)等;重离子引起的核反应,例如($^{12}_{6}C$,4n)、($^{16}_{8}O$,α,3n)等;

③光核反应,γ 光子引起的核反应,例如(γ,n)、(γ,p)等;

④电子引起的类似反应。

(2)按入射粒子的能量划分

①低能核反应,入射粒子能量 $E<50$ MeV;

②中能核反应,入射粒子能区为 50 MeV$\leqslant E \leqslant$1 000 MeV;

③高能核反应,入射粒子能量 $E>1\ 000$ MeV。

(3)按靶核质量数划分

①轻核反应,靶核质量数 $A<25$;

②中等核反应,靶核质量数为 $25\leqslant A\leqslant 80$;

③重核反应,靶核质量数 $A>80$。

2. 核反应道和核反应能

通常,对于能量为 E 的入射粒子和靶核,可能发生的核反应途径往往不止一种,我们把核反应的这些可能途径称为反应道,即对应于每一种核反应过程称为一个反应道。反应前的"道"称为入射道,反应后的道称为出射道。

对于同一个入射道,可能有几个出射道。例如,用能量 2.5 MeV 的氘核 d 轰击锂核 ${}^{6}_{3}Li$,可能发生以下几种核反应过程:${}^{6}_{3}Li(d,\alpha){}^{4}_{2}He$、${}^{6}_{3}Li(d,p_0){}^{7}_{3}Li$、${}^{6}_{3}Li(d,p_1){}^{7}_{3}Li$、${}^{6}_{3}Li(d,p_2){}^{7}_{3}Li$、${}^{6}_{3}Li(d,d){}^{6}_{3}Li$ 等。其中,p_0、p_1、p_2 分别表示出射粒子 p 具有不同的动能。在每一种反应过程中,必须满足能量守恒、动量守恒、角动量守恒、电荷数守恒、质量数守恒、宇称守恒、统计性守恒以及同位旋守恒等。

随着入射粒子能量的提高,出射道的数目也在增多。例如,用中子轰击 ${}^{235}_{92}U$ 的核反应,当中子的能量 $E\leqslant 4$ MeV 时,出射道有(n,n)、(n,n′)、(n,f)、(n,γ);而当 E 在 10 MeV 附近时,除了上述出射道以外,还要增加(n,2n)、(n,n′,f)等出射道。

此外,根据核反应的可逆性,几个入射道也可产生同一个出射道。例如,${}^{6}_{3}Li(d,\alpha){}^{4}_{2}He$、${}^{7}_{3}Li(p,\alpha){}^{4}_{2}He$、${}^{7}_{4}Be(n,\alpha){}^{4}_{2}He$ 都具有相同的出射道。

通常,采用核反应截面来描述反应道出现的概率。对于一定能量的入射粒子和靶核,到底能产生哪些反应道,这与具体的反应机制和核结构性质等因素有关,同时还受到各种守恒定律的约束。上述几个例子的核反应过程,一般可表示为如下三种形式。

(1)A(a,a)A 的核反应过程

A(a,a)A 的核反应过程表示反应前后的产物都不变,系统总能量也不变,即核的组成、核的内部状态均未发生变化,称这种反应过程为弹性散射,或称为弹性道。一般情况下,入射粒子和出射粒子的能量有可能不同(此时剩余核具有反冲动能)。

(2)A(a,a′)A′的核反应过程

A(a,a′)A′的核反应过程表示反应后的产物都不变,但系统总能量发生了变化,使剩余核处于激发态,称这种反应过程为非弹性散射,或称为非弹性道。一般情况下,入射粒子和出射粒子能量是不同的,且剩余核还必须具有激发能。

(3)A(a,b)B 的核反应过程

A(a,b)B 的核反应过程表示反应道前后的产物和能量都不相同,称这种反应过程为重排反应,是一般意义上的核反应。

显然,可根据动量守恒和能量守恒导出核反应过程中的能量。对于核反应 A(a,b)B,可设 A、a、B、b 的静止质量和动能分别为 M_A、m_a、M_B、m_b 和 E_A、e_a、E_B、e_b，则在该核反应过程前后，系统放出的或者吸收的能量（称其为反应能 Q）为

$$Q = E_B + e_b - (E_A + e_a) = [M_B + m_b - (M_A + m_a)]c^2 \tag{1.78}$$

由式(1.78)可知，反应能 Q 可通过核反应前后的系统静止质量来计算。当 $Q>0$ 时，表明反应后的系统总动能大于反应前的系统总动能，即反应后出现了质量亏损，亏损的质量转变为释放出来的能量，称这类核反应为放热反应。例如，${}_3^7\text{Li}(\text{p},\alpha){}_2^4\text{He}$ 和 ${}_3^6\text{Li}(\text{d},\alpha){}_2^4\text{He}$ 就是放热反应，它们将分别放出 17.28 MeV 和 22.4 MeV 的能量（即反应能 Q 为正值）。

同理，当 $Q<0$ 时，核反应后的系统静止质量将增加，需吸收能量来弥补质量增加，称这类核反应为吸热反应。例如，${}_7^{14}\text{N}(\alpha,\text{p}){}_8^{17}\text{O}$ 和 ${}_4^9\text{Be}(\gamma,\text{n}){}_4^8\text{Be}$ 就是吸热反应，各自需吸收 1.19 MeV 和 1.67 MeV 的能量（反应能 Q 为负值）。下面讨论如何通过核反应实验来测量 Q 值。在核反应过程中，假设靶核 A 是静止的（即采用实验室坐标系），即 $E_A=0$，则反应能 $Q=E_B+e_b-e_a$。通常，实验过程能直接测量入射粒子和出射粒子的动能 e_a 和 e_b，而难以测量剩余核的反冲动能 E_B。因此，求解反应能 Q 时，必须设法从公式中消去 E_B。考虑实验室坐标系中的 $E_A=0$，根据系统具有的动量守恒关系 $\boldsymbol{P}_a=\boldsymbol{P}_b+\boldsymbol{P}_B$ 和余弦定理关系（图 1.17），可得

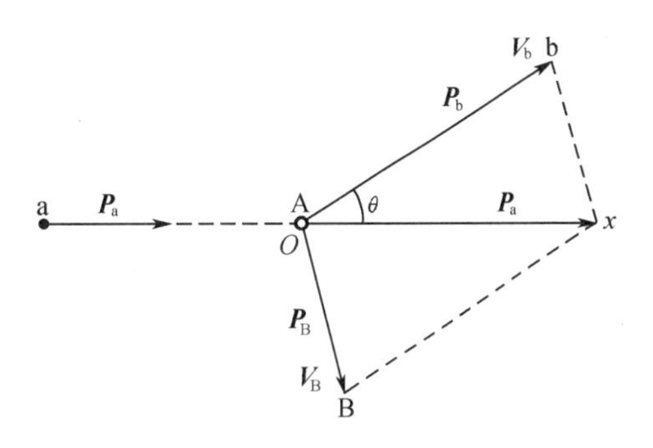

图 1.17 核反应中的动量关系（实验室坐标系）

$$\boldsymbol{P}_B^2 = \boldsymbol{P}_a^2 + \boldsymbol{P}_b^2 - 2\boldsymbol{P}_a\boldsymbol{P}_b\cos\theta \tag{1.79}$$

式中 $\boldsymbol{P}_a$、$\boldsymbol{P}_b$、$\boldsymbol{P}_B$——入射粒子、出射粒子和剩余核的动量，$\boldsymbol{P}_a=m_a\boldsymbol{V}_a$、$\boldsymbol{P}_b=m_b\boldsymbol{V}_b$、$\boldsymbol{P}_B=M_B\boldsymbol{V}_B$，$\boldsymbol{V}_a$、$\boldsymbol{V}_b$、$\boldsymbol{V}_B$ 分别为入射粒子、出射粒子和剩余核的运动速度；

θ——出射角。

因反冲核的动能为 $E_B=(1/2)M_B\boldsymbol{V}_B^2=\boldsymbol{P}_B^2/(2M_B)$，将式(1.79)代入 E_B 中，可得

$$E_B = \frac{m_a}{M_B}e_a + \frac{m_b}{M_B}e_b - \frac{2\sqrt{m_a e_a m_b e_b}}{M_B}\cos\theta \tag{1.80}$$

再按式(1.78)可求得 Q 值计算式（称为 Q 方程）为

$$Q = \left(\frac{m_a}{M_B}-1\right)e_a + \left(\frac{m_b}{M_B}+1\right)e_b - \frac{2\sqrt{m_a e_a m_b e_b}}{M_B}\cos\theta \tag{1.81}$$

在实际计算过程中，为了方便，可把式(1.81)中的质量 m_a、M_B 和 m_b 换成相应的质量数 A_a、A_B 和 A_b，它对计算的准确度不会有太大影响。于是，Q 方程还可改写为

$$Q = \left(\frac{A_a}{A_B}-1\right)e_a + \left(\frac{A_b}{A_B}+1\right)e_b - \frac{2\sqrt{A_a e_a A_b e_b}}{A_B}\cos\theta \tag{1.82}$$

对于具体的核反应来说，入射粒子的动能 e_a 是已知的，在实验中主要是辨认出射粒子 b 以及它在不同出射角 θ 处的动能 e_b。由于不同出射角 θ 处的 e_b 值是不同的，因而一般都测量 $\theta=90°$ 处的 e_b 值，这样可以进一步简化 Q 值的计算。

对于弹性散射和非弹性散射，其核反应可分别表示为 A(a,a)A 和 A(a,a′)A′，由于入射粒子和出射粒子是完全相同的，即在式(1.82)中，$m_a=m_b$、$M_A=M_B$，则

$$Q = \frac{m_a}{M_A}(e_a + e_b - 2\sqrt{e_a e_b}\cos\theta) + e_b - e_a \tag{1.83}$$

对于弹性散射,根据能量守恒 $e_a = E_B + e_b$,此时 $Q = 0$。但一般情况下,出射粒子的动能并不等于入射粒子的动能,即 $e_a \neq e_b$,此时必有剩余核的反冲动能 $E_B \neq 0$。

对于非弹性散射,剩余核处于激发态,它必具有附加的激发能 E_B^*。根据能量守恒,必有 $Q \neq 0$,$Q = -E_B^*$(因激发能 E_B^* 为正,故 Q 为负)。可见,非弹性散射是一种吸热反应。

3. 核反应阈能

一般来说,一个核反应能否发生取决于入射粒子的能量,不是任何能量的入射粒子都能产生核反应。例如,吸热反应的产生条件是靶核必须吸收一定能量,或者说剩余核必须具有激发能 E_B^*,当入射粒子全部动能不足以偿付吸热反应所需能量时,就不能产生核反应。通常,核反应阈能 E_{th} 主要针对吸热反应来定义,即引起核反应所需的最小入射能 E_{th} 的计算推导如下。

Q 值计算一般采用实验室坐标系,即把坐标原点选在靶核 A 上,靶核 A 相对于坐标系是静止的,如图 1.18(a)所示;在核物理研究中,还采用质心坐标系,即定义入射粒子 a 与靶核 A 的质心 C 为坐标原点,即质心相对于坐标系是静止的,如图 1.18(b)所示。显然,在质心坐标系中,入射粒子 a 与靶核 A 处在同一直线上,且运动方向相反,并向质心运动。

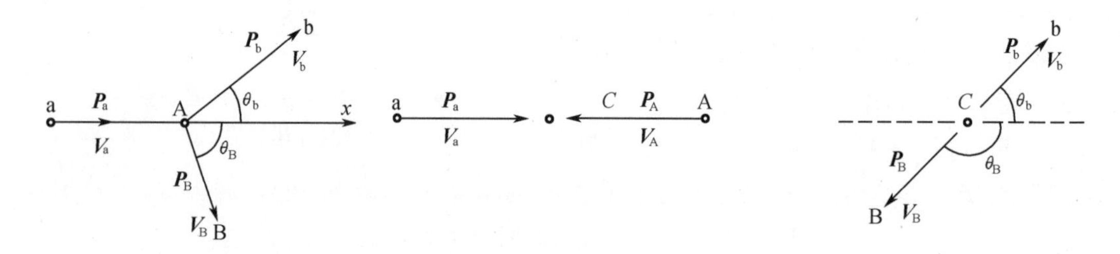

(a) 实验室坐标系粒子碰撞　(b) 质心坐标系碰撞前粒子向静止质心运动　(c) 质心坐标系碰撞后粒子反向运动

图 1.18　核反应阈能计算公式推导示意图

在实验室坐标系中,假设质心 C 的运动速度为 $\boldsymbol{V}_C$,此时的入射粒子 a 的运动速度为 $\boldsymbol{V}_a$,因靶核 A 静止,其运动速度 $\boldsymbol{V}_A = 0$;而在质心坐标系中,质心 C 是静止的,其运动速度 $\boldsymbol{V}'_C = 0$,假设入射粒子的运动速度为 $\boldsymbol{V}'_a$,靶核的运动速度为 $\boldsymbol{V}'_A$。根据动量守恒,在实验室坐标系中,入射粒子的动量应该等于质心的动量(因 $\boldsymbol{V}_A = 0$),即 $\boldsymbol{P}_a = m_a\boldsymbol{V}_a = (m_a + M_A)\boldsymbol{V}_C$,则

$$\boldsymbol{V}_C = \frac{m_a}{m_a + M_A}\boldsymbol{V}_a$$

通过两种坐标系的变换,有

$$\boldsymbol{V}'_a = \boldsymbol{V}_a - \boldsymbol{V}_C = \boldsymbol{V}_a - \frac{m_a}{m_a + M_A}\boldsymbol{V}_a = \frac{M_A}{m_a + M_A}\boldsymbol{V}_a \tag{1.84}$$

同理,靶核 A 相对于质心坐标系的运动速度 $\boldsymbol{V}'_A = \boldsymbol{V}_A - \boldsymbol{V}_C = -\boldsymbol{V}_C$,则

$$|\boldsymbol{V}'_A| = |\boldsymbol{V}_C| = |\boldsymbol{V}_a - \boldsymbol{V}'_a| = \left|\boldsymbol{V}_a - \frac{M_A}{m_a + M_A}\boldsymbol{V}_a\right| = \frac{m_a}{m_a + M_A}|\boldsymbol{V}_a| \tag{1.85}$$

将上述 $\boldsymbol{V}'_a$ 和 $\boldsymbol{V}'_A$ 代入下式,可得质心坐标系中的入射粒子 a 和靶核 A 的总动能 E'_C,即

$$E'_C = e'_a + E'_A = \frac{1}{2}m_a(V'_a)^2 + \frac{1}{2}M_A(V'_A)^2 = \frac{M_A}{m_a + M_A}\left(\frac{1}{2}m_a V_a^2\right) = \frac{M_A}{m_a + M_A}e_a \quad (1.86)$$

根据核反应的阈能定义可知,阈能 E_{th} 是引起核反应所需的最小入射能,即核反应前后的动量都为0时的入射能。对于吸热反应而言,因核反应前的入射粒子 a 和靶核 A 以相反方向向质心运动,按照动量守恒可知它们的总动量为0;而在核反应发生后,生成了出射粒子 b 和剩余核 B 的总动量也必须为0,因此出射粒子 b 和剩余核 B 也必须反向运动,如图1.18(c)所示。此时,入射粒子 a 将全部动能供给核反应所需的吸收能,并使出射粒子 b 和剩余核 B 的质量和大于入射粒子 a 与靶核 A 的质量和,由该质量差可换算出该核反应的反应能 Q(为负值)。故该核反应的阈能 E_{th} 在数值上与反应能 Q 相等,记为 $E_{th} = |Q|$。

由于阈能 E_{th} 是按照图1.18(c)所示的质心坐标系来计算的,即认为出射粒子 b 和剩余核 B 的质心就是入射粒子 a 和靶核 A 的质心,此时的反应能 Q 要换算到实验室坐标系中。类似于实验室坐标系中的入射粒子动能 e_a 与质心坐标系的质心动能 $E'_C = e'_a + E'_A$ 的关系式(1.86)的推导过程,有 $|Q| = (M_A/m_a + M_A)E_{th}$,即

$$E_{th} = \frac{m_a + M_A}{M_A}|Q| \quad (1.87)$$

为了方便,同样可把式(1.87)中的质量换成相应质量数,对其计算准确度影响不大,可得

$$E_{th} = \frac{A_a + A_A}{A_A}|Q| \quad (1.88)$$

可见,实验室坐标系的吸热反应的阈能 E_{th} 必须大于反应能 Q 才能引起核反应,这也是判断核反应能否发生的重要依据。应当注意:只有当入射能大于或等于核反应阈能 E_{th} 时,才有可能发生核反应。对于放热反应,虽然入射能 e_a 可低于上述核反应阈能 E_{th},但在带电粒子的核反应中,也不一定能引起核反应,这是因为此时核反应阈能 E_{th} 还决定于库仑势垒的大小,只有当核反应阈能 E_{th} 大于库仑势垒时,才能有较大概率发生核反应。

4. 核反应截面

首先,这里给出核反应的反应截面 σ 的一般性定义:

$$\sigma = \frac{N_b}{N_a \cdot N_A} \quad (1.89)$$

式中 N_a——单位时间内向靶核 A 入射粒子 a 的数目;

N_A——单位面积上靶核 A 的数目;

N_b——单位时间因核反应出射粒子 b 的数目。

可见,反应截面 σ 的物理含义是:一个入射粒子与单位面积上的一个靶核发生核反应的概率,其单位为靶(b,$1\ \text{b} = 10^{-28}\ \text{m}^2$),也用 mb 或 μb。

实际工作中,一般不直接按式(1.89)求解反应截面 σ,而是根据测量环境和条件给出相应的测定方法和计算公式,下面简要介绍常见的测定方法和计算公式。假设质心坐标系用球坐标系表示,其矢径、方位角和方向角分别为 $\boldsymbol{r}$、φ 和 θ,并假设入射粒子 a 和靶核 A 发生核反应A(a,b)B 后,沿矢径 $\boldsymbol{r}$ 方向的出射粒子 b 被放置在离坐标原点为 $\boldsymbol{r}$ 处的探测器所记录,如果该探测器探头的截面积为 $\mathrm{d}S$(相应立体角为 $\mathrm{d}\Omega$,$\mathrm{d}\Omega = \mathrm{d}S/r^2$),所探测到的出射粒子 b 的数目为 $\mathrm{d}N$,则 $\mathrm{d}N$ 必与 $\mathrm{d}S$(或 $\mathrm{d}\Omega$)成正比,与 r^2 成反比,同时还正比于 σ,即

$$\mathrm{d}N = \frac{J_a \sigma \mathrm{d}S}{r^2} = J_a \sigma \mathrm{d}\Omega \quad (1.90)$$

式中,J_a 表示单位时间内,通过垂直于入射粒子流方向的单位面积的入射粒子 a 的数目,称为入射粒子流强度,或称为入射粒子 a 的概率流密度。

如果再考虑出射粒子 b 具有一定的能量分布,并仅探测能量在 e 至 $e+\mathrm{d}e$ 的出射粒子 b 的数目 $\mathrm{d}N$,即 $\mathrm{d}N = J_a \sigma \mathrm{d}\Omega \mathrm{d}e$,式(1.90)可改写为

$$\sigma = \frac{\mathrm{d}N}{J_a \mathrm{d}\Omega \mathrm{d}e} \tag{1.91}$$

可见,σ 表示的核反应截面还是能量为 e 的 b 粒子的出射截面,其物理含义为:一个入射粒子与单位面积上的一个靶核发生核反应,所放出的能量为 e 的出射粒子 b 的概率。

为计算核反应截面 σ,需预先确定 J_a。在量子力学中,根据出射粒子 b 所满足的薛定谔(Schrodinger)方程,可以解出它的波函数 Ψ,从而可计算出射粒子 b 的概率流密度 J_r(可查表):

$$J_r = \frac{ih}{2m}\left(\Psi \frac{\partial}{\partial r}\Psi^* - \Psi^* \frac{\partial}{\partial r}\Psi\right) \tag{1.92}$$

式中 m——出射粒子的约化质量,且有 $m = m_b M_B / (m_b + M_B)$;

J_r——沿矢径 $\boldsymbol{r}$ 方向流出的概率流密度,或称为概率流密度在球坐标中的径向分量。

在探测器探头截面积 $\mathrm{d}S$ 内,测量到的能量在 e 至 $e+\mathrm{d}e$ 的出射粒子 b 的数目为

$$\mathrm{d}N = J_r \mathrm{d}S\mathrm{d}e = J_r r^2 \mathrm{d}\Omega \mathrm{d}e \tag{1.93}$$

将式(1.93)代入式(1.91)中就可得到用概率流密度表示的出射粒子 b 的双微分截面公式,即

$$\sigma = \frac{J_r}{J_a} r^2 \tag{1.94}$$

由于截面 σ 是关于出射粒子的能量 e、方向角 θ 和方位角 φ 的函数 $\sigma(e,\theta,\varphi)$,可对其进行适当简化,包括沿全部方位角 φ 测量,将截面 $\sigma(e,\theta,\varphi)$ 对 φ 积分,就可得到以方向角 θ 为分布的截面函数 $\sigma(e,\theta)$;若再对方向角 θ 积分,就可得到以能量 e 为分布的出射粒子的截面函数 $\sigma(e)$,或称其为截面 σ 的能谱分布,即

$$\sigma(e,\theta) = \int_0^{2\pi} \sigma(e,\theta,\varphi)\mathrm{d}\varphi \quad 和 \quad \sigma(e) = \int_0^{\pi} \sigma(e,\theta)\sin\theta \mathrm{d}\theta \tag{1.95}$$

若再对式(1.95)的出射粒子的能量 e 积分,可得到 A(a,b)B 核反应的激发函数,即

$$\sigma(E^*) = \int_0^{E^*-E_{bB}} \sigma(e)\mathrm{d}e \tag{1.96}$$

式中 E_{bB}——出射粒子 b 在剩余核 B 上的结合能(此时认为出射粒子和剩余核尚未分离,复合核质量为 M_{bB}),可按复合系统(b,B)的质量差求出 E_{bB},即 $E_{bB} = (M_B + m_b - M_{bB})c^2$;

E^*——复合系统(a,A)的激发能,即 $E^* = E'_C + E_{aA}$,可按式(1.86)求出质心坐标系中的质心动能 E'_C;入射粒子 a 在靶核 A 上的结合能 E_{aA},可按复合系统(a,A)的质量(此时复合核质量为 M_{aA})之差求出,即 $E_{aA} = (M_A + m_a - M_{aA})c^2$。

对于一个确定的核反应 A(a,b)B 来说,E_{aA} 和 E_{bB} 是固定的,有一个入射粒子的动能 e_a,便可对应有一个激发能 E^*。如果把截面 $\sigma(E^*)$ 随系统激发能 E^* 的变化关系,在坐标纸上画成曲线,就是 A(a,b)B 核反应的激发曲线。运用激发曲线分析原子核反应,往往可以得到简洁、清晰的图像,这在研究原子核反应以及在核工程技术上是经常要用到的。

1.3.2 裂变反应和聚变反应

当了解原子核由质子和中子组成后,人们希望在原子核中加入质子和中子,以便生成新元素。由于自然界中铀元素的原子序数最大($Z=92$),有人设想用中子轰击铀,使铀吸收中子并生成丰中子的新核素,再经 β^- 衰变就产生了 $Z=93$ 的元素;如果再经多次连续的 β^- 衰变,还可产生更高原子序数的新元素。这一设想最终得以实现,并统称 $Z>92$ 的元素为超铀元素。

科学家用中子束辐照铀还发现了一些新现象。1938 年发现用中子束辐照铀后,可产生钡($Z=56$)、镧($Z=57$)等元素的放射性同位素,即中子轰击铀、钍等 $Z>90$ 的原子核(称为重核)时,可分裂成质量数相近的两个原子核(称为中等核),并称重核分裂成中等核的现象为原子核裂变,简称核裂变或裂变。

裂变及其机制的研究是核物理学的一个重要内容。由于重核的比结合能小于中等核的比结合能,因此重核裂变成中等核时,必然会放出能量,该能量称为裂变能。裂变能为人类提供了重要的新能源,由此发展了核工程等新的工程技术。下面简要介绍裂变反应及相关问题,以及质量数很小的原子核(称为轻核)的聚变反应和受控核聚变知识。

1. 重核裂变反应和链式裂变反应

类似于放射性衰变,原子核在不受外来粒子轰击时也能裂变,称之为自发裂变。实验发现,只有重核才能自发裂变。大多数重核具有 α 放射性,自发裂变和 α 衰变是重核衰变的两种不同方式,但自发裂变相比 α 衰变可忽略不计。然而,一些人工生成的超铀元素,自发裂变的概率较大,相比 α 衰变就不能忽略不计。例如,${}^{254}_{98}Cf$ 的自发裂变分支比约为 99.7%,裂变成了主要衰变方式,${}^{252}_{98}Cf$ 的自发裂变分支比约为 3%,是重要的自发裂变源和中子源。

一般来说,核素的自发裂变半衰期都较长。例如,${}^{238}_{92}U$ 和 ${}^{235}_{92}U$ 的自发裂变半衰期很长,分别为 1.01×10^{16} a 和 3.5×10^{17} a,很难观测其自发裂变现象;人工核素 ${}^{241}_{94}Pu$ 和 ${}^{242}_{96}Am$ 的自发裂变的半衰期也较长,分别为 1.45×10^{11} a 和 9.5×10^{11} a。但人工核素 ${}^{252}_{98}Cf$ 和 ${}^{254}_{98}Cf$ 的自发裂变半衰期较短,分别只有 2.645 a 和 60.5 d。

重核受到外来粒子的轰击所产生的裂变称为诱发裂变,记为 A(a,f)。其中,a 为入射粒子,A 为靶核,f 表示裂变。通常认为,入射粒子与靶核组成的复合核才是裂变核。诱发裂变受裂变势垒制约,当裂变核的激发能超过裂变势垒时,发生裂变的概率将显著增大。

入射粒子为中子的诱发裂变是最重要的,也是研究最多的一种裂变。这是由于中子作用于靶核没有库仑势垒,即使低能中子也可进入原子核并发生裂变反应,同时裂变过程还发射中子(称为裂变中子)。例如,诱发裂变 ${}^{235}_{92}U(n,f)$ 平均放出约 2.5 个裂变中子,该裂变中子又可引起新的诱发裂变,使裂变反应持续进行下去,这种反应过程称为链式裂变反应。链式裂变反应的存在,才使中子诱发裂变受到普遍重视。${}^{235}_{92}U(n,f)$ 的诱发裂变可描述为

$$ {}^{235}_{92}U + n \rightarrow {}^{236}_{92}U^* \rightarrow X + Y + (2-3)n + Q(\approx 200\ \mathrm{MeV}) \tag{1.97}$$

式中,X 和 Y 表示两个裂变碎片(如 ${}^{139}_{56}Ba$ 和 ${}^{97}_{36}Kr$ 等),按碎片的质量数不同,分别称为重碎片和轻碎片,处于激发态的复合核 ${}^{236}_{92}U^*$ 是裂变核。

诱发裂变的概率采用裂变截面 σ_f 表示,它表示一个入射粒子使单位面积上的一个靶核发生核裂变的概率。同核反应的截面定义一样,裂变截面 σ_f 也可由实验测定,即

$$\sigma_f = \frac{N_f}{N_a \cdot N_A} \tag{1.98}$$

式中　N_a——单位时间内轰击靶核A的入射粒子a的数目;

N_A——单位面积上的靶核数目;

N_f——单位时间内裂变发生的次数。

热中子是能量小于0.5 eV的低能中子,标准热中子能量为0.025 eV。可由热中子引发裂变的核素称为易裂变核,又称核燃料。$^{235}_{92}U$、$^{239}_{94}Pu$和$^{233}_{92}U$等核素都是核燃料,它们有很大的热中子裂变截面。天然存在的核燃料只有$^{235}_{92}U$,且丰度较小,仅为天然铀的0.7%($^{238}_{92}U$约占99.3%的丰度);$^{239}_{94}Pu$和$^{233}_{92}U$不是天然存在的核燃料,而是通过核反应产生的核素。

产生链式反应的最基本条件为:当一个核吸收一个中子而发生裂变反应时,在裂变释放的中子中,平均至少有一个中子又能引起新裂变。如果平均不到一个中子引起新裂变,则链式反应会逐渐停止下来;如果平均超过一个中子引起新裂变,则链式反应就会不断增强;如果平均恰好一个中子引起新裂变,则链式反应将会恒定进行下去。

要使链式反应得以实现,体系还必须满足其他条件。例如,在一块纯天然金属铀中,链式反应就不会发生,这是因为天然铀中的主要组分是$^{238}_{92}U$(约占99.3%),只有能量在1 MeV以上的中子才能引起$^{238}_{92}U$裂变,由于裂变中子经过非弹性散射,能量很快就降到1 MeV以下,尽管$^{235}_{92}U$的热中子裂变截面很大,但经碰撞过程减速后的中子,绝大部分都会被$^{238}_{92}U$吸收,且能引起$^{238}_{92}U$裂变的概率又非常小,因此该体系不能发生链式反应。又例如,在纯$^{235}_{92}U$体系中,若其体积很小,大部分裂变中子将逸出体外,也不能实现链式反应。再例如,若纯$^{235}_{92}U$的体积很大,大部分中子都能再引起新裂变,此时链式反应在短时间内将不断加剧,强烈的链式反应就变成了核爆炸。

由此可见,要实现可控制的链式反应,需要一种适当的核反应装置,这种装置称为核裂变反应堆,简称反应堆。根据引起裂变的中子能量,反应堆又可分为热中子反应堆和快中子反应堆,前者主要利用$^{235}_{92}U$热中子裂变截面很大的特点,如果将裂变中子的能量在减速剂(中子吸收很弱的介质)中减速,使其迅速降至热中子能区,则由于$^{235}_{92}U$热中子裂变截面比$^{238}_{92}U$的吸收截面大很多,从而可使天然铀或低浓缩铀实现链式反应,这种反应堆称为热中子反应堆。

若用高度浓缩的$^{235}_{92}U$或$^{239}_{94}Pu$作为核燃料,就不必依赖热中子来引起裂变反应了,这种反应堆中没有专门的减速剂,引起裂变的中子主要是能量较高的中子,因此称为快中子反应堆。快中子还能引起少量的$^{238}_{92}U$裂变,但更主要的是使$^{238}_{92}U$发生核反应,生成更高原子序数的超铀核素(包括易裂变核素$^{239}_{94}Pu$),提高了核燃料的利用率。但到目前为止,用于发电的反应堆主要还是热中子反应堆。

2. 轻核聚变反应

轻核的比结合能有高有低,但它们都比中等核和重核的平均比结合能低。特别是最轻的几个核素的比结合能特别低。例如,$^{2}_{1}H$(氘,记为D,作轰击粒子时记为d)和$^{3}_{1}H$(氚,记为T,作轰击粒子时记为t)的比结合能分别为1.112 MeV和2.827 MeV,而$^{4}_{2}He$的比结合能为7.075 MeV。因此,当四个$^{1}_{1}H$或两个$^{2}_{1}H$结合成一个$^{4}_{2}He$时,会放出很大的能量,平均每个核子释放的能量分别约为7 MeV和6 MeV。这种由轻核聚合成较重核的核反应称为核聚变反应,简称核聚变,核聚变产生的能量为聚变能。

现在人们已经知道,宇宙能量主要来源于核聚变,宇宙中的太阳和其他大量恒星,能长时间发光和发热,都是由于轻核聚变的结果。可见,聚变能是潜在的重要能源。例如,t轰击D

生成 $_2^4He$ 的聚变反应 D(t,n)可放出 17.58 MeV 的能量,该聚变反应的每个核子平均释放的能量为 3.5 MeV。而在 $_{92}^{235}U$(n,f)裂变反应中,平均每个核子放出的能量仅为 0.85 MeV。即与 $_{92}^{235}U$(n,f)裂变能相比,D(t,n) $_2^4He$ 聚变每个核子平均释放的能量是前者的 4.14 倍。由此可见,核聚变比核裂变更节省核燃料,通俗的说法是聚变能大于裂变能。

早在 20 世纪 30 年代,人们就已经知道炽热的太阳和恒星的能量都来源于轻核聚变。现在,利用煤炭、石油、水力等形式的能源也是由太阳能转换而来的,溯其根源也是核能利用;地热也是地芯放射性物质衰变所放出的能量。因此可以说人类利用和赖以生存的一切能源,均直接或间接地来自核能。太阳和恒星中存在的主要元素是氢,是由四个 p 结合成一个 He 的过程(通过一定的反应链来实现)。目前的理论分析和实验推断认为,在太阳和其他恒星中主要存在质子 - 质子(p - p)反应链和碳 - 氮(C - N)反应链。其中,p - p 反应链可表示为

$$\begin{cases} {}_1^1p + {}_1^1p \rightarrow {}_1^2H + e^- + \nu & \text{反应寿命为 } 7 \times 10^9 \text{ a} \\ {}_1^2H + {}_1^1p \rightarrow {}_2^3He + \gamma & \text{反应寿命为 } 4 \text{ s} \\ {}_2^3He + {}_2^3He \rightarrow {}_2^4He + 2\,{}_1^1p & \text{反应寿命为 } 4 \times 10^5 \text{ a} \\ 4\,{}_1^1p \rightarrow {}_2^4He + 2e^- + 2\nu + 24.7 \text{ MeV} & \end{cases} \tag{1.99}$$

p - p 反应链和 C - N 反应链到底哪个起主要作用呢?这取决于恒星的物质成分和中心温度。这两个反应链在单位时间、单位质量中产生的能量随温度而变化,且中心温度很高。当中心温度为 1.8×10^7 K 时,这两个反应链的能量产生率基本相当;当中心温度高于 1.8×10^7 K 时,能量产生率主要来源于 C - N 反应链;当中心温度低于 1.8×10^7 K 时,以 p - p 反应链为主。因太阳中心温度为 1.5×10^7 K,故以 p - p 反应链为主(约占总能量的 96%)。

上述两个反应链的反应截面太小,反应时间太长,且地球上不可能把那么高温度的等离子体约束那么长的时间,故不可能人工实现 p - p 反应链或 C - N 反应链。人工可能利用的是温度不太高且具有较大反应截面的轻核聚变,可通过如下两种核反应来形成反应链:

$$\begin{cases} D + t \rightarrow {}_2^4He + n + Q(\approx 17.58 \text{ MeV}) \\ D + d \rightarrow \begin{cases} {}_2^3He + n + Q(\approx 3.28 \text{ MeV}) \\ t + p + Q(\approx 4.04 \text{ MeV}) \end{cases} \end{cases} \tag{1.100}$$

从海水中大量提取天然 $_1^2H$ 作为核燃料并不难,但要使前一个聚变反应 D(t,n) $_2^4He$ 持续进行,必须源源不断地供应 $_1^3H$,而天然 $_1^3H$ 极少,后一个聚变反应 D(d,p) $_1^3H$ 可生成 $_1^3H$。应当注意,在能量较低时,后一个聚变反应 D(d,n) $_2^3He$ 和 D(d,p) $_1^3H$ 的聚变截面基本相当,且相比前一个聚变反应 D(t,n) $_2^4He$ 的聚变截面小两个数量级。因而,该类聚变反应链主要以 D(t,n) $_2^4He$ 反应为主,$_1^3H$ 的来源还是难以保障。考虑反应链中存在大量中子,通常还采用 $_3^6Li(n,\alpha)\,_1^3H$ 和 $_3^7Li(n,t)\,_2^4He$ 等聚变反应来生产 $_1^3H$。另外,随着 $_2^3He$ 的增加,还伴随 $_2^3He(d,p)\,_2^4He$ 聚变反应,即

$$ {}_2^3He + d \rightarrow {}_2^4He + p + Q(\approx 18.4 \text{ MeV}) \tag{1.101}$$

上述人工实现的轻核聚变同样需要上亿摄氏度的中心温度。在这样高的温度下,物质已不是一般的固体,而是等离子体(所谓等离子体,是大量正离子与电子的集合体,是物质的一种新形态,称为物质的第四态)。将上亿摄氏度的等离子体约束在一定区域,并维持一段时间使其轻核产生聚变反应,称为热核反应。氢弹爆炸就是一种人工实现的不可控的热核反应。

氢弹中的爆炸材料主要是氘、氚、锂的某种凝聚态物质,主要的核反应式是上述 $D(t,n)\,^{4}_{2}He$、$D(d,n)^{3}_{2}He$、$D(d,p)^{3}_{1}H$、$^{6}_{3}Li(n,\alpha)\,^{3}_{1}H$ 和 $^{7}_{3}Li(n,t)\,^{4}_{2}He$ 等聚变反应,后两个聚变反应用于补充氚的供应,所需要的初始高温由原子弹裂变提供。

受控热核反应就是要根据人们的需要,有控制且源源不断地产生轻核聚变,以提供稳定的能源。为了达到这个目的,必须造成一个稳定的高温等离子体,使它有足够的时间产生聚变反应,放出的能量能够超过维持这个反应所消耗的能量。

要实现受控热核反应,必须建立一个热绝缘且稳定的高温等离子体。在其中产生的聚变核能减去辐射和其他能量损失以后,还能超过加热物质所需要的能量,并在能量上有所增益,为达到这一点,对产生反应的轻核等离子体的温度、密度和约束时间都有一定的要求,其临界要求称为劳森(Lawson)判据。为此,人们已经进行了半个世纪的不懈努力,正一步步接近实现受控热核聚变的最终目的。目前,实现受控热核聚变的可能途径分为磁约束和惯性约束两类。磁约束是受控热核聚变研究中最早提出的方法,也是目前认为更有希望在近期内实现点火条件的途径。根据等离子体中带电粒子与磁场间的洛仑兹力作用以及高温等离子体的稳定性研究,研究人员精心设计了各种特殊的磁场形态以实现对高温等离子体的约束,在众多类型的磁约束装置中,托卡马克(Tokamak)装置是最有希望的一种。

1.4 人工放射性核素与人工辐射源

除天然辐射外,人类还受到人工放射性核素和人工辐射源的照射。人工放射性核素主要来源于核试验落下灰、核反应堆和加速器的粒子(重离子、质子、氘核、α 粒子和 γ 射线等)引起的核反应所生成的放射性核素。

核试验或核电站产生的放射性物质主要是由热中子、快中子、加速粒子、γ 光子等引起核裂变所生成的核素,多以固态、液态、气态形式向环境排放。固态废物主要是低放射性废物(如被污染的机器部件,工作用手套、衣物、鞋罩等)和高放射性废物(如用过的燃料等);液态废物包括某些裂变产物、氚、放射性腐蚀物(如铁、钴、锌等,是由反应堆内放射性金属部件受化学试剂侵蚀产生的,需要定期从工艺液流的冷却剂中除掉)。裂变产物是指在裂变过程中、由铀分裂成的较轻原子核,其中有的具有较高的放射性并保留在燃料里,直至从反应堆中取出来并进行处理为止。有时裂变产物通过包壳金属管的小孔或裂缝从燃料包壳逸出,进入周围的冷却剂。根据不同的堆型,它们可作为废液或废气被收集起来。

由核裂变生成的大部分放射性裂变产物和放射腐蚀物不会对公众构成威胁,因为它们中有的量很小,有的寿命很短,很快就衰变成无放射性的稳定物质。只有少数放射性产物,如 ^{90}Sr、^{131}I、^{137}Cs 等,会对公众构成威胁,这是由于它们寿命长、产额高或化学毒性大,若被大量排放到环境中,或附着在尘粒上会形成放射性烟云,从而远距离散播,若烟云降落到地面就会形成放射性沉淀物,污染各种水体、动植物和人类生存环境,所以必须依法进行严格监督,控制其排放。为使用方便,部分放射性裂变的危险产物和它们的半衰期、辐射体类型列入表 1.8 中。在核裂变生成的核素中,除少数核素外,绝大部分放射出 γ 射线,用 γ 谱仪可容易地探测出来。表 1.9 提供了环境中存在的人工和天然 γ 辐射体的例子。

表 1.8 来自裂变和活化的辐射产物及辐射特征

放射性产物	辐射类型及能量	半衰期
^{85}Kr	β;γ(513.89 keV)	10.73 a
^{90}Sr	β	28.10 a
^{131}I	β(606.3 keV);γ(364.49 keV)	8.04 d
^{137}Cs	γ(661.64 keV)	30.17 a
^{14}C	β(156 keV)	5 730.00 a
^{65}Zn	β;γ(1 115.5 keV)	243.80 d
^{60}Co	β;γ(1 173.2 keV)	5.26 a
^{59}Fe	β;γ(1 099 keV)	2.60 a
^{3}H	β(18.6 keV)	12.30 a

表 1.9 环境中存在的人工和天然 γ 辐射体的例子

类别	核素	最主要的 γ 射线能量/keV	半衰期/d
人工	^{95}Zr	724,756	65
	^{95}Nb	765	35
	^{99}Mo	740	3
	^{103}Ru	497	40
	^{106}Ru	512	368
	^{131}I	364	8
	^{132}Te	230	3
	^{134}Cs	605,795	730
	^{137}Cs	662	11 000
	^{140}Ba/La	1 596	13
天然	^{40}K	1 460	4.63×10^{11}
	^{214}Pb	350	1.86×10^{-2}
	^{214}Bi	609,1 120,1 764	1.37×10^{-2}
	^{228}Ac	910,960	0.255
	^{208}Tl	583,2 620	2.1×10^{-3}

沉淀物可分为三类:局部沉淀物,也称近区或初期沉淀物;对流层沉淀物,也称中间距离沉淀物;平流层沉淀物,也称晚期或全球性沉淀物。

局部沉降物,是从蘑菇状烟云中来的最大干性灰尘颗粒,直径在几微米至几毫米,其沉降速度主要受重力作用影响,在核爆炸后数小时至数十小时沉降于爆炸点附近地面。由于风力作用,在下风地带,呈近似椭圆形沉降,这是一个很强的辐射区,其长轴可达数百千米。局部沉降物占裂变产物总量的50%以上。

一些较小的颗粒,直径小于 5 μm 的粒子,分布于对流层顶端以下的大气层内,沉降时间为几天到几个月,平均存留期为30 d,其影响范围可达半个地球的大部分地区。根据报道,对流层沉降物中裂变产物约占总裂变产物的25%。

高能量的核爆炸(大于百万吨级)大部分裂变产物射入平流层,可以降落到全球,而以中纬度分布较多。平流层沉降物的沉降速度缓慢,平均存留期为1~5年。

降水对放射性物质的冲刷作用及对沉降物的沉降起着重要作用。降水量为10 mm左右,可把放射性物质基本冲刷下来,而降雪比降雨捕获放射性物质的能力更强。

总之,核爆炸产生的放射性污染面积大,作用时间长。第二次世界大战后,世界环境受人工放射性污染的主要来源是在大气层进行的一系列核武器试验以及地下核爆炸冒顶事故。

随着社会的发展,核能的利用得到迅速发展。除了正常地向环境排放的三废外,核电站发生的事故(如美国的三哩岛核电站及苏联切尔诺贝利核电站所发生的爆炸事故,以及日本福岛核电站发生的核泄漏事故),对其周围造成了严重的放射性污染,并对全世界都有不同程度的影响。

1.5 核辐射测量中的常见物理量和常用单位

在本书第1.2节中,读者对描述放射性核素(或辐射源)特征的物理量,即放射性活度的基本概念和计量单位(采用国际单位制,简称SI单位)有了基本认识。也就是,在任意指定时刻,处于特定能态下的一定量的放射性核素,其放射性活度A可以表示为$A=\mathrm{d}N/\mathrm{d}t$。

应该指出:放射性活度是指放射性核素的核转变率,而不是指某种放射性核素所含有的核数目或某一定量的放射性核素所放出的粒子数目。定义中所说的“特定能态”若无特指,都是指放射性核素的基态。在实际计算时,处于特定能态的一定量放射性核素的放射性活度等于处在该能态的放射性核素的衰变常数与它的核数目的乘积,即$A=\lambda N$。

放射性活度除采用单位Bq外,曾用单位为Ci,$1\ \mathrm{Ci}=3.7\times10^{10}\ \mathrm{Bq}$(约等价于1 g镭的放射性活度)。

1.5.1 描述辐射场的物理量和常用单位

电离辐射存在的空间(含介质空间)称为辐射场,辐射场是由辐射源产生的。按辐射的种类,辐射源可分为α源、β源、γ源、中子源等。与它们相对应的辐射场称为α辐射场、β辐射场、γ辐射场、中子辐射场等。存在两种或两种以上的电离辐射的辐射场称为混合辐射场,如中子-γ混合辐射场,β-γ混合辐射场等。通常将描述辐射场基本特性的物理量称为辐射量,常用的该类物理量有粒子注量和粒子注量率、能注量和能注量率(也可称为能量注量和能量注量率)。

1. 粒子注量和粒子注量率

粒子注量是根据入射粒子的数量多少来描述辐射场性质的物理量,是描述辐射场性质的一种比较简单的方法。一般可按定向辐射场与非定向辐射场两种情况来讨论粒子注量。

定向辐射场的示例如图1.19(a)所示,其粒子注量可采用垂直于粒子运动方向的单位面积上所通过的粒子数来表示。如果平面$\mathrm{d}a$的法线与射线束不平行,则单位面积所截的粒子数与夹角θ(射线束方向和该平面法线的夹角)余弦的绝对值成正比。当$\theta=0$时,便是垂直于粒子运动方向的情况。

如果粒子运动方向是杂乱无章的,称其为非定向辐射场,如图1.19(b)所示。此时,难以用上述定向场的概念来描述粒子注量。为此,国际辐射剂量与测量委员会(ICRU)引入了一般性概念:辐射场中某一点的粒子注量 Φ 是进入以该点为球心、截面积为 $\mathrm{d}a$ 的小球体内的粒子数 $\mathrm{d}N$ 与该截面积 $\mathrm{d}a$ 之商,即

$$\Phi = \mathrm{d}N/\mathrm{d}a \tag{1.102}$$

式中,粒子注量 Φ 的单位为 m^{-2},小球体内的截面积 $\mathrm{d}a$ 的单位为 m^2。

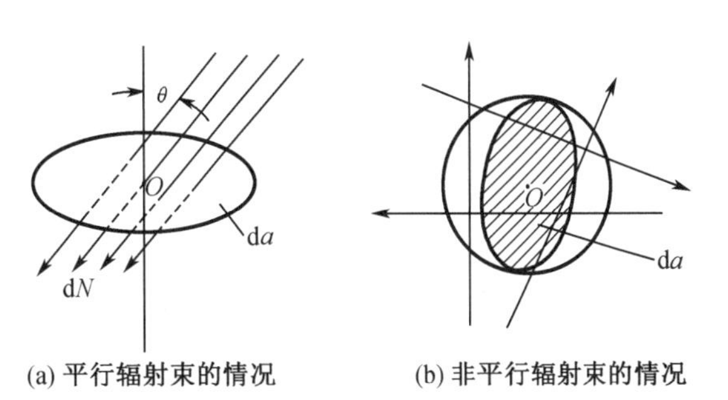

(a) 平行辐射束的情况　(b) 非平行辐射束的情况

图1.19　表述粒子注量概念的示意图

应当注意:进入小球体的粒子数 $\mathrm{d}N$ 并不包括从小球体流出的粒子数;对于无论任何方向入射到小球体内的粒子,其截面积可任意选取。故 ICRU 定义的粒子注量既适于定向辐射场,也适于非定向辐射场,并与粒子入射方向无关。还应注意,一般情况下,通过单位截面积的粒子数不等于粒子注量,而是等于或小于粒子注量;仅当粒子平行或垂直单向入射时,通过单位截面积的粒子数才等于粒子注量。

通常,在辐射防护中并不考虑入射粒子方向,而重视辐射作用于某一点所产生的效应。例如,致电离粒子击中活细胞或物质中的原子核并发生某种效应是与入射粒子的方向无关的,而活细胞和原子核可视为小球体。可见,粒子注量是辐射防护中的一个重要辐射量。

若粒子能量 E 具有谱分布($0 \sim E_{\max}$),相应的粒子注量分布可采用 $\Phi(E)$ 表示。如果将粒子能量为 E 的粒子注量记为 Φ_E,能量从 E 到 $E+\mathrm{d}E$ 的粒子注量记为 $\Phi_{E,\Delta E}$,则

$$\Phi_E = \frac{\mathrm{d}\Phi(E)}{\mathrm{d}E} \quad 和 \quad \Phi_{E,\Delta E} = \Phi_E \mathrm{d}E = \frac{\mathrm{d}\Phi(E)}{\mathrm{d}E}\mathrm{d}E \tag{1.103}$$

当对全部粒子能谱积分时,可得能量为 $0 \sim E_{\max}$ 内的粒子注量 Φ,即

$$\Phi = \int_0^{E_{\max}} \Phi_E \mathrm{d}E = \int_0^{E_{\max}} \frac{\mathrm{d}\Phi(E)}{\mathrm{d}E}\mathrm{d}E \tag{1.104}$$

式中,粒子能量 E 的单位为 J 或 eV。

粒子注量率 φ 是单位时间内的粒子注量,简称注量率,用 φ 表示,其定义式为

$$\varphi = \frac{\mathrm{d}\Phi}{\mathrm{d}t} = \frac{\mathrm{d}}{\mathrm{d}t}\left(\frac{\mathrm{d}N}{\mathrm{d}a}\right) = \frac{\mathrm{d}^2 N}{\mathrm{d}a\mathrm{d}t} \tag{1.105}$$

式中,$\mathrm{d}\Phi$ 表示在时间间隔 $\mathrm{d}t$ 内的粒子注量的增量,则注量率 φ 表示单位时间进入单位截面积的小球体内的粒子数,注量率 φ 的单位为 $\mathrm{m}^{-2}\cdot\mathrm{s}^{-1}$。

显然,对粒子注量率的时间积分等于粒子注量。若粒子能量 E 具有谱分布($0 \sim E_{\max}$),则对全部粒子能谱进行积分,便可得到能量为 $0 \sim E_{\max}$ 内的粒子注量率。

2. 能注量和能注量率

能量注量是根据入射粒子的能量大小来描述辐射场性质的物理量,即表示进入单位截面积的小球体内的所有粒子能量之和(扣除静止能量),简称能注量,用 Ψ 表示,其定义式为

$$\Psi = \mathrm{d}E_{\Sigma}/\mathrm{d}a \tag{1.106}$$

式中, $\mathrm{d}E_{\Sigma}$ 为进入截面积为 $\mathrm{d}a$ 的小球体内的所有粒子能量之和(扣除静止能量),单位为 J。

能注量 Ψ 的单位为 J·cm^{-2}。

对于能量为 E 的粒子,Ψ 与 Φ 的关系为 $\Psi=\Phi E$。则当粒子能量具有谱分布 $\Phi(E)$ 时,对全部粒子能谱进行积分,便可得到能量为 $0\sim E_{\max}$ 内的粒子的能注量:

$$\Psi = \int_0^{E_{\max}} \Phi_E E\mathrm{d}E = \int_0^{E_{\max}} \frac{\mathrm{d}\Phi(E)}{\mathrm{d}E} E\mathrm{d}E \tag{1.107}$$

能量注量率 ψ 是描述单位时间进入单位截面积的小球体内的所有粒子能量之和,简称能注量率,用 ψ 表示,其定义式为

$$\psi = \mathrm{d}\Psi/\mathrm{d}t \tag{1.108}$$

式中,$\mathrm{d}\Psi$ 表示在时间间隔 $\mathrm{d}t$ 内进入截面积为 $\mathrm{d}a$ 的小球体内的所有粒子能量之和,即在时间间隔 $\mathrm{d}t$ 内的能注量的增量。能注量率 ψ 的单位为 $\text{J·m}^{-2}\text{·s}^{-1}$。

显然,当粒子能量为单一能量 E 时,能注量率 ψ 与注量率 φ 的关系为

$$\psi = \varphi E \tag{1.109}$$

如果对粒子能注量率进行时间积分,便得到粒子的能注量。若粒子能量 E 具有 $0\sim E_{\max}$ 的谱分布,对全部粒子能谱进行积分,便可得能量为 $0\sim E_{\max}$ 内的粒子的能注量率。

【例题1.1】 设3 min内测得能量为4 MeV的中子注量为 $1\times10^{12}\ \text{m}^{-2}$,求能注量 Ψ 和能注量率 ψ。

解 由题意可知,$\Phi=1\times10^{12}\ \text{m}^{-2}$,$E=4\ \text{MeV}$,又因为 $1\ \text{MeV}=1.602\times10^{-13}\ \text{J}$,故 $\Psi=10^{12}\ \text{m}^{-2}\times4\ \text{MeV}\times1.602\times10^{-19}\ \text{J·eV}^{-1}=0.64\ \text{J·m}^{-2}$,则 $\psi=0.64\ \text{J·m}^{-2}/(3\times60\ \text{s})=3.6\times10^{-3}\ \text{J·m}^{-2}\text{·s}^{-1}$。

1.5.2 相互作用系数和常用单位

在辐射场中,相互作用系数是描述各类射线(粒子)与辐射场物质(介质)发生相互作用程度的物理量。由于带电粒子和不带电粒子的作用机制不同,其相互作用系数也有所区别。

1. 衰减系数、能量转移系数和能量吸收系数

当一束不带电粒子穿过辐射场物质时,与该物质发生相互作用,从而使粒子数或粒子能量发生变化。衰减系数、能量转移系数和能量吸收系数就是描述这些变化的物理量。

不带电粒子与辐射场物质相互作用[如X或γ射线发生的光电效应、康普顿(Compton)效应和电子对效应等]必然使粒子数减少。线衰减系数 μ 是描述粒子在其前进方向穿过单位厚度的物质时,所减少的粒子数份额,而质量衰减系数 μ_m 为线衰减系数 μ 与所穿过物质的密度 ρ 之商,即

$$\mu = \frac{\mathrm{d}N/N}{\mathrm{d}l} \quad 和 \quad \mu_m = \mu/\rho = \frac{\mathrm{d}N/N}{\rho\mathrm{d}l} \tag{1.110}$$

式中 $\mathrm{d}N/N$——减少的不带电粒子数的份额;

$\mathrm{d}l$——粒子前进方向所穿过的物质厚度,m;

ρ——物质密度,kg·m^{-3};

μ——线衰减系数,m^{-1};

μ_m——质量衰减系数,$\text{m}^2\text{·kg}^{-1}$。

对于X或γ射线而言,它们穿过物质时主要发生光电效应、康普顿效应、形成电子对等相互作用,各自的线衰减系数分别记为 τ、σ、κ,μ 是三者之和,即 $\mu=\tau+\sigma+\kappa$。除氢之外,绝大

多数物质内的电子数按其单位质量分布是大致相等的，当康普顿效应占优时，主要产生自由电子，故其质量衰减系数 μ_m 主要考虑物质密度差异而不考虑物质成分变化。

在不带电粒子（尤指 X 或 γ 射线）与辐射场物质相互作用过程中，一部分射线能量转变为电子能量（如光电子，反冲电子，电子对的正、负电子），而另一部分能量被较低能光子（如特征 X 射线、散射光子和湮没辐射）带走，故其线衰减系数 μ 由上述两者的衰减系数之和表示，即 $\mu=\mu_{tr}+\mu_p$。线能量转移系数 μ_{tr} 是描述其入射粒子能量转移的物理量（不涉及能量是否被物质直接吸收），质量能量转移系数 μ_{m-tr} 为线能量转移系数 μ_{tr} 与该物质的密度 ρ 之商，即

$$\mu_{tr}=\frac{dE_{tr}/(N\cdot E)}{dl} \quad 和 \quad \mu_{m-tr}=\mu_{tr}/\rho=\frac{dE_{tr}/(N\cdot E)}{\rho dl} \tag{1.111}$$

式中，E 为入射粒子能量（不含静止能量）；$dE_{tr}/(N\cdot E)$ 是射线在其前进方向穿过厚度为 dl 的物质后，使其能量转移给带电粒子的份额；μ_{tr} 和 μ 的单位相同，μ_{m-tr} 和 μ_m 的单位相同。

在辐射场物质中，入射的不带电粒子（尤指 X 或 γ 射线）将能量转变给电子后，这些电子又使物质发生电离和激发，以及韧致辐射。假若 g 表示能量转变为韧致辐射的份额，则

$$\mu_{ca}=\mu_{tr}(1-g) \quad 和 \quad \mu_{m-ca}=\mu_{ca}/\rho=(\mu_{tr}/\rho)(1-g) \tag{1.112}$$

式中 μ_{ca}——线能量吸收系数，表示入射粒子在其前进方向穿过单位厚度的物质后，其能量真正被物质所吸收的份额，单位与 μ、μ_{tr} 相同；

μ_{m-ca}——质量能量吸收系数，表示线能量吸收系数 μ_{ca} 与该物质的密度 ρ 之商，单位与 μ_m、μ_{m-tr} 相同。

2. 碰撞阻止本领、辐射阻止本领和总质量阻止本领

当一束带电粒子穿过辐射场物质时，将发生电离和激发，其损耗能量的过程称为碰撞损失，采用物质对带电粒子的碰撞阻止本领予以描述。线碰撞阻止本领 S_{col} 是一定能量的带电粒子在物质中穿过单位长度路径后，因电离和激发所损失的能量，单位为 $J\cdot m^{-1}$；质量碰撞阻止本领 S_{m-col} 为一定能量的带电粒子在物质中穿过单位质量厚度后，因电离和激发所损失的能量，单位为 $J\cdot m^2\cdot kg^{-1}$。则有

$$S_{col}=\frac{dE_{col}}{dl} \quad 和 \quad S_{m-col}=S_{col}/\rho=\frac{dE_{col}}{\rho dl} \tag{1.113}$$

式中 dl——粒子前进方向所穿过物质的单位厚度，m；

ρ——物质密度，$kg\cdot m^{-3}$；

dE_{col}——带电粒子穿过厚度为 dl 的物质后，因电离和激发所损失的能量。

带电粒子在物质中发生韧致辐射而损耗能量的过程称为辐射损失，采用物质对带电粒子的辐射阻止本领给予描述。线辐射阻止本领 S_{rad} 是一定能量的带电粒子在物质中穿过单位长度路径后，因韧致辐射所损失的能量；质量辐射阻止本领 S_{m-rad} 为一定能量的带电粒子在物质中穿过单位质量厚度后，因韧致辐射所损失的能量。则有

$$S_{rad}=\frac{dE_{rad}}{dl} \quad 和 \quad S_{m-rad}=S_{rad}/\rho=\frac{dE_{rad}}{\rho dl} \tag{1.114}$$

式中，线辐射阻止本领 S_{rad} 与线碰撞阻止本领 S_{col} 的定义类似，单位也相同；质量辐射阻止本领 S_{m-rad} 与质量碰撞阻止本领 S_{m-col} 的定义也类似，单位也相同；其他参数含义也类似。

通常，带电粒子穿过物质时存在三部分能量的损失过程，即一部分入射粒子能量因电离和

激发而损失,另一部分能量被转变韧致辐射的能量,还有一部分能量因弹性碰撞而转变为热能。这三部分能量的分配取决于带电粒子种类、物质类型和能量大小等因素。总线阻止本领 S 或总质量阻止本领 S_m 可描述上述三部分能量损失效应。例如,总质量阻止本领 S_m 为

$$S_m = S/\rho = \frac{\mathrm{d}E}{\rho \mathrm{d}l} \tag{1.115}$$

对于电子而言,主要通过电离、激发和韧致辐射而损失能量,故总质量阻止本领 S_m 为碰撞阻止本领 $S_{m-\mathrm{col}}$ 和辐射阻止本领 $S_{m-\mathrm{rad}}$ 之和,即

$$S_m = S/\rho = S_{\mathrm{col}}/\rho + S_{\mathrm{rad}}/\rho = S_{m-\mathrm{col}} + S_{m-\mathrm{rad}} \tag{1.116}$$

对于确定的电子能量 E 和确定的物质(原子序数为 Z),电子能量的损失满足如下关系:

$$\frac{S_{m-\mathrm{rad}}}{S_{m-\mathrm{col}}} = \frac{S_{\mathrm{rad}}/\rho}{S_{\mathrm{col}}/\rho} \approx \frac{E \cdot Z}{800} \tag{1.117}$$

如果碰撞阻止本领 $S_{m-\mathrm{col}}$ 和辐射阻止本领 $S_{m-\mathrm{rad}}$ 相等,则称入射电子能量为临界能量 E_{cri}。当 $E<10$ MeV 时,电子能量主要损耗在电离和激发过程中,仅在 $E \geqslant 10$ MeV 后,辐射损失才占优。已测定水、空气、铝和铅的临界能量 E_{cri} 分别为 150 MeV、150 MeV、60 MeV 和 10 MeV。

1.5.3 描述辐射剂量的物理量和常用单位

辐射剂量是度量辐射与物质相互作用所产生的真实效应或潜在影响的物理量,其值既依赖于辐射场,也依赖于相互作用程度。有时,也将辐射剂量存在的空间称为辐射剂量场。

1. 带电粒子平衡

带电粒子平衡是辐射剂量学中的一个重要概念。假设不带电粒子所照射物质的体积为 V,在体积 V 中任取一个小体积元 ΔV,如果由不带电粒子传递给该小体积元 ΔV 的能量等于它在该小体积元 ΔV 内所产生的次级带电粒子动能的总和,就称该小体积元 ΔV 内存在带电粒子平衡。如果涉及的次级带电粒子特指电子,则称其为电子平衡。

显然,由入射的不带电粒子产生的次级带电粒子有些在 ΔV 内,有些在 ΔV 外,即产生在 ΔV 内的次级带电粒子有些可能离开 ΔV,而产生在 ΔV 外的次级带电粒子有些可能进入 ΔV。要使该小体积元 ΔV 内出现带电粒子平衡,还需另一个同类型、同能量的带电粒子进入该小体积元 ΔV 内,以实现带电粒子的相互补偿。可见,要出现带电粒子平衡必须与辐射场内的特定位置相联系,且还需具有以下条件:①从小体积元 ΔV 的边界向各方向伸展的距离 d 至少应大于初级入射粒子(不带电粒子)在该物质中所产生的次级带电粒子的最大射程 $R_{\max}$,且在 $d \geqslant R_{\max}$ 区域内辐射场还应是恒定的,即入射粒子注量和谱分布恒定不变;②在上述 $d \geqslant R_{\max}$ 区域内,物质对次级带电粒子的阻止本领,以及对初级入射粒子的质量能量吸收系数也应是恒定不变的。

上述条件难以满足,但在某些情况下能够达到相当好的近似。例如,^{137}Cs、^{60}Co 产生的入射 γ 射线的衰减为 1% 左右,如果认为该衰减可以忽略不计,那么在它照射某些物质(如水)时,可存在很好的电子平衡。对于中子,由于建立带电粒子平衡比较容易,因此,即使中子能量高达 30 MeV,在某些物质(如水)中仍然有较好的近似带电粒子平衡。

2. 吸收剂量和吸收剂量率

吸收剂量 D 描述了物质吸收辐射能量及其可能引发的辐射效应,其定义为单位质量的受

照物质所吸收的平均辐射能量；吸收剂量率 $\dot{D}$ 是单位时间内的吸收剂量，即

$$D = \mathrm{d}\bar{\varepsilon}/\mathrm{d}m \quad 和 \quad \dot{D} = \frac{\mathrm{d}D}{\mathrm{d}t} = \frac{\mathrm{d}\bar{\varepsilon}/\mathrm{d}m}{\mathrm{d}t} \tag{1.118}$$

式中，吸收剂量 D 表示电离辐射授予质量为 $\mathrm{d}m$ 的物质的平均能量 $\mathrm{d}\bar{\varepsilon}$，单位为 $\mathrm{J \cdot kg^{-1}}$，单位符号为 Gy（戈瑞），$1\ \mathrm{Gy} = 1\ \mathrm{J \cdot kg^{-1}}$，曾用单位为 rad（拉德），$1\ \mathrm{Gy} = 100\ \mathrm{rad}$；吸收剂量率 $\dot{D}$ 表示时间间隔 $\mathrm{d}t$ 内的吸收剂量增量 $\mathrm{d}D$，单位为 $\mathrm{J \cdot kg^{-1} \cdot s^{-1}}$，专有单位为 $\mathrm{Gy \cdot s^{-1}}$。

吸收剂量（或吸收剂量率）适于任何类型的辐射和受照物质，且与受照物质中各点（小体积域）相联系，即每点的吸收剂量并不相同，必须指明它的辐射种类、介质种类和所在位置。

3. 比释动能和比释动能率

不带电粒子（如 X、γ 和中子等）与物质相互作用时，可把能量转移给它所产生的次级带电粒子。比释动能是衡量在受照的单位质量物质中，转移给次级带电粒子初始动能总和的一个物理量。与吸收剂量 D 不同，比释动能适用于任何物质，但只适用于间接电离辐射。比释动能率 $\dot{K}$ 描述了单位时间 $\mathrm{d}t$ 内的比释动能。比释动能和比释动能率的定义式为

$$K = \mathrm{d}E_{\mathrm{tr}}/\mathrm{d}m \quad 和 \quad \dot{K} = \frac{\mathrm{d}K}{\mathrm{d}t} = \frac{\mathrm{d}E_{\mathrm{tr}}/\mathrm{d}m}{\mathrm{d}t} \tag{1.119}$$

式中，$\mathrm{d}E_{\mathrm{tr}}$ 是不带电粒子在质量为 $\mathrm{d}m$ 的某一物质内，所释放出的能量转移给次级带电粒子形成的电离粒子的全部初始动能的总和；比释动能 K 与吸收剂量的单位相同，单位为 $\mathrm{J \cdot kg^{-1}}$，专有单位为 Gy；比释动能率 $\dot{K}$ 的专有单位为 $\mathrm{Gy \cdot s^{-1}}$。

4. 照射量和照射量率

在辐射测量中，可采用辐射仪探测 X 或 γ 射线，最早的辐射仪是载有自由空气的空腔电离室，其测量原理为：一束 X 或 γ 射线穿过自由空气，并与空气发生相互作用而产生次级电子，这些次级电子又使空气电离而产生离子对，在该过程中射线自身的能量全部损失。收集电离所产生的离子对的电量，便可定义出照射量 X。即照射量 X 是表示这束 X 或 γ 射线在空气中产生电离电量的物理量，也是辐射测量中沿用最久的一个物理量，单位为 $\mathrm{C \cdot kg^{-1}}$。照射量率 $\dot{X}$ 是单位时间内的照射量，表示在时间间隔 $\mathrm{d}t$ 内产生的照射量的增量 $\mathrm{d}X$，单位为 $\mathrm{C \cdot kg^{-1} \cdot s^{-1}}$，简称照射率。照射量 X 和照射量率 $\dot{X}$ 的定义式为

$$X = \mathrm{d}Q/\mathrm{d}m \quad 和 \quad \dot{X} = \frac{\mathrm{d}X}{\mathrm{d}t} = \frac{\mathrm{d}Q/\mathrm{d}m}{\mathrm{d}t} \tag{1.120}$$

式中 $\mathrm{d}m$——一个小体积元的空气质量，kg；

$\mathrm{d}Q$——照射光子在空气中引发的次级电子被空气阻留后所形成的正（或负）离子的总电荷值，C。

照射量 X 的曾用单位 R（伦琴，目前还常使用），它通过 X 或 γ 射线照射空气来度量，即“1 R 的 X 射线作用于（照射）标准状况下的 $1\ \mathrm{cm^3}$ 空气（约 $1.293 \times 10^{-6}\ \mathrm{kg}$）所释放的次级电子使空气电离，电离产生的正（或负）离子的电量为 1 静电单位”，亦即电离所产生的正（或负）离子的电量为 1 静电单位时，射线的照射量正好为 1 R。经实验测定，1 静电单位 $= 3.336 \times 10^{-10}\ \mathrm{C}$，则两种单位的换算关系为：$1\ \mathrm{R} = 3.336 \times 10^{-10}\ \mathrm{C}/1.293 \times 10^{-6}\ \mathrm{kg} = 2.58 \times 10^{-4}\ \mathrm{C \cdot kg^{-1}}$。

事实上,人们更关心1 R的X或γ射线照射标准状况下的干燥空气,产生1静电单位的正(或负)离子时,需要该束X或γ射线具有多少能量。因X或γ射线作用于标准空气并产生一个离子对所需的平均电离能为33.73 eV(即为$33.73\times1.602\times10^{-19}$ J$=5.404\times10^{-18}$ J),而一个离子对所具有的电量为1电子电量(即为4.803×10^{-10}静电单位),此时1电子电量与1.125×10^{-8} J(即为$5.404\times10^{-18}/4.803\times10^{-10}$)的能量等效。故1 R$=1.125\times10^{-8}$ J/1.293×10^{-6} kg$=8.701\times10^{-3}$ J·kg^{-1}。

必须注意:①照射量的定义仅适于空气介质中的X或γ射线的辐射,不能用于其他类型介质和其他辐射。②定义式中的dQ并不包括所在体积元的空气中释放出来的次级电子产生的韧致辐射被吸收后而产生的电离。实际测量中,仅当光子能量很高(>3 MeV)时,由此方式产生的电离对的贡献才显得重要。③按定义来测量照射量X时,还须满足电子平衡条件。

鉴于目前的测量技术及精度要求,所能测量的光子能量一般为几千电子伏特到3兆电子伏特,在该情况下,由次级电子产生的韧致辐射对测量值dQ的贡献可忽略不计。

5. 吸收剂量、比释动能、照射量之间的关系

吸收剂量与照射量都是射线与物质相互作用结果的度量,前者适用于任意物质,后者仅适用于空气;前者描述物质吸收辐射能以及可引发的辐射效应,后者描述射线在空气中耗尽辐射能以及由次级电子电离空气产生的电量。可见,它们从不同角度描述了单位质量的物质所产生的能量效应,两者之间必然存在一定联系。即不同能量的X或γ射线对不同物质所造成的吸收剂量D与该X或γ射线的照射量X之间存在如下关系:

$$D = f \cdot X \tag{1.121}$$

式中,f为照射量换算为吸收剂量的换算因子,J·C^{-1}。

根据伦琴定义可知:1 R$=2.58\times10^{-4}$ C·kg^{-1}$=8.701\times10^{-3}$ J·kg^{-1}。对于空气,换算因子$f=8.701\times10^{-3}/2.58\times10^{-4}=33.73$ J·C^{-1}(最新资料为33.97,也有资料为33.85)。如果将不同能量的X或γ射线的照射量换算到人体软组织、肌肉和骨骼的吸收剂量,f取值范围分别为31.67~37.29 J·C^{-1}、35.58~37.29 J·C^{-1}、35.93~164.34 J·C^{-1};对于其他物质,f取值见相关文献。

同样,吸收剂量D与比释动能K之间也存在一定关系,也是从不同角度描述单位质量的物质所出现的能量效应。通常,在带电粒子平衡条件下,不带电粒子在某一体积元的物质中,转移给带电粒子的平均能量$d\bar{\varepsilon}_{tr}$应等于该体积元物质所吸收的平均能量$d\bar{\varepsilon}$,此时有

$$D = d\bar{\varepsilon}/dm = d\bar{\varepsilon}_{tr}/dm = K \tag{1.122}$$

要注意式(1.122)成立的条件是除带电粒子平衡条件外,还要满足带电粒子产生的韧致辐射效应可忽略不计,即要求不带电粒子处于低能状态(一般,X或γ射线的能量$E<10$ MeV,中子的能量$E<30$ MeV);否则应采用下式:

$$D = d\bar{\varepsilon}/dm = (1-g)d\bar{\varepsilon}_{tr}/dm = (1-g)K \tag{1.123}$$

式中,g为次级电子在慢化过程中,能量损失于韧致辐射的份额。

还要注意:吸收剂量、比释动能、照射量之间既有联系又有区别,它们之间的主要区别见表1.10。

表 1.10 吸收剂量、比释动能、照射量的区别

	吸收剂量 D	比释动能 K	照射量 X
适用范围	适于任何带电粒子与不带电粒子，以及任何类型物质	适于X或γ射线、中子等任何不带电粒子，以及任何类型物质	仅适于X或γ射线，并限于空气介质
剂量学中含义	表征辐射在其关心的体积 V 内所沉积的能量，这些能量可来自 V 内，也可来自 V 外	表征不带电粒子在体积 V 内交给带电粒子的能量，不必关心在何处以何种方式损失这些能量	表征X或γ射线在空气中的体积 V 内交给次级电子用于电离、激发的那些能量

通常，将辐射源称为辐射场的场源，描述辐射剂量的物理量（照射量率尤为突出）在空间的分布值称为辐射场的场强，以此研究射线形成的空间辐射场（或空间剂量场）。例如，空间γ场就是采用照射量率的分布值表达场强的辐射场，其γ射线穿过介质后的照射量率变化值始终等效到空气介质的基准中。

6. 比释动能、粒子注量、能注量之间的关系

对于仅有一种单能 E 的不带电粒子的辐射场，某点处物质的比释动能 K 与同一点处的能注量 Ψ（或粒子注量 Φ）存在如下关系：

$$K = \mu_{m-\mathrm{tr}} \cdot \Psi = (\mu_{\mathrm{tr}}/\rho)\Psi = f_K \cdot \Phi \tag{1.124}$$

式中，$f_K = E \cdot (\mu_{\mathrm{tr}}/\rho)$ 为粒子的比释动能因子，$\mathrm{Gy \cdot m^2}$。

对于具有谱分布的不带电粒子的辐射，则物质的比释动能 K 可采用如下关系表示：

$$K = \int \Psi_{\mathrm{E}} \cdot (\mu_{\mathrm{tr}}/\rho) \cdot \mathrm{d}E \tag{1.125}$$

式中，Ψ_{E} 是能注量 Ψ 粒子能量的微分分布。

在实际工作中，当能注量 Ψ 确定不变时，如果已知物质一的比释动能，若要求取物质二的比释动能，则由式（1.124）可求得 K_1 与 K_2 之比为

$$K_2 = \frac{(\mu_{\mathrm{tr}}/\rho)_2}{(\mu_{\mathrm{tr}}/\rho)_1} K_1 \tag{1.126}$$

思考题和练习题

1-1 什么是原子光谱，通过氢原子光谱怎样解释玻尔原子结构模型？

1-2 核力与其他各种力的相互作用力程和相对强度具有什么样的变化规律？

1-3 什么是原子核的结合能？什么是质量亏损？原子弹与氢弹在原理上有何不同？

1-4 什么是放射性核素？同位素和同质异能素有何不同？

1-5 为什么元素的相对原子质量通常不是原子质量单位的整数倍？

1-6 每个壳层的核外电子数怎样确定？

1-7 核能级变化放出的光子有何特点，把这些光子称为什么？

1-8 什么是核辐射，核辐射有哪几种主要类型？写出α和β衰变的一般核反应式。

1-9 什么是放射性衰变，什么是起始元素？总结天然放射性系列的主要特点。

1-10 单色谱和复杂谱有何区别？α、β、γ谱属于什么谱，通常用何方法测量？

1-11 天然 γ 辐射体主要指哪些元素(或系列)的辐射体,主要 γ 谱能量是多少?

1-12 简述放射性核素的衰减规律和积累规律。母核与子核存在衰变速度差时有什么规律?

1-13 简述衰变常数、半衰期和平均寿命以及活度、比活度和浓度的含义与单位。

1-14 简述什么是放射性平衡,并推导达到久平衡或暂平衡的条件。

1-15 简述放射性系列平衡及平衡系数定义,推导铀镭平衡系数的计算公式。

1-16 简述二到四个放射性核素衰减和积累规律的应用事例。

1-17 写出核反应 A(a,b)B 的等效反应式,举例分析核反应过程,并指出反应道的概念。

1-18 怎样通过反应前后的系统静止质量来计算反应能 Q? 说明何为放热反应。

1-19 什么是核反应的阈能? 通过实验室坐标系和质心坐标系的关系,推导阈能的计算公式。

1-20 核反应的反应截面是如何定义的,它与入射粒子的概率流密度有何关系?

1-21 什么是原子核的裂变反应,什么是重核的链式反应,产生链式反应的最基本条件是什么?

1-22 热中子堆和快中子堆在核燃料要求上有何区别?

1-23 什么是聚变能,人们推测太阳和大量其他恒星的核聚变反应主要有哪些?

1-24 人工放射性核素的主要来源有哪些,核试验或核电站产生的放射性物质主要有哪些?

1-25 什么是辐射场,怎样对辐射场进行分类? 什么是辐射量,常见辐射量有哪些?

1-26 粒子注量是怎样定义的,它与粒子注量率有何关系,它与能注量率又有何关系?

1-27 描述不带电粒子与物质相互作用的常见物理量有哪些,它们之间有何联系和区别?

1-28 描述带电粒子与物质相互作用的常见物理量有哪些,它们之间有何联系和区别?

1-29 什么是吸收剂量,什么是比释动能,它们与照射量之间有何联系和区别?

1-30 照射量率是怎样定义的? 试分析照射量率与粒子注量率、能注量率之间的关系。

第2章 射线与物质的相互作用

辐射探测器的工作原理是基于被探测射线与探测器工作介质的相互作用,其主要特性是反映该相互作用的物理机理及其在物质中的能量损失。一般来说,人们只关注能量在10 eV量级(称为最低能量)以上的辐射,大于该最低能量的辐射以及它与物质相互作用的次级产物能使典型材料(如空气)发生电离(称为电离辐射)。慢中子(尤其是热中子)的能量可能低于该最低能量,但因慢中子能引发核反应且其核裂变产物具有相当大的能量,因而也归入这一范畴。通常,电离辐射按其电荷及相关性质可分为以下几类。

(1)重带电粒子:包括质量为一个或多个原子质量单位(u),并且具有相当能量的各种粒子,这些粒子一般都带有正电荷。重带电粒子实质上是原子的外层电子完全或部分被剥离了的原子核,如α粒子又称氦原子核;质子又称氢核;氘又称重氢核或氘核。裂变产物和核反应产物则是由较重的原子核组成的重带电粒子。

(2)快电子:包括核衰变中发射的正、负β粒子,以及其他过程产生的具有相当能量的电子。带电粒子在穿透物质时可产生电子-离子对,其中具有足够能量可进一步引起电离的电子称为δ电子。

(3)中子:是由核反应(如核裂变)等核过程所产生的不带电粒子,它与质子的质量相当。

(4)电磁辐射:包括两类,一类是γ射线,是由核衰变或在物质与反物质之间的湮灭过程中产生的电磁辐射,前者称为特征γ射线,后者称为湮灭辐射;另一类是X射线,是由处于激发态的原子退激时发出的电磁辐射或带电粒子在库仑场中进行慢化所产生的电磁辐射,前者称为特征X射线,后者称为轫致辐射。

国际辐射测量委员会在1971年推荐的有关电离辐射术语中,强调带电粒子辐射、非带电粒子辐射与物质相互作用的显著区别为:①直接致电离辐射、快速带电粒子沿粒子径迹通过许多小的库仑相互作用,将能量传给物质;②间接致电离辐射是X或γ射线、中子在发生少数几次相对较强的相互作用过程中,先把能量转移给相互作用的物质中的带电粒子,然后由这些快速带电粒子按上述直接致电离辐射将能量传递给物质。

由此可以看出,间接致电离辐射在物质中的能量沉积是两步过程。表2.1中的箭头表示了间接致电离辐射的中间过程所产生的带电粒子,X射线或γ射线将其全部或部分能量传递给物质中原子核外的电子,产生所谓的次级电子;中子几乎总是通过核反应或核裂变等过程来产生次级重带电粒子。本章主要阐述重带电粒子、快电子、电磁辐射以及中子与物质的相互作用。

表2.1 辐射探测涉及的四类辐射

带电粒子辐射		非带电粒子辐射
重带电粒子	⇐	中子
快电子	⇐	电磁辐射

2.1 重带电粒子与物质的相互作用

2.1.1 相互作用的主要特点

重带电粒子(如 α 粒子)与物质的相互作用主要通过其正电荷与物质原子中的轨道电子之间的库仑作用力来实现,即这种相互作用主要是重带电粒子与物质原子的核外电子之间的库仑作用。虽然重带电粒子与物质的原子核也可能发生相互作用(如卢瑟福散射及带电粒子引起的核反应),但这类相互作用很少发生,在辐射探测机制中并不重要。因此,下面将只讨论重带电粒子与物质的核外电子之间的相互作用。

当具有一定动能的带电粒子与原子的轨道电子发生库仑作用时,带电粒子把本身的部分能量传递给轨道电子。如果轨道电子获得的动能足以克服原子的束缚,则可逃出原子壳层而成为自由电子,此过程称为电离。电离后的原子带正电荷,它与逃出的自由电子合称为离子对。如果轨道电子获得的能量不足以使其摆脱原子的束缚,而是从低能级跃迁到高能级,使原子处于激发态,此过程称为激发。处于激发态的原子是不稳定的,它将通过跃迁到高能级的电子自发地跃迁到低能级而回到基态,多余的能量可以以 X 射线的形式放出。此种 X 射线的能量是不连续的,它等于电子跃迁的两能级之差,称为标识 X 射线或特征 X 射线。

由上述电离产生的某些电子,具有足够的动能,能进一步引起物质电离,这些电子称为次级电子或 δ 射线。由 δ 射线产生的电离称为间接电离或次级电离。由入射带电粒子与物质直接作用产生的电离称为直接电离或初级电离。

当高速运动的带电粒子从原子核附近掠过时,它会受到原子核库仑场的作用而产生加速度。由经典电动力学可知,在库仑场中受到减速或加速的带电粒子,其部分或全部动能,将转变为连续谱的电磁辐射,这就是韧致辐射,这种形式的能量损失,称为辐射损失。因重带电粒子的质量较大,该能量损失形式与通过碰撞使原子核外电子激发或电离的方式相比是微不足道的。因此,重带电粒子只需考虑电离损失。

2.1.2 阻止本领与 Bethe 公式

带电粒子与吸收物质发生相互作用而损失能量的过程可采用线性阻止本领(简称阻止本领,记为 S)来描述,即阻止本领的定义为该带电粒子在吸收材料中的微分能量损失与相应微分路径之商,亦即 $S=-\mathrm{d}E/\mathrm{d}x$。阻止本领还被称为粒子的比能损失或能量损失率。由于粒子的能量损失具有辐射损失、电离损失两种形式,则上述 S 可表示为

$$S = S_{\mathrm{rad}} + S_{\mathrm{ion}} = (-\mathrm{d}E/\mathrm{d}x)_{\mathrm{rad}} + (-\mathrm{d}E/\mathrm{d}x)_{\mathrm{ion}}$$

式中 S_{rad}——辐射能量损失率,$S_{\mathrm{rad}}=(-\mathrm{d}E/\mathrm{d}x)_{\mathrm{rad}}$;

S_{ion}——电离能量损失率,$S_{\mathrm{ion}}=(-\mathrm{d}E/\mathrm{d}x)_{\mathrm{ion}}$。

显然,重带电粒子的能量损失率 $S\approx S_{\mathrm{ion}}=(-\mathrm{d}E/\mathrm{d}x)_{\mathrm{ion}}$。通常采用贝特(Bethe)公式(又称经典公式)描述电离损失率 S_{ion} 与带电粒子速度 v、电荷量 ze 等变量之间的关系,下面简要说明 Bethe 公式的一些特点。

首先,可将原子中的电子看成是自由电子,因为一般情况下,入射粒子的动能远大于电子所在壳层的结合能。在它们与入射带电粒子的相互作用过程中,考虑入射带电粒子速度显著

大于靶原子内的轨道电子运动速度,因而亦可近似将电子看成是静止的。即假设重带电粒子质量为 M,电荷量为 ze,能量为 E,速度为 v(且 v 比轨道电子速度大得多),电子质量为 m_0,电荷为 $-e$。

考虑带电粒子与单个电子的碰撞情况。如图2.1所示,当重带电粒子沿着 Ox 方向入射到靶物质中时,它与物质中的电子(该电子离 Ox 轴的垂直距离为 b,并将 b 称为碰撞参数)发生库仑力作用,而使电子获得能量。由于碰撞传给电子的能量要比入射粒子自身的能量小很多,故可认为碰撞后的入射重带电粒子仍按原方向直线运动。当带电粒子与电子相距 r 时,电子受到的库仑力为

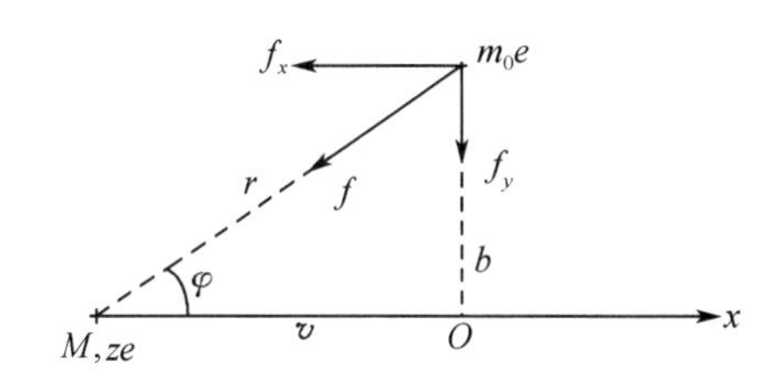

图2.1 带电粒子与单个电子的碰撞

$$f = \left|\frac{1}{4\pi\varepsilon_0}\cdot[ze(-e)/r^2]\right| = \left|\frac{1}{4\pi\varepsilon_0}\cdot[-ze^2/r^2]\right| \tag{2.1}$$

再假设作用过程的时间是从 $t=-\infty$ 到 $t=+\infty$,则在整个作用过程中传给电子的总动量 P 为

$$P = \int_{-\infty}^{+\infty} f\mathrm{d}t \tag{2.2}$$

由于带电粒子从电子旁边掠过,在通过最近点 O 之前与之后,库仑力的 x 方向分量 f_x 大小相等、方向相反,因而电子所得总动量的 x 方向分量 P_x 等于零。即电子总动量等于库仑力 f 的 y 方向分量 f_y

$$P = P_y = \int_{-\infty}^{+\infty} f_y\mathrm{d}t \tag{2.3}$$

根据图2.1,并由式(2.1)可求得 $f_y = f\cdot(b/r) = \frac{1}{4\pi\varepsilon_0}\frac{ze^2b}{r^3}$;考虑带电粒子与单个电子碰撞,因 $\mathrm{d}t=\mathrm{d}x/v$(可将 v 看成常数),将其代入式(2.3)得

$$\begin{aligned} P = P_y &= \int_{-\infty}^{+\infty}\frac{1}{4\pi\varepsilon_0}\frac{ze^2b}{r^3}\mathrm{d}t = \frac{1}{4\pi\varepsilon_0}\cdot\frac{ze^2b}{v}\int_{-\infty}^{+\infty}\frac{\mathrm{d}x}{r^3} \\ &= \frac{1}{4\pi\varepsilon_0}\cdot\frac{ze^2b}{v}\int_{-\infty}^{+\infty}\frac{\mathrm{d}x}{(x^2+b^2)^{3/2}} = \frac{1}{4\pi\varepsilon_0}\cdot\frac{2ze^2}{bv} \end{aligned} \tag{2.4}$$

由此,当碰撞参数为 b 时,单个电子所获得的动能(即入射重带电粒子损失的能量)为

$$\Delta E_b = \frac{P^2}{2m_0} = \left(\frac{1}{4\pi\varepsilon_0}\right)^2\cdot\frac{2z^2e^4}{m_0v^2b^2} \tag{2.5}$$

为了计算电离损失率 S_{ion},必须先对单位距离内碰撞参数为 b 的所有电子求和,再对所有的碰撞参数 b 求和。设单位体积内靶物质原子核数目为 N,其原子序数为 Z,则单位体积内的电子数为 NZ;沿粒子入射方向的半径为 b,厚度为 $\mathrm{d}b$,长度为 $\mathrm{d}x$ 的圆筒体内的电子数为 $2\pi b\cdot\mathrm{d}b\cdot\mathrm{d}x\cdot NZ$,如图2.2所示。当入射粒子经过 $\mathrm{d}x$ 距离后,所有碰撞参数在 b 与 $b+\mathrm{d}b$ 范围内的电子所得到的能量为

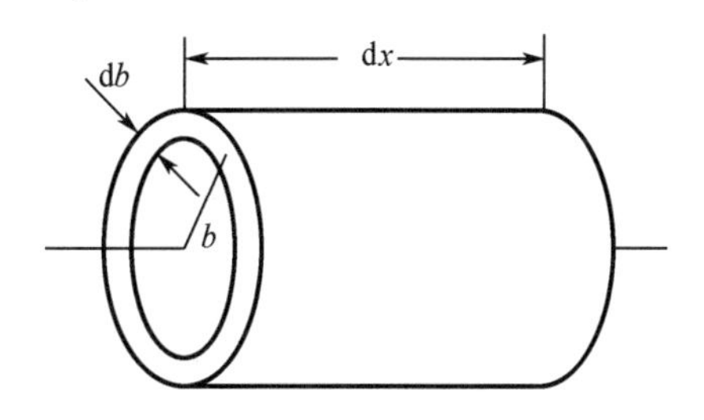

图2.2 碰撞参数为 $b\sim b+\mathrm{d}b$,长度为 $\mathrm{d}x$ 的体积元

$$(\mathrm{d}E)_{b\sim(b+\mathrm{d}b)}=2\pi b\cdot\mathrm{d}b\cdot\mathrm{d}x\cdot NZ\cdot\Delta E_b$$

再对所有可能的 b 值($b\in[b_{\min},b_{\max}]$)进行积分,就可得到 dx 距离内物质中所有电子从入射粒子中得到的能量,这也就是入射粒子在 dx 距离内损失的能量 S_{ion}。由此可得

$$S_{\text{ion}}=(-\mathrm{d}E/\mathrm{d}x)_{\text{ion}}=\int_{b_{\min}}^{b_{\max}}(\mathrm{d}E)_{b\sim(b+\mathrm{d}b)}=\left(\frac{1}{4\pi\varepsilon_0}\right)^2\cdot\frac{4\pi z^2e^4NZ}{m_0v^2}\ln\frac{b_{\max}}{b_{\min}}\tag{2.6}$$

显然,式(2.6)中的 $b_{\min}$不能为0,也不能为∞,否则 S_{ion}将为∞,这是不合理的。必须合理地确定 $b_{\min}$与 $b_{\max}$的值,这应当从量子力学的角度来考虑。下面仅从经典力学出发,来粗略地确定它们的数值。

$b_{\min}$对应于电子获得最大能量的情况,按照经典碰撞理论,重带电粒子与电子对心碰撞时,电子将获得最大动能,其值约为 $2m_0v^2$。则由式(2.5)可得

$$b_{\min}=\left(\frac{1}{4\pi\varepsilon_0}\right)\cdot\left(\frac{ze^2}{m_0v^2}\right)\tag{2.7}$$

$b_{\max}$对应于电子可能从入射粒子处获得的最小能量,这可由电子在原子中的结合能来考虑。在前面的计算中,已经假设电子是“自由的”,忽略了结合能。实际上,电子是被束缚在原子中的,入射粒子传给电子的能量必须大于其激发能级值才能使之激发或电离,否则将不起作用。这就是说,电子只能从粒子外接受大于其激发能级的能量,即式(2.5)中的 ΔE_b 的最小值应当是各电子的平均激发能[记为 $I=(\Delta E_b)_{\min}$]。由此可得

$$b_{\max}=\frac{1}{4\pi\varepsilon_0}\cdot\frac{ze^2}{v}\left(\frac{2}{m_0I}\right)^{1/2}\tag{2.8}$$

将式(2.7)和式(2.8)代入式(2.6),可得

$$S_{\text{ion}}=(-\mathrm{d}E/\mathrm{d}x)_{\text{ion}}=\left(\frac{1}{4\pi\varepsilon_0}\right)^2\cdot\frac{4\pi z^2e^4NZ}{m_0v^2}\ln\left(\frac{2m_0v^2}{I}\right)^{1/2}\tag{2.9}$$

这就是按 Bethe 公式推导出的电离能量损失率的近似公式。为以后讨论方便,令

$$B=Z\cdot\ln(2m_0v^2/I)^{1/2}\tag{2.10}$$

式(2.9)可写为

$$S_{\text{ion}}=(-\mathrm{d}E/\mathrm{d}x)_{\text{ion}}=\left(\frac{1}{4\pi\varepsilon_0}\right)^2\cdot\frac{4\pi z^2e^4}{m_0v^2}\cdot NB\tag{2.11}$$

另外,从量子理论推导出的公式(非相对论)仍与式(2.11)类似,仅参数 B 不同,即

$$B=Z\cdot\ln(2m_0v^2/I)\tag{2.12}$$

比较式(2.10)与式(2.12)中 B 的对数项的差异,并进一步考虑相对论与其他修正因子,推导出来的重带电粒子电离能量损失率的精确表达式称为贝特-布洛赫(Bethe-Block)公式(简称 Bethe 公式),即式(2.11),而此时的参数 B 为

$$B=Z[\ln(2m_0v^2/I)-\ln(1-\beta^2)-\beta^2]\tag{2.13}$$

式中 $\beta=v/c$——重带电粒子速度与真空中光速之比;

I——物质原子的平均激发和电离能,一般由实验来测定。I 的值大致可以表示为 $I=I_0Z$,其中 $I_0\approx10$ eV。

对于非相对论粒子($v\ll c$),β 值可忽略,式(2.13)即可化为式(2.12)。

Bethe 公式适用于各种类型的带电粒子,只要这些带电粒子的速度大于物质原子中的轨道电子运动速度。为了有效地应用此公式,下面对其进行进一步的讨论。

(1)带电粒子的电离能量损失率与其质量 M 无关,而仅与其速度 v 及电荷数 z 有关

显然,在 Bethe 公式中,入射带电粒子的质量 M 较大,不同 M 值不会影响其 S_{ion}值,只要电荷数 z 及速度 v 相同,任何质量的入射带电粒子,其电离能量损失率都相同。

(2)带电粒子的电离损失率与其电荷数的平方(z^2)成正比

从 Bethe 公式可以看出,B 仅与带电粒子速度有关,因而对于各种 v 值,$S_{ion} \propto z^2$。例如,α 粒子的 $z=2$,质子的 $z=1$,如果它们以同样速度入射到靶物质中,则 α 粒子的电离能量损失率将等于质子的 4 倍。由此可知,入射粒子电荷数越大,其能量损失率越大,即穿透能力越小。

(3)带电粒子的电离能量损失率与其速度的关系比较复杂,可按不同速度情况来讨论

在非相对论情况下,Bethe 公式中 $B = Z \cdot \ln(2m_0v^2/I)$。由于 v 出现在对数项内,则 B 随 v 的变化缓慢。B 可近似将看成与 v 无关,则 $S_{ion} \propto 1/v^2$,即电离能量损失率近似与粒子速度的平方成反比。考虑到非相对论情况下 $E = mv^2/2$,因而对于同一种粒子而言,存在如下近似关系,即 $S_{ion} \propto 1/E$。

当入射粒子能量很高并处于相对论区域(即平均每个核子的能量大于 20 MeV)时,B 表达式中的相对论修正项将起作用,使 S_{ion}值缓慢地变大,此时,S_{ion}与速度的关系可用曲线表示。对于不同质量的粒子,其速度与 E/n 一一对应(n 是粒子所含的核子数,E 是粒子能量),因而 S_{ion}也可表示为相对于 E/n 的关系曲线,如图 2.3 所示。图 2.3 中,横坐标表示入射粒子中每一核子的平均能量。

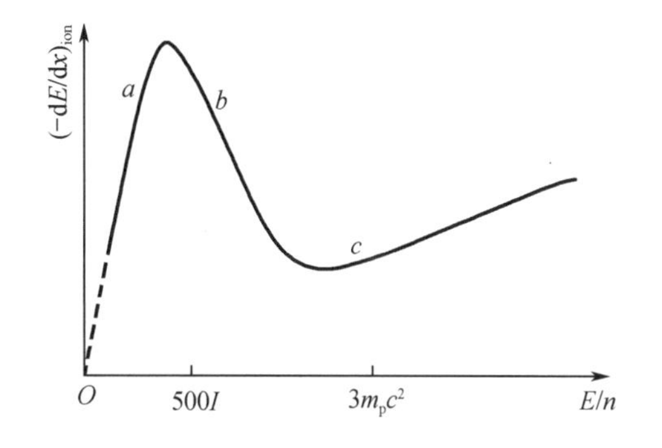

图 2.3 电离能量损失率随粒子 E/n 值的变化

图 2.3 中曲线的 b 及 c 部分分别代表前面讨论过的非相对论及相对论状况,m_p 为质子的质量,m_pc^2 约为 1 000 MeV;a 部分是入射粒子能量很低时的情况,$500I$ 约为 0.03MeV(取 $I=60$ eV),由于对低速入射粒子而言,物质原子的内层电子对($-dE/dx$)无贡献(内层电子的结合能大),而且入射粒子俘获电子而使有效电荷减小的概率增大,这使 S_{ion}值随 E/n 的减小而下降,此时,Bethe 公式已失效。

(4)带电粒子电离能量损失率与吸收物质原子的关系仅反映在 N、Z 及 I 上

I 需由实验测定,但因其出现在对数项内,故其影响不显著。由 Bethe 公式可知,对于同样的入射粒子参数有 $S_{ion} \propto NZ$,即 S_{ion}主要取决于吸收物质的原子序数 Z 与单位体积内的原子核数目 N 的乘积,亦即原子序数增高、材料密度增大,必然导致电离能量损失率(或阻止本领)也增大。

2.1.3 Bragg 曲线与能量歧离

Bragg 曲线是指带电粒子的能量损失率(或比能损失)沿其径迹变化的曲线。当 α 粒子初始能量为几兆电子伏特量级时,Bragg 曲线如图 2.4 所示。因 α 粒子电荷数为 2,在径迹的绝大部分区域内,比能损失近似正比于 $1/E$。随穿透距离的增大,能量将下降,Bragg 曲线将上升,对应于图 2.3 的 b 区。当接近径迹末端时,α 粒子能量已很低,Bragg 曲线快速下降至零,对应于图 2.3 的 a 区。图 2.4 所示为比能损失沿 α 粒子径迹的变化,图中给出了单个 α 粒子径迹的 Bragg 曲线,还给出了初始能量相同的平行 α 粒子束的统计规律曲线。

因入射带电粒子与物质原子的相互作用是随机的,则能量损失也是随机的,Bragg 曲线仅是此过程的统计描述。实际上,相同能量的入射粒子经过一定距离后,所损失的能量不完全相同,即单能粒子穿过一定厚度的物质后,能量发生了离散,称为能量歧离。离散后的粒子能量的宽度分布可作为能量歧离的度量,它随沿粒子径迹行进的距离而改变。图 2.5 给出了初始单能带电粒子束在其径迹各点的能量分布,即能量分布的相对宽度随穿透距离增大而变大。

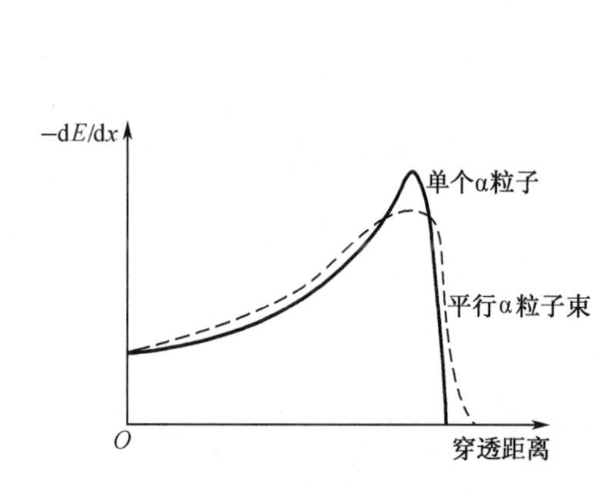

图 2.4　比能损失沿 α 粒子径迹的变化

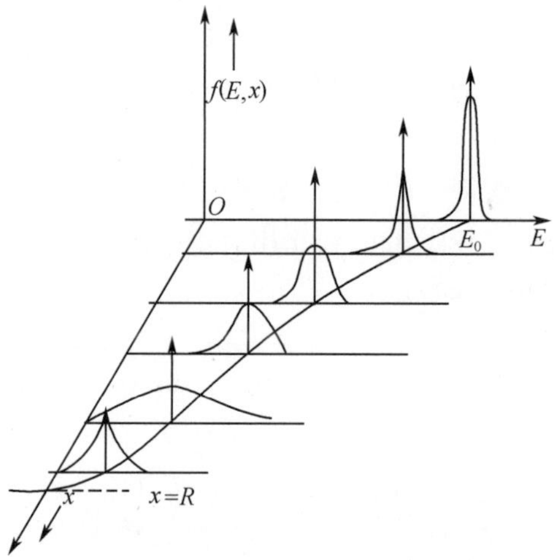

图 2.5　初始单能带电粒子束在其径迹各点的能量分布

(R 为射程)

2.1.4　粒子的射程

1. 射程的定义与测量

带电粒子在穿过物质的过程中,能量不断损失,直到能量耗尽而停留于物质中。通常将入射粒子在物质中的实际轨迹长度称为路径,而将沿初始运动方向穿过物质的最大距离称为入射粒子的射程,并用 R 表示。显然,路径与射程是两个不同的概念,在数值上射程小于路径,特别是当粒子轨迹弯曲严重时,两者的差异就更显著了。由于重带电粒子的质量较大,它在与物质原子的相互作用过程中,运动方向改变不大,其轨迹近似为直线,因此重带电粒子的射程基本上等于其路径。

为确定入射粒子的射程,可设计如图 2.6(a)所示的实验装置。其中,单能 α 粒子源经过准直器后,穿过不同厚度的吸收体,其后再被探测器记录。对于 α 粒子而言,由于其径迹基本上是直线,当吸收体的厚度 t 很小时,α 粒子穿过吸收体所损失的能量也很小,因而到达探测器的 α 粒子数目基本不变;不断增大 t,直到 t 接近 α 粒子在该吸收物质中的最短径迹长度时,穿过吸收体而被记录的 α 粒子数目才开始衰减;继续增大 t,越来越多的 α 粒子将被阻止,探测器所探测到的粒子数目将迅速下降到零,如图 2.6(b)的曲线所示。

在图 2.6(b)中,当 α 粒子计数 I 正好下降到没有吸收体时的 α 粒子计数 I_0 的一半时,吸收体厚度被定义为平均射程 R_m,这也是通常意义上所指的射程,并编制在常用数据表中。另外,在一些文献中还有外推射程 R_e 的概念,即将穿透曲线末端的直线部分外推至零时求得的相应厚度。显然,入射粒子能量越高,其平均射程或外推射程就越长,即射程与入射粒子能量之间存在确定的关系。在早期的辐射探测中,常常利用图 2.6 所示的实验,通过测定射程来间接地确定入射带电粒子的能量。

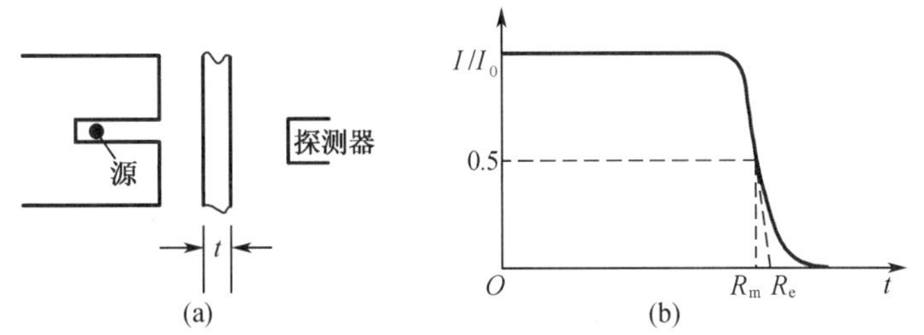

I—穿过厚度 t 的吸收体后尚存的 α 粒子数目;I_0—没有吸收体时测得的 α 粒子数目;

R_m—平均射程;R_e—外推射程。

图 2.6 α 粒子透射吸收体实验

图2.7、图2.8 和图2.9 绘制了各种重带电粒子在比较重要的探测器材料中的射程与能量曲线。

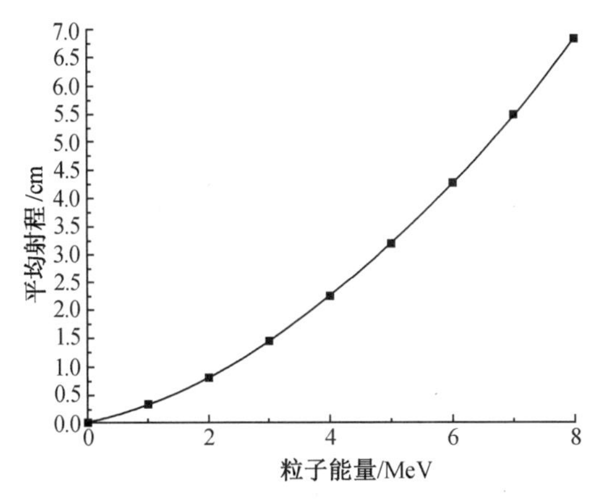

图 2.7 α 粒子在空气中的平均射程与能量关系曲线

(在标准温度和压力下,采用 Geant4 软件计算)

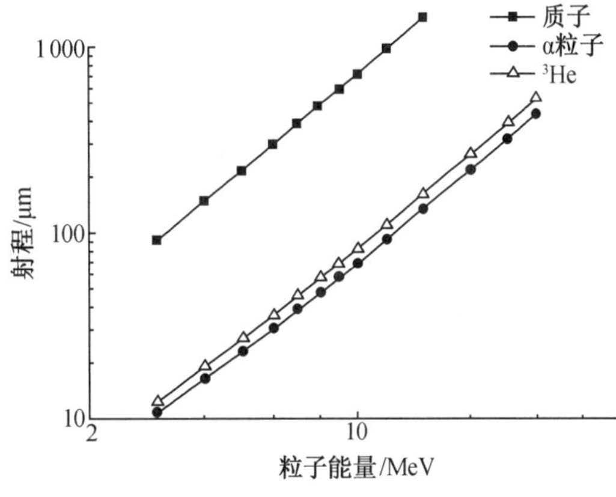

图 2.8 带电粒子在硅中的射程与能量关系曲线

(采用 Geant4 软件计算,横纵坐标都取以 10 为底的对数)

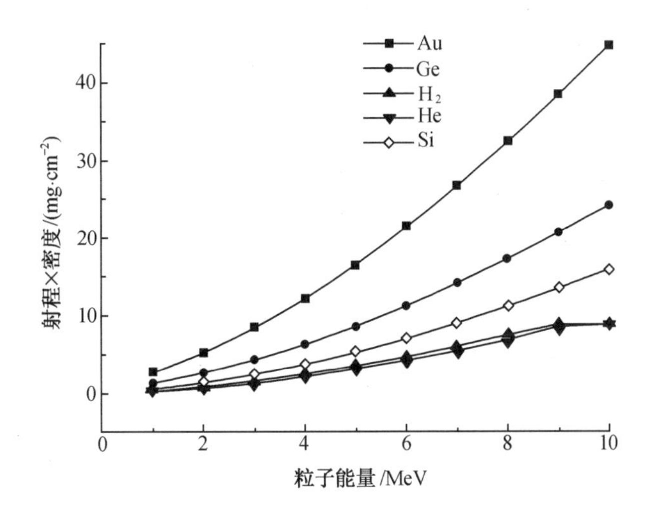

图 2.9 α 粒子在材料中的射程与能量关系曲线

[采用 Geant4 软件计算,射程用质量厚度(射程×密度)表示]

利用 Bethe 公式,也可推算出不同带电粒子在某些吸收材料中的射程 R,即

$$R = \int_0^R \mathrm{d}x = \int_{E_0}^0 \frac{\mathrm{d}E}{(-\mathrm{d}E/\mathrm{d}x)}$$

式中,E_0 为粒子初始能量。

将式(2.11)代入上式,并积分,可求得质量为 M、电荷数为 z 的粒子射程为

$$R(v) = \frac{M}{z^2}F(v)$$

式中,$F(v)$是初速度为 v 的粒子的单值函数。

对于相同 v 值[则 $F(v)$值相同],可求得

$$R_{\mathrm{a}}(v) = \frac{M_{\mathrm{a}}z_{\mathrm{b}}^2}{M_{\mathrm{b}}z_{\mathrm{a}}^2}R_{\mathrm{b}}(v) \tag{2.14}$$

式中,下标 a 及下标 b 代表不同的带电粒子。

因此,对于没有射程数据可用的粒子,可先算出其初始速度,再查出初始速度相同的任一种其他粒子在同一吸收材料中的射程,就可由式(2.14)求出该粒子的射程。

2. 射程的歧离

由于带电粒子与物质相互作用是一个随机过程,因而与能量歧离一样,单能粒子的射程也是涨落的,称为射程歧离。

对于重带电粒子而言,这种歧离约为平均射程的百分之几,歧离的程度可由图 2.5 中的平均透射曲线末端截止的锐利程度显示出来。将这条曲线微分可得到一峰状分布,其宽度常用于度量该粒子在所用吸收体中的射程歧离。

3. 阻止时间

将带电粒子阻止在吸收体内所需的时间可由射程与平均速度来估算。对于质量为 M、动能为 E 的非相对论粒子,其速度为

$$v = \sqrt{\frac{2E}{M}} = c\sqrt{\frac{2E}{Mc^2}} = (3.00 \times 10^8\ \mathrm{m/s})\sqrt{\frac{2E}{(931\ \mathrm{MeV/u})M_{\mathrm{a}}}}$$

式中,M_{a} 是以 u 为单位的粒子质量。

假定粒子减慢时的平均速度 $\bar{v} = k \cdot v$(这里 v 是粒子初始速度,k 是某常数),则阻止时间 T 可由射程 R 算出,即

$$T = \frac{R}{\bar{v}} = \frac{R}{kv}\sqrt{\frac{Mc^2}{2E}} = \frac{R}{k \cdot 3.00 \times 10^8\ \mathrm{m/s}}\sqrt{\frac{931\ \mathrm{MeV/u}}{2}} \cdot \sqrt{\frac{M_{\mathrm{a}}}{E}}$$

如果粒子是均匀减速的,则 $\bar{v} = (v/2)$,因而 $k = 0.5$。但是,带电粒子一般在其射程末端附近损失能量要快得多,k 应取较大一点的分数值。假定 $k = 0.6$,可以估算阻止时间为

$$T \approx 1.2 \times 10^{-7}R\sqrt{\frac{M_{\mathrm{a}}}{E}} \tag{2.15}$$

式中,T 的单位为 s,R 的单位为 m,M_{a} 的单位为 u,而 E 的单位为 MeV。

式(2.15)对于重带电粒子在非相对论能区的阻止时间估算是相当准确的,但不适于相对论粒子(如快电子)。由式(2.15)按典型射程来估算重带电粒子的阻止时间,可得在固体或液体中的阻止时间为 fs 量级,在气体中的阻止时间为 ns 量级。

2.1.5 在薄吸收体中的能量损失

在探测实验中常遇到带电粒子穿透薄吸收体的情况,例如穿透气体探测器的“窗”或半导体探测器的金层或“死区”等,这时,带电粒子在薄吸收体中能量损失的计算式为

$$\Delta E = \overline{(-\mathrm{d}E/\mathrm{d}x)} \cdot t \tag{2.16}$$

式中 ΔE——能量损失;

t——吸收体厚度;

$\overline{(-\mathrm{d}E/\mathrm{d}x)}$——粒子在吸收体中的平均能量损失率。

当能量损失较小时,能量损失率变化不大,可用入射粒子的初始能量$(-\mathrm{d}E/\mathrm{d}x)$来代替。多种不同带电粒子在不同吸收介质中的$(-\mathrm{d}E/\mathrm{d}x)$数据可查阅相关文献。几种常用探测器材料的曲线如图2.10、图2.11、图2.12所示。

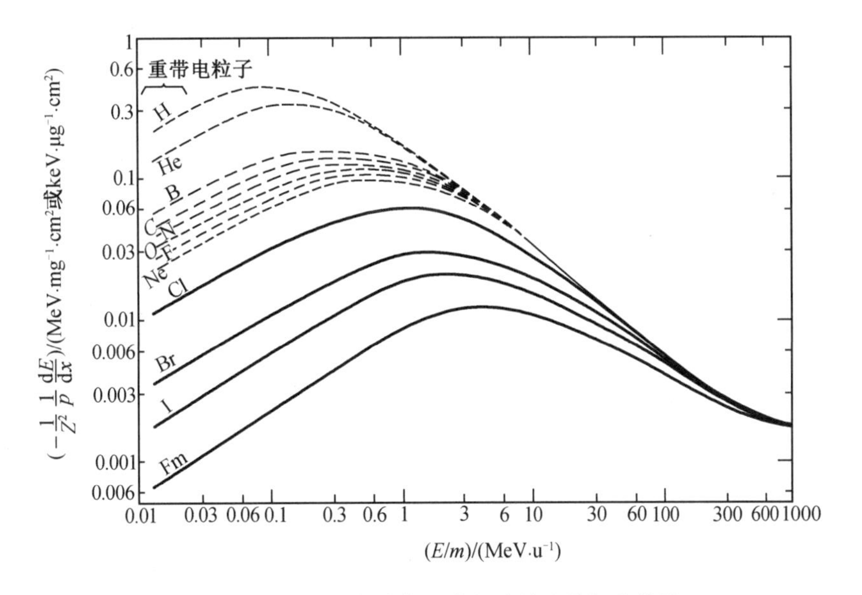

图2.10 各种重带电粒子在铝中的比能损失曲线

(纵坐标表达式表示比能损失公式)

对于能量损失较大的吸收体,很难直接从上述数据中得到适当的加权$\overline{(-\mathrm{d}E/\mathrm{d}x)}$值,此时可用图2.7、图2.8及图2.9中的射程与能量关系曲线来求ΔE值,亦即令R_1表示能量为E_0的入射粒子在该吸收材料中的全射程,从R_1减去吸收体实际厚度t得到R_2,它表示从吸收体另一面射出的粒子的射程,求得相应于R_2的能量(即穿透粒子的能量E_t),则能量损失$\Delta E = E_0 - E_t$。此法必须要求粒子在吸收体中的径迹是直线,不适用于快电子等。

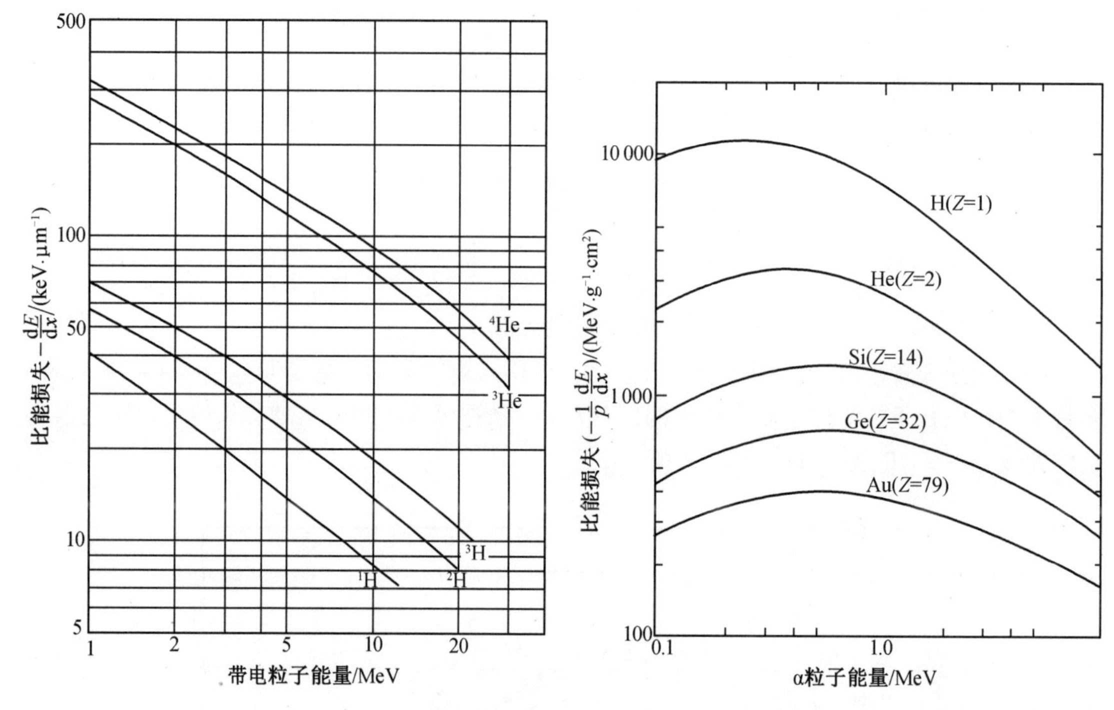

图 2.11　各种带电粒子在硅中的比能损失计算值　　**图 2.12　α粒子在各种材料中的比能损失计算值**

2.1.6　定比定律

有时难以得到恰好是实验所需的那种粒子与吸收体组合的$(-dE/dx)$或射程数据,则必须借助各种近似方法。这些近似方法大都依据 Bethe 公式,并假定化合物或混合物中的每个粒子的阻止本领后,经过相加而导出。该假定称为布拉格－克里曼(Bragg－Kleeman)定则,可写为

$$\frac{1}{N_c}(-dE/dx)_c = \sum_i W_i \frac{1}{N_i}(-dE/dx)_i \tag{2.17}$$

式中　W_i——化合物(或混合物)中第 i 种成分原子的份额;

N_c、$(-dE/dx)_c$——化合物(或混合物)的原子密度与能量损失率;

N_i、$(-dE/dx)_i$——第 i 种成分元素的原子密度与能量损失率。

例如,α 粒子在金属氧化物中的能量损失率可应用式(2.17)从 α 粒子分别在纯金属和氧中的值求得。式(2.17)是近似的,近年来对几种化合物的测量表明,测得的值与式(2.17)中计算值可相差 10%~20%。同样,若已知带电粒子在化合物所有组分元素中的射程,也能估算出带电粒子在化合物中的射程。这里需假定(dE/dx)曲线的形状与阻止介质无关。在此条件下,粒子在化合物中的射程由下式给出:

$$R_c = \frac{M_c}{\sum_i n_i (A_i/R_i)} \tag{2.18}$$

式中　R_i——第 i 种元素中的射程;

n_i——化合物分子中第 i 种元素的原子数；

A_i——第 i 种元素的原子量；

M_c——化合物的分子量。

如果不能得到全部组分元素中的射程数据，可按如下半经验公式进行估算：

$$R_1/R_0 \cong (\rho_0/\rho_1) \cdot \sqrt{A_1/A_0} \tag{2.19}$$

式中 ρ、A——吸收材料的密度和原子量；

下标0，1——不同的吸收材料。

要注意，当两种材料的原子量差别太大时，这种估算的精度将被降低。

应当指出，这些公式都是近似的，它们没有考虑粒子在其路径末端附近时电荷状态的变化。Evans 提出了补偿这个影响的修正因子，并比较准确地预计了射程值。

2.1.7 裂变碎片的特性

重核的中子诱发裂变或自发裂变产生重碎片时，具有相当高能量的重带电粒子，其性质与质子等稍有不同。由于裂变碎片的有效电荷很大，其 S_{ion} 值远大于 α 粒子，所以射程很短。但由于其初始能量高，一般裂变碎片的射程仍近似为 5 MeV 的 α 粒子射程的一半。

裂变碎片的一个重要特性是能量损失率随着它在吸收体中损耗能量而减小，这一点与 α 粒子及质子等存在显著不同。这是由于裂变碎片在损耗能量降低速度的同时也俘获电子而使其自身的有效电荷不断减小。俘获电子是在裂变碎片径迹的起点就立即开始的，这使得式(2.12)中的 Z 值连续下降，这样引起的 S_{ion} 的下降量要超过速度下降所导致的增加量，使 S_{ion} 值从开始就随裂变碎片能量损耗而不断下降。α 粒子与质子等只有在径迹末端才有此现象发生。

2.2 快电子与物质的相互作用

在辐射探测中，快电子通常是放射性核素衰变所发射的 β^-，这种衰变过程可由下列反应式来表示：

$$^{A}_{Z}X \to {}^{A}_{Z+1}Y + \beta^- + \bar{\nu} \tag{2.20}$$

式中 X、Y——衰变前后的核素；

$\bar{\nu}$——反中微子。

由于中微子和反中微子与物质作用的概率极小，反冲核 Y 的反冲量也很小(低于电离阈值)，故实际需要考虑的 β 衰变中的电离辐射就是快电子或 β 粒子自身。β 衰变是连续能谱，变化范围为零至端点能(最大能量)，端点能由衰变反应的 Q 值决定。表2.2 列出了一些“纯”的 β^- 源的端点能。

表 2.2　一些 β^- 辐射源

核素	半衰期	端点能量/MeV
^{3}H	12.26 a	0.018 6
^{14}C	5 730 a	0.156
^{32}P	14.28 d	1.710
^{33}P	24.4 d	0.248
^{35}S	87.9 d	0.167
^{36}Cl	3.08×10^{5} a	0.714
^{45}Ca	165 d	0.252
^{63}Ni	92 a	0.067
^{90}Sr/^{90}Y	27.7 a/64 h	0.546/2.270
^{99}Tc	2.12×10^{5} a	0.292
^{147}Pm	2.62 a	0.224
^{204}Tl	3.81 a	0.766

相比重带电粒子,轻带电粒子(β 射线、单能电子和正电子等快电子)与靶物质相互作用的能量损失较慢,且通过吸收材料时的径迹要曲折得多。单能电子的一组径迹如图 2.13 所示。快电子径迹偏转较大的原因是其质量与轨道电子的质量相等,因而在单次碰撞中可损失大部分能量并发生大的偏转。此外,有时还发生能急剧改变快电子运动方向的电子与核的相互作用。

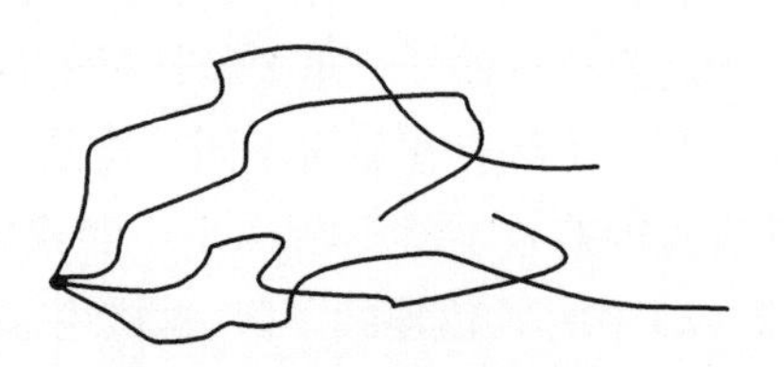

图 2.13　快电子径迹示意图

2.2.1　能量损失率

为了计算快电子由于电离和激发引起的电离能量损失率(又称比能损失),Bethe 也推导出了类似于式(2.11)的表达式,即

$$S_{\text{ion}} = \left(\frac{1}{4\pi\varepsilon_0}\right)^2 \cdot \frac{2\pi e^4 NZ}{m_0 v^2}\left[\ln\frac{m_0 v^2 E}{2I^2(1-\beta^2)} - \ln 2\left(2\sqrt{1-\beta^2} - 1 + \beta^2\right) + (1-\beta^2) + \frac{1}{8}\left(1 - \sqrt{1-\beta^2}\right)^2\right] \tag{2.21}$$

式中,$\beta = v/c$,其他符号的意义与式(2.11)的相同。

电子与重带电粒子不同,除电离损失外,还能通过辐射过程而损失能量。这些辐射损失的形式是轫致辐射,即电磁辐射,它们可以从电子径迹的任何位置发出。

根据经典理论,电荷被加速时产生电磁辐射而发射能量,电磁波的振幅正比于电荷的加速度,而此加速度又正比于电荷所受的库仑作用力。量子电动力学计算表明轫致辐射造成的辐射能量损失率应基本服从下述关系,即

$$S_{\text{rad}} = (-\mathrm{d}E/\mathrm{d}x)_{\text{rad}} \propto \frac{z^2 Z^2}{m^2} NE \tag{2.22}$$

式中　m——带电粒子的质量；

E、z——带电粒子的能量与电荷数；

Z——吸收物质的原子序数；

N——单位体积内吸收物质的原子核数目。

由式(2.22)可以看出$(-\mathrm{d}E/\mathrm{d}x)_{\mathrm{rad}}$与$m^2$成反比，因此，对于重带电粒子而言，辐射能量损失可忽略。一般只考虑电子的辐射能量损失，计算结果为

$$S_{\mathrm{rad}}=(-\mathrm{d}E/\mathrm{d}x)_{\mathrm{rad}}=\left(\frac{1}{4\pi\varepsilon_0}\right)^2\cdot\frac{NEZ(Z+1)e^4}{137m_0^2c^4}\left(4\ln\frac{2E}{m_0c^2}-\frac{4}{3}\right)\tag{2.23}$$

式中，m_0为电子的质量，其他符号意义与式(2.21)相同。

式(2.23)中的因子E和Z^2表明，当电子能量较高以及吸收体材料的原子序数较大时，辐射能量损失更显著。快电子总能量损失率是电离能量损失率与辐射能量损失率之和，即$S=S_{\mathrm{rad}}+S_{\mathrm{ion}}$，两种能量损失率之比近似为

$$\frac{(-\mathrm{d}E/\mathrm{d}x)_{\mathrm{rad}}}{(-\mathrm{d}E/\mathrm{d}x)_{\mathrm{ion}}}\cong\frac{EZ}{800}\tag{2.24}$$

式中，E以MeV为单位。

探测学中所涉及快电子的能量一般不超过数兆电子伏特。由式(2.24)可见，只有在高原子序数的吸收材料中，辐射能量损失才是最重要的。

2.2.2　电子的射程和透射曲线(吸收曲线)

1.单能电子的吸收

与前面讨论过的α粒子透射实验类似，单能快电子源的透射实验装置与实验曲线如图2.14所示。由于电子散射使其显著地偏离初始方向，很薄的吸收体就能使被测电子束失掉一些电子，因此被测到的电子数与吸收体厚度的关系曲线从开始就下降。当吸收体厚度足够大时此曲线趋近于零。

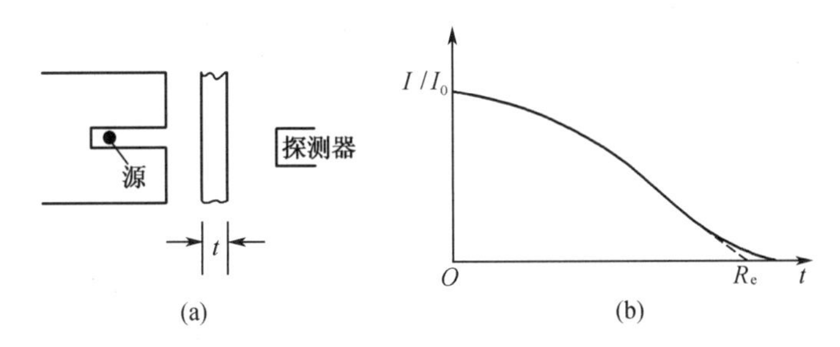

图2.14　单能快电子源透射实验

(图中R_e是外推射程)

与重带电粒子相比，快电子射程的概念不太明确，因为电子的总路径长度比沿初始速度方向穿透的距离大得多。通常电子的射程如图2.14中所示，即投射曲线上将直线部分外推到零求得，它表示几乎没有电子能穿透的吸收体厚度，即最大吸收厚度。在能量相等的情况下，电子的能量损失率远小于重带电粒子的能量损失率。粗略地估计，在低密度固体材料中，电子的

射程约为 2 mm/MeV;而在中等密度固体材料中,电子射程约为 1 mm/MeV。

在相当好的近似程度内,初始能量相等的电子在各种材料中的射程与吸收体密度的乘积是常数。图 2.15 给出了电子在几种常用探测器材料中的射程曲线。由图 2.15 可知,当射程也用质量厚度(射程 × 密度)表示时,同样能量的电子在物理性质或原子序数差别很大的材料中的射程数值也是近似的。

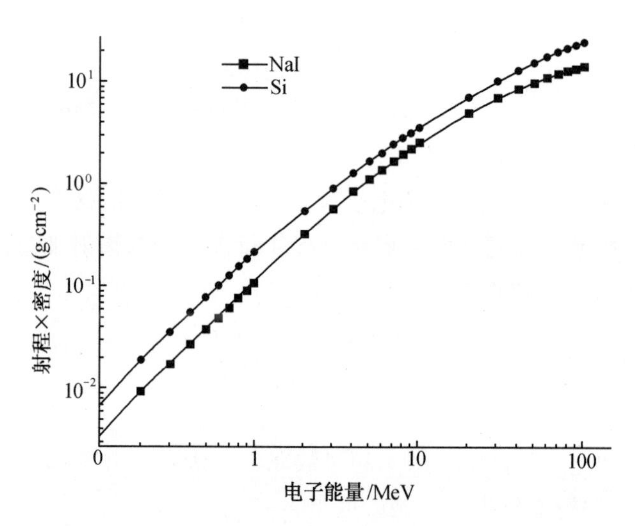

图 2.15　电子在硅和碘化钠中的射程与能量关系曲线

(Geant 4 软件计算结果)

2. β 粒子的吸收

由于放射性同位素源发射的 β 粒子的能量是从零到最大能量($E_{\beta max}$),且具有连续分布,因此其透射曲线与图 2.14 中单能电子的透射曲线有明显不同。"软"或低能的 β 粒子在薄吸收体中迅速被吸收,因而透射射线初始部分的衰减斜率要比单能电子透射曲线大得多。对于大多数 β 谱,吸收衰减曲线恰好具有近似指数的形式。在半对数坐标中,吸收衰减曲线近似为直线,如图 2.16 所示。这时,吸收衰减曲线可近似表示为

$$I/I_0 = e^{-\mu t} \qquad (2.25)$$

式中　I_0——无吸收体时的计数率;

I——有吸收体时的计数率;

t——吸收体厚度;

μ——吸收系数。

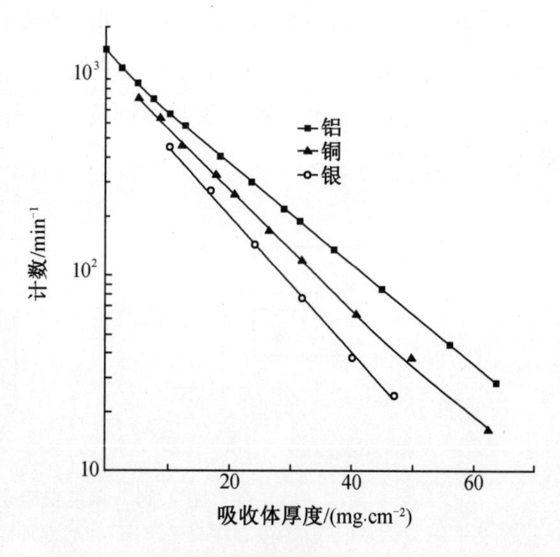

图 2.16　^{185}W 的 β 粒子($E_{\beta max}$ = 0.43 MeV)的透射曲线

(吸收衰减曲线)

对于一种具体的吸收材料,吸收系数 μ 与 β 粒子的最大能量 $E_{\beta max}$ 密切相关。对于铝,这种依

赖关系如图 2.17 所示。利用这些数据,可以通过吸收衰减测量来间接确定 β 射线的最大能量 $E_{\beta max}$。

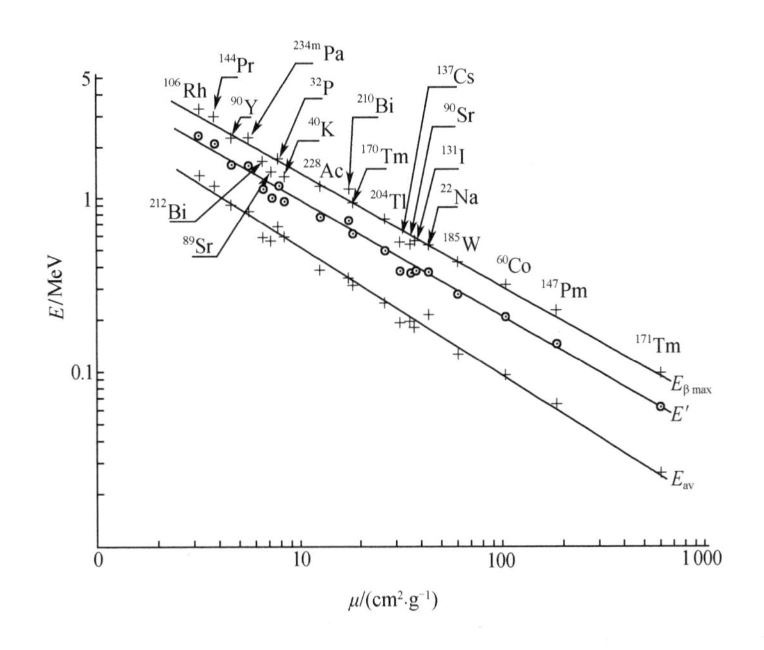

图 2.17　β 粒子在铝中的吸收系数 μ 与各种 β 源的最大能量 $E_{\beta max}$、平均能量 E_{av} 和 $E'=0.5(E_{\beta max}+E_{av})$ 的关系曲线

3. 反散射

电子沿其径迹常常会发生大角度的偏转,这会导致反散射现象(进入吸收体表面的电子因发生大角度偏转而从其入射面再发射出来)。这些反散射电子没有将其全部能量损耗在吸收介质中,将会影响探测器的测量结果。在探测器“入射窗”或“死层”发生反散射的电子将不能被探测到。反散射也会影响放射性同位素 β 粒子源的产额。

入射电子能量低,而且吸收体原子序数大时,反散射现象更严重。图 2.18 给出了单能电子垂直入射到各种吸收体表面时,被反散射的比例。

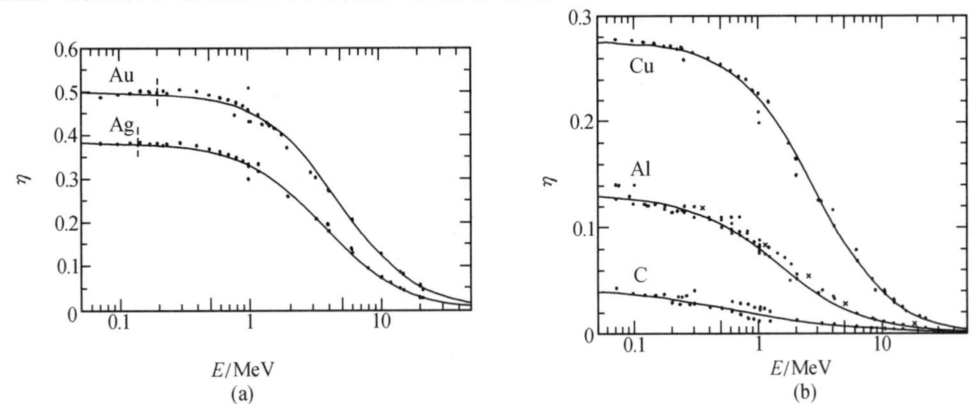

图 2.18　垂直入射的单能电子从各种材料的厚衬底反散射比例 η 与入射能量 E 的关系

2.2.3 正电子与物质的相互作用

正电子通过物质时,也像负电子一样,要与核外电子及原子核相互作用,产生电离损失与辐射损失等。以上对负电子与物质相互作用的阐述也都适用于正电子。正电子在吸收体中的径迹类似于负电子,其能量损失率及射程也与初始能量相同的负电子相同。

正、负电子与物质的相互作用的显著差别在于,高速正电子进入物质后很快会被慢化,然后在其径迹末端遇到负电子即产生湮没,辐射 γ 光子,或者与一个负电子结合在一起,形成正电子素,衰变后转变为电磁辐射(即形成正电子素后才湮没)。从能量守恒考虑,在发生湮没时,正、负电子动能为零,所以两个湮没光子的总能量应等于正、负电子的静止质量所对应的能量,即

$$h\nu_1 + h\nu_2 = 2m_0c^2 \tag{2.26}$$

从动量守恒考虑,由于湮没前的正、负电子的总动量为零,湮没后两个光子的总动量也为零,即

$$h\nu_1/c = h\nu_2/c \tag{2.27}$$

由上述两公式可得两个湮没光子的能量相等,且为0.511 MeV,由于这些光子的穿透本领远超过电子的射程,这可能导致在远离正电子原来轨迹的地方发生能量损耗。

2.3 γ、X射线与物质的相互作用

2.3.1 相互作用的特点

γ、X射线是一种比紫外线的波长短得多的电磁波,它与物质相互作用时,能产生次级带电粒子(主要是电子)和次级光子,通过这些次级带电粒子的电离、激发过程把能量传递给物质。γ、X射线与物质相互作用,并不像带电粒子那样通过多次小能量的损失逐渐消耗其能量,而是在一次相互作用过程中就可能损失大部分或全部能量。在0.01~10 MeV能量范围内,主要的作用过程是光电效应、康普顿效应和电子对效应,其他作用过程(如相干散射和光核反应)与上述三种主要过程相比都是次要的。

光子与物质发生相互作用都有一定的概率,上述三种主要过程发生的概率与光子能量 $h\nu$、吸收物质的原子序数 Z 有关。下面介绍三种主要相互作用机制。

2.3.2 相互作用机制

1. 光电效应

在光电效应(又称光电吸收)过程中,入射光子在吸收物质原子的相互作用中完全消失,代之以一个有相当能量的光电子从原子某一束缚壳层发射出来。光子与原子整体相互作用,而不与自由电子发生相互作用。原子吸收了光子的全部能量,其中一部分消耗为光电子脱离原子束缚所需的电离能,另一部分作为光电子的动能,因此,光电子的动能就是入射光子能量与该束缚电子所处电子壳层的结合能之差。对于能量足够高的入射光子,光电子最可能来自原子中结合能最紧的K壳层。此时,光电子的能量为

$$E_e = h\nu - E_K \tag{2.28}$$

式中，E_K 为光电子在其原来壳层中的结合能。

发生光电效应时，从内壳层上打出电子，在此壳层上就留下空位，并使原子处于激发态。这种激发态是不稳定的，它的退激过程有两种。一种退激过程是外层电子向内层跃迁以填补空位，使原子恢复到较低的能量状态。例如，从 K 层打出光电子后，L 层的电子就可跃迁回 K 层。两个壳层的结合能之差就等于跃迁时释放出来的能量，这将以特征 X 射线形式出现。另一种退激过程是将其激发能直接传给外壳层的电子，使它从原子中发射出来，称作“俄歇电子”。光电效应、特征 X 射线和俄歇电子的发射示意图如图 2.19 所示。

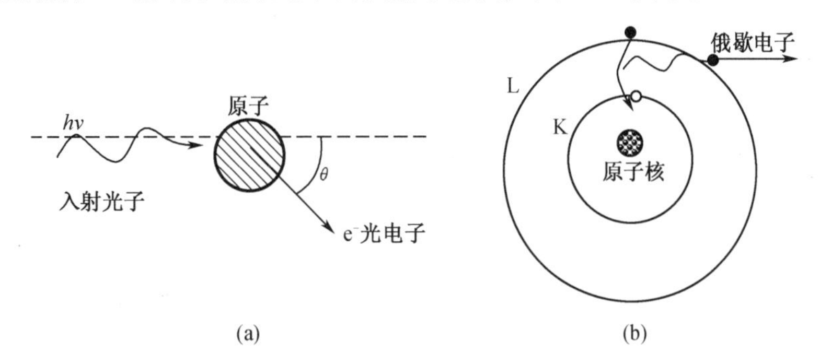

图 2.19　光电效应、特征 X 射线和俄歇电子的发射示意图

光子与物质原子作用时发生光电效应的概率用光电效应截面来表示，简称光电截面。光电截面的大小与入射光子能量以及吸收物质的原子序数有关。粗略地讲，光电截面 σ_{ph} 随光子能量增大而减小，随物质原子序数 Z 增大而急剧增大。量子力学给出了光电截面如下的计算公式。

(1)在非相对论情况下(即 $h\nu \ll m_0c^2$ 时，m_0 为电子质量)，K 层的光电截面为

$$\sigma_K = (32)^{1/2}\alpha^4\left(\frac{m_0c^2}{h\nu}\right)^{7/2}Z^5\sigma_{ph} \propto Z^5\left(\frac{1}{h\nu}\right)^{7/2} \tag{2.29}$$

式中，$\alpha = 1/137$ 为精细结构常数，并且

$$\sigma_{ph} = \frac{8}{3}\pi(e/m_0c^2) = 6.65 \times 10^{-25}\ \text{cm}^2 \tag{2.30}$$

在相对论情况下(即 $h\nu \gg m_0c^2$ 时)，有

$$\sigma_K = 1.5\alpha^4\frac{m_0c^2}{h\nu}Z^5\sigma_{ph} \propto Z^5\frac{1}{h\nu} \tag{2.31}$$

可以看出，在这两种情况下 K 层光电截面 σ_K 均与 Z^5 成正比。由此，往往选用高 Z 材料做探测器以获得较高的探测效率，同样，这也是选用高 Z 材料进行 γ(或 X)射线屏蔽处理的主要原因。从式(2.29)及式(2.31)还可看出，K 层光电截面 σ_K 随 $h\nu$ 的增大而减小，低能时，减小得快一些，高能时减小得缓慢一些。

光子在原子的 L、M 等壳层上也可以产生光电效应，但相对于 K 层而言，L、M 等壳层的光电截面要小得多。如果用 σ_{ph}代表光电效应总截面，则有

$$\sigma_{ph} = \frac{5}{4}\sigma_K \tag{2.32}$$

图 2.20(a)给出了不同吸收物质的光电截面与光子能量的关系曲线，也称作光电吸收曲

线。由图可见,σ_{ph}随E_{γ}的增大而减小。在$h\nu < 100$ keV时,光电截面显示出特征性的锯齿状结构,这种尖锐的突变称为吸收限。它是在入射光子能量与K、L、M层电子的结合能B_K、B_L、B_M相一致时出现的。当光子能量逐渐增大到等于某一壳层电子的结合能时,这一壳层电子就对光电效应做出贡献,导致σ_{ph}阶跃式地上升到某一较高数值,然后又随光子能量增大而下降。图2.20(b)是铅(Pb)的吸收曲线,其K层吸收限为88.3 keV,其L、M层电子存在子壳层,各子壳层的结合能稍有差异,因而吸收曲线中对应于L吸收限与M吸收限存在精细结构。例如,铅的L层有3个吸收限,M层有5个吸收限。

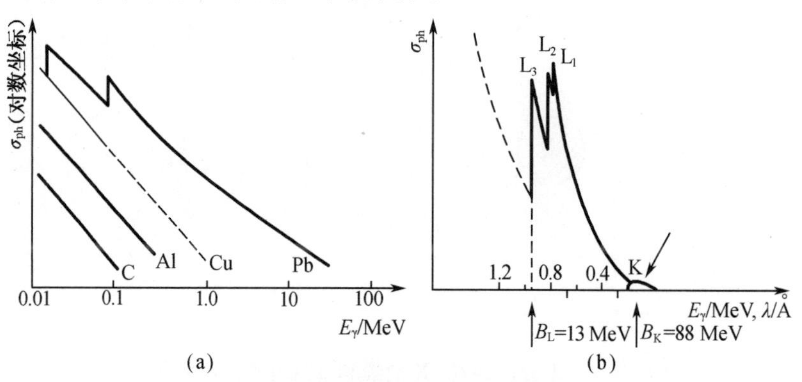

图2.20 原子的光电截面与入射光子能量的关系

(1 Å = 10^{-10} m)

实验和计算都表明在0°与180°方向不可能出现光电子。光电子在某一角度出现的概率最大,这一角度与光子能量有关。设用微分截面$dn/d\Omega$代表进入平均角度为θ方向的单位立体角内的光电子数(或份额),则光电子的角分布状况如图2.21及图2.22所示。可以看出,当入射光子能量低时,光电子主要沿接近垂直与入射方向的角度发射。当光子能量高时,光电子更多地朝前向角发射。

相对于光子的入射方向而言,不同角度光电子的产额是不一样的。

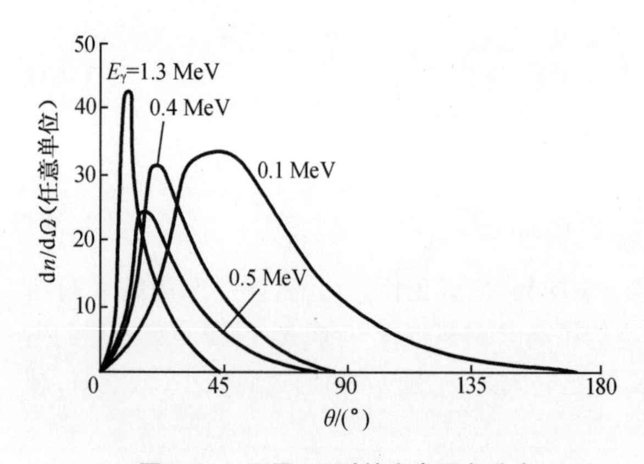

图2.21 不同E_{γ}时的光电子角分布

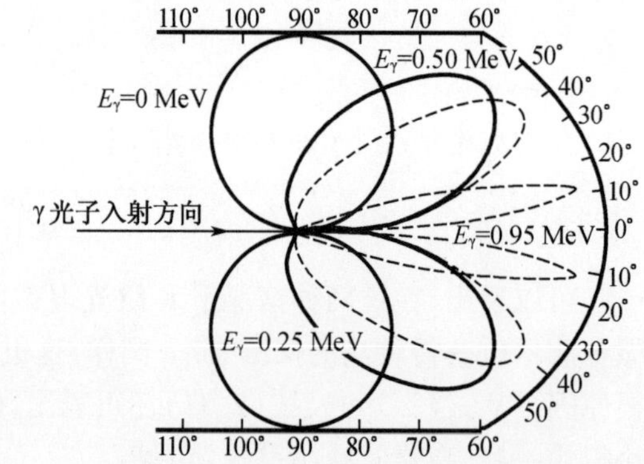

图2.22 不同E_{γ}时的光电子角分布

(用极坐标表示)

2. 康普顿效应

在康普顿效应(又称康普顿散射)中,辐射光子与原子的外层电子发生碰撞,一部分能量传给电子使它脱离原子射出而成为反冲电子,同时光子损失能量并改变方向成为散射光子。

康普顿效应示意图如图 2.23 所示，图中 $h\nu$ 和 $h\nu'$ 分别为入射与散射光子能量，θ 为散射光子与入射光子间夹角，称为散射角，φ 是反冲电子与入射光子的夹角，称为反冲角。

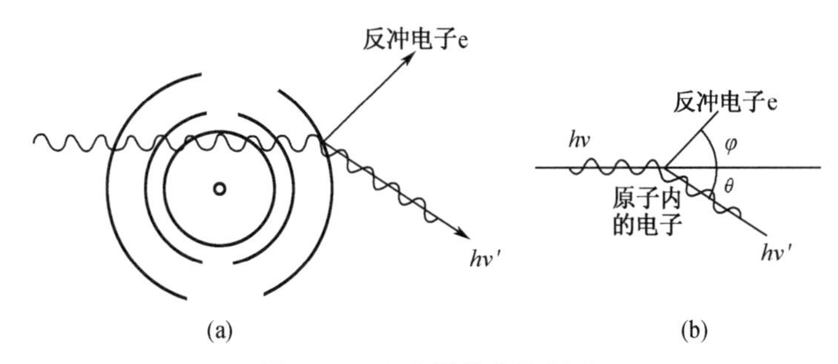

图 2.23　康普顿效应示意图

康普顿效应与光电效应不同。光电效应中，入射粒子被吸收了，能量全部转移给光电子（以及俄歇电子或特征 X 曲线）。康普顿效应发生后仍存在散射光子，反冲电子只获得入射光子的一部分能量。光电效应主要发生在束缚最紧的内层电子上，而康普顿效应则主要发生在束缚最松的外层电子上。

虽然入射光子与原子外层电子间的康普顿效应严格说来是一种非弹性碰撞过程，但是，外层电子的结合能很小，仅几电子伏特量级，与入射光子能量相比，可以忽略，这样完全可以把外层电子看作是“自由电子”。康普顿效应就可认为是入射光子与处于静止状态的“自由电子”之间的弹性碰撞，可以用相对论的能量与动量守恒定律来推导和计算反冲电子、散射光子以及入射光子间的能量、动量分配和角度等关系。下面就进行这样的推导。

设入射光子能量为 $E_\gamma = h\nu$，则其动量为 $h\nu/c$。这里，h 是康普顿常量，ν 是光子频率。又设散射光子能量为 $E_{\gamma'} = h\nu'$，则其动量为 $h\nu'/c$，并设反冲电子的动能为 E_e、总能量为 E，动量为 P（参见图 2.23）。则

$$E_e = E - m_0c^2 = mc^2 - m_0c^2 = m_0c^2/\sqrt{1-\beta^2} - m_0c^2 \tag{2.33}$$

又因

$$P = mv = m_0v/\sqrt{1-\beta^2} \tag{2.34}$$

在相对论中，已知能量与动量的关系为

$$E = \sqrt{m_0^2c^4 + P^2c^2} \tag{2.35}$$

以上各式中，参量 $\beta = v/c$；m 是电子以速度 v 运动时的质量（静止质量为 m_0）。

根据能量与动量守恒定律，有下列关系式成立：

$$\begin{cases} h\nu - h\nu' = E_e \\ h\nu/c = h\nu'\cos\theta/c + P\cos\varphi \\ h\nu'\sin\theta/c = P\sin\varphi \end{cases} \tag{2.36}$$

通过式（2.36）中的后两个公式，可求得

$$\begin{cases} \cos\varphi = \sqrt{1-\sin^2\varphi} = \sqrt{1-[h\nu'\sin\theta/(Pc)]^2} \\ (h\nu - h\nu'\cos\theta)/c = \sqrt{P^2 - (h\nu'\sin\theta/c)^2} \end{cases} \tag{2.37}$$

通过式（2.37）中的两个公式，可求得

$$P^2c^2 = h^2\nu^2 + h^2\nu'^2 - 2h^2\nu\nu'\cos\theta \tag{2.38}$$

通过式(2.35),并将式(2.36)中的前一个公式代入,可求得

$$P^2c^2 = E^2 - m_0^2c^4 = E_e^2 + m_0^2c^4 + 2E_em_0c^2 - m_0^2c^4 = E_e^2 + 2E_em_0c^2 = (h\nu - h\nu')^2 + 2(h\nu - h\nu')m_0c^2$$

将上式代入式(2.38),可求得

$$h^2\nu\nu'(1-\cos\theta) = (h\nu - h\nu')m_0c^2 \quad 或 \quad E_\gamma \cdot E_{\gamma'}(1-\cos\theta) = (E_\gamma - E_{\gamma'})m_0c^2 \tag{2.39}$$

由式(2.39)可解得散射光子的能量为

$$E_{\gamma'} = \frac{E_\gamma}{1 + [E_\gamma/(m_0c^2)](1-\cos\theta)} \tag{2.40}$$

式(2.40)反映了散射光子能量 $E_{\gamma'}$ 与入射光子能量 E_γ 以及散射角 θ 之间的关系。显然,当 E_γ 一定时,不同散射角 θ 的散射光子能量是不同的。通过式(2.36)还可求出反冲电子的动能 $E_e = h\nu - h\nu'$,也就是将式(2.40)代入,可求得

$$E_e = E_\gamma^2(1-\cos\theta)/[m_0c^2 + E_\gamma(1-\cos\theta)] \tag{2.41}$$

式(2.41)表明了反冲电子能量 E_e 与入射光子能量 E_γ 以及散射角 θ 之间的关系。在找到散射角 θ 与反冲角 φ 的关系后,就可将式(2.41)改写为反冲电子能量 E_e 与入射光子能量 E_γ 以及反冲角 φ 之间的关系式。根据式(2.36)中的后两个公式,可求得

$$\frac{P\cos\theta}{P\sin\theta} = \frac{h\nu/c - h\nu'\cos\theta/c}{h\nu'\sin\theta/c} \quad 和 \quad \cot\varphi = [(h\nu)/(h\nu') - \cos\theta]/\sin\theta$$

根据式(2.40)求得

$$(h\nu)/(h\nu') = 1 + E_\gamma/(m_0c^2)\cdot(1-\cos\theta)$$

并代入上式便可求得

$$\cot\varphi = [1 + E_\gamma/(m_0c^2)]\cdot(1-\cos\theta)/\sin\theta = [1 + E_\gamma/(m_0c^2)]\cdot\tan(\theta/2) \tag{2.42}$$

式(2.42)就是反冲角 φ 与入射光子能量 E_γ 及散射角 θ 之间的关系式。下面将对式(2.40)、式(2.41)、式(2.42)进行进一步的讨论。

(1)当散射角 $\theta = 0°$ 时,散射光子能量最大并恰好等于入射光子能量,即 $E_\gamma = E_{\gamma'}$,而反冲电子能量 $E_e = 0$。此时表明,入射光子从电子旁掠过,未散射,光子未发生变化。

(2)当 $\theta = 180°$ 时,反冲电子能量最大,而散射光子能量最小,即散射角 $\theta = 180°$,而反冲角 $\varphi = 0°$。此时就是入射光子与电子对心碰撞的情况,相应的散射光子和反冲电子的能量分别为

$$E_{\gamma'\min} = E_\gamma/[1 + 2E_\gamma/(m_0c^2)] \tag{2.43}$$

$$E_{e\max} = E_\gamma/[1 + m_0c^2/(2E_\gamma)] \tag{2.44}$$

式(2.43)给出了180°反散射光子的能量。由于此关系式随 E_γ 变化缓慢,因而对不同入射光子能量,180°反散射光子能量变化不大,表2.3反映了这一情况。由表可见,即使入射光子的能量变化较大,180°反散射光子的能量都只在200 keV左右。

表2.3 入射光子及相应的180°反散射光子的能量值 单位:MeV

入射光子能量 E_γ	0.5	0.662	1.0	1.5	2.0	3.0	4.0
180°反散射光子能量 $E_{\gamma\min}$	0.169	0.184	0.203	0.218	0.226	0.235	0.240

(3)散射角 θ 与反冲角 φ 之间存在式(2.42)表示的一一对应关系,即散射角在0°与180°之间变化时,反冲角也相应地在90°与0°之间变化。0°反冲角对应于180°散射角,90°反冲角对应于0°散射角,反冲角不可能大于90°。

对于一定能量的入射光子,散射光子与反冲电子的能量和角度之间的关系可表示为矢量图(图2.24)。图中上半部反映了散射光子的情况,下半部反映反冲电子的情况。箭头方向代表散射角或反冲角,箭头矢量的长短代表散射光子或反冲电子的能量。同一数字标号代表一一对应的散射光子与反冲电子。

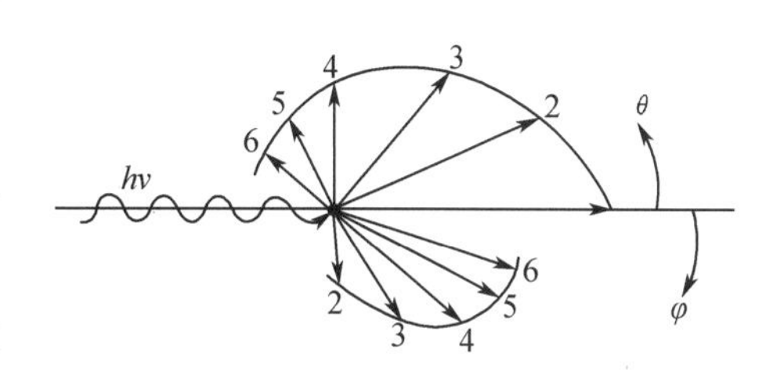

图2.24 散射光子和反冲电子发射方向的矢量图

(4)当散射角 θ 在180°附近(即反冲角在0°附近)变化时,反冲电子能量 E_e 随散射角 θ 变化缓慢,并具有式(2.41)中的关系。考虑表2.3所示的情况,不同能量的入射光子所产生的散射角在180°附近的反散射光子能量相差不多,均在200 keV左右。这就是γ能谱测量中反散射峰的形成原因。

上述各种关系式说明了康普顿效应中的入射光子、散射光子以及反冲电子的能量与角度之间的关系。只要确定了散射角(或反冲角),就可唯一确定其他各参量。但是,一旦康普顿效应发生后,φ 或 θ 的取值完全是随机的,因而散射光子或反冲电子取不同方向的可能性(概率)也是不同的,这必须用代表散射光子或反冲电子落在不同方向的单位立体角内的概率微分截面 $d\sigma/d\Omega$ 来描述;当然,这也可由代表落在某 θ 方向单位散射角内的概率微分截面 $d\sigma/d\Omega$,或由代表落在某 φ 方向单位反冲角内的概率微分截面 $d\sigma/d\Omega$ 来描述。

图2.25给出了用极坐标表示的微分截面 $d\sigma/d\Omega$ 与散射角及能量的关系。图2.26还给出了微分散射截面 $d\sigma/d\Omega$ 与散射角及能量的关系,这也是用极坐标表示的。

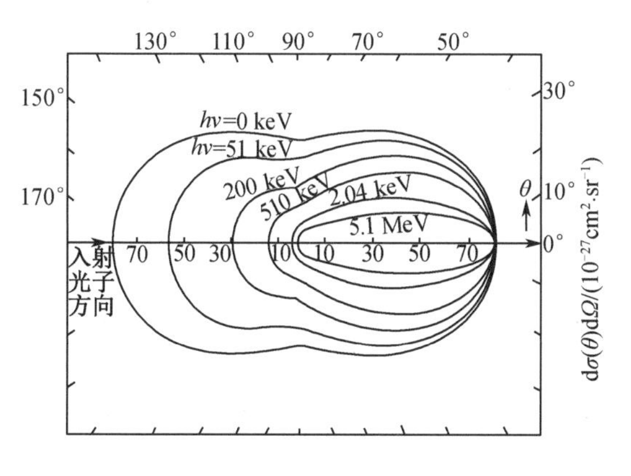

图2.25 用极坐标表示的微分截面 $d\sigma/d\Omega$ 与散射角及能量的关系

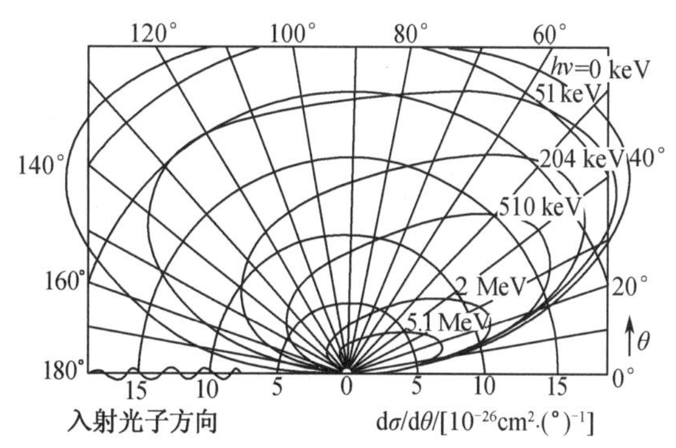

图2.26 用极坐标表示的微分散射截面 $d\sigma/d\Omega$ 与散射角及能量的关系

按概率论的规则,将微分截面 $d\sigma/d\Omega$ 对 4π 立体角积分或微分截面 $d\sigma/d\Omega$ 对全部 θ 的可取值(0°~180°)进行积分,即可得到代表康普顿效应发射概率的总截面。由于康普顿效应是发生在入射光子与各个电子之间的过程,因此上述截面均是针对原子中的电子而言。

由于原子中包括 Z 个电子,而且当入射光子能量足够高时,即使把内层电子也看成是“自由的”,它也能与入射光子发生弹性碰撞。由此,入射光子与整个原子的康普顿效应总截面 σ_c 等于它与各个电子的康普顿效应截面 σ_{ce} 之和,由此有

$$\sigma_c = Z \cdot \sigma_{ce} \tag{2.45}$$

可由量子力学推导出整个原子的康普顿效应截面公式:

$$\begin{cases} \underset{(h\nu \to 0)}{\sigma_c} \to \sigma_{ph} = \dfrac{8}{3}\pi r_0^2 \cdot Z & h\nu \ll m_0c^2 \\ \sigma_c = Z\pi r_0^2 \dfrac{m_0c^2}{h\nu}\left(\ln \dfrac{2h\nu}{m_0c^2} + \dfrac{1}{2}\right) & h\nu \gg m_0c^2 \end{cases} \tag{2.46}$$

式中,$r_0 = e^2/m_0c^2 = 2.8 \times 10^{-13}$ cm,为经典电子半径。

式(2.46)表明,当 $h\nu \ll m_0c^2$(入射光子能量较低)时,σ_c 与入射光子能量无关,仅与 Z 成正比;而当 $h\nu \gg m_0c^2$(入射光子能量较高)时,σ_c 与 Z 成正比,且近似地与光子能量成反比。

图 2.27 给出了单个电子的康普顿效应总截面与入射光子能量的关系曲线。可以看出,当入射光子能量增加时,康普顿效应截面下降速度比光电截面下降速度慢。

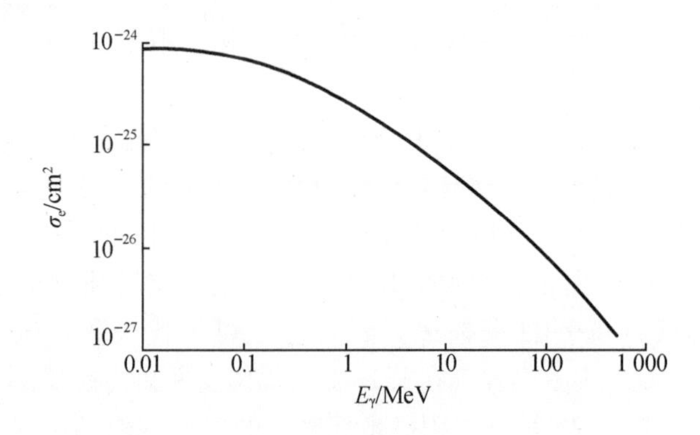

图 2.27 单个电子的康普顿效应总截面与入射光子能量的关系

同样道理,只要知道了散射光子的康普顿效应总截面与微分截面,也就确定了反冲电子的总截面与微分截面,二者微分截面之间的关系同样可由 θ 与 φ 之间的一一对应关系来确定。

设用微分截面符号 $(\mathrm{d}\sigma_\gamma/\mathrm{d}\Omega)_\theta$ 表示散射光子落在某 θ 方向单位散射立体角内的概率,用微分截面符号 $(\mathrm{d}\sigma_e/\mathrm{d}\Omega)_\varphi$ 表示反冲电子落在与上述散射角 θ 对应的某反冲角 φ 方向的单位反冲立体角内的概率。由此,散射光子落在 $[\theta, \theta + \mathrm{d}\theta]$ 内的概率为

$$(\mathrm{d}\sigma_\gamma/\mathrm{d}\Omega)_\theta 2\pi\sin\theta\mathrm{d}\theta \tag{2.47}$$

这里,$2\pi\sin\theta\mathrm{d}\theta$ 为 $[\theta, \theta + \mathrm{d}\theta]$ 所包括的立体角大小。

设与散射角 θ 对应的反冲角为 φ,与 $\theta + \mathrm{d}\theta$ 对应关系为 $\varphi + \mathrm{d}\varphi$,相应的概率应当为

$$(\mathrm{d}\sigma_e/\mathrm{d}\Omega)_\varphi 2\pi\sin\varphi\mathrm{d}\varphi \tag{2.48}$$

由于散射角 θ 与反冲角 φ 存在一一对应的函数关系,散射光子落在 $[\theta, \theta + \mathrm{d}\theta]$ 内同反冲电子落在对应的 $[\varphi, \varphi + \mathrm{d}\varphi]$ 内是同一随机事件,则二者的发生概率应当相同,此时式(2.47)与式(2.48)应当相等,即

$$\left(\frac{\mathrm{d}\sigma_\gamma}{\mathrm{d}\Omega}\right)_\theta 2\pi\sin\theta\mathrm{d}\theta = \left(\frac{\mathrm{d}\sigma_e}{\mathrm{d}\Omega}\right)_\varphi 2\pi\sin\varphi\mathrm{d}\varphi \quad 或 \quad \left(\frac{\mathrm{d}\sigma_e}{\mathrm{d}\Omega}\right)_\varphi = \left(\frac{\mathrm{d}\sigma_\gamma}{\mathrm{d}\Omega}\right)_\theta \cdot \left(\frac{\sin\theta}{\sin\varphi} \cdot \frac{\mathrm{d}\theta}{\mathrm{d}\varphi}\right) \tag{2.49}$$

利用函数关系式(2.42),可将 $(\sin\theta/\sin\varphi) \cdot (\mathrm{d}\theta/\mathrm{d}\varphi)$ 表示为 θ 或 φ 的函数。此时的式(2.49)就给出了反冲电子微分截面与散射光子微分截面之间的关系。

设用微分截面符号 $(\mathrm{d}\sigma_e/\mathrm{d}\varphi)$ 表示反冲电子落在 φ 方向单位反冲角内的概率。按此定义,反冲电子落在 $[\varphi, \varphi + \mathrm{d}\varphi]$ 内的概率为

$$(\mathrm{d}\sigma_e/\mathrm{d}\varphi)\cdot\mathrm{d}\varphi \tag{2.50}$$

式(2.50)也应当与式(2.48)相等,则可得

$$\left(\frac{\mathrm{d}\sigma_e}{\mathrm{d}\varphi}\right)=\left(\frac{\mathrm{d}\sigma_e}{\mathrm{d}\Omega}\right)_\varphi 2\pi\sin\varphi \tag{2.51}$$

利用式(2.49)、式(2.51)及图2.25中的曲线,可以导出图2.28中反冲电子微分截面 $\mathrm{d}\sigma_e/\mathrm{d}\varphi$ 与反冲角 φ 及入射光子能量的关系曲线。同样,由于反冲电子能量与反冲角或反射角之间存在一一对应的函数关系,也可从图2.27中的散射光子微分截面或图2.28中反冲电子微分截面导出反冲电子能量落在单位能量间隔内的概率($\mathrm{d}\sigma_e/\mathrm{d}E_e$),即康普顿效应对反冲电子能量的微分截面。按照与式(2.49)的同样方法,可得

$$\left(\frac{\mathrm{d}\sigma_e}{\mathrm{d}E_e}\right)=\left(\frac{\mathrm{d}\sigma_e}{\mathrm{d}\varphi}\right)\cdot\frac{\mathrm{d}\varphi}{\mathrm{d}E_e}=\left(\frac{\mathrm{d}\sigma_e}{\mathrm{d}\theta}\right)\cdot\left(\frac{\mathrm{d}\theta}{\mathrm{d}E_e}\right) \tag{2.52}$$

这里的($\mathrm{d}\sigma_e/\mathrm{d}E_e$)实际上就是康普顿反冲电子能谱,如图2.29所示。可以看出,单能入射光子所产生的反冲电子的动能是连续分布的,其能谱在最大能量处有一尖锐的边界。

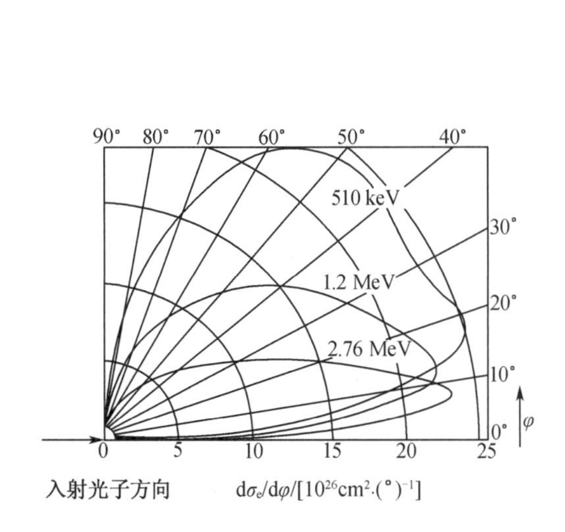

图2.28 反冲电子微分截面 $\mathrm{d}\sigma_e/\mathrm{d}\varphi$ 与反冲角 φ 及入射光子能量的关系

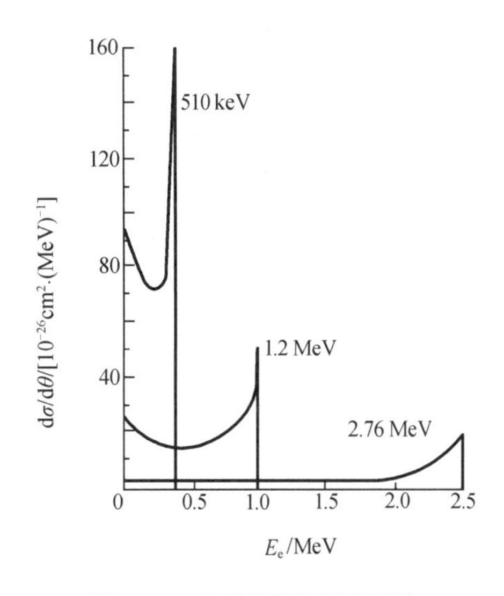

图2.29 几种能量入射光子的康普顿反冲电子能谱

3. 电子对效应

当辐射光子的能量足够高则在它从原子核旁经过时,在核库仑场作用下,辐射光子可能转化为一个正电子和一个负电子,这种过程称作电子对效应(即电子对的产生),如图2.30所示。

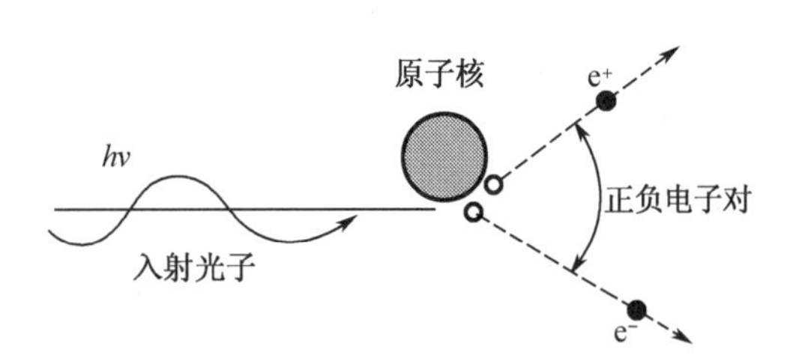

图2.30 在原子核库仑场中的电子对效应示意图

根据能量守恒定律,只有当入射光子的能量 $h\nu$ 大于 $2m_0c^2$(即 $h\nu>1.02$ MeV)时,才可能发生电子对效应。入射光子能

量除了被转化为正、负电子静止质量对应的能量(1.02 MeV)的部分外,其余能量将成为正、负电子的动能。此时存在关系式

$$h\nu = E_{e^+} + E_{e^-} + 2m_0c^2 \tag{2.53}$$

式中,E_{e^+}、E_{e^-}分别代表正、负电子的动能。

与光电效应相似,电子对效应除涉及入射光子、电子对以外,需有第三者(原子核)参加,才可同时满足能量守恒与动量守恒定律。

分析式(2.53)可知,对于一定能量的入射光子,电子对效应产生的正、负电子的动能之和为常数。然而,就电子或正电子中某一粒子而言,其动能可取从零到 $h\nu - 2m_0c^2$ 之间的任何值。总动能($h\nu - 2m_0c^2$)在电子与正电子间的分配是随机的。由于动能守恒的关系,电子和正电子几乎都是沿着入射光子方向的前向角发射的,入射光子能量越高,正、负电子的发射方向越是前倾。

电子对效应中产生的快速正电子和快电子一样,在吸收物质中通过电离损失与辐射损失而损耗能量。正电子在吸收物质中很快被慢化,其后它与吸收体中的一个(负)电子相互作用而转化为两个光子。这种正、负电子对复合消失并转化为一对光子的现象称为电子对湮没,湮没时发出的光子称为湮没辐射。

由于湮没时正电子动能已下降至零,介质中的负电子的热运动能量也可忽略。按照能量守恒定律,两个湮没光子的总能量应等于正、负电子静止质量对应的能量。因此有

$$h\nu_1 + h\nu_2 = 2m_0c^2 \tag{2.54}$$

同时,根据动量守恒定律,考虑到湮没前正、负电子的总动量也为零,则两个湮没光子的总动量也必为零。两光子必定在方向相反的一条直线上,而且存在下列关系:

$$h\nu_1/c = h\nu_2/c \quad 或 \quad h\nu_1 = h\nu_2 \tag{2.55}$$

由式(2.54)、式(2.55)可知,两个湮没光子的方向相反,能量相同,且均等于 0.511 MeV (m_0c^2)。也由于动量守恒,在实验室坐标中,湮没光子的发射是各向同性的。正、负电子的湮没可看作是电子对效应的逆过程。

对于各种原子的电子对效应,可由理论计算得到其截面 σ_p,它是入射光子能量和吸收物质原子序数的函数,即

$$\begin{cases} \sigma_p \propto Z^2 E_\gamma & 当\ h\nu\ 稍大于\ 2m_0c^2\ 时 \\ \sigma_p \propto Z^2 \ln E_\gamma & 当\ h\nu\ 远大于\ 2m_0c^2\ 时 \end{cases} \tag{2.56}$$

可以看出,在能量较低时,σ_p 随 E_γ 的增加而增大得更快一些。在上述两种情况下,σ_p 均与吸收物质的原子序数的平方成正比。图 2.31 给出了吸收物质的 σ_p 与入射光子能量 E_γ 的关系。

上文说明了 γ 或 X 射线与物质相互作用的三种主要效应。σ_{ph}、σ_c、σ_p 分别代表入射光子与物质原子发生光电效应、康普顿效应及电子对效应的截面,并用 σ_γ 代表入射光子与物质原子发生作用的总截面,按照概率相加的原理,有

$$\sigma_\gamma = \sigma_{ph} + \sigma_c + \sigma_p \tag{2.57}$$

当入射光子能量 $E_\gamma < 1.02$ MeV 时,只能发生光电效应与康普顿效应,此时 $\sigma_p = 0$。

归纳前面的论述可以看出,三种效应的截面均与物质的原子序数 Z 相关,即

$$\sigma_{ph} \propto Z^5 \quad 和 \quad \sigma_c \propto Z \quad 和 \quad \sigma_p \propto Z^2 \tag{2.58}$$

另外,σ_{ph}和 σ_c 均随入射光子能量 E_γ 的增大而降低,但 σ_p 在 $E_\gamma \geq 1.02$ MeV 以后,才随 E_γ 的增大而变大。图 2.32 给出了三种反应截面随入射光子能量的变化情况。

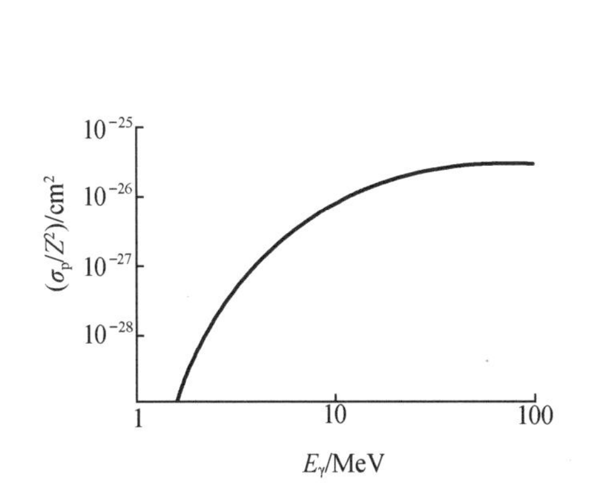

图 2.31 电子对效应截面与入射光子能量的关系

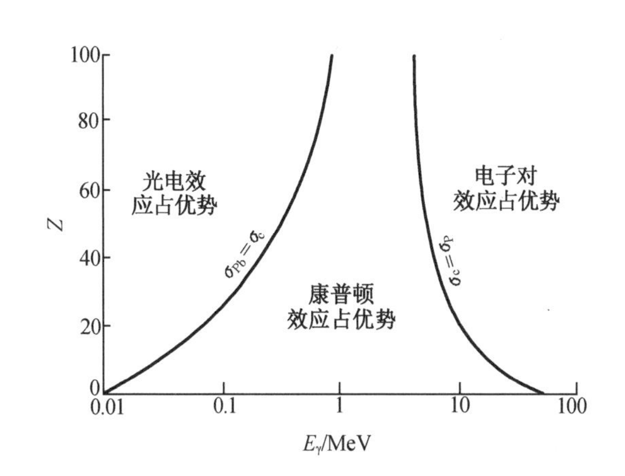

图 2.32 三种反应截面随入射光子能量的变化情况

一般来说,对于低原子序数的物质,康普顿效应在很宽的能量范围内占优势;对于中等原子序数的物质,在低能时光电效应占优势;在高能时,电子对效应占优势。当光子能量在 10 MeV 以上,并且与它作用物质的原子序数为任何值时,在上述三种主要相互作用过程中,光电效应、康普顿效应的截面随着光子能量的增加而降低,电子对效应的截面却随着光子能量的增加而增大,相对于前两种过程占优势。

2.3.3 γ(或 X)射线束的吸收

前面已经说明,对于单个入射光子而言,穿过物质时只有两种可能,一是发生前述三种效应中的一种而消失(在康普顿效应中,原来的入射光子消失而出现散射光子)或是毫无变化地通过。但是,对于包含大量光子的 γ(或 X)射线束流来说,从宏观的角度看,在它们穿过物质时,其束流强度(单位时间内通过单位截面积的光子数,也可采用照射量率来表征)将逐渐减弱。下面具体分析 γ(或 X)射线束通过物质的情况。

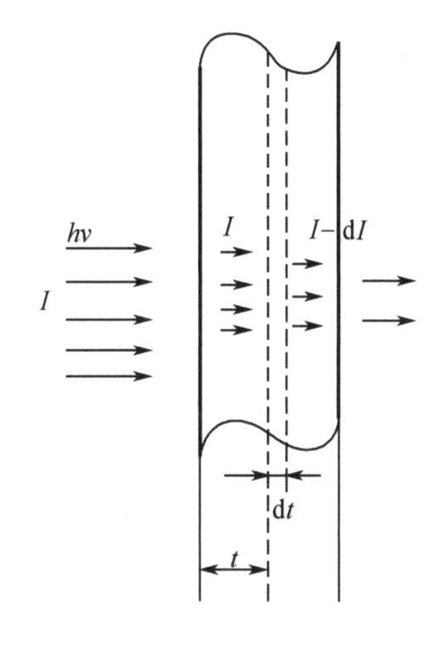

图 2.33 γ射线沿水平方向垂直通过吸收物质

设有一准直的 γ 射线束,沿水平方向垂直通过吸收物质,如图 2.33 所示。γ 射线束的初始强度束流为 I_0。吸收物质单位体积中的原子核数目为 N,密度为 ρ,物质厚度用 t 表示。在 $t=0$ 处,γ 射线束流强度为 I_0,在 t 处的 γ 束流强度将减弱为 $I(t)$。为计算 $I(t)$,可观察吸收体内的一个薄层 $\mathrm{d}t$ 的前后变化情况。

已知 t 处束流强度 $I(t)$,在经过 $\mathrm{d}t$ 吸收层后,束流将减小,其变化量为 $\mathrm{d}I$。$I(t)$ 中的部分光子与物质中的原子发生相互作用而消失。如果光子与物质作用的截面记为 $\sigma_\gamma = \sigma_{ph} + \sigma_c + \sigma_p$。按截面定义,则束流 $I(t)$ 经过 dt 物质后,单位截面积内发生相互作用的光子数为 $I(t)N\sigma_\gamma dt$,这恰好是束流变化量 $(-dI)$,有

$$-dI = I(t)N\sigma_\gamma dt \tag{2.59}$$

解此微分方程,并考虑到 $t=0$ 时的 $I(t)=I_0$,则可得到

$$I(t) = I_0 e^{-\sigma_\gamma N t} = I_0 e^{-\mu t} \tag{2.60}$$

式中,μ 为线性吸收系数,且 μ 可表示为

$$\mu = \sigma_\gamma N \tag{2.61}$$

式(2.60)是读者熟悉的负指数衰减公式,它表明准直的单能 γ 束流的束流强度随吸收物质厚度按负指数函数衰减。由式(2.61)可知,线性吸收系数 μ 与 N 成正比,即它与吸收物体的密度密切相关,它在应用中受到限制,可引入质量吸收系数 μ_m,即

$$\mu_m = \mu/\rho \tag{2.62}$$

式中,ρ 是吸收物质密度。

显然,对于给定的 γ 束流能量,质量吸收系数 μ_m 将不随吸收物质的物理状态而改变。例如,对于水,无论它是液态还是气态,其质量吸收系数都是相同的,这为应用带来很大方便。按照质量吸收系数 μ_m 的定义,式(2.60)应改写为

$$I(t) = I_0 e^{-\mu_m(\rho t)} \tag{2.63}$$

相应地,把 ρt 称为物质的质量厚度,用 t_m 表示。则式(2.63)可写成

$$I(t) = I_0 e^{-\mu_m t_m} \tag{2.64}$$

对于准直得很好的窄束单能 γ 射线束,式(2.60)才成立,这时上述推导过程中必须预先假设。但是一旦入射光子与物质发生相互作用,就会同时产生经吸收体散射而来的光子,探测器的信号是这两种入射光子信号的叠加。这时,探测器信号与吸收体厚度之间不再是简单的指数关系。在这种宽束条件下,一般用下式来代替式(2.60),即

$$\frac{I}{I_0} = B(t, E_\gamma) e^{-\mu t} \tag{2.65}$$

式中,$B(t,E_\gamma)$ 为积累因子。

在式(2.65)中,保留了指数项 $e^{-\mu t}$,它描述了 γ 射线信号随吸收体厚度的主要变化规律,同时引入积累因子作为简单的修正。积累因子的大小取决于入射 γ 光子的能量、吸收体厚度、准直条件以及探测器响应特性等因素。

当入射光子不是单能,而是具有一定的能量分布(连续或分立的能谱)时,入射光子束流穿过物质时的吸收问题将更加复杂。在辐射屏蔽与剂量学的文献与书籍中,用了很多篇幅来分析和处理这类问题,读者可以参考相关文献。

2.4 中子与物质的相互作用

2.4.1 中子与物质相互作用的一般特性

通常,中子可按其能量进行分类(但并不严格,各文献之间略有差别),具体分类如下:

(1)慢中子:能量为 $0 \sim 10^3$ eV,并可再细分为冷中子(能量小于等于 2.0×10^{-3} eV)、热中

子(能量等于 0.025 eV)、超热中子(能量大于等于 0.5 eV)、共振中子(能量为 $0 \sim 10^3$ eV)。

(2)中能中子:能量为 $10^3 \sim 5.0 \times 10^5$ eV。

(3)快中子:能量为 $5.0 \times 10^5 \sim 10^7$ eV。

(4)非常快的中子:能量为 $10^7 \sim 5.0 \times 10^7$ eV。

(5)超快中子:能量为 $5.0 \times 10^7 \sim 10^{10}$ eV。

(6)相对论中子:能量大于 10^{10} eV。

中子不带电,几乎不能和原子中的电子发生相互作用,而只能和原子核进行相互作用。中子与原子核相互作用可分为两大类:一类是散射,包括弹性散射和非弹性散射,这是快中子与物质相互作用过程中能量损失的主要形式。快中子在轻介质中主要通过弹性散射损失能量,在重介质中主要通过非弹性散射损失能量。另一类是吸收,即中子被原子核吸收后,仅产生其他种类的次级粒子,不再产生中子。快中子减速成为能量较低的中子的过程称为中子的慢化。中子一般只有被慢化后才能有效地被物质吸收。

2.4.2 中子的散射

在散射作用发生前后,中子与靶核都没有发生质的变化。散射后,出射粒子仍然是中子,而余核仍是原来的靶核。散射作用又可以分为两类:一类称作弹性散射,用(n,n)表示;另一类称作非弹性散射,用(n,n′)表示。在弹性散射过程中,靶核没有发生状态变化(如能级跃迁),散射前后中子和靶核总动能不变。在非弹性散射过程中,入射中子所损失的动能不仅使靶核受到反冲,而且能使之激发而处于某一激发能级,而后在退激时再发出一个或几个 γ 光子。在非弹性散射前后,中子与靶核的总动能是变化的,只有当入射中子能量高于靶核的最低激发能级时,才可能发生非弹性散射。

1. 弹性散射

在中子探测技术中,弹性散射是最常见的中子与物质相互作用形式之一。设中子与靶核发生弹性碰撞,如图 2.34 所示。设中子质量为 m,靶核质量为 M,碰撞后中子的出射角度为 θ(称为散射角),而反冲核的出射角度为 φ(称作反冲角),入射中子速度为 v_1,碰撞后的速度变为 v_2,类似于 2.3 节中的康普顿效应的计算问题,可利用能量守恒与动量守恒定理来求得碰撞前后各参数间的关系。

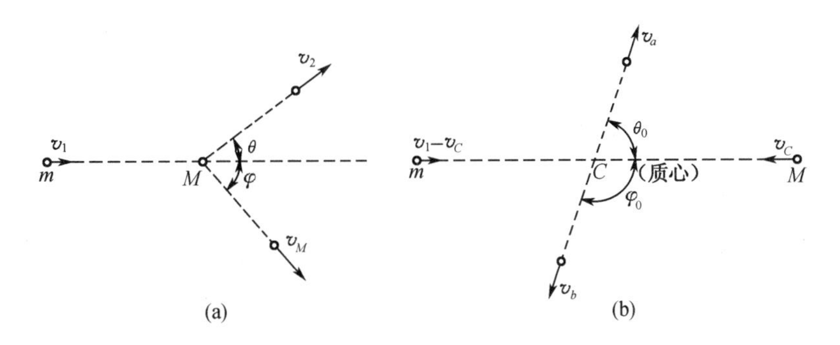

图 2.34 中子与靶核的弹性碰撞

如图 2.34(b)所示,当采用质心坐标系时,其计算大为简化。也就是在实验室坐标系中,质心坐标系的质心(靶核的质量中心)以速度 v_C 运动;而在质心坐标系中,质心运动速度为零,入射中子速度为 v_1-v_C,则碰撞前的靶核以速度 $-v_C$ 运动。按质心定义,可得

$$v_1-v_C=v_1-\frac{mv_1}{M+m}=\frac{Mv_1}{M+m} \tag{2.66}$$

在质心坐标系中,碰撞前后,中子与靶核的总动量均为零。设质心坐标系中,碰撞后的中子与靶核速度分别为 v_a 和 v_b,则必有

$$mv_a=Mv_b \tag{2.67}$$

而且二者运动方向正好相反,并在一条直线上,如图 2.34(b)所示。

按照能量守恒定律,碰撞前后的总动能保持不变,则有

$$\frac{1}{2}m\left(\frac{Mv_1}{M+m}\right)^2+\frac{1}{2}M\left(\frac{mv_1}{M+m}\right)^2=\frac{1}{2}(mv_a^2)+\frac{1}{2}(Mv_b^2) \tag{2.68}$$

将式(2.67)与式(2.68)联立,可解得

$$v_a=\frac{Mv_1}{M+m}=v_1-v_C \quad 和 \quad v_b=\frac{mv_1}{M+m}=v_C \tag{2.69}$$

可以看出,碰撞前后中子及靶核在质心坐标系中速度的取值没有变化,而只是方向发生了变化。能够得出这样简单明晰的结果,正是采用了质心坐标系的缘故。

为了能与实验结果比较,必须把在质心坐标系中得到的结果再转移到实验室坐标系中。如果需要求出 v_2 与 v_M,及它们与 v_1、φ、θ_{v_2}、v_M 的关系,按照图 2.35 中所表示的矢量关系,就可容易地做到这一点。由图 2.35(a)可求得 $v_a^2=v_2^2+v_C^2-2v_2v_C\cos\theta$,即

$$v_a^2-2v_2v_C\cos\theta+(v_C^2-v_a^2)=0$$

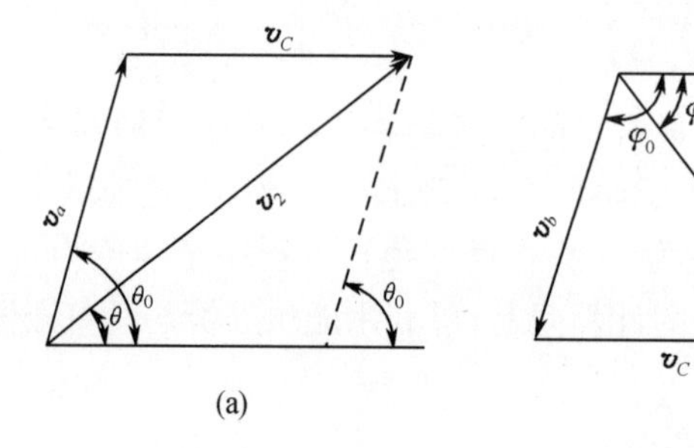

图 2.35 质心坐标系与实验坐标系的转换

将式(2.69)中有关 v_C 的关系代入上式,并化简可求得

$$v_a^2-2\frac{mv_1}{M+m}\cos\theta\cdot v_2+\frac{m-M}{M+m}v_1^2=0$$

解上述方程式,并去掉无意义的负值解,可求得

$$v_2=v_1\frac{m}{m+M}\left(\cos\theta+\sqrt{\frac{M^2}{m^2}-\cos^2\theta}\right) \tag{2.70}$$

假设入射中子的能量采用 E 表示,出射中子的能量采用 E'表示,则有

$$E'=E\frac{m^2}{(m+M)^2}\left(\cos\theta+\sqrt{\frac{M^2}{m^2}-\sin^2\theta}\right)^2 \tag{2.71}$$

这就是实验室坐标系中出射中子能量 E' 与入射中子能量 E 以及散射角 θ 之间的关系。

为求出实验室坐标系中的反冲核速度 v_M，也可采用上述相同办法。由图 2.35(b)可得 $v_b^2 = v_M^2 + v_C^2 - 2v_M v_C \cos\varphi$，即 $v_M^2 - 2v_M v_C \cos\varphi + v_C^2 - v_b^2 = 0$。

由式(2.69)中 $v_b = v_C$ 的关系代入上式，可求得

$$v_M = 2v_C \cos\varphi = 2\frac{mv_1}{M+m}\cos\varphi \tag{2.72}$$

假设采用 E_M 表示反冲核的动能，则

$$E_M = \frac{1}{2}Mv_M^2 = \frac{4Mm}{(M+m)^2}E\cos^2\varphi \tag{2.73}$$

式中，$E = \frac{1}{2}mv_1^2$，为入射中子的动能。

由式(2.73)以及图 2.35(b)中的虚线所示的三角形可以看出 $v_M \sin\varphi = v_b \sin(\pi - \varphi_0)$，即

$$\sin\varphi_0 = \frac{v_M}{v_b}\sin\varphi$$

将式(2.72)中 $v_M = 2v_C \cos\varphi$ 的关系代入上式，可求得 $\sin\varphi_0 = 2\sin\varphi\cos\varphi = \sin 2\varphi$，即

$$\varphi_0 = 2\varphi \tag{2.74}$$

式(2.74)表明，质心坐标系内的反冲角恰是实验室坐标系内反冲角 φ 的 2 倍。

可以看出，当靶核质量越接近中子质量且反冲角越小时，靶核由中子得到的反冲能量越大。当反冲核为质子($M = m$)且 $\varphi = 0°$时，反冲质子能量最大，即 $E_M = E$。

以上应用能量守恒定理和动量守恒定理，通过中子与反冲核之间的弹性碰撞，得到了碰撞前后的运动参数之间的关系。然而，发生散射作用的概率(总散射截面)大小决定于中子与原子核之间的相互作用力，因此，只有知道了中子与原子核之间的作用力特性，才能从理论上估算总截面与微分截面。反之，从实验上测出截面数据后，可由此推算核子作用力的性质和特征，这正是实验核物理的一种主要研究方法。

2. 非弹性散射

非弹性散射分为直接相互作用过程和形成复合核过程。直接相互作用过程是入射中子和靶核中的核子发生非常短时间($10^{-22} \sim 10^{-21}$ s)的相互作用，在每次直接相互作用过程中，中子损失的能量较小；复合核过程是入射中子进入靶核形成复合核，在形成复合核过程中，入射中子和核子发生较长时间($10^{-20} \sim 10^{-15}$ s)的能量交换。无论经过哪种过程，靶核都将放出一个动能较低的中子而处于激发态，然后这种靶核以发射一个或若干个光子的形式释放出激发能后回到基态。

在非弹性散射中，入射中子所损失的能量不仅使靶核受到反冲，而且有一部分能量转变为靶核的激发能。因此，中子和靶核虽然总能量守恒，但靶核内的能量发生了改变，总动能并不守恒。

非弹性散射的发生和入射中子的能量有关，只有入射中子的能量大于靶核的第一激发能级时，才能发生非弹性散射。发生非弹性散射的阈能略高于最低的激发能级，在此阈值以上，随着中子能量的增加，非弹性散射的截面将变大。

靶核的第一激发能级愈低，愈易发生非弹性散射。重核的第一激发能级比轻核的第一激发能级低。重核的第一激发能级在基态以上 100 keV 左右，随着原子量的增加，能级间隔将愈

来愈小;轻核的第一激发能级一般在几兆电子伏特以上。因此,快中子(>0.5 MeV)与重核相互作用时,与弹性散射相比,非弹性散射占优势。每发生一次非弹性散射,中子损失很大一部分能量,因而只需经过几次非弹性散射,中子能量就能降低到原子核的第一激发能级以下。此后,不再发生非弹性散射,主要靠弹性散射损失能量。

因此,在处理中子屏蔽层时,往往在屏蔽层中掺入重元素或用重金属与减速剂组成交替屏蔽,其中重元素具有吸收射线和使较高能量的中子减速的双重作用。

2.4.3 辐射俘获

当中子射入靶核后,与靶核形成激发态的复合核,然后,复合核通过发射一个或多个 γ 光子(不再发射其他粒子)而回到基态,此过程称为辐射俘获,又称为(n,γ)反应。这时中子被靶核所吸收。

任何能量的中子几乎都能与原子核发生辐射俘获,其反应截面仅和中子能量有关。在低能区除共振中子外,其反应截面一般随 $1/\sqrt{E}$ 变化。发生(n,γ)反应后的靶核,由于核内多了一个中子,一般都是具有放射性的,但也有的是稳定核。

各种核素的热中子俘获截面变化很大,可从 2.65×10^6 b(^{135}Xe)变化到 10^{-4} b(^{18}O)。常用的镉可作为热中子吸收剂,它的俘获截面 σ_r 很大($\sigma_r = 19\ 910$ b),大约只要 2 mm 厚的镉,基本上就可以把射入到它上面的热中子吸收掉。

2.4.4 其他核反应

不同能量的中子和靶核发生的核反应是多种多样的,除上述(n,n)、(n,γ)核反应外,还有发射带电粒子的核反应、裂变核反应、多粒子发射核反应等。

1. 发射带电粒子的核反应

在这种情况下,复合核通过发射带电粒子(如质子、α 粒子)而衰变,例如,慢中子引起的(n,α)、(n,p)等核反应。在中子屏蔽中有重要意义的有 ^{10}B 和 ^{6}Li 的(n,α)反应,其中

$$^{10}\mathrm{B} + \mathrm{n} \rightarrow \begin{cases} ^7\mathrm{Li} + \alpha + 2.79\ \mathrm{MeV}(6.1\%) \\ ^7\mathrm{Li}^* + \alpha + 2.31\ \mathrm{MeV}(93.9\%) \end{cases} \tag{2.75}$$

式中,$^7\mathrm{Li}^*$ 很不稳定,继续进行如下反应 $^7\mathrm{Li}^* \rightarrow {}^7\mathrm{Li} + 0.478$ MeV。

虽然 ^{10}B 的丰度只有 19.8%,但这种反应的截面很大,其热中子吸收截面 $\sigma_a = 3\ 837$ b。此外,还可继续发生如下核反应:

$$^6\mathrm{Li} + \mathrm{n} \rightarrow {}^3\mathrm{H} + \alpha + 4.786\ \mathrm{MeV} \tag{2.76}$$

虽然 ^{6}Li 的丰度仅为 7.52%,但热中子的(n,α)反应截面却很大($\sigma_a = 940$ b)。所以,在中子防护上,除镉外,也常用硼和锂作为中子的吸收剂和减速剂。

2. 裂变核反应

有几种重核,如 ^{235}U、^{239}Pu 等,当它们俘获一个中子后,可分裂为两个中等质量的原子核,并伴随着放出 2~3 个中子及 200 MeV 左右的巨大能量,这就是裂变核反应,称为(n,f)核反应。约一半以上的裂变产物(称为裂变碎片)属于放射性核素,如 ^{90}Sr、^{137}Cs 等。

3. 多粒子发射核反应

当入射中子能量特别高时,形成的复合核可衰变发射出不止一个粒子,称为多粒子发射,如$(n,2n)$、(n,n,p)等核反应。这类发射多粒子的反应阈能都在 8~10 MeV,只有特快中子才

能发生这种作用。

以上,我们介绍了中子与原子核的两大类相互作用(散射与俘获)的各种具体形式。实际情况中,往往只有一种或两种反应是主要的,其他是次要的或概率极小的,这主要取决于中子能量与原子核特性两个因素。在这些反应中,弹性散射(n,n)和辐射俘获(n,γ)是最常见的两种,不论对轻于核($A<25$)、中量核($25<A<80$)或重核($A>80$),也不论是慢中子、中能中子或快中子,都能发生这两种反应,但在不同情况下二者的反应截面有所不同。在中能中子及快中子情况下,弹性散射(n,n)是主要的,不论对轻核或重核都是如此。在慢中子情况下,对轻核来说,弹性散射(n,n)仍是主要的,但对重核来说,则以俘获反应(n,γ)为主。当中子能量很低时(如热中子),对所有的核而言,均主要发生(n,γ)俘获反应。

思考题和练习题

2-1 什么是电离辐射和非电离辐射?什么是直接电离粒子和间接电离粒子?

2-2 一般怎样划分带电粒子的种类,常见的带电粒子有哪些?

2-3 带电粒子与物质相互作用的主要过程有哪些,其他过程还有哪些?

2-4 怎样定义碰撞阻止本领,它与带电粒子电荷及速度、物质密度有何关系?

2-5 什么是韧致辐射,辐射阻止本领与粒子电荷及质量、物质原子序数有何关系?

2-6 什么是粒子的射程,它与粒子的种类、初始能量及吸收物质性质关系怎样?

2-7 简述γ射线与物质相互作用主要过程及与光子能量、物质原子序数的关系?

2-8 窄射线束通过吸收介质时射线强度的减弱及宽射线束的衰减有何规律?

2-9 中子与物质相互作用有哪几类,通常中子与物质相互作用的主要方式有哪些?

2-10 如果已知质子在某一物质中的射程和能量关系曲线,能否从这一曲线求得d(氘核)与t(氚核)在该物质中的射程值?如能够求得,请说明如何计算。

2-11 已知4 MeV的α粒子在硅中射程为17.8 μm,请估算该α粒子在硅中的阻止时间。

2-12 当10 MeV氘核与10 MeV电子穿过铅时,请估算它们的辐射能量损失率之比是多少?当20 MeV电子穿过铅时,辐射能量损失与电离能量损失之比是多少?

第3章　核辐射测量的统计误差和数据处理

在一定时间间隔内，核辐射测量中的放射性事件的发生时刻和发生次数都是随机的，即放射性事件具有统计涨落性。例如，核衰变、射线与物质相互作用、带电粒子在介质中损耗能量而产生电子和离子对等事件的发生次数和发生时刻都是随机的。了解这些随机性知识，一方面可检验探测器是否正常，分析测量不确定性是否是由统计因素所造成的或者是否是由仪器自身误差或其他误差造成的；另一方面也可对测量值进行合理校正，并给定正确的误差范围。

3.1　基本概念

在概率论与数理统计中，当随机变量的全部可能取值为有限个不相同值或者无限个可列值时，这种随机变量被称为离散型随机变量。例如，在相同条件下，多次测量的核衰变的发生次数就属于离散型随机变量。通常，随机变量所服从的统计分布有如下几类。

3.1.1　二项式分布

设某试验 C 的试验结果只有 s 及 $\bar{s}$ 两种可能，则称 C 为伯努利(Bernoulli)试验。设出现 s 的概率为 $P(s)=p$，则出现 $\bar{s}$ 的概率 $P(\bar{s})=q=1-p$，其中 $p\in(0,1)$。在相同试验条件下，独立地将试验 C 重复 n 次，则称该 n 次重复的独立试验为 n 重伯努利试验。

在该伯努利试验中，若事件 s 在试验中出现了 x 次，在 $n-x$ 次试验中没有发生，而发生事件 $\bar{s}$，则 x 取值为正整数 $0,1,2,3,\cdots,n$，即 x 是一个离散型随机变量。由于各次试验条件都相同且相互独立，所以在 n 次试验中事件 s 发生 x 次的概率可用二项式分布表示，即

$$P(x) = C_n^x p^x q^{n-x} = \frac{n!}{(n-x)!x!}p^x(1-p)^{n-x} \tag{3.1}$$

式中，C_n^x 表示 n 次试验中事件 s 发生 x 次的不同顺序的排列组合，并有 $\sum\limits_{x=0}^{n} P(x) = 1$。

通常，采用数学期望值 $E(x)$ 和方差 $D(x)$ 表示各种统计分布的最基本特征。其中，数学期望值 $E(x)$ 表示随机变量 x 的平均取值点，简称期望值，常用 μ 表示，有时也用试验平均值 $\bar{x}$ 代替；方差 $D(x)$ 表示随机变量 x 相对于期望值 $E(x)$ 的离散程度，常用 σ^2 表示，并称方差 σ^2 的开方根为均方差 σ(又称标准偏差、标准误差或标准差)。对于上述二项式分布有

$$E(x) = \mu = np \quad 和 \quad D(x) = \sigma^2 = mpq = np(1-p) \tag{3.2}$$

3.1.2　泊松分布

二项式分布含有两个相互独立的参数 n 和 p，使用并不方便。但当概率 p(或 q)为一个很小值且 n 为一个很大值时，即 $x\ll n, p\ll 1$ 时，则可对式(3.1)各项进行如下简化：

$$\frac{n!}{(n-x)!} = n(n-1)(n-2)\cdots(n-x+1)\approx n^x \quad 和 \quad (1-p)^{n-x}\approx(\mathrm{e}^{-p})^{n-x}\approx \mathrm{e}^{-np}$$

因期望值 $\mu=np$，将上式代入式(3.1)，并将其简化，可得

$$P(x) = \frac{n^x}{x!}p^x e^{-np} = \frac{\mu^x}{x!}e^{-\mu} \tag{3.3}$$

在数理统计中，式(3.3)称为泊松分布(Poisson distribution)表达式。即在观察次数 n 相当大，而出现事件 s 的平均次数 $\mu = np$(为定值)相当小时，出现事件 s 的次数符合泊松分布。当 $n \geqslant 100$，$p \leqslant 0.01$ 时，泊松分布能很好地近似二项式分布。在泊松分布中，只有期望值 μ 一个参数，当 μ 较小时，泊松分布是不对称的，当 μ 较大时，泊松分布将逐渐趋于对称，如图 3.1 所示。

3.1.3　正态分布

正态分布(Normal Distribution)又称高斯分布，它是连续型变量的理论分布。在适当条件下，也可用于二项式分布和其他离散型变量分布的似近分布。当 $n \geqslant 30$，p 不靠近0，且 $np \geqslant 5$ 和 $nq \geqslant 5$ 时，二项式分布将趋近于参数 $\mu = np$ 和 $\sigma = \sqrt{np(1-p)}$ 的正态分布，即

$$P(x) = \frac{1}{\sqrt{2\pi}\sigma}e^{-\frac{(x-\mu)^2}{2\sigma^2}} \tag{3.4}$$

正态分布为对称分布，当 $\mu \geqslant 20$ 时，泊松分布和正态分布就已经很接近了，如图 3.2 所示。在二项式分布与泊松分布中，x 是限于取整数的离散变量，而正态分布的 x 可以是离散变量，也可以是连续变量。此时的 $P(x)$ 可理解为 x 的概率密度函数，即

$$P(x) = \int_{x-1/2}^{x+1/2} \frac{1}{\sqrt{2\pi}\sigma}e^{-\frac{(x-\mu)^2}{2\sigma^2}}dx \tag{3.5}$$

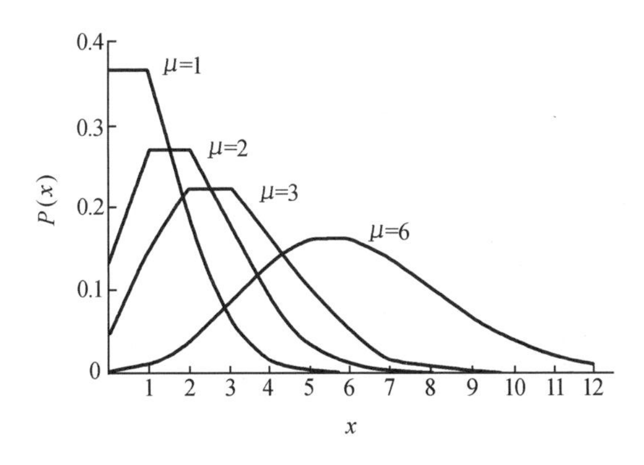

图 3.1　泊松分布示意图

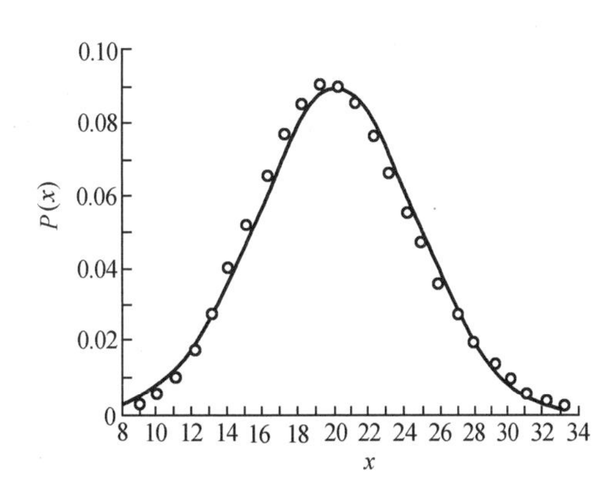

图 3.2　μ = 20 的泊松分布(圆圈)与正态分布

在正态分布计算中，一般采用数值区间 $[x_1, x_2]$ 表示积分的上下限，并考虑 x 取较大值，相应的概率密度函数为

$$P(x_1 \leqslant x \leqslant x_2) = \int_{x_1-1/2}^{x_2+1/2} \frac{1}{\sqrt{2\pi}\sigma}e^{-\frac{(x-\mu)^2}{2\sigma^2}}dx = \int_{x_1}^{x_2} \frac{1}{\sqrt{2\pi}\sigma}e^{-\frac{(x-\mu)^2}{2\sigma^2}}dx \tag{3.6}$$

实际使用时，一般不直接计算该积分，而通过查找正态分布表来计算事件的概率(参考概率论与数理统计的相关书籍)，即正态分布表给出如下函数的积分值

$$\Phi(z) = \frac{1}{\sqrt{2\pi}}\int_0^z e^{-z^2/2}dz \tag{3.7}$$

注意,$\Phi(z)$是奇对称函数,即 $\Phi(-z)=-\Phi(z)$。为求得式(3.6),需将其标准化为式(3.7)的形式。即变量置换 $z=(x-\mu)/\sigma$,则 $z_1=(x_1-\mu)/\sigma$,$z_2=(x_2-\mu)/\sigma$,$\mathrm{d}z=\mathrm{d}x/\sigma$,可得

$$P(x_1 \leqslant x \leqslant x_2) = P(z_1 \leqslant z \leqslant z_2) = \frac{1}{\sqrt{2\pi}}\int_{z_1}^{z_2} \mathrm{e}^{-z^2/2}\mathrm{d}z = \Phi(z_2) - \Phi(z_1) \qquad (3.8)$$

3.1.4 合成分布

数理统计学已证明,具有泊松分布或正态分布的几个独立的随机变量之和仍服从泊松分布或正态分布。例如,当各计数服从泊松分布时,总计数必服从泊松分布。在许多实际问题中,只需知道表征随机变量的合成分布的期望值和方差。为此假设 $x,x_1,x_2,\cdots,x_n$ 为随机变量,$E(x),E(x_1),E(x_2),\cdots,E(x_n)$为期望值,$D(x),D(x_1),D(x_2),\cdots,D(x_n)$为方差,$c$ 为常数,则有:

(1)常数倍的随机变量的数学期望和方差分别为

$$E(cx) = cE(x) \quad \text{和} \quad D(cx) = c^2D(x) \qquad (3.9)$$

(2)相互独立的随机变量之和或积的数学期望是各随机变量的数学期望之和或积,即

$$E(x_1 + x_2 + \cdots) = E(x_1) + E(x_2) + \cdots \quad \text{或} \quad E(x_1 \cdot x_2 \cdots) = E(x_1) \cdot E(x_2) \cdots \qquad (3.10)$$

(3)相互独立的随机变量之和的方差是各随机变量方差之和,即

$$D(x_1 + x_2 + \cdots) = D(x_1) + D(x_2) + \cdots \qquad (3.11)$$

(4)数学期望和方差之间的关系为

$$\sigma^2 = D(x) = E(x^2) + E^2(x) = \mu \qquad (3.12)$$

3.2 核衰变和核辐射测量的统计分布

对于核衰变来说,各个原子核的衰变彼此独立,每个原子核发生衰变的时间是纯粹偶然的,某段时间内发生核衰变的次数也是不确定的,无先后次序可言,且不影响其他原子核的衰变。但大量原子核的衰变却服从统计学规律,具有一定概率,即围绕平均值上下涨落。同理,即使实验条件稳定(例如放射性源的活度和位置、探测器的工作电压等参数保持不变),对于多次测量来说,探测器的探测效率和计数也都是随机性问题,也服从统计学规律。

3.2.1 核衰变的统计分布

假设,在某个极短的时间间隔 Δt 内放射性原子核衰变的概率为 $p_{\Delta t}$,它与原子核过去的历史和现在的环境无关,则 $p_{\Delta t}$正比于 Δt,因此 $p_{\Delta t}=\lambda\cdot\Delta t$(其中,比例常数 λ 是某种放射性核数的特征值,称为衰变常数)。因为,衰变与不衰变是相互排斥的事件,两者概率之和为1,所以该原子核经过 Δt 未发生衰变的概率为 $q_{\Delta t}=1-p_{\Delta t}=1-\lambda\cdot\Delta t$。

若将时间 t 分为很短的时间间隔 $\Delta t=t/i$,则该原子核经过 $2\Delta t$ 后未发生衰变的概率为 $(1-\lambda\cdot\Delta t)^2$,经过 t 后未发生衰变的概率为$(1-\lambda\cdot\Delta t)^i=(1-\lambda\cdot t/i)^i$。当 $i\to\infty$ $(\Delta t\to 0)$,则

$$\lim_{i\to\infty}[1+(-\lambda)\cdot(t/i)]^i = \mathrm{e}^{-\lambda t}$$

可见,一个放射性原子核经过时间 t 后未发生衰变的概率为 $\mathrm{e}^{-\lambda t}$。再假设,在 $t=0$ 时刻有

N_0 个原子核,经过时间 t 后未发生衰变的原子核数目为 N,则

$$N = N_0 \cdot e^{-\lambda t} \tag{3.13}$$

这就是大家熟知的放射性衰变规律,其中衰变常数 λ 是表示衰变概率大小的物理量。从平均的观点来看,上述衰变规律是大量原子核衰变所服从的统计学规律。根据数理统计原理,这一随机事件必服从一定的统计分布,即 N_0 个原子核中的任意一个,在 t 时间内只能按概率 $p=1-e^{-\lambda t}$ 发生核衰变,或者按概率 $q=1-p=e^{-\lambda t}$不发生核衰变,且 $p+q=1$,即在 t 时间内服从二项式分布。该核衰变出现原子核数目为 x 的概率可由式(3.1)表示为

$$P(x) = \frac{N_0!}{(N_0-x)!x!}p^x(1-p)^{N_0-x} = \frac{N_0!}{(N_0-x)!x!}(1-e^{-\lambda t})^x(e^{-\lambda t})^{N_0-x} \tag{3.14}$$

此时,由于平均值是期望值的无偏估计,则相应的期望值与方差分别为

$$E(x) = \bar{x} = N_0 p = N_0(1-e^{-\lambda t}) \tag{3.15}$$

$$D(x) = \sigma^2 = N_0 p(1-p) = N_0(1-e^{-\lambda t})e^{-\lambda t} = \bar{x}e^{-\lambda t} \tag{3.16}$$

假如 $\lambda t \ll 1$,即衰变时间 t 远小于半衰期,此时可不考虑放射性源活度,上式可进一步简化为

$$\sigma^2 = \bar{x} \quad 或 \quad \sigma = \sqrt{\bar{x}} \tag{3.17}$$

因 x 值出现在 $\bar{x}$ 值附近的概率较大,当 $\bar{x}$ 较大时,$|\bar{x}-x| \ll x$,则 $\bar{x}-x$ 可忽略,即

$$\sigma = \sqrt{\bar{x}} = \sqrt{(\bar{x}-x)+x} \approx \sqrt{x} \tag{3.18}$$

即 σ 可用任意一次观测到的衰变核数来代替其平均值,以实现 σ 的简单估算。

一般情况下,N_0 都很大,当时间 t 相对于原子核的半衰期很小时,即 $\lambda t \ll 1$ 时,有 $p=1-e^{-\lambda t} \approx 1$,故 $\bar{x}=N_0 p \ll N_0$。即 x、$\bar{x}$ 和 N_0 相比足够小,可得 $\sigma^2=\bar{x}$ 的泊松分布为

$$P(x) = \frac{N_0^x}{x!}p^x e^{-N_0 p} = \frac{\bar{x}^x}{x!}e^{-\bar{x}} \tag{3.19}$$

相应地,大量放射性原子核的衰变还可服从 $\sigma^2=\bar{x}$ 的正态分布,相应的公式为

$$P(x) = \frac{1}{\sqrt{2\pi}\sigma}e^{-\frac{(x-\bar{x})^2}{2\sigma^2}} \tag{3.20}$$

显然,核衰变服从基本的二项式分布,但因一般的核衰变有较大的 N_0 及较小的 p,此时二项式分布可简化为泊松分布。当平均值 $\bar{x}=N_p$ 较大时,泊松分布又可化为正态分布。

3.2.2 脉冲计数的统计分布

采用探测器对核衰变产生的粒子进行探测时,只有被探测器接收并能引起计数的事件才可被人们所感知。可见,并不是所有的核衰变粒子都能进入探测器,就算进入到探测器中也并不是所有核衰变粒子都能全部被记录下来,即粒子的探测也是一个随机过程。

类似上面讨论,假定在某时间间隔内放射源衰变产生的 N 个粒子全部入射到探测器,其探测效率为 η(衰变中放出粒子所引起的计数与放出粒子数之比),即每个入射粒子引起探测器计数的概率为 η,未引起计数的概率为 $1-\eta$,这相当于伯努利试验。这 N 个入射粒子引起的计数为随机变量 x,当 N 为一定值时,由式(3.1)可知该事件发生的概率为

$$P(x) = \frac{N!}{(N-x)!x!}\eta^x(1-\eta)^{N-x} \tag{3.21}$$

但由于进入探测器的粒子数 N 不是一个常数,而是一个随机变量,N 服从泊松分布:

$$P(N)=\frac{M^N}{N!}e^{-M} \tag{3.22}$$

式中,M 是入射粒子数 N 的期望值。进一步分析式(3.21)可知,被探测粒子数 x 服从二项式分布是以入射粒子 N 为定值作为条件,被探测的粒子数 x 的条件概率服从二项式分布,即

$$P(x/N)=\frac{N!}{(N-x)!x!}\eta^x(1-\eta)^{N-x} \tag{3.23}$$

然而,等式左边表示的是 N 确定下的 x 出现的概率,因入射粒子数 N 也是一个随机变量,则可根据全概率公式,推得 x 的概率密度分布为

$$\begin{aligned}P(x)&=\sum_{N=x}^{\infty}P(x/N)\cdot P(N)=\sum_{N=x}^{\infty}\frac{N!}{(N-x)!x!}\eta^x(1-\eta)^{N-x}\cdot\frac{M^N}{N!}e^{-M}\\&=\frac{(M\eta)^x}{x!}e^{-M}\sum_{N=x}^{\infty}\frac{(1-\eta)^{N-x}M^{N-x}}{(N-x)!}\end{aligned} \tag{3.24}$$

同样地,令 $i=N-x$,并考虑 x 较大($M\eta\gg1$)时,得到泊松分布和正态分布分别如下:

$$P(x)=\frac{(M\eta)^x}{x!}e^{-M}\sum_{i=0}^{\infty}\frac{(1-\eta)^iM^i}{i!}=\frac{(M\eta)^x}{x!}e^{-M}e^{(-\eta)M}=\frac{(M\eta)^x}{x!}e^{-M\eta} \tag{3.25}$$

$$P(x)=\frac{1}{\sqrt{2\pi}\sigma}e^{-\frac{(x-\mu)2}{2\sigma^2}} \tag{3.26}$$

由此可见,探测器的入射粒子数 N 服从平均值和方差均为 M 的泊松分布,所产生的仪器计数 x 将服从平均值和方差均为 $M\eta$ 的泊松分布和正态分布,即 $\mu=M\eta,\sigma^2=M\eta$。

3.2.3 脉冲幅度的统计分布

带电粒子入射到物质后,与核外电子发生非弹性碰撞而使介质电离和激发,因能量损失而产生电子和离子对(气体介质)或电子/空穴对(半导体介质),这些过程是随机事件,服从一定的概率分布。通常,入射粒子在介质中产生一对电子和离子所需的平均能量与入射粒子种类和能量的关系不大,即平均电离能 ω 为一个常数。在气体介质中 $\omega\approx30$ eV,在半导体介质中 $\omega\approx3$ eV。若粒子在介质中损失的能量为 E_0,则所产生电子和离子的平均对数 $\bar{n}$ 为

$$\bar{n}=E_0/\omega \tag{3.27}$$

电离是入射的带电粒子与介质中的轨道电子碰撞的结果,假设发生了 N 次碰撞,平均产生 $\bar{n}$ 对电子和离子,则每次碰撞能够产生一对电子和离子的概率为 $\bar{n}/N$,不产生的概率为 $1-\bar{n}/N$。在该 N 次碰撞中,产生 x 对电子和离子的概率应服从二项式分布,即

$$P(x)=\frac{N!}{(N-x)!x!}(\bar{n}/N)^x(1-\bar{n}/N)^{N-x} \tag{3.28}$$

当 $N\gg1,\bar{n}/N\ll1$ 时,上述二项式分布可化为泊松分布,即

$$P(x)=\frac{\bar{n}^x}{x!}e^{-\bar{n}} \tag{3.29}$$

当 $\bar{n}$ 较大时,上述泊松分布又可进一步化为正态分布,即

$$P(x)=\frac{1}{\sqrt{2\pi}\sigma_x}e^{-\frac{(x-\bar{n})2}{2\sigma_x^2}} \tag{3.30}$$

显然,产生 x 对电子和离子的涨落范围可用标准偏差 σ_x 和相对偏差 $\sigma_x/\bar{n}$ 表示为

$$\sigma_x=\sqrt{\bar{n}}=\sqrt{E_0/\omega}\quad 和\quad \sigma_x/\bar{n}=1/\sqrt{\bar{n}}=\sqrt{\omega/E_0} \tag{3.31}$$

式(3.31)表明,入射粒子在探测介质中损失的能量 E_0 越大(或平均电离能 ω 越小),所产生电子和离子对的数目就越多,其相对涨落也越小。可见,半导体介质的相对涨落很小。

实验还发现,x 的实际涨落比 σ_x 的值还要小,其原因是带电粒子在介质中的电离过程并不是上面所设想的那么简单,即电离涨落并不严格遵守泊松分布。主要因素是:①随着入射粒子与物质原子的不断碰撞,入射粒子能量也将不断变化,形成电离的概率也在不断变化;②当入射粒子引发产生了电子和离子对后,只要该电子和离子对具有足够的动能,它们还可发生其他碰撞,并可形成新的电子和离子对。以上因素和其他因素表明产生电子和离子对的事件并不完全独立,法诺(Fano)较仔细考虑了电离过程,认为电离涨落的方差 σ_x^2 为

$$\sigma_x^2 = F \cdot \bar{n} = F \cdot E_0/\omega \tag{3.32}$$

式中,F 称为法诺因子。法诺早期估算了气体介质的 F 并认为 $F=1/3 \sim 1/2$,现在求得在气体介质中,$F \leqslant 0.2$,半导体 Ge 与 Si 介质中,$F=0.10 \sim 0.15$。这些都需要通过实验测定。

一般情况下,探测器的输出脉冲幅度表达了电子和离子对数目。有些探测器的输出脉冲幅度还经历了倍增过程,此时,可按串级随机变量来描述其统计涨落性(可参阅相关书籍)。

显然,探测器的输出脉冲幅度与电子和离子对的数目存在正比关系,两者的统计分布基本上相同,都可采用与式(3.28)至式(3.30)的类似公式进行表示。如果将输出脉冲的幅度分布记为纵轴,入射射线能量 E 记为横轴,所得曲线称为能谱。实验发现即使入射射线能量 E 是单一能量 E_0,其输出脉冲的幅度分布也是分散的(除非没有统计涨落)。

为探讨探测器的能量分辨本领,考察对应单一能量为 E_0 的谱峰(显然,该谱峰的分布形态也是正态分布),定义该峰值半高处的宽度 FWHM 为探测器的固有能量分辨本领,并采用该正态分布的标准偏差 σ_E 表示 FWHM,则可推导出 FWHM 的表达式为

$$\text{FWHM} = 2\sqrt{2\ln 2}\,\sigma_E = 2.355\sigma_E \tag{3.33}$$

显然,探测器的能量分辨率越高,FWHM 值就越小,其标准偏差 σ_E 也就越小。

3.2.4 脉冲时间间隔的统计分布

当探测器工作于脉冲状态时,入射射线与输出信号的脉冲幅度(或频率等)存在对应的关系。从以上分析可知,在某个时间间隔内,入射射线的数目服从泊松分布,同样地,在相同探测效率条件下,产生的脉冲数也遵循泊松分布。下面讨论相邻脉冲信号的时间间隔问题。假设两个相邻脉冲的时间间隔为 t,并满足:①时间 t 内没有脉冲发生;②时间 t 内有一个脉冲发生。根据泊松分布,平均计数率为 m 的脉冲在 t 时间内出现 n 个脉冲的概率为

$$P(n) = \frac{(mt)^n}{n!}\mathrm{e}^{-mt} \tag{3.34}$$

按概率乘法定理,第一个脉冲出现后,$t \sim t+\mathrm{d}t$ 时间间隔内出现第二个脉冲的概率为

$$\mathrm{d}P(t) = \frac{(mt)^0}{0!}\mathrm{e}^{-mt} \cdot \frac{(m\mathrm{d}t)^1}{1!}\mathrm{e}^{-m\mathrm{d}t} = m\mathrm{e}^{-m(t+\mathrm{d}t)}\mathrm{d}t \cong m\mathrm{e}^{-mt}\mathrm{d}t \tag{3.35}$$

当 $m\mathrm{d}t \to 0$ 时,$\mathrm{e}^{-m\mathrm{d}t} \to 1$。可见,时间间隔 t 的分布为指数分布,t 越小,在短时间间隔内出现第二个脉冲的概率越大。另外,还可按式(3.35)计算 t 的平均值 $\bar{t}$ 与方差 σ_t^2:

$$\bar{t} = \int_0^\infty t\mathrm{d}P(t) = \int_0^\infty tm\mathrm{e}^{-mt}\mathrm{d}t = 1/m \tag{3.36}$$

$$\sigma_t^2 = \int_0^\infty (t-\bar{t})^2\mathrm{d}P(t) = \int_0^\infty \left(t-\frac{1}{m}\right)^2 m\mathrm{e}^{-mt}\mathrm{d}t = 1/m^2 \tag{3.37}$$

式(3.37)表明,平均时间间隔 $\bar{t}$ 恰好等于平均计数率的倒数。根据式(3.35),还可以求出时间间隔小于或不小于某个预定时间 T 后,探测系统出现脉冲的概率 $P(t \geqslant T)$ 和 $P(t \leqslant T)$:

$$P(t \leqslant T) = \int_0^T \mathrm{d}P(t) = 1 - \mathrm{e}^{-mT} \tag{3.38}$$

$$P(t \geqslant T) = \int_T^\infty \mathrm{d}P(t) = \int_T^\infty m\mathrm{e}^{-mt}\mathrm{d}t = \mathrm{e}^{-mT} \tag{3.39}$$

3.3 核辐射测量中的统计误差与数据检验

3.3.1 测量数据的统计误差

在核辐射测量中,人们很少直接对未处理的某一时间间隔内的计数值感兴趣,往往是对以计数值作为随机自变量的函数或者是以多个独立的计数值作为随机自变量的多元函数感兴趣,那么就必须知道这些函数的统计误差。

若 $y = f(x_1, x_2, \cdots, x_n)$ 是相互独立的随机变量 $x_1, x_2, \cdots, x_n$ 的多元函数,则其统计误差(标准误差和相对误差)采用标准差 σ_f 和相对标准差 σ_f/y 表示,并可由误差传播公式求出,即

$$\sigma_f = \sqrt{(\partial f/\partial x_1)^2\sigma_{x_1}^2 + (\partial f/\partial x_2)^2\sigma_{x_2}^2 + \cdots + (\partial f/\partial x_n)^2\sigma_{x_n}^2} \tag{3.40}$$

这里,$\sigma_{x_1}, \sigma_{x_2}, \cdots, \sigma_{x_n}$ 是 $x_1, x_2, \cdots, x_n$ 的标准差。对于只有加减乘除四则运算的函数,可求得几种统计误差的计算公式,如表3.1所示。

表3.1 几种统计误差的计算公式

$y = x_1 \pm x_2$	$\sqrt{(\sigma_{x_1})^2 + (\sigma_{x_2})^2}$	$\sqrt{(\sigma_{x_1})^2 + (\sigma_{x_2})^2}/(x_1 \pm x_2)$
$y = x_1 \cdot x_2$	$x_1 x_2 \cdot \sqrt{(\sigma_{x_1}/x_1)^2 + (\sigma_{x_2}/x_2)^2}$	$\sqrt{(\sigma_{x_1}/x_1)^2 + (\sigma_{x_2}/x_2)^2}$
$y = x_1/x_2$	$(x_1/x_2) \cdot \sqrt{(\sigma_{x_1}/x_1)^2 + (\sigma_{x_2}/x_2)^2}$	$\sqrt{(\sigma_{x_1}/x_1)^2 + (\sigma_{x_2}/x_2)^2}$

1. 计数率的统计误差

设在 t 时间内记录了 N 个计数,则计数率为 $n = N/t$,根据误差传播公式[式(3.40)],计数率 n 的标准误差 σ_n 和相对误差 ν_n 分别为

$$\sigma_n = \sqrt{\sigma_N^2/t^2} = \sqrt{N/t^2} = \sqrt{n/t} \quad 和 \quad \nu_n = \sigma_n/n = \sqrt{n/t}/n = 1/\sqrt{nt} = 1/\sqrt{N} \tag{3.41}$$

一般,可将测量结果表示为 $n \pm \sigma_n$,即 $n \pm \sqrt{n/t}$。从式(3.41)还可以看出,计数率的相对误差仅与总计数有关,并且与总计数的相对误差相等。

2. 多次测量结果的统计误差

若对某放射性核素(或样品)进行 k 次测量,各次测量的时间段为 t_i,相应时间段的计数为 $N_i, i = 1, 2, \cdots, k$,那么各次测量中的计数率及方差 σ_n^2 分别为

$$n_i = N_i/t_i \quad 和 \quad \sigma_{n_i}^2 = n_i/t_i \tag{3.42}$$

因各次测量的时间段并不相同,各时间段的误差也不相同,求平均计数率和方差时要加权

平均，使精度高的测量数据在求平均值时贡献大，精度低的测量数据贡献小，即定义

$$W_i = \lambda^2 / \sigma_{n_i}^2 \tag{3.43}$$

式中 W_i——权系数；

λ^2——归一化常数；

$\sigma_{n_i}^2$——第 i 时间段的方差。

可以证明，权系数 W_i 等于时间段 t_i 内，计数率的加权平均值的方差达到最小，此时为最佳 W_i 值。也可用 $\bar{n}$ 代替 λ^2（因为 $\bar{n}$ 为待求量，可用各次计数率 n_i 来代替），代入式(3.43)求得

$$W_i = \lambda^2 / \sigma_{n_i}^2 = \bar{n} / (n_i / t_i) \approx n_i / (n_i / t_i) = t_i \tag{3.44}$$

计数率的加权平均值为

$$\bar{n} = \sum_i W_i n_i / \sum_i t_i = \sum_i N_i / \sum_i t_i \tag{3.45}$$

根据误差传播公式[式(3.40)]，可推导出 $\bar{n}$ 的标准误差 $\sigma_{\bar{n}}$ 和相对误差 $\nu_{\bar{n}}$，分别为

$$\sigma_{\bar{n}} = \sqrt{1/\left(\sum_i t_i\right)^2 \cdot \sum_i \sigma_{N_i}^2} = \sqrt{1/\left(\sum_i t_i\right)^2 \cdot \sum_i N_i} = \sqrt{\bar{n} / \sum_i t_i} \tag{3.46}$$

$$\nu_{\bar{n}} = \sigma_{\bar{n}} / \bar{n} = \sqrt{\bar{n} / \sum_i t_i} / \bar{n} = 1 / \sqrt{\bar{n} \sum_i t_i} = 1 / \sqrt{\sum_i N_i} \tag{3.47}$$

因此，多次测量的结果可表示为

$$\bar{n} \pm \sigma_{\bar{n}} = \bar{n} \pm \sqrt{\bar{n} / \sum_i t_i} \tag{3.48}$$

假如 k 次测量的时间相同，则其多次测量的结果为

$$\bar{n} \pm \sigma_{\bar{n}} = \bar{n} \pm \sqrt{\bar{n} / kt} \tag{3.49}$$

从上面的讨论可知，对于核辐射测量来说，无论是一次测量还是多次测量，只要总的计数相同，多次测量的平均计数率的相对误差和一次测量的计数率的相对误差是一致的。相对误差只与测量的总计数有关，而与测量的次数和测量的时间都无关。

3. 存在本底时样品净计数率的统计误差

在核辐射测量中，由于宇宙射线、周围环境中的天然放射性、仪器噪声以及放射性实验室中其他放射源所引起的本底总是微弱存在的，这时，为求得净计数率需要进行两次测量：第一次在时间 t_b 内测得本底计数为 N_b，第二次再测样品，即在时间 t_s 内测得包括本底的样品计数为 N_s。这时样品净计数率 n_0 为

$$n_0 = n_s - n_b = N_s / t_s - N_b / t_b \tag{3.50}$$

式中，n_s 和 n_b 为样品计数率（含本底）和本底计数率。由式(3.41)可计算出 n_0 的标准误差，即

$$\sigma_{n_0} = \sqrt{N_s / t_s^2 + N_b / t_b^2} = \sqrt{n_s / t_s + n_b / t_b} \tag{3.51}$$

测量结果可写成

$$n_0 \pm \sigma_{n_0} = (n_s - n_b) \pm \sqrt{n_s / t_s + n_b / t_b} \tag{3.52}$$

上式说明，本底计数 n_b 越高，相对误差越大，所以在实验中应尽量减少本底。

4. 测量时间与测量条件的选择

先讨论测量时间的确定问题，最简单的情况是不考虑本底的影响。由式(3.41)可知

$$\nu_n^2 nt = 1 \tag{3.53}$$

当给定了式中三个量中的任意两个,就可以利用此式求得第三个量。例如,当计数率 n 大约为 $7.5\times10^4\ \mathrm{h}^{-1}$ 时,若要求 $\nu_n\leqslant2\%$,则需要的测量时间为 $t\geqslant120\ \mathrm{s}$。

在有本底存在时,情况较复杂,需要合理分配样品和本底的测量时间,以便在总测量时间 $T=t_s+t_b$ 内,使测量结果的误差最小。用 $t_b=T-t_s$ 代入上式,并写出极值条件,即

$$\mathrm{d}\sqrt{n_s/t_s+n_b/(T-t_s)}/\mathrm{d}t_s = 0 \tag{3.54}$$

可解得

$$t_s/t_b = \sqrt{n_s/n_b} \tag{3.55}$$

为使测量结果的误差最小,样品和本底的测量时间之比应等于它们计数率的平方根之比。在最佳时间分配下,给定了总的测量时间 T 后,t_s 和 t_b 的表达式分别为

$$t_s = \sqrt{n_s/n_b}/(1+\sqrt{n_s/n_b})\cdot T \quad 和 \quad t_b = 1/(1+\sqrt{n_s/n_b})\cdot T \tag{3.56}$$

在这种最佳条件下的相对误差为

$$\nu_n = [1/(n_s-n_b)]\cdot\sqrt{n_s/t_s+n_b/t_b} = \sqrt{1/[Tn_b(\sqrt{n_s/n_b}-1)^2]} \tag{3.57}$$

在 ν_n 给定的情况下,需要的最小测量时间 $T_{\min}$ 为

$$T_{\min} = 1/[n_b\nu_n^2(\sqrt{n_s/n_b}-1)^2] \tag{3.58}$$

3.3.2 测量数据的检验

有时需要对测量数据之间的差异进行检验,以了解数据的可靠性,帮助检查测量仪器的工作状态和测量条件是否正常,从而分析和判断测量中除统计误差外是否还有其他误差。

1. 两次测量计数值差异的检验

在同样条件下,同一放射性样品的两次测量计数分别为 N_1 与 N_2,其差异 $\Delta=N_1-N_2$ 服从正态分布,相应方差 $\sigma_\Delta^2=N_1+N_2$。假设在显著度 α(或显著水平 α)下,概率 $P(|\Delta|\geqslant K_\alpha\sigma_\Delta)=\alpha$ 成立(K_α 为系数常数),经 $Z=\Delta/\sigma_\Delta$ 的变量置换,可得

$$P(|\Delta|\geqslant K_\alpha\sigma_\Delta) = 1-P(|\Delta|/\sigma_\Delta<K_\alpha) = 1-P(Z<K_\alpha) = 1-2\int_0^{K_\alpha}\frac{1}{\sqrt{2\pi}}\mathrm{e}^{-Z^2/2}\mathrm{d}Z = \alpha \tag{3.59}$$

若 $|\Delta|/\sigma_\Delta\geqslant K_\alpha$,则认为 N_1 和 N_2 之间的差异显著,应怀疑测量数据的可靠性;反之,若 $|\Delta|/\sigma_\Delta<K_\alpha$,则差异不显著。表3.2列出了几个 α 与 K_α 的典型对照值。

表3.2 几个 α 与 K_α 的典型对应数值表

$P(\|\Delta\|\geqslant K_\alpha\sigma_\Delta)=\alpha$	0.01	0.05	0.134	0.318
K_α	2.58	1.96	1.50	1.00

2. 一组测量数据的检验

在同样条件下,进行 n 次测量获得了一组数据为 $N_i(i=1,2,\cdots,n)$,如果这些数据都服从同一正态分布 $N(\mu,\sigma_2)$,可采用 χ^2 检验来判别每个测量值是否可靠。因期望值 μ 未知,可采用平均值 $\bar{N}$ 代替,标准差 $\sigma=\mu^{1/2}$ 可用 $\sqrt{\bar{N}}$ 代替。为此,先进行数据标准化,即

$$Z = (N_i - \mu)/\sigma \approx (N_i - \bar{N})/\sqrt{\bar{N}} \tag{3.60}$$

显然,变量置换后的随机变量 Z 的平方和也是一个随机变量,称其为 χ^2,随机变量 χ^2 服从的分布称之为 χ^2 分布。假设在显著度 α 下,概率 $P(\chi^2 \geqslant \chi_\alpha^2) = \alpha$ 成立,即

$$P(\chi^2 \geqslant \chi_\alpha^2) = \int_{\chi_\alpha^2}^{\infty} P(\chi^2)\mathrm{d}\chi^2 = \alpha \left[\text{且}\chi^2 = \sum_{i=1}^{n}(N_i - \bar{N})^2/\bar{N}\right] \tag{3.61}$$

χ^2 分布有一个自由度参数 ν,一般为独立随机变量的个数。若在 n 个随机变量中存在 k 个约束条件,则自由度 $\nu = n - k$。在数理统计中,χ^2 分布被制作成关于 ν、α 与 χ_α^2 的数值表供数据检验时使用(表3.3)。对于测量值 N_i 的 χ^2 分布,只有下面一个约束条件,即

$$\sum_{i=1}^{n}(N_i - \bar{N}) = \sum_{i=1}^{n}N_i - n\bar{N} = 0 \tag{3.62}$$

表3.3　三种概率下的 χ_α^2 的数值表

ν	1	2	3	4	5	6	7	8	9	10	15	20	25	30
$\alpha=0.95$	0.004	0.103	0.352	0.711	1.145	1.635	2.167	2.733	2.325	3.940	7.261	10.85	14.61	16.31
$\alpha=0.50$	0.455	1.165	2.366	3.357	4.351	5.348	6.346	7.344	8.343	9.342	14.34	19.34	24.34	29.34
$\alpha=0.05$	3.841	5.991	7.815	9.488	11.07	12.59	14.07	15.51	16.92	18.31	25.00	31.41	37.65	43.77

所以,测量值 N_i 服从自由度为 $\nu = n - 1$ 的 χ^2 分布。若原假设成立,随机变量 χ^2 的值应在一个合理范围内,如果 χ^2 值偏离了该范围,则要否定原假设。

3. 可疑数据的舍弃

在一组测量数据中,若发现个别的测量值与平均值相差甚远,可能是由于某些干扰或测量过失所致。在难以准确判断原因的情况下,一般按照有关测量值误差的分布理论来确定是否舍弃该数据。舍弃可疑数据的方法有多种,这里仅介绍常见的两种方法。

(1)肖文特(Chauvenet)舍弃标准

对 n 个测量数据的偏差 $\Delta_i = |N_i - \bar{N}|$ 规定一个标准 $\Delta(n)$,并令超出 $\Delta(n)$ 的测量数据的概率 $P[\Delta \geqslant \Delta(n)] = 1/(2n)$。由正态分布可知,某测量值大于 $\Delta(n)$ 的概率可按下式计算:

$$P[\Delta \geqslant \Delta(n)] = 1 - P[\Delta < \Delta(n)] = 1 - \frac{1}{\sqrt{2\pi}\sigma}\int_{-\Delta(n)}^{\Delta(n)} \mathrm{e}^{-\Delta^2/2\sigma^2}\mathrm{d}\Delta = \frac{1}{2n} \tag{3.63}$$

可解得

$$2\Phi[\Delta(n)/\sigma] = (2n - 1)/(2n) \tag{3.64}$$

按上式制作 n 与 $\Delta(n)/\sigma$ 的数值表(表3.4),然后,按下列步骤检验有无舍弃数据:

①计算待分析测量数据的平均值 $\bar{N}$ 及标准差 σ;

②计算可疑数据以 σ 为单位的偏差,即 $\Delta_i/\sigma = |N_i - \bar{N}|/\sigma$;

③从表3.4中查找相应 n 值下的 $\Delta(n)/\sigma$ 值(可进行插值处理);

④比较 Δ_i/σ 与 $\Delta(n)/\sigma$,若 $\Delta_i/\sigma \geqslant \Delta(n)/\sigma$,则此数据应被舍弃,否则保留。

应该指出,肖文特舍弃标准是较早提出的一种比较简单、但不够准确的方法,下面将介绍的戈罗贝斯(Grubbs)舍弃标准与之相比则更准确一些。

表3.4　肖文特舍弃标准表

n	2	3	4	5	6	7	8	9	10	12	14
$\Delta(n)/\sigma$	1.15	1.38	1.54	1.65	1.73	1.80	1.86	1.92	1.96	2.03	2.10
n	16	18	20	22	24	26	30	40	50	100	200
$\Delta(n)/\sigma$	2.16	2.20	2.24	2.28	2.31	2.35	2.39	2.50	2.58	2.80	3.02

(2)戈罗贝斯舍弃标准

戈罗贝斯舍弃标准是以测量数据中的偏差绝对值最大值Δ_{max}/σ的分布为依据,提出的一种检验方法,其检验步骤如下:

①确定把非奇异数据舍弃而导致犯错误的概率,即显著度α。要求α取值很小,一般为0.05或0.01(表3.5);

表3.5　戈罗贝斯舍弃标准$g(n,\alpha)$表

n	$\alpha=0.05$	$\alpha=0.01$	n	$\alpha=0.05$	$\alpha=0.01$
3	1.15	1.16	14	2.37	2.66
4	1.46	1.49	16	2.44	2.75
5	1.67	1.75	18	2.50	2.82
6	1.82	1.94	20	2.56	2.88
7	1.94	2.10	25	2.66	3.01
8	2.03	2.22	30	2.74	3.10
9	2.11	2.32	40	2.87	3.24
10	2.16	2.41	50	2.96	3.34
12	2.28	2.55	100	3.17	3.59

②计算相对σ的偏差绝对值的最大值,$|\Delta|_{max}/\sigma=|N_i-\bar{N}|_{max}/\sigma$;

③从表3.5中查找相应n、α值下的戈罗贝斯舍弃标准的$g(n,\alpha)$值;

④若$|\Delta|_{max}/\sigma\geqslant g(n,\alpha)$,则所怀疑的数据是异常的,应予舍弃,否则给予保留。

但是,保留奇异数据和舍弃非奇异数据的两类错误,在统计方法中是不可避免的。

3.4　测量不确定度理论及其应用实例*

长期以来,测量数据的准确度一直采用误差来表示,但在大多情况下测量数据的真值是未知的,很难用误差表示测量结果的准确度。20世纪60年代,不确定度概念被提出,20世纪70年代,不确定度术语才被测量领域所采用,但表示方法各不相同。直到20世纪90年代,由国际标准化组织(ISO)下设的计量技术顾问组第三工作组(ISO/TAG4/WG3)起草,国际法制计量组织(OILM)、国际计量局(BIPM)、国际理论化学与应用化学联合会(IUPAC)、国际临床化学联合会(IFCC)、国际理论物理与应用物理联合会(IUPAP)及国际电工委员会(IEC)才于

1993 年联合发布《测量不确定度表示导则》(GUM)。GUM 为促进并采用足够完整的信息来表示测量不确定度,统一不确定度的评定与表示方法,以及为测量结果的国际比对奠定了基础。

直到 1999 年 5 月 1 日,我国才施行了由中国计量科学研究院参考 GUM 起草的《测量不确定度评定与表示》(JJF 1059—1999),直到 2013 年该标准被现行标准《测量不确定度评定与表示》(JJF 1059. 1—2012)所取代。本章节仅简要介绍不确定理论的基础知识。

3.4.1　不确定度概念

1. 基本术语

(1)被测量(measurand):作为测量对象的特定量。

(2)测量结果(result of measurement):由测量得到的赋予被测量的值。

(3)测量准确度(accuracy of measurement):测量结果与被测量的真值之间的一致程度。

(4)测量结果的重复性(repeatability of results of measurements),简称重复性:在相同测量条件下,对同一被测量进行连续多次测量所得结果之间的一致性。

(5)溯源(metrological traceability):通过规定的、不间断地对不确定度的比较,使测量结果或计量标准的量值能与参考标准(通常是国家或国际计量基准或标准)联系起来的特性。

(6)实验标准差(experimental standard deviation),又称实验标准偏差:对同一被测量进行 n 次测量,表征测量结果分散性的量 s 为

$$s(Y_k) = \sqrt{\frac{1}{n-1}\sum_{k=1}^{n}(Y_k - \bar{Y})^2} \tag{3.65}$$

式中　Y_k——第 k 次测量结果;

$\bar{Y}$——n 次测量值的算术平均值。

(7)测量不确定度(uncertainty of a measurement),简称不确定度:是一个与测量结果相关的参数,表征合理地赋予被测量分散性的值。通俗地讲,不确定度就是给定置信概率和置信区间大小,置信区间越小,被测量的不确定度越小,测量结果越准确、越可靠,可信度越高。

2. 影响因素

在评定不确定度之前,应认真分析可能影响被测量的因素,即测量中可能导致测量不确定度的因素。在实际测量中,可能导致测量不确定度的因素大体上来源于以下几方面:

(1)被测量的定义不完整;

(2)取样的代表性不够,即取样可能不完全代表定义的被测量;

(3)复现被测量的测量方法不理想;

(4)测量过程受环境影响而不能恰如其分地评定,或对环境的测量与控制不完善;

(5)对模拟式仪器的读数存在人为偏移;

(6)测量仪器的计量性能(如灵敏度、鉴别力阈、分辨力、死区及稳定性等)有局限性;

(7)测量标准和标准物质的不确定度有影响;

(8)引用的数据或其他参量的不确定度有影响;

(9)测量方法和测量程序的近似和假设有影响;

(10)在相同条件下被测量在重复观测中有变化。

3. 测量模型化

测量模型化就是建立满足测量不确定度评定所要求的数学模型的过程,即建立被测量 Y

和所有影响量或者分量 $X_i(i=1,2,\cdots,n)$ 之间的具体函数关系，其一般形式为

$$Y=f(X_1,X_2,\cdots,X_n) \tag{3.66}$$

式中 Y——被测量(又称输出量)；

X_i——影响量或者分量(又称输入量)。

如果被测量 Y 的估计值为 y，输入量 X_i 的估计值为 x_i，则

$$y=f(x_1,x_2,\cdots,x_n) \tag{3.67}$$

测量模型化的数学模型应包含对测量结果的不确定度有显著影响的全部变量，及相应的修正因子和修正值。

3.4.2 标准不确定度及其评价

通常，采用标准偏差表示测量不确定度，称其为标准不确定度(standard uncertainty)。一般，采用A类和B类两类评定方法来评定不确定度，其中A类是采用统计分析方法通过观测列来评定不确定度，B类是采用统计分析以外的方法来评定不确定度。

1.标准不确定度的A类评定

(1)贝塞尔(Bessel)法

在相同测量条件下，若对被测量 Y 独立地进行 n 次重复测量，得到的测量结果为 $y_k(k=1,2,\cdots,n)$，则 Y 的最佳估计值可用 n 次独立测量结果(即测量列)中的平均值 $\bar{y}$ 表示：

$$\bar{y}=\frac{1}{n}\sum_{k=1}^{n}y_k \tag{3.68}$$

此时，任一观测值 y_k 的标准不确定度 $u(y_k)$ 可由贝塞尔公式中的实验标准差 $s(y_k)$ 表示：

$$u(y_k)=s(y_k)=\sqrt{\frac{1}{n-1}\sum_{k=1}^{n}(y_k-\bar{y})^2} \tag{3.69}$$

在 n 次重复测量中，如果仅取 $m(m\leqslant n)$ 次测量的平均值 $\bar{y}$ 作为测量结果的最佳估计值，则该平均值 $\bar{y}$ 的实验标准差 $s(\bar{y})$ 可采用 n 次测量的实验标准差 $s(y_k)$ 表示：

$$s(\bar{y})=\frac{s(y_k)}{\sqrt{m}}=\sqrt{\frac{1}{m(n-1)}\sum_{k=1}^{n}(y_k-\bar{y})^2} \tag{3.70}$$

显然，测量次数 n 不能太小，否则所得标准不确定度 $u(y_k)=s(y_k)$ 除了本身会存在较大的不确定度外，还存在与 n 有关的系统误差，n 越小则系统误差越大。n 究竟取多大，应视具体测量情况而定，而 m 取多大也应根据 $s(\bar{y})$ 值的大小来决定，一般可取 $m=n$。

(2)合并样本标准差

当无法在重复性条件下增加测量次数时，如果测量的仪器性能比较稳定，也可获得比较准确的实验标准差，即采用合并样本标准差的方法来得到单次测量结果的标准不确定度。

在规范化的常规测量中，若在重复性条件下对被测量 Y 进行 n 次独立观测，并且有 m 组这样的测量结果，可能各组之间的测量条件稍有不同，因而不能用贝塞尔公式对 $m\times n$ 次测量值直接计算实验标准差，而须计算其合并样本标准差 $s_p(y_k)$：

$$s_p(y_k)=\sqrt{\frac{1}{m}\sum_{j=1}^{m}s_j^2(y_k)}=\sqrt{\frac{1}{m(n-1)}\sum_{j=1}^{m}\sum_{k=1}^{n}(y_{jk}-\bar{y}_j)^2} \tag{3.71}$$

式中 $s_j(y_k)$——每组测量的实验标准差；

y_{jk}——第 j 组第 k 次的测量结果；

$\bar{y}_j$——第 j 组的平均值。

若各组所包含的测量次数不完全相同,则应按权重 n_j-1 进行加权平均,即 $s_p(y_k)$ 为

$$s_p(y_k) = \sqrt{\sum_{j=1}^{m}[(n_j-1)s_j^2(y_k)] \Big/ \sum_{j=1}^{m}(n_j-1)} \tag{3.72}$$

上述两式计算得到的合并样本标准差 $s_p(y_k)$ 仍是单次测量结果的实验标准差,若实际测量中采用 N 次测量结果来计算平均值 $\bar{y}$,则该平均值 $\bar{y}$ 的实验标准差为

$$s(\bar{y}) = s_p(y_k)/\sqrt{N} \tag{3.73}$$

(3)极差法

所谓极差 R 就是测算结果中的最大值与最小值之差。在测量次数较少的情况下,一般可采用极差法。考虑正态分布,则单次测量结果 y_k 的实验标准差 $s(y_k)$ 可近似表示为

$$s(y_k) = u(y_k) = R/C \tag{3.74}$$

式中,C 为极差系数,C 与自由度 ν 的关系见表3.6。

表3.6 极差系数 C 与自由度 ν 的关系

n	C	ν
2	1.13	0.9
3	1.64	1.8
4	2.06	2.7
5	2.33	3.6
6	2.53	4.5
7	2.70	5.3
8	2.85	6.0
9	2.97	6.8

标准不确定度的评定方法除上述三种方法外,使用较多的还有最小二乘法等方法,这里不一一列举。

2. 标准不确定度的B类评定

不确定度的B类评定通常采用统计分析之外的其他方法,B类评定的不确定度一般来源于如下六个方面:

(1)以前的测量数据;

(2)对有关技术资料和测量仪器特性的了解和经验;

(3)生产部门提供的技术说明文件;

(4)校准证书、检定证书或其他文件提供的数据、准确度的等别或级别,包括目前暂在使用的极限误差等;

(5)手册或某些资料给出的参考数据及其不确定度;

(6)规定实验方法的国家标准或类似技术文件中给出的重复性限或复现性限。

通常,用B类评定方法获得的标准不确定度就是估计方差 $u^2(x_i)$,简称为B类方差,一般可根据上述来源的数据进行估算。例如:已知包含因子为 k 的某分量 x 的取值范围为 $[x-a, x+a]$,则

该分量的标准不确定度估计值为 $u(x)=a/k$;又如,已知置信概率为95%的分量 x 的重复性限或复现性限为 r,则该分量的标准不确定度估计值为 $u(x)=r/2.83$;再如,已知某仪器的最大允许误差为 $x\pm a$,则该仪器精度表示的分量的标准不确定度估计值为 $u(x)=a/\sqrt{3}$。在以上例子中,$u(x)$ 估计值大多按随机变量的正态分布或均匀分布来推测。

3.4.3 合成不确定度和扩展不确定度及其评价

当测量结果是由若干个分量(如引入B类评定的分量)组成时,通过表示测量结果的各量值可求得合成标准不确定度(combined standard uncertainty),也就是按各分量的方差或协方差求得的标准不确定度。扩展不确定度(expanded uncertainty)则为确定测量结果区间的量,即大部分被测量之值可含于此区间,它可由合成标准不确定度乘以包含因子来得到。

1. 合成标准不确定度的评定

假设被测量与输入量之间存在某种函数关系,在测量模型化后,它们的估计值 y 和 x_i 可采用式(3.67)表示,则可对其标准不确定度进行合成计算。

一般情况下,假设各个输入量之间彼此独立或互不相关,通过对式(3.67)的泰勒级数展开,就可得到合成标准不确定度的计算公式。如果被测量与输入量之间存在线性关系,则该合成标准不确定度只包含一次项,此时,合成标准不确定度可表示为

$$u_c(y)=\sqrt{\sum_{i=1}^{n}[c_i u(x_i)]^2} \tag{3.75}$$

如果被测量与输入量之间存在非线性关系,则该合成标准不确定度还要包含高次项(常增加一个重要的高次项)。此时,合成标准不确定度可表示为

$$u_c(y)=\sqrt{\sum_{i=1}^{n}[c_i u^2(x_i)]^2+\sum_{i=1}^{n}\sum_{j=1}^{n}\left[\frac{1}{2}\left(\frac{\partial^2 f}{\partial x_i \partial x_j}\right)^2+\frac{\partial f}{\partial x_i}\cdot\frac{\partial^3 f}{\partial x_i \partial x_j^2}\right]u^2(x_i)u^2(x_j)} \tag{3.76}$$

上述两式中,$c_i=\partial f/\partial x_i$ 称为灵敏系数,合成标准不确定度公式称为不确定度的传播定律。

当无法找到被测量与输入量之间的可靠数学表达式时,c_i 也可通过实验获得,输入量 x_i 变化一个很小的单位量,相应被测量 y 的变化量就是 c_i 的取值。

2. 扩展不确定度的评定

合成标准不确定度 $u_c(y)$ 乘以一个包含因子 k,便得到扩展不确定度 U,即

$$U=k\cdot u_c(y) \tag{3.77}$$

此时,测量结果可表示为 $Y=y\pm U$,其中 y 为被测量 Y 的最佳估计值,在较高置信概率下 Y 的可能值将落在区间 $[y-U,y+U]$ 内。通常,当测量结果服从正态分布时,一般在确定置信概率和自由度后,查 t 分布表可获得包含因子 k 值。另外,k 值也可按以下办法确定。

(1)如果没有分布情况的任何信息,其较合理的估计是将其近似看作均匀分布,此时的包含因子 $k=\sqrt{3}$;也可对该分布做保守估计,如估计为反正弦分布,则 $k=\sqrt{2}$。

(2)如果测量结果出现在平均值附近的概率大于出现在两端的概率时,$k\in(\sqrt{3},3)$;反过来,若已知分布呈凹形,则 $k\in(1,\sqrt{3})$。

(3)在核辐射测量中,测量结果近似服从正态分布,一般取置信概率 $p=95\%$,则 $k=2$。

3.4.4 不确定度的应用实例

在对被测量进行不确定度评定后,在书写中应该对不确定度有所体现。通常,不确定度可以采用扩展不确定度、相对扩展不确定度两种方法来表示,即

$$ku_{c}(y) \quad 或 \quad \frac{ku_{c}(y)}{y} \times 100\% \tag{3.78}$$

相应被测量的书写方法为:$y, ku_{c}/y \times 100\%$(k 值)。下面举例讨论测量不确定度的评定步骤,以及它在核辐射测量中的应用。

【例题3.1】 某实验室有 ^{238}U 和 ^{226}Ra 平衡,^{232}Th、^{40}K 的标准源,经某计量站刻度,其 ^{226}Ra、^{232}Th 和 ^{40}K 的比活度分别为 94.5 Bq/kg、29.6 Bq/kg 和 12.3 Bq/kg,不确定度分别为4%、3%和5%,包含因子 $k=2$。采用N型同轴HPGe数字化谱仪和相对测量方法对某一建材样品(样品质量150 g,所用天平最大允许偏差为1 g)进行多次测量,并经戈罗贝斯标准检验认为数据合格,得到样品中 ^{226}Ra、^{232}Th 和 ^{40}K 的比活度结果见表3.7。试给出该实验室对该建材外照射指数检测结果的分析报告。

表3.7 同一建材样品10次测量结果 单位:$\mathrm{Bq \cdot kg^{-1}}$

编号	1	2	3	4	5	6	7	8	9	10
C_{Ra}	93.57	89.98	91.03	92.46	98.30	95.02	90.47	100.43	96.30	95.24
C_{Th}	74.90	81.46	79.01	80.62	78.81	79.60	81.05	77.67	76.32	80.09
C_{K}	450.33	442.91	439.56	460.19	445.90	453.73	438.97	458.34	462.63	452.19

解 (1)建立建材外照射指数的数学模型,即 $I = C_{Ra}/370 + C_{Th}/260 + C_{K}/4\,200$。

(2)分析影响测量结果的不确定度的各种因素,即可得到两类不确定度的分量。

①A类不确定度,即由于测量重复性引入的相对不确定度,包括 u_{Ra1}(C_{Ra}的不确定度),u_{K1}(C_{K} 的不确定度),u_{Th1}(C_{Th}的不确定度)。

②B类不确定度:u_{Ra2}(^{226}Ra 标准源引入的不确定度),u_{K2}(^{232}Th 标准源引入的不确定度),u_{Th2}(^{40}K 标准源引入的不确定度),u_{1}(称重引入的不确定度),u_{2}(环境因素引入的不确定度)。

(3)分别确定各种影响因素的不确定度:

①确定 u_{Ra1}:$\bar{C}_{Ra} = 94.28\ \mathrm{Bq \cdot kg^{-1}}$,观测值的标准不确定度 $s(C_{Ra}) = 3.45\ \mathrm{Bq \cdot kg^{-1}}$,平均值的实验标准差 $s(\bar{C}_{Ra}) = s(C_{Ra})/\sqrt{10} = 1.09\ \mathrm{Bq \cdot kg^{-1}}$,相对标准不确定度 $u_{Ra1} = s(\bar{C}_{Ra})/\bar{C}_{Ra} = 1.16\%$。

②确定 u_{Th1}:$\bar{C}_{Th} = 78.95\ \mathrm{Bq \cdot kg^{-1}}$,观测值的标准不确定度 $s(C_{Th}) = 2.11\ \mathrm{Bq \cdot kg^{-1}}$,平均值的实验标准差 $s(\bar{C}_{Th}) = s(C_{Th})/\sqrt{10} = 0.67\ \mathrm{Bq \cdot kg^{-1}}$,相对标准不确定度 $u_{Th1} = s(\bar{C}_{Th})/\bar{C}_{Th} = 0.85\%$。

③确定 u_{K1}:$\bar{C}_{K} = 450.48\ \mathrm{Bq \cdot kg^{-1}}$,观测值的标准不确定度 $S(C_{K}) = 8.48\ \mathrm{Bq \cdot kg^{-1}}$,平均值的实验标准差 $s(\bar{C}_{K}) = s(C_{K})/\sqrt{10} = 2.68\ \mathrm{Bq \cdot kg^{-1}}$,相对标准不确定度 $u_{K1} = s(\bar{C}_{K})/\bar{C}_{K} = 0.60\%$。

④确定 u_{Ra2}:由于标准 ^{226}Ra 源在置信概率为95%,包含因子为1.96时不确定度为4%,根据扩展不确定度与合成标准不确定度的关系可知,$u_{Ra2} = 4\%/1.96 = 2.04\%$。

⑤确定 u_{Th2}:同 u_{Ra2}的确定方法,$u_{Th2} = 3\%/1.96 = 1.53\%$。

⑥确定 u_{K2}:同 u_{Ra2} 的确定方法,$u_{K2}=5\%/1.96=2.55\%$。

⑦确定 u_1:由于称量天平所允许的最大偏差为 1 g,根据 B 类不确定度评价方法,也就是在置信概率接近 100% 的情况下,置信区间的半宽度为 1 g。假设称重结果服从均匀分布,可知其标准不确定度为 $s_1=1\ \mathrm{g}/\sqrt{3}=0.58\ \mathrm{g}$,化为相对标准不确定度为 $u_1=s_2/150=0.38\%$。

⑧确定 u_2:对于该谱仪而言,由于该谱仪采用程序自动完成数据处理(包括寻峰、能量刻度、待测峰感兴趣的选取及净峰面积计算等),引入的不确定度因素很少,仅由环境条件变化导致谱线发生漂移,但漂移量也很小,可采用估计值 $u_2=1.5\%$。

(4)根据合成不确定度的计算方法,可得

$$u(I)=\sqrt{\left(\frac{1}{370}\right)^2\cdot(u_{\mathrm{Ra1}}^2+u_{\mathrm{Ra2}}^2)+\left(\frac{1}{260}\right)^2\cdot(u_{\mathrm{Th1}}^2+u_{\mathrm{Th2}}^2)+\left(\frac{1}{4\ 200}\right)^2\cdot(u_{\mathrm{K1}}^2+u_{\mathrm{K2}}^2)+u_1^2+u_2^2}$$
$$=1.55\%$$

则按置信概率为 95%,即包含因子 $k=2$,查 t 分布表得 $t_p=1.96$,其扩展不确定度为

$$U(I)=\frac{u(I)\cdot t_p}{\bar{I}}=\frac{1.55\%\times1.96}{94.28/370+78.95/260+450.48/4\ 200}=4.56\%$$

该建材的外照射指数的测量结果可表示为:0.67,4.56% ($k=2$)。

【例题 3.2】 某实验室采用氡室检定测氡仪,氡室中平衡氡浓度 $\bar{Q}$ 的参考值以监测仪 Alpha Guard 的测量结果为准,单位为 $\mathrm{Bq\cdot m^{-3}}$。现分别在高、低浓度下对 FD216、RAD7、1027 等测氡仪进行检测,表 3.8 列出了它们连续 10 次测量的计数值 q_i'。试给出这些被检测测氡仪的刻度系数 $\boldsymbol{\kappa}'$ 在不同氡室浓度下的不确定度。

表 3.8 实测数据及计算结果表 单位:$\mathrm{Bq\cdot m^{-3}}$

待检设备	FD216		RAD7		1027	
	低浓度下	高浓度下	低浓度下	高浓度下	低浓度下	高浓度下
q_i'	947	3 716	653	2 830	1 025	4 699
	990	3 715	695	2 900	1 025	4 440
	943	3 670	681	2 880	1 018	4 181
	992	3 708	653	2 840	969	4 107
	913	3 688	688	2 890	814	4 514
	967	3 583	674	2 850	914	5 402
	955	3 695	687	2 840	1 062	4 514
	957	3 717	734	2 910	851	4 810
	945	3 767	628	2 730	877	5 032
	936	3 751	703	2 840	1 055	4 625
$\bar{Q}$	788	2 725	788	2 957	799	3 970
不确定度/%	7.6	6.0	7.8	5.5	7.5	6.8

解 (1)建立被检测测氡仪读数与氡浓度之间的关系(数学模型),可将其表示为

$$\kappa'=\bar{Q}/\overline{q'}$$

式中，$\overline{q'}$为被检测测氡仪的测量结果的平均值(计数平均值)。

(2)计算$\overline{q'}$的标准不确定度，即

$$u_A(\overline{q'}) = \sqrt{\frac{1}{N(N-1)}\sum_{i=1}^{N}(q'_i - \overline{q'})^2} \quad 且 \quad \overline{q'} = \frac{1}{N}\sum_{i=1}^{N}q'_i$$

式中，N为某台被检测测氡仪在某一氡浓度下的连续测量次数(10次)。

(3)按合成标准不确定度的计算公式(请读者自己推导)，计算平衡氡浓度的参考值所引入的标准不确定度$u_B(\bar{Q})$，即

$$u_B(\bar{Q}) = \sqrt{\bar{q}^2 u_B^2(\kappa) + \kappa^2 u_A^2(\bar{q})} \quad 且 \quad \bar{q} = \frac{1}{M}\sum_{j=1}^{M}q_j, u_A(\bar{q}) = \frac{s(q_i)}{\sqrt{M}}$$

式中 q_j——监测仪在某氡浓度下的单次测量值；

$\bar{q}$——测量平均值；

M——测量次数；

κ——刻度系数；

$s(q_i)$——实验标准差；

u_B——检定证书给出的刻度系数的标准不确定度，$u_B = 0.025$。

由于该实验室对不同氡浓度的实验标准差$s(q_i)$进行了大量测量，并得到了以不同氡浓度区间表示的数值拟合公式，一般不再按上式计算$s(q_i)$值，而是采用下面近似公式计算：

$$\begin{cases} s(q_i) = \bar{q}\cdot(-0.007\bar{q} + 14.9)/100 & \bar{q} \in [370, 800] \\ s(q_i) = \bar{q}\cdot(-0.002\bar{q} + 11.2)/100 & \bar{q} \in [800, 3\,000] \\ s(q_i) = \bar{q}\cdot(-0.000\,15\bar{q} + 5.54)/100 & \bar{q} \in [3\,000, 15\,000] \end{cases}$$

(4)按合成标准不确定度的计算公式(请读者自己推导)，以不同氡室浓度求得：

$$u_c(\kappa') = \sqrt{(\bar{Q}/\overline{q'}^2)^2 u_A^2(\overline{q'}) + (1/\overline{q'}^2) u_B^2(\bar{Q})}$$

(5)取$k = 2$，按照κ'的相对扩展不确定度计算公式$ku_c(y)/y \times 100\%$，可求得的各待检仪器按不同氡浓度测量时的相对扩展不确定度，其结果见表3.8中的最后一行。

思考题和练习题

3-1　设测量样品的真平均计数率是5 s^{-1}，使用泊松分布公式确定，在任何1 s内得到计数小于或等于2个的概率。

3-2　若某时间内的真计数值是100个，求得到计数为104个的概率，并求出计数值落在96到104内的概率。

3-3　本底计数率是(10 ± 1) s^{-1}，样品计数率是(50 ± 2) s^{-1}，求净计数率及误差。

3-4　样品测量时间为480 s，得平均计数率25 s^{-1}，本底测量时间为240 s，得平均计数率18 s^{-1}，求样品的净计数率及误差。

3-5　对样品测量了7次，每次测量30 s，计数值分别为209，217，248，235，224，223，233，求平均计数率及误差。

3-6　某放射性测量中，测得样品计数率约为20 s^{-1}，本底计数率约为4 s^{-1}。若要求测

量误差≤1%,求测量样品和本底的时间各取多少?

3-7　在同一条件下对一个放射源测得的两次计数是4 012和4 167,问按显著度α为0.05的水平,计数的差异是否正常?

3-8　测得的一组数据是1 010,1 018,1 002,950,1 060,试检验这组数据是否正常?

3-9　为了探测α粒子,有两种计数器可供选择:一种计数器的本底为7 min^{-1},效率为0.02;另一种计数器的本底为3 min^{-1},效率为0.016。对于低水平测量工作,应选用哪一种更好些?

3-10　试判断1.52,1.46,1.61,1.54,1.55,1.49,1.68,1.46,1.50,1.83一组测量值中,有无需要舍弃的数据。

3-11　在光电倍增管中,若打拿极(dynode,又称倍增极)上的光子数为N,设N服从泊松分布;又光子在光阴极上打出的光电子数M服从(0,1)分布,即得到$M=0$的概率为p,$M=1$的概率为$q=1-p$。请证明从光阴极上打出的光电子数Q及其相对方差$(\sigma_Q/Q)^2$为$Q=\bar{N}q$;$(\sigma_Q/Q)^2=1/\bar{N}q$。

3-12　请推导测氡仪的刻度系数κ在不同氡室浓度下的合成标准不确定度的计算公式。

第4章　核辐射探测器

4.1　概　　述

核辐射测量仪器简称为核仪器,按其结构和所承担的任务可分成两大部分:一部分是将射线的能量转换为电信号或其他信号的能量转换器,称为核辐射探测器;另一部分是测量仪器及配套设备,它是将核辐射探测器给出的信号(如电信号)予以放大、处理和记录,并进行对比测量,从而了解核辐射的相关信息。通常,核辐射探测的主要内容是记录粒子的数目,测定射线的能量,以及确定射线的种类等。探测器探测射线的原理主要有以下几类:

(1)利用射线与某些物质相互作用产生的荧光现象。典型应用是闪烁计数器,其应用相当广泛,可以探测各种粒子。例如,当 γ 射线和 NaI(Tl)闪烁体作用时,NaI(Tl)被射线所激发,当其由激发态回到基态时就会发生闪光现象,经光电倍增管及有关电路记录这些闪烁现象,便可了解入射射线的信息。单次作用产生的闪烁光子多,则入射 γ 光子能量大;闪烁次数多,则单位时间入射的 γ 光子数目也多。

(2)利用射线通过物质的电离作用。常见的电离型探测元件有盖革计数管、电离室、正比计数管和半导体探测器等。此外,如云雾室、气泡室和原子核乳胶等也是利用射线的电离作用把射线的径迹记录下来的。

(3)利用射线对某些物质的核反应或相互碰撞产生易于探测的次级粒子。这种探测器主要用来探测中性粒子,如中子。因中子不带电,不能发生电离作用,很难直接探测,但中子与某些物质的核反应可产生易于引起电离的粒子。例如,三氟化硼中子计数管,其内充有三氟化硼气体,利用核反应 ${}^{10}_{5}B + {}^{1}_{0}n \rightarrow {}^{7}_{3}Li + {}^{4}_{2}He$ 产生 ${}^{7}_{3}Li$ 和 ${}^{4}_{2}He$(即 α 粒子),可通过 α 粒子来探测慢中子。

(4)利用射线与物质作用产生的辐射损伤现象。径迹探测器等即利用了这一原理。

(5)利用射线与物质作用产生的热效应,利用射线与物质作用发生的化学反应等。

探测器的种类很多,按探测介质类型主要分为三类,即气体探测器、闪烁探测器、半导体探测器。此外,还有一些特殊的探测器,如原子核乳胶、固体径迹探测器、热释光探测器、位置灵敏探测器等。

描述探测器性能的主要指标有探测器效率、能量分辨率,其他如本底、噪声、探测器的形状和大小、寿命及其使用环境条件等,都是使用探测器时要考虑的因素。

4.2　气体探测器

气体探测器按其工作电压区间可分为盖革 - 弥勒(G - M)计数器、正比计数器和电离室,它们以气体为探测介质,结构上也基本相似。它们曾经是核物理发展的早期应用最广的探测器,至今仍被广泛应用。气体探测器具有制备简单、成本低廉、性能可靠、使用方便等优点。

4.2.1 气体中电子和离子的运动规律

1. 气体的电离

带电粒子通过气体时,由于与气体分子发生电离或激发作用而损失能量,因而在其通过的径迹上生成大量的离子对(电子和正离子),这一过程称为气体的电离。

电离过程产生的离子对数称为总电离,包括初电离和次电离。初电离是入射粒子直接与气体分子碰撞引起电离而产生的离子对数;次电离是由碰撞打出的高速电子(δ 电子)所引起电离而产生的离子对数。此外,粒子在单位路程上产生的离子对数称为比电离。

带电粒子在气体中产生一对离子所需的平均能量 ω 称为电离能。气体的电离能与气体的性质、入射粒子的种类及能量有一定关系,一般情况下各种气体的电离能都在 30 eV 左右。

总电离 N 与电离能 ω 成反比,与入射粒子能量 E_0 成正比,即

$$N = E_0/\omega \tag{4.1}$$

因此,测量总电离可以测定入射粒子的能量。

电离碰撞是随机过程,因此,即使粒子损失相同的能量,其总电离仍然有统计涨落。涨落大小由方差 σ^2 表示,即

$$\sigma^2 = F \cdot (E_0/\omega) \tag{4.2}$$

式中,F 是法诺因子,$F \leqslant 0.2$。电离的统计涨落决定了探测器的能量分辨率的下限。

2. 电子和离子的漂移与扩散

在气体中电离生成的电子和离子,除了杂乱运动(与做热运动的分子碰撞导致)外,还有两种定向运动:一种是在外加电场作用下沿电场方向做加速运动,称为漂移;另一种是电子和离子因空间分布不均匀而由密度大的空间向密度小的空间运动,称为扩散。

实验表明,离子的漂移速度一般为 $10^3\ \mathrm{cm \cdot s^{-1}}$ 的量级,比离子杂乱运动的速度 u 小很多。电子的漂移速度一般是离子的 10^3 倍,约为 $10^6\ \mathrm{cm \cdot s^{-1}}$,这是因为电子的平均自由程比离子大数倍,而质量又为离子的 10^{-3}。此外,电子的漂移速度对气体的组成成分非常灵敏,在单原子分子气体中加入少量多原子分子气体时,电子的漂移速度甚至可增大一个量级。

根据气体动力论,扩散速度与粒子的杂乱运动速度 u 及平均自由程 λ 成正比,与气体的性质、温度和压强也有关系。电子的扩散速度大于离子,这是因为电子的 λu 比离子大。

3. 负离子的形成和离子的复合

电子与气体分子碰撞时,可能被捕获而形成负离子。有些气体捕获概率特别大($10^{-4} \sim 10^{-3}$),如 O_2、水蒸气和卤素气体,称为负电性气体;而惰性气体和 N_2、CH_4、H_2 等捕获概率却很小($\leqslant 10^{-6}$)。此外捕获概率还与电子能量有关。

电子和正离子碰撞或负离子和正离子碰撞可复合成中性原子或中性分子。我们把电子与正离子的复合称为电子复合,负离子与正离子的复合称为离子复合。显然,电子或离子的复合率正比于粒子所在处的电子和离子的密度,还与气体的性质、压强和温度有关,以及与正负离子的相对速度有关。

气体探测器中有负电性气体杂质时,电子被捕获的概率增加,电子被捕获形成负离子的结果是使其漂移速度大大地减慢,其相对速度比电子小得多,因此离子复合概率比电子复合概率大几个量级。负离子的形成会增大复合损失,对气体探测器的性能产生不利的影响。因此,有严格要求时,应特别纯化气体以减小负电性气体杂质的影响。此外,在单原子分子气体中添加

少量的双原子或多原子分子气体,可使电子的漂移速度增加,还能减小电子被捕获的概率。

4. 离子的收集和电压电流曲线

气体探测器实际上就是离子的收集器,它是利用收集辐射在气体中产生的电离电荷来探测辐射粒子的。气体探测器通常由高压电极和收集电极组成,两个电极由绝缘体隔开并密封于容器内,电极间充气体并外加一定的电压,如图 4.1 所示。辐射粒子使电极间的气体电离,生成的电子和正离子在电场作用下漂移,最后收集到电极上。电子和正离子生成后,由于静电感应,电极上将感生电荷,并且随它们的漂移而变化。于是,在输出回路中形成电离电流,电流的强度取决于被收集的离子对数。

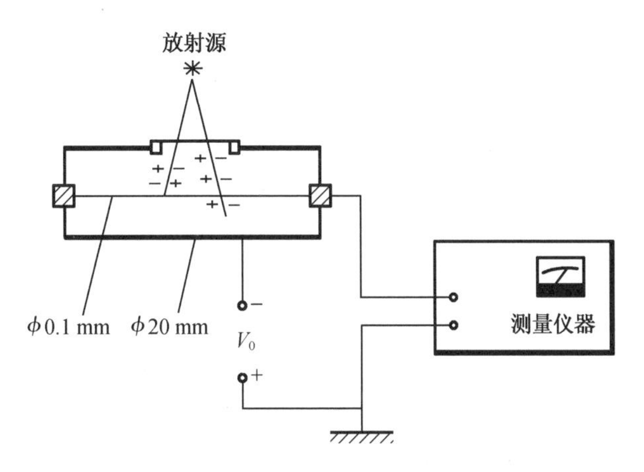

图 4.1 离子收集装置的示意图

用如图 4.1 所示的示意装置测量在恒定的辐射照射下外加电压与电离电流的关系,可得图 4.2 所示的实验结果。曲线明显地分为五个区段:第Ⅰ区,电离电流随电压增大而增大,这时复合损失随电压升高而减小,继续增大电压时复合逐渐消失,电流趋向饱和。第Ⅱ区称为饱和区或电离室区,该区内离子可全部被收集,电流强度等于单位时间产生的原(初)电离电荷数。图中曲线的标记对应于 α 和 β 射线。第Ⅲ区,电压继续增加,超过 V_t 以后,电流又开始上升,这时的电场强度足以使被加速电子进一步引起电离,离子对数将倍增至原电离的 $10 \sim 10^4$ 倍,此种现象称为气体放大。倍增的系数称为气体放大系数,它随电压增大,当电压固定时气体放大系数为恒定。

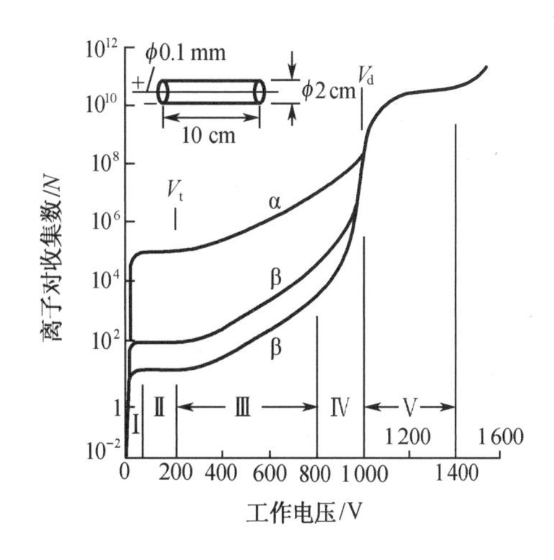

图 4.2 离子收集的电压电流曲线

因为电流正比于原电离的电荷数,所以第Ⅲ区又称为正比区。第Ⅳ区,电压进一步增大时由于气体放大系数过大,空间离子密集,抵消了部分场强,使气体放大系数相对减小,称为空间电荷效应。显然,原电离越大这种影响也越大。这时气体放大系数不是恒定的,而与原电离有关,因此,第Ⅳ区称为有限正比区。第Ⅴ区,电压超过 V_d 后继续增大使倍增更加剧烈,电流激增,形成自激放电,此时电流强度不再与原电离有关,图中的 α 和 β 两曲线重合。原电离对放电只起“点火”的作用,但每次放电后还必须猝熄,才能作为辐射探测器。工作于该区的探测器称为 G-M 计数器,因而第Ⅴ区称为 G-M 区或盖革区。当外加电压继续增加时,气体便会连续放电,并有光产生。人们利用气体放电这一特性,设计出了流光室、火花室、电晕管和自猝灭流光(SQS)探测器。

4.2.2 电离室

电离室有两种类型:一种是记录单个辐射粒子的脉冲电离室,主要用于测量重带电粒子的能量和强度;另一种是记录大量辐射粒子平均效应的电流电离室和测量累计效应的累计电离室,主要用于测量 X、γ、β 和中子的照射量率或通量、剂量或剂量率,它是剂量监测和反应堆控制的主要传感元件。

这两种电离室的结构基本相同,主体均由两个处于不同电位的电极 K、C 组成,电极的形状可以是任意的,大多数都是平行板和圆柱形的。电极之间用绝缘体隔开,并密封于充一定气体的容器内(图 4.3)。当辐射粒子通过电极之间的气体时,电离产生的电子和正离子在电场作用下,分别顺着和逆着空间电场的方向,向相反的方向运动,最后被收集下来。其中,与记录仪器相连的一个电极称为收集电极,它通过负载电阻接地。另一个电极则加上数百至数千伏电压,称为高压电极。在收集电极和高压电极之间还有一个保护环,其电位与收集电极相同。保护环与两电极间也由绝缘体隔开,保护环的作用是使从高压电极到地的漏电电流不通过收集电极,并使收集电极边缘的电场不被畸变而保持均匀。

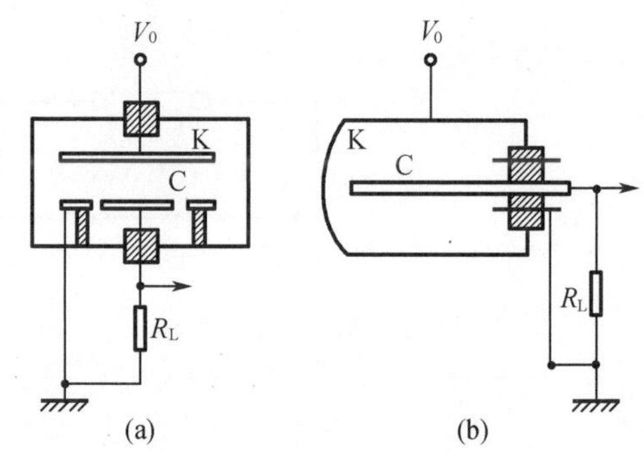

图 4.3 电离室的结构简图

为了避免电极间漏电造成的测量误差,要选用性能良好的绝缘体。绝缘性能的要求对电流电离室尤其重要,一般要求绝缘体电阻大于 10^{14} Ω。

1. 脉冲电离室

由于电子和正离子的运动,它们在两电极上的感应电荷随之发生变化。这时,如果高压电极保持恒定电位,收集电极的电位将随电子和离子的漂移而变化。这种变化始于离子对形成,终于离子对全部被收集,时间约为 10^{-3} s。因此,相应于一个入射粒子的电离,在收集电极上出现一个短暂的电压或电流脉冲。

图 4.4 绘出了平行板电离室的电压脉冲和电流脉冲的波形。图中所示的电流脉冲分为电子脉冲和离子脉冲两部分;电压脉冲有一个快速上升的前沿,其幅度与电离产生的位置有关,电压脉冲最大幅度则与电离产生的位置无关。应该说明的是:

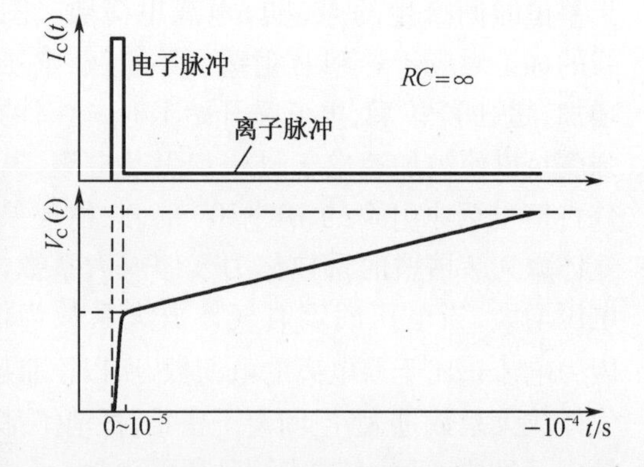

图 4.4 平行板电离室的电压脉冲和电流脉冲

(1)脉冲的形成始于两电极上感生的电荷发生变化(即始于离子对生成),终于离子对全部被收集。值得注意的是,我们不能认为脉冲是电子和离子被收集到电极上才形成的,这是不符合实际的,却又是初学者常见的错误认识。

(2)脉冲的变化率取决于漂移速度。电子的漂移速度约比正离子大三个量级,这决定了脉冲前沿主要是电子脉冲的贡献,它构成了脉冲的快成分,其幅度与电离产生的位置有关。随后是离子脉冲的贡献,它构成了脉冲的慢成分,其最终达到的最大幅度只取决于原电离的离子对总数,而与电离产生的位置无关。这里还需强调说明,认为电子脉冲和离子脉冲的贡献各占一半的观点是错误的。

利用脉冲电离室测定入射粒子的能量时,对于 ^{210}Po 的 5.299 MeV 的 α 粒子,能量分辨率约等于1%。

2. 电流电离室和累计电离室

在大量辐射粒子进入电离室的情况下,脉冲将重叠,这时只能由平均电离电流或积累的总电荷来测定射线的强度,这就是电流电离室和累计电离室。

若电离强度不变或变化得很缓慢,则平均电离电流 I_C 为

$$I_C = e\int n\mathrm{d}\tau = eN \tag{4.3}$$

式中 e——电子的电荷;

n——体积元 $\mathrm{d}\tau$ 内单位体积中离子对产生率;

N——在灵敏体积内离子对总产生率。

忽略其他影响的情况下,经过 t 时后累计的电荷 Q 应为

$$Q = eNt \tag{4.4}$$

而收集电极上电位 V_C 的变化 ΔV_C 为

$$\Delta V_C = eNt/C_0 \tag{4.5}$$

式中,C_0 为两电极构成的电容。

以上讨论均忽略了电子和离子由于扩散和复合所产生的损失。由于这些损失,电离电流将低于式(4.3)的结果。使用电流电离室常要考虑的指标主要有饱和特性、灵敏度和线性范围。用于剂量测量的电离室还必须考虑它的能量响应特性。

(1)饱和特性。实际上饱和区内的电离电流仍随电压升高而略为增大,表现在饱和区内有一定的斜率,一般以电压每百伏变化时,输出电流变化的百分率来度量。造成斜率的主要原因是电压升高时,电极边缘的电场增强,使实际的灵敏体积扩大。

(2)灵敏度。灵敏度以单位强度的射线辐照下输出的电离电流来度量。不同的射线因强度单位不同,灵敏度单位也不相同。此外,灵敏度还与气压、电极间距、辐射粒子的能量等有关。

(3)线性范围。线性范围指电离室输出电流与辐射强度保持线性关系的范围。在确定的工作电压下,若辐射强度过大,复合损失将使工作点脱离饱和区,即超出线性范围。

4.2.3 正比计数器

气体探测器工作于正比区时,在离子收集的过程中将出现气体放大现象,即被加速的原电离电子在电离碰撞中逐次倍增而形成电子的雪崩。于是,在收集电极上感生的脉冲幅度 V_∞ 将是原电离感生的脉冲幅度的 M 倍,即

$$V_{\infty} = -MNe/C_0 \tag{4.6}$$

式中 M——气体放大系数,为常数;

N——原电离离子对数;

C_0——K、C 两电极间的电容;

e——单位电荷。

此外,负号表示负极性脉冲,处于这种工作状态下的气体探测器就是正比计数器。

与电离室相比,正比计数器有如下优点:

(1)脉冲幅度较大,约比电离室脉冲大 $10^2 \sim 10^4$ 倍,因此不必用高增益的放大器;

(2)灵敏度较高,对于电离室,原电离数目必须大于2 000对左右才能分辨出来,而正比计数器原则上只要有一对离子就可被分辨。因此,正比计数器适合于探测低能或低比电离的粒子,如软β、γ和X射线以及高能快速粒子等,探测下限可达250 eV;

(3)脉冲幅度几乎与原电离的位置无关。

正比计数器的主要缺点是脉冲幅度随工作电压变化较大,且容易受外来电磁干扰,因此,对电源的稳定度要求较高(≤0.1%)。

1. 气体放大机制

设圆柱形计数管的阳极半径为 a,电位为 V_C;阴极半径为 b,电位为 V_K;外加工作电压 $V_0 = V_C - V_K$,则沿着径向位置为 r 的电场强度 $E(r)$ 为

$$E(r) = \frac{V_0}{r\ln(b/a)} \tag{4.7}$$

式中,r 为该点与轴心的距离。

可见,随着 r 的减小,$E(r)$ 开始是逐渐地增大,而当 r 接近阳极半径时 $E(r)$ 急剧增强。例如,当 $a = 5 \times 10^{-3}$ cm,$b = 1$ cm,$V_0 = 1\ 000$ V 时,径向各点的场强变化如图4.5所示。

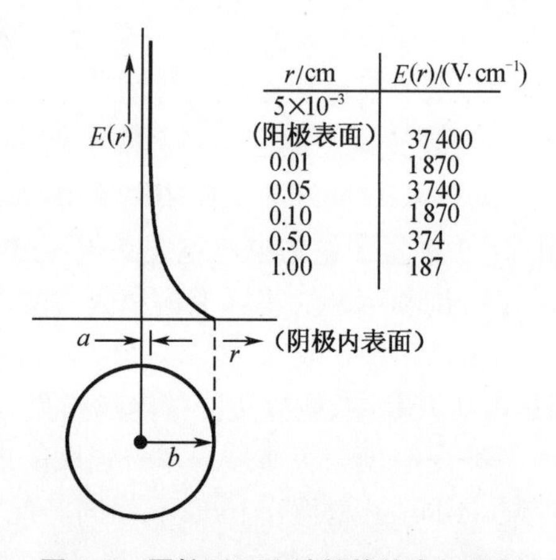

图4.5 圆柱形正比计数管的电场分析

当射线通过电极间气体时,电离产生的电子和正离子在电场作用下,分别向阳极和阴极漂移。正离子的质量大,且沿漂移方向的电场又是由强到弱,因此电场的加速不足以使它发生电离碰撞。而电子则不然,漂移愈接近阳极,电场强度愈强,到达某一距离 r_0 后,电子在平均自由程上获得的能量足以与气体分子发生电离碰撞,产生新的离子对。同样地,新的电子又被加速再次发生电离碰撞。漂移电子愈接近阳极,电离碰撞的概率也愈大。于是,不断增殖的结果将倍增出大量的电子和正离子,这就是电子雪崩的过程。

2. 脉冲的波形

由于气体放大系数 M 很大,雪崩后增殖了大量的电子和正离子,它们的运动将感生更大的脉冲,因此原电离对脉冲的贡献是微不足道的。假设入射带电粒子的原电离发生在半径为 r 的地方,因此产生的电子经过 t_1 时间后到达阳极附近的雪崩区域,这时雪崩才开始。增殖后的电子和正离子的运动,使电压脉冲急剧上升。同样地,脉冲仍由两部分组成,一部分是电子

运动所贡献的，另一部分是正离子运动所贡献的。由圆柱形电离室的情况可知，电子脉冲的幅度 V_∞^- 与总脉冲幅度 V_∞ 的比例为

$$\frac{V_\infty^-}{V_\infty}=\frac{\ln(r_0/a)}{\ln(b/a)} \tag{4.8}$$

由于电子雪崩仅发生在阳极附近极小的范围内，即 $r_0\sim a$，所以电子脉冲 V_∞^- 只占总脉冲 V_∞ 中很小的一部分，因此，正比计数器的电压脉冲主要是由倍增后的正离子所贡献的。这些离子对集中在阳极丝附近，电压脉冲的幅度与电离产生的位置无关。

R_0C_0 取不同值时的电压脉冲波形如图 4.6 所示。当 $R_0C_0=\infty$ 时，电压脉冲波形为上边的曲线，从电离发生到雪崩开始（0 到 t_1）的时间内，脉冲只有微弱的增长，这是原电离电子的运动感生的。随后，从雪崩开始到电子被阳极收集的 t_1 到 t_2 时间内，由于增殖电子的运动，脉冲急剧增加到 V_∞^-。从 t_2 到 t_3 时间内，由于正离子的运动，脉冲先是较快增长，然后逐渐趋于平缓，直到 t_3 时达到 V_∞。通常把 t_1 称为时滞，它的大小取决于电离产生的位置和电子的漂移速度。

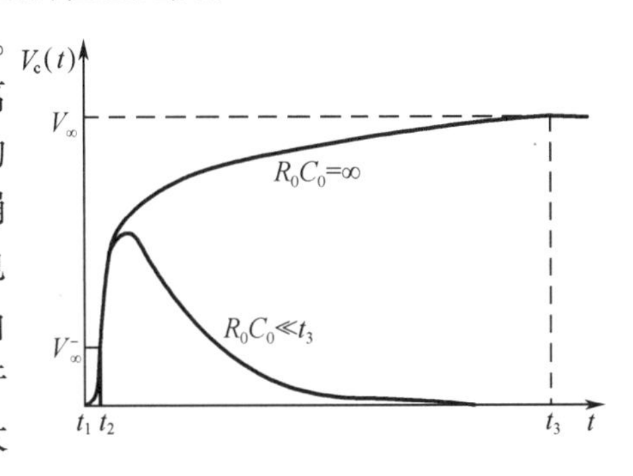

图 4.6 正比计数器的脉冲波形

4.2.4 G－M 计数器

在 G－M 区，电极收集到的离子对总数与原电离无关，G－M 计数器探测射线具有以下优点。

（1）灵敏度高，任何射线只要在灵敏区内产生一对离子，便可能引起放电而被记录；

（2）脉冲幅度大，输出脉冲幅度可达几伏甚至几十伏；

（3）稳定性高，不受外界电磁场的干扰，对电源的稳定度要求不高，一般偏差小于 1% 即可；

（4）计数器的大小和几何形状可按探测粒子的类型和测量的要求在较大的范围内变动。例如，外径可从 2 mm 到数厘米，长度可以从 1 cm 到 1 m 左右。

（5）使用方便、成本低廉、制作的工艺要求和仪器电路均较简单。整个测量系统可以做得轻巧灵便，适于携带。

G－M 计数器的主要缺点是：①不能鉴别粒子的类型和能量；②分辨时间长，约为 10^2 μs，不能进行快速计数；③正常工作的温度范围较小（卤素管略大些）；④有乱真计数。

与正比计数器一样，G－M 计数器大多是圆柱形的。G－M 计数管的输出电路如图 4.7 所示，中央阳极接地时，阴极接负高压，而阴极接地时，阳极接正高压。

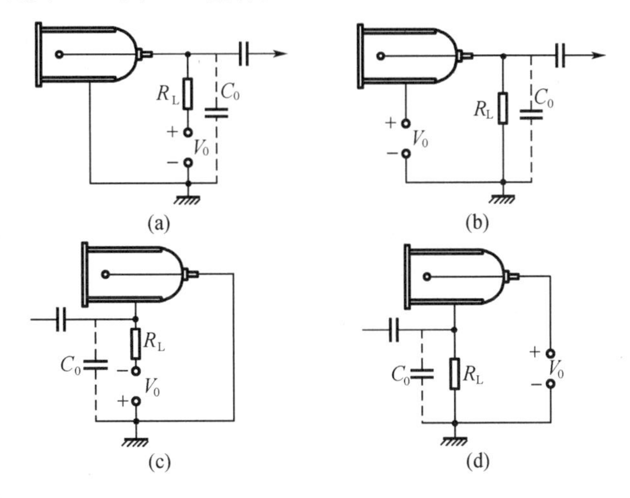

图 4.7 G－M 计数管的输出电路

1. G－M 计数管的特性

(1)坪曲线

在强度不变的放射源照射下,测量计数率 n 随工作电压的变化,如图 4.8 所示,所得曲线称为坪曲线。坪曲线的特点是当工作电压超过起始电压 V_a 时,计数率由零迅速增大;工作电压继续增大时,计数率仅随电压增大略有变化,并有一个明显的坪存在;工作电压再继续增大,计数率又急剧增大,这是因为计数管失去猝熄作用,形成连续放电造成的。坪曲线是衡量 G－M 计数管性能的重要标志。坪曲线的主要参数有:

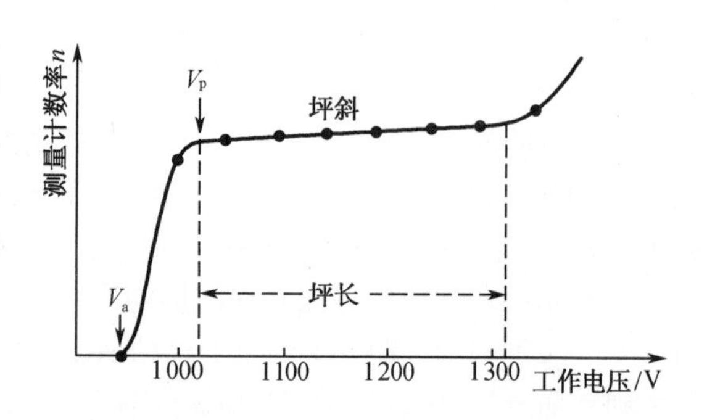

图 4.8　G－M 计数管的坪曲线

①起始电压。起始电压相当于计数管放电的阈电压。当工作电压超过起始电压后,输出脉冲不再与原电离有关。

②坪斜。在坪区,计数率仍随电压增大而略有增加,表现为坪有坡度,称为坪斜。通常,工作电压从 V_p 开始,用每增 100 V(或 1 V)时计数率增长的百分率来表示。

产生坪斜的原因主要是因为乱真放电随电压升高而增多,从而造成假计数增多的缘故。乱真放电的来源是:a. 猝熄不完全,猝熄分子的正离子到达阴极后有时还能打出少数电子;b. 负离子的形成,电子被捕获形成负离子后漂移速度大大减慢,一直等到放电终止后才到达强场区。负离子上的电子在强场区可能重新被释放出来引起新的放电。

有机管的坪斜比卤素管小,前者坪斜约小于 5%/100 V,后者坪斜约小于 10%/100 V。此外,结构的缺陷、尖端放电以及灵敏区随电压升高而扩大等也可造成坪斜。

③坪长。坪区长度与猝熄气体的性质、含量有关。有机管的坪长为 150～300 V,卤素管约 100 V。

(2)死时间、恢复时间和分辨时间

入射粒子进入计数管引起放电后,形成了正离子鞘,使阳极周围的电场削弱,终止了放电。这时,若再有粒子进入就不能引起放电,直到正离子鞘移出强场区,场强恢复到足以维持放电的强度为止,这段时间称为死时间。经过死时间后,雪崩区的场强逐渐恢复,但是在正离子完全被收集之前是不能达到正常值的。在这期间,粒子进入计数管所产生的脉冲幅度要低于正常幅度,直到正离子全部被收集后才完全恢复,这段时间称为恢复时间。死时间和恢复时间的大小可以直接用示波器观测。若把计数管的输出脉冲输入到外触发扫描的示波器中,就可看到大脉冲后有一些小脉冲。由于人的视觉暂留作用和扫描波形是多次重叠的,又因核衰变的统计性,所得的示波图如图 4.9 所示。从图中可以很容易地定出死时间 t_D 和恢复时间 t_R。

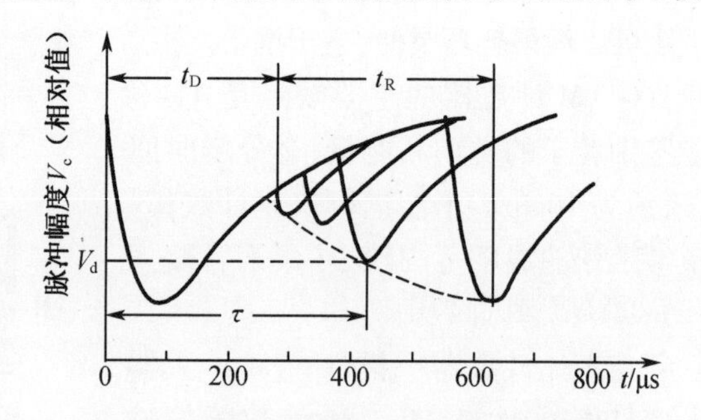

图 4.9　观察死时间和恢复时间的示波图

在实际中更有意义的是计数系统的分辨时间 τ。因为电子线路有一定的触发阈 V_d,换言之,脉冲必须超过幅度 V_d 才能触动记录电路,因此,从第一个脉冲开始到第二个脉冲的幅度恢复到 V_d 的 τ 时间内,进入计数管的粒子均无法被记录下来。τ 称为计数器系统的分辨时间,显然,$t_D < \tau < t_D + t_R$。

死时间 t_D 与恢复时间 t_R 的大小决定于工作电压、电极直径、气压和离子的迁移率等,一般情况下,t_D 和 t_R 分别为 50 ~ 250 μs 和 100 ~ 500 μs。

测量分辨时间最简便的方法是双源法。它是利用两个独立的放射源,分别测量各自的计数和两个源的合计数。测量一个源时要将另一个源屏蔽起来,但不改变它的位置。设两个源真实的平均计数率为 n_1、n_2,合计数率为 n_{12},真实的本底计数率为 n_b,而实测的计数率为 n'_1、n'_2和 n'_{12},则分辨时间为

$$\tau = \frac{n'_1 + n'_2 - n'_{12} - n_b}{(n'_{12})^2 - (n'_1)^2 - (n'_b)^2} \tag{4.9}$$

(3)计数管的探测效率

进入 G-M 计数管的入射粒子,只要能在灵敏区中由电离产生一个电子便可以引起盖革放电。我们用粒子在灵敏区中产生一个以上电子的概率来表示计数器的探测效率,也称本征探测效率。以下分别讨论带电粒子和电磁辐射的探测效率。

①带电粒子的探测效率。计数管对带电粒子的探测效率一般可接近 100%。

②γ 光子的探测效率。γ 光子的探测效率以它在计数管壁上至少打出一个次级电子,并能进入灵敏区的概率来确定,一般均约为 1%。

(4)计数管的寿命

计数管的寿命决定于猝熄气体的损耗。我们把计数管在失去猝熄作用之前所能计数的次数,定义为它的寿命。有机管的有效寿命只有 10^8 次量级,卤素管的寿命稍长一些,为 10^9 ~ 10^{10}次。

(5)计数管的温度效应

计数管必须在一定温度范围内才能保持正常工作。温度太低时,部分猝熄蒸气会凝聚,使猝熄作用减弱,坪长缩短直至完全丧失猝熄能力而连续放电;如果温度太高,由于阴极表面热电子发射等原因会使坪长缩短,坪斜加大。

2. 使用 G-M 计数管的注意事项

为了保证计数管能有最大的使用期限和良好性能,使用 G-M 计数管应注意以下几点:

(1)为了延长 G-M 计数管的使用寿命,工作电压应尽可能选得低些,每隔一定时间应检查坪曲线情况,以便及时调整工作电压;

(2)严禁计数管发生连续放电情况,一旦发生应立即断掉高压;

(3)探测射线不能太强,计数率不能过高,卤素管计数率一般在 50 000 min^{-1}以下,有机管在 25 000 min^{-1}以下;

(4)应避光使用,可包以黑纸或涂以黑漆,也可采用其他避光装置;

(5)应轻拿轻放,保持清洁,以免漏电;

(6)连接电路,特别是卤素计数管的连接电路,应注意使 R 值大些,C 值小些。

其他还有一些注意事项可根据计数管使用说明书及具体情况加以注意。

4.3 闪烁探测器

一些透明物质与核辐射相互作用时,会因电离、激发而发射荧光,闪烁探测器(scintillation detector)就是利用这个特性来探测核辐射的。闪烁探测器在核辐射探测中是应用较广泛的一种探测器,就其应用可以归结为四类,即能谱测量、强度测量、时间测量及剂量测量。其中,剂量测量是强度和能量测量的结合。

闪烁探测器由闪烁体(scintillator)、光电倍增管(photo multiplier tube,PMT)和相应的前置电路三个主要部分组成,此外还有包装外壳以及光导、光学耦合剂等附件,其组成示意图如图4.10所示。其工作过程如下:

(1)发光过程。射线(如γ射线)进入闪烁体后与之发生相互作用而产生次级带电粒子,闪烁体吸收次级带电粒子的能量而使闪烁体的原子、分子发生电离和激发,这些受激的原子、分子退激时发射荧光光子(闪烁光子)。

(2)光电转换过程。闪烁光子通过光导和光学耦合剂到达光电倍增管的光阴极,由于光电效应而使光阴极发射光电子。

(3)电子倍增过程。光电子在光电倍增管中逐级倍增,数量由一个增加到 $10^4 \sim 10^9$ 个,最后在光电倍增管的阳极上收集到大量的电子流。

(4)脉冲信号形成过程。阳极上的电子流在负载上形成电脉冲信号并经前置电路输出。

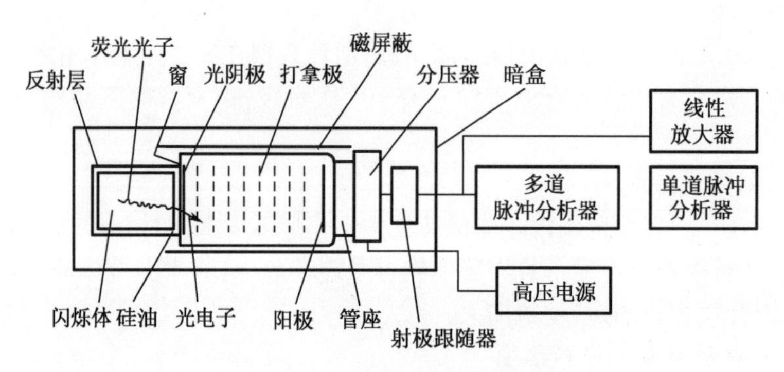

图4.10 闪烁探测器组成示意图

4.3.1 闪烁体

闪烁体按其化学性质可分为无机闪烁体、有机闪烁体两大类。无机闪烁体又分为无机晶体闪烁体和玻璃体。无机晶体闪烁体是含有少量杂质(称为激活剂)的无机盐晶体。有机闪烁体都是环碳氢化合物,又可分为三种:(1)有机晶体闪烁体,如蒽、芪、萘、对联三苯等有机晶体;(2)有机液体闪烁体;(3)塑料闪烁体。

1. 闪烁体的物理特性

(1)发射光谱。闪烁体受核辐射激发后所发射的光是一个连续带(图4.11)。每种闪烁体可能在一两种波长处的发射概率最大,称为发射光谱最强的波长。

(2)发光效率。发光效率是指闪烁体将所吸收的射线能量转换为光的比例。常用相对发光效率表述,一般以蒽作为标准,如对射线,蒽的相对发光效率为1,则NaI(Tl)为2.3。

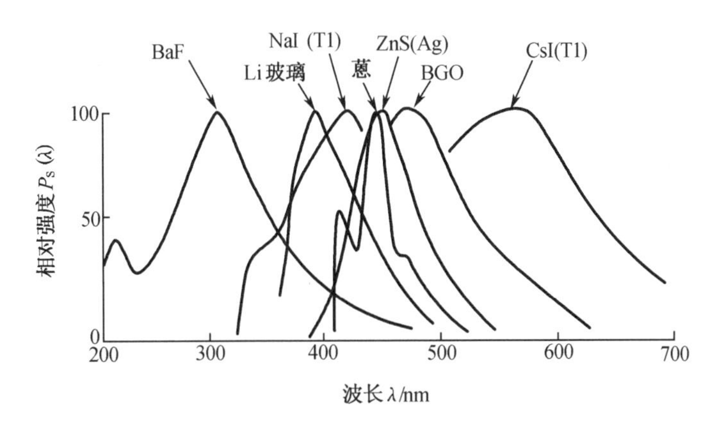

图 4.11 几种典型闪烁体的发射光谱

闪烁体的发光效率越高越好,这时不仅输出脉冲幅度大,并且由于光子较多,而使统计涨落小,能量分辨率也有所改善。在能谱测量时,为了使线性好,还要求发光效率对辐射粒子的能量在相当宽的范围内为一常数。

(3)发光衰减时间。发光衰减时间包括闪烁脉冲的上升时间和衰减时间两部分,前者时间很短,可以忽略不计,后者一般小于 10^{-9} s。例如,NaI(Tl)的发光衰减时间约为 0.23 μs。

2. 几种主要闪烁体

(1)NaI(Tl)晶体

NaI(Tl)晶体密度较大($\rho = 3.67\ \text{g}\cdot\text{cm}^{-3}$),而且高原子序数的碘($Z = 53$)占质量的 85%,所以对 γ 射线探测效率特别高,同时相对发光效率大,约为蒽晶体的两倍多。它的发射光谱最强波长为 415 nm 左右,能与光电倍增管的光谱响应较好匹配,晶体透明性也很好。测量 γ 射线时能量分辨率也是闪烁体中较好的一种。

NaI(Tl)晶体的缺点是容易潮解,容易因吸收空气中的水分而变质失效,使用时,一般都装在密封金属盒中。图 4.12 所示为 NaI(Tl)晶体封装图。与光电倍增管耦合的一面为透明性好的硬质光学玻璃,圆柱形的 NaI(Tl)晶体和硬质玻璃之间使用硅油(硅脂)作为光学耦合剂。晶体的四周和底面用干燥的白色氧化镁(MgO)粉末均匀填满,作为光反射层,使晶体中四面八方发射的光经氧化镁反射后大部分都能透过玻璃进入光电倍增管。外壳为金属铝,外壳底与晶体之间用薄海绵垫衬,外壳接合处涂环氧树脂,起密封作用。

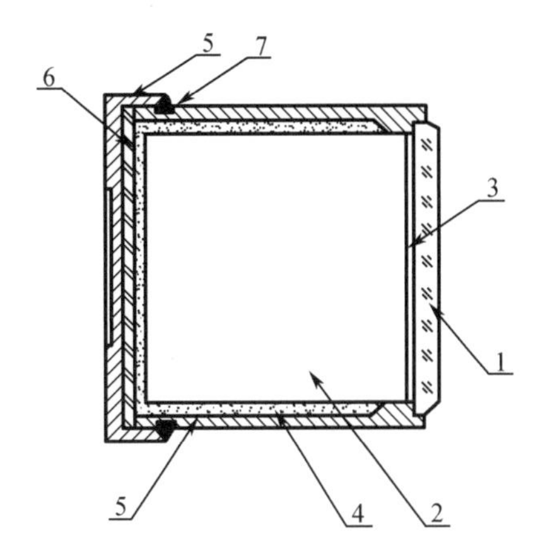

1—光学玻璃;2—NaI(Tl)晶体;3—硅油;4—氧化镁粉末;5—铝壳;6—海绵;7—环氧树脂。

图 4.12 NaI(Tl)晶体封装示意图

(2)CsI(Tl)晶体

CsI(Tl)晶体在空气中不潮解且容易加工成薄片,因而在探测带电粒子的强度和能谱方面有很大使用价值。其优点在于:①不会潮解,封装和使用方便;②密度和平均原子序数大($\rho = 4.51\ \text{g}\cdot\text{cm}^{-3}$,Cs 的 $Z = 55$),因此效率高;③容易加工成薄片或极薄的薄膜(0.03 mm),便于在高能γ辐射本底下测量α及低能X射线等;④机械强度大,能耐受较大的冲击及振动,还能耐受较大的温度变化而不易碎裂。

CsI(Tl)晶体的不足之处在于:①光输出仅为NaI(Tl)的一半左右,对γ射线的能量分辨率较差;②价格较高,因此,CsI(Tl)晶体的使用远不及NaI(Tl)晶体广泛。

近年来,随着光电二极管被用来作闪烁体的光电转换器件及CsI(Tl)晶体价格的降低,因光电二极管体积小,且光谱响应能够与CsI(Tl)晶体配合较好,CsI(Tl)晶体的应用逐渐得到重视。

(3)ZnS(Ag)闪烁体

将ZnS(Ag)白色多晶粉末与1%有机玻璃粉末混合溶解于有机溶剂二氯乙烷中,然后涂在薄有机玻璃板或膜上,再切割成各种形状。硫化锌涂层厚度一般为8~10 $mg\cdot cm^{-2}$。

ZnS(Ag)的发光衰减时间约0.2 μs,发光效率极高,约为蒽晶体的三倍,对重带电粒子的探测效率几乎达100%,而对γ射线极不灵敏,所以很适于在β、γ本底场中用幅度甄别方法测量重带电粒子α、p等。其缺点是ZnS(Ag)层是半透明的,因此不能用来测量α能量,只能测量α强度。

由于ZnS(Ag)闪烁体价格低廉,面积又可以做得很大,因此它是测量微弱α放射性最好的闪烁体。例如,α表面污染监测仪器的探头主要采用ZnS(Ag)闪烁体。将ZnS(Ag)粉喷涂在聚苯乙烯制成的球状或环状空腔内,可用以测量浓度极低的射气。

(4)BGO晶体

锗酸铋单晶体是1975年开发的一种性能优良的闪烁体,分子式为$Bi_4Ge_3O_{12}$,简称BGO。它的最大特点是原子序数高(Bi的$Z=83$),密度大($\rho=7.13\ g\cdot cm^{-3}$),因此对γ射线的线吸收系数比NaI(Tl)还大得多(图4.13),探测效率高,是目前探测效率最高的一种闪烁体。荧光光谱范围在350~650 nm,峰值在480 nm左右,能与光电倍增管很好匹配。BGO晶体透明性极好,发光衰减时间$\tau\approx0.3$ μs,缺点是发光效率仅为NaI(Tl)的8%~14%,对γ能量分辨率(^{137}Cs)为26%,但对高能γ射线的能量分辨率优于NaI(Tl)。此外,BGO机械和化学性能都优于NaI(Tl),易加工;不潮解,故不需密封包装;热膨胀系数小,环境温度剧变不易引起损裂。

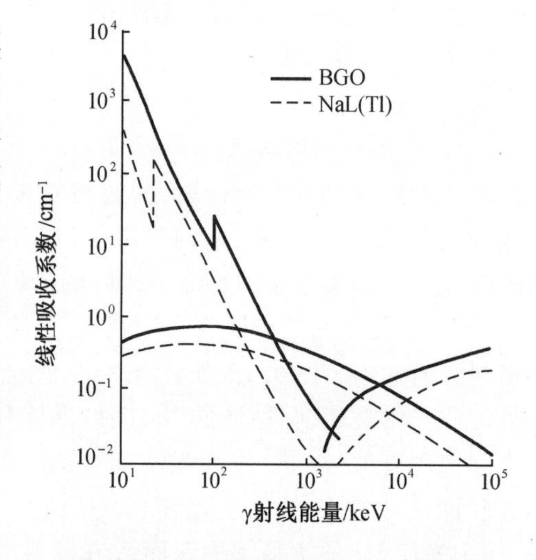

图4.13 BGO和NaI(Tl)对γ射线的吸收系数

BGO主要用于探测低能X射线和高能γ或电子。例如,作为X射线断层扫描仪的探头;在粒子物理中作4π空间陈列探测器,如欧洲核子研究组织(CERN)用共重10 t的12 000个BGO闪烁体阵列探测器测量高能事件的能量和空间位置。BGO在用于反符合屏蔽时,闪烁体线度只需要NaI(Tl)的一半,体积大大缩小。

(5)锂玻璃闪烁体

锂玻璃闪烁体是一种把锂玻璃用铈激活而成的闪烁体,用$LiO_2\cdot2SiO_2(Ce)$表示,其密度为2.31 $g\cdot cm^{-3}$,最强发射波长395 nm,发光衰减时间50~70 ns,机械性能同普通玻璃一样,比无机单晶更易加工成所需形状。天然锂制成的玻璃闪烁体可作β和γ射线强度测量,用丰度 90% 以上的 ^{6}Li 制成的锂玻璃可用于中子测量。由于锂玻璃中往往含有较高浓度的天然放射性杂质 ^{232}Th 和 ^{40}K，故不宜用作低水平测量。

(6)有机晶体蒽和芪

蒽的分子式为 $C_{14}H_{10}$，发光衰减时间约为 30 ns，在所有有机闪烁体中发光效率最高。其原子序数低、含氢量大，是探测 β 与快中子的好材料。蒽价格昂贵、制作困难、易碎，不能广泛使用，目前主要作为标准用于比较其他闪烁体的发光率。

芪晶体的分子式为 $C_{14}H_{12}$，它的光输出较小，是蒽的 60%，但发光衰减时间短，仅 6 ns，比蒽要快得多，故多数是用作快速时间测量。芪晶体虽然制备工艺比较简便，但它比蒽晶体更为脆弱易碎，经不起机械和热冲击，所以用得不多。

(7)液体闪烁体

液体闪烁体是一种有机闪烁体，主要是测量中子及 β 射线，在某些弱放射性或液态样品的测量中也广泛采用。

检测 ^{3}H 和 ^{14}C 等的低能 β 射线的微弱放射性强度，经常都要用液体闪烁体。液体闪烁体另一重要用途是作中子飞行谱仪的探头，利用发光衰减时间短的优点作时间测量。

(8)塑料闪烁体

塑料闪烁体是一种用途极为广泛的有机闪烁体，它可以测量 α、β、γ、快中子、质子、宇宙射线及裂变碎片等。塑料闪烁体的特点是：

①制作简便，机械强度高，易加工成各种形状，还可以做成大体积闪烁体，最大直径可以做到上百厘米，可用于测量高能粒子或作反符合罩；

②发光衰减时间短(1 ~ 3 ns)，可用于毫微秒量级的时间测量及高辐射强度测量；

③性能稳定，避光储存 8 ~ 10 a 发光效率无明显变化；

④耐辐射性能好，居于各种闪烁体首位。

塑料闪烁体也有不足之处：软化温度较低，不能用在高温条件下；易溶于芳香族及酮类溶剂；能量分辨本领差，一般只作强度测量。

(9)溴化镧闪烁体

近年发展起来的溴化镧闪烁体 $LaBr_3$(Ce)，由于闪烁体的有效原子系数大、密度高、发光效率高、发光时间短等优点，比 NaI(Tl) 具有更高的探测效率和更好的能量分辨率，在 γ 能谱测量方面显示出优越的性能，只是其目前价格较高。$LaBr_3$(含 10% 的 Ce)的发光效率、发光衰减时间、密度分别是 NaI(Tl) 的 1.66 倍、6.4%、1.38 倍，可见其关键指标均优于 NaI(Tl)。在同等条件下探测 ^{137}Cs 源 662 keV 的 γ 射线，$LaBr_3$(Ce) 的探测效率比 NaI(Tl) 高 18%。

(10) 溴化铈闪烁体

溴化铈($CeBr_3$)闪烁体是继铈离子激活的溴化镧(铈)[$LaBr_3$(Ce)]之后发现的又一种新型无机闪烁体，其兼具高光输出、快的时间响应、好的时间分辨和低本底等特性，是一种在低强度伽马测量和时间测量上很有前途的闪烁体。

与 NaI(Tl) 相比，$CeBr_3$ 闪烁体具有高的能量分辨率和快的时间响应，能更快速准确地识别放射性核素；而与 $LaBr_3$(Ce) 闪烁体相比，由于 $CeBr_3$ 晶体本身不存在放射性核素如 ^{138}La，因此具有较低本征本底。

常见闪烁体的主要物理性能见表 4.1、表 4.2。其中，^{6}LiI(Eu) 为一种单晶无机闪烁体，主要用来测量热中子。

表 4.1 几种闪烁体的性能参数对比

闪烁体	发光效率(光子/keV)	半吸收厚度/cm	FWHM(662 keV)/%	峰计数率(2 615 keV)
NaI(Tl)	38	2.5	7.0	1.0
$LaBr_3$(Ce)	63	1.8	2.9	1.65
$CeBr_3$	60	—	3.8	1.25
BaF_2	1.5(快成分) 10(慢成分)	1.9	—	—
BGO	9	1.0	26.0	—

注:半吸收厚度是对于662 keV 的 γ 射线的性能参数;FWHM、峰计数率是对于3 inch(1 inch = 2.54 cm)晶体的性能参数。

表 4.2 各种闪烁体的物理性能

材料	最强发射波长/nm	发光衰减时间	折射率	密度/($g\cdot cm^{-3}$)	β 和 γ 闪烁效率/%	
					相对 NaI(Tl)	相对蒽
NaI(Tl)	415	0.23 μs	1.85	3.67	100	230
CsI(Tl)	565	1.0 μs	1.79	4.51	85	
ZnS(Ag)	450	0.2 μs	2.40	4.09	130	
^{6}Li(Eu)	~480	1.4 μs	1.95	4.08	35	
Li 玻璃	395.9	75 ns	1.53	2.50	10	
BGO	480	0.3 μs	2.15	7.13	7 ~ 14	
$LaBr_3$(Ce)	380	16 ns	~1.90	5.08		
$CeBr_3$	380	19 ns	2.09	5.10		
BaF_2	220(快成分) 310(慢成分)	0.6 ns(快成分) 0.62 μs(慢成分)	1.54@220 nm 150@310 nm	4.89	5 ~ 16	
CWO	~500	5 μs	2.30	7.90	38	
蒽	447	30 ns	1.62	1.25	43	100
芪	410	4.5 ns	1.63	1.16		50 ~ 60
液体闪烁体	420	2.4 ~ 4.0 ns	1.52	0.90		20 ~ 80
塑料闪烁体	~480	1.3 ~ 3.3 ns	1.60	1.05		45 ~ 68

3. 闪烁体的选择

在实际使用中,选择闪烁体时主要考虑以下几个方面的问题:

(1)所选闪烁体的种类和尺寸应适应于所探测射线的种类、强度及能量,也就是说使选用的闪烁体在测量一种射线时能排除其他种类射线的干扰;

(2)闪烁体的发射光谱应尽可能好地和所用光电倍增管的光谱进行响应配合,以获得高的光电子产额;

(3)闪烁体对所测的粒子有较大的阻止本领,应使入射粒子在闪烁体中损耗较多的能量;

(4)闪烁体的发光效率应足够高,并且有较好的透明度和较小的折射率,以使闪烁体发射的光子尽量被收集到光电倍增管的光阴极上；

(5)在时间分辨计数或短寿命放射性活度测量中，应选取发光衰减时间短及能量转换效率高的闪烁体；

(6)作为能谱测量时，要考虑发光效率对能量响应的线性范围。

4.3.2　光电转换器件

1. 光电倍增管

(1)基本原理和构造

图4.14所示是光电倍增管的工作原理图。从闪烁体出来的光子通过光导射向光电倍增管的光阴极，由于光电效应，在光阴极上打出光电子。光电子经电子输入系统加速、聚焦后射向第一打拿极(又称倍增极)。每个光电子在打拿极上击出3～6个电子，这些电子射向第二打拿极，再经倍增射向第三打拿极，直到最后一个打拿极。所以，最后射向阳极的电子数目是很多的。阳极把所有电子收集起来，转变成电信号输出。光电倍增管可分为如下两类：

①聚焦型。聚焦型结构的光电倍增管电子渡越时间分散小，脉冲线性电流大，极间电压的改变对增益的影响大，故适用于要求时间响应较快的闪烁计数器。

②非聚焦型。它的优点是暗电流特性好，平均输出电流较大，脉冲幅度分辨率较好，适用闪烁能谱测量。其放大倍数随打拿极数目不同而异，可达到10^7～10^8。

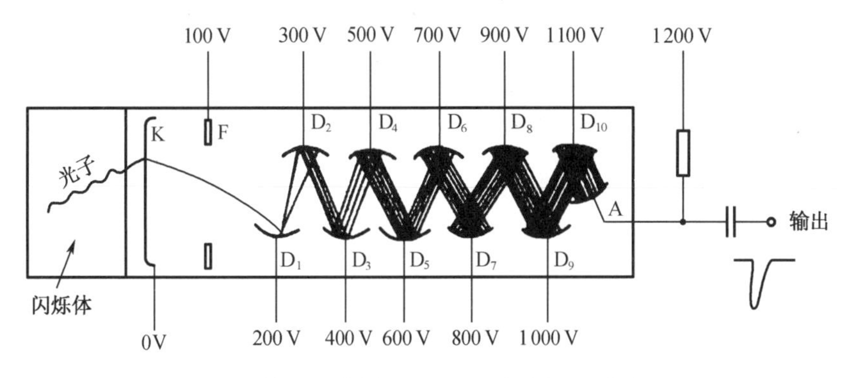

K—光阴极；F—聚焦极；D_1～D_{10}—打拿极；A—阳极。

图4.14　光电倍增管工作的原理图

(2)分压器

光电倍增管中各电极的电位由外加电阻分压器抽头供给，典型的线路图如图4.15所示。图4.15(a)为使用正高压电源(+H·V)的电路，阴极接地，阳极A处于高电位，输出端必须使用耐高压电容C_0隔开。图4.15(b)为使用负高压电源(−H·V)的电路，阴极处于高电位，应注意对地绝缘。所加电压及分压器电阻推荐数值应根据说明书指示或者实验结果考虑。

(3)主要指标

①光阴极的光谱响应。光阴极受到光照射后发射光电子的概率是波长的函数，称为光谱响应。在长波端的响应极限主要由光阴极材料的性质决定，而短波端的响应主要受入射窗材料对光的吸收所限制。不同光阴极发射层和窗材料的光谱响应见图4.16。了解光电倍增管的光谱响应特性后，就可选择不同管子使之与闪烁体的发射光谱匹配。

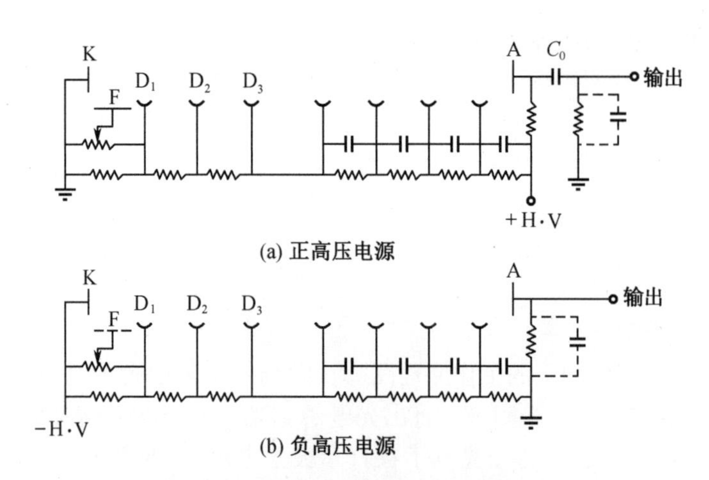

(a) 正高压电源

(b) 负高压电源

图 4.15　光电倍增管分压器线路图

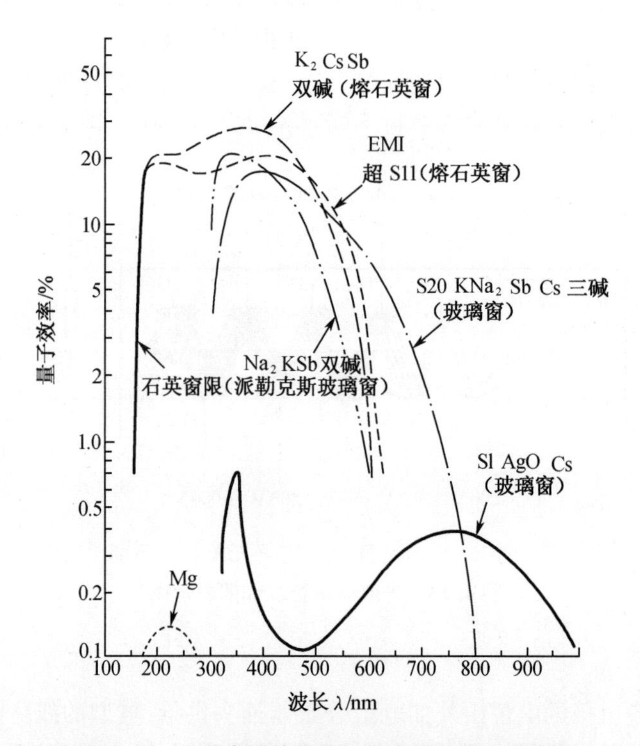

图 4.16　几种常用的光阴极和窗材料的光谱响应

②光阴极光照灵敏度 S_k。一定光通量 F 的白光照射阴极所能获得的光电子流(i_k)称为光阴极光照灵敏度,即

$$S_k = i_k / F \tag{4.10}$$

式中,i_k 单位为 μA,F 的单位为 m,S_k 的单位是 $\mu A \cdot m^{-1}$。(注:这一指标在光电倍增管的技术说明书上给出。)

③光电倍增管的放大倍数(增益)M。从光阴极射出,到达第一打拿极的一个电子,经多次

倍增后在阳极得到的电子数，称为光电倍增管电流放大倍数(增益)，定义为

$$M = \frac{\text{阳极接收的电子数}}{\text{第一打拿极收集的电子数}} \tag{4.11}$$

在理想情况下一般可写成：

$$M = (g\delta)^n \tag{4.12}$$

式中 δ——平均的二次发射系数，通常 $\delta < 3 \sim 5$；

n——打拿极的级数；

g——打拿极电子传递效率，聚焦型管子，$g \approx 1$，非聚焦型管子，$g < 1$。

④阳极光照灵敏度 S。光电倍增管的阳极光照灵敏度 S 定义为

$$S = g_c M S_k = \frac{\text{阳极电流 } i_a}{\text{入射到阴极的光通量 } F} \tag{4.13}$$

式中，S 的单位为 $A \cdot m^{-1}$，g_c 为第一打拿极对光电子的收集效率。

阳极光照灵敏度的物理意义是：当一个流明的光通量照在光阴极上时，在光电倍增管阳极上输出的电流(阳极电流)的数值。

(4)光电倍增管的暗电流与本底脉冲(暗噪声)

当光电倍增管无光照射时(严格说，完全隔绝辐射时)，所产生的阳极电流称为暗电流。阳极暗电流是在一定的电压下或在达到一定的阳极光照灵敏度所需的总电压下测定。通常在 $10^{-6} \sim 10^{-10}$ A 数量级。引起暗电流的主要原因有：热发射、欧姆漏电、残余气体电离、场致发射、切伦科夫(Cherenkov)光子、玻璃管壳放电和玻璃荧光、光阴极曝光。

本底脉冲的大小可使用等效噪声能量来表示。它规定为当噪声脉冲计数率每秒 50 个(50 cps)时，积分甄别电压相应的能量。

(5)光电倍增管时间特性

光电倍增管的时间特性包括渡越时间和渡越时间分散。光电倍增管光阴极接收到光信号时，并不能立即就在阳极输出电流脉冲，因为光电子从光阴极，经过多级打拿极倍增到达阳极，其间飞行一段路程需要一定时间，这个时间称为光电倍增管的渡越时间。由于光电子从光阴极不同部位发射，以及各电极发射的电子初速度和方向不同，电子经过的路径也不尽相同，因此这一时间有长有短，称为渡越时间分散，约为数百皮秒至数纳秒。

2. 通道电子倍增器件

多通道电子倍增器又称为微通道板(microchannel plate，MCP)。它是在一块材料(通常为铅玻璃)薄片上，做成含有数十万至上百万个互相平行的圆柱孔的倍增元件阵列(图 4.17)。

典型的通道直径为 10 ~ 100 μm。通道直径和长度比为 1/40 ~ 1/100。孔内表面材料的二次电子发射系数 $\delta \geqslant 3$。当圆柱孔空间存在 $10^4\ V \cdot cm^{-1}$ 的强电场时，入射粒子在负极轰击出电子，会在内壁不断得到倍增，在正极端得到放大的输出信号。实际上我们很容易理解，每个通道就是一个光电倍增管，不过它没有专门的光阴极，而且打拿极是连续分布的。另外入射粒子不限于光子，事实上

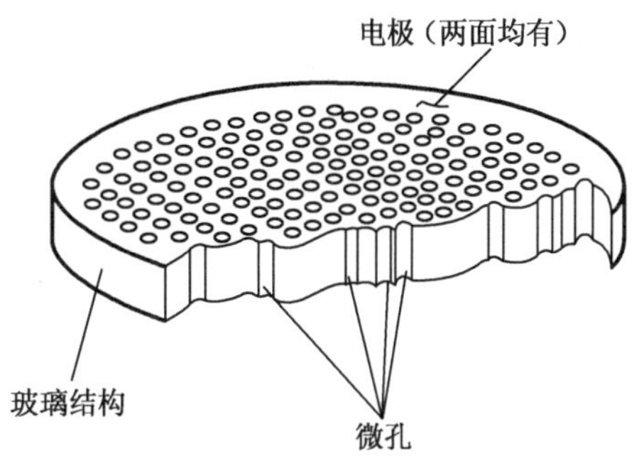

图 4.17 微通道板结构示意图

任何载能粒子,只要在通道壁上能打出次级电子,它都能响应。与光电倍增管外电路分压器相比拟,它利用铅玻璃自身的体电阻作为分压电阻,一般极间总电阻为 10^9 Ω。通道中的电势梯度使次级电子加速,获得能量,从而保证在下一次轰击通道壁时有足够大的二次发射系数 δ(图4.18)。

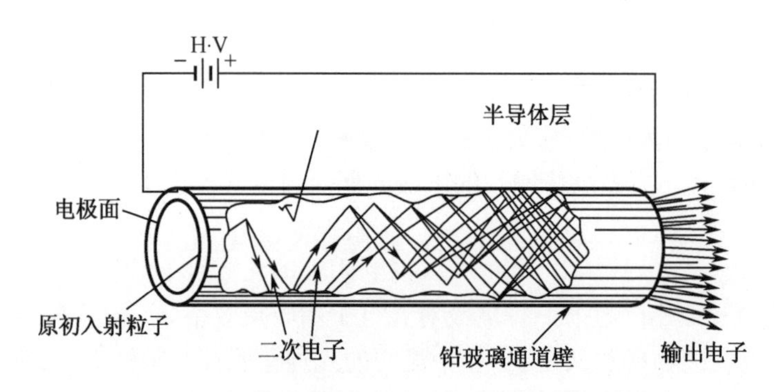

图4.18 在微通道板一个通道中发生的电子倍增过程

每个通道通过上表面和底面的金属涂层(通常为Ni - Cr 合金)互相平行联结,作为加高压和输出电极之用。一般在 10^{-4} Pa 真空环境下,它可正常工作。

除多通道电子倍增器外,还有单通道电子倍增器,读者可参考相关文献。

3. 硅光电二极管

硅光电二极管可以看成一个工作在反向偏压下的 PN 结。当光信号入射到其上时产生电子空穴对;在电场作用下电子和空穴向相反方向运动,并在外电路中产生电流信号。因此,硅光电二极管可以直接探测射线(详见半导体探测器一节),但由于普通 PN 结很薄,体积有限,探测高能射线时,为了增加探测效率和减小射线对光电器件造成的辐射损伤,往往在硅光电二极管之前加上光谱相匹配的闪烁体。

图4.19 所示是硅光电二极管的剖面构造图。受光侧作为 P 型区,基板侧作为 N 型区。P 区通常厚度不足 1 μm。P 区和 N 区结合的中性区域叫耗尽层。调整表面的 P 区、N 区以及底面带正电的 N 区的厚度和杂质的浓度就可以达到控制光谱灵敏度特性和频率特性的效果。当光照射硅光电二极管时,光的能量要大于带隙能量,价电子带的电子受到激励向导电带运动,原来的价电子带则剩下空穴。这些电子 - 空穴对在 P 区、耗尽层、N 层产生,在耗尽层电场的作用下电子向 N 区、空穴向 P 区加速运动,这样就产生了电流,连接相关电路,就可以测定闪烁体的发光量,进而测量闪烁体探测到的射线。关于硅光电二极管的详细介绍,请读者参考有关文献。

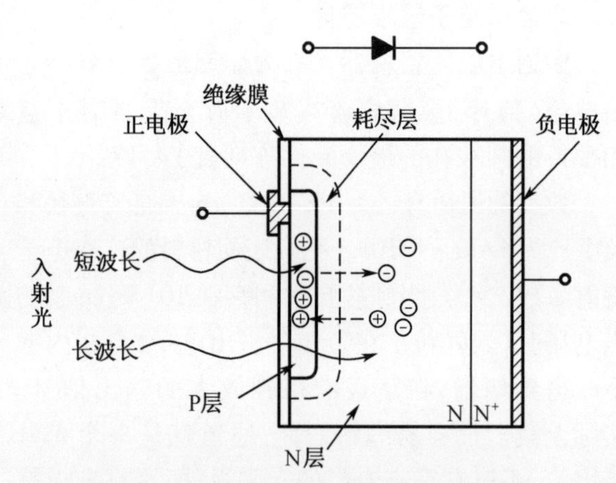

图4.19 硅光电二极管的剖面构造图

4.3.3 闪烁探测器应用举例——NaI(Tl)单晶γ谱仪

1. NaI(Tl)单晶γ谱仪组成单元

(1)闪烁探头。它包括NaI(Tl)晶体和光电倍增管。外壳一般用薄铝做成,对光密闭。分压器和射极跟随器也装在铝壳中。在强磁场附近工作尚需要内衬坡莫合金作磁屏蔽,以防止外磁场漏入光电倍增管而影响输出脉冲幅度和分辨率。

(2)高压电源。供光电倍增管用的高压电源,一般要求在200~2 500 V可调,供给电流在1 mA左右。高压稳定性$\Delta V_H/V_H$应在0.05%左右。

(3)线性放大器。一般光电倍增管阳极负载上电压脉冲幅度为十毫伏至数百毫伏,故需经放大以和脉冲幅度分析器的分析电压范围相匹配。为了与NaI(Tl)的发光衰减时间相配合,放大器的上升时间应优于0.1 μs,另外,要求放大器的线性良好。

(4)脉冲幅度分析器。这种分析器分为单道分析器和多道分析器。多道分析器相当于数百个单道分析器同时对不同幅度的脉冲进行计数,因此一次测量可得到整个一条能谱曲线,方便省时。使用多道分析系统,不仅可以测量γ能谱,还可以方便地对能谱进行分析和处理。

2. 典型的NaI(Tl)谱仪测^{137}Cs源0.662 MeV的γ能谱

图4.20所示有三个峰和一个平台。最右边的峰A称为全能峰,这一脉冲幅度直接反映γ射线的能量。上面已分析过,这一峰中包含光电效应及多次效应的贡献,能量分辨率为7%~8%。

平台状曲线B就是康普顿效应的贡献,它的特征是散射光子逃逸后留下一个能量从0到$E_\gamma/(1+1/4E_\gamma)$的连续的电子谱。

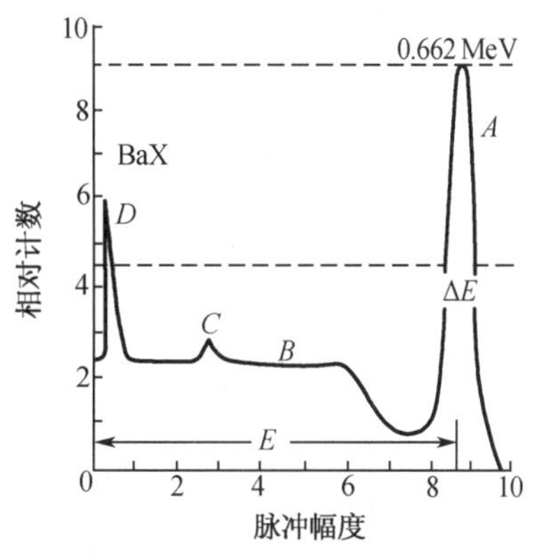

图4.20 Na(Tl)闪烁谱仪测得^{137}Cs源的γ能谱

峰C是反散射峰。当γ射线射向闪烁体时,总有一部分γ射线没有被闪烁体吸收而逸出。当它与闪烁体周围的物质发生康普顿效应时,反散射光子返回闪烁体,通过光电效应被记录,这就构成了反散射峰。当然,在放射源衬底材料中,以及探头的屏蔽材料中产生的反散射光子同样有可能对反散射峰做出贡献。据计算,反散射光子能量总是在200 keV左右,因此在能谱图上较易识别。

峰D是X射线峰,它是^{137}Ba的K层特征X射线荧光的贡献,^{137}Cs的β衰变子体^{137}Ba的662 keV激发态,在放出内转换电子后,造成K层空位,外层电子跃迁后产生X射线荧光光子。

3. γ射线能量比较高的情况

当γ射线能量大于1.02 MeV时,γ射线和物质相互作用会出现电子对效应,这时能谱更加复杂。以^{24}Na源为例,它放出两种能量的γ射线,即$E_\gamma=1.38$ MeV和2.76 MeV。图4.21所示是实验测得的仪器谱图。

图中最右边的峰为2.76 MeV的γ射线在NaI(Tl)晶体中产生的全能峰。能量为$E_\gamma=2.76$ MeV的γ射线在NaI(Tl)晶体中主要产生电子对效应,这时正负电子对具有的总动能为

$$E_{e^+}+E_{e^-}=E_\gamma-2m_0c^2=E_\gamma-1.02\ \text{MeV} \tag{4.14}$$

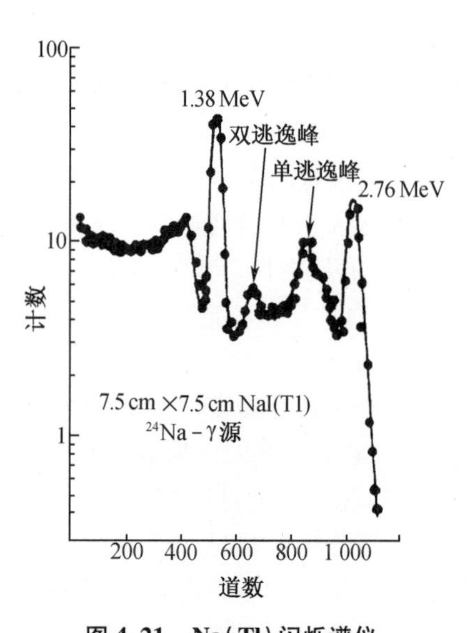

图 4.21 Na(Tl)闪烁谱仪测得^{24}Na 源的γ能谱

它比 E_γ 少了一对正负电子的静止能量，即 E_γ - 1.02 MeV。这一电子对动能消耗在 NaI(Tl)中用于闪烁发光。另外，当正电子动能消耗殆尽时，它就与 NaI(Tl)晶体原子中的电子产生湮灭作用，转化为两个光子：

$$e^+ + e^- \to 2h\nu \tag{4.15}$$

式中，$h\nu = 0.511$ MeV。

这两个能量为 0.511 MeV 的光子称为湮灭光子，它们在 NaI(Tl)晶体中可有三种趋向：

(1)两个湮灭光子能量全部消耗在晶体中，它们的总能量 1.02 MeV 加到上述 $E_{e^+} + E_{e^-}$产生的闪烁过程中。所以谱仪记录到的能量为$(E_{e^+} + E_{e^-}) + 1.02\ \text{MeV} = E_\gamma = 2.76$ MeV，就是图 4.21 中的全能峰。

(2)两个湮灭光子中有一个逃逸出闪烁晶体，于是谱仪记录到的能量比全能峰少 0.51 MeV，这就是图中的单逃逸峰。它对应的能量为

$$\begin{aligned} E_{e^+} + E_{e^-} + 0.51\ \text{MeV} &= E_\gamma - 0.51\ \text{MeV} \\ &= 2.25\ \text{MeV} \end{aligned} \tag{4.16}$$

(3)两个湮灭光子全部逃逸，就是图 4.21 中的双逃逸峰，它对应的能量为

$$E_{e^+} + E_{e^-} = E_\gamma - 1.02\ \text{MeV} = 1.79\ \text{MeV} \tag{4.17}$$

单能γ射线在探测器中形成这么复杂的能谱图像，给γ能峰的分析工作带来较大困难。可以设想，多能量的γ射线情况就会更加复杂。幸而全能峰与入射γ射线的能量对应关系比较简单，形状比较规则(一般是正态分布)，所以它在γ射线的能谱分析工作中占有极重要的地位。

不过不利因素常常也可转变为有利因素。人们利用在能谱中不产生全能峰的其他过程——康普顿效应和湮灭光子逃逸过程，制造了康普顿谱仪和电子对谱仪，可使单能γ射线在能谱图上只产生单一的峰，给复杂能量的γ谱分析带来了方便。

4. 能量分辨率

(1)全能峰分辨率：γ谱仪的质量优劣最重要的指标是针对γ射线的全能峰所具有的分辨率η，由图 4.22 可得：

$$\eta = \frac{\Delta E}{E} = \frac{EV_p}{V_p} = \frac{\text{FWHM}}{\text{峰处道址}} \tag{4.18}$$

(2)能量分辨率与γ能量的关系：随着γ射线能量增加，分辨率越来越小，两者的关系式为

$$\ln\eta = -\frac{1}{2}\ln E_\gamma + \text{常数} \tag{4.19}$$

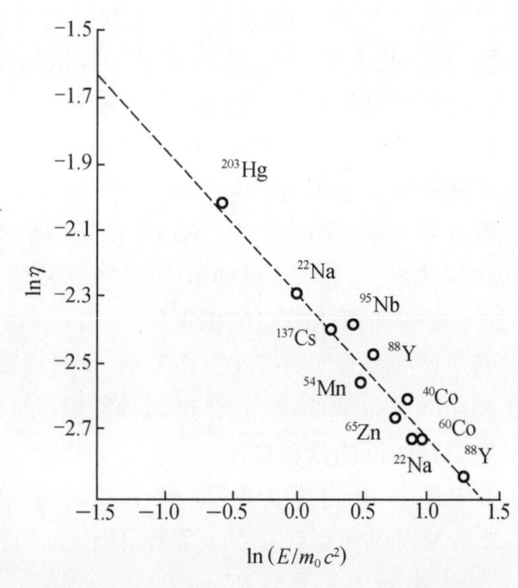

图 4.22 NaI(Tl)闪烁γ谱仪的能量分辨率

用各种能量的 γ 源对 NaI(Tl)测定能量分辨率,得到的结果如图 4.22 所示。

一般来说,可采用 ^{137}Cs 的 0.662 MeV 的 γ 全能峰处的 FWHM 除以峰位道数来表征 NaI(Tl)闪烁探头的分辨率;也可采用 ^{60}Co 的 γ 谱,通过峰与谷的计数比,即峰谷比来表征分辨率;有时还可采用 ^{57}Co 的 122 keV 和 ^{55}Fe 的 5.9 keV 的 γ 峰的 FWHM 来表示低能 γ(或 X)射线的能量分辨率。表 4.3 所示为 EMI 公司给出的各种分辨率表示方法,以及它们之间的对应关系。

表 4.3 光电倍增管和 NaI(Tl)组合的典型分辨率

光电倍增管直径/mm	晶体尺寸/mm	^{55}Fe /%	^{57}Co /%	^{137}Cs /%	^{60}Co 峰谷比
30	$\phi25\times25$	55		8.5	3:1
50	$\phi44\times44$	45	11.2	7.3	10.5:1
50	$\phi44\times44$	50		7.5	6.5:1
75	$\phi69\times69$		11.2	7.3	10:1
90	$\phi75\times75$				8.5:1
110	$\phi100\times100$			8.0	3.1:1

4.4 半导体探测器

半导体探测器是一种发展极为迅速的核辐射探测元件。它具有许多优越的性能:(1)能量分辨本领高,远远超过闪烁计数器和气体探测器,利用半导体探测器可以很好地研究复杂能谱的精细结构;(2)能量线性范围宽;(3)体积小,可以制成空间分辨率高的探测器;(4)分辨时间短,可以制成时间响应快的探测器。半导体探测器的不足之处主要是:(1)通常需要在低温(液氮或电致冷)和真空条件下工作,甚至有的探测器还要求在低温下保存,因此使用不便;(2)对辐射损伤较灵敏,受强辐照后性能变差;(3)体积还不够大,探测 γ 射线和高能 X 射线的效率较低。

半导体探测器的种类很多,根据结构不同可分为 PN 结型、面垒型和 PIN 型;按照制造工艺不同可分为面垒型、扩散型、离子注入型、锂漂移型等;按照材料的不同,有锗、硅和化合物(如 GaAs、HgI_2、CdTe 等);按形状不同可分为平面型、同轴型及一些特殊类型。

半导体探测器基本工作原理和前面讨论过的电离室相似,都是根据射线通过物质时产生电离电荷,收集这些电离电荷,使它产生电信号,从而可以了解入射射线的情况。不同的是气体探测器的介质是气体,而半导体探测器的介质是固体。下面我们以 PN 结型半导体探测器为例来讨论它的工作原理。

4.4.1 半导体探测器的工作原理

我们知道,电离室能成为一个探测器应满足三个条件:(1)没有射线穿过灵敏体积时,不产生信号或信号可忽略;(2)带电粒子穿过灵敏体积时,在其中产生离子对;(3)在电场作用下,离子在漂向两极的过程中没有明显的损失,在输出回路中形成的信号能代表原初产生的离子对数。半导体探测器的探测原理虽然与电离室类似,但不能简单地使用一块半导体材料代替气体,原因是这样做还满足不了上面提到的要求。

目前纯度最高的硅的电阻率大约为 $10^5\ \Omega\cdot cm$,如果将厚度为 1 mm 的这种硅片切成面积为 1 cm^2 并装上欧姆接触,当加上 100 V 的电压时,则有 0.01 A 的电流流过,显然,这么大的漏电流将会把待测信号全部湮没。一个好的探测器的漏电流应约在 10^{-9} A。为降低通过半导体的漏电流,引出信号不能用简单的欧姆接触,而要用非注入电极。当使用非注入电极时,被外加电压移走的载流子不再注入另一个电极,从而使半导体内的载流子总浓度下降,使漏电流大大降低。最合适的非注入电极就是半导体的 PN 结的两个面。PN 结区内的载流子浓度很低,又称耗尽区。实用的硅探测器的耗尽区内的剩余载流子浓度低到每立方厘米只有约 100 个,因而电阻非常高。由于 PN 结内电阻很高,加上反向电压后,电压几乎完全降落在结区,在结区形成一个足够强的电场,而几乎没有漏电流流过。当带电粒子射入结区后,通过与半导体材料相互作用,很快地损失掉能量,带电粒子所损失的能量将使电子由满带跳到空带上去,于是在空带中有了电子,在满带中留下了空穴,也就是形成了可以导电的电子 - 空穴对。在电场作用下,电子和空穴分别向两极漂移,于是在输出回路中形成信号。

如果半导体材料中载流子的俘获中心和复合中心足够少,也就是载流子的平均寿命比载流子的收集时间长(一般收集时间为 $10^{-8} \sim 10^{-7}$ s,因此载流子的平均寿命大约在 10^{-5} s 就足够了),则辐射形成的载流子基本上能全部被收集,这时输出信号的幅度与带电粒子在结区消耗的能量成正比。如果带电粒子的全部能量均消耗在结区,则通过测量脉冲信号的幅度,就可以测定带电粒子的能量。

4.4.2 PN 结型半导体探测器

把 PN 结看成是突变结,即在 N 区含有均匀分布的施主杂质,浓度为 N_d,在 P 区含有均匀分布的受主杂质,浓度为 N_a,从 P 区到 N 区的交界面处杂质浓度由 N_a 突然变为 N_d。在界面附近的区域内,当载流子的扩散运动和漂移运动达到动平衡时,可形成一个由杂质离子组成的空间电荷区,即耗尽区,也就是结区,如图 4.23(a)所示。结区空间的电荷密度为

$$\sigma(x) = \begin{cases} N_d e & 0 < x < d_1 \\ -N_a e & -d_2 < x < 0 \end{cases} \tag{4.20}$$

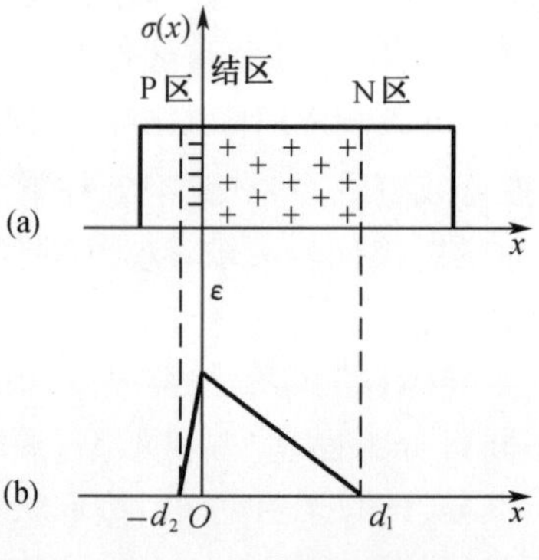

图 4.23 PN 结的特性

$x=0$ 处为 P 区和 N 区的分界面,e 是电子的电荷,d_1、d_2 分别为 N 区和 P 区内电荷区的宽度。由于总电荷应为零,则

$$d_1 N_d = -d_2 N_a \tag{4.21}$$

下面分别讨论结区的几个性质。

1. 结区的电场分布

空间电荷区的电位分布 $V(x)$ 应满足泊松方程,即

$$\frac{d^2V(x)}{dx^2} = -\frac{\sigma(x)}{\varepsilon} \tag{4.22}$$

式中，ε 是介电常数。

考虑到边界条件 $x=d_1$ 和 $x=-d_2$ 时电场强度 $E=0$，以及电场在分界面的连续性，对式(4.22)积分可得两区的电场分布，即

$$E(x) = \left|-\frac{dV(x)}{dx}\right| = \begin{cases} \frac{eN_d}{E}(d_1 - x) & x > 0 \\ \frac{eN_a}{E}(x + d_2) & x < 0 \end{cases} \tag{4.23}$$

可见，结区内的电场是不均匀的，当 $x=0$ 时电场最强，$x=d_1$ 和 $x=-d_2$ 时，$E(x)=0$，电场方向均为从 N 区指向 P 区。图 4.23(b) 给出了结区内电场强度分布的情况。

2. 结区的宽度与反向偏压

通常半导体探测器的结区中，一种区域的掺杂比另一种区域重得多，如 $N_a \gg N_d$，这时 $d_2 \ll d_1$，结区的宽度 $d=d_1+d_2 \approx d_1$。在没有外加电压情况下，$d_1 \simeq 70\ \mu m$，可见灵敏区的厚度是很小的。由于结区很薄，远小于一般带电粒子在其中的射程，所以无法测量能量；下面会看到由于结区很薄使得结电容很大，因而造成探测器的噪声特性很差。所以一个实用的探测器需要加上"反向"偏压，即 P 边的电压为负，N 边为正，这时 PN 结的传导电流很小，相当于 PN 结二极管加反向电压的情况。当加上反向偏压后，P 区中的空穴从结区被吸引到接触点，类似地，N 区中的电子也向结区外移动，结果使结区宽度变宽。随着外加反向偏压的增加，结区的宽度也增加。能加的最高偏压受到半导体的电阻限制，太高时则会将结区破坏。当外加反向偏压(V_B)为 300 V 时，$d_1 \simeq 1.2$ mm，如果使用高纯度的硅，则 $d_1=5.5$ mm。

3. PN 结的电容

当外加偏压变化时，结区的宽度也随之变化，从而结区内的电荷量也要发生变化。这种电荷随外加偏压的变化表明结区具有一定的电容。结电容(C_d)为

$$C_d = \frac{dQ}{dV} = \varepsilon\frac{A}{d_1} \tag{4.24}$$

对于硅探测器，当结区面积 $A=1\ mm^2$ 时，可得经验公式

$$\begin{cases} C_d' = 2.1(\rho_n V_B)^{-1/2} \quad pF \cdot mm^{-2} \quad (\text{N 型}) \\ C_d'' = 3.5(\rho_p V_B)^{-1/2} \quad pF \cdot mm^{-2} \quad (\text{P 型}) \end{cases} \tag{4.25}$$

可见半导体材料的电阻率(ρ)越高，反向电压(V_B)越高，结电容也就越小。

4. PN 结的漏电流

PN 结的漏电流直接决定着探测器的噪声水平，其来源有三部分：

(1)结区内部产生的体电流

由于热激发在结区可能产生一些电子空穴对，这些电子空穴对在外加电场的作用下被扫向两极，形成体电流。电子空穴对不断地产生，又不断地被收集，在一定的温度下，保持平衡。理论计算得出，结区内单位面积的体电流 i_b 为

$$i_b = \frac{en_i}{2\tau}d \tag{4.26}$$

式中 n_i——本征载流子浓度；

τ——少数载流子寿命；

d——结区的宽度。

在硅中，$n_i = 1.5 \times 10^{10}\ \text{cm}^{-3}$，若为N型硅，则

$$i_b = 6 \times 10^{-14} (\rho_n V_B)^{1/2} / \tau \tag{4.27}$$

例如，当$\rho_n = 1\ 000\ \Omega \cdot \text{cm}$，$V_B = 250\ \text{V}$，$\tau = 100\ \mu\text{s}$时，$i_b = 0.3\ \mu\text{A} \cdot \text{cm}^{-2}$。从式(4.27)可得，选用电阻率高的材料和增大反向偏压会使体电流增加。

n_i随温度的升高呈指数关系增加，所以降低温度对改善半导体探测器的性能是很有效的。另外要求半导体材料的少数载流子的寿命(τ)不能太短，对制造金硅面垒探测器的硅材料来说一般要求$\tau \geqslant 100\ \mu\text{s}$。

(2)表面漏电流

表面漏电流是漏电流最主要的来源。它的产生与许多因素有关，例如，表面的化学状态、是否被污染、安装工艺等。

(3)少数载流子扩散电流

在加上反向电压后，结区出现一个从N区指向P区的电场。一旦有P区的电子或N区的空穴，即少数载流子扩散到结区，就会立即被结区的电场扫走，构成一部分反向电流，称为扩散电流，这种电流比其他两种电流要小得多。

实际上探测器测到的反向电流是以上三种成分的叠加。测量了反向电流的数值及其随外加偏压的变化，就可以大体上估计探测器的性能。当反向电压为100 V时，一个能使用的金硅面垒探测器的反向漏电流不得超过几微安，性能好的金硅面垒探测器只有零点几微安或更小的反向漏电流。

4.4.3 金硅面垒半导体探测器

金硅面垒探测器是最常用的一种半导体探测器，主要用于测量带电粒子的能谱。其能量分辨率仅次于磁谱仪，比屏栅电离室和闪烁谱仪都要高，而设备比磁谱仪要简单得多，使用也方便得多。其缺点是灵敏体积不能做得很大，因而限制了大面积放射源的使用。金硅面垒探测器的时间响应速度与闪烁探测器差不多，所以可用来作定时探测器。它的本底很低，适于作低本底测量。金硅面垒探测器的结构示意图如图4.24所示。

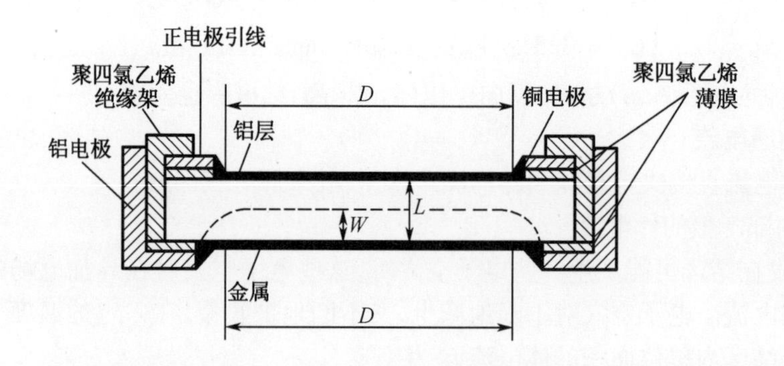

D—探测器灵敏面积的有效直径，cm；W—灵敏区(耗尽层)的厚度，mm；L—硅片总厚度，mm。

图4.24 金硅面垒探测器的结构示意图

金硅面垒谱仪系统方框图如图4.25所示。其中甄别放大器的作用是,当多道脉冲幅度分析器的道数不够时,利用它切割、展宽能谱的某一部分,使得待测的能量均落入多道分析器的适当范围内,以利于脉冲幅度的精确分析。当要提高谱仪的能量分辨率时,探头应放在真空室和低温容器中。

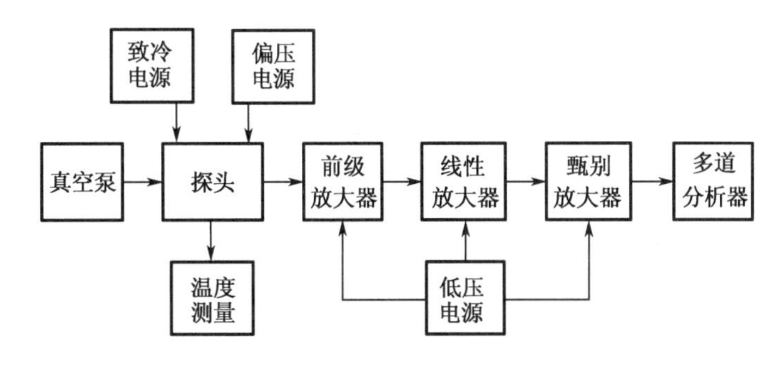

图4.25　金硅面垒谱仪系统方框图

在上节中讲脉冲电离室时曾给出了输出回路,对于半导体探测器也可以画出类似的输出回路。但有一点必须强调,在半导体探测器中由于结区电容与外加偏压有关,而外加偏压又往往需要根据测量对象进行调节。例如,测带电粒子能谱时灵敏区的厚度必须大于带电粒子在其中的射程,这就对反向偏压的下限提出了要求。而偏压过高又会使探测器的噪声增大,可见对一定能量范围的能谱测量有一个最佳偏压范围。所以探测器的偏压经常需要调节。一定能量的带电粒子形成的电荷是一定的,而在输出回路中形成电压幅度还与等效电容有关。为此,半导体探测器中的前置放大器不能用电压型的而要用电荷型灵敏放大器。电荷灵敏放大器的特点是输入电容极大,即探测器的结电容和杂散电荷相对它来说可以忽略。这样从电荷灵敏放大器输出的信号幅度只与在灵敏区内产生的总电荷成正比而与探测器所加的偏压无关。

国产的金硅面垒半导体探测器对^{241}Am的5.486 MeV的α粒子的能量分辨率为0.5%~1.5%。

4.4.4　高纯锗探测器

用金硅面垒半导体探测器测量短射程的带电粒子方面获得了很大的成功,得到了广泛的应用。然而,用它探测β或γ射线时就显得灵敏区太薄了。例如,1 MeV的电子在硅中的射程大约为2 mm,而金硅面垒探测器的灵敏区厚度一般均在1 mm以下。为了增加灵敏区的厚度,一种办法是增加反向电压,但这是有限的,因为随着反向电压的增加,反向电流也增加,使探测器的能量分辨率变差,甚至被击穿,另一种办法就是降低净杂质浓度N。

降低净杂质浓度的方法有两类,第一类是改进半导体材料的纯化工艺,将其中的杂质浓度降低到大约10^{10}原子·厘米$^{-3}$,这时再加上1 000 V偏压,则耗尽区的厚度可达~10 mm。这种纯度对Ge已经达到要求,但对Si尚未达到。用这种高纯度锗制成的探测器称为高纯锗(HPGe)探测器或本征锗探测器。第二类方法是制造一种“补偿”半导体材料,即材料中的剩余杂质被类型相反的等量掺杂原子所补偿。这种补偿无法在制造半导体材料时实现,而是在半导体单晶生长完成之后,利用锂离子漂移的方法实现。用锂漂移过程生产的探测器称为锗锂漂移[Ge(Li)]探测器或硅锂漂移[Si(Li)]探测器。

早在20世纪60年代就生产出了锂漂移探测器,此后约20年这种探测器在测量γ和β中得到广泛应用。到20世纪70年代才生产出高纯锗探测器,基于对使用方便等因素的考虑,20世纪80年代Ge(Li)探测器逐渐被高纯锗探测器取代,目前已不再生产Ge(Li)探测器了。但灵敏区较厚的硅探测器目前还只能用Si(Li)探测器。

1. HPGe探测器的结构

HPGe探测器有平面型的,也有同轴型的(圆柱形)。平面型高纯锗的灵敏区的厚度一般在5~10 mm,主要用于测量中高能的带电粒子(能量低于220 MeV的α粒子,能量低于60 MeV的质子和能量低于10 MeV的电子)和能量在300~600 keV的X射线和低能射线。平面型HPGe探测器的工作原理和结构与前面讨论过的PN结半导体探测器没有什么本质区别,但在使用上有两点必须强调:(1)HPGe探测器一般均工作在全耗尽状态;(2)HPGe探测器要求在液氮温度下(77 K)使用。下面主要讨论同轴型的HPGe探测器。

目前生产的同轴型HPGe探测器灵敏体积大的可达约400 cm^3,可以满足能量低于10 MeV的γ能谱测量的需要。

同轴型HPGe探测器有两种基本的几何结构:(1)双端同轴,见图4.26(a),即中心孔贯穿整个圆柱体;(2)单端同轴,见图4.26(b),即中心孔只占圆柱体轴长的一部分。大部分HPGe探测器均为单端。因为这样可以避免为解决前表面漏电需要做的复杂处理。

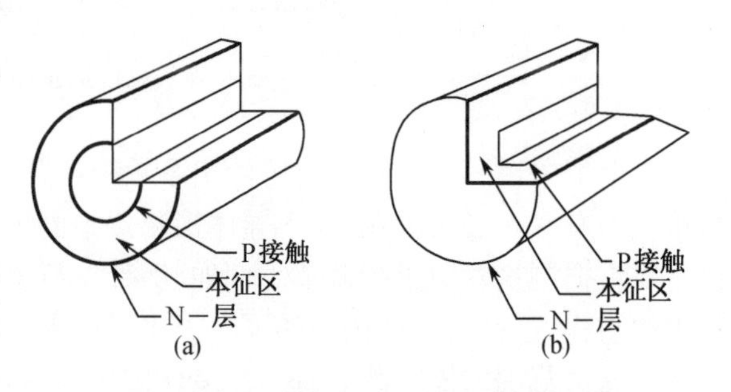

图4.26 同轴型HPGe几何结构示意图

通常,同轴HPGe探测器是用P型Ge制成,又称常规电极型同轴锗探测器。它也可用N型Ge制成,又称为倒置电极型同轴锗探测器。对同轴型探测器整流接触(或电极)(即从那里开始形成半导体结)原则上可以在圆柱体的内表面也可以在外表面,但它们形成的电场条件却大不相同。如果整流接触在外表面,则耗尽区随着外加偏压的增加从外向内扩展,当达到耗尽电压时,正好扩展到内表面。如果整流接触在内表面,那么,耗尽区随外加偏压的增加从里向外扩展,直至外表面。从下节的讨论可知,距整流接触越近,电场越强。所以同轴HPGe探测器总是选外表面为整流接触,因为这样会使电场较强的区域所占的体积较大,有利于载流子的收集。即对于P型HPGe探测器,外表面为n^+接触,而对于N型HPGe探测器,外表面为p^+接触。内表面为类型相反的非注入接触。一般n^+接触由扩散Li形成,厚度约600 μm,p^+接触为金面垒或硼离子注入形成。金面垒的厚度约40 μg·cm^{-2},硼的厚度约为0.3 μm。外加电压均为反向电压,即n^+边极性为正,p^+边极性为负。也就是对常规电极

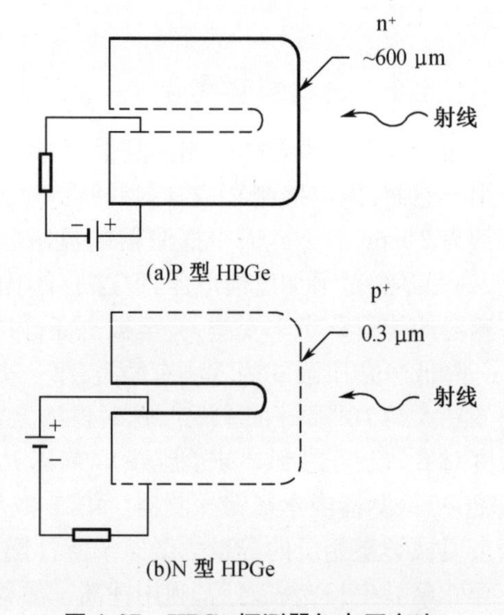

图4.27 HPGe探测器加电压方法

(P 型) HPGe 探测器外面加正电压里面加负电压,如图 4.27(a)所示。对倒置电极(N 型)HPGe 探测器正好相反,外面加负电压,里面加正电压,如图 4.27(b)所示。

HPGe 探测器应在液氮温度下使用,但可在室温下保存,这也就是它比 Ge(Li)探测器优越的最主要方面。在使用时,HPGe 探测器和电子学线路的输入级,包括电荷灵敏放大器的输入场效应管和反馈元件均应放在真空密封的小室内并保持在低温状态下。

2. HPGe 探测器的主要性能

(1)能量分辨率

HPGe 探测器主要用于测量 γ 射线的能谱,其能量分辨率要比 NaI(Tl)大几十倍。影响锗探测器能量分辨率的因素主要有以下几方面:(1)射线产生的电子空穴对数的涨落;(2)电子空穴对的俘获;(3)探测器及电子学仪器的噪声;(4)工作温度。由于锗在室温条件下禁带宽度太小,所以需要在低温下使用,HPGe 的正常工作温度应在 85 ~ 100 K,工作温度稳定很重要,温度的变化会造成峰位的漂移,使能量分辨率变差。

目前,平面型 HPGe 探测器对 ^{55}Fe 的 5.9 keV X 射线的能量分辨率(FWHM)可达 135 ~ 140 eV。而同轴型 HPGe 探测器对 ^{60}Co 的 1.17 MeV γ 射线的能量分辨率(FWHM)可达 1.8 ~ 2.0 keV,灵敏体积可达几百立方米。

(2)探测效率

这里只讨论 HPGe 探测器对 γ 射线和特征 X 射线的效率,它取决于探测器的灵敏体积、几何形状以及临近探测器的物质(例如,探测器的密封外壳、制冷器等)的相互作用等,当然,还有射线的能量。

①绝对全能峰探测效率 ε_p

ε_p 是指全能峰下面的面积所对应的计数(简称全能峰计数)与放射源发射的相应的 γ 射线数目之比。这种效率是指整个探测系统的效率,它不但与 HPGe 的灵敏体积及形状有关还与探测器对 γ 源张的立体角有关,从而与源至探测器的距离有关。ε_p 是射线能量的函数。为了测到全能峰计数,必须把光子全部能量都消耗在探测器的灵敏体积中,可以通过光电效应,也可以通过多次累计效应来实现。

由于 HPGe 探测器需要密封在一个小室内,所以待测的射线需要穿过室壁和探测器的死层。一般的 HPGe 探测器有 1 ~ 600 μm 厚的 Li 扩散的死层再加上 1 mm 左右的铝壳,当 $E_\gamma < 100$ keV 时效率明显下降,当 $E_\gamma < 40$ keV 时几乎就测不到了。所以对低能 γ 或 X 射线的测量需要离子注入或面垒型接触,并有一铍窗,这种专门用于低能 γ 射线测量的 HPGe 探测器可以测到的 E_γ 约为 3 keV。

在核谱学研究中使用 HPGe 探测器时,需要知道 $\varepsilon_p \sim E_\gamma$ 的关系曲线。图 4.28 给出了一个 HPGe 探测器和一个 Ge(Li)探测器的刻度曲线。从曲线可以看到这些探测器对能量在 ~200 keV 到 ~3 MeV 之间探测效率与 E_γ 之间的关系,在双对数坐标中为一直线。

②相对效率

由于历史原因,许多 HPGe 探测器的光电峰效率都是相对于标准的圆柱形NaI(Tl)闪烁晶体的(ϕ7.62 cm × 7.62 cm)。为了统一起见,国际电工委员会规定:源至探头的前表面距离为 25 cm。可以用未经刻度过的 ^{60}Co 源测出由这两种探测器测定 1.33 MeV 的光电峰面积之比,得到相对效率;也可以用刻度过的 ^{60}Co 源测出在上述条件下,HPGe 探测器的光电峰效率,再除以 NaI(Tl)在同样条件下的光电峰效率[NaI(Tl)的光电峰效率为 1.2×10^{-3}]得到 HPGe 的相对效率。

③峰康比

对于锗,在150 keV到8 MeV能量范围内康普顿吸收系数大于光电吸收系数及电子对吸收系数,也就是说,在这段能量范围内,康普顿电子产生的计数是比较高的。当测量复杂γ谱时,高能γ射线的康普顿计数会叠加在低能γ射线的全能峰上,造成能谱分析困难。所以总是希望全能峰尽量高一些,康普顿坪尽量低一些。为了描述HPGe探测器的这个特性,引入峰康比的概念。

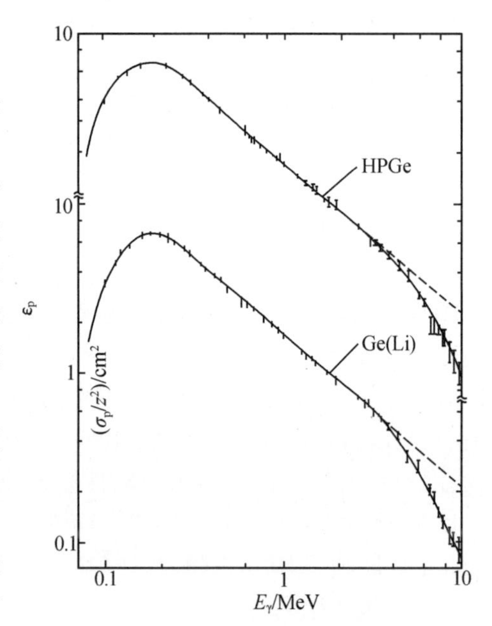

图4.28　HPGe和Ge(Li)探测器的效率刻度曲线

峰康比定义为全能峰内各道计数的最大值N_{pm}与康普顿坪的平均计数N_c之比,即N_{pm}/N_c。当本底较大时,在求此比值之前应先扣除本底。N_{pm}/N_c一般是指对^{60}Co的1.33 MeV的峰高与康普顿坪在1.040 MeV到1.096 MeV之间的平均计数之比。

为了提高峰康比,除了增大探测器的灵敏体积外,还应有好的几何形状。探测器的能量分辨率越好,峰康比也越高。相对效率为10%至100%较好的同轴型HPGe探测器峰康比为40∶1至80∶1。不同工艺制造的HPGe探测器,其特性及主要应用如表4.4所示。

表4.4　不同工艺制造的HPGe探测器的特性比较

类　型	能量响应范围	分辨率	最高相对效率
P型同轴	40 keV~10 MeV	好	250%
P型扁平短同轴	10 keV~10 MeV	优秀	50%
N型同轴	3 keV~10 MeV	一般	150%
N型扁平短同轴	3 keV~2 MeV	优秀	50%
井式(最大体积450 cm^3)	10 keV~10 MeV	一般	—

注:最高相对效率指对于1.33 MeV γ射线,相对于ϕ3 inch×3 inch的NaI(Tl)的情况。

4.4.5　其他半导体探测器

1. 锂漂移硅探测器

使用目前能得到的最纯的硅材料制成的PN结探测器,加上反向偏压后,灵敏区的厚度只能达到1~2 mm。更厚的硅探测器只能用锂漂移的办法形成一个补偿区或本征区,一般称作i区。在补偿区中受主杂质与施主杂质达到精确的平衡,其厚度可达5~10 mm,加上非注入电极后,这个区域就是探测器的灵敏区。这种探测器称为硅锂漂移探测器,即Si(Li)探测器。近年来虽然Ge(Li)探测器已被HPGe探测器所取代,然而Si(Li)仍然起着重要作用。

由于硅的原子序数($Z=14$)比锗的($Z=32$)低,因而对 γ 射线的光电峰效率也就低得多,这对测量能量较高的 γ 射线很不利,所以主要是用于低能 γ 射线和 X 射线的测量。这时用硅比用锗探测器更有利,原因是一方面测能量很低的 γ 射线时,X 射线逃逸峰会影响测量的准确度,而 Si(Li)探测器的 X 射线逃逸峰要比锗探测器小;另一方面由于 Si(Li)探测高能 γ 射线的效率低,因而本底的影响也更小。

Si(Li)探测器均由 P 型硅制成。漂移完成后,锂开始漂移的那个表面,存在过量的锂,即 n^+ 层。与之相对的未经补偿的一边蒸发上金属层或其他薄的 p^+ 接触。Si(Li)探测器基本结构的示意图见图 4.29(a)。Si(Li)探测器一般均为平面型,在 i 区内有效电荷密度接近于零,电场强度 E 是均匀的[图 4.29(b)]:

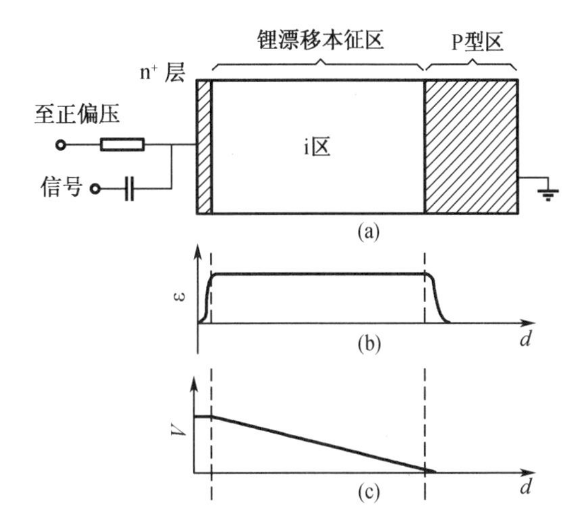

图 4.29 Si(Li)探测器的结构和电特性

$$E = V/d \tag{4.28}$$

式中 V——外加电压;

d——i 区厚度。本征区内电位随距离的变化是线性的[图 4.29(c)]。

前几节中讨论过的影响半导体探测器能量分辨率的因素,原则上对 Si(Li)探测器均适用。这里要强调两点:

(1)由于 Si(Li)探测器的灵敏区相当厚,在室温条件下其漏电流的涨落是探测器噪声的重要来源,所以必须工作在液氮温度,且最好在低温下保存,以避免不必要的由于温度变化引起的热应力和室温情况下漂移锂的重新分布。

(2)当测量低能 γ 射线或电子时,Si(Li)探测器的窗、死层等均会影响其能量分辨率及效率,应使死层尽量减少并使用铍窗,必要时放射源到探测器之间应抽真空。

Si(Li)探测器对 ^{55}Fe 的 X 射线(5.9 keV)能量分辨率在 150 ~ 250 eV,一般地讲,探测器直径越大,能量分辨率越差。

2. 化合物半导体探测器

硅探测器对 γ 射线的探测效率比较低而锗探测器又必须在液氮温度下使用,能否用其他半导体材料制成能在室温条件下工作,性能又良好的 γ 射线探测器呢? 研究较多的有 HgI_2(碘化汞)、CdTe(碲化镉)和 GaAs(砷化镓)。它们的主要性能见表 4.5,作为比较,Si 和 Ge 也列在表中。从表 4.5 可以看出,这三种半导体材料的禁带宽度均较大,在室温条件下热激发较小,所以可在室温条件下工作。但是要制成一个性能良好的探测器还有一些其他基本要求,首先要能生长出足够纯的适当大小的晶体,所以改进半导体的生产工艺,获得高纯度的 HgI_2 和 CdTe 一直是研究的重要课题。

表 4.5 半导体材料的一些特性

材料	禁带宽度/eV	平均电离能/eV	原子序数	密度/($g\cdot cm^{-3}$)
HgI_2(300 K)	2.13	4.22	80~53	6.30
CdTe(300 K)	1.47	4.43	48~52	6.06
GaAs(300 K)	1.42	4.35	31~53	5.30
Si(300 K)	1.12	3.61	14	2.33
Ge(77 K)	0.74	2.98	32	5.32

(1)CdTe 探测器

CdTe 探测器可以用高电阻率(约 $10^9\ \Omega\cdot cm$)P 型晶体制成面垒型二极管探测器,也可以用高阻 N 型 CdTe 制成类似于高纯锗那种探测器。

由于空穴的收集效率差,使得 CdTe 探测器的能量分辨率不如硅和锗,为改善能量分辨率还增加了脉冲处理线路以便去掉电荷收集不完全的那些脉冲。为了改善 CdTe 探测器的能量分辨率,采用电致冷方法使探测器工作在 -30 ~ -50 ℃低温条件下,这时对 ^{55}Fe 5.9 keV、^{241}Am 59.6 keV、^{57}Co 122 keV 和 ^{137}Cs 662 keV 的 X 或 γ 射线的能量分辨率(FWHM)分别可达 290 eV、600 eV、850 eV、5 900 eV,这是目前取得的最好探测效果,而灵敏体积可达 5 mm × 5 mm ×1 mm,适于测量 30~600 keV 的 γ 射线。由于 CdTe 的原子序数高、光电截面大,所以可做成小型探测器,因这种探测器具有高空间分辨能力,在许多方面引起了使用者的兴趣。

(2)HgI_2 探测器

另外一种可作室温探测器的半导体材料是 HgI_2,由于 Hg 的原子序数很高,HgI_2 对低能 γ 射线的探测效率要比 Ge 高约 50 倍。HgI_2 的另一个优点是它的电离效率高。由于 HgI_2 可用于室温,这就省去了笨重的制冷设备,因此整个 HgI_2 探测器可以小型化,这给空间研究、地质勘探、环境污染监测均带来很大方便。

HgI_2 组成的阵列探测器,有很大的灵敏面积、很好的能量分辨率和空间分辨率,可用于扫描电子和 X 射线显微镜。这种探测器可以选取很大的立体角,允许较低的照射剂量,对放射性损伤敏感的生物或其他材料很有利,这对同步辐射应用研究也很有用。

HgI_2 主要用于测量 X 射线或 γ 射线,也可用于测量高能带电粒子,对质子和 α 粒子其能量分辨率为 5% ~15%。当使用特殊的脉冲处理技术后,能量分辨率可望有明显提高。HgI_2 的能量分辨率如表 4.6 所示。

表 4.6 HgI_2 的能量分辨率

放射源	脉冲处理	分辨率(FWHM)/%	峰:谷	相对效率/%	
				全部	峰
^{137}Cs (662 keV)	未处理	10.0	4.0:1	≡100	≡100
	补偿	6.0	8.0:1	98	102
	选择	4.0	15.0:1	29	40
^{137}Ba (356 keV)	未处理	10.0	2.4:1	≡100	≡100
	补偿	4.0	7.0:1	99	102
	选择	3.0	17.0:1	42	51

表 4.6(续)

放射源	脉冲处理	分辨率(FWHM)/%	峰:谷	相对效率/%	
				全部	峰
^{60}Co (1.33 MeV)	未处理	6.0	1.7:1	≡100	≡100
	补偿	6.0	1.8:1	93	120
	选择	4.0	5.6:1	28	45

注:相对效率是指相对未加处理的情况。

3. Si – PIN 电致冷探测器

硅半导体 X 射线探测器可在一般低温下工作,采用电致冷方法可以省去笨重的液氮制冷装置,从而为野外和现场使用提供方便。Si – PIN 电致冷探测器结构示意图如图 4.30 所示,它包括 Si – PIN 探测器、电致冷器,前置放大器的场效应管(FET)也和探测器一起放在电致冷器上。它们一起被包装在一个真空装置内,为了使 X 射线能够有效通过包装外壳,X 射线的入射窗使用 8 ~25 μm 厚的铍。

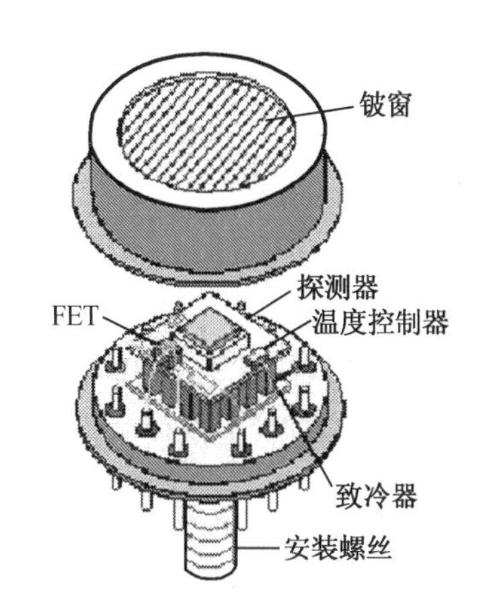

图 4.30 Si – PIN 电致冷探测器结构示意图

目前,对于 ^{55}Fe 的 5.9 keV 的 X 射线,Si – PIN 电致冷探测器的 FWHM 优于 150 eV,灵敏体积可达 25 mm^2 ×0.5 mm 左右,因此对高能 X 射线的探测效率是较低的。

硅半导体探测器的探测效率曲线如图 4.31 所示,由于入射窗口(一般采用几至几十 μm 厚的 Be 窗)对 X 射线的吸收,所以对低能 X 射线的探测效率取决于 Be 窗的厚度,而对较高能量 X 射线的探测效率则取决于探测器灵敏区的厚度,探测器灵敏区的厚度越大,探测效率越高。

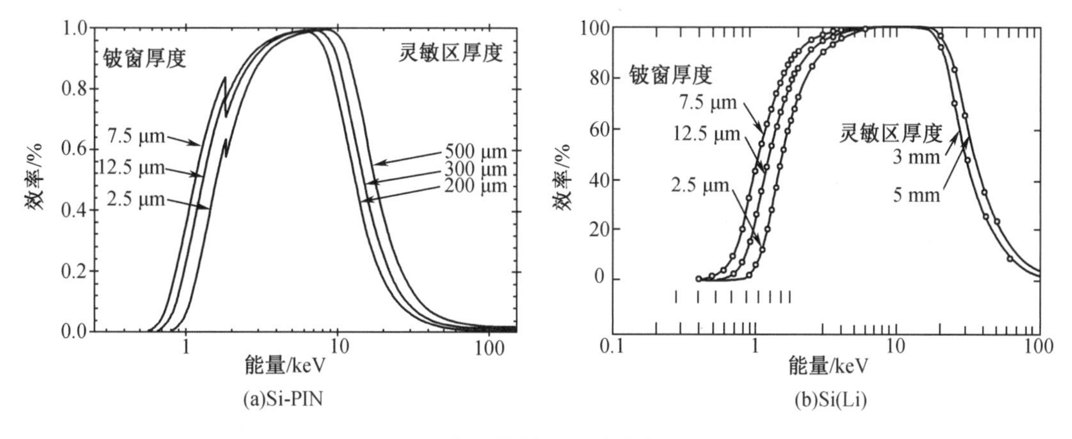

图 4.31 Si 探测器的探测效率曲线示意图

由图 4.31 可见,对于电致冷 Si – PIN 探测器,有效探测范围为 1 ~20 keV,而 Si(Li)探测器因其厚度可达 4 ~5 mm,其有效探测范围可扩大到 30 ~60 keV,更高能量的 X(γ)射线则需要采用 HPGe 探测器(图 4.32)。锗的原子系数及密度都比硅大得多,而且 HPGe 探测器可以加工得更厚,因此,HPGe 是探测高能 X(γ)射线的主流半导体探测器。由图 4.32 可见,同样是5 mm的厚度,对100 keV的X(γ)射线,Si的探测效率只有约10%,而Ge的探测效率可达70%。

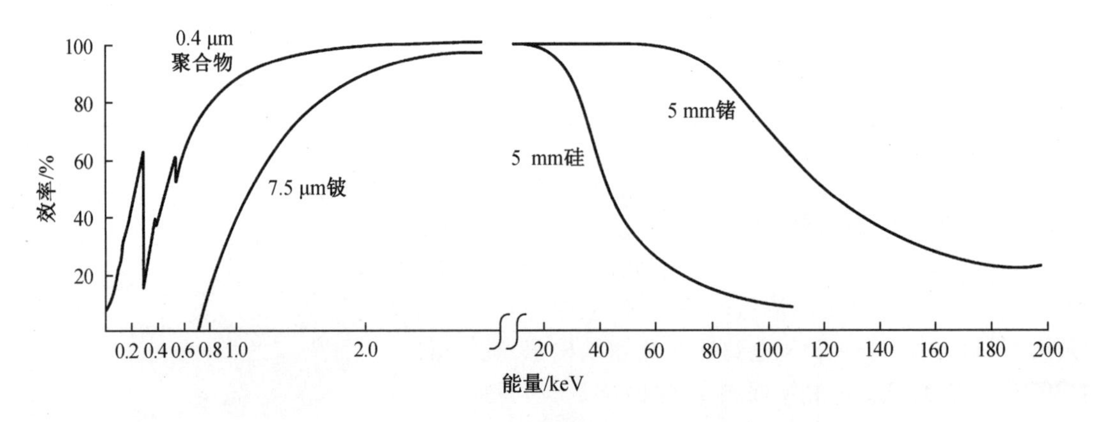

图4.32　Si和Ge半导体探测器的探测效率曲线示意图

4. 硅漂移探测器

硅漂移(SDD)探测器的概念最早于1983年由意大利的Emilio Gatti和美国的Pavel Rehak两位科学家基于侧向耗尽的原理提出,随后在高分辨X射线光谱学的应用中取得了巨大成功。

SDD探测器的结构要比以前的半导体探测器复杂许多,其主要结构是一块低掺杂的高阻硅,背面的射线入射处有一层很薄的异质突变结,正面的异质掺杂电极设计成间隔很短的条纹(通常做成同心圆状),反转偏置场在电极间逐步增加,形成平行表面的电场分量。耗尽层电离辐射产生的电子受该电场力驱动,向极低电容的收集阳极漂移,形成计数电流。在工作时,器件两面的p-n结加上反向电压,在器件体内产生一个势阱(对电子)。在漂移电极上加一个电位差会在器件内产生一横向电场,它将使势阱弯曲从而迫使入射辐射产生的信号电子在电场作用下先向阳极漂移,到达阳极(读出电极)附近才产生信号。SDD探测器的阳极很小因而电容非常小(一般小于0.1 pF),同时它的漏电流也很小,在短的成型时间下,电子学噪声会大大降低,所以用电荷灵敏前置放大器可低噪声、快速地读出电子信号。

由于SDD探测器阳极电容较低,使得它相比于Si-PIN探测器和Si(Li)探测器,能够在更短的成形时间内获得更好的能量分辨率,以提高计数率,特别适用于高分辨率、高计数率的X射线光谱仪中,被广泛应用于医学成像、深空探测和核技术等领域。

2006年首个电致冷SDD探测器诞生于德国Ketek公司,目前美国Amptek、德国Ketek等多家公司已批量生产、销售,最好的电致冷SDD探测器的FWHM已经达到125 eV(@ ^{55}Fe 5.9 keV),优于室内液氮制冷的半导体探测器。

4.5 其他探测器

除了前面介绍的低能核物理中最常用的气体探测器、闪烁计数器和半导体探测器外，核辐射探测器还有很多种，其中比较常用的有径迹探测器、切伦科夫计数器、多丝正比室及热释光剂量探测元件。径迹探测器包括核乳胶、固体径迹探测器、云雾室、气泡室、火花室等，它们都是用于直接记录粒子走过的径迹图像的探测器。根据径迹的粗细、稀密、长度、径迹弯曲程度和径迹的数量分布等，获得粒子的各种信息。

云室是最早的径迹探测器。1897 年，英国物理学家威尔逊在研究过饱和蒸气凝结液滴的过程中，发现了离子能成为液滴的冷凝中心。在具备一定条件时，蒸气能围绕冷凝中心凝结并增长到可见的大小。1904 年，威尔逊成功地制成了膨胀式云室，后来人们称它为威尔逊云室。与威尔逊云室原理一样的还有扩散云室。云室在早期核物理和基本粒子物理中起了重要作用，如正电子、μ 子等是在云室中首先发现的。此后，由于核乳胶、气泡室以及径迹探测器的发展，云室除了在宇宙射线研究中还在使用外，基本上已不使用，因此不再单独叙述。

4.5.1 原子核乳胶

核乳胶类似于普通的照相底片乳胶。利用照相乳胶进行核辐射探测，早在 19 世纪末就已经开始了。原子核乳胶是径迹探测器中应用很广的一种。作为粒子探测器，它既能应用于低能范围，又能应用于高能范围。它不但能清楚地记录单个带电粒子的径迹，而且能够根据径迹的长短、弯曲和颗粒稀密程度来鉴定带电粒子的性质及测量它的动能。

1. 原子核乳胶的作用原理

带电粒子射入乳胶后，和乳胶的主要成分溴化银晶粒发生作用，不断地损失能量，并使溴化银分解成溴原子和银原子。在一定条件下，某些银原子会陆续汇集在一起形成银原子的集团。而十个左右银原子组成的集团就能形成可以显影的核心，即潜影。经过化学显影处理后，显影核心的晶粒还原成黑色的银颗粒，这些被还原了的银颗粒，就把带电粒子的径迹显示出来，即为各种粒子在核乳胶中的径迹相片。

利用化学显影法，使溴化银晶粒还原为银颗粒，首要的条件是在晶粒中有潜影存在。潜影在显影过程中起催化作用，它能使晶粒中的溴化银还原成银粒；没有它，溴化银就不能被还原。乳胶经过显影后，没有潜影的晶粒，即未被还原的溴化银晶粒，可以用定影液溶解掉。因此，显影和定影的结果，在乳胶中就只留下被还原了的黑色银粒，由它们组成了带电粒子的径迹。

2. 原子核乳胶的特性

带电粒子的理想探测方法，不但要能够探测单个粒子的存在，而且要能够鉴定粒子的特性，如确定它的电荷、质量、能量和动量等。因此，对原子核乳胶的主要要求是：①任何带电粒子都能在其中产生径迹；②本底必须减至最小的程度，使径迹清晰而明显；③不同性质粒子的径迹必须有不同的形状，以便鉴定。为了满足以上要求，在制造核乳胶时，需采取相应措施。表征乳胶的基本参量为：①乳胶中溴化银浓度 c；②溴化银晶粒平均直径 d；③溴化银晶粒对带电粒子的灵敏度 P。P 定义为带电粒子通过晶粒时，在该晶粒中产生潜影的概率，它与带电粒子在晶粒中损失的能量、晶粒大小、过剩的银原子以及制造工艺过程有关。

带电粒子的电离损失随能量的增大而下降，乳胶的灵敏度也随能量增大而减小，达到某一能量后,径迹就无法与雾状本底区分。因此,乳胶灵敏度也用这一极限的最大能量(MeV)来表示。表4.7列出了几种国产核乳胶的种类和特性,其他型号的有载铀、载硼、载锂等核乳胶,它们都有一定的适用范围。

表4.7 几种国产核乳胶的种类和特性

型号	主要特性
核0	只对裂变碎片重离子灵敏
核2	对α粒子灵敏,可记录10 MeV以下的质子
核3	记录粒子及50 MeV以下质子
核4	对相对论粒子灵敏
核5	对相对论粒子灵敏,比核4灵敏度高

在实验上,核乳胶的总灵敏度常常用一定能量的质子在乳胶中的径迹的颗粒密度作尺度。核乳胶的灵敏度与受辐照时乳胶的温度有关,在极低的温度下,乳胶甚至完全不灵敏,它随温度增加而达到一个最大值,而后随温度增加而下降,在最大值处的温度是照射乳胶的理想温度。此外,灵敏度随贮藏时间的增长而下降,且与贮藏时温度有关。温度越高,灵敏度下降越快,因此,未照射的核乳胶不能放置过久,为了延长放置的时间,必须保存于低温处。

综上可见,原子核乳胶有以下优点:

(1)核乳胶为固体介质,阻止本领大,可以用来有效地记录高能粒子。

(2)连续灵敏,适宜于宇宙线的研究,并可以较长时间连续照射而不会改变其灵敏度。照射时间的长短,取决于潜影衰退的快慢。

(3)组成径迹的银颗粒极为微小,故空间分辨本领非常高。

(4)设备简单、价格便宜、质量和尺寸小,对高空宇宙线的研究特别有价值。

原子核乳胶的缺点有:

(1)在显影、定影及干燥过程中,乳胶有胀缩现象,造成径迹畸变,使测量射程和多次散射的精确度受到一定的影响。

(2)乳胶成分复杂,分析高能核作用比较困难。

(3)在强磁感应强度下(2T),径迹不能弯曲到可以测量的程度,因此,不能从曲率来求得动量和粒子所带电荷的正负。

(4)潜影形成后有衰退现象,因此,照射后不能搁置很久,需要很快显影。

原子核乳胶处理方法与普通照相底片相似,要经过显影、制止、定影、水洗、浸泡甘油、晾干及清洁等过程。

3. 原子核乳胶的应用

(1)在核物理工作中的应用

由于核乳胶的径迹很细,空间分辨率很高,用它作探测器的磁谱仪,能量分辨率可达万分之一。另外,核乳胶还用于快中子能谱的测量、核反应截面的测量以及研究不稳定粒子的特性等。

(2)在宇宙线和高能物理研究中的应用

在宇宙线和高能物理研究中,核乳胶是重要的工具。近年来虽有其他各种径迹探测器陆续出现,但核乳胶仍是空间分辨率最高的探测器。当前,它主要用于新粒子的探索和超高能现象的研究。

(3)在其他方面的应用

在生物学、医学、农业等方面的研究中,广泛应用放射性同位素作示踪剂。为了探测在所研究的样品中放射性同位素的分布状况,可以用放射自显影的办法。这种方法利用放射性同位素所放出的射线使胶片感光,感光后的胶片经过显影、定影处理,在胶片上就会呈现出黑色银粒所形成的深浅不同的图样,显示出同位素分布状况。

核乳胶还可用于放射性矿床勘查,即将放射性矿石磨光,压在核乳胶上进行放射自显影,可以对矿床成因、构造等方面进行研究。核乳胶还可用于中子照相术及做个人中子剂量监测计等。

4.5.2 固体径迹探测器

固体径迹探测器是20世纪60年代初发展起来的。最简单的固体径迹探测器就是一片透明的固体,如云母、玻璃或塑料。它被重带电粒子照射以后,经化学药剂浸蚀,在固体表面就显出粒子的径迹,用光学显微镜即可观测。这种探测器具有经济、简便等优点,它的应用范围正日益扩大。

固体径迹探测器的材料,按现有情况可分三类:一类是非结晶物质,如各种玻璃、金属和陶瓷等;另一类是结晶物质,如云母、石英、氯化银及氟化锂等;还有一类是聚合物,如聚碳酸酯、硝化纤维、醋酸纤维等。

观察重带电粒子在固体径迹探测器中留下的径迹,一种方法是用电子显微镜直接观察;另一种方法是将固体径迹探测器进行处理,使粒子在探测器中产生的损伤痕迹扩大到可用光学显微镜来观察。在许多实际工作中,对透明物体的显影大多采用化学浸蚀方法,因为它经济简便,不需要暗室,在明亮的环境里就可以进行。对于非透明物体,可以经过类似处理后,在表面喷涂一层金属膜,再用反射式的光学显微镜来观测。计算机图像识别技术,目前已能够实现镜下观测的自动化,为这项技术的应用大大提高了便利。

1. 固体径迹探测器的工作原理

当重带电粒子射入固体径迹探测器时,在粒子穿过的路径上会产生辐射损伤,即原来的物质分子被破坏,化学键被打断,形成许多分子碎块、位移原子和原子空穴等。这种辐射损伤区域的直径约几个纳米,只有用电子显微镜才能观察到。当把这种辐射损伤的材料用化学方法腐蚀,即进行蚀刻时,由于受损伤物质的固体结构发生变化并具有较强的化学活动性,因而在化学药剂(即蚀刻剂)中能以较快的速度产生蚀坑,把径迹显示出来。当径迹扩大到微米数量级以上时,就可用光学显微镜观察了。以上过程称为蚀刻,蚀坑就是蚀刻出来的径迹。图4.33表示由许多片固体径迹探测器材料叠加起来,在粒子穿过的路程上蚀刻出一连串蚀坑所组成的粒子径迹。

关于形成径迹的机制,看法尚不统一,有待进一步研究。

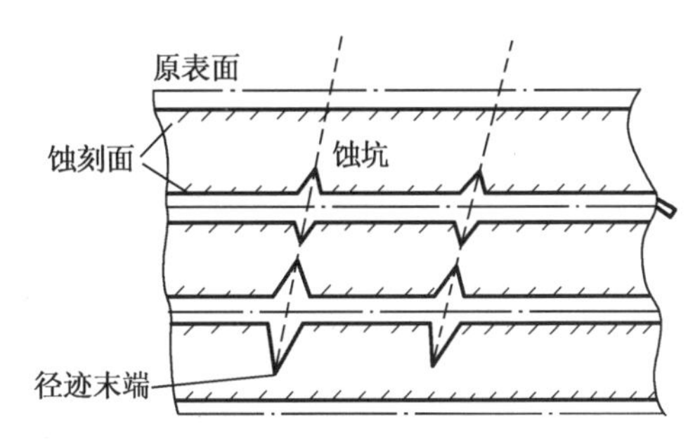

图4.33 硝化纤维膜上形成的α径迹

2. 固体径迹探测器的特性

固体径迹探测器的特点是具有阈特性。虽然入射到固体径迹探测器中的各种带电粒子都会对材料产生辐射损伤,但有的损伤能蚀刻出径迹,有的不能蚀刻出径迹。只有辐射损伤密度达到某一数值(阈值)时,蚀刻剂才能以较快的速度与损伤物质反应而出现蚀坑。如果损伤较轻,辐射损伤密度达不到阈值,就蚀刻不出径迹来。实验表明,不同的物质材料具有不同的阈值,而与粒子的种类无关,如图4.34虚线所示。图4.34中的实线表示各种重带电粒子在探测器材料中的辐射损伤密度与粒子速度的关系。由图4.34可知,硝酸纤维是探测质子和α粒子最灵敏的探测器材料。聚碳酸酯不能记录质子,只能记录α粒子和更重的粒子。云母可记录比氖更重的粒子,陨石矿物比云母的阈值还要高。

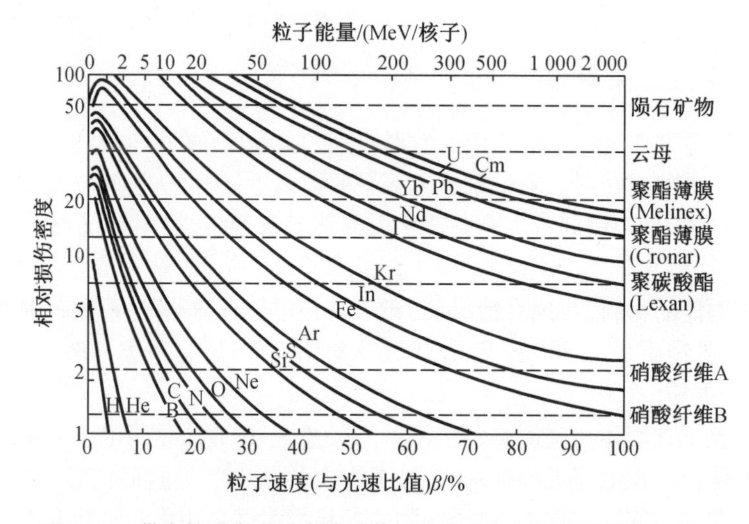

图4.34 带电粒子电介质中造成的损伤密度与入射粒子能量的关系

各种固体径迹探测器都因存在阈特性而对一些轻粒子不灵敏,这是它很重要的特性之一。β、γ和X射线在各种材料中的辐射损伤密度都低于阈值,故所有固体径迹探测器都不能记录这些射线。

在实际使用时,可以根据各种材料的阈值来选择合适的探测材料,使它在记录所需要的粒子时排除掉本底辐射,因此,固体径迹探测器能克服强本底干扰。由图4.34可以看出,由探测器材料的阈值,还可以确定被记录粒子电荷数的下限。譬如,有一种粒子在云母中能形成可以蚀刻的迹径,则这种粒子的电荷数至少应等于氖的电荷数。

用化学浸蚀法显影时探测器的效率与入射粒子的方向有关,这是它的另一特点。对于辐射损伤密度大于阈值的入射粒子,如果它的入射方向与固体径迹探测器表面的夹角,即入射角小于某一角度θ_C值,则经蚀刻后粒子的径迹仍显示不出来。这是因为在蚀刻过程中,蚀刻剂与固体径迹探测器同时发生两种作用:一种作用是蚀刻剂与辐射损伤物质的反应沿径迹的走向有一个蚀刻速度;另一作用是蚀刻剂在垂直于固体材料表面的方向也以一定的速度腐蚀探测器的表面。如果沿径迹的走向蚀刻速度在垂直于表面方向的投影大于固体材料表面的腐蚀速度,则蚀刻后就能显示出径迹,否则在蚀刻过程中这些径迹就会丢失。因此,每种固体径迹探测器对入射粒子都有一个临界的入射角θ_C,称为临界角。如果入射角$\theta < \theta_C$,蚀刻后不能显

示出径迹。只有当入射角 $\theta > \theta_C$ 时,蚀刻后才能显示出径迹。所以,临界角 θ_C 是决定入射粒子的径迹能否显示出来的一个因素。不同物质的临界角 θ_C 是不同的,例如:钠玻璃,$\theta_C \approx 30°$;硅玻璃,$\theta_C \approx 17°$;磷玻璃,$\theta_C \approx 8°$。有时要得到高的记录效率,可预先限定入射粒子方向。

当用天然物质作固体径迹探测器时,存在本底径迹。本底径迹的主要来源有以下几方面:含铀杂质的自发裂变,宇宙线长期照射引起的裂变,物质结构的缺陷等。为了消除本底影响,可以用预蚀法来处理探测器,就是预先将本底径迹显影到一定大小,等到受粒子照射后,再重新显影,这样就能使观察粒子的径迹与本底径迹有明显差别。

3. 固体径迹探测器的优缺点

固体径迹探测器突出的优点是:①经济、简便,若用化学浸蚀法显影,则它在各种探测器中是最经济简便的,不需要暗室等条件;②由于各种材料都具有各自的阈值,可在轻粒子和 γ 本底下进行重粒子的研究;③记录稳定性高,一般不受温度、湿度等环境的影响,记录时不需要供电系统;④可以长期保存径迹,不像原子核乳胶有潜影衰退的问题,因此,不受低通量、低计数率的限制。对于低计数率的粒子,可延长照射时间,而对于高通量、高计数率的粒子也不会有漏失现象。此外,利用这种探测器在天然物质材料中还能得到古代产生的重带电粒子的径迹。

固体径迹探测器的主要缺点是:观察工作较繁重,用显微镜测量径迹和处理数据速度慢。不过,近年来已研制成功了固体径迹电视自动扫描和火花自动计数器,实现了径迹观测自动化。另外,对轻粒子不灵敏,限制了它的应用范围。

4. 固体径迹探测器的应用

(1)在裂变物理方面的应用。该探测器首先可用来进行自发裂变的研究,其次可用于强 α 放射性核的裂变截面的测量工作;另外,在用于带电粒子引起裂变的研究时,既可以测量截面,还可以测量裂变碎片的角分布,而且几乎可以在 0° ~ 180°内得到数据,这是其他探测器很难做到的。

(2)在中子通量及剂量测定方面的应用。在探测器上覆盖不同的裂变物质,可以用来进行热中子及快中子通量或剂量的测量。由于它对 γ 射线及其他轻粒子不灵敏,所以,可用于反应堆或临界装置的中子通量密度测量。

(3)在带电粒子引起核反应方面的应用。因它是对轻粒子不灵敏的探测器,因此,可避免入射粒子束的干扰。特别是在轻粒子引起的核反应中,研究较重的反应产物是极为有利的。

(4)在其他方面的应用。在天体物理中,可应用于测量宇宙线中的原子核成分,利用陨石和月球岩石数亿年以来记录的辐射损伤径迹,研究宇宙线的成分。寻找古代和现今可能存在的超重核和磁单极子等。近来在铀矿勘查应用方面也有很大发展,其他在生物医学和地质年代测定方面也有一定的应用。

总之,固体径迹探测器是正在发展中的探测器,其应用的范围必定会越来越广。

4.5.3 热释光探测器

热释光探测器,自 20 世纪 60 年代初以来得到较为迅速的发展。它具有很多优点,如体积小、灵敏度高、量程宽、测量对象广泛,可测 X、γ、α、β 中子和质子等射线,特别是在剂量测量领域中占有日益重要的地位。此外,其在核医学、放射生物、地质研究中也是一种有效的工具。

1. 热释光探测器基本原理

由固体能带理论可知,晶体中电子的能量状态已不是分立的能级,而成为能带,如图4.35所示。电子分别处在各个容许能带上,各容许能带被禁带分开。晶体的基态是指容许能带被电子所占据的状态。固体可以有几个满带被禁带分开,最上面的一个满带称价带。当带电粒子穿过介质时,电子获得足够能量使原子电离,亦即电子由价带进入导带。但若电子获得的能量不足以使它到达导带,而只能到达激子带,这就是激发过程,这种电子空穴对就叫激子。激子可以在晶格中运动,但不导电。电子或空穴在晶格内的运动过程中,可能被陷阱俘获而落入深度不同的陷阱能级,图中A、B能级;或陷入杂质原子在禁带中所形成的能级(称为激活能级),如图中C、D能级。陷阱是指磷光体内晶格的不完整性所引起的一些与导带底部能距小的分立能级(有时又称为电子陷阱)。常温下陷阱能级和激活能级中的电子靠自己的热运动跳不到导带,必须由外界给它能量才能跳到导带,才能同发光中心复合而发光。当晶体受到核辐射照射后再加热时,被俘获的电子从晶体中获得能量,若此能量足够高时,电子就能挣脱陷阱能级或激活能级的束缚而重新被激发到导带中,由导带跳回满带将激发能以光的形式辐射,发射的这种光称为热释发光。加热放出的总光子数与陷阱中释放出的电子数成正比,而总电子数又与磷光体最初吸收的辐射能量成正比。因此,可以通过测量总光子数来探测各种核辐射。

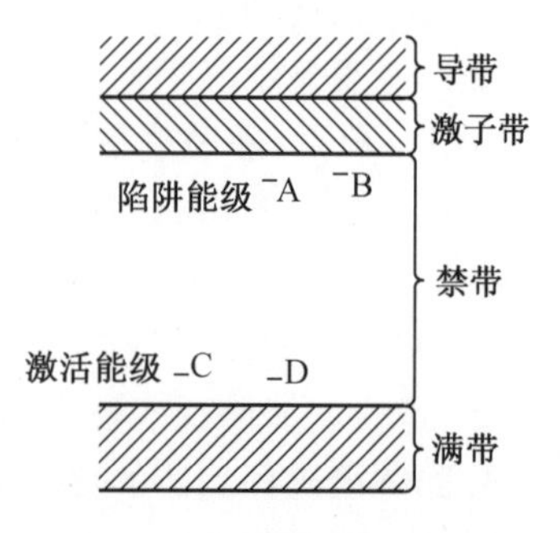

图4.35 离子晶体的电子能带

加热磷光体可以使落在陷阱能级上的电子释放出来,在不同的温度,释放出来的光能不同;光强峰值对应的温度近似地反映了陷阱的深度。图4.36表示氟化锂(LiF)逐渐升温加热的发光强度曲线。低温处出现的发光峰对应于较浅的陷阱。前五个发光峰对应的陷阱深度分别为0.9 eV、1.04eV、1.11eV、1.19eV、1.25 eV。俘获在较浅陷阱中的电子,在室温下,将有较大的概率逸出陷阱释放出贮存的能量。由此可见,热释光磷光体经辐照后,其所贮存的能量在室温下会自行衰退。实际使用时可以采取措施,在一定程度上消除衰退对测量结果的影响。

2. 对热释光磷光体的要求

许多天然矿石和人工合成的物质都具有热释光特性。但要作为探测元件使用,还应满足一定要求,如要求陷阱密度高、发光效率高、在常温下被俘获的电子能长期贮存,即自行衰退性小、发光曲线比较简单、最好是有效原子序数低的材料。

上述要求实际上不可能全部满足,只能根据不同实验目的来选择较为满意的材料。常用的有LiF、氟化钙(CaF_2)、硼酸锂[$Li_2B_4O_7$(Mn)]、氧化铍(BeO)、硫酸钙[$CaSO_4$(Dy)]等。最常用的是LiF,它衰退较小、能量响应好,但制备工艺较复杂、灵敏度不够高。

热释光材料可以重复使用,只是重复使用前,必须经过高温褪色,以消除潜在的发光中心,消除残剩剂量,还需要低温褪色,消除低温峰。

3. 加热发光测量装置的主要部分

加热发光测量装置可分为三部分:加热部分、光电转换部分、输出显示部分。加热和光电转换部分组成测量探头。加热发光测量装置是通过光电倍增管将光信号转换为电信号,因此,光电倍增管是探头的核心部分。对探头的要求是:①收集磷光体所发光的效率尽可能高;②尽可能降低其他因素产生的噪声,如热噪声、光电倍增管噪声等;③探测效率稳定。探头一般包括以下几部分，如图4.37所示。

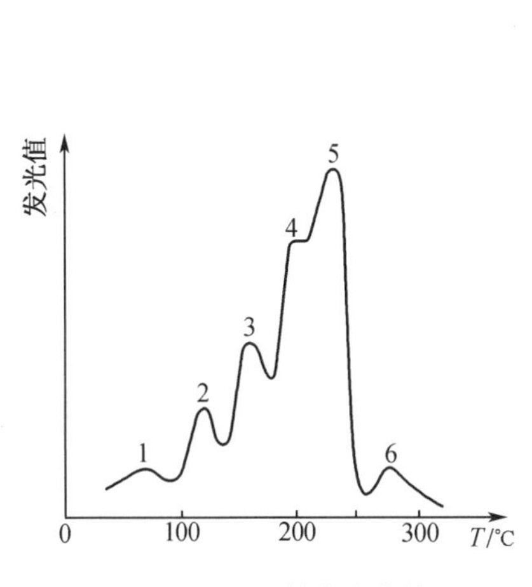

图4.36 LiF的发光曲线

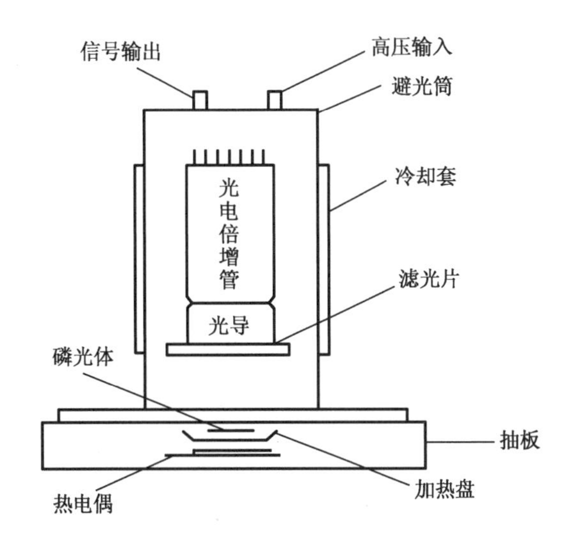

图4.37 探头示意图

(1)加热盘。加热盘通常由厚为0.2 mm左右的不锈钢片、钽片或电阻钢带按一定形状冲压而成。加热盘要求在高温下不变形，不易氧化及金属表面的光泽基本不变，也可在加热盘上镀上一层银。

(2)温度传感器。温度传感器通常采用热电偶，常用的有镍铬－镍铝，镍铬－青铜或铜－康铜等热电偶。它通常点焊在加热盘下面的中心处。

(3)滤光片。各种滤光片具有各自特定的透射光谱曲线，它基本上要与所用的磷光体的发光光谱一致，使磷光体发出的光大部分透过，其他光谱则被滤去。

(4)光导。光导是用透明的光学玻璃或有机玻璃制成。它使光电倍增管和加热盘之间有一定距离，以减少加热盘的电磁干扰及高温对光电倍增管工作的影响，并使磷光体发出的光能够有效地输送至光电倍增管的光阴极。

(5)光电倍增管。光电倍增管是探头的重要部件，其性能好坏和其工作状况对测量结果有很大影响。因此，一般应选择光电倍增管的光阴极具有高的光量子效率，其光谱特性与磷光体的热释发光光谱相匹配，暗电流要极低。

此外，为了降低光电倍增管的暗电流，应在避光筒外装上冷却水套或半导体制冷器。由于光电倍增管对电磁场敏感，除避光铁筒可以起电磁屏蔽作用外，还可以在铁筒内加一层高磁导率坡莫合金做成的圆筒，以得到更好的电磁屏蔽作用。

输出显示部分由一系列电子线路组成，这里不进行介绍了。

4. 热释光探测器的应用

热释光探测器主要用在剂量监测方面。热释光剂量仪可测较长时间地累积照射量，线性较好的量程可从 $10^{-9}\ C\cdot kg^{-1}$ 到 $1\ C\cdot kg^{-1}$ 精度满足辐射防护的要求，测量迅速、使用方便、组织等效好。所以，国际上一般将其作为主要的个人剂量监测仪器。

目前，低能X射线的剂量监测仍然是很重大的课题，采用LiF或 $Li_2O_7(Mn)$ 可对30 keV以下X射线进行剂量监测。我国某省对受平均能量为15 keV的X射线照射的放射科医生进行剂量调查时,就是利用 LiF 材料作 X 射线剂量监测的。

目前,中子剂量的监测仍然是一个难题,选择合适的材料,如 ^{6}LiF 和 ^{7}LiF 的组合,可分别测定中子和 γ 的剂量。

因为热释光元件可以做得很小,佩戴在人体的各个部位,可以分别测定各器官的受照剂量。一般物质都具有热释光的特性,因此在事故现场中,可就地选取一些材料进行热释光测量,估算出事故剂量。20 世纪 70 年代,在日本有人利用广岛、长崎屋顶的砖瓦(其中含石英、长石)具有热释光特性,测出了 1945 年原子弹爆炸所产生的现场 γ 射线剂量分布。

热释光探测器在考古、地质方面也有很重要的应用。一般陶瓷都具有热释光特性,由热释光测量可推算出陶瓷的年代。这种方法为判别出土文物的年代提供了科学的测量手段。它在核医学、宇宙医学等方面也有应用。

4.5.4 位置灵敏探测器

在许多物理测量工作中,不仅要求测量入射粒子的能谱,而且还要求测量入射粒子的位置(位置灵敏)。由于射线在半导体探测器中形成的电离密度比在一个大气压的气体中高大约三个量级,并且离子对被限制在直径约 1 μm 的柱体内,所以使用半导体可制成高分辨率的位置灵敏探测器。下面介绍半导体位置灵敏探测器的工作原理和最新发展。

先看最简单的情况。将一块长条形半导体材料(如 50 mm×5 mm)按图 4.38 所示的方式制成金硅面垒探测器。从探测器的正面金层处(C 端)引出的信号是 α 粒子形成的总电流信号,因而其脉冲幅度反映了入射粒子的能量,称为能量信号。在半导体的背面做上一层高阻层(10~20 kΩ,图 4.38 中的斜线部分),在该层的两端加上电压,A 端接地,B 端接电荷灵敏放大器。B 端输出信号的幅度反映了 α 粒子的位置,称为位置信号。

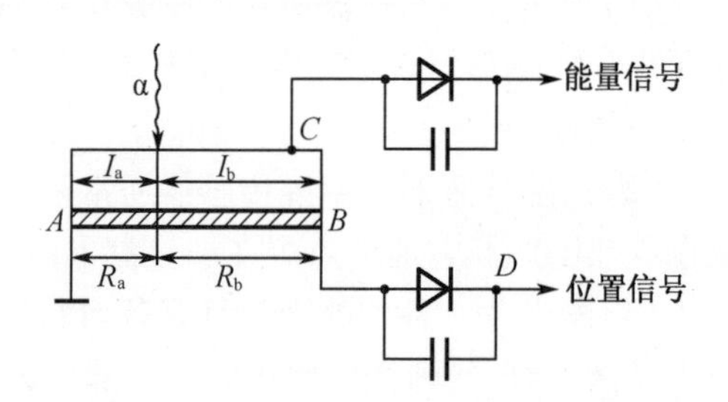

图 4.38 半导体位置灵敏探测器示意图

从图 4.38 可见,α 粒子产生的电流信号,流经探测器背面时分为两路,一路经过电阻 R_a(即 α 粒子入射点与 A 点之间的电阻)到地,另一路经过电阻 R_b(即 α 粒子入射点与 B 点之间的电阻)至电极 B,再输入到前置放大器被测量,因为放大器的输入阻抗很低,B 点相当于虚地,从 B 电极输出的电流信号只占总电流信号的一部分,即

$$I_b = \frac{R_a}{R_a + R_b} I_0 \tag{4.29}$$

式中 I_b——从 B 电极输出的电流;

I_0——α 粒子产生的总电流。

设入射 α 粒子的能量为 E,则在 D 点得到的信号脉冲幅度满足如下关系:

$$V_p \propto \frac{R_a}{R_a + R_b} E \tag{4.30}$$

高阻层可以做得很均匀,使得其阻值与长度成正比,因而有

$$\frac{R_a}{R_a + R_b} = \frac{l_a}{l_a + l_b} \tag{4.31}$$

式中，l_a、l_b 分别为 α 粒子的入射点与 A、B 点的距离。

所以，从 D 点输出的信号脉冲幅度满足如下关系：

$$V_p \propto \frac{l_a}{l_a + l_b}E \tag{4.32}$$

式(4.32)可以反映入射粒子的位置。当半导体和高阻层都很均匀时，空间分辨率可达到约 250 μm。

20 世纪六七十年代发展起来了一种新型的位置灵敏探测器，有人把这类探测器称为半导体存储探测器(memory detector)。它与传统的半导体探测器不同，带电粒子形成的载流子不是马上漂向两极并立即在极板上产生感应信号，而是把电子存储在探测器内，并使之沿着与硅片平面大体平行的方向进行漂移，从载流子的漂移时间可导出位置信息。图 4.39 给出了一种存储探测器——硅漂移室的工作原理。在一片 N 型 Si 片的两表面做上 p^+ 接触，从而形成两个耗尽层夹着一个中心未耗尽的区域，然后再将 n^+ 接触注入 Si 片一面的边上。当加上反向电压后使 Si 片全部达到耗尽。Si 片内部的电位分布成为抛物线形(图 4.39)，沿中心平面电位最低。当电子在某处产生后就会落到位阱的谷中，然后沿电场的纵向分量向 n^+ 极漂移，通过测量漂移时间就可以得到位置信息，这类似于气体漂移室。

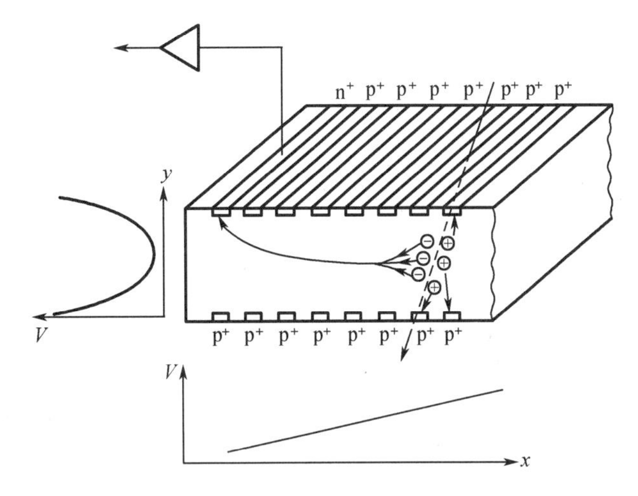

图 4.39 硅漂移室的工作原理

这种探测器很大的一个优点是可以大大节省电子学仪器；另一个优点是电子在漂移很长的距离后到达一个尺寸很小的电极，所以其电容比一般的半导体探测器小得多，因而对提高能量分辨率很有利。此外，普通的半导体谱仪的计数率不是受载流子的收集时间所限而是受脉冲的成形时间所限，典型的是几十微秒，相应的计数率应在几十千赫兹以下。漂移探测器由于电容很小，相应的成形时间也可小得多(约 100 ns)。还应强调的是硅漂移室的漂移(存储)时间虽然较长，但其计数率并不受此限制。因电子向阳极漂移时，其电荷受到特殊的电极结构所屏蔽，不影响阳极信号的处理，所以硅漂移室允许的计数率要比普通的半导体谱仪高几十倍。而其定时精度小于等于 1 ns，位置分辨率可达几微米。存储探测器的主要缺点是电极结构比一般的探测器要复杂得多，因而价格也要贵得多。

另一种存储型的半导体探测器是基于电荷耦合装置(charge - coupled device，CCD)。在 Si 片上制成许多两维的小位阱，每个位阱覆盖几平方微米。一个芯片上包含几万个单元。当射线在其中产生载流子后，电子被陷入这些位阱中，当这些电子从一个位阱向另一个连续移动直到读出电极时，这些电荷的信息被读出。这种仪器的位置分辨率可望好于 2 μm。

思考题和练习题

4 - 1　从探测器的结构、工作原理、工作过程、输出信号特征等方面来比较核辐射探测器与一般传感器的异同。

4 - 2　简述气体的电离过程及输出信号的形成过程、脉冲信号的特征。

4 - 3　简述闪烁计数器的基本构成、工作过程及其输出信号的特征。

4 - 4　为什么半导体探测器要在低温下工作?

4 - 5　为什么半导体探测器的能量分辨率高于闪烁计数器和气体探测器?

4 - 6　探测器的能量分辨率取决于哪些因素?

4 - 7　探测器的探测效率与哪些因素有关?

4 - 8　比较气体探测器、闪烁计数器、半导体探测器的主要特性。

4 - 9　探测器的死时间、分辨时间、恢复时间的实质是什么?

4 - 10　探测 α 射线可以用哪些探测器?

4 - 11　探测 β 射线可以用哪些探测器?

4 - 12　探测 γ 射线可以用哪些探测器?

4 - 13　电离室、正比计数器、G - M 计数器的主要用途有哪些?

4 - 14　ZnS(Ag)、NaI(Tl)、塑料闪烁体的主要用途有哪些?

4 - 15　Si(Li)、Si - PIN、HPGe 和金硅面垒探测器的主要用途有哪些?

4 - 16　衡量位置灵敏探测器的指标有哪些?

4 - 17　固体径迹探测器的特点及其主要用途有哪些?

4 - 18　热释光探测器的构成及其应用有哪些?

4 - 19　计算 ^{55}Fe 的 5.9 keV X 射线在硅探测器和正比计数器中的能量分辨率,取法诺因子 $F = 0.2$。说明半导体探测器比气体探测器能量分辨率高的内在原因。

4 - 20　计算 ^{137}Cs 的 662 keV 的 γ 射线在 HPGe 探测器中的能量分辨率,取法诺因子 $F = 0.2$。

4 - 21　计算 ^{60}Co 的 1.17 MeV、1.33 MeV 的 γ 射线在 HPGe 探测器中的能量分辨率,取法诺因子 $F = 0.2$。

第5章　带电粒子测量方法

5.1　α、β射线样品的活度测量概述

放射性活度测量与核科学研究和核技术应用有着十分密切的关系，本节所介绍的基于α、β射线的放射性样品活度测量（简称α、β活度测量），也可供X、γ活度测量参考。放射性活度测量涉及放射性核素生产及其在工农业、医药、地质和环境等多个领域应用，例如，低能核物理许多核衰变参数和某些核反应参数的确定，最终要归结到样品的放射性活度测量。因此，放射源活度测量在实验核物理及核技术应用中有着非常重要的地位。通常，每一种放射性活度测量方法往往只能适应一定的范围，本教材难以对各种测量方法逐一介绍，本章主要介绍微居里级的放射性样品活度测量方法。

5.1.1　放射性活度与标准样品

1. 放射性活度

由本书第1章可知，放射性活度是描述某种放射性核素数量的一个物理量，它反映该核素的放射性强弱（因而早期称为放射性强度测量），与该核素自身的物质质量密切相关。它定义了处于某一特定能态的放射性核素在单位时间内发生原子核衰变的平均数目，即单位时间内的衰变数。原子核的衰变服从指数衰变规律，放射性活度的取值等于衰变常数乘以原子核的数目：

$$A = \mathrm{d}N/\mathrm{d}t = \lambda N = \lambda N_0 \mathrm{e}^{-\lambda t} = A_0 \mathrm{e}^{-\lambda t}$$

放射性活度的国际单位为Bq，目前还常使用Ci（居里）单位。由于有些衰变核在每次衰变时不止放出一个粒子，因此，用辐射探测器所得的实验计数不是该衰变核的放射性活度，还需利用放射性衰变知识加以计算。例如，1 Ci钴-60衰变时，每秒钟除放出3.7×10^{10}个β粒子外，同时还放出$2\times3.7\times10^{10}$个γ光子；1 Ci磷-32衰变时，只放出3.7×10^{10}个β粒子，没有γ光子放出，但它们的放射性活度都是1 Ci，即每秒都发生了3.7×10^{10}次核衰变。可见，1 Ci $=3.7\times10^{10}$ Bq $=3.7\times10^{10}$次衰变/秒，1 Bq $=1$次衰变/秒。也就是说上述1 Ci的放射性样品每秒发生3.7×10^{10}次核衰变。

由于Bq单位很小，常采用它的衍生kBq、MBq等单位来表示，即1 MBq $=10^3$ kBq $=10^6$ Bq；而Ci单位又太大，常采用它的衍生mCi、μCi等单位来表示，即1 Ci $=10^3$ mCi $=10^6$ μCi。

应当注意，核衰变可通过多种方式进行，包括α衰变、β衰变、β^-衰变、电子俘获等。例如，^{94}Tc衰变到^{94}Mo，其中β^-衰变占76%，K层电子俘获占24%。当1 Ci的^{94}Tc衰变时，每秒只放出$3.7\times10^{10}\times0.76=2.8\times10^{10}$个$\beta^-$粒子，此时测量的$\beta^-$粒子数并不等于其放射性活度。

2. 标准样品

为了实施和制定测量标准，常常需要制作标准样品。一般，标准样品只在标准所涉及的范围内使用，它是具有足够均匀的一种或多种化学、物理、生物、工程技术或感官等性能特征，经

过技术鉴定并附有性能特征说明证书,经过国家标准化管理机构批准的样品。

通常,各国计量部门或相应权威部门运用自己的测量系统,通过国内和国际的比对来确定本国公认的标准。各专业或地区的计量部门都采用上述标准来标定自己的测量系统。多数应用部门尤其是放射性核素应用部门,并不都具有绝对测量系统,而主要依靠标准样品(标准放射源)通过相对测量来开展工作。标准放射源除了具有一定的准确度外,通常还要求物理和化学性质稳定,放射性核素的半衰期较长、核纯度较高,从而有效使用期也较长。

通过绝对测量或相对测量的刻度可以检定或者校准标准放射源。绝对测量是直接测量发射性粒子并经过各种因素校正而得到活度值;相对测量是以已经准确刻度过的标准放射源为基准,进行测量比较而获得样品的活度值。相对测量的误差包括标准源自身误差和测量误差。相对测量时,要求所用的仪器条件、几何位置、环境状况均保持相同,以减小测定误差。通常,标准放射源的品种主要包括以下几种:

(1)固体标准源,α 或 β 固体标准源多为薄膜源,将适当的放射性溶液滴在有机薄膜底托上,再用绝对测量方法刻度而获得。其准确度高,总不确定度为1%左右,但牢固度较差,不便于量值传递。金属或塑料板源比较耐用,应用很广,但这类标准源由于反散射、自吸收等原因,不能准确给出其活度值,通常只能给出表面粒子发射率,其测定既可用绝对测量法,也可用相对测量法。绝对测量法测定的量值总不确定度为1% ~2%,相对测量法测定的量值总不确定度为3% ~5%。高活度的固体源用量热计作绝对测量时,给出的活度值其总不确定度约为2%。

(2)液体标准源,即放射性标准溶液。通常采用绝对测量法准确测定出溶液的比活度值,然后分装入玻璃安瓿中提供用户使用。放射性标准溶液的比活度测定值总不确定度一般在1%左右。有些核素半衰期较短,常用射线能量相近的长半衰期核素来模拟,称为模拟标准溶液,对所模拟的核素活度而言,其总不确定度在5%左右。放射性标准溶液适用性好,因此得到了较为广泛的应用。

(3)气体标准源,即密封在适当包壳里的某些放射性气体。通常采用绝对测量方法刻度,如^{35}Kr、^{133}Xe 等,其活度测定值的总不确定度为1% ~3%。

(4)标样,随着核科学技术的发展,上述几类标准放射源,在某些情况下并不适用,所以又出现了另一类标准样品,简称标样。这类标准样品是人工制备的,既与待测样品的化学、物理等特性相同或极其相似,又含有已知量的某些放射性核素。

5.1.2 影响活度测量的因素

使用一般探测装置测量放射性样品活度时,得到的是单位时间内所记录的脉冲数,即计数率。计数率并不等于样品的放射性活度,而只是在一定条件下与样品活度成正比的相对数值。同时,由于在测量过程中存在一系列影响因素,因此必须对这些因素进行校正,其后才能求得可靠的衰变率。不同的测量对象和测量装置,其影响因素并不完全相同,但也有不少共同之处。下面分别讨论在 α、β 活度测量中的主要影响因素,如几何因素 f_g、f_a。

1. 几何因素

几何因素是指探测器对样品所张的立体角、样品与探测器的相对几何位置等。在测量中,几何条件变化都会影响计数率变化,特别是放射性的相对测量时,因而,需要保持固定不变的几何条件。例如,4π 计数管和井型闪烁晶体探头计数器可接受样品放出的全部射线,可提高计数效率,并且易于保持几何条件的固定不变。

当样品的发射粒子各向同性时,对于一般探测器来说,可将放射性样品放在探测器外面进行测量,但射入探测器灵敏体积的粒子数只是发射粒子的一部分,即只有部分粒子能进入探测器的灵敏体积,此时需要几何因素的影响校正。

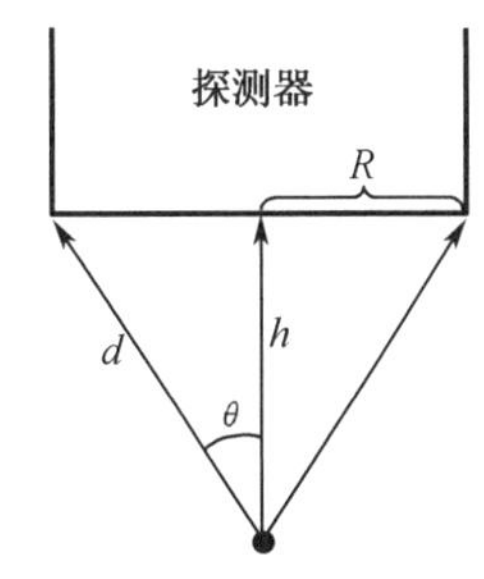

图5.1 计效管与点源的几何条件

通常,几何因素的影响用几何效率校正因子f_g(简称几何因子)来表示,即f_g的定义为:在不考虑其他影响因素的条件下,每秒到达探测器灵敏体积的粒子数目与样品每秒发射的粒子数目之比。对点源(源的尺寸远小于测量距离h或计算距离的辐射源)而言,几何因子的校正易于计算,而非点源或扩散源需要采用数值积分方法来计算。如图5.1所示,h为源到探测器表面距离,R为探测器半径,θ为夹角,则f_g等于探测器窗对源所张的立体角Ω,可由下式进行计算:

$$f_g = \frac{\Omega}{4\pi} = \frac{1}{2}(1 - \cos\theta) = \frac{1}{2}\left(1 - \frac{1}{\sqrt{h^2 + R^2}}\right) \tag{5.1}$$

2. 探测器本征探测效率

本征探测效率ε_m表示为进入探测器灵敏体积的一个入射粒子所产生一个输出脉冲信号的概率。在探测器的脉冲工作方式下,探测器本征探测效率是探测到的粒子数与在同一时间内入射到探测器中的该种粒子数的比值;在探测器电流工作方式下,探测器本征探测效率是探测系统的灵敏度。探测器本征效率的最大值为1,其值与探测器种类、运行状况和几何尺寸有关,也与入射粒子的种类和能量、探测器窗厚度有关,还与电子记录仪的工作状况有关。当入射粒子射到探测器时,需要穿过探测器窗才能进入探测器的灵敏体积,探测器窗除了可能吸收一部分入射粒子以外,还可能使射入灵敏体积的粒子能量有所减少,从而改变探测器产生的脉冲幅度分布,使得有些脉冲的幅度可能低于电子仪器的甄别阈而不产生计数。用ZnS(Ag)闪烁计数器记录α粒子,用塑料闪烁计数器记录β粒子都得考虑这个问题。还需指出,粒子以平行束入射和以锥形束入射的探测器效率是有差别的。图5.2是圆平面源、圆探测器窗的相对几何位置示意图,R为探测器入射窗半径,r为面源半径,H为源表面到探测器表面距离。

3. 吸收因素

放射性样品所发射的射线在达到探测器之前,一般要经过样品材料自身的自吸收、样品和探测器之间的空气层吸收、探测器窗吸收以及源保护层吸收等,其吸收因子分别记为f_s(自吸收因子),f_a(空气层吸收因子),f_w(探测器窗吸收因子)和f_m(源保护层吸收)。通常,在测量条件不变时,后三种吸收是相对不变的,仅考虑样品的厚度变化。因此,可在确定测量条件下,按一定厚度的样品来定义自吸收校正因子f_s,即f_s为有自吸收时的计数率n与无自吸收时的计数率n_0的比值。通常,自吸收对测量α、β射线(特别是低能β射线)影响较大,其自吸收程度取决于样品中的β

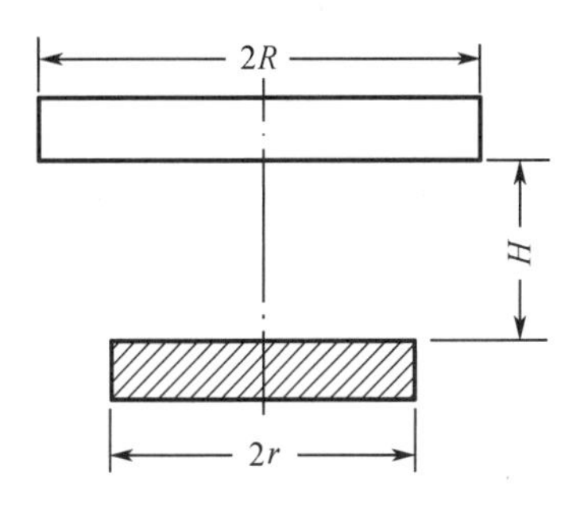

图5.2 圆平面源、圆探测器窗的相对几何位置示意图

粒子能量、样品的材料及厚度等因素。

β射线在物质中的自吸收并不严格遵循指数规律,难以采用理论计算准确确定f_s的值,需采用实验方法测定。其中总活度相同法是一种常见的实验测定f_s值的方法,即先制备一系列总活度相同但厚度不同的样品(添加不同量的载体),并在相同测量条件下测定各样品的计数率n,然后制作样品计数率与样品厚度的关系曲线,外推该曲线到零厚度处,可求得到无自吸收时的样品计数率n_0。此时,相应厚度的样品自吸收校正因子f_s为

$$f_s = n/n_0 \tag{5.2}$$

4. 散射因素

放射样品所发射的射线(如β粒子等)容易受到周围物质(如空气、测量盘、支架、铅室内壁等)的散射,散射对测量的影响有正向散射和反向散射两类。正向散射使射向探测器灵敏区的射线偏离而不能进入灵敏区,这种散射使计数率减少;反向散射使原来不该射向探测器的射线经散射后而进入灵敏区,这种散射使计数率增加。在一般测量中,样品距探测器较近,主要影响为反向散射,特别是样品盘的反向散射影响。在测量β、γ射线时,必须考虑散射的影响,β粒子的反散射示意图如图5.3所示。

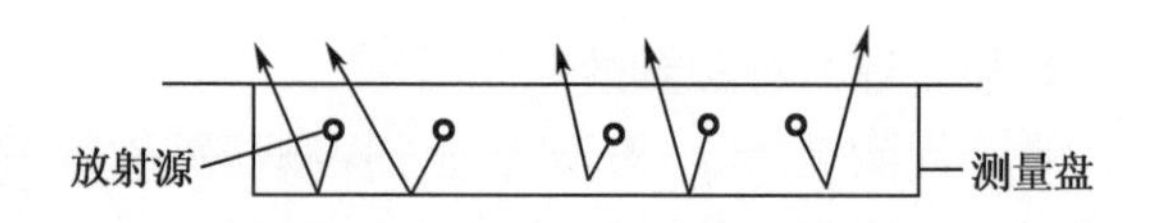

图5.3 β粒子反向散射示意图

通常,将有反向散射与无反向散射时的两种计数率之比定义为反向散射校正因子f_b,其值与β粒子、材料的原子序数Z、测量盘厚度以及源的几何位置等因素相关,一般情况下$f_b>1$。对于低能β粒子、低Z材料的测量盘,$f_b\approx1$;对于高能β粒子、高Z材料的测量盘,f_b可大到接近于2。对于同一材料,f_b随测量盘厚度的增加而增大,且逐渐达到饱和值,相应的f_b称为饱和反向散射因子。实验表明,对于能量较低的β粒子,源承托片的厚度达到该β粒子在该材料中最大射程的1/5 ~ 1/4时,f_b即达饱和值。

在实际工作中,为了减少反向散射的影响,常采用低Z材料的薄膜作为样品的承托片,此时$f_b\approx1$。在一般常规测量中,往往采用较厚的测量盘,使反向散射达到饱和,以便于采用固定的反向散射校正因子f_b进行校正。一般可采用下面实验方法来测定f_b值,即把样品溶液滴在厚度为10 $\mu g\cdot cm^{-1}$的有机承托膜上,并制成薄膜源,以此测得其计数率n;然后把薄膜源放在实验中使用的测量盘上,测得其计数率为n',则可求得f_b的值为

$$f_b = n'/n \tag{5.3}$$

5. 分辨时间

计数装置的分辨时间是指能够区分连续入射的两个粒子的最小时间间隔。显然,在分辨时间内,进入探测器的第二个粒子就无法被记录,因此,计数装置观测到的计数率要比实际进入探测器内的真计数率少。假设没有分辨时间损失的计数率为n_0,因为计数装置存在分辨时间τ,而测得的实测计数率为n,则$n_0-n=n_0n\tau$。因此分辨时间校正因子f_τ为

$$f_\tau = 1 - n\tau \tag{5.4}$$

事实上,所有脉冲型探测器都存在有限的分辨时间,原则上都需要进行漏计数的校正。

6. 本底计数

任何放射性测量均需扣除本底的影响,特别是测量低放射性活度的样品时,更需减去本底才可求得样品的真计数率。通常,探测器在没有测量放射性样品时也可显示一定的计数,这种

计数常由周围环境中存在的天然放射性核素、宇宙射线、探测室内放射性物质以及邻近放射源等所造成。在放射性测量中,狭义的本底计数是指没有被测样品时,测量装置所显示的计数;把样品中干扰放射性核素所产生的计数称为干扰计数。总的本底计数应是上述两者之和,主要来源于宇宙射线、环境放射性、探头材料中所含放射性杂质,以及电子线路噪声和外界电磁干扰等。因此,放射性样品净计数率为测量计数率 n 减去本底计数率 n_b。

7. 其他影响因素

其他影响因素包括:源的核衰变及衰变方式、探测器坪斜影响等,需要时均应进行相应的校正。如果放射源的半衰期较短,还要进行衰变校正。

通过以上讨论可知,实验测得的样品计数率 n,需经以上各项影响因素的校正才能得到样品的粒子发射率 D,即

$$D = (n - n_b)/\eta \tag{5.5}$$

式中 η——探测装置的总体探测效率,其值为 $\eta = f_g f_s f_w f_b f_\tau \varepsilon_{in}$($\varepsilon_{in}$ 为探测器的本征探测效率),它是上述各项影响因素的校正因子与本征探测效率之积;

n——测得的样品计数率;

n_b——测得的本底计数率。

另外,当粒子发射率 D 存在分支比 P 时,样品的衰变率(或活度)A 的校正为

$$A = D/P = (n - n_b)/(P\eta) \tag{5.6}$$

5.1.3 绝对测量和相对测量

1. 绝对测量方法和相对测量方法的概念

通常,放射性活度测量方法按测量方式分为两大类。一类是采用测量装置直接测量放射性核素的衰变率,而不必依赖于其他标准测量的比较,这类方法称为绝对测量,又称直接测量。绝对测量是用测量装置直接测量样品的放射性活度,而不必借助于其他中间手段(如标准源或标准仪器)。另一类是需借助于其他标准测量来校准测量装置,再利用经过校准的测量装置来测量放射性核素的衰变率,这类方法称为相对测量,又称间接测量。相对测量对样品和标准源在相同条件下进行测量,因为标准源的活度是已知的,所以由样品和标准源的测量值比较即可算得样品的活度。

在标准源生产单位和计量研究部门主要采用绝对测量方法,而一般部门的常规测量大多使用相对测量方法。

应当注意,所谓相同条件不仅指相同的几何条件(包括源的活性区大小、源与探测器距离等),还应具有相同的源能量、相同的组成成分、相同的源衬托物材料及厚度等参数。

2. 放射性活度的相对测量方法

相对测量方法的操作步骤比较简便,即先选取合适的标准源,再测量该标准源的标准计数率 n_0,由于标准源的活度 A_0 为已知,则该探测装置的总探测效率 η 为

$$\eta = n_0/A_0 \tag{5.7}$$

然后,在相同的测量条件下,用该相同的探测装置测量未知样品的计数率 n,通过该探测装置的总探测效率 η,即求得未知样品的活度 A,即

$$A = n/\eta \tag{5.8}$$

应当注意,采用相对测量方法应遵守如下具体操作要点。

(1)测量条件的选取

①严格保持测量时的几何条件相同;制备样品时,各源要有相同的厚度和面积,而且分布均匀;要使用材料、尺寸相同的测量盘,以保证具有相同的自吸收、反向散射和几何条件。若各源的厚度不同,应进行自吸收校正。

②当各源的计数率相差较大时,应对强源进行分辨时间的校正。

③在样品较多、测量时间较长时,要注意测量装置的稳定性、本底变化以及放射性衰变等影响因素。

(2)标准源的选取

①标准源与样品最好采用同一种核素,至少二者的射线类型相同、能量接近;

②标准源的活度与样品的活度应相近,一般要求在同一个数量级;

③标准源与样品源的面积和厚度要相同或接近。

相对测量法的准确度除受上述操作影响外,主要取决于标准源本身的准确度。标准源常被分为一级标准源(误差1% ~2%)和二级标准源(误差3% ~5%)两类。应根据测量精度要求,适当选取标准源。常规测量中,还常使用α、β放射性参考源,一般是将放射源镀制在金属托片上,由于自吸收和反向散射等很难准确校正,多给出单位时间在2π立体角内射出表面的粒子数。常用的α参考源有^{289}Pu、^{241}Am等;β参考源有^{60}Co、^{204}Tl、^{147}Pm及^{90}Sr + ^{90}Y等。

3. 放射性活度的绝对测量方法

绝对测量是一种直接测量方法,需要对测得值进行多项校正才能得到正确的结果。为了提高精度,绝对测量一般采用特殊的探测器和测量技术,以减少所需校正的项目。绝对测量方法多在计量研究部门使用,这里只作简单介绍。

(1)固定立体角法:固定立体角法是指测量空间较小的固定立体角内的样品计数率,经必要的校正,求得样品的放射性活度;目前主要用于中等活度的α放射性样品的测量。

(2)4π测量法:4π测量法是把放射源置于探测器内部,源所发出的射线能全部进入探测器灵敏区,即在4π立体角内均能进行有效探测。4π测量法可大大减少或完全避免吸收和散射等因素的影响,使它在测量β放射源时能获得较高的精度。4π测量法中常用的探测器有4π流气式β正比计数管、内充气正比计数器以及液体闪烁计数器等类型。

(3)符合测量法:图5.4和图5.5所示分别是采用符合与反符合测量技术的测量电路示意图。其中,符合电路的特性是:当所有输入端同时有信号输入时,电路输出端可给出信号;而当其中一个输入端无信号输入时,输出端将无信号输出。反符合电路则恰恰相反,即当输入端各道都有输入信号时,电路无信号输出;而在一道无输入信号时,电路才给出输出信号。可见,在图5.4中,粒子1同时穿过所有探测器,每个探测器都有信号输至符合电路,结果是有信号输出,即粒子1能被记录。而粒子2没有同时穿过所有探测器,符合电路无信号输出,即粒子2不能被记录。图5.5的情况则恰好相反,只能记录粒子2。

显然,符合与反符合测量法可用来确定同时性或时间伪相关性的两个或两个以上事件。例如,在原子核的级联衰变中,发射一个β粒子后立即又发射一个γ光子。由于原子核处于激发态的时间甚短(通常为10^{-21} ~10^{-8} s),可把两种粒子看作是同时发射,此时,若用一个探测器测量β粒子,用另一个探测器测量γ光子,称为β-γ符合法,它可把级联衰变的相关时间的两个信号都送至符合电路。除最常用的β-γ符合法外,采用不同的探测器也可实现γ-γ、α-γ及X-γ等符合法测量。对于纯β核素,虽无法直接采用符合技术,但可利用所谓

“效率示踪法”测得 β 效率，从而确定源的活度。另外，采用符合法测量源的活度时，可以避开 4πβ 测量法中的一个主要校正因素——自吸收校正，从而得到较高的测量精度。

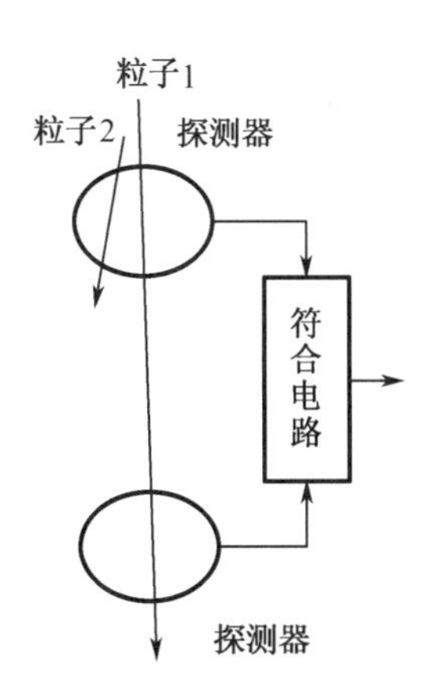

图 5.4 符合测量示意图

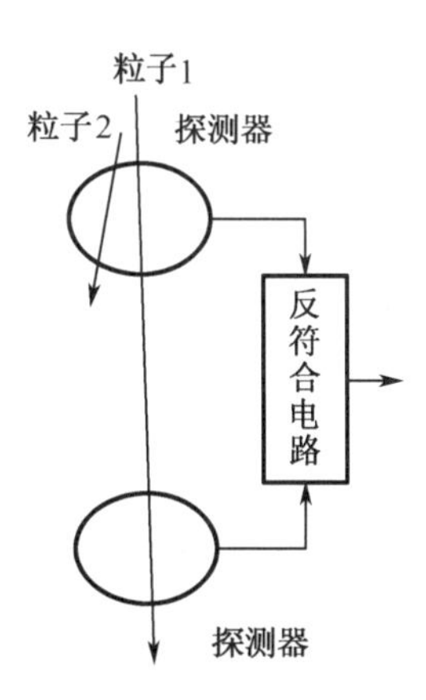

图 5.5 反符合测量示意图

5.2 α、β 射线样品的活度测量方法

放射性活度是核工程、核防护、核物理实验，以及放射性样品测量中经常遇到的放射性测量问题，它的涉及面较广，源活度范围很大，每一种测量方法往往只能适应一定的范围，因此这里主要介绍微居里级源的活度测量方法。

通常，α 源活度测量主要有薄 α 源活度的绝对测量、厚样品 α 比放射性测量。而 β 源活度测量还要考虑下面一些问题：第一，β 粒子的能谱是连续的，从零到 $E_{\beta\max}$ 都有。从放射源到探测器的途中，能量低的 β 粒子将易被吸收，即使 β 粒子进入探测器，在探测器里产生的信号幅度也很小（指输出信号幅度与能量成正比的探测器），当与噪声大小相近时，还会被电子线路甄别掉，因而测到的 β 射线计数将比实际的偏低。第二，β 粒子质量小，易被原子、原子核散射，因此，本来应该进入探测器的粒子，因中途被散射而不能进入探测器。而一些本来不该进入探测器的 β 粒子却因散射而进入探测器，从而使得测到的计数与真正的源活度之间有差异，为此需要修正。

5.2.1 小立体角法

如果放射源向 4π 立体角各向同性地发射 α 粒子，可测量一定立体角内的 α 粒子所产生的计数率，通过已知的探测效率便可推算待测样品的 α 粒子发射数，从而计算样品的活度。这种方法既可用于绝对测量，又可用于相对测量。

1. 薄 α 放射性样品活度的绝对测量

小立体角法是很早就被采用的一种源活度的绝对测量方法。小立体角有两重意思：在几何上，它是相对于 2π 和 4π 立体角而言的；在实际测量中，它是指对窄束射线的测量。这种方法简单方便，使用设备不多，便于广泛采用。

图 5.6 所示是小立体角法测量 α 源活度的装置示意图。该装置在一个长管子的两端放置

源和探测器,靠近源的一侧内壁有一阻挡环。阻挡环采用原子序数较低的物质做成。放射源发出的α粒子经准直器打到闪烁体上,闪烁体发出的光子经光导进入光电倍增管。为了使源接近于点源的几何效果,源与探测器间距离要稍为远一些。管子的长度一般为几十厘米,这比α粒子在大气中的射程还要长一些。管子内部要抽成真空,以避免空气的吸收和散射。准直器的孔径大小可直接确定立体角,为准确计算立体角,准直孔轴线与源轴线必须重合。

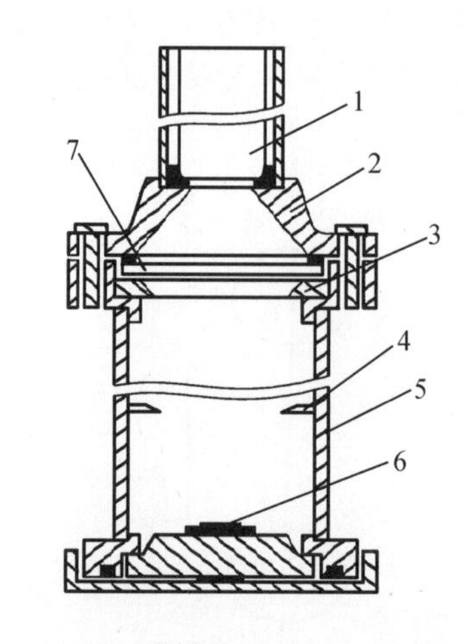

1—光电倍增管;2—光导;3—准直器;
4—阻挡环;5—长管;6—源;7—闪烁体。

图5.6　测量α源活度的小立体角装置

图5.7所示是立体角计算示意图,$\Omega/(4\pi)$为探测器对源所张的相对立体角。图5.8所示是均匀圆形平面源,由于探测器对源所张的立体角很小,α粒子从源承托膜上的反向散射可不考虑。闪烁体可以是硫化锌荧光屏或碘化铯薄闪烁体,也可以用薄的塑料闪烁体。若不用闪烁体作探测元件,也可采用半导体探测器(如金硅面垒型)或薄窗正比计数管。假设,放射源的活度为A,每次衰变放出一个α粒子,测到的计数率为n,本底计数率为n_b,则源的净计数率n_0为

$$n_0 = n - n_b \propto \Omega/(4\pi) \cdot A \tag{5.9}$$

立体角Ω的大小可按下述方法推算,即在球面坐标中,可按下式求得的立体角为

$$\Omega = \int_0^{\alpha} \sin\theta \mathrm{d}\theta \int_0^{2\pi} \mathrm{d}\varphi \tag{5.10}$$

式中,α为θ的最大值,即入射的最大张角,如图5.7所示。

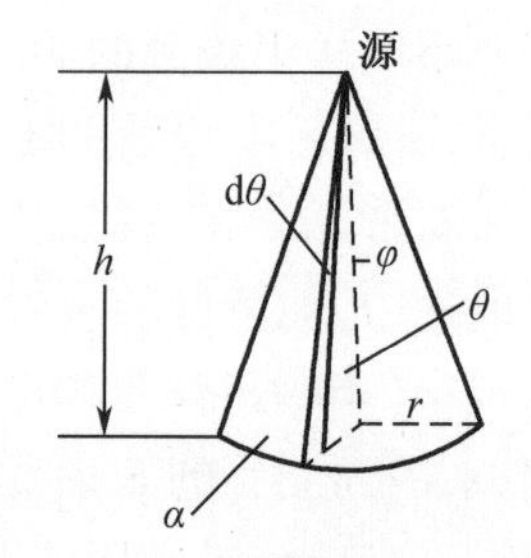

图5.7　立体角计算示意图

对于点源,有

$$\cos\alpha = h/\sqrt{h^2 + r^2} \tag{5.11}$$

式中　h——源到准直孔的垂直距离;

r——准直孔半径。

将式(5.11)代入式(5.10),并进行积分,得

$$\Omega = 2\pi(1 - h/\sqrt{h^2 + r^2}) \tag{5.12}$$

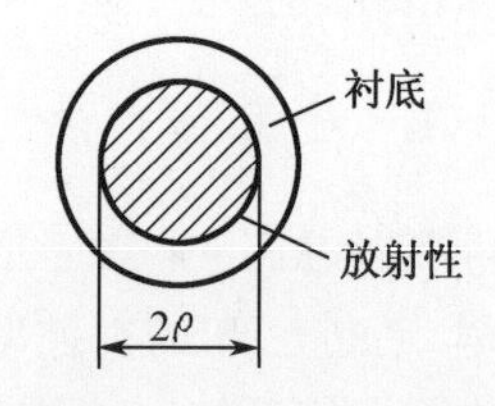

图5.8　均匀圆形平面源

实际情况中,源总有一定大小。例如,在放射源为均匀圆平面源时(图5.8),一般源的半径ρ和源到准直孔距离h相比则不能忽略(由于α粒子在空气中有一定射程,除非是放在真空中测量,且测量时h不能太大),无法按以上讨论的式(5.12)来计算立体角,此时可应用下列级数计算有效立体角:

$$\Omega = 2\pi\left\{1 - \frac{1}{(1+a^2)^{1/2}} - b\frac{3a}{8(1+a^2)^{3/2}} - b^2\left[\frac{-5a}{16(1+a^2)^{7/2}} + \frac{35a^2}{64(1+a^2)^{9/2}}\right] - \cdots\right\} \tag{5.13}$$

式中，$a^2=r^2/(r^2+h^2)$，$b^2=\rho^2/(r^2+h^2)$，当$\rho\to0$时，式(5.13)就可变成式(5.12)。

采用式(5.9)计算 α 源活度 A 时，要注意测量计数率 n 必须进行分辨时间修正。设计数装置的分辨时间为 τ，测到的计数率为 n，则真正进入探测器的粒子数可按式(5.4)求得

$$n'=n/(1-n\tau)=n/f_\tau$$

即引进的分辨时间修正因子 f_τ 为

$$f_\tau=n/n'=1-n\tau \tag{5.14}$$

结合式(5.13)及式(5.9)，并考虑到本底计数率 n_b 要比样品计数率低很多，因此，放射性活度的表示可写为

$$A\propto(n-n_b)/(f_g f_\tau) \tag{5.15}$$

式中，f_g 为源对探测器所张的相对立体角(或称几何因子)，它的大小为

$$f_g=\Omega/(4\pi)=(1-h/\sqrt{h^2+r^2})/2$$

小立体角法测量 α 源活度的准确度很高。然而，它要求待测样品做成薄且均匀的源，活性区的直径也不能太大，这样才能满足点源的近似要求，并忽略自吸收的影响。射线被源物质自身吸收将使计数率和能谱都有所改变，为了鉴定 α 源的自吸收是否严重，可预先测定源的能谱。α 射线是单能的，它的射程很短，当源的厚度增加时，自吸收变得严重起来，因此谱线向低能方向畸变。

2. 厚 α 放射性样品活度的相对测量

当样品厚度不被认为是无限薄时，必须考虑源的自吸收，为此需要知道 α 粒子在样品中的射程，这是很难测准的。所以，对于厚样品，常采用比放射性活度相对测量法。为此，先来估计一下从厚样品表面出射的 α 粒子数 N。

假设，样品的比放射性活度(即单位质量放射性核素所含的放射性活度)为 A_m，每次衰变放出一个 α 粒子。样品的质量厚度为 x_m，面积为 S，并且假定样品的直径远大于样品的厚度。样品表面离探测器的距离为 x、样品厚度为 dx 的一个薄层，如图 5.9 所示。当薄层向上发射 α 粒子时，其样品上部相当于吸收物质(厚度为 x)，即从 dx 薄层中向上出射的所有 α 粒子中，只有穿过样品实际厚度且小于 α 粒子在样品中的射程 R 的那些粒子，才有可能进入探测器，这相当于以 0 点为顶点在 θ 圆锥角内发射的 α 粒子。这一部分粒子占 0 点发射的 α 粒子总数的份额可按式(5.12)求得

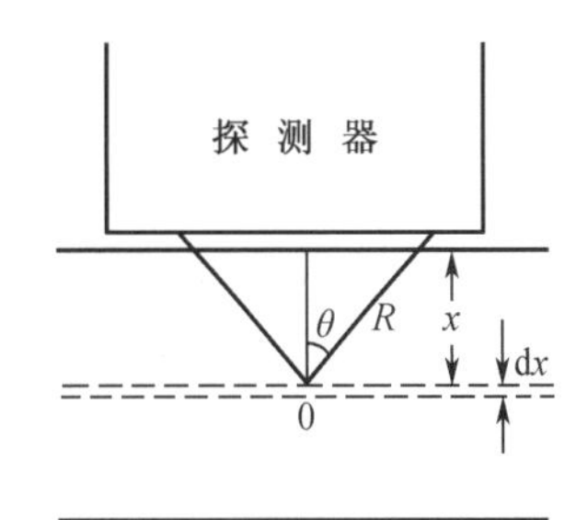

图 5.9 样品自吸收示意图

$$w=\frac{\Omega(0)}{4\pi}=\frac{1}{2}\left(1-\frac{x}{R}\right) \tag{5.16}$$

于是，深度为 x 的薄层 dx 中发射的 α 粒子中，能射出样品表面的粒子数就为

$$\mathrm{d}I(x)=A_m\cdot S\cdot w\cdot \mathrm{d}x=\frac{1}{2}A_m S\left(1-\frac{x}{R}\right)\mathrm{d}x \tag{5.17}$$

将式(5.17)对整个样品厚度积分，便得到每秒钟内能射出样品表面的 α 粒子总数 I，即

$$I=\int \mathrm{d}I(x)=\int_0^{x_m}\frac{1}{2}A_m S\left(1-\frac{x}{R}\right)\mathrm{d}x=\frac{1}{2}A_m S x_m\left(1-\frac{1}{2}\frac{x_m}{R}\right) \tag{5.18}$$

显然，式(5.18)右边包含两项：第一项表示不考虑自吸收时，样品向上方发射的 α 粒子总

数;第二项表示被样品自吸收的份额。所谓薄源,就是自吸收可忽略不计,此时,源厚度应当比射程小得多。在比较精确的测量中,常要求自吸收小于1%,此时样品的厚度 $x_m < 0.02R$。例如,^{234}U 放出能量为4.77 MeV 的 α 粒子,它在铀中的射程为 19 mg·cm^{-2},则源的厚度应小于 380 μg·cm^{-2},相当于线性厚度0.2 μm。若 ^{234}U 混杂在沙土中,因沙土的主要成分是硅,则射程减为 5 mg·cm^{-2},样品厚度应相应小于100 μg·cm^{-2}或0.4 μm。由此可见,通常只有厚度不大于1 μm 的极薄样品才可忽略自吸收的影响,否则需作自吸收修正。

从式(5.18)还可看到,当样品厚度 $x_m \geqslant R$ 时,从表面出射的 α 粒子达到饱和。此时,α 粒子从表面的饱和出射率 I_s 为

$$I_s = \frac{1}{4}A_m SR \tag{5.19}$$

式(5.19)表明:当样品厚度超过 α 粒子在样品中的射程时,α 粒子从表面的出射率和比放射性活度 A_m 及射程 R 成正比,而和样品厚度无关。选择一种比放射性活度 A_{m0} 为已知的样品,它与待测样品的 S 和 R 完全相同,则待测样品的比放射性活度 A_m 满足下式

$$A_m / A_{m0} = I / I_0 \tag{5.20}$$

式中,I 及 I_0 分别为待测样品及标准样品的 α 粒子表面出射率。

从测得的标准样品与待测样品的计数率之比,按标准样品比放射性活度 A_{m0} 可求得待测样品的比放射性活度 A_m,通过样品质量 M 便可求得待测样品的总放射性活度 A,即

$$A = MA_m \tag{5.21}$$

3. 测量 β 放射性活度的小立体角法

β 放射源活度的测量常用的探测器有 G-M 管、流气式正比计数管、塑料闪烁体、液体闪烁体等。测量方法则有小立体角法、4π 计数法、4πβ-γ 符合法、液体闪烁法等。本节将介绍测量 β 放射性活度的小立体角法。

(1)测量原理和装置

用小立体角法测量 β 源的放射性活度,与测量 α 源的方法基本相同,但由于 β 粒子和 α 粒子性质上有一定差异,因此装置结构也有一定差别。β 粒子射程比 α 粒子长,源和探测器间的距离可稍远一些,这对保证点源的近似性是必须的。装置内不一定抽成真空,而只需对空气的吸收进行修正。具体结构形式很多,典型装置如图5.10所示。为了减小本底,探测器和放射源置于铅室内,铅室壁厚一般大于50 mm。为了减少散射,铅室内腔要足够空旷。铅室内壁的厚度为2~5 mm的铝皮或塑料板,其作用是减少 β 射线在铅中的轫致辐射。为减少轫致辐射及散射的影响,源的支架及源托板都要用原子序数低的材料做成,并且尽量做到空旷些。准直器一般用铝或有机玻璃做成,厚度略大 β 粒子的最大射程。探测器通常用薄云母窗的钟罩形 G-M 计数管,也可使用带窗的流气正比计数管或塑料闪烁计数器,但是

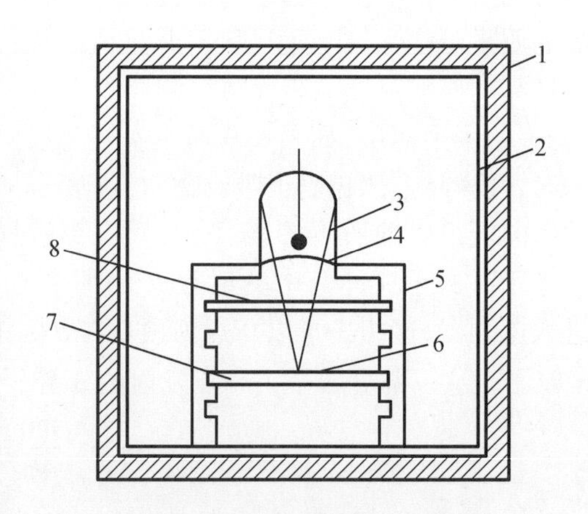

1—铅室;2—铝或塑料板;3—计数管;4—云母窗;5—源支架;6—放射源;7—源托板;8—准直器。

图5.10 测量 β 放射源活度的小立体角装置示意图

探测器窗的厚薄直接影响探测器的探测效率。气体探测器的窗常用薄的云母片，而塑料闪烁体则用薄的铝箔覆盖以便闪烁体避光。假设，每次衰变放射出一个 β 粒子，实验测得的计数率为 n，本底计数为 n_b，此时净计数 n_0 与放射源活度 A 的关系为

$$n_0 = n - n_b \propto \eta \cdot A \tag{5.22}$$

式中，η 为小立体角测量装置对 β 射线的总探测效率，它是测量到的净计数率 n_0 与放射源衰变率之比，可采用下式表示

$$\eta = f_g \cdot f_a \cdot f_b \cdot f_m \cdot f_\tau \cdot f_\gamma \cdot \varepsilon_{in} \tag{5.23}$$

若已知 η，则可由测量计数率和本底计数率求出活度 A。由式(5.23)可知，η 是多项修正因子的乘积，其中 f_g、f_a、f_b、f_m、f_τ、f_γ 等修正因子和本征探测效率 ε_{in} 的含义参见下文。

(2)修正因子

①相对立体角修正因子 f_g：设放射源发射 β 射线是各向同性的，在小立体角装置中，探测器只能测到小立体角 Ω 内的 β 粒子，所以需引入相对立体角修正因子。

相对于点源情况，源和探测器之间的距离比源的线度大得多，准直器的孔径直接影响着立体角的大小。如图 5.11 所示，探测器的轴线、准直孔的中心和源的轴线必须重合，探测器记录的 β 粒子只是小立体角 Ω 内的 β 粒子。

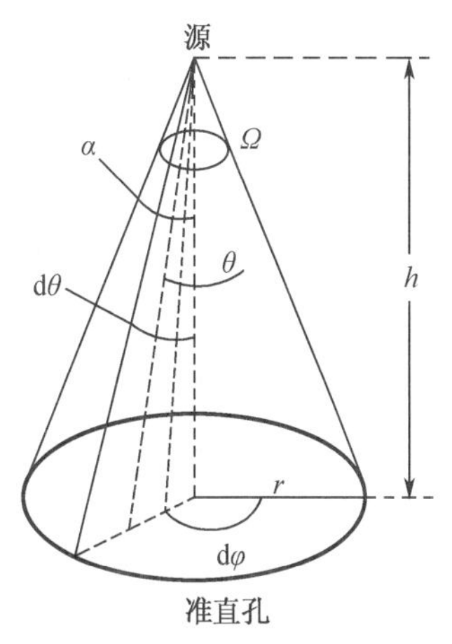

图 5.11 计算立体角示意图

假设，准直孔半径为 r，源到准直孔的距离为 h，在球坐标中，立体角 Ω 可表示为

$$\Omega = \int_\Omega\int \sin\theta \mathrm{d}\theta \mathrm{d}\varphi = \int_0^\alpha \sin\theta \mathrm{d}\theta \int_0^{2\pi} \mathrm{d}\varphi = 2\pi(1 - \cos\theta) = 2\pi\left(1 - \frac{h}{\sqrt{h^2 + r^2}}\right) \tag{5.24}$$

即

$$f_g = \frac{\Omega}{4\pi} = \frac{1}{2}\left(1 - \frac{h}{\sqrt{h^2 + r^2}}\right) \tag{5.25}$$

②吸收修正因子 f_a：β 粒子从放射源内射出，进入探测器灵敏体积的路径中，因为经过了一定厚度的源本身、源到探测器之间的空气、探测器的入射窗的吸收，所以要进行吸收因子修正。物质对于 β 射线的吸收服从指数规律，若入射 β 粒子数为 N_0，吸收物质的质量吸收系数为 μ_m，质量厚度为 x_m，则经过该物质后的 β 粒子数 N 为

$$N = N_0 e^{-\mu_m x_m}$$

而 μ_m(cm^2/g)与 β 射线的最大能量 $E_{\beta\max}$ 的近似关系为

$$\mu_m = 0.17/E_{\beta\max}^{1.14}$$

在一般情况下，吸收物质的吸收因子为 $N/N_0 = e^{-\mu_m x_m}$。若采用 f_s、f_a、f_w、f_m 分别表示源自身吸收、空气层吸收、探测器窗吸收和源保护层吸收的修正因子，则总吸收因子 f_z 为

$$f_z = f_s \cdot f_a \cdot f_w \cdot f_m \tag{5.26}$$

一般来说，源自吸收的修正因子比较复杂。设放射源的质量厚度为 x_m，其放射性核素均匀地分布在源物质中，在不考虑自吸收时，单位时间内源所放出的 β 粒子数应为

$$\mathrm{d}I_0 = \frac{I_0}{x_m}\mathrm{d}x_m$$

在考虑放射源的自吸收后,dx_m 层发射的 β 粒子数 dI_0 经 x_m 层的吸收后,射出源表面的 β 粒子数为

$$dI = \frac{I_0}{x_m}e^{-\mu_m x_m}dx_m$$

如图 5.12 所示,将该式对 x 从 0 到 x_m 积分,得

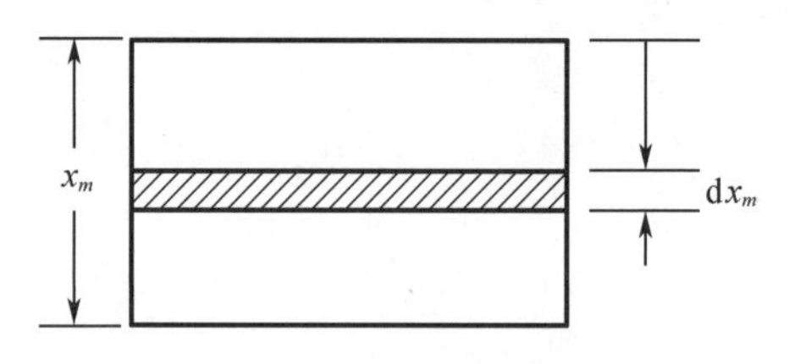

图 5.12　源自吸收示意图

$$I = \frac{I_0}{\mu_m x_m}(1 - e^{\mu_m x_m})$$

那么,源自吸收的修正因子为

$$f_s = \frac{I}{I_0} = \frac{1}{\mu_m x_m}(1 - e^{-\mu_m x_m}) \tag{5.27}$$

当源很薄时,可简化为

$$f_s \approx e^{-\mu_m x_m/2} \tag{5.28}$$

式(5.28)表明,对于厚度为 x_m 的放射源,由于自吸收,放射源发射出源表面的粒子数,相当于没有自吸收时发射的粒子穿过 $x_m/2$ 厚度物质的情况。

③反向散射修正因子 f_b:由图 5.13 可见,放射源是放在托板上的,托扳又是放在支架上的。β 射线在托板和支架上的大角度散射将会使不在小立体角内的粒子散射后进入探测器,引起记录数增加,为此引进反向散射修正因子。

散射角与粒子能量、作用物质的原子序数和厚度等因素有关,而且这里所讨论的反向散射修正因子与立体角大小也有关,计算很复杂,一般用实验测定。先将放射性溶液滴在很薄(如 5 ~ 10 $mg \cdot cm^{-2}$)的有机薄膜上,测得计数率 n,由于有机薄膜很薄,反散射可以忽略,则 n 可以认为是无反散射时的计数率。然后将此有机薄膜后衬以铝片或其他膜作承托物,再次测量计数率为 n',则反向散射修正因子为

$$f_b = n'/n \tag{5.29}$$

实验中发现,随着承托膜厚度的增加,开始 n' 增加较快,当厚度增加到一定厚度时,n' 趋于一定值,这时的反向散射因子称为饱和反向散射因子,这时的承托物厚度称为饱和厚度。

实际测量中,大多数情况应尽可能避免反向散射,将源做在很薄的有机膜上,使 $f_b \approx 1$。但在有些情况下,要求源做得相当牢固,此时就干脆将承托膜做得大于或等于饱和厚度,使反向散射达到饱和,采用固定的饱和反向散射因子进行修正。

④坪斜修正因子 f_m:G-M 计数管的坪区有坪斜存在,因此计数率随工作电压增加而略有增大,如图 5.13 所示。在坪的起始部分,这种因工作电压增加而增加的假计数是较少的,若把坪曲线坪的起始部分(ab 段)延长和坪直线部分(cd 段)的延长线相交处所对应的计数率 n' 作为真计数率,工作电压 V_0 所对应的计数率为 n_0,则

$$f_m = n'/n_0 \tag{5.30}$$

⑤分辨时间修正因子 f_τ:在测量系统分辨时间内,探测器对入射粒子不灵敏,使测得的计数率比实际的计数率少,因此,引入修正因子 f_τ。若分辨时间为 τ,测得的计数率为 n,则实际计数率 n_0 应为 $n_0 = n/(1 - n\tau)$,分辨时间修正因子为

$$f_\tau = n/n_0 = 1 - n\tau \tag{5.31}$$

⑥计数管对 γ 射线计数的修正因子 f_γ：多数 β 衰变的放射性核素都伴随有 γ 跃迁，而 G－M 计数管对 γ 射线也是灵敏的，因此实际测得的计数率包含了 β 射线和 γ 射线引起的计数，因此引入修正因子 f_γ。如果放射性核素放出的 β 射线的能量不高而 γ 射线能量较高，可在源和探测器之间放置吸收片使 β 射线全部被吸收，而 γ 射线因其穿透能力强基本上毫无损失地被记录。设没有吸收片时测得的计数率为 n_1，有吸收片时测得的计数率为 n_2，则 γ 射线引起的计数修正因子为

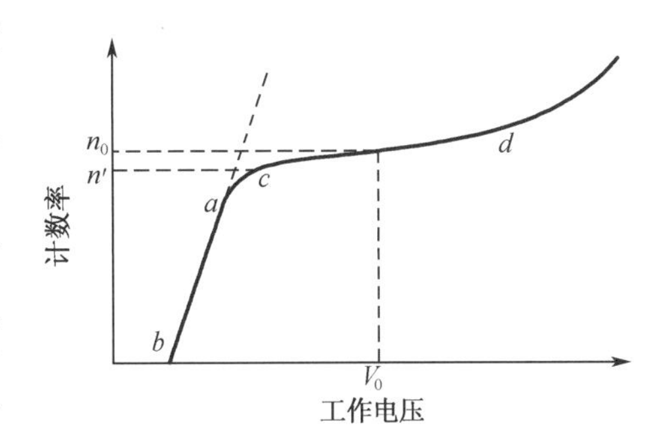

图 5.13 计算坪斜修正因子示意图

$$f_\gamma = n_1/(n_1 - n_2) \tag{5.32}$$

若 β 射线能量较高而 γ 射线能量较低时，需要逐渐增加吸收片的厚度，测出一系列计数率，再外推出 γ 射线对计数率的贡献，然后再按式(5.32)计算 f_γ。

⑦探测器本征效率 ε_{in}：入射粒子只要在 G－M 计数管灵敏体积里产生一对以上离子对，就可以引起一次放电，从而给出一个计数。所以对带电粒子来说，G－M 计数管的本征效率约为 100%。

将以上讨论的诸修正因子代入式(5.22)便可根据测得的总计数率和本底计数率求得放射源的活度 A。但是，小立体角法修正因子较多，因此误差较大。对于能量大于 1 MeV 的 β 射线，在进行各项修正后，误差可达 5%～10%。对于低能 β 射线，因吸收严重，探测效率大大降低，因此，对于能量低于 0.3 MeV 的低能 β 粒子，用小立体角法进行绝对测量就不适宜了。

与测 α 源活度时一样，改变源与探测器间距离，可在很大范围内改变进入探测器的粒子数。因此，小立体角法适用范围较大，从 μCi 到 mCi 都可适用。

(3)用小立体角法进行相对测量

用小立体角法进行绝对测量，必须求出诸多修正因子。如采用与标准源相比较的办法，就可免去确定修正因子的许多步骤。假设，A_1 是标准源活度，A_2 是待测源活度，n_1 是标准源测量计数率，n_2 是待测样品测量计数率，忽略本底后，由式(5.22)和式(5.23)可得

$$\frac{n_1}{n_2} = \frac{A_1 f_{g1} f_{\tau1} f_{m1} f_{b1} f_{a1} f_{\gamma1} f_{in1}}{A_2 f_{g2} f_{\tau2} f_{m2} f_{b2} f_{a2} f_{\gamma2} f_{in2}} \tag{5.33}$$

当满足下面条件时，等式右边分子、分母上许多因子便可消去。这些条件是：①核素相同或 β 射线能量相近，即谱形相似；②源物质成分、承托膜厚度做成饱和厚度以上，则可使反散射修正也互相抵消；③几何条件不变；④探测器及测量仪器应相对稳定；⑤待测源与标准源活度接近，此时 $f_{\tau1} \approx f_{\tau2}$。当满足这些条件时，即得待测源的活度 A_2 为

$$A_2 = A_1 \cdot n_2/n_1 \tag{5.34}$$

这时只要测得标准源的计数率 n_1(扣除本底)和待测源的计数率 n_2(扣除本底)就能求出待测源活度。相对比较的办法，大大简化了测量的步骤，适宜大批量样品的测量。测量的准确度取决于标准源本身的准确度、满足上述条件的程度及计数率的统计误差。

4. 4π 计数法

由于小立体角法测 β 源活度需要有许多修正，使得测量误差很大。4π 计数法是把放射源移到计数管内部，使计数管对源所张的立体角接近于 4π，从而减少了散射、吸收及几何位置等

影响。另外,源和承托膜做到很薄,使得承托膜的吸收、散射和源的自吸收降到最低限度。因此,4π 计数法测量结果的误差要比小立体角法小,可控制在 1% 左右。

β 放射性活度的绝对测量通常采用 4π 计数法,使用的探测器主要有三类:流气式正比计数器、内充气式正比计数器和液体闪烁计数器。

(1)气流式正比计数器测量 β 样品

这种探测器计数管为 4π 计数管,4π 计数管既可工作于 G-M 区,也可工作于正比区,它的基本结构分为充气密封式和流气式两种。对于密封式 4π 计数管,当把样品放于计数管内后,首先密封、抽真空,然后充入工作气体。对于流气式计数管则不抽真空,而是把工作气体不断送入计数管内,并排出原有气体。

图 5.14 所示是一个实用的 4π 计数管的剖面图。放射源滴在极薄的有机薄膜上。为了使计数率特性稳定,在源承托膜两面都喷涂极薄的金层,这样,源承托膜即与金属外壳导通。通常金属外壳作为阴极,接地电位。计数管充满气体,通常为甲烷,或氩、甲烷混合气体;气体的流速每分钟几个立方厘米至几十立方厘米不等;气体的气压比大气压略大,以保持气体的纯度。用 4π 计数管进行测量时有两项重要的修正:膜吸收修正、自吸收修正。

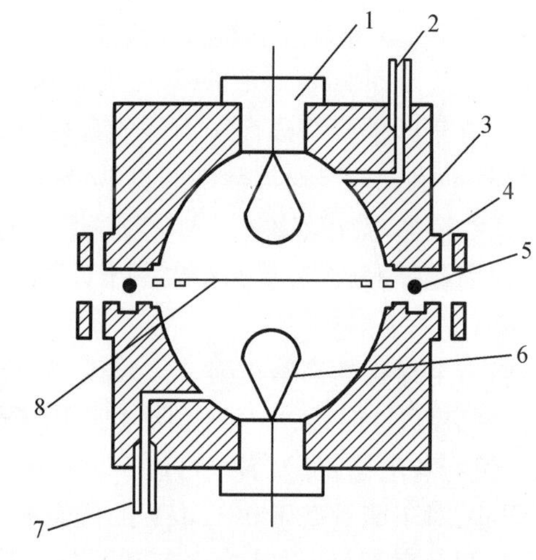

1—绝缘柱;2—出气口;3—金属外壳;
4—承托源的铝环;5—密封垫圈;6—梨状阳极丝;
7—进气口;8—有机薄膜。

图 5.14 4π 计数管的结构

假设,样品放射性活度为 A,可由下式计算:

$$A \propto (n - n_b)/(f_\tau \cdot f_m \cdot f_\sigma \cdot f_s) \quad (5.35)$$

式中,f_σ 为膜吸收修正因子,其他符号与小立体角法中所用符号含意相同。

f_σ 表达式为

$$f_\sigma = n_1/n_0 \quad (5.36)$$

式中 n_1——单位时间样品发射到膜外的 β 粒子数;

n_0——样品发射总 β 粒子数的净计数。

膜吸收修正因子 f_σ 可由双膜法测定:首先测出衬在一个膜上的样品计数率 n_1,然后用另一个同样厚度的薄膜盖在源上,在同样的条件下测出计数率 n_2。假定一个膜吸收掉的 β 粒子数为 Δn,则两个膜吸收掉的 β 粒子数近似为 $2\Delta n$,有

$$n_1 = n_0 - \Delta n,\ n_2 = n_0 - 2\Delta n$$

解出 $n_0 = 2n_1 - n_2$,将其代入式(5.36)中,可得

$$f_\sigma = n_1/(2n_1 - n_2) \quad (5.37)$$

源的自吸收修正是 4πβ 测量法的一项最重要修正因子,对测量精度影响很大。一般,均需采用实验测定自吸收修正因子,在特殊情况下才用公式计算。下面介绍两种常用方法。

①计算法

对于分布均匀的源,自吸收修正系数 f_s 可由下式计算:

$$f_s = \frac{1}{2}\left[\frac{1 - e^{-\mu_m x_m}}{\mu_m x_m} + e^{-\mu_m x_m} + \mu_m E(-\mu_m x_m)\right] \quad (5.38)$$

式中 x_m——源的质量厚度；

μ_m——源的质量吸收系数。

函数 $E(-\mu_m x_m)$ 由下式表示：

$$E_i(x) = -\int_x^{\infty} \frac{e^{-x}}{x} dx$$

对于质量厚度小于 100 $\mu g \cdot cm^{-2}$ 的源，在 18 keV ~1.7 MeV 内，质量吸收系数 μ_m（吸收系数 μ）可通过内插法由图 5.15 求得。

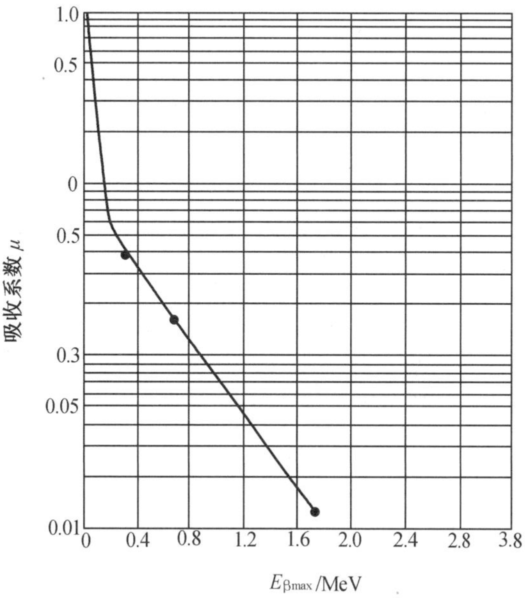

②一种常用的校正方法

一组 $E_{\beta max}$ 不同的核素，均可用 4πβ - γ 符合测量法来准确测量它们的活度，通过这一组核素，画出一条自吸收校正因子与 β 能量的关系曲线，在相同的制源条件下，待测样品的自吸收修正因子可用内插法从曲线上查到。

4π 流气式正比计数器法是一种高精度的绝对测量方法。但是当 β 射线能量较低时，自吸收严重，使精度降低。由于计数器分辨时间的限制，其所测的源的活度也不能太大，一般只能测 3.7×10^3 Bq 以下的活度。

图 5.15 薄膜 β 源的质量吸收系统

(2)内充气式正比计数器测量 β 样品

有些低能 β 核素，如 ^{14}C（$E_{\beta max}$ = 155 keV）、^{3}H（$E_{\beta max}$ = 18.6 keV）等，可以以气态形式与工作气体混合，充入正比计数管中，对测量结果进行各种修正后，可以求得被测气体的比活度。这种方法可以避免一般 4π 流气式正比计数器方法中源的自吸收和其他吸收修正，因此精度高。内充气方法还具有探测效率高、稳定性好的优点，其误差可低到 0.2% ~1%。它的缺点是充气制源设备复杂、操作麻烦。这种方法主要的修正因素有：计数管的管端效应修正、管壁效应修正以及分辨时间修正。

(3)液体闪烁计数器测量 β 样品

液体闪烁计数器是把待测放射性核素引入闪烁体，根据液体闪烁计数器的计数来计算一定数量待测放射性核素的活度。它的优点是避免了几何位置、源的自吸收、探测器窗的吸收等一系列影响，而且特别适用于测量低能 β 粒子的核素（如 ^{3}H 和 ^{14}C）、低能 γ 的核素和低水平 α 放射性。

使用液体闪烁计数器的测量装置原理图如图 5.16(a)所示。图 5.16(b)是采用符合方法的测量装置原理图，这样装置主要为了降低光电倍增管的噪声，关于符合方法的详细内容将在后文讲述。

使用液体闪烁计数器的第一个问题是如何把待测样品引入闪烁体，而又保证闪烁体有足够的光输出。由于待测样品的引入，使得闪烁体光输出低于纯闪烁体的情况，这种现象称为猝熄。猝熄可能起因于干扰了闪烁体内能量传递过程，也可能是由于降低了液体的光学性能所致,因此限制了引入液体闪烁体的样品数量。使用液体闪烁计数器的第二个问题是由于待测粒子能量低,可能在光电倍增管光阴极上只能产生几个光电子,所产生的脉冲小,以至于难于甄别掉光电倍增管的噪声脉冲,影响到探测效率。如果要求高的探测效率就可能出现高本底;如果希望低本底就可能出现低探测效率。为解决这个矛盾可采用双光电倍增管符合方法,这就可去掉每个光电倍增管的噪声脉冲,两个光电倍增管的噪声脉冲同时出现的可能性又小,而由样品发射的粒子产生的脉冲在两个光电倍增管的阴极上都能出现。这样既可去掉光电倍增管的噪声脉冲又使样品计数损失较少。使用符合方法和高增益光电倍增管可使探测效率提高到90%左右。使用液体闪烁计数器的第三个问题是如何确定探测效率,即如何根据计数确定放射性核素的活度,请参见相关文献的详细叙述。

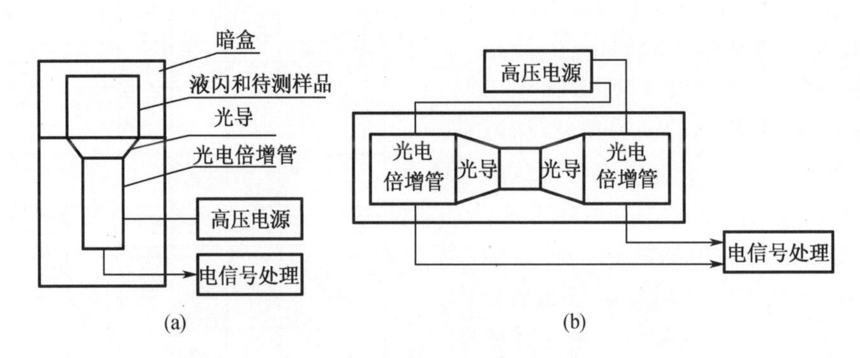

图5.16 液体闪烁法测量β放射性样品装置原理图

(4)β源承托膜吸收修正

膜吸收修正有多种方法,这里介绍一种“夹心法”,如图5.14所示。在忽略反散射的情况下,单位时间内源向上半空间发射的粒子数为n_1,但因膜的吸收,能进入下半空间的粒子数只能是n_2。所以,被膜吸收的粒子数为$\Delta n = n_1 - n_2$。计数器测量的计数率n为

$$n = n_1 + n_2 \tag{5.39}$$

现在用另一块无源的承托膜(它的厚度与有源的承托膜一样,材料也相同)覆盖在源上,此时进入上下两半计数管的粒子数将是相同的。计数器记到的计数率为n'。显然有$n' = 2n_2$,两次计数率之差即表示一块承托膜吸收掉的粒子数Δn,即$\Delta n = n - n' = n_1 - n_2$。所以,膜吸收修正因子$f_\sigma$为

$$f_\sigma = (n_1 + n_2)/(2n_1) = 2/(2n - n') \tag{5.40}$$

(5)β源自吸收修正

虽然4π计数法中采用薄膜源,但源仍有一定质量,它本身对β粒子有吸收。由于4π计数法减少了许多需要修正的因素,从而也减少了它们对测量误差的贡献。所以,在4π计数法中,源的自吸收成为非常重要的误差来源,需要仔细修正。可把自吸收修正系数f_g看作穿透源自身出射的β粒子数(单位时间内)与同时间内源自身的衰变数之比。一般修正自吸收效应都需要通过实验方法,在特殊情况下可应用公式计算。下面简单介绍几种常用的修正方法。

①外推法

采用0.1~0.2 μg·cm^{-2}的不同质量厚度的一组源,观察在其他条件相同的情况下的计数率。制作计数率与源厚度的曲线,外推到零厚度时的计数率,即为无自吸收的计数率。

②子体标记法

对于像 $^{90}Sr \to {}^{90}Y$ 这样的 β 源,可以采用子体标记法来求得源的自吸收修正系数。先用化学方法去除 ^{90}Sr 源的子体 ^{90}Y,测得 ^{90}Sr 的计数率。再测出该源由 $^{90}Sr \to {}^{90}Y$ 平衡时增加的 β 计数率。该增加的计数率是由 ^{90}Y 衰变放出的 β 粒子数所引起的。由于 ^{90}Y 的 β 射线能量大,自吸收很小,可以认为 ^{90}Y 的计数率即为 ^{90}Sr 的衰变率。由 ^{90}Sr 的 β 粒子出射率和其衰变率之比,即可确定自吸收修正系数。

③源自吸收的计算法

对于分布均匀的源,自吸收修正系数 f_s 可采用式(5.38)的计算,即

$$f_s = \frac{1}{2}\left[\frac{1 - e^{-\mu_m x_m}}{\mu_m x_m} + e^{-\mu_m x_m} + \mu_m x_m E(-\mu_m x_m)\right] \tag{5.41}$$

对于质量厚度为 0 ~ 100 $\mu g \cdot cm^{-2}$ 的源,吸收系数可通过计算得到。实际上,对于薄膜源的情况,要做到均匀分布是十分困难的。放射性溶液滴在薄膜上后,常常呈现出颗粒状态,使得自吸收增加。这时,往往要用高倍数显微镜读出源中各种直径的颗粒数目,再算出自吸收修正系数的大小。

④常用的一种校正方法

采用一组具有不同的最大 β 能量 $E_{\beta max}$ 而又可进行 4πβ - γ 符合绝对测量的 β 放射性核素,通过这一组核素,制出一条自吸收校正因子和 β 能量的关系曲线,然后对待测核素在相同制源条件下的自吸收校正因子进行内插。

在求出了诸多修正因子后,便可计算源的活度 A:

$$A \propto (n - n_b)/(f_\tau f_m f_s f_\sigma) \tag{5.42}$$

4π 计数法是一种很好的绝对测量方法,测量结果的误差可在 1% 左右,尤其适合于对纯 β 放射性核素进行高精度的测量。由于它对 β 粒子的效率接近 100%,因此,当 β 衰变伴有级联的 γ 跃迁时,γ 跃迁中放出的 γ 射线或内转电子的影响也可不必考虑,这种影响在小立体角法中是必须修正的。可是,由于薄膜制备的困难、源自吸收修正难以恰当求得,以及使用 4π 气体计数管时使用气体存在麻烦,使得 4π 计数法的应用受到限制,目前只在计量标准部门才有比较多的应用。当 β 射线能量较低时,自吸收变得相当严重,使得测量精度受到很大影响。同时,由于计数管分辨时间的限制,4π 计数法只能测量约 0.1 μCi 以下的源的活度。

5.2.2 β - γ 符合法测量样品的放射性活度

有些放射性核素,衰变时往往伴有级联辐射,如 β - γ 的级联衰变,这时,可以采用符合法测量源的活度。符合法的好处是可避开 4πβ 测量法中源自吸收修正的困难,因此,精度得以进一步提高。这是目前测量源活度较好的方法之一。近年来,在用 4πβ - γ 符合法测 ^{60}Co 等核素时,精度可达 0.1% 左右。

1. 基本原理

符合法就是利用符合电路来甄选两个或两个以上同时的关联事件的方法。例如,一个原子核级联衰变时接连放射 β 和 γ 射线,则 β 和 γ 便是一对关联事件,如图 5.17 所示。

任何符合电路都有确定的分辨时间。在分辨时间内,符合电路的所有输入端都有信号输入时,符合电路的输出端有一个信号输出;只要有一个输入端无信号输入,则输出端就无信号输出。反符合电路恰恰相反,当所有输入端都有信号输入时,电路没有信号输出;当有一个输

入端无信号输入时,电路就有信号输出。符合电路的一个输入端称为一道,输出端称为符合道。反符合电路的一个输入道称为反符合道,其他输入道称为分析道。

对于两道符合,凡是在分辨时间以内来的两个输入脉冲都可以使符合电路产生一个符合脉冲,即引起一次符合计数。时间上有关的事件产生的脉冲引起的符合计数称为真符合计数,而在时间上没有必然联系的事件产生的脉冲引起的符合计数称为偶然符合计数。

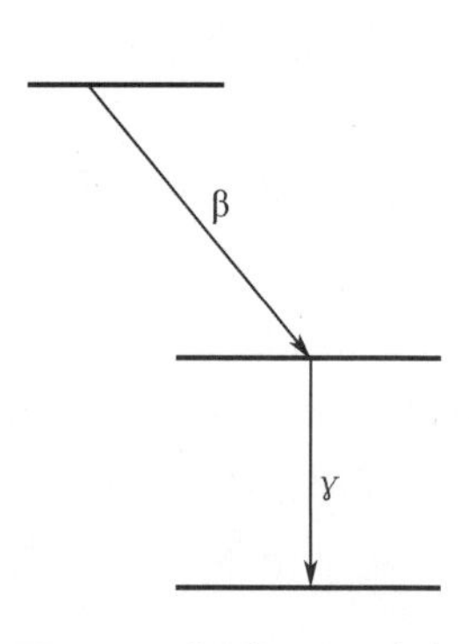

图 5.17　级联 β－γ 衰变

考虑如图 5.17 所示的级联衰变,设$\rho(v)$是单位体积内的放射源活度,$\varepsilon_\beta(v)$是 β 探测器对源放出的 β 射线的探测效率,它是放射源的体积元函数,$\varepsilon_\gamma(v)$为 γ 探测器对源放出的 γ 射线的探测效率,则 β 道、γ 道、符合道的计数率 n_β、n_γ、n_c 可采用下面公式表示:

$$\begin{cases} n_\beta = \int\rho(v)\varepsilon_\beta(v)\mathrm{d}v \\ n_\gamma = \int\rho(v)\varepsilon_\gamma(v)\mathrm{d}v \\ n_c = \int\rho(v)\varepsilon_\beta(v)\varepsilon_\gamma(v)\mathrm{d}v \end{cases} \tag{5.43}$$

由此可得

$$\frac{n_\beta n_\gamma}{n_c} = \frac{\int\rho(v)\varepsilon_\beta(v)\mathrm{d}v \times \int\rho(v)\varepsilon_\gamma(v)\mathrm{d}v}{\int\rho(v)\varepsilon_\beta(v)\varepsilon_\gamma(v)\mathrm{d}v} \tag{5.44}$$

当两个探测器中有一个探测器对放射源的各点探测效率都相等时,式(5.44)可简化为

$$A_0 = n_\beta n_\gamma / n_c = \int\rho(v)\mathrm{d}v \tag{5.45}$$

式中,A_0 为测量空间中的放射源活度。

实践表明,对一般的 4πβ 计数管,当源的活性区域较小(约小于几十毫米)时,源的各点 β 探测效率几乎相等,所以式(5.45)可以成立。可见,式(5.45)表明放射源活度只与三个道的计数有关。为准确测量放射源的活度,还必须进行一些修正,这是由于:

(1)无论在 β 道、γ 道或符合道的计数中,都有本底的贡献;

(2)由于 β 道和 γ 道的脉冲总是具有一定的宽度,使得符合电路存在一定分辨时间,因此不相关的 β 和 γ 脉冲就会产生偶然符合计数,当然本底也会产生符合计数;

(3)当所测核素的衰变包含有内转换过程时,内转换电子将使 β 道的计数增加;

(4)由于 β 探测器对 γ 射线也是灵敏的,这同样引起 β 道计数的增加;

(5)需要对死时间修正。

因此,在实际测量时,不能简单地运用式(5.45)来计算源的活度,而要对上述因素进行各种修正。下面将具体讨论各种修正的定量计算方法。

2. 符合测量中的各种修正因子

首先对各种修正因子进行独立讨论,看看它们对测量有什么影响,然后再将所有修正因子综合起来,以期获得活度测量的精确公式。从式(5.45)可以看出,放射源活度 A_0 只与符合装置的三个道的计数率有关,但在实际测量中还必须考虑各种修正因素。以下各公式中 n_β、n_γ、

n_c 分别为实验测量的 β 道、γ 道、符合道的计数率(包括本底),$n_{\beta0}$、$n_{\gamma0}$ 分别为 β 道、γ 道净计数率,n_{c0} 是符合道的真符合计数率。

(1)偶然符合修正

符合电路存在一定的分辨时间,并会引起偶然符合道发生,使符合道计数增加。β 道和 γ 道的输入道脉冲都具有一定的宽度,而符合电路具有一定的符合分辨时间 τ,因此会引起偶然符合计数率,其中包括不相关的 β、γ 脉冲引起的偶然符合和本底引起的偶然符合。从符合道实测计数率扣除偶然符合计数率就可得到符合测量中所需的真符合计数率。

在 β 道中,不参与真符合的计数率为 $n_\beta - n_{c0}$,产生偶然符合的计数率为 $(n_\beta - n_{c0})n_\gamma\tau$;同样,在 γ 道中不参与真符合道计数率为 $n_\gamma - n_{c0}$,产生偶然符合的计数率为 $(n_\gamma - n_{c0})n_\beta\tau$。则偶然符合的总计数率为 $n_c - n_{c0} = (n_\beta - n_{c0})n_\gamma\tau + (n_\gamma - n_{c0})n_\beta\tau$,所以真符合计数率应为

$$n_{c0} = \frac{n_c - 2\tau n_\beta n_\gamma}{1 - \tau(n_\beta - n_\gamma)} \tag{5.46}$$

(2)本底修正

要对本底进行修正,只需在 β 道、γ 道和符合道中扣除本底计数率 $n_{\beta b}$、$n_{\gamma b}$、n_{cb},即

$$n_{\beta0} = n_\beta - n_{\beta b} \quad 和 \quad n_{\gamma0} = n_\gamma - n_{\gamma b} \quad 和 \quad n_c = n_c' - n_{cb} \tag{5.47}$$

式中,n_c 包含真符合计数率 n_{c0} 和偶然符合计数率 $n_c - n_{c0}$,n_c' 是含本底的符合计数率。

在实验中,将放射源从符合测量装置取走之后,很容易测到本底计数率 $n_{\beta b}$ 和 $n_{\gamma b}$。

(3)内转换电子修正

在核的高激发态向低激发态或基态跃迁过程中,存在着与放射 γ 光子相竞争的内转换过程。因此,即使对于图 5.17 那种最简单的衰变方式,也必须考虑内转换电子的修正。令 P_γ 和 P_{ce} 分别表示发射光子和内转换电子的相对跃迁概率。定义内转换修正系数 α 为

$$\alpha = P_{ce}/P_\gamma \tag{5.48}$$

则

$$P_{ce} = \alpha/(1 + \alpha) \quad 和 \quad P_\gamma = 1/(1 + \alpha) \tag{5.49}$$

β 探测器对内转换电子也有一定的灵敏度,由于内转换电子将使 β 道计数率增加,则

$$n_{\beta0} = A_0\varepsilon_\beta + [\alpha/(1 + \alpha)] \cdot A_0(1 - \varepsilon_\beta)\varepsilon_{ce} \tag{5.50}$$

式中,ε_{ce} 是 β 探头对内转换电子的探测效率。

上式第一项是 β 粒子对 β 道的计数率贡献,第二项是内转换电子对 β 道的计数率贡献。当探测器对 β 粒子计数时,同时到达的内转换电子将不引起计数,因此式中出现了 $(1 - \varepsilon_\beta)$ 因子。同理,由于内转换过程使 γ 光子数减少,γ 道计数率将变为

$$n_{\gamma0} = A_0\varepsilon_\gamma/(1 + \alpha) \tag{5.51}$$

因真符合计数率应是 β 粒子与 γ 光子的符合,故真符合计数率应为

$$n_{c0} = A_0\varepsilon_\beta\varepsilon_\gamma/(1 + \alpha) \tag{5.52}$$

最后,求得的源活度修正公式为

$$A_0 = \frac{n_{\beta0}n_{\gamma0}}{n_{c0}} \bigg/ \{1 + [(1 - \varepsilon_\beta)/\varepsilon_\beta] \cdot [\alpha/(1 + \alpha)] \cdot \varepsilon_{ce}\} \tag{5.53}$$

上式表明,考虑内转换过程时,符合法测活度不再与 β 探测器的探测效率无关。

(4)β 探测器对 γ 射线灵敏度的修正

独立地考虑 γ 光子所引起的 β 探头的计数,并进行相应的修正,即考虑 γ 光子在探头中

发生三种效应所产生的次级电子,由此引起计数,并把该计数的探测效率记为 $\varepsilon_{\beta\gamma}$,则可将 β 道的计数率改为 $A_0(1-\varepsilon_\beta)\varepsilon_{\beta\gamma}$。因子 $(1-\varepsilon_\beta)$ 的含义同样是指 β 探头未记录 β 粒子时,由 γ 光子可引起的一次独立计数。应该指出,在 $A_0(1-\varepsilon_\beta)\varepsilon_{\beta\gamma}$ 的这部分计数率中,还包含下述几种使符合道发生 e－γ 和 γ－γ 符合道的计数。

第一,如果某个 γ 光子在 β 探测器内发生康普顿散射,康普顿电子被 β 探测器记录,而散射 γ 光子同时被 γ 探测器记录,从而使符合道计数增加,第二,如果 γ 光子在 β 探测器内发生电子对效应,电子为 β 探测器记录,e^+ 产生的湮没光子被 γ 探测器记录,同样也使符合道计数增加;或者两个湮没光子分别被 β、γ 两个探测器所记录,将产生 γ－γ 符合;第三,如果所测核素在 β 衰变后又产生两个或两个以上的瞬发级联 γ 辐射时,这种 γ 也可能分别被两个探测器所记录,引起 γ－γ 符合,使符合道计数增加。假设上述三种情况所产生的符合道概率为 ε_c,由此引起符合道计数增加量为 $A_0(1-\varepsilon_\beta)\varepsilon_c$,则符合方程为

$$\begin{cases} n_{\beta 0} = A_0\varepsilon_\beta + A_0(1-\varepsilon_\beta)\varepsilon_{\beta\gamma} \\ n_{\gamma 0} = A_0\varepsilon_\beta\varepsilon_\gamma + A_0(1-\varepsilon_\beta)\varepsilon_c \end{cases} \tag{5.54}$$

由此,可求得的活度为

$$A_0 = \frac{n_{\beta 0}n_{\gamma 0}}{n_c}\{1+[(1-\varepsilon_\beta)/\varepsilon_\beta]\cdot(\varepsilon_c/\varepsilon_\gamma)\}/\{1+[(1-\varepsilon_\beta)/\varepsilon_\beta]\cdot\varepsilon_{\beta\gamma}\} \tag{5.55}$$

通常 $\varepsilon_c \leqslant \varepsilon_\gamma$,在 4πβ－γ 符合情况下,$\varepsilon_\beta \approx 1$,上式变成

$$A_0 = \frac{n_{\beta 0}n_{\gamma 0}}{n_c}\Big/\{1+[(1-\varepsilon_\beta)/\varepsilon_\beta]\cdot(\varepsilon_{\beta\gamma}-\varepsilon_c/\varepsilon_\gamma)\} \tag{5.56}$$

(5)β 探测器对 γ 灵敏度和内转换电子的综合修正

由上述讨论可知,β 探测器对 γ 射线的灵敏度以及内转换电子这两个修正是不相关的。在考虑 β 探测器对 γ 射线的灵敏度时,只要计算未发生内转换过程的那部分 γ 射线,即 γ 到 $1/(1+\alpha)$ 那部分,从而在含有 $\varepsilon_{\beta\gamma}-\varepsilon_c/\varepsilon_\gamma$ 的修正项中,乘以因子 $1/(1+\alpha)$ 就可以了。合并两种修正后,就有符合方程

$$\begin{cases} n_{\beta 0} = A_0\varepsilon_\beta + A_0(1-\varepsilon_\beta)\cdot[1/(1+\alpha)]\cdot(\varepsilon_{\beta\gamma}+\alpha\varepsilon_{ce}) \\ n_{\gamma 0} = A_0\cdot[1/(1+\alpha)]\cdot\varepsilon_\gamma \\ n_c = A_0\cdot[1/(1+\alpha)]\cdot\varepsilon_\beta\varepsilon_\gamma + A_0\cdot[1/(1+\alpha)]\cdot(1-\varepsilon_\beta)\varepsilon_c \end{cases} \tag{5.57}$$

最后,得到的活度表达式为

$$A_0 = \frac{n_{\beta 0}n_{\gamma 0}}{n_c}\Big/\{1+[(1-\varepsilon_\beta)/\varepsilon_\beta]\cdot[1/(1+\alpha)]\cdot(\varepsilon_{\beta\gamma}-\varepsilon_c/\varepsilon_\gamma+\alpha\varepsilon_{ce})\} \tag{5.58}$$

由此可以看出,当 $\varepsilon_\beta \to 1$ 时,即采用 4π 计数器用作 β 道探测器,将使修正项作用趋向于零,从而使之回到式(5.47)的简单形式。因此采用小立体角形式的 β－γ 符合测量装置,其测量准确度要比 4πβ－γ 符合装置差许多。

(6)对死时间的修正

假定,探测器有死时间,并将造成探测器的漏记。对放射性核素活度的绝对测量来说,必须进行死时间修正,以补偿这种损失。若 β 探测器和 γ 探测器的死时间均为 t_D,则有

$$\begin{cases} n_{\beta 0} = A_0\varepsilon_\beta(1-A_0\varepsilon_\beta t_D) \\ n_{\gamma 0} = A_0(1-A_0\varepsilon_\beta t_D) \end{cases} \tag{5.59}$$

此时,符合道的修正式为

$$n_{c0} = A_0\varepsilon_\beta\varepsilon_\gamma[1 - A_0 t_D(\varepsilon_\beta + \varepsilon_\gamma - \varepsilon_\beta\varepsilon_\gamma)] \tag{5.60}$$

于是,放射性核素的活度表达式为

$$A_0 = \frac{n_{\beta 0} n_{\gamma 0}}{n_{c0}(1 - n_{c0} t_D)} \tag{5.61}$$

当把以上各项修正综合起来考虑时,最后可得到

$$A_0 = \frac{(n_\beta - n_{\beta b})(n_\gamma - n_{\gamma b})[1 - \tau_R(n_\beta + n_\gamma)]}{(n_c - 2\tau_R n_\beta n_\gamma)(1 - n_{c0} t_D)} \Big/ \left[1 + \frac{1 - \varepsilon_\beta}{\varepsilon_\beta} \cdot \frac{1}{1 + \alpha}\left(\varepsilon_{\beta\gamma} - \frac{\varepsilon_c}{\varepsilon_\gamma} + \alpha\varepsilon_{ce}\right)\right] \tag{5.62}$$

式中,τ_R 为分辨时间。

由此可见,上式比式(5.45)复杂很多,需要预先知道本底、分辨时间、死时间、内转换系数,以及各种效率因子,然后测量各个计数道的计数率,才能求得活度 A_0。从式(5.62)还可以看出,要减小修正值,提高准确度,必须使分辨时间和死时间尽可能小,并采用良好的屏蔽以减少本底;同时要提高 β 探测器的效率,使 $\varepsilon_\beta \approx 1$。此时的式(5.62)才非常接近和回到式(5.45)。

为了提高 β 探测效率,使用 4π 计数器是有好处的。采用 4π 计数器作为 β 道探测器的 β - γ 符合装置称为 4πβ - γ 符合装置。图 5.18 是中核(北京)核仪器厂生产的 4πβ - γ 符合装置原理图。这套装置主要用来测量某些同时发射 β - γ 粒子的放射性核素的活度,β 道采用 4π 流气正比计数管,它是由两个半圆柱室对装而成,中间夹有一个可抽动的密封样品板,阳极丝是直径为 0.02 mm 的钨丝。气体用 98% 纯度的甲烷。γ 道采用两块 ϕ40 mm × 30 mm 的 NaI(Tl) 晶体及 GDB - 44 光电倍增管。为了减少本底,探测器都装在铅室内,铅室壁厚 4 cm。

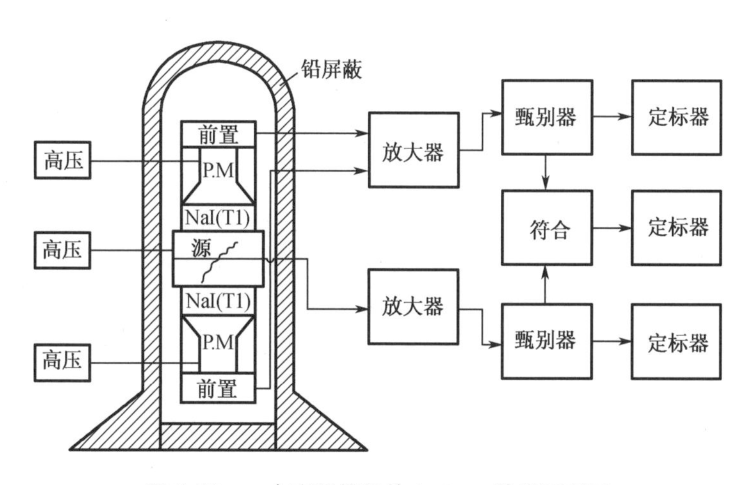

图 5.18　一个实际使用的 4πβ - γ 装置原理图

3. 符合法测源活度的几个问题

上面讨论了 β - γ 符合测源活度的方法,根据放射源放出的级联辐射的类型,及采用的探测器的不同,也可以用于 α - γ、γ - γ 甚至 X - γ 符合法中。原理与 β - γ 符合法基本相同,在此不再细述。下面讨论一下符合法测源活度要注意的几个问题。

(1)放射源活度与分辨时间

符合计数率包括偶然符合和真符合,定义真符合计数率 n_{c0} 与偶然符合计数率 $n_c - n_{c0}$ 之比为真偶符合比。如果使探测装置的 $\varepsilon_\beta \approx 1$,则可求得真偶符合比 $n_{c0}/(n_c - n_{c0})$ 为

$$n_{c0}/(n_c - n_{c0}) = 1/(2\tau A_0) \tag{5.63}$$

实际测量中,总是要求真偶符合比大于1,则 τ 应小于 $1/(2A_0)$,或者反过来 $A_0 < 1/(2\tau)$。例如,对于一般的慢符合电路,符合分辨时间为0.5 μs左右,测量的放射源的活度不宜超过37 kBq(1 μCi)。但是,源又不能太弱,源若太弱,符合计数率很低,测量时间就要很长。

(2)复杂核衰变纲图下的符合方法

上面的讨论仅适合于最简单的β-γ级联衰变,对于图5.19所示的存在有 m 个分支的β衰变(分支比为 p_k),显然有 $\sum p_k = 1$。再假设每个β分支都伴随着缓发γ射线。若β探测器对第 k 个分支的β探测效率为 $\varepsilon_{\beta k}$,对第 k 分支的γ探测效率为 $\varepsilon_{\beta\gamma k}$,对相应第 k 分支γ射线的内转换电子探测效率为 ε_{cek};相应γ探测器对第 k 分支的γ探测效率为 $\varepsilon_{\gamma k}$,相应的内转换系数为 α_k。那么,在β道、γ道和符合道得到的计数率可按照式(5.57)求得,即

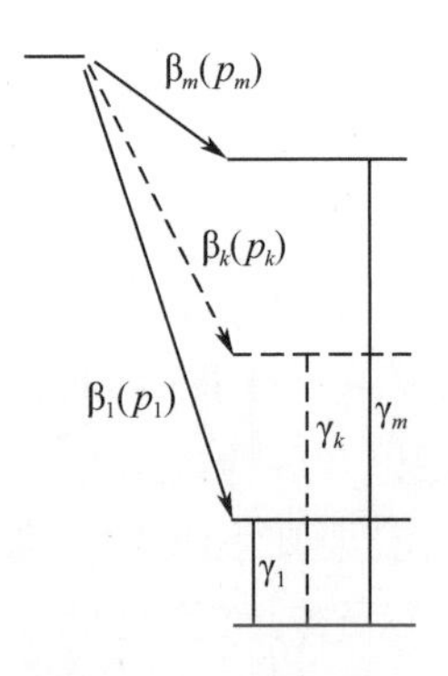

图5.19 多分支的核衰变图

$$\begin{cases} n_{\beta 0} = A_0 \sum\limits_{k=1}^{m} p_k \{\varepsilon_{\beta k} + (1 - \varepsilon_{\beta k}) \cdot [1/(1 + \alpha_k)] \cdot (\varepsilon_{\beta\gamma k} + \alpha_k \varepsilon_{cek})\} \\ n_{\gamma 0} = A_0 \sum\limits_{k=1}^{m} p_k \cdot [1/(1 + \alpha_k)] \cdot \varepsilon_{\gamma k} \\ n_{c0} = A_0 \sum\limits_{k=1}^{m} p_k \cdot [1/(1 + \alpha_k)] \cdot [\varepsilon_{\beta k}\varepsilon_{\gamma k} + (1 - \varepsilon_{\beta k})\varepsilon_{ck}] \end{cases} \tag{5.64}$$

式中,ε_{ck} 为当第 k 分支β射线未被β探测器记录时,符合道产生的计数概率。

在复杂衰变纲图下,难以得到类似于式(5.45)的简单表达式。一般来说,在多分支情况下,也很难通过三个道的计数 n_β、n_γ 和 n_c 并采用简单关系式来表示活度 A_0。同时,实验上也难以精确测定每个分支的β效率 $\varepsilon_{\beta k}$ 以及相应的 $\varepsilon_{\beta\gamma k}$、$\varepsilon_{cek}$ 和 $\varepsilon_{\gamma k}$ 等效率值。另外,分支比 p_k 和内转换系数 α_k 的测定也不够准确,因此实用上难以采用式(5.62)确定活度 A_0。

(3)效率外推法

为解决复杂衰变纲图下活度 A_0 的确定问题,可用一种所谓的效率外推法,即采用符合吸收技术对效率进行外推,从而使复杂的式(5.64)按照最简单的式(5.45)去求取活度 A_0。实验测量的第一个关键是在 m 个分支中,选定分支比最大的一个β分支所对应的γ射线,或者选定能量最大的一支γ射线,然后将γ道计数窗卡在该γ全能峰上(图5.20)。

由于分支比大,在γ全能峰上,较高能量γ射线的康普顿平台的计数贡献可忽略不计,或者 E_γ 最大,γ全能峰上无其他的贡献,由此可将这一分支以第 i 支进行标注。于是有

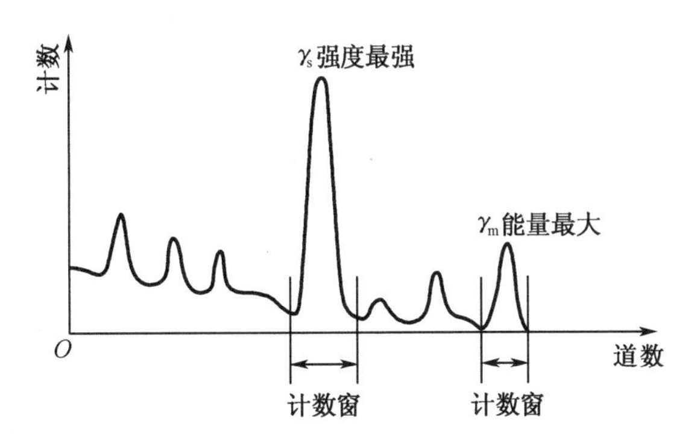

图 5.20　在 γ 谱上选择 γ 道计数窗

$$\begin{cases} n_{\beta 0} = A_0 \sum_{k=1}^{m} p_k [\varepsilon_{\beta k} + (1 - \varepsilon_{\beta k}) F_k] \\ n_{\gamma 0} \approx A_0 p_i \cdot [1/(1 + \alpha_i)] \cdot \varepsilon_{\gamma i} \\ n_{c0} \approx A_0 p_i \cdot [1/(1 + \alpha_i)] \cdot \varepsilon_{\beta i} \varepsilon_{\gamma i} \end{cases} \tag{5.65}$$

式中，$F_k = (\varepsilon_{\beta k} + \alpha \varepsilon_{ce})_k / (1 + \alpha_k)$。

注意在上式中，对于 $n_{\gamma 0}$ 和 n_{c0}，忽略了除 i 分支外的其他分支 γ 射线的贡献；对于 n_{c0}，考虑 $1 - \varepsilon_{\beta i}$ 为一至二级小量，ε_{ci} 为一至二级小量，故 $(1 - \varepsilon_{\beta i})\varepsilon_{ci}$ 为二至三级小量，相比第一项可忽略不计。在此情况下，$\varepsilon_{\beta i} = n_c / n_\gamma$，由式(5.58)可求得

$$\frac{n_{\beta 0} n_{\gamma 0}}{n_{c0}} = \frac{A_0}{\varepsilon_{\beta i}} \sum_k p_k [\varepsilon_{\beta k} + (1 - \varepsilon_{\beta k}) F_k] \tag{5.66}$$

再引入失效比 $C_k = (1 - \varepsilon_{\beta k})/(1 - \varepsilon_{\beta i})$，并记

$$\theta = \sum_{k=1}^{m} p_k C_k (1 - F_k)$$

注意到 $\sum p_k = 1$，不难证明式(5.66)可变成

$$\frac{n_{\beta 0} n_{\gamma 0}}{n_{c0}} = A_0 \{1 + [(1 - \varepsilon_{\beta i})/\varepsilon_{\beta i}] \cdot (1 - \theta)\} \tag{5.67}$$

实验中，在放射源前放置一系列的不同厚度的薄膜，吸收 β 射线，用于改变 $\varepsilon_{\beta i}$，可测量 $n_{\beta 0} n_{\gamma 0} / n_{c0}$ 随 $(1 - \varepsilon_{\beta i})/\varepsilon_{\beta i}$ 的变化关系。当将 $(1 - \varepsilon_{\beta i})/\varepsilon_{\beta i}$ 向零方向外推至零时，$n_{\beta 0} n_{\gamma 0} / n_{c0}$ 即为所要测量的源活度 A_0。所以，这一方法被称为效率外推法，又称符合吸收法。

使用效率外推法时，应注意：在外推时，实际上已假定了 $\theta = \theta(\varepsilon_{\beta \gamma k}, \varepsilon_{cek}, C_k)$ 是不随吸收膜厚度而变的。但在实际中，由于 β 探测器对 γ 射线和单能内转换电子的效率随膜的厚度变化确实不大，可认为它近似为一常数。而要使 $C_k = (1 - \varepsilon_{\beta k})/(1 - \varepsilon_{\beta i})$ 保持不变，即要求探测器对各个分支的不同能量 β 射线的效率随吸收膜的厚度变化有相同的改变，这就十分困难了。所以这一方法仍然有近似性，限制了测量的准确度。

实际上，可以不假定 $n_{\beta 0} n_{\gamma 0} / n_{c0}$ 和 $(1 - \varepsilon_{\beta i})/\varepsilon_{\beta i}$ 有线性关系，而是存在二次项及高次项的多项式，然后用拟合法求出函数形式，再外推至零，这样准确度就提高了。

(4)效率示踪法测量发射纯β核素的活度

对于纯β衰变的核素,由于不具有β-γ符合关系,无法直接使用4πβ-γ符合技术。但可以利用所谓效率示踪法来测量β效率,从而确定其活度。它是将待测的纯β核素和另一活度已知的β-γ核素(称为示踪核)制成混合源,如果这两种核素发射的β粒子能量完全相同,用4πβ-γ技术可测得示踪核的β效率,这也就是待测核的β效率,纯β核素源的活度就可确定。但是能量完全相同的示踪核是很难找到的。现在都采用符合吸收技术,即制备一系列不同质量厚度的含有纯β核素和β-γ示踪核素的混合源。由于混合源中载体量的不同,β计数率将随源的质量厚度而改变。用4πβ-γ符合装置测量各个混合源,以此得到示踪核的探测效率。以纯β核对β计数率的贡献为纵坐标,以相应的示踪效率为横坐标作图,把所得曲线外推到示踪效率100%处,即可得纯β核的衰变率。效率示踪法的关键是选择的示踪核素的β能量和纯β核素的能量要很相近,β谱的形状在低能端也相似,制备混合源时能均匀混合等。例如,测量^{147}Pm、^{14}C、^{35}S等纯β核素的活度常用^{60}Co、^{95}Nb作示踪核。效率示踪法的测量结果的总不确定度为2%~3%。

5.2.3 空气中的放射性测量

按空气中的放射性产生方式,可将其分为三类:一是宇宙射线与大气中的元素相互作用所产生的诸如^{3}H、^{7}B、^{14}C、^{32}P、^{35}S等放射性核素,这些核素在空气中的含量很少,一般无须测定;二是人工产生的诸如^{3}H、^{60}Co、^{85}Kr、^{90}Sr、^{133}Xe、^{131}I、^{137}Cs等放射性污染核素,它们主要产生在反应堆附近、应用和处理核燃料的地区,核试验也会产生^{235}U、^{239}Pu等裂变碎片,这些核素一般只限于出现在局部地区;三是地表天然放射性核素产生的^{222}Rn、^{220}Rn、^{219}Rn等放射性气体(简称射气)以及它的子体,这些气体分别称为氡射气、钍射气和锕射气。正常情况下,氡射气、钍射气是空气中放射性的主要污染源,且以氡射气为主。因此,空气中的放射性测量主要涉及射气测量,仅在核电与核设施附加才涉及其他放射性污染核素的测量。通常,按取样方法可将氡射气、钍射气的测量方法分为直接测定法和滤膜测定法两类。

直接测定法是将射气引入电离室或闪烁室,待射气与子体达到放射性平衡,然后测量射气在电离室中产生的电离电流或闪烁室的闪烁体上产生的光脉冲,以此确定一定体积内的射气活度。直接测定法的灵敏度较低,一般只能达到1~10 pCi·L^{-1},测量时还会受到周围环境的较大影响。该测定法已有几十年的发展历史,属于经典测量方法。

滤膜测定法是以某种方式使一定体积的射气通过滤膜过滤,然后测定该滤膜上的放射性活度,以此确定射气活度。近年来,滤膜测定法还在不断发展,其中双滤膜法是国际公认的最佳氡监测方法之一,该方法的灵敏度为0.1 pCi·L^{-1},最长测量时间需14~20 h。另外,我国还发展了气球法,该方法的灵敏度可达0.01~0.005 pCi·L^{-1},测量时间不超过25 min。

本教材扼要介绍射气及其子体的测量问题,包括直接测定法、滤膜测定法等。

1. 大气氡测量方法

在自然界中,氡主要有三种放射性同位素^{222}Rn、^{220}Rn和^{219}Rn,它们分别来源于自然界中的铀系(^{238}U系)、钍系(^{232}Th系)和锕系(^{235}U系),属于放射性气态核素。铀系和钍系在自然界中分布广泛,其衰变子体^{222}Rn、^{220}Rn的半衰期分别为3.825 d和55.6 s。由于^{220}Rn的半衰期很短,在大气中的^{220}Rn与^{222}Rn的含量之比不到十分之一;自然界中锕系(^{235}U系)的含量极少,仅为^{238}U的0.32%,且由锕系产生的^{219}Rn的半衰期更短,仅为3.96 s。因此,如果没有特指,一般所说的氡气都是指 ^{222}Rn,它是低层大气中的主要天然放射性成分之一,其子体 ^{218}Po、^{214}Pb、^{214}Bi 和 ^{214}Po 等都是固体核素,其具有气溶胶性质而飘浮在空气中。氡及其子体测量主要是测量它们发生 α 衰变所放出的 α 粒子(即快速运动的氦核,能量为 1 ~ 10 MeV)。表 5.1 列出了氡的三种同位素的主要辐射性质。

表 5.1 氡的三种同位素的主要辐射性质

同位素	半衰期	衰变常数 /s^{-1}	衰变产生射线的相关性质		
			射线类型	射线能量/MeV	空气中射程/cm
^{222}Rn	3.825 d	2.10×10^{-6}	α	5.48	4.04
^{220}Rn	55.6 s	1.27×10^{-2}	α	6.29	4.99
^{219}Rn	3.96 s	0.177	α	6.42(7.5%) 6.55(11.5%) 6.82(81.0%)	5.56

通常,测氡方法可以按如下五种方式进行分类:

(1)按取样方式分类,可分为主动式测氡法和被动式测氡法。主动式测氡法是采用主动抽取大气氡(或壤中氡、水中氡)到探测器所在的容器中,即所谓的"抓样"测氡法。被动式测氡法是静态、被动地等待氡气自己扩散到探测器所在的容器中,并待扩散一定时间后,使探测器所在的容器与外界氡的浓度分布均匀,再测量和分析氡浓度的方法。

(2)按测定同位素种类分类,可分为直接测氡法和间接测氡法。直接测氡法是测量氡气本身,如常规射气测量法。间接测氡法是测量氡的一代子体或者多代子体,以此间接地反映氡浓度。例如氡的第一代子体为 RaA(^{218}Po),可测量其放射性并推算氡浓度。

(3)按测量时间分类,可分为瞬时测氡法和累积测氡法。瞬时测氡法又称微分测氡法,测量时间一般为数秒到数十分钟。累积测氡法又称积分测氡法,测量时间一般在数小时到数十天。瞬时测氡法包括采用金箔静电计、静电电离室、硫化锌闪烁室等探测器进行直接测氡的一些方法,以及测量 RaA(^{218}Po)的间接测氡方法。累积测氡法包括 α 径迹蚀刻法、热释光法、氡子体聚集器法(含 α 卡法、α 杯法、氡管法、氡膜法等)、活性炭吸附 γ 法、液体闪烁法,以及同位素法(^{210}Po、^{210}Pb)等间接测氡的一些方法。通常,瞬时测氡法获得的信息量较少,容易受到气候环境的影响。为获得较为稳定的、更有代表性的测氡数据,常常采用累积测氡法。

(4)按测量技术分类,可分为 α 总量测氡法和 α 能谱测氡法。按照 ^{222}Rn 及其子体的放射性衰变规律,待 ^{222}Rn 的全部短寿子体(即 ^{210}Pb 之前的放射性核素)达到放射性平衡(需 4 h 以上),其后再测量 α 总计数来确定氡浓度的方法称为 α 总量测氡法。α 能谱测氡法是测量 ^{222}Rn 或者其子体的 α 放射性,以此确定氡浓度的方法。

应该注意:^{222}Rn 与其短寿子体达到放射性平衡的时间较长,而 ^{222}Rn 与子体 ^{218}Po 达到放射性平衡仅需 30 min,平衡后的母体核素与子体核素的浓度为线性关系,此时仍可按瞬时测氡法的思路,通过测定 ^{218}Po 来计算氡浓度。目前,瞬时测氡法更多考虑 ^{218}Po 的 α 能谱测量,这是由于 ^{218}Po 半衰期为 3.05 min,能量为 6.002 MeV,在铀系衰变链中,该能量附近不存在其他子体的 α 干扰。尽管钍系衰变链中的 ^{212}Bi 具有与之接近的能量,但 ^{212}Bi 是由 ^{220}Rn 的第一代

子体 ^{212}Pb 衰变而来,且 ^{212}Pb 和 ^{212}Bi 的半衰期分别为10.64 h和60.6 min,比 ^{218}Po 的半衰期长很多,又由于 ^{212}Bi 的α衰变概率仅为33.7%,其干扰就更小了。因此,在 ^{218}Po 的α能谱中,完全可忽略其他能量的α干扰,从而既可区分核素又能提高工作效率。

还应该注意:如果仅测量 ^{218}Po 衰变所产生的α粒子,单位时间内获得的α计数约为α总量测量所获得的α计数的一半,测量灵敏度约比α总量测量法降低了一半。因此,常按累积测氡法思路,等待氡的第二代子体 ^{214}Po 也达到平衡,此时的α能谱测氡法可取 ^{218}Po 和 ^{214}Po 的总计数作为测量值,以便有效提高测量灵敏度,但测量时间也需要更长。

另外,α能谱测氡法常常采用能量分辨率较高的半导体探测器(但探测效率相对较低),并通过增加探测器面积、采用高压静电吸附氡子体等方式来提高探测效率。值得一提的是,由于自然界中钍的分布广泛,且 ^{220}Rn 与 ^{222}Rn 具有相似性质,因此,采用α能谱测量还可获取各种子体的能谱特性,有效区分钍射气干扰,而采用α总量测氡法易受钍射气影响。

(5)按测量场所分类,可分为大气氡测量法、水中氡测量法和壤中氡测量法。这三种氡测量方法的目的有所不同,前两者主要用于环境或室内的氡气测量,后者主要用于探寻铀矿床、勘查油气藏和地下水,以及预报地震等。因而其测氡方法也有所不同,实际工作中常将上述测氡方法加以综合利用,例如,大气测氡法多为瞬时测氡法、主动式测氡法和直接测氡法等。

当采用α能谱方法测定氡射气(不含钍射气)的浓度时,一般需要对测氡仪进行刻度,其氡浓度与氡射气(不计子体)引起的仪器计数成正比,即有

$$C_{Rn}(t) = C_{Rn}(0)e^{-\lambda_{Rn}t} = K[J(t) - J_b] \tag{5.68}$$

式中 $C_{Rn}(t)$——t 时刻的氡浓度,单位为 $Bq\cdot m^{-3}$,t 按照引入大气氡的起始时刻开始计时,单位为s;

$J(t)$——t 时刻由测量系统获得的计数率,单位为 s^{-1};

J_b——测量系统的本底计数率,单位为 s^{-1};

λ_{Rn}——氡衰变常数,且 $\lambda_{Rn} = 2.10\times10^{-6}\ s^{-1}$;

K——刻度系数,即产生单位计数所具有的氡浓度,单位为 $Bq\cdot m^{-3}\cdot s^{-1}$。

当采用α总量测氡法来测定氡射气时,必存在氡子体以及钍射气及子体的α计数的干扰,此时还需修正这些计数。一般来说,可以根据多代子体的衰变规律来求取相关修正系数,考虑到钍射气的α子体无计数贡献(因半衰期很长),因此有

$$\begin{cases} C(t_1) = C_{Rn}(0)P(t_1) + C_{Tn}(0)e^{-\lambda_{Tn}t_1} \\ C(t_2) = C_{Rn}(0)P(t_2) + C_{Tn}(0)e^{-\lambda_{Tn}t_2} \end{cases} \tag{5.69}$$

式中 $C(t_1)$、$C(t_2)$——t_1 时刻和 t_2 时刻由式(5.68)求出的氡射气和钍射气的混合浓度,即有 $C(t) = K[J(t) - J_b]$;

$C_{Rn(0)}$、$C_{Tn}(0)$——$t=0$ 时刻的氡射气浓度和钍射气浓度;

$P(t_1)$、$P(t_2)$——t_1 时刻和 t_2 时刻由氡射气的短寿子体引起的计数增长百分比(含氡射气自身衰减)。

显然,求解上述方程组,可直接求得 $t=0$ 时刻的氡、钍射气的浓度,但需制作 $P(t)\sim t$ 函数表供计算使用,而 $P(t)$ 的计算比较复杂。为此,可采用 ^{222}Rn 的全部短寿子体达到放射性平衡后的α总计数率来确定氡浓度,即等待3~4 h后再测量α总计数率,并由此计算氡浓度。这是因为等待3~4 h后,^{222}Rn、^{218}Po、^{214}Po 的三个α核素所产生的总计数率达到饱和值,

$C_{Rn}(t)$ 与 $C_{Rn}(0)$ 相比，其降低值约在 3% 以内，由总计数率推算的氡浓度误差不超过 3%，同时还可忽略钍射气的影响（即 $e^{-\lambda_{Tn}t}=0$）。但应注意，如果按照等待 3~4 h 后再求 α 总计数率与氡浓度的关系（即刻度系数 K），也应等待 3~4 h 后再按相应刻度系数 K 求取氡浓度，即

$$C_{Rn}(0) \approx K[J(t) - J_b] \tag{5.70}$$

可见，按照式(5.69)和式(5.70)，可实测 $P(t) \sim t$ 函数表，并可由此计算 $C_{Tn}(0)$ 的值。

2. 氡子体浓度的一般性计算公式简介

通常，氡子体浓度的测量主要采用滤膜法，并采用相关计算公式求得其浓度（或活度）。

由于铀、钍衰变系列都具有射气，它们还将产生一系列的放射性子体，子体常以气溶胶的形式（即直径为 0.01~10 μm 的尘埃微粒）存在于大气中。可将氡、钍射气的衰变链进行简化表示，如图 5.21(a)和图 5.21(b)所示。

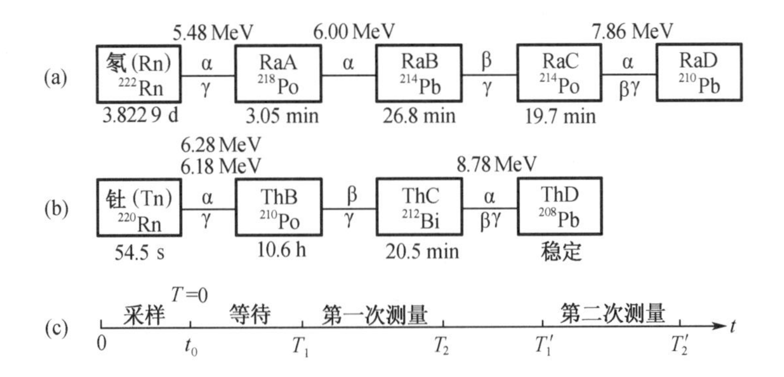

图 5.21 氡、钍射气衰变链以及滤膜法测量氡及子体的过程示意图

另外，由于空气中的放射性很低，往往需要将大量空气经滤膜过滤，使空气中的气溶胶沉降（累积）在滤膜上，然后再测量滤膜上的 α 放射性，并采用适当的公式推算射气浓度或气溶胶浓度。下面以氡子体的测量为例，将整个过程用一维时间坐标表示，如图 5.21(c)所示。

通过滤膜的采样后，任一种放射性核素数目 N_i 的变化率 dN_i/dt 可由下列方程给出：

$$dN_i/dt = \lambda_{i-1}N_{i-1} + QC_i^0 - \lambda_i N_i \tag{5.71}$$

式中 λ_i——第 i 种核素的衰变常数（s^{-1} 或 min^{-1}），$\tau_i = 1/\lambda_i$ 表示该核素的平均寿命（s 或 min）；

t_0——采样时间（s 或 min）；

Q——采样速率（L/s 或 L/min），$Q = V/t_0$；

V——采样体积（L）；

$C_i^0 = C_i/\lambda_i$——单位体积内的核素数目（L^{-1}），C_i 为空气中的第 i 种核素浓度（$Bq \cdot L^{-1}$ 或 $pCi \cdot L^{-1}$）。

式(5.71)的物理含义为：滤膜上某种核素的变化率等于其母体的衰变量 $\lambda_{i-1}N_{i-1}$ 与采样收集量 QC_i^0 之和再减去本身衰变量 $\lambda_i N_i$。只要根据每个阶段的实际情况，建立每种核素的相应方程，并正确选取初始条件，就可求解 N_i，其一般形式可简化为

$$N(t_0, T_1 \sim T_2) = \left(\sum \sigma_i C_i\right) \cdot \varepsilon F Q \tag{5.72}$$

式中 $N(t_0, T_1 \sim T_2)$——采样 t_0 时间后，$T_1 \sim T_2$ 时间段所测得的 α 计数；

ε——探测效率；

F——包括自吸收在内的滤膜收集效率；

σ_i——针对氡子体 RaA(^{218}Po)、RaB(^{214}Pb)、RaC(^{214}Po)的换算系数。

当采用 min、pCi、L 等计量单位时，σ_i 取值公式为

$$\begin{cases}\sigma_A = 44.0f_A + 1.61 \times 10^3 f_B - 911 f_C \\ \sigma_B = 1.25 \times 10 f_B - 6.77 \times 10^3 f_C \\ \sigma_C = 1.79 \times 10^3 f_C\end{cases} \tag{5.73}$$

其中

$$f_i = (1 - e^{-t_0/\tau_i})(e^{-T_2/\tau_i} - e^{-T_1/\tau_i}) \quad i = A,B,C \tag{5.74}$$

上述三个公式的详细推导可参见有关文献。以上各式适于所有滤膜法测定氡、钍子体的计算，并从根本上省略了复杂的刻度过程。实际应用表明，上述公式与实际符合较好。

3. 氡子体浓度的测量方法

目前，最常用的测量并计算氡子体浓度的方法是三段法，又称托马斯(Thomas)法。在我国常用 DK－60 采样仪进行取样，其装置如图 5.22 所示。采样时，采样头的高度为 1.5 m 左右(呼吸带高度)，开机抽气则开始计时，并迅速将流量 Q 调节到规定值。此时空气中的氡子体不断被滤膜吸附，并按衰变链的规律衰变，当采样 t_0 时间(min)后，开始测量滤膜上的 α 计数。该测量装置一般采用金硅面垒探测器，并使其紧贴滤膜，其探测效率接近 2π。因为所测定的放射性是 RaA、RaB、RaC 核素的总贡献，它们都以自身的衰变规律进行衰变，因此必须分三次测量才能求出各子体的浓度值。Thomas 在 1970 年提出在取样 5 min 后，再按 2～5 min、6～20 min、21～30 min 三个时间段，分别测量滤膜上的各时间段的 α 计数 $N(t_0, T_1 \sim T_2)$。为了把所测计数与所求浓度相联系，必须建立一个具体的计算公式。根据式(5.72)，可求得

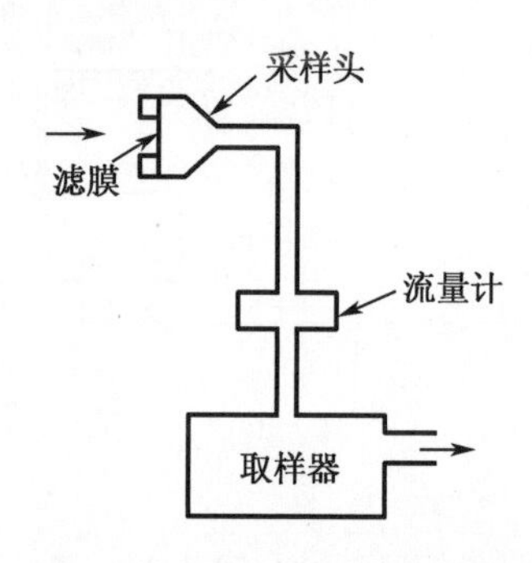

图 5.22　DK－60 采样仪装置示意图

$$N(t_0, T_1 \sim T_2) = (\sigma_A C_A + \sigma_B C_B + \sigma_C C_C) \cdot \varepsilon F Q \tag{5.75}$$

将式(5.73)和式(5.74)以及具体数据代入上式，即可得到三段测量时间内的三个联立方程，解此联立方程，可得到 Thomas 法的三个子体浓度计算公式：

$$\begin{cases}C_A = [0.169N(5,2 \sim 5) - 0.082\,0N(5,6 \sim 20) + 0.077\,5N(5,21 \sim 30)]/(\varepsilon FQ) \\ C_B = [0.122N(5,2 \sim 5) - 0.020\,6N(5,6 \sim 20) + 0.049\,1N(5,21 \sim 30)]/(\varepsilon FQ) \\ C_C = [-0.022\,5N(5,2 \sim 5) - 0.033\,2N(5,6 \sim 20) - 0.037\,7N(5,21 \sim 30)]/(\varepsilon FQ)\end{cases} \tag{5.76}$$

只要将测得的三段计数 $N(t_0, T_1 \sim T_2)$ 代入上式，便可分别求得空气中 RaA、RaB、RaC 的浓度 C_A、C_B、C_C。对于氡浓度为 10^{-10} Ci·L^{-1} 并与子体处于放射性平衡的氡测量，三段法的误差如下：RaA 为 ±10%，RaB 为 ±3.7%，RaC 为 ±3.9%。随着轻便测量仪器的发展，只要将第一段的测量时间提前到 30 s 或 1 min，还可使 RaA 的误差减小。

对于测量并计算钍子体浓度，也有相类似的计算公式。由于 ThA 的半衰期很短，一般可忽略不计，只要测两段即可，并以此可得到 ThB 和 ThC 的浓度。ThB 的半衰期较长，且又是 β

放射性,所以第一段时间的测量往往要放在取样 3 h 后再进行,此时滤膜上的氡子体差不多已衰变完了。在氡、钍子体皆不可忽略时,还可采用五段法进行测量,可采用类似方法来推导相应的计算公式。

5.3 α能谱与β最大能量的确定

5.3.1 能量测量概述

进行 α 和 β 射线的能量测量时,探测器(包括气体探测器、闪烁体探测器、半导体探测器)通常都工作在电子脉冲方式,其输出脉冲幅度 V 与入射粒子能量 E 具有线性关系,即

$$V = K_1E + K_2 \tag{5.77}$$

式中,K_1、K_2 是与入射粒子能量 E 无关的常数。

所谓能量测量,就是将 α 和 β 射线引起的输出脉冲,经过多道脉冲幅度分析器(MCA)后,累积为能谱。若采用 x_i 表示道址,$E(x_i)$ 表示射线能量,由式(5.77)可知,$E(x_i)$ 与 x_i 的函数关系为线性关系,如图 5.23 所示。此时,能量刻度曲线为

$$E(x_i) = Gx_i + E_0 \tag{5.78}$$

式中 E_0——零道址所对应的粒子能量,称为零截;

G——单位道增益所对应的能量增益,简称为增益。

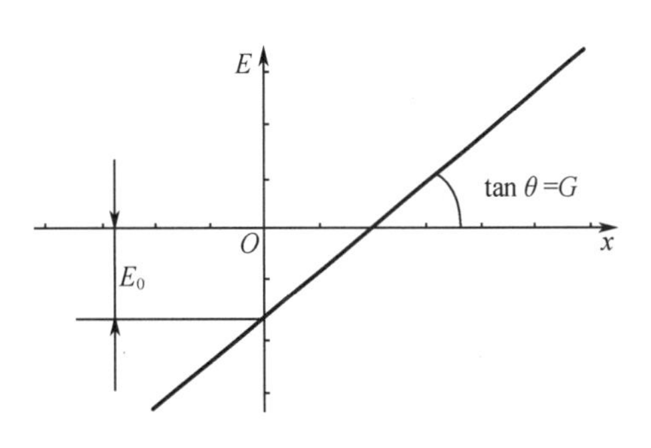

图 5.23 能谱仪的能量刻度曲线

假若,相同能量的粒子能够产生同一幅度的脉冲,则能谱(或能量)测量可准确确定射线能量。但是,由于脉冲产生过程十分复杂,包括射线与物质相互作用的多个过程(如电离、激发、光电子倍增等过程)以及次级射线的干扰,此时的幅度脉冲不可避免地具有随机性,即同一能量的粒子也会产生不同幅度的脉冲,也就是脉冲幅度具有统计分布(常为高斯分布)。如果入射粒子的能量比较接近,其脉冲幅度分布还可能相互重叠,由脉冲幅度分布求取入射粒子能量(或能谱)分布就更困难了。

如图 5.24 所示,如果采用 y_i 表示第 x_i 道的脉冲计数,将道址 x_i 刻度为电压间隔 V_i,也可将道址 x_i 刻度为能量间隔 E_i,形成了 y_i(脉冲幅度计数)与 E_i(能量)的关系,称之为能量谱,简称能谱,即单位能量间隔内的脉冲幅度计数分布。

5.3.2 α 能谱的测定

针对 α 粒子的核素的鉴别以及环境监测,都会遇到 α 能谱的测量问题。在 α 能谱测量中,常用金硅面垒型半导体探测器制作 α 能谱仪,其装置原理框图见图 5.25。

由于金硅面垒型半导体探测器的结电容与所加的偏压有关,为了使输出信号幅度不因偏压变化而改变,金硅面垒型探测器输出端必须连接电荷灵敏度前置放大器,其后的脉冲信号还需经主放大器放大,最后采用多道脉冲幅度分析器分析进行脉冲幅度的记录,形成 α 能谱仪。

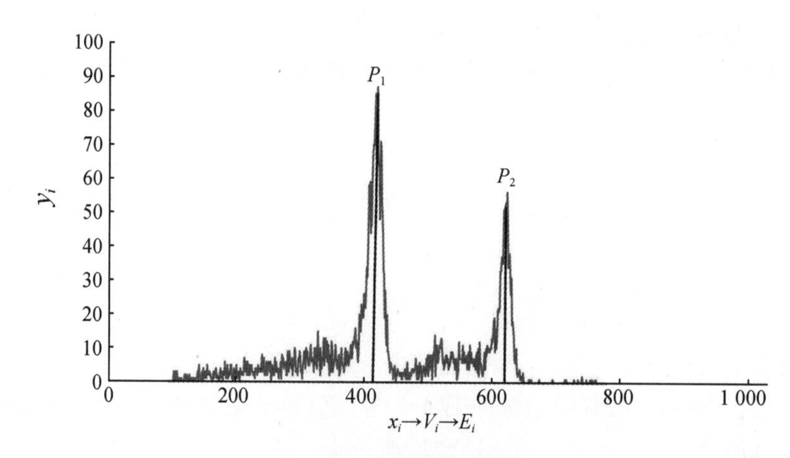

图 5.24　能谱图形示意图

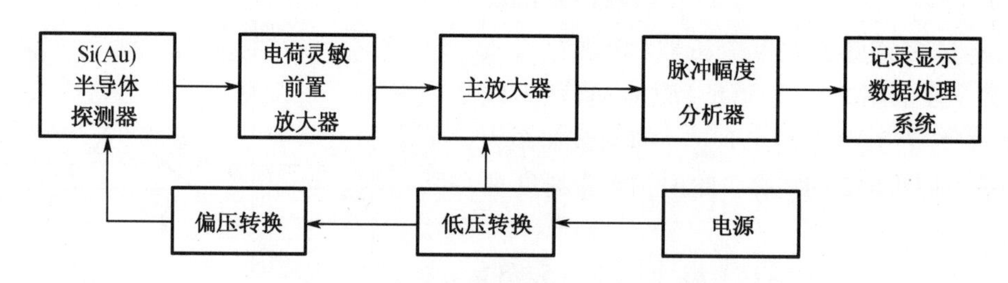

图 5.25　金硅面垒型半导体 α 谱仪原理框图

1. 能量分辨率

当单能 α 粒子进入金硅面垒型半导体探测器的灵敏体积时,如果结区厚度大于 α 粒子在此半导体中的射程,那么所测得的脉冲幅度能反映 α 粒子的能量。但由于统计效应,对应于单能 α 射线的脉冲幅度谱有一展宽,其最大值一半处的全宽度大小不仅与半导体的电离统计涨落有关,而且还与噪声等有关。下面分别讨论这些因素对脉冲幅度谱展宽的影响。

(1)统计涨落所引起的谱展宽。由 α 粒子产生的电子空穴对数目的统计涨落所引起的谱展宽为

$$(\mathrm{FWHM})_{\alpha} = 2.355\sqrt{FE_{\alpha}W} \tag{5.79}$$

式中　$(\mathrm{FWHM})_{\alpha}$——因电离涨落引起的谱展宽(半高宽);

E_{α}——α 粒子的能量;

F——法诺因子,对 α 粒子而言,F 值为 0.11 ~0.15;

W——α 粒子在硅材料中的平均电离能。

例如,^{210}Po 源发射的 α 粒子能量为 $E_{\alpha}=5.3$ MeV,硅的 $W=3.6$ eV,F 值取 0.15,则

$$(\mathrm{FWHM})_{\alpha}=2.355\sqrt{0.15\times5.3\times10^{6}\times3.6}\approx4\ \mathrm{keV}$$

(2)噪声引起的谱展宽。结型半导体探测器反向电流的统计涨落是构成探测器噪声信号的主要来源,它对脉冲谱展宽起主要作用。较好的面垒型探测器因噪声造成的脉冲谱的展宽约为 10 keV,面积大的探测器,由于体电流增加,甚至可达几十电子伏特。因此,为了减少噪声影响,提高能量分辨能力,不能为增加探测效率或灵敏度,而片面地追求大面积的半导体探

测器。为提高能量分辨率还需采用半导体制冷技术，使探测器在 -35 ℃左右的条件下工作。如G-M08 金硅面垒探测器，灵敏面积为0.5 cm^2，电阻率约为1 000 Ω·cm，在室温下的漏电流可达几百纳安，而在 -30 ℃下仅有几纳安。

(3)α 粒子入射方向引起的谱展宽。α 粒子的入射方向不同，通过空气和金属损失的能量也不同，因而造成了峰展宽。对比 α 粒子垂直入射($\theta=0°$)与非垂直入射($\theta\neq0°$)的两种情况，前者穿过的金层厚度为 Δd，而后者穿过的金层厚度应为 $\Delta d_\theta=\Delta d/\cos\theta$，此时 α 粒子穿过金属厚度是不同的，损失的能量也不同，即 α 粒子的入射方向所引起的谱展宽为

$$\Delta E(\theta) = \varepsilon(\Delta d_\theta - \Delta d) = \varepsilon\Delta d(1-\cos\theta)/\cos\theta \tag{5.80}$$

式中，ε 是单位厚度的金层造成的 α 粒子的能量损失。

如果金层 $\Delta d=35$ nm，$\theta=30°$，则 $\Delta E_\theta\approx5.5$ keV。为了减少因入射方向所造成的谱展宽，常在放射源和探测器之间加多孔准直板，使 α 粒子均以接近于垂直方向入射。另外，为减少空气的影响，常使放射源与探测器之间的空间维持在真空条件下，但 α 能谱测量对真空度的要求并不高，只维持在几十帕即可。

2. α 能谱仪的刻度

当测定了 α 粒子的脉冲幅度谱之后，还需进行能量刻度，才能确定所测 α 粒子的能量，这与 γ 能谱的能量刻度方法类似。由于 α 能谱是离散谱，且接近于高斯分布，本底计数也很低，所以 α 能谱的能量刻度与 γ 能谱的能量刻度相比更为简单。具体做法是：用几个已知能量的 α 放射源，在相同条件下测量其 α 能量所对应的脉冲幅度(或道址)，制出能量和脉冲幅度的关系曲线，即能量刻度曲线，如图 5.26 所示。图中，V_1、V_2 分别为已知能量为 E_1、E_2 的 α 粒子的脉冲幅度，V_α 为待测能量 E_α 所对应的脉冲幅度。

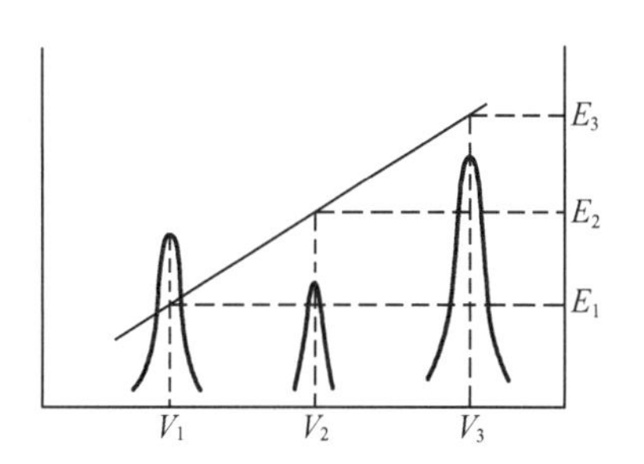

图 5.26 α 谱仪的能量刻度曲线

金硅面垒型半导体 V_α 谱仪具有许多优点：薄窗、能量分辨率高、线性好、噪声低、分辨时间短，使用方便，而且制作工艺简单。一般情况下，能量分辨率可达 0.5%，最好可达 0.2%。这种探测器的缺点是灵敏区厚度有限，不能完全阻挡长射程的 α 粒子，且目前的探测器面积还做不大。另外，辐射对它具有损伤效应，且不能在较高环境温度下使用。例如，金硅面垒型探测器的灵敏面积一般小于 10 cm^2，灵敏层厚度可达 1 mm 左右，对 α 粒子的可测能量上限为 10 MeV。

除了金硅面垒型探测器外，屏栅电离室也可作为 α 能谱探测器，其能量分辨率一般在 0.6%左右，最好可达 0.25%。这种 α 谱仪的优点是源面积可以很大，最大可达 10 000 cm^2 以上。因此可测量比活度低于 $10^{-4}\sim10^{-5}$ $Bq\cdot g^{-1}$、半衰期长达 10^{15} a 的 α 放射性样品。其缺点是更换放射源不方便。由于其装置复杂、操作不便，所以对于中等活度和小面积的样品，还是采用金硅面垒型半导体谱仪为好。

5.3.3 β 最大能量的测定

由于 β 能谱是连续谱，能量分布于从零到相应的最大能量之间，这给测量带来困难。测量 β 能谱的装置有 β 磁谱仪和半导体 β 谱仪。β 磁谱仪能量分辨率极高，可精确测量 β 能

谱,但设备复杂、价格昂贵,而且要求待测样品的活度很高。半导体 β 谱仪,由于存在 β 散射使谱形畸变,影响 β 能谱的分析,因此在核工程及核技术应用中,一般采用 β 谱的最大能量的测定方法。两种以上的混合 β 放射性的能谱分析测定,还必须配合化学分离方法。最常用的测定 β 最大能量的方法是吸收法,它考虑了 β 射线穿透物质时,β 粒子注量率的减弱与吸收物质厚度近似成指数函数关系,即

$$I = I_0 e^{-\mu x} \tag{5.81}$$

式中 I_0、I——经过厚度为 x 吸收物质前后的 β 粒子的注量率;

μ——β 射线在物质中的线衰减系数。

由实验测得 β 粒子注量率 I 随吸收厚度 x 的变化曲线(在半对数坐标纸上近似为直线),通常把注量率下降至0.01%所需的吸收物质厚度定为 β 粒子的最大射程,再根据 β 粒子的最大射程与 β 最大能量的经验公式,即可求得 β 粒子的最大能量。由于 β 射线在物质中既有吸收又有散射,减弱过程复杂,因而测量误差较大。由于 β 衰变常常伴随有 γ 射线,一般可通过测量样品的 γ 能谱来确定其核素含量。

β 最大能量的测定还可采用半吸收厚度法,该方法简单、迅速,但误差较大,宜于快速鉴别核素之用。

5.4 带电粒子测量的应用*

5.4.1 氡气测量的应用

1. 在资源勘查中的应用

氡是天然放射性衰变系列中的气态放射性核素,是一种惰性气体,它在接力作用、扩散作用、对流作用、抽吸作用、地下水携带作用、伴生气体的气压作用、泵吸作用、地热作用等影响下,能从地下深部运移到地表,可反映数百米以下是否存在放射性物质。近年来,氡运移规律的研究表明:氡自身具有很强的向上运移能力,能为地质勘查提供大量地下信息。因而,氡气测量在铀矿床勘查、辐射环境评价、裂隙地下水资源勘查、工程地质构造勘查、地震震前异常信息监测、煤田自燃勘查、滑坡构造带勘查等方面都具有广泛的应用前景。

(1)氡法在铀矿床勘查中的应用机理

核资源是重要的能源之一,铀矿床勘探是核能产业的龙头。我国的铀矿床勘探事业起步于20世纪50年代初期,经历了50多年的兴衰历程。随着我国核电事业的大力发展,对核资源的需求量突增。找寻新的铀矿床,摸清我国铀矿资源的储量、勘查盲矿资源是当今铀矿勘查的首要任务。

①铀矿床及其主要地球化学性质

研究表明,地球中的铀资源主要集中在地壳内,而在地幔及地核中的铀含量极低。在地球发展的漫长历史长河中,伴随着交错复杂的岩浆作用、沉积作用和变质作用,地壳中的铀资源经历了曲折而多样的演化过程,造成了局部地区铀含量的增高,形成了一些富铀区。由于铀的化学性质活泼,容易与其他元素化合,所以不存在天然的铀元素,而以铀矿物、类质同象(形成含铀矿物)和吸附状态等形式存在。铀矿床按成因可大致分为岩浆型、热液型、沉积型、变质型。按矿床赋存的围岩种类可分为花岗岩型、火山岩型、砂岩型、碳质泥岩型、含铀煤型等。下

面对各种类型的铀矿床地球化学特性进行简要介绍。

a. 岩浆型铀矿床的地球化学特征。从地球化学角度看,产铀花岗岩体具有以下特征:一是铀含量的本底较高;二是铀主要以晶质铀矿形式存在,晶质颗粒微小、分布广泛;三是活动性铀含量较高;四是钍和铀的比值较低。

火山岩型铀矿床与构造有密切关系,在区域上往往呈带状分布,受长期活动的区域性断裂构造带所控制;脆性大、易破碎、孔隙度大、透水性好的岩石一般对成矿有利,该类铀矿床常伴有大面积的围岩蚀变。

b. 热液型铀矿床的地球化学特征。由热液作用形成的铀矿床称热液型铀矿床。它具有如下特点:分布广、品位较高、矿石中对核反应不利的 TR、Cd、B、Hf、Li 等元素含量较少、铀浸取率高、矿石的显明度强、矿石工艺加工性能良好、选冶容易。但是,大多数热液型铀矿床规模小,矿体形态复杂,产状变化大,开采难度大。

c. 沉积铀矿床的地球化学特征。风化作用中铀的地球化学特征主要为风化壳和土壤里的铀主要聚集在吸附能力较强的黏土矿物中。一部分铀同其他元素一起进入各种自然水系,向盆地及海洋迁移。在风化作用过程中,由于 ^{234}U 比 ^{238}U 的活动性大,往往造成 ^{234}U 与 ^{238}U 在岩石中的含量比值下降。

ⓐ沉积阶段中铀的地球化学特征。沉积阶段分为同生沉积和成岩两个阶段。无论是陆相沉积还是海相沉积,铀直接从水中聚集到沉积物中的数量不多,一般仅构成该沉积物的本底含量。沉积物在水盆地底部堆积成岩后,使松散沉积物转变为坚实沉积岩的成岩作用就开始发生。铀在成岩阶段,一般仅形成含量较高的磷块岩、黑色页岩及碳、硅、泥岩等铀源层,为铀在后生作用中富集成矿提供重要铀源。

ⓑ铀后生富集的地球化学特征。铀在后生作用中得以富集并形成具有工业价值的铀矿床的必备条件是存在铀含量较高的铀源体;具备能使地下水中铀含量增高的各种地质、地球化学条件和水动力条件;存在导致铀沉淀的物理、化学环境和赋存矿体的空间。

d. 变质铀矿床的地球化学特征:在变质作用中随着温度升高和压力增大,原生岩石(尤其是沉积岩)经脱水、去二氧化碳、重结晶等作用产生一种富含 CO_2 及 K、Na 的碱性变质溶液。这种变质成因的溶液能够溶解岩石中的部分铀,并向压力较低的部位迁移。铀在变质溶液中的存在形式和沉积富集的机制,视其温度高低分别与在一般含铀热液或含铀地下水溶液中相似。这就造成变质铀矿床与一般内生、外生铀矿床具有许多共同相似的特点。

②铀矿的分散晕和分散流

在铀的成矿过程中或铀矿床形成以后,由于内因和外因的作用,铀可以分散到周围的基岩、土壤、冲积层、地下水、地表水、地下气体和近地表气体中去,造成局部范围内的铀含量相对增加。这种在矿床周围形成的铀含量相对偏高地段称为分散晕。矿体和分散晕中的铀,从沙蚀区向沉积区做表生迁移,在冲击层和沉积层形成的铀含量局部富集地段,称为分散流。

a. 分散晕。分散晕与矿体有密切的关系,但分布范围比矿体大得多,是铀矿普查的重要线索。根据与矿体在形成时间上和空间位置上的相互关系,分散晕可以分为原生分散晕和次生分散晕。

ⓐ原生晕是在成矿过程中与矿体同时生成的一种地球化学异常,如图 5.27 所示。它的形成、形状和大小取决于很多因素,如铀的扩散作用,溶液作用的时间,溶液中铀及其伴生元素的浓度,溶液的温度和压力,周围岩石的性质(如有效孔隙度和构造裂隙发育的程度、裂隙的形

状)和铀的化学性质等。

ⓑ次生分散晕(以下简称次生晕)是矿体或原生晕暴露到地表以后,风化作用和侵蚀作用使铀(或伴生元素)在矿体周围的疏松层中重新迁移分布而形成的地球化学异常,它在空间位置上可能与原生晕相邻,但其延伸范围比原生晕大得多。根据铀在分散晕中的存在形态,可将次生晕分为机械分散晕和盐分散晕。

ⓒ机械晕是物质呈固态被破坏、搬运而形成的。它由矿体或原生晕的矿石碎屑、原生的矿物颗粒与其他疏松物所构成,如图5.28所示。在个别情况下,它也包括一些次生矿物。能够形成机械晕的那些矿床的原生及次生矿物在表生作用带是非常稳定的。例如与伟晶岩有关的铀、钍矿床,其主要成分是难溶的含铀铌钽酸盐。机械晕的形成主要受下列因素控制:第一是气候条件,在降水量多、温度变化剧烈的条件下,疏松沉积物的厚度往往较大,地表分散晕范围宽,造成表层中铀元素(或伴生元素)含量降低。当疏松沉积物的深度达到某一数值时,近地表沉积物中铀含量低于所能确定的最小异常值,这个厚度即是铀量测量可能达到的找矿深度,一般情况下为3~4 m。设法增加取样深度时,找矿深度会有所增加。第二是地貌条件,它在很大程度上决定了残积、坡积层的发育情况。在侵蚀基准面低、坡度角大时,以发育坡积层为主;在缓坡或准平原条件下,残积层发育较好。经验表明,坡度角为10°~20°时,最有利于形成机械晕。

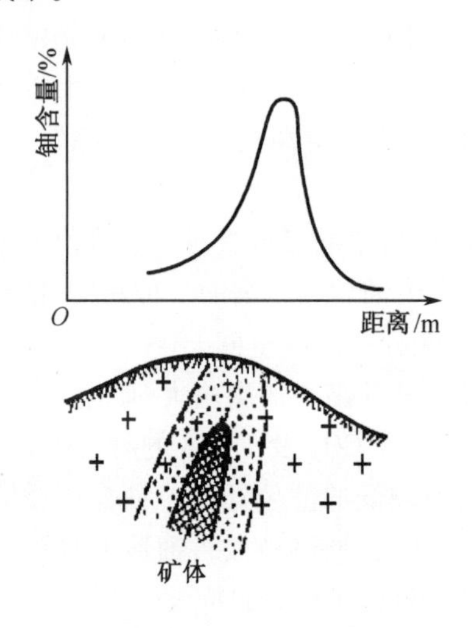

图5.27 矿原生晕示意图

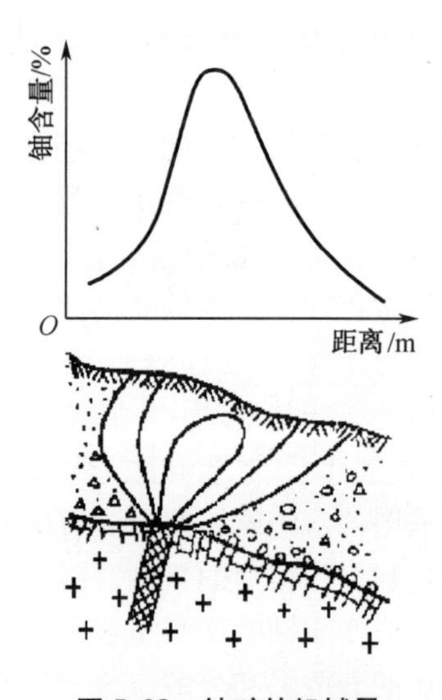

图5.28 铀矿的机械晕

ⓓ盐分散晕是在化学风化作用的影响下产生的,具有易溶于矿物(在水溶液中呈液态分散搬运)矿床的特征。在氧化带中,这些易溶矿物开始分解成盐类溶于水中。它们在地下水或地表水的运动、渗进、扩散、毛细管上吸等作用下,进行迁移,如图5.29所示。在水溶液迁移过程中,由于化学反应、有机质及胶体的吸附作用等原因,易溶矿物呈固态盐类存在于疏松层和基岩裂隙中。必须指出,在盐晕形成的过程中,金属物质以固体形式搬运也是很重要的,它发生在矿物遭受氧化以前及变成固体盐类以后的整个过程中。各种成因类型的铀矿床广泛地发育着盐晕,铀盐晕是铀矿的主要找矿标志。

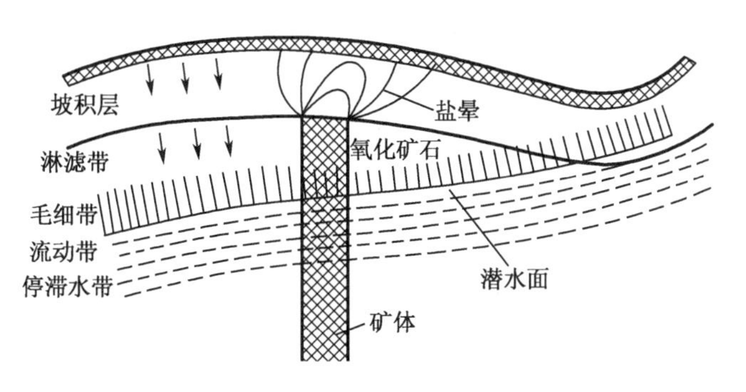

图 5.29 盐晕形成示意图

b. 分散流。根据元素在分散过程中进入水溶液与否,可把分散流分成机械分散流和盐分散流两大类。实际上单一的分散流是不存在的,根据矿和自然条件的不同,只能说以某一种为主,另一种为辅。放射性元素可以呈机械混合物、悬浮物和溶液状态被水搬运。大多数情况下,主要呈悬浮状和溶液状被水搬运,但在山区河流中主要呈机械混合物形式被搬运。

被水携带的铀(或伴生元素)如呈固相存在,则在流速变缓处(河湾内侧、河流坡度变缓、河流交汇点以及大滚石背后等处)会沉积下来,形成含量增高地段;若水中的铀以溶解态存在时,则在 pH 值、Eh 值发生变化时起沉淀反应,或被胶体、有机质吸附,在沉积物状形成复杂的分散流。对钍矿来说,有时会形成独居石砂矿。

在溶液中溶解的 U、Ra 化合物,常被河流底部沉积物内的泥质、有机物和氢氧化合物所吸附。由于 U、Ra 的化学性质各异,在不同条件下它们沉淀的比例不同,造成沉积物中 U、Ra 平衡破坏。

研究表明,热液铀矿床的盐分散流具有下列特征:一是在底沉积中,细粒淤泥质沉积物中的铀含量比砂质中高很多,大部分铀含于底沉积的淤泥渣中;二是最高异常赋存于河谷中的有机质淤泥、泥炭和土壤层中;三是用碳酸钠或碳酸铵溶液可以把大量活性铀(8% ~100%)从细粒河床沉积层中浸出;四是在分散流中放射性平衡位移几乎完全偏 U,Ra 含量极微或几乎完全缺失(占其平衡含量的 10% ~20%)。

机械分散流一般从矿体开始,延续数百米。盐分散流有时靠近矿体,有时离矿体数公里。铀的含量在分散流中分布不均匀、不规则,异常地段与非异常地段交错分布。热液铀矿床的分散流较明显,沉积矿床的分散流不明显。

③氡法找铀矿的机制

无数的找矿实例说明,仅用氡扩散机制来解释氡法找矿,对于 100 ~300 m 甚至 300 m 以上深度的铀矿是解释不通的。合理解释地表氡异常,不仅要承认氡本身的几种迁移机制,而且更重要的是要考虑氡迁移方式。经过试验研究和大量资料调研,下面四点值得注意:第一,镭在氡法找深部矿(即氡的迁移)起相当重要的作用;第二,由于氡的半衰期仅有 3.82 d,因此,它本身不可能做长距离运移;第三,氡的长距离迁移是几种综合作用的结果;第四,氡的迁移方式不止有一种模型,而是在不同情况下有不同的模型。

第一种情况,氡测量的探测器记录的仅是矿体氡气(即矿体氡或原生氡);第二种情况是探测器记录的 α 粒子,除来自矿体(包括原生晕)和次生晕的氡衰变的 α 粒子外,还记录氡子体和铀亚系的一些元素发生α衰变产生的α粒子。

氡气测量方法实质是指铀矿体在地质作用下,在其周围形成了原生晕和多种多样的分散晕或分散流,其分布范围比矿体本身大得多,然后由分散晕中的镭(铀的衰变产物)衰变出氡,最后才不同程度地在接力作用、扩散作用、对流作用、抽吸作用、地下水携带作用、伴生气体的气压作用、泵吸作用、地热作用等影响下,从地下深部运移到地表上面,最后由地面数据测量系统对壤中及其子体进行探测。下面分两种情况讨论:

一是,铀矿体赋存在潜水面以上的情况:为了说明地表α粒子的主要来源,采用α径迹测量装置所测量到的α粒子来说明本问题。

由铀矿体或原生晕产生的氡称为原生氡(Rn1),在一定的地球化学环境和地质条件下,铀矿体能在其上部较远(几十米到几百米)的范围内,往往同其他元素(如铅、锌、钼等)相伴生,并产生机械晕,或者溶于水产生水晕或盐晕。这种晕中的镭同位素不断衰变,并生成氡的同位素,如称之为次生氡(Rn2),可通过上述一定的迁移方式到达测量装置,并衰变放出α粒子,最后被测量系统收集,如图5.30所示。

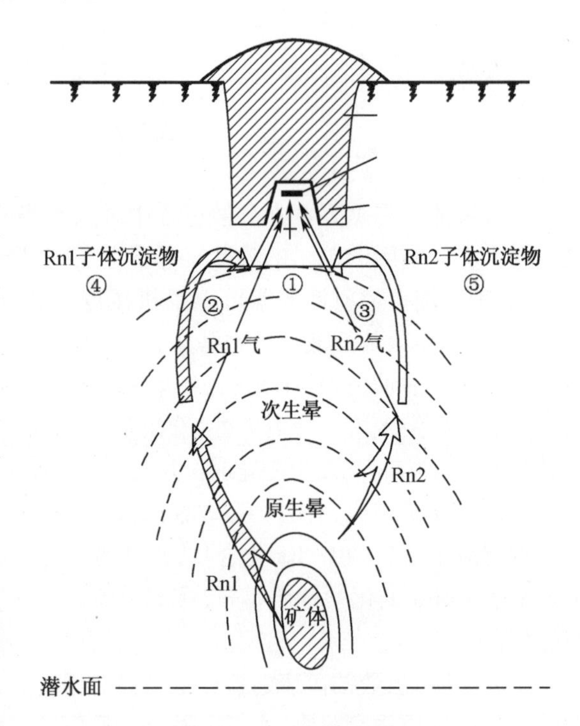

图5.30 α径迹找矿原理图

二是,铀矿体赋存在潜水面以上情况:铀矿体赋存于地下水系之中,镭和氡也将溶解于地下水中。此时,当地下水做经常性的垂直运动时,镭被沉淀在原潜水面附近。

当潜水面距地表小于或等于氡的扩散距离时,沉淀的镭所衰变的氡和水中直接逸出的氡,可以在扩散、对流和抽吸等作用下,向上迁移到地表,衰变出的α粒子可被探测器记录。在此情况下,含铀发育的分散晕衰变产生的次生氡,也经常起作用;而从矿体直接衰变出的原生氡,除小部分通过地下水逸出水面迁移到地表外,其余则溶解于水中;若有构造通过矿体时,附近原生氡和镭衰变产生的氡,可沿构造上升到地表,并被探测器记录。

当潜水面距地表超过氡的扩散距离时(几十米到上百米以上),由上述氡、衰变出的氡和从地下水面逸出的氡都很难通过自由扩散迁移到地表。这时,探测器上所记录的径迹大多应是来自地下水面以上发育的次生分散晕所衰变的次生氡,及其子体沉淀物和沿构造来的氡(镭衰变产生的氡)。

(2)氡法在油气田勘查中的应用机理

姜洪训等学者研究结果证实,地表氡异常形态多为环状,而且环内为油气藏的反映,环区为油气边界的反映。这种地表异常与油气藏分布范围具有的良好的空间和形态对应现象并不是偶然的,它实质上是各种放射性物质、有机物质、无机物质在油气藏边界的地下水的携带下进行垂直运移作用的反映。确切地说,在油气成藏后,由于圈闭作用,导致油气侧向运移的能力受到限制,而垂直迁移就是一个必然要发生的地质作用。从油气演化的角度分析,当油气进入储藏空间后,指向地表的油气垂直迁移作用的过程实质上是油气从生成→运移→聚集→成藏→破坏或保存这一完整的地质作用的一个有机组合链。由于油气藏边界和或油田水环境具有高矿化度和强还原性等特点,含有大量阳离子和有机化合物的油气藏在其边界环境的氧化还原势的综合作用下,发生阴、阳离子的带出带入,使油藏的油水边界环境形成离子高强活动带。在这个带上,由于各种地质作用,自然形成了使氡气向上垂直迁移的通道,并逐渐运移到地表或土壤中,形成与地下油气藏有联系的氡异常,而且主要在油气藏周边形成环带状晕圈,这在各种不同构造圈闭中都具有类似的特征(图 5.31)。李怀渊等的研究结果更进一步地阐述了油气藏上方放射性核素低值异常与油气藏两侧或周边放射性核素高值异常形成的过程。

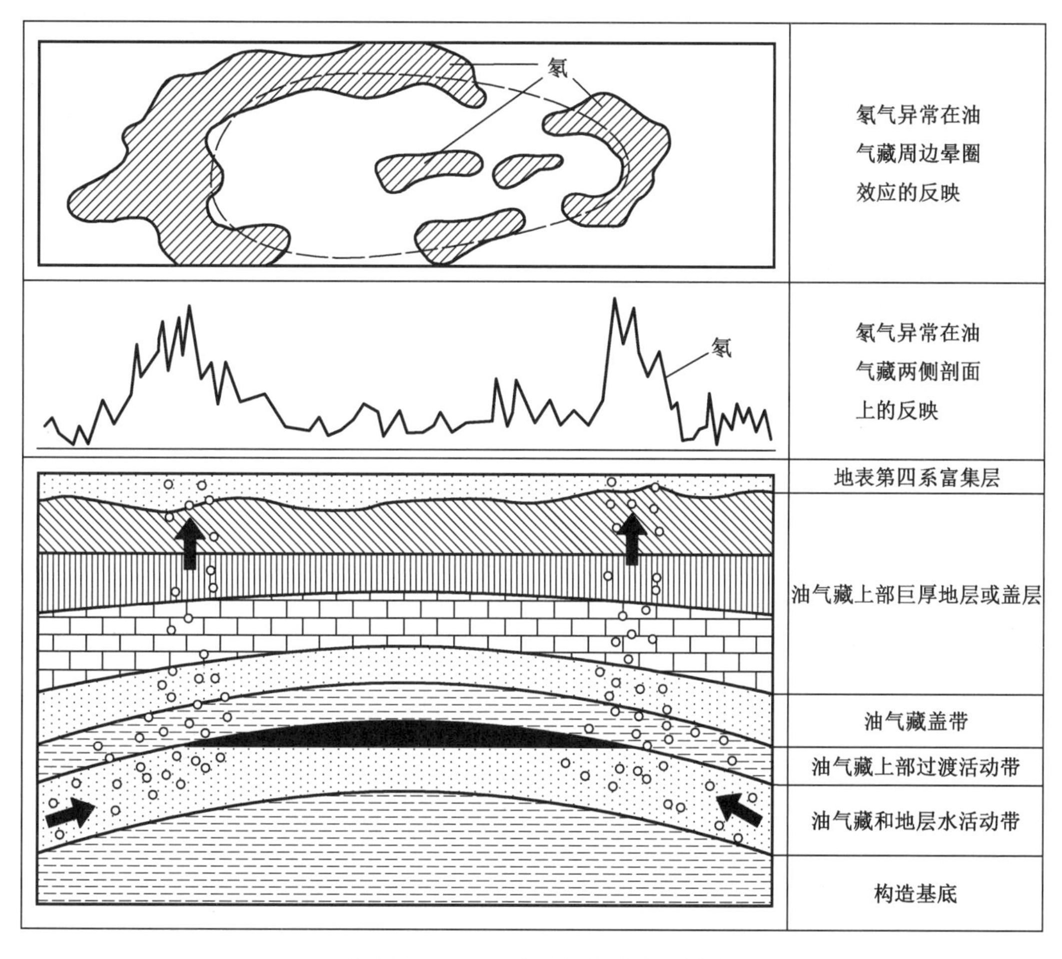

图 5.31 油田上方氡异常形成示意图

(3)氡法在寻找裂隙地下水资源和地热中的应用机理

随着全球经济的飞跃发展,灌溉、工业、城市用水量都在大幅度提高,全球视野的"水源危机"感到处出现。而且,20 世纪 60 年代以来,人类文明所消耗的地表水及水利工程已导致了严重的生态和环境破坏,并抑制了经济的长期和稳步发展。为了扭转这种局面,人类不得不寻找、开发和利用地下水资源。

地下水的范畴较广,目前着重开发的是裂隙水。裂隙水通常分为成基岩裂隙水、构造裂隙水和风化裂隙水三类。实际上这三类裂隙水在水动力和水化学方面有着不可分割的联系,往往相互组合成各种各样的裂隙水系。为了寻找地下水,必须勘察断裂构造的基本形态,了解地形地貌、地层、岩性、土壤植被、水文气候、地球化学及地球物理特征等情况。越来越多的资料表明,应用放射性方法寻找地下水常能取得独特的效果。

放射性方法寻找地下水的机理众说不一,下面主要就含水的构造和岩性,以及与氡及其子体异常的关系作一般性的探讨。

①构造裂隙带中 Rn 富集及向地表迁移

在构造裂隙带中,由于岩石破碎,裂隙发育,造成了岩石孔隙增加,岩石的射气能力亦相应增强。因此,构造裂隙带内的射气浓度比主破碎围岩中的射气浓度有明显增加。在构造裂隙带中富集的氡通过以下三个途径向地表迁移:一是,溶解及存在于地下水中的部分 Rn,在地下水的水平作用和垂直作用下离开水面,然后通过扩散、泵吸、对流等作用到达地表。二是,岩石和土壤中的部分 Rn,在断层破碎带形成过程中,同水或先于水到达破碎带,并在地下水推动下向地表迁移;另一部分 Rn 按常规的方法向地表迁移。三是,部分溶解于水中的 U 和 Ra,可在饱水带表面通过毛细管作用上升到饱气带,其衰变产物产生的 Rn 在扩散、抽吸、对流等作用下可以迁移到地表。

②构造裂隙带中固态放射性元素的富集及向地表迁移

含有比地表水更多的固态放射性物质的地下水,可通过构造裂隙和毛细管渗透到表土层。经过蒸发,放射性物质在附近表土中不断析出、扩散、沉淀和富集,因此在含水构造裂隙的地表附近可产生放射性异常。

在构造破碎带和岩石裂隙带中往往分布有大量的 $Fe(OH)_2$、$Al(OH)_2$ 等,它们能吸附 U^{4+} 和 U^{6+} 等正离子。地下水还能带来吸附能力很强的黏土、有机质和泥炭等,它们也会在构造和裂隙带中沉淀 U 等放射性物质。在某些情况下,溶解于含氯水中的 Ra 可同地下水一起沿构造上升到地表,然后沉淀下来,形成放射性异常。地下热水出露处是一种地球化学垒,这是因为地壳表生带的某些地段,由于元素在短距离内的迁移条件突然交替,致使某些元素发生沉淀和富集,容易形成放射性异常。

还需要指出,有的构造带中还富含有 HCO_2(浓度大于 $100\ mg \cdot L^{-1}$),它与 U 形成易溶的络合物 $Na_2UO_2(HCO_3)_4$。这些络合物可沿构造上升到地表,形成放射性异常;与此相反,假如构造带仅仅起通道作用,那么这种水长期作用于断裂带,可以贫化岩石中的 U 含量,于是,在地表可能得到比周围岩石低的低值放射性异常。

还有不少因素可促使放射性物质溶解于水,并向地表迁移,不再一一细述。图 5.32 是蓄水构造附近的放射性异常示意图。从该图的曲线可以看出,岩性不同时所产生的异常都是阶跃式的变化。

③地热梯度会加强氡向地表迁移的能力

地热田的地热梯度较大,高的地热梯度会明显使氡由高温度的深部向低温度的地表迁移,从而加强氡沿岩石断裂、裂隙或岩石破碎带向地表运动,形成地表氡的放射性异常。随着温度增高,氡在水中的溶解度减小,见表 5.2。而扩散系数加大,氡易于逸出,地下热水在运移的过程中,将有部分氡从水中逸出,也可加强地表的放射性异常。

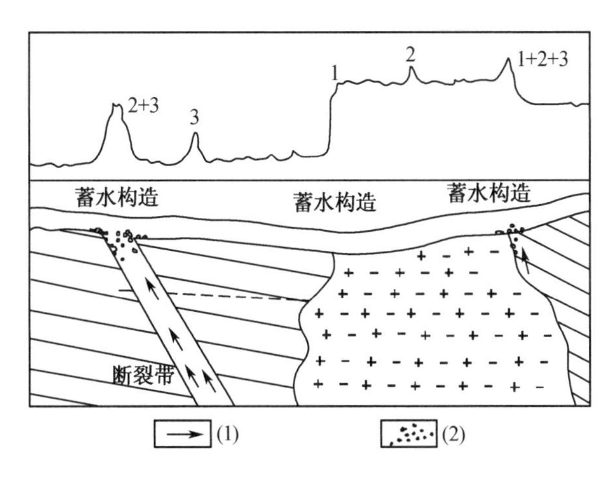

1—因岩性不同产生的放射性异常；
2—因岩石破碎、断裂引起的放射性异常；
3—因地下水及地球化学作用产生的异常；
(1)—氡气主要运移方向；
(2)—地下水及地球化学作用使放射性核素发生沉淀或迁移。

图 5.32　蓄水构造附近的放射性异常示意图

表 5.2　氡在水中的溶解系数(α)与温度(t)的关系

t/℃	0	5	10	20	30	40
α	0.510	0.420	0.351	0.254	0.195	0.159
t/℃	50	60	70	80	90	100
α	0.138	0.125	0.117	0.112	0.110	0.108

氡异常一般跟铀异常直接关联，但氡异常更容易受地质构造、地形地貌、气候气象、镭异常(在地球化学作用下的富镭贫铀的情况)等影响。在矿产资源勘查中，氡仍是一个重要的找矿指示元素。

2. 在环境评价中的应用

氡是自然界中广泛存在的一种天然放射性气体，是人居环境中最直接的污染物，氡对人体的辐射伤害占人体所受到的全部环境辐射的55%以上。长期受到氡辐射，会导致肺癌、白血病、皮肤癌及其他呼吸道病变。氡(^{222}Rn)与肺癌的关系早已引起人们的高度重视，在许多国家和地区普遍开展了环境氡测量工作。早在20世纪中后期，西方国家就已经开展了环境氡的调查与研究工作，根据美国地调局和环境署联合对美国的氡危害的调查结果表明，35%的人口居住在氡危害可能性大的地区。

美国环境保护局(EPA)将2002年1月定为全国氡行动月(NRAM)，此举是对连续12年的全国氡行动周活动的改进和加强。自1990年开始，美国已提出把氡作为一个比较严重的健康问题，并采用国家氡行动周的形式向公众进行室内氡危害的宣传，以引导公众采取防护措施，尽可能地减小氡的危害。冬季由于气温比较低，门窗密闭，氡气容易在室内累积。天气冷使人们更愿意留在室内，长时间在高氡浓度的环境中生活，会增加发生肺癌的危险度。因此

EPA 选择每年的 1 月份作为氡行动月,旨在对室内氡危害进行集中宣传,使公众了解氡特性,尽量采取措施降低居室氡浓度。

我国非常重视氡危害和防治工作,先后出台了多部国家标准,例如,1994 年 4 月 1 日开始实施的《环境空气中氡的标准测量方法》(GB/T 14582—1993);1995 年又制定了《住房内氡浓度控制标准》(GB/T 16146—1995),后于 2016 年由《室内氡及其子体控制要求》(GB/T 16146—2015)替代;2020 年制定了《民用建筑工程室内环境污染控制规范》(GB/T 50325—2020);2003 年 10 月 1 日起,我国正式施行《放射性污染防治法》。由此可见,氡及其子体的测量研究已经成为重要的议题,这对维护居民身心健康、促进国民经济和社会发展都起到了十分积极的作用。在《民用建筑工程室内环境污染控制标准》(GB 50325—2020)中,要求民用建筑工程竣工验收时必须进行室内环境污染物浓度检测,其中氡浓度限量为 150 Bq/m^3。现在,世界上已有 20 多个国家和地区制定了类似的室内氡浓度控制标准。

低层建筑物的室内氡主要来自地基中的土壤和岩石,占室内氡的 90% 左右。据美国统计,其全国低层建筑物的室内氡浓度超过 148 $Bq \cdot m^{-3}$限值的比率为 12%,其他国家的抽样调查结果比该比率还要高得多,瑞典甚至达到 80%。我国以环境氡为目标的调查始于 20 世纪 80 年代,主要开展了区域放射性调查与室内氡调查等工作。针对我国日益突出的室内空气质量问题,国家建设部于 2020 年 1 月 1 日开始实施《民用建筑工程室内环境污染控制规范》(GB 50325—2020),其中第 4. 1. 1 条明确规定了“新建、扩建的民用建筑工程设计前,必须进行建筑场地土壤中氡浓度的测定,并提供相应的检测报告”,且为强制性条文。

地勘单位提供的工程地质勘查报告,应当包括工程地点的地质构造、断裂及区域放射性背景资料。设计人员要密切注意工程设计前的工程地质勘探工作,关注工程地点地下有无地质断层,注意搜集当地的区域放射性资料。当存在地质断层时,要掌握工程地点中的土壤氡浓度情况。土壤中的氡除由所在地点的土壤本身所含的放射性物质释放外,往往与地质断层密切相关:地下地质断层常常是富集氡的地方,富集的氡气会经地下缝隙或地下水向上涌动,并源源不断地向地表移动,造成地表土壤中氡的明显增加,并能达到一般非地质断层区域的几倍、十几倍,甚至更多,实际情况只有通过现场实测得知。氡在土壤中的扩散情况,受多方面因素影响:地下裂缝深浅、走向、土质密实程度、潮湿程度、地下水深浅及流动情况等。因此在环境评价领域,氡气测量也被广泛应用。

5. 4. 2　带电粒子测量的其他应用

放射性研究常常需要测定放射性核素的衰变过程,利用带电粒子的测量方法测定放射性核素的半衰期,也可将带电粒子的测量技术应用在火灾报警等方面。

1. 半衰期的测定

每个放射性核素都有表征各自特征的衰变规律,即它们具有特定的半衰期。测定核素的半衰期,可鉴别核素的种类,测量两个核事件的时间相关性,可分析这两个核衰变的历史、现状和未来。核素的半衰期以及核素的激发态寿命都只有靠实验测定,所以半衰期测量是核辐射测量的一项重要内容。

实际上,测量半衰期是测定射线发射率随时间的变化关系,其本质属于活度测量范畴。

(1)中等半衰期的测定

所谓中等半衰期,是指放射性核素的半衰期不是很长,也不是很短。显然,放射性核素的

活度 A 与衰变时间 t 具有如下关系：

$$A = A_0 e^{-\lambda t} = A_0 e^{-(0.693/T_{1/2})t} \tag{5.82}$$

式中 λ、$T_{1/2}$——核素的衰变常数、半衰期；

A、A_0——t 时刻、$t=0$ 时刻的核素活度。

当样品仅含有一种放射性核素时，活度 A 与计数率 n 成正比，计数率 n 随时间 t 的变化规律就是核素的衰变规律，此时就可确定核素的半衰期。可将上式表示为

$$n = n_0 e^{-\lambda t} \quad 或 \quad \ln(n) = \ln(n_0) - \lambda t \tag{5.83}$$

在半对数坐标纸上，横坐标为时间 t，纵坐标为 t 时刻的计数率 n（对数坐标），则衰变规律曲线为一条直线，如图 5.33(a)所示，其斜率就是衰变常数 λ，则由关系式 $T_{1/2}=0.693/\lambda$ 可求得核素的半衰期 $T_{1/2}$。为了比较准确地确定式(5.83)的线性函数中的两个参数 $\ln(n_0)$ 和 λ，一般都采用最小二乘法求解该线性方程，并由其斜率 λ 可比较精确地定出半衰期。考虑到随着时间的增加，计数率越来越弱，可引入权重因子 $W_i=N_i$（N_i 为每次测量的总计数），然后采用加权的最小二乘法求其斜率。此处不再赘述最小二乘法。

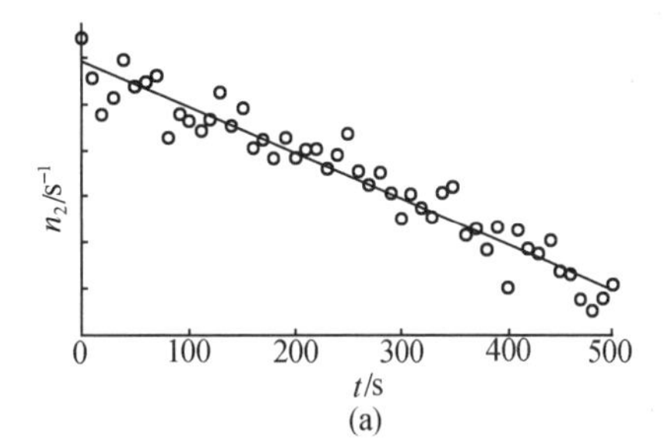

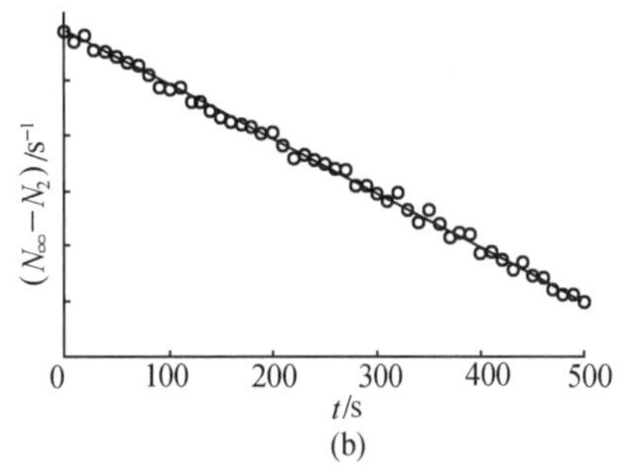

图 5.33 ^{234m}Pa 核素的衰变规律曲线示意图

这里主要讨论其他方法。采用平均计数率法来替代如图 5.33(a)所示的瞬时计数率法。也就是，设 t_0 是开始计时的时刻[注意，在式(5.82)和式(5.83)中，相当于取 $t_0=0$]，t 是计数停止的时刻，并假设 $\Delta t = t - t_0$ 为测量时间间隔，则在 Δt 内的平均计数率 $\bar{n}$ 为

$$\bar{n} = \frac{1}{\Delta t}\int_{t_0}^{t} n_0 e^{-\lambda\tau} d\tau = n_0(1 - e^{-\lambda\Delta t})/(\lambda\Delta t) \tag{5.84}$$

显然，如果设 $(t+t_0)/2$ 时刻的计数率 $n_{\bar{t}}$（即 $t_0 \sim t$ 的中间点所在时刻 $t_0+\Delta t/2$），应有

$$n_t = n_0 e^{-\lambda(\bar{t}-t_0)} = n_0 e^{-\lambda\Delta t/2} \tag{5.85}$$

所以

$$n_{\bar{t}}/\bar{n} = (\lambda\Delta t e^{-\lambda\Delta t/2})/(1 - e^{-\lambda\Delta t}) \tag{5.86}$$

将 $\lambda=0.693/T_{1/2}$ 代入式(5.86)，有

$$\frac{n_t}{\bar{n}} = \frac{0.693(\Delta t/T_{1/2})e^{-0.347(\Delta t/T_{1/2})}}{1 - e^{-0.693(\Delta t/T_{1/2})}} \tag{5.87}$$

由此可看出，用平均计数率 $\bar{n}$ 代替 $(t+t_0)/2$ 时刻的计数率 n_t 时，误差大小取决于 $\Delta t/T_{1/2}$。表 5.3 给出了不同 $\Delta t/T_{1/2}$ 与 $n_t/\bar{n}$ 的关系，当测量时间间隔 $\Delta t = T_{1/2}$ 时，$n_t/\bar{n}=98\%$。如果认为平均计数率 $\bar{n}$ 优于瞬时计数率 n_t，则相对误差小于 2%，为此可将 $n_t/\bar{n}$ 称为校正系数，此时基本可不进行校正。但是，当 $\Delta t \ll T_{1/2}$ 时，虽然计数率的相对误差较小，但测量时间的误差加大，这也正是本节主要只讨论“中等半衰期”的测定原因。

表 5.3　测量时间校正表

$\Delta t/T_{1/2}$	$n_t/\bar{n}$	$\Delta t/T_{1/2}$	$n_t/\bar{n}$
10.0	0.218	0.8	0.987
5.0	0.635	0.7	0.990
4.0	0.738	0.6	0.993
3.0	0.841	0.5	0.994
2.0	0.925	0.4	0.997
1.5	0.955	0.3	0.998
1.0	0.980	0.1	0.999
0.9	0.984	0.09	1.000

另一种方法是采用积分衰变曲线法。该方法是进行连续测量,求取自开始时刻到每个时刻的累积计数 N_t,并一直测到放射性核素几乎衰变完为止,如果此时的累积计数为 N_∞,则有

$$N_t = \int_0^t n_0 e^{-\lambda t} dt = \frac{n_0}{\lambda}(1 - e^{-\lambda t}) \tag{5.88}$$

$$N_\infty = \int_0^\infty n_0 e^{-\lambda t} dt = n_0/\lambda \tag{5.89}$$

显然

$$N_\infty - N_t = (n_0/\lambda) e^{-\lambda t} \tag{5.90}$$

两边取对数可得

$$\ln(N_\infty - N_t) = \ln(n_0/\lambda) - \lambda t \tag{5.91}$$

在半对数坐标纸上画出 $\ln(N_\infty - N_t) \sim t$ 的关系曲线,它也是一条直线,参看图 5.32(b)所示,其斜率仍然是衰变常数 λ,由 $T_{1/2} = 0.693/\lambda$,可求出半衰期。

当精度要求比较高时,平均计数率法和积分衰变曲线法还可采用最小二乘法求解。

(2)短半衰期和长半衰期的测定

当放射性核素的半衰期较短时,要求其测量装置在时间方面的性能较高。对于秒级以下的短半衰期,一般可用多路定标方法或延迟符合方法进行测量。当放射性核素的半衰期较长时,可用衰变率法或衰变平衡法进行测量。这些内容可参考有关书籍,不再逐一介绍。

2. 离子感烟探测器在火灾报警中的应用

离子感烟探测器是利用 α 粒子使空气电离,并产生正负离子,而火灾产生的烟雾可干扰被电离的空气,进而干扰正负离子的产生,以此实现火灾探测和报警。离子感烟探测器对于早期隐燃火有很好的响应,它是目前世界上应用最广泛,可靠性较高的一种火灾探测和报警装置,是当期火灾探测和报警设备的主体探测器,对防灾、减灾起着关键性的作用。

(1)离子感烟探测器的工作原理

目前,火灾探测是以物质燃烧过程中所产生的各种现象为依据,实现火灾的早期发现。经典的火灾特征参数模型是

$$X(t) = s(t) + n(t) \tag{5.92}$$

式中　$X(t)$——火灾特征参数;

$s(t)$——火灾信号分量；

$n(t)$——噪声分量。

与火灾信号分量 $s(t)$ 相比，噪声分量 $n(t)$ 随时间变化要慢得多，而且噪声分量有很强的自相关性。因此，火灾探测器可认为是一种在特殊噪声分量环境中，检测火灾信号分量的弱电信号检测器。

离子感烟探测器主要由电离室、放射源和电子电路组成。放射源一般为 ^{241}Am，由它放出的 α 粒子使空气电离，并产生正负离子。在电场的作用下，正负离子各向向正负电极移动。一旦有烟雾窜进电离室，干扰了带电离子的正常运行，使电流、电压有所改变，破坏了电离室及其电路之间的平衡，探测器就会对此产生感应，并发出报警信号。

离子感烟探测器有单源单室型、双源双室型等多种类型，其基本结构和工作原理也有所差异。

①单源单室型离子感烟探测器。其基本结构如图 5.34 所示。片状 ^{241}Am 的 α 面源置于电离室的一个电极上，并向气体空间（称为测量体积）发射 α 粒子，测量体积使气体电离并产生正负离子。在测量体积内的电离是均匀进行的，并且近似平行于恒定的电场方向。为了减小风速的影响，气流吸进电离室采取了一定措施，即在测量体积中，进入两个电极之间的空气要通过金属网，在金属屏蔽作用下，把测量体积与外部隔离，烟雾是通过扩散方式使气流传送到测量体积中的。在洁净空气的条件下，电离室的静态电流约为 10^{-10} A，相应电离室的两个电极之间电压约为 20 V。

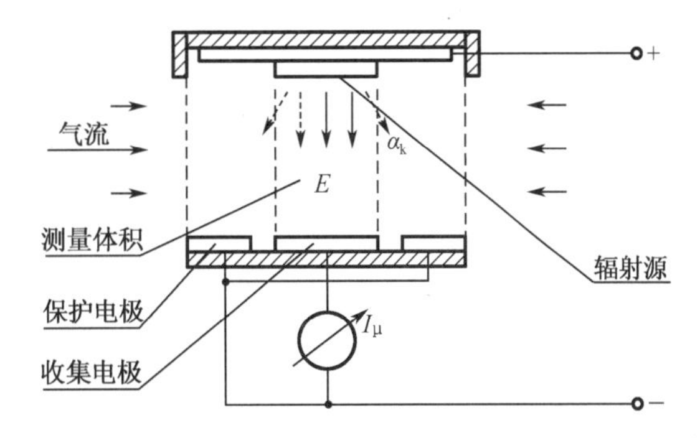

图 5.34 单源单室型离子感烟探测器结构示意图

在正常情况下，离子感烟探测器的电离室内的正负离子对沿着自己的路线，流向各自的负正电极，系统处于动态平衡。当有烟、雾、粉尘等细微颗粒物质进入电离室时，其正负离子受到了干扰，系统原有的平衡被打破，当检测电流下降到探测器设定的阈值时，系统就会自动报警。

②双源双室型离子感烟探测器。其结构如图 5.35 所示。它由两个电离室串联构成，分别为采样电离室和参考电离室。采样电离室开孔，与空气相通，而参考电离室封闭。两个电离室上的电压之和（V_G+V_C）等于外加工作电压 V_D，让参考电离室工作在饱和区（电离室电流不随外加工作电压增加而增加），调整饱和电流 I_D，因为两个电离室串联连接，流经两者的电流相等，同为 I_D。当环境温度等因素变化时，会使 V_G、V_C 产生 ΔV_G 和 ΔV_C 的变化，此时的 ΔV_G 和 ΔV_C 基本上为大小相等、方向相反，使得 V_P 点的电压保持稳定（图 5.35）。

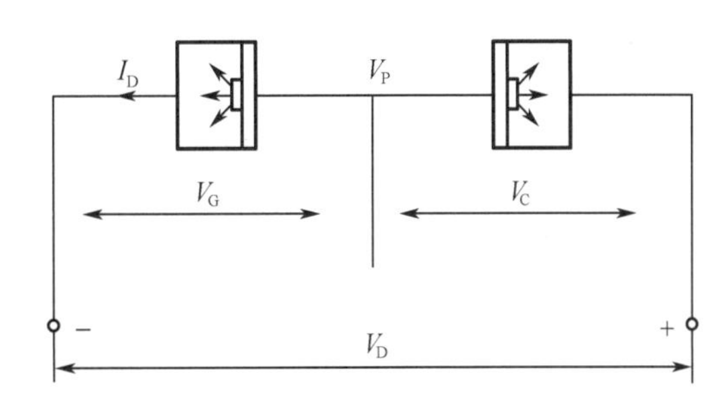

图 5.35 双源双室型离子感烟探测器原理示意图

图 5.36 给出了双电离室的特性曲线，其中，曲线 A 表示没有烟尘微粒存在时，采样电离室的特性曲线；曲线 B 表示有烟尘存在时，采样室的特征曲线；曲线

C 表示参考电离室的特征曲线。曲线 A 和 C 的交点 A/C 表示无烟尘时，采样室上的电压 V_{G1}，外加工作电压的其余部分为 V_{C1}，则加载在参考室上。曲线 B 和 C 的交点 B/C 表示有烟尘时，采样室上的电压为 V_{G2}。当火灾发生时，烟雾进入采样电离室后，相当于采样室的阻抗增加了，因此电压增加，增加值为 $V_{G2}-V_{C1}=\Delta V_{G0}$，当该值增加到设定阈值时，控制电路就可发出火灾报警信号。

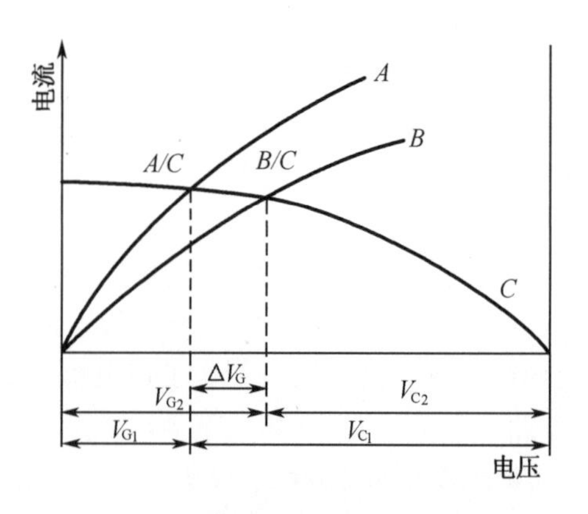

图 5.36　双源双室型离子感烟探测器电离室特性曲线

③单源双室型离子感烟探测器。其原理结构如图 5.37 所示。两个电离室由内电极、收集电极和外电极构成，内电极与收集电极之间是参考电离室，收集电极与外电极之间是采样电离室。参考室与采样室共用一个 ^{241}Am 放射源，放射源紧贴在内电极上。两室之间的收集电极的中部开有一个小孔，α 射线可以通过小孔穿过参考室并到达采样室。小孔的尺寸需要进行精密设计，既要使采样室的电离过程能够正常工作，又要防止烟雾进入参考室。参考室的周围要严格密封，采样室则尽量让空气能够顺畅地扩散进入室内。

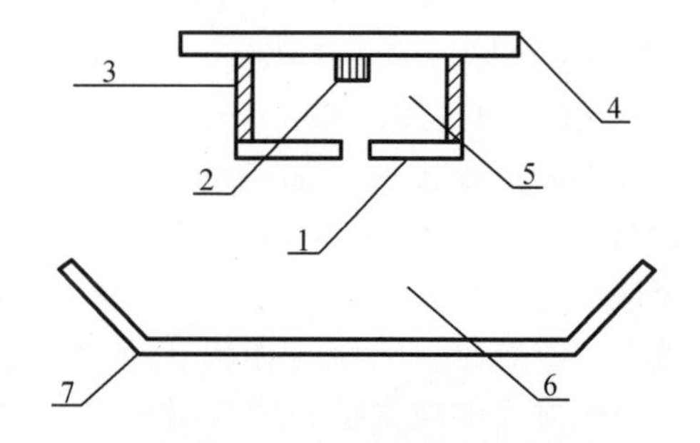

1—收集电极；2—放射源；3—绝缘支架；4—内电极；5—参考室；6—采样室；7—外电极。

图 5.37　单源双室型离子感烟探测器原理示意图

单源双室型离子感烟探测器的电子学电路主要有信号放大器、开关转换电路、火灾模拟检查回路、故障自动监测回路、报警确认回路等部分，能够将物质初期燃烧所产生的烟雾信号转换为直流电信号，并传输给报警器，以便发出声光报警。

相比前面讨论的两种火灾探测器，单源双室型离子感烟探测器具有如下特点：

a. 环境适应能力强。单源双室型离子感烟探测器对温度、湿度、气流等慢变化有良好的适应性。

b. 抗污染能力高。火灾探测器长期使用必然会使放射源面受到污染，α 粒子能量和强度会发生变化，此时的参考室与采样室均会变化。合理的电离室结构尺寸、形状和电子电路会使两个方向相反的变化相互抵消。

(2)离子感烟探测器对放射源活度的要求

由上述讨论可知，离子感烟探测器的“心脏”是放射源。^{241}Am 放射源的半衰期为 433 a，辐射的 α 粒子能量为 5.48 MeV，很适合用作离子感烟探测器的放射源。根据辐射测量的统计涨落规律可知，离子感烟器必须采用一定强度的放射源，才能获得可靠的测量数据。提高放射源的强度可以使电离室电离电流增大一些，但是为了控制放射性物质使用，防止放射性污染，有必要尽量采用低强度的放射源。

我国《离子感烟火灾探测器用镅 241α 放射源》(GB 12951—2009)中规定 ^{241}Am 的活度宜控制在 370 kBq 以内。

(3)离子感烟器与光电式感烟器的比较

光电感应探测器,主要由一个发光元件和一个光敏元件构成,平常由发光元件发出的光,通过透镜射到光敏元件上,电路维持正常,如有烟雾从中阻隔,到达光敏元件上的光就会显著减弱,于是光敏元件就把光强的变化转换成电流的变化,通过放大电路发出报警信号。

光电式感烟器能够对大于0.4 μm粒径的粒子有很好的响应能力。但是,它对黑烟几乎不响应,由于原理上的限制,它对粒径小的燃烧产物和黑色烟容易出现不报警的情况。

离子感烟探测器对燃烧产生物的颗粒大小、颜色无要求,均能适应,可以探测任意可燃物的烟雾。但是它对大气环境(包括温度、湿度、风速)变化的适应性不及光电式感烟器。对于阴燃火,烟雾的缓慢运动,会使烟粒子难以进入离子式感烟器测量室,探测器周围的烟浓度必须比感烟探测器静态响应阈值高得多才能使其报警,以致离子式感烟探测器报警迟缓,这是应用过程中值得注意的问题。

一般燃烧产生的烟粒子粒径在0.01~10 μm。在低温点火时,燃烧表现为热释分解。300 ℃以上,大多数材料开始炽燃,产生粒径小的烟粒子,此时,光电式感烟器响应能力变弱。当点火温度上升到出现明火时,会产生大量黑烟,光电式感烟器几乎不能响应。

综上所述,如果燃烧产生的不可见烟或出现明火的黑烟,光电式火灾探测器容易出现不报警;如果出现灰色且粒径较大的烟雾时,光电式探测器比离子式探测器会有更快的响应。

基于离子感烟探测器具有及时、准确的报警功能,其应用越来越受到人们的重视,已广泛用于公共场所、高层建筑、各类公共建筑及其他重要场所。

思考题和练习题

5-1 什么是放射性标准样品?

5-2 α点源与α面源的异同点有哪些?

5-3 α放射性样品的薄源与厚源主要区别有哪些?

5-4 为什么说厚度为x_m的β放射源,由于β射线的自吸收,发射出源表面的粒子数,相当于没有自吸收所发射的粒子穿过$1/2x_m$厚度物质时的粒子数?

5-5 影响α、β放射性样品活度测量中的主要因素有哪些?一般应采取什么办法减弱和消除这些影响?

5-6 讨论相对测量与绝对测量的主要特点。以α放射性样品测量为例,分别详述一种相对测量方法和一种绝对测量方法的工作过程。

5-7 采用4πβ-γ符合道测量的条件是什么?与小立体角法及4πβ计数法相比,4πβ-γ符合法有哪些主要优点?

5-8 在低水平α测量中,为什么不用重屏蔽就能获得较好的测量结果?

5-9 活度为5.55×10^{9} Bq的^{14}C的β射线源(β射线的平均能量为50 keV),置于充有Ar的4π电离室内,若全部粒子的能量都消耗在电离室内,求饱和电流是多少?

5-10 极间距离为5 cm,具有150 pF电容的平行板电离室工作在电子灵敏方式。计算离阳极2 cm处形成1 000个离子对所产生的脉冲幅度?

5-11 (a)阳极半径为0.03 mm,阴极半径为1.0 cm,所充气体为一个大气压(101.325 kPa)的90% Ar+10% CH的正比计数管,求气体放大因子达到1 000时,所需的电压是多少？[其中,所充气体的 $K = 1.8 \times 10^{-9}\ \mathrm{V \cdot (cm \cdot Pa)^{-1}}$,$\Delta V = 23.6\ \mathrm{eV}$]。(b)如果阳极半径加倍,在相同工作电压下,气体放大因子是多少？(c)如果阴极半径加倍,用原来的阳极半径,气体放大因子又是多少？

5-12 一个具有比较好的信噪比特性的放大器,给定 10 mV 的最小输入脉冲,如果测量 500 keV 的 X 射线,在一个具有 200 pF 的充 Ar 正比计数管中,需要多大的气体放大因子？

5-13 一个工作在半个大气压(50.663 kPa)下的圆柱形 G-M 计数管,其中自由电子的迁移率为 $1.5 \times 10^{-9}\ \mathrm{m \cdot (mV \cdot Pa \cdot s)^{-1}}$,雪崩开始形成的阀电场为 $2 \times 106\ \mathrm{V \cdot m^{-1}}$。若计数管的阳极半径为 0.005 cm,阴极半径为 2 cm,当工作电压为 1 500 V 时,计算电子从阴极到放大区的飞行时间？

5-14 当使用液体闪烁计数器测量 β 放射性样品时,采用双光电倍增管符合方法有什么好处？

5-15 采用金硅面垒型半导体 α 能谱仪测量得到的 α 射线谱,纵坐标和横坐标通常是如何表示？简述 α 射线能量与多道的道址、脉冲的幅度之间的关系。

5-16 请简述能谱仪的能量刻度曲线是如何获得的。

5-17 β 能谱是连续谱,为什么对 β 射线谱的测量多采用测定 β 谱的最大能量的方法？

5-18 测定 β 最大能量的方法主要有哪些？简述一种 β 谱的最大能量的测定方法。

5-19 如何确定 α 能谱仪的能量分辨率？

5-20 如何测定中等放射性核素的半衰期？

5-21 为什么能够利用放射性测氡技术探测地下水？

5-22 简述氡气测量能够解决地质问题、矿产资源勘查问题的基本原理。

5-23 什么是双源双室离子感烟探测器,它是如何工作的？

5-24 离子感烟探测器的工作机理是什么？

第6章　γ射线测量方法

6.1　概　　述

γ射线是一种电磁辐射,人们首先关注和感兴趣的是某一点的γ射线强弱,因而常常采用强度的概念来描述。虽然“γ射线强度”一词被广泛应用并被人们所接受,但规范的γ射线强弱是用γ射线注量率和能量注量率等辐射场描述量来表述,γ射线传递的能量是由照射量率和比释动能率(或碰撞比释动能)这两个能量转移剂量学物理量来定义。当γ射线与物质相互作用时,人们认为γ射线是一束光子流,每一个光子的能量为$h\nu$(式中h为普朗克常数,ν为频率),动量为$h\nu/c$(式中c为真空中的光速)。γ射线注量率和能注量率分别反映的是单位时间进入以某位置为球心的单位截面小球的γ射线粒子数量和γ射线携带的能量。但是,在γ射线探测中,γ照射量率(简称γ照射率,单位$kg \cdot C^{-1} \cdot s^{-1}$)仍是最基本的物理量。γ照射量率是一种量度X射线或γ射线在空气中产生电离本领的物理量,它不但与这束光子流的多少有关,而且与每个光子的能量(单位eV、keV和MeV)大小关系密切。本教材第1.5.3节中对此进行了详细介绍,这里仅强调γ射线测量中所要关注的两个问题:其一,是γ照射量率与单位时间内入射到某个体积元内的光子数Φ(即注量率)成正比;其二,是γ照射量率与单位时间内该体积元中的空气所吸收的能量大小成正比。由此可知,照射量率这一物理量实际上表征了γ射线束的强度大小。

实际上,测量γ照射量率就是通过记录γ射线在探测器中沉积的能量来实现的,这体现了上述两点的重要性。但这里有一个重要前提,也就是假定光子一个一个地进入探测器,两个光子之间的时间间隔应足够长,至少应大于探测器(或者γ射线测量仪)的分辨时间。否则将造成γ光子的漏计或累积效应。因此,对任何一种γ射线探测器而言,都存在γ射线的测量量程。测量很高照射量率的γ射线时,不仅要求仪器具有很小的分辨时间,而且应特殊设计测量装置;测量低照射量率的γ射线时,降低背景干扰和增大γ射线探测器的探测效率则成为关键技术。

γ射线的测量方法很多,按γ射线探测器的材料来分类,可分为气体γ射线探测器、液体γ射线探测器和固体γ射线探测器。根据每一类γ射线探测器的结构或功能,还可进一步细分,请参见本教材的第4章。按γ射线测量的功能分类,可分为γ射线总量仪和γ射线能谱仪,前者是测量γ射线的照射量率(或注量率),后者是测量γ射线的能量(或能谱)分布。

在介绍γ射线测量方法之前,先讨论点状γ射线源以及不同形状的γ射线辐射体在空间某一点γ照射量率的“理论”值。

6.2　不同形状辐射体的γ辐射场计算

在γ射线测量方法、辐射防护和屏蔽设计中,都要求在理论上计算不同形状的γ辐射体在空间任一点所能产生的γ照射量率。在资源勘查和环境评价中,还要求分析不同几何形态的γ辐射体所能形成的空间γ辐射场(以γ照射量率表示),来评价野外γ射线测量的异常大小和幅度,以此反演γ辐射体的几何形态,以及为选择γ测量方法提供参考。

空间γ辐射场可分为原始γ射线(或直接γ射线)和散射γ射线照射量率的计算,由于散射γ射线数学描述复杂,数值计算难度较大,因此,为简化空间γ辐射场中γ照射量率的计算,下文仅考虑原始γ射线的贡献。若对γ辐射场需要精确计算,则仍须考虑多次散射的γ射线的贡献,但在实际应用中一般采用散射累积因子来修正散射γ射线的贡献。此时,可将不均匀吸收介质内复杂形态的辐射体在空间某一点产生的γ照射量率看作是数个点状源在该空间点所产生的γ照射量率的叠加,其本质是将体源离散为点源(均匀微元),将离散点源到测点的原始γ照射量率线衰减系数转化为不均匀体源的等效线衰减系数。

6.2.1 点源的γ照射量率计算

在实际工作中,人们使用最多的是点状γ辐射源。点源是指辐射源的线度远小于源至空间感兴趣点的距离。显然,点源的大小实际上是一个相对量。一般来说,当计算点到源的距离,比源的线度大10倍(也有人认为大5~7倍)以上就可将辐射源当成点状源。任何其他形状的辐射源,都可视为若干个点源的叠加,因此,点状辐射源的γ照射量率计算,是其他任何形状体源的γ照射量率计算的基础。

当不考虑γ射线的吸收时,由于点源的γ射线向外辐射时,其γ射线一直与球面相垂直(球体的中心位点源位置,半径为R),则γ射线的注量率随着半径R的加大而减少,且γ射线的注量率与半径R的平方成反比,而γ照射量率也与源的活度成正比。也就是说,离该源R处的γ照射量率$\dot{X}$可表示为

$$\dot{X}=\frac{\mathrm{d}X}{\mathrm{d}t}=\Gamma\frac{A}{R^2} \tag{6.1}$$

式中 A——点源的活度(Bq);

Γ——γ照射量率常数($\mathrm{C\cdot m^2\cdot kg^{-1}\cdot Bq^{-1}\cdot s^{-1}}$),表示在无吸收的介质中,单位活度(Bq)的点源,在单位距离(m)处的γ照射量率($\mathrm{C\cdot kg^{-1}\cdot s^{-1}}$)。

在铀矿勘探中,常常采用放射性物质的质量m代替放射性物质的活度,用以表示该点源放射性数量。此时,当点源处于均匀介质内部时,则在R距离处产生的γ照射量率为

$$I=K\frac{m}{R^2}\mathrm{e}^{-\mu R} \tag{6.2}$$

式中 m——放射性物质的质量,kg;

μ——介质对γ射线的线衰减系数,$\mathrm{cm^{-1}}$。

相应地,该放射性物质的γ照射量率常数Γ采用γ常数K来代替,K的单位将可转化为$\mathrm{C\cdot cm^2\cdot(kg\cdot s\cdot g)^{-1}}$。

对于不同的放射性物质,γ常数K的取值也不同。在铀矿勘探中,将γ常数K定义为:质量为1 g的点状放射性物质在1 cm距离处的γ照射量率。其中,Ra、U、Th、K等核素的K值分别为

$$\begin{cases}K_{Ra}=4.92\times10^{-4}\ \mathrm{C\cdot cm^2\cdot(kg\cdot s\cdot g_{Ra})^{-1}}\\K_{U}=2.05\times10^{-10}\ \mathrm{C\cdot cm^2\cdot(kg\cdot s\cdot g_{U})^{-1}}\\K_{Th}=8.82\times10^{-11}\ \mathrm{C\cdot cm^2\cdot(kg\cdot s\cdot g_{Th})^{-1}}\\K_{K}=5.132\times10^{-14}\ \mathrm{C\cdot cm^2\cdot(kg\cdot s\cdot g_{K})^{-1}}\end{cases}$$

当点源γ射线通过几种不同的介质时，在射线穿过的介质中，按各自穿过距离以指数规律衰减，则在距离 R 处的γ照射量率为

$$I = K\frac{m}{R^2}e^{-\sum\mu_iR_i} \tag{6.3}$$

式中 R_i——γ射线通过第 i 种介质的距离；

μ_i——第 i 种介质对γ射线的线衰减系数，$\mathrm{cm^{-1}}$。

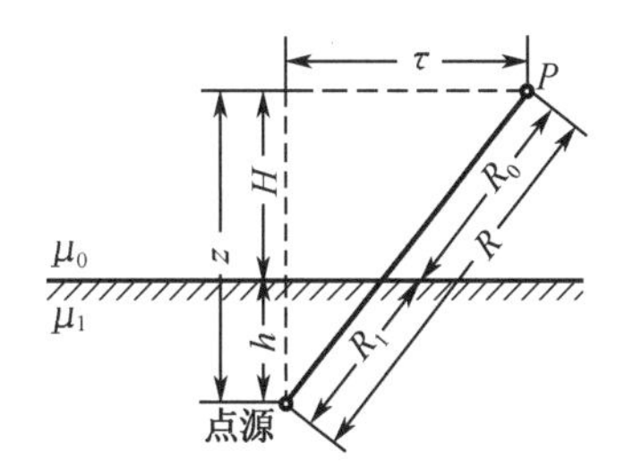

图6.1 点源γ射线通过多种介质的示意图

【例题6.1】 如图6.1所示，假设点源的放射性物质质量为 m，处于非放射性岩石中，测点离地面的高度为 H，距地表的深度为 h，以点源为坐标中心，求空气中任一点的照射量率。

解 据题意，则地面上空任意一点 $P(x,y,h+H)$ 处的照射量率 I_p 为

$$I_p = K\frac{m}{R^2}e^{-(\mu_1R_1+\mu_0R_0)} = K\frac{m}{x^2+y^2+(h+H)^2}e^{-(\mu_1h+\mu_0H)\sqrt{x^2+y^2+(h+H)^2}/(h+H)} \tag{6.4}$$

式中，μ_0、μ_1 分别为空气和岩石对γ射线的线衰减系数。

我们可以做个实验验证，该实验的航空能谱测量仪采用（10×10×40）$\mathrm{cm^3}$ 的航空NaI(Tl)闪烁探测器，能谱仪为1024道γ能谱仪。将点状^{137}Cs源置于地表（$h=0$），测量5～110 m不同高度处由该点源产生的γ射线仪器谱，并求^{137}Cs源662 keV光电峰的面积，它随高度的变化曲线如图6.2所示。结合式（6.3）可以看出，点状源产生的γ照射量率随高度的变化依赖于两项因素：一项是按照观测点离源距离的平方成反比，一项是服从空气吸收的指数规律衰减。

再进一步讨论γ照射量率常数 Γ。假设某点源的活度为 A，每次的核转变放射出 m 种不同能量的光子，其中第 i 种光子的能量为 $E_{\gamma,i}$，且每次核转变放出能量为 $E_{\gamma,i}$ 的那种光子的百分数为 n_i。由于照射量等于它在空气中比释动能的电离当量；因此该γ点源在 R 距离处所产生的照射量率可由第1.5.3节中的照射量与碰撞比释动能的关系，即按照式（1.119）和式（1.120）可推导出

$$\begin{aligned}\dot{X} &= \sum_{i=1}^{m}\varphi_i\left(\frac{\mu_m}{\rho}\right)E_{\gamma,i}\frac{e}{W}\approx\sum_{i=1}^{m}\left(\frac{A\cdot n_i}{4\pi R^2}\right)\left(\frac{\mu_m}{\rho}\right)E_{\gamma,i}\cdot\frac{6.242\times10^{18}\times1.6021\times10^{-19}}{33.73}\\&=2.361\times10^{-3}\frac{A}{R^2}\sum_{i=1}^{m}n_i\left(\frac{\mu_m}{\rho}\right)_iE_{\gamma,i}\end{aligned} \tag{6.5}$$

式中 W——空气中形成一对离子所消耗的平均电离能（$W=33.85$ eV或33.97 eV）；

e——电子电荷，$1e=1.6021\times10^{-19}$ C，能量单位关系为1 J$=6.242\times10^{18}$ eV；

$\varphi_i=(An_i)/(4\pi R^2)$——离点源1 m处所发射能量为 $E_{\gamma,i}$ 的那种光子的注量率；

$(\mu_m/\rho)_i$——能量为 $E_{\gamma,i}$ 的光子在空气中的质量能量吸收系数（注意，此处忽略特征X射线、散射光子和湮没辐射等效应带走的能量）。

将上式代入式（6.1），并进行变换，可求得γ照射量率常数为

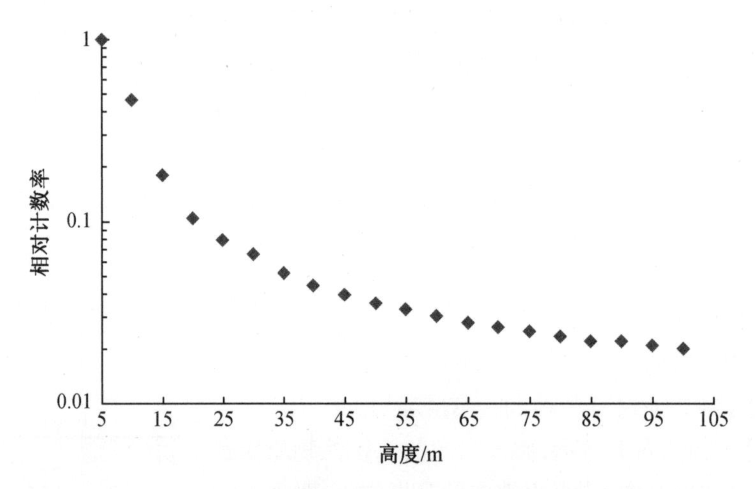

图 6.2　^{137}Cs γ 射线光电峰相对计数距地面高度变化曲线

(以 5 m 高度计数率为基准归一化)

$$\Gamma = \frac{R^2}{A}\left(\frac{\mathrm{d}X}{\mathrm{d}t}\right) = \frac{R^2}{A}\left[2.361 \times 10^{-3} \frac{A}{R^2} \sum_{i=1}^{m} n_i \left(\frac{\mu_m}{\rho}\right)_i E_{\gamma,i}\right] = 2.361 \times 10^{-3} \sum_{i=1}^{m} n_i \left(\frac{\mu_m}{\rho}\right)_i E_{\gamma,i} \tag{6.6}$$

【例题 6.2】　已知 ^{60}Co 源同时辐射两组 γ 射线,其中 $E_{\gamma,1} = 1.332\ 48$ MeV $= 2.131\ 2 \times 10^{-13}$ J,$n_1 = 100\%$,$(\mu_m/\rho)_1 = 2.623 \times 10^{-3}\ \mathrm{m^2 \cdot kg^{-1}}$;$E_{\gamma,2} = 1.173\ 23$ MeV $= 1.876\ 8 \times 10^{-13}$ J,$n_2 = 100\%$,$(\mu_m/\rho)_2 = 2.701 \times 10^{-3}\ \mathrm{m^2 \cdot kg^{-1}}$。求 γ 照射量率常数 Γ 的值?

解　将已知值代入式(6.6),求得 ^{60}Co 源的 Γ 值为

$$\begin{aligned}\Gamma &= 2.361 \times 10^{-3}(1 \times 2.131\ 2 \times 10^{-13} \times 2.623 \times 10^{-3} + 1 \times 1.187\ 68 \times 10^{-13} \times 2.701 \times 10^{-3}) \\ &= 2.52 \times 10^{-18}\ (\mathrm{C \cdot m^2 \cdot kg^{-1}})\end{aligned}$$

6.2.2　线源的 γ 照射量率计算

线状源是指辐射体的长度远大于其径向长度及观测点到辐射体的距离。例如,放射性管道、放射性矿带等。

设某个直线状线源的长度为 L,放射性物质沿线源均匀分布,总活度为 A,该源的 γ 照射量率常数为 Γ,并忽略线源本身的自吸收,如图 6.3 所示。显然,可按长度方向将其划分为微分长度为 $\mathrm{d}x$ 的数个点源,则该线源上方任意点(高度为 h,横坐标为 x)的照射量率为

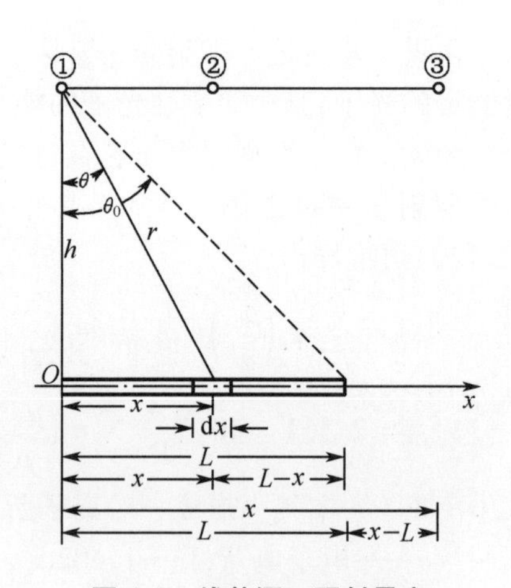

图 6.3　线状源 γ 照射量率计算示意图

$$\dot{X} = \int \frac{\Gamma(A_x \mathrm{d}x)}{r^2} = \int \frac{A\Gamma}{Lr^2}\mathrm{d}x \tag{6.7}$$

式中　A_x——该线源按单位长度分布的放射性活度,其值为 $A_x = A/L$;

$\mathrm{d}x$——微分元长度。

则该微分元的放射性活度为 $A_x \mathrm{d}x$。

当观测点在该线源上方的左端点时，即图中①的位置，上式中 θ 的变化为 $0 \sim \theta_0$，且

$$\theta_0 = \arctan(L/h), \quad x = r\sin\theta = h\tan\theta$$

则

$$\mathrm{d}x = h\sec^2\theta\mathrm{d}\theta, \quad r = h\sec\theta$$

此时，该线源端点上方的照射量率 $\dot{X}_1$ 可由式(6.7)求得：

$$\dot{X}_1 = \int \frac{A\Gamma}{L(h\sec\theta)^2} h\sec^2\theta\mathrm{d}\theta = \int_0^{\theta_0} \frac{A\Gamma}{Lh}\mathrm{d}\theta = \frac{A\Gamma}{Lh}\arctan\left(\frac{L}{h}\right) \tag{6.8}$$

下面分类讨论观测点在该线源上方任意位置(高度为 h，横坐标为 x)的照射量率。

(1)如果观测点的垂直投影落在该线源两个端点之内，即图中②的位置时，则可认为该点的照射量率为同样条件的左右两个线源在其端点处的照射量率之和，其中左线源长度为 x，活度为 $xA_x = xA/L$；右线源长度为 $L-x$，活度为 $(L-x)A_x = (L-x)A/L$。由式(6.8)可得

$$\begin{aligned}\dot{X}_2 &= \frac{(xA/L)\Gamma}{xh}\arctan\left(\frac{x}{h}\right) + \frac{[(L-x)A/L]\Gamma}{(L-x)h}\arctan\left(\frac{L-x}{h}\right) \\ &= \frac{A\Gamma}{Lh}\left[\arctan\left(\frac{x}{h}\right) + \arctan\left(\frac{L-x}{h}\right)\right]\end{aligned} \tag{6.9}$$

(2)如果观测点的垂直投影落在该线源两个端点之外，即图中③的位置时，则可认为该点的照射量率为同样条件的含投影到线源延长位置长度的线源与其仅延长段线源在其端点处的照射量率之差。其中大线源长度为 x，活度为 $xA_x = xA/L$，小线源长度为 $x-L$，活度为 $(x-L)A_x = (x-L)A/L$。由式(6.8)可得

$$\begin{aligned}\dot{X}_3 &= \frac{(xA/L)\Gamma}{xh}\arctan\left(\frac{x}{h}\right) - \frac{[(x-L)A/L]\Gamma}{(x-L)h}\arctan\left(\frac{x-L}{h}\right) \\ &= \frac{A\Gamma}{Lh}\left[\arctan\left(\frac{x}{h}\right) - \arctan\left(\frac{x-L}{h}\right)\right]\end{aligned} \tag{6.10}$$

(3)如果观测点的垂直投影落在该线源中点处，即 $x = L/2$ 处，可由式(6.9)求得

$$\dot{X} = \frac{A\Gamma}{Lh}\left[\arctan\left(\frac{L/2}{h}\right) + \arctan\left(\frac{L-L/2}{h}\right)\right] = \frac{2A\Gamma}{Lh}\arctan\left(\frac{L/2}{h}\right) \tag{6.11}$$

6.2.3 面源的γ照射量率计算

所谓面源是指其厚度远小于其横向半径(或长宽)，且远小于观测点到源的距离。例如，大面积的表面放射性污染、用于辐射消毒的大型面源、出露地表的大型铀矿体等。

1. 圆盘状面源的γ照射量率计算

如图6.4所示，设有一个圆盘状面源，其放射性物质分布均匀，γ照射量率常数为 Γ，该源的半径为 R_0，单位面积上的活度为 A。下面分两种情况讨论该面源的γ照射量率计算公式。

(1) P_1 点的γ照射量率计算：设 P_1 点离面源中心点的垂直距离为 a，到面源中心轴的距离为 d。在面源上任取一

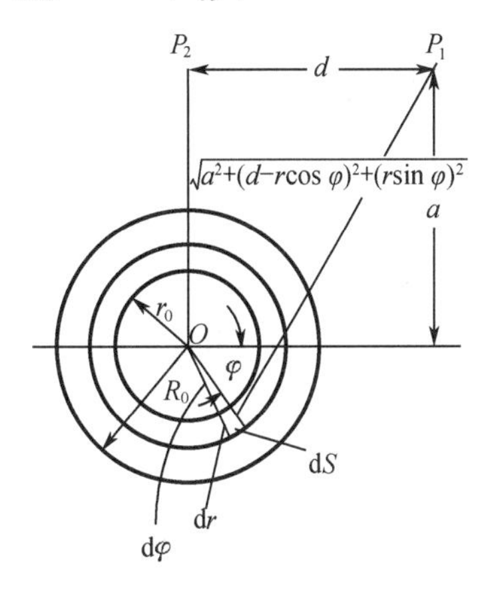

图6.4 圆盘状面源的γ照射量率计算示意图

个微分元,该微分元的面积 $\mathrm{d}S = r\mathrm{d}r\mathrm{d}\varphi$,则可将该微分元视为点源,该微分元到 P_1 点的距离为 $\sqrt{a^2+(d-r\cos\varphi)^2+(r\sin\varphi)^2}$,在 P_1 点产生的 γ 照射量率为

$$\mathrm{d}\dot{X} = \frac{A\Gamma \mathrm{d}S}{a^2+(d-r\cos\varphi)^2+(r\sin\varphi)^2} = \frac{A\Gamma r\mathrm{d}r\mathrm{d}\varphi}{a^2+d^2+r^2-2dr\cos\varphi} \tag{6.12}$$

分别对 φ 和 r 求积分,可求得该面源在 P_1 点产生的照射量率为

$$\dot{X} = A\Gamma\int_0^{R_0}\int_0^{2\pi}\frac{r\mathrm{d}r\mathrm{d}\varphi}{a^2+d^2+r^2-2dr\cos\varphi} = 2\pi A\Gamma\int_0^{R_0}\frac{r\mathrm{d}r}{\sqrt{(a^2+d^2+r^2)^2-(2dr)^2}}$$

$$= \pi A\ln\left\{\frac{1}{2a^2}\left[a^3+R_0^2-d^2+\sqrt{R_0^4+2R_0^2(a^2-d^2)+(a^2+d^2)^2}\right]\right\} \tag{6.13}$$

(2)P_2 点的 γ 照射量率计算:设 P_2 点位于面源的轴心上方,可将 $d=0$ 代入上式求得

$$\dot{X} = 2\pi A\Gamma\ln\frac{\sqrt{a^2+R_0^2}}{a} \tag{6.14}$$

2. 长方形面源的 γ 照射量率计算

如果将面源置于均匀介质中,当在介质中计算任一点的 γ 照射量率时,还需要考虑介质引起的 γ 射线衰减。假设介质为空气,以空气中的观测点为坐标系原点,如图 6.5 所示。

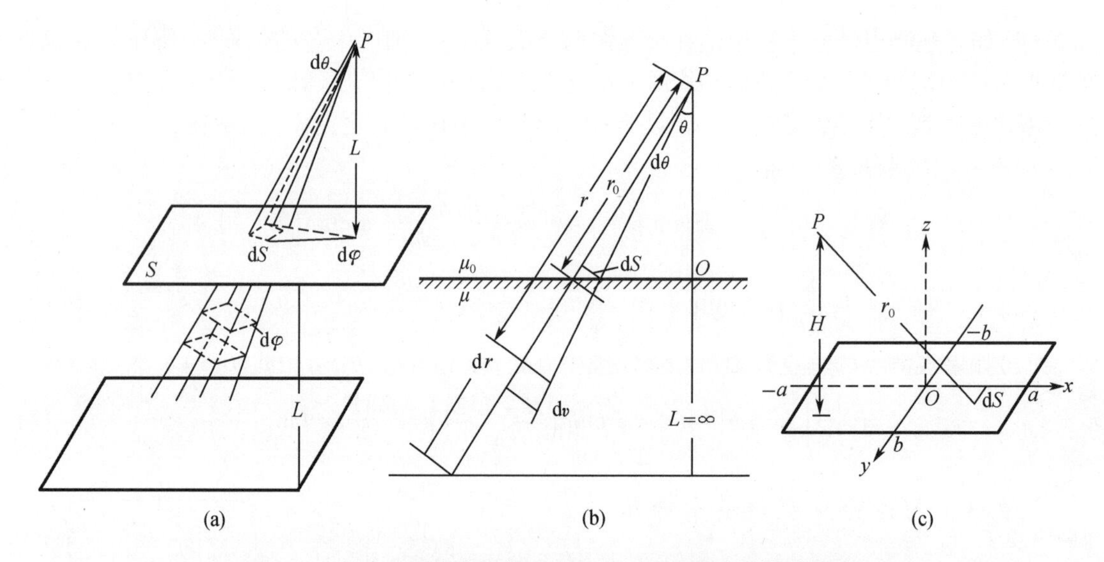

图 6.5　长方形面源在空气介质中的 γ 照射量率计算示意图

由于面源的微分元 $\mathrm{d}S$ 的法线方向与射线方向(即 r 方向)不重合,其夹角为 θ,则

$$\mathrm{d}S\cdot\cos\theta = r_0^2\sin\theta\mathrm{d}\theta\mathrm{d}\varphi \quad 或 \quad \mathrm{d}S\cdot H/r_0 = r_0^2\sin\theta\mathrm{d}\theta\mathrm{d}\varphi \tag{6.15}$$

在式(6.12)中,采用 $\mathrm{d}S\cdot H/r_0$ 代替 $\mathrm{d}S$,可求得面源的微分元上侧在空气中 P 点的照射量率为

$$\mathrm{d}\dot{X} = \frac{A\Gamma}{r_0^2}\mathrm{e}^{-\mu_0 r_0}\cdot\frac{H}{r_0}\mathrm{d}S = \frac{A\Gamma H}{r_0^3}\mathrm{e}^{-\mu_0 r_0}\mathrm{d}S \tag{6.16}$$

式中,μ_0 为空气对 γ 射线的线衰减系数,cm^{-1}。

对面源进行面积积分,可求得

$$\dot{X} = \int_S \frac{A\Gamma H}{r_0^3} e^{-\mu_0 r_0} dS = A\Gamma \int_S \frac{H}{r_0^3} e^{-\mu_0 r_0} dS \tag{6.17}$$

若该面源是一个出露于地表的无限大铀矿体，其放射性含量为 q，矿体密度为 ρ，矿体对 γ 射线的线衰减系数为 $\mu(\mathrm{cm}^{-1})$，γ 常数为 K，则在距地表 H 高度处的 γ 照射量率为

$$\dot{X} = \frac{Kq\rho}{\mu} \int_S \frac{H}{r_0^3} e^{-\mu_0 r_0} dS \tag{6.18}$$

如果出露于地表的矿体呈长方形，并采用直角坐标表示，积分限 x 从 $-a$ 到 $+a$，y 从 $-b$ 到 $+b$，则微分元为 $dS = dxdy$，那么在 $P(x_0, y_0, H)$ 点的 γ 照射量率为

$$\dot{X} = \frac{Kq\rho}{\mu} \int_{-a}^{a} \int_{-b}^{b} \frac{H}{r_0^3} e^{-\mu_0 r_0} dxdy = \frac{I_\infty H}{2\pi} \int_{-a}^{a} \int_{-b}^{b} \frac{e^{-\mu_0 r_0}}{r_0^3} dxdy \tag{6.19}$$

式中 $r_0 = \sqrt{(x - x_0)^2 + (y - y_0)^2 + H^2}$——微分元到 P 点的距离；

x、y——微分元 dS 处的坐标。

当出露于地表的铀矿层为半无限大时，它产生的 γ 照射量率为 $I_\infty = 2\pi Kq\rho/\mu$。表 6.1 列出了不同面积的铀矿体，在不同观测高度上的 γ 照射量率，表中数据是由式(6.19)计算所得，且 γ 照射量率均以与铀矿层中心 1 m 高处的 γ 照射量率的相对百分比来表示。

表 6.1 不同面积的铀矿体在不同观测高度上的 γ 照射量率

飞行高度/m	矿段面积$(2a \times 2b)/\mathrm{m}^2$								点源
	1 000 × 1 000	100 × 200	10 × 40	20 × 60	10 × 180	10 × 50	20 × 20	5 × 80	
1	100	100	100	100	100	100	100	100	100
10	90	82	36	43	32	25	36	—	1.00
20	82	56	19	29	15	12	13	2.4	0.29
40	67	42	7	8.9	6	4	3.5	0.8	0.06
60	56	26	4	4	3.4	1.6	1.6	0.3	0.03
80	46	18	206	2.1	1.9	0.8	0.8	0.16	—
100	39	13.5	2	1.4	1.2	0.6	0.4	0.12	—
120	33	10	1.5	0.9	0.8	—	0.3	—	—
150	27	6	—	0.5	0.5	—	—	—	—

由表 6.1 还可以看出，大面积的矿体（或正常场）上空的 γ 照射量率随高度的衰减相对缓慢，而小体积的矿体（尤其是点状）的 γ 照射量率随高度的衰减很快。这反映了不同高度时，不同范围（作用半径）源对 γ 照射量率贡献不同。

6.2.4 体源的 γ 照射量率计算

在点源、线源和面源的 γ 照射量率计算时，辐射体对 γ 射线的自吸收与散射均被忽略。但对于体源的 γ 照射量率计算，不但应考虑体源本身的自吸收，而且还应考虑体源内多次散射的 γ 射线贡献。为了讨论方便，下面仅以圆锥台状体源（即截头的圆锥体）为例来讨论体源的 γ 照射量率计算问题，如图 6.6 所示。

1. 有自吸收的γ照射量率计算

假设圆锥台状体源为一个出露于地表的铀矿体,其上台面的半径为R,高度为L,设该圆锥台状辐射体的放射性核素含量为q,密度为ρ,辐射体存在自吸收,辐射体和空气对γ射线的线衰减系数分别为μ和μ_0。如果观测点位于该圆锥台的圆锥顶点P处,当以P点为原点建立球坐标系时,可在该圆锥台内任取一个小体积的微分元$\mathrm{d}v$,则$\mathrm{d}v = r^2\sin\theta\mathrm{d}\theta\mathrm{d}r\mathrm{d}\varphi$,其放射性核素的质量为$\mathrm{d}m = q\mathrm{d}v$,它在$P$点产生的γ照射量率$\mathrm{d}I$为

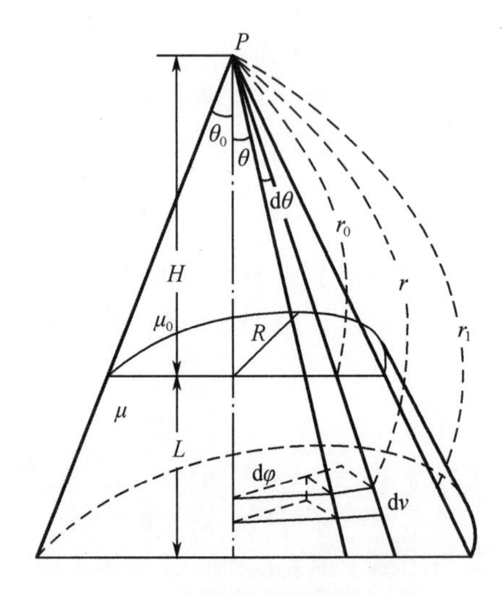

图6.6 圆锥台状体源上方的γ照射量率计算示意图

$$\begin{aligned}\mathrm{d}I &= K\frac{\mathrm{d}m}{r^2}\mathrm{e}^{-\mu(r-r_0)-\mu_0 r_0}\\ &= Kq\rho\mathrm{e}^{-\mu(r-r_0)-\mu_0 r_0}\sin\theta\mathrm{d}\theta\mathrm{d}r\mathrm{d}\varphi\end{aligned} \tag{6.20}$$

对上式积分,其积分限分别取:θ从0到θ_0,φ从0到2π;r从r_0到r_1。可求得该圆锥台状辐射体的γ照射量率为

$$I = \frac{2\pi Kq\rho}{\mu}\left[\int_0^{\theta_0}\mathrm{e}^{-\mu_0 H\sec\theta}\cdot\sin\theta\mathrm{d}\theta - \int_0^{\theta_0}\mathrm{e}^{-(\mu L+\mu_0 H)\sec\theta}\cdot\sin\theta\mathrm{d}\theta\right] \tag{6.21}$$

引入金格函数$\Phi(x)$,其定义为

$$\Phi(x) = \mathrm{e}^{-x} - x\int_x^{\infty}\mathrm{e}^{-t}t^{-1}\mathrm{d}t \tag{6.22}$$

可以证明

$$\int_0^{\theta_0}\mathrm{e}^{-x\sec\theta}\cdot\sin\theta\mathrm{d}\theta = \Phi(x) - \cos\theta_0\Phi(x\sec\theta_0) \tag{6.23}$$

则式(6.21)可采用金格函数$\Phi(x)$表示为

$$\begin{aligned}I = \frac{2\pi Kq\rho}{\mu}\{&\Phi(\mu_0 H) - \cos\theta_0\Phi(\mu_0 H\sec\theta_0) - \Phi(\mu L + \mu_0 H) + \\ &\cos\theta_0\Phi[(\mu L + \mu_0 H)\sec\theta_0]\}\end{aligned} \tag{6.24}$$

式中 $\cos\theta_0 = H/\sqrt{R^2+H^2}$;$\sec\theta_0 = \sqrt{R^2+H^2}/H$。

下面分几种特殊情况,对式(6.24)进一步讨论。

(1)无限大辐射体上方的γ照射量率

当无限大矿层直接出露于地表时,式(6.24)中的$L\to\infty$,$R\to\infty$,$\theta_0\to\pi/2$,由金格函数的性质可知:$x=0$时,有$\Phi(0)=1$,$x=\infty$时,有$\Phi(\infty)=0$。由式(6.24)可求得距地面高度H点处的γ照射量率为

$$I_{\infty}(H) = \frac{2\pi Kq\rho}{\mu}\Phi(\mu_0 H) = I_{\infty}\Phi(\mu_0 H) \tag{6.25}$$

式中,I_{∞}表示无限大矿层表面中心点的γ照射量率,即$I_{\infty} = 2\pi Kq\rho/\mu$。

(2)无限厚的圆锥台状辐射体上方的γ照射量率

当$L\to\infty$时,由式(6.24)可得

$$I = \frac{2\pi Kq\rho}{\mu}[\Phi(\mu_0 H) - \cos\theta_0\Phi(\mu_0 H\sec\theta_0)] \tag{6.26}$$

实际上当圆锥台状辐射体的面密度(厚度与密度之积 $L\rho$)大于 60 $g\cdot cm^{-2}$ 时,就可按 $L\rho\to\infty$ 来看待,此时计算的 γ 照射量率误差不大于 3%。

(3)在圆锥台状辐射体上方增加一个非放射性覆盖层时的 γ 照射量率

如果在圆锥台状辐射体上方增加一个非放射性覆盖层,该覆盖层的厚度为 h,它对 γ 射线的有效线衰减系数为 μ_1,此时小体积元的 γ 照射量率为

$$dI = Kq\rho e^{-\mu(r-r_1)-\mu_1(r_1-r_0)-\mu_0 r_0}\sin\theta d\theta dr d\varphi$$

则在圆锥台状辐射体上方的 γ 照射量率为

$$I = \frac{2\pi Kq\rho}{\mu}\left\{\begin{array}{l}\Phi(\mu_1 h+\mu_0 H)-\cos\theta_0\Phi[(\mu_1 h+\mu_0 H)\sec\theta_0]- \\ \Phi(\mu L+\mu_1 h+\mu_0 H)+\cos\theta_0\Phi[(\mu L+\mu_1 h+\mu_0 H)\sec\theta_0]\end{array}\right\} \tag{6.27}$$

当圆锥台状辐射体的半径和厚度均无限延伸时,即 $\theta_0\to\pi/2, L\to\infty$ 时,则有

$$I = \frac{2\pi Kq\rho}{\mu}\Phi(\mu_1 h+\mu_0 H) = I_\infty\Phi(\mu_1 h+\mu_0 H) \tag{6.28}$$

对于地面 γ 测量,一定测量条件下,可根据上式估算铀矿体的可探测直接深度。

2. 有自吸收和散射的 γ 照射量率计算

以上各式仅考虑了体源的自吸收,下面进一步讨论既有自吸收又有散射的情况。通常,γ 射线在物质中的多次散射可以采用累积因子 B 来描述(参见第 9 章)。累积因子 B 有多种表达形式,一般常用泰勒公式表示,即

$$B = A_1 e^{-\mu a_1 r}+(1-A_1)e^{-\mu a_2 r} \tag{6.29}$$

式中,对于一定能量的 γ 射线和特定的吸收物质,A_1、a_1、a_2 为常数。

也就是,可在式(6.20)增加多次散射产生的 γ 照射量率,即将式(6.20)改写为

$$dI = Kq\rho[A_1 e^{-\mu(1+a_1)(r-r_0)-\mu_0 r_0}+(1-A_1)e^{-\mu(1+a_2)(r-r_0)-\mu_0 r_0}]\sin\theta d\theta dr d\varphi \tag{6.30}$$

不难看出,若令 $\mu_{s1}=(1+a_1)\mu$,$\mu_{s2}=(1+a_2)\mu$,那么上式中的两项的积分形式分别与式(6.21)的积分形式相同。由此可得出具有普遍意义的结论:当考虑次散射时,先求出仅考虑自吸收的表达式,然后把式(6.30)中的 μ 改为 $(1+a_1)\mu$ 并用 A_1 乘以此式作为第一项,再把式中的 μ 改为 $(1+a_2)\mu$ 并用 $(1-A_1)$ 乘以此式作为第二项,最后两项相加,便可求得既考虑了自吸收又考虑了多次散射的 γ 照射量率计算公式。

由于只考虑了自吸收的计算较为容易,故这种处理方法不但适用于辐射防护中的体源剂量计算和屏蔽计算,同样也适用于铀矿勘探中的野外 γ 照射量率计算。在此还要说明的是:"无限大体源"并不是指源的几何尺寸无限大,而是针对 γ 射线在体源中的减弱程度而言的,一般来说,γ 射线在体源中穿过的厚度大于 3~5 个平均自由程时,其厚度可视为无限。

6.3 γ射线的照射量率与能量测量方法

γ 射线的照射量率和能量测量是核辐射探测的一项重要内容。在核物理研究(如测量原子核激发能级、研究核衰变纲图、测定短的核寿命、进行核反应实验等)、放射性分析(如进行放射性矿石分析、测定堆燃料元件燃耗、分析建筑材料中的天然放射性、进行中子活化分析等)及放射性同位素应用(包括在工业、农业、医疗和科学研究的各种应用)都离不开 γ 射线的照射量率和能量测量。

6.3.1 γ 能谱测量原理

1. γ 射线仪器谱的形成机制

与带电粒子不同,γ 射线是一种光子,不带电荷。它通过物质时,不能直接使物质产生正负电荷对或电子-空穴对。γ 射线的探测主要依赖于 γ 光子与物质的相互作用,将全部或部分光子能量传递给探测器介质中的电子,该电子的最大能量等于入射 γ 光子的能量或与入射 γ 光子的能量成正比,而且将以快电子(如 β 粒子)的同一方式在探测器中慢化,并损失其能量。因此,γ 射线的照射量率或能量测量都是通过记录沉积在探测器中的能量来实现的。显然,采用 γ 能谱仪获得的 γ 能谱分布与入射到 γ 探测器之前的 γ 射线原始能谱分布是不同的。通常,把由 γ 能谱仪测得的 γ 能谱称之为 γ 仪器谱,而把 γ 射线的原始能谱称为 γ 射线谱。

探测 γ 射线的探测器必须具有两个特殊功能:首先是具有转换功能,即入射 γ 射线在探测器中有适当的相互作用概率,并将 γ 射线转换为一个或更多的快电子(又称为次级电子);其次是具有探测功能,即能够记录这些次级电子在探测器中损失的能量。

对各类型的探测器来说,γ 射线与探测器物质的相互作用形式是相同的。对于 γ 能谱测量,主要考虑 γ 射线与物质相互作用中具有实际意义的三种主要机制,即光电效应、康普顿效应和电子对效应。由第 2 章可知:对于低能 γ 射线(直到数百 keV),光电吸收效应占优势;对于高能 γ 射线(5~10 MeV 以上),电子对效应成占优势;康普顿效应在数百 keV 至 3 MeV 能量范围内,是最可能发生的相互作用。另外,对于发生相互作用的介质,其物质的原子序数对这三种作用的原子截面有明显的影响,其中影响最显著的是光电吸收截面,它大体随 Z^4 而变化。从下文的讨论还可看到:优先选用的相互作用形式是光电吸收,所以在选择用于探测 γ 射线的探测器时,着重从含有原子序数高的元素材料中挑选。下面先讨论光电效应、康普顿效应、电子对效应的结果与 γ 射线仪器谱之间的关系。

(1)光电效应

光电效应是使入射 γ 光子完全消失的一种相互作用。在相互作用的发生位置,γ 光子从介质原子的某内层电子壳层打出一个光电子,其动能为入射光子能量 $h\nu$ 减去电子在其原壳层中的结合能 E_b,如图 6.7 所示。对于一般的 γ 射线能量来说,光电子最可能来自 K 层,其典型结合能从低 Z 材料的几个 keV 到高 Z 材料的几十 keV。

光电子发射后,在原子的电子壳层中产生一个空位,此时原子处于激发态。原子退激过程中,将以特征 X 射线的形式或以俄歇电子的形式释放出结合能,就碘而言,发射特征 X 射线的概率大约是 88%。特征 X 射线与介质原子受约束较弱的电子壳层进行光电作用,在它被重新吸收之前,可能穿行一段距离(一般在 1 mm 以内);俄歇电子因能量低,其射程极短,除非光电效应作用点在探测器介质边缘,且俄歇电子又向外侧径向发射,才有可能出现逃逸现象。

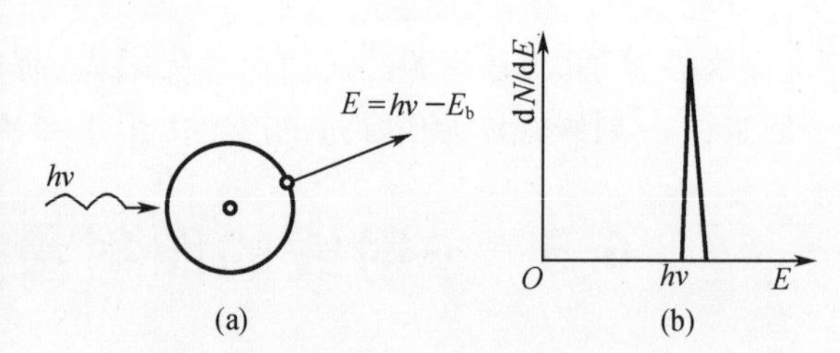

图 6.7 光电效应产生的仪器谱示意图

因此,发生光电吸收效应后会释放一个光电子和一个或多个低能电子。光电子带走了 γ

射线的绝大部分能量,而低能电子的能量相当于吸收了光电子原来的结合能。假如没有任何粒子从探测器中逃逸,那么产生的这些电子的动能总和必定等于 γ 光子的初始能量。

人们往往关注 γ 射线的初始能量测量,那么光电吸收就是一个理想效应。如果是单能 γ 射线,则总的电子动能等于入射 γ 射线的能量。在此条件下,对于一组光电吸收事件来说,光电子动能的微分分布应该是一个简单的 $\delta(E-h\nu)$ 函数,即电子总能量相当于入射 γ 射线的能量,并将出现如图 6.7 所示的单峰,因该能量峰由光电效应产生,因此又称为光电峰。

(2)康普顿效应

康普顿效应的作用结果是产生了一个反冲电子和散射 γ 光子,两者之间的能量分配与散射角 θ 有关。先考虑两种极端情况:一是散射角 $\theta=0$,此时反冲电子的能量很小,而散射 γ 射线的能量最大,与 γ 射线的入射能量几乎相等;二是散射角 $\theta=\pi$(即正面碰撞),γ 射线朝它的入射方向反散射,而反冲电子却沿着它的入射方向反冲,反冲电子获得最大能量。此时,散射光子与反冲电子的能量分别为

$$h\nu\big|_{\theta=\pi} = h\nu\Big/\left(1+2\frac{h\nu}{m_0c^2}\right) \tag{6.31}$$

$$E_{\mathrm{e}}\big|_{\theta=\pi} = h\nu\left[\frac{2h\nu/m_0c^2}{1+2h\nu/m_0c^2}\right] \tag{6.32}$$

再考虑一般情况:所有散射角都会出现,γ 光子传递给反冲电子的能量是连续的,其能量介于 0 至最大能量之间。对于 γ 射线的特定入射能量,反冲电子的能量分布如图 6.8 所示。此时,γ 射线的入射能量与最大反冲电子的能量之差可由下式给出:

$$E_{\mathrm{c}} = h\nu - E_{\mathrm{e}}\big|_{\theta=\pi} = \frac{h\nu}{1+2h\nu/m_0c^2} \tag{6.33}$$

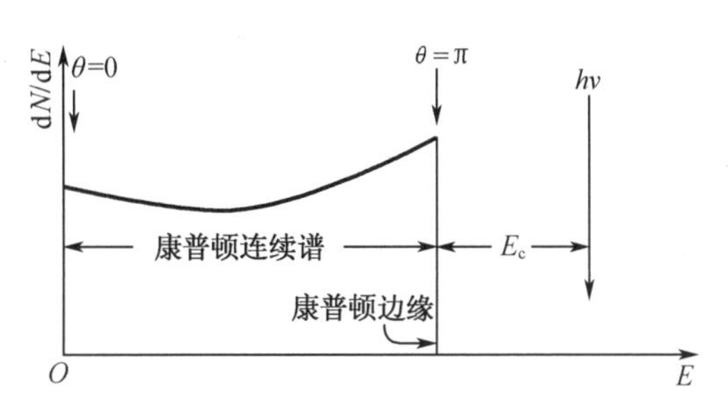

图 6.8　反冲电子的能量分布示意图

在 γ 射线的入射能量很大的极限情况下,即 $h\nu \gg m_0c^2$,上述能量之差趋向于下式给出的常数,即

$$E_{\mathrm{c}} \cong m_0c^2/2 = 0.256\ \mathrm{MeV} \tag{6.34}$$

上述分析是基于假定:与康普顿效应有关联的电子的最初状态是自由状态或无束缚状态。而在散射发生过程之前,实际探测器材料的电子结合能在康普顿连续谱上会有可测到的效应,这些效应对于入射的低能 γ 射线尤其引人注意。它们使靠近连续谱向上一端的前沿圆曲,这样就给突然下降的那段康普顿边缘引入了一定的斜率。这些效应常常被探测器的有限能量分辨率所掩盖。但是,在固有高分辨率探测器测得的 γ 能谱中就很明显。

(3)电子对效应

形成电子对效应的相互作用过程发生在探测器材料的原子核场内,并在入射 γ 光子完全消失点产生了正负电子对。由于产生一个正负电子对需要 $2m_0c^2$ 的能量,即发生此过程需要 γ 射线的最小能量达到 1.02 MeV,若 γ 射线的入射能量超过这个值,则过剩的能量将以正负电子对均分的动能形式出现。因此,该过程包括 γ 光子转换为正负电子的动能。对于常见的 γ 射线能量,正负电子在把所有的动能传给吸收介质之前,最多可移动几毫米。由入射 γ 射线

产生的全部(负、正电子)带电粒子的动能曲线图也是个简单的 δ 函数,但此刻它落在低于入射 γ 射线能量 $2m_0c^2$ 的位置上,如图 6.9 所示。

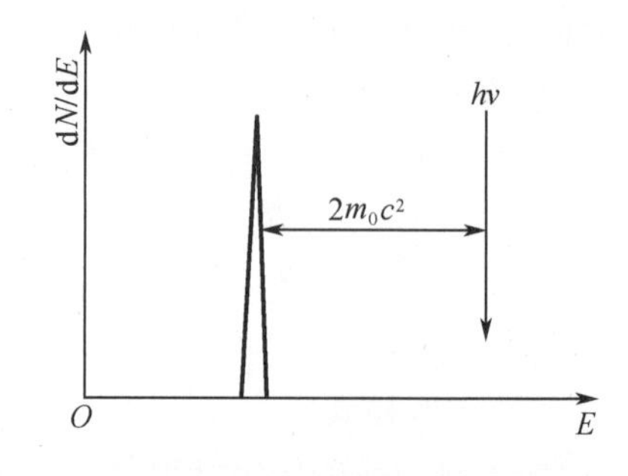

图 6.9　形成电子对的动能分布示意图

由于正电子不稳定,使电子对的产生过程变得复杂化。一旦其动能变得很低(可与吸收材料中正常电子的热能相比),正电子将被湮没(即与吸收介质中的负电子结合在一起)。此时正负电子都将消失,由各自能量为 $m_0c^2=0.511$ MeV 的两个湮没 γ 光子所代替。正电子慢化和湮没所需要的时间很短,因此实际上湮没辐射与初始的电子对产生是同时出现的。两个湮没 γ 光子中可能继续与探测器介质发生相互作用(光电效应或康普顿效应),若由此产生的次级电子动能也消耗在探测器内,刚形成的电子总能量将等于入射 γ 射线能量 $h\nu$;两个湮没 γ 光子可能一个与探测器介质发生相互作用,另一个逃逸出探测器。则形成的电子总能量将等于入射 γ 射线能量 $h\nu$ 减去 m_0c^2,即 $(h\nu-0.511)$ MeV,该能量峰称为单逃逸峰;若两个湮没 γ 光子都逃逸出探测器,则形成的电子总能量将等于入射 γ 射线能量 $h\nu$ 减去 $2m_0c^2$,即 $(h\nu-1.02)$ MeV,该能量峰称之为双逃逸峰。

下面继续讨论两种理想探测器的仪器能谱响应,即小探测器模型和大探测器模型的仪器能谱响应,然后再进一步讨论接近于理想探测器的实际探测器,即中等探测器模型的仪器谱响应。

应该说明的是这三种探测器模型的 γ 能谱响应不适合于气体探测器。能量为 1 MeV 电子在标准温度和标准气压的气体中穿透距离为几米,因此任何实用尺寸的气体探测器都永远不可能吸收次级电子的全部能量。而且更复杂的情况是,来自气体探测器的大部分 γ 射线引起的感生脉冲是由 γ 射线与气体探测器的固体壁发生相互作用所产生的,这样产生的次级电子在它完全被挡住以前将进入气体。在这种情况下,电子在壁上损失的能量是可变的和不确定的,它对探测器输出脉冲没有贡献。所以,对气体探测器而言,欲建立电子与入射 γ 射线能量之间的准确关系是比较困难的。

2. 小探测器模型及 γ 能谱响应

所谓小探测器是指探测器的体积小于初始 γ 射线与吸收材料相互作用所产生的次级 γ 辐射的平均自由程。这些次级 γ 辐射包括康普顿效应的 γ 射线,以及由电子对产生的正电子湮没所产生的 γ 光子。因为次级 γ 射线的平均自由程一般有几厘米,如果探测器的尺寸为 1~2 cm,就算满足“小”的条件;同时,假定 γ 射线与探测器介质相互作用产生的所有带电粒子(包括光电子、康普顿电子及正负电子对)的能量全部沉淀在探测器中。

图 6.10 是在小探测器模型条件下 γ 射线的能谱响应曲线。若入射 γ 射线能量低于 1.02 MeV,对能谱的贡献只有康普顿效应和光电吸收的综合效应。相应于康普顿效应的电子能量的连续谱称为康普顿连续谱,而相应于光电子能量的窄峰为光电峰。对于“小”探测器,只发生单次相互作用,光电峰仅由光电效应产生,而且光电峰下的面积与康普顿连续谱下的面积之比,和探测器材料的光电截面与康普顿截面之比是相等的。

若入射 γ 射线能量足够高(几 MeV),那么电子对生成的效果在能谱中是很明显的。对“小”探测器而言,只有负电子和正电子的动能被积存下来,而湮没辐射逃逸掉了,其净效应是在低于光电峰 $2m_0c^2$(1.02 MeV)的能谱位置上叠加一个双逃逸峰。显然“双逃逸”这个词是指两个湮没光子不再进行相互作用就从探测器逃出去。

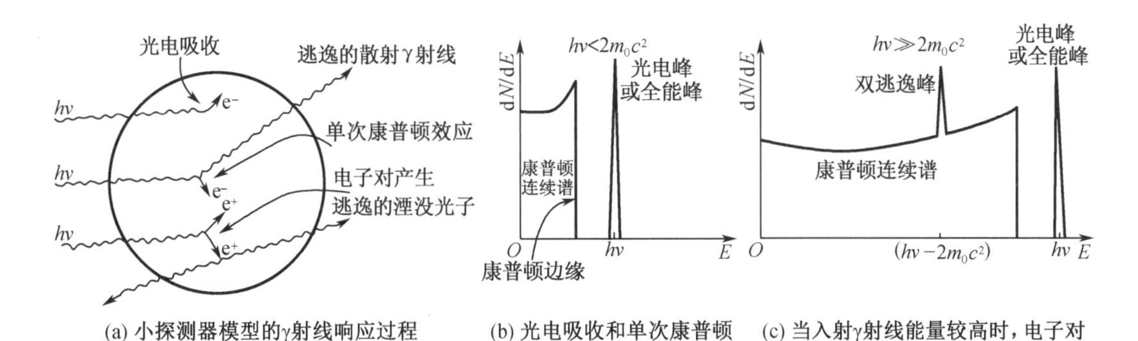

(a) 小探测器模型的γ射线响应过程

(b) 光电吸收和单次康普顿效应过程产生的低能谱

(c) 当入射γ射线能量较高时，电子对效应过程在谱线上附加双逃逸峰

图 6.10 探测器模型的 γ 射线响应过程与能谱响应示意图

3. 大探测器模型及 γ 能谱响应

作为一个相反的极端情况，设想在靠近特别大的探测器中心引入 γ 射线。所谓“大”探测器是指探测器的尺寸足够大，以至包括康普顿效应的 γ 射线和湮没辐射 γ 光子在内的所有次级辐射都在探测器灵敏体积内发生相互作用，而逃不出探测器的表面，如图 6.11 所示。对常见的 γ 射线能量，这种情况就意味着要有数十厘米量级大的探测器，这么大的探测器对于多数实际情况来说是不现实的。然而，这种情况有助于了解如何通过增加探测器体积来大大地简化它的 γ 射线响应函数。例如，假使初次相互作用是一个康普顿效应事件，散射 γ 射线随后会在探测器内另外某个地点再发生相互作用；这个第二次相互作用也可能是一个康普顿效应事件，在此情况下，就产生了一个能量更低的散射光子；最后，将发生光电吸收，结束相互作用历程。

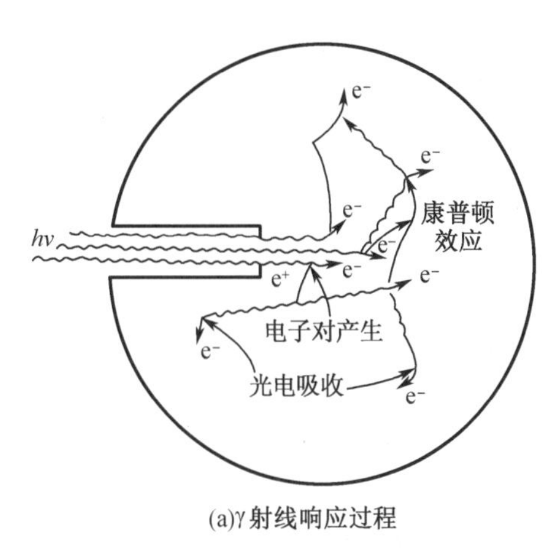

(a)γ射线响应过程

(b)γ射线能谱曲线

图 6.11 大探测器模型的 γ 射线响应过程和能谱响应示意图

正确估计整个历程所需要的短暂时间是很重要的。初级和次级 γ 射线在探测器介质内以光速传播。若次级 γ 射线的平均移动距离大约为 10 cm，该历程从开始到完结经过的总时间将小于 1 ns。这个时间显著小于实际用于 γ 射线能谱学的所有探测器的固有响应时间，因此净效应是在各散射点产生康普顿电子和末端光电子的叠加。探测器产生的脉冲应该是各种单个电子响应的总和。如果探测器对电子能量的响应是线性的，那么所产生的脉冲幅度正比于沿着该历程产生的全部电子的总能量。因为没有射线从探测器逃逸出去，所以不管具体历程多么复杂，这些电子的总能量应该就是 γ 光子的初始能量。因此，探测器响应就如同初始 γ 光子经

历了一次单历程的简单光电吸收一样。这一过程又称为累计效应。

如果该历程包含形成电子对事件,同样可以论证:假定正电子被阻止时形成的湮没光子在探测器的其他地方发生康普顿效应或光电吸收作用。同样,若探测器大到足以防止任何次级辐射逃逸,那么正负电子对以及其后由湮没辐射相互作用产生的康普顿电子和光电子动能总和必定等于初始 γ 光子能量。因此,探测器的响应正比于初始 γ 射线能量。

所以结论非常简单:若探测器足够大,并且它的响应与电子的动能呈线性关系,那么所有能量相同的 γ 光子产生的信号脉冲是相同的,这跟 γ 射线与探测器相互作用的各个历程无关。这种情况非常有意义,因为这时探测器的响应函数是图 6. 11 所示的单峰,而不是如图 6. 10 所示的较复杂的响应函数。如果响应函数是单峰,那么解析包含许多不同能量的复杂 γ 射线谱的能力就会显著提高。

根据一般惯例,像小探测器的情况一样,响应能谱中对应的峰称为光电峰。但是应该认识到,除简单的光电事件外,还包含多次康普顿效应或电子对效应等更复杂的历程也对光电峰有贡献脉冲。因此,“全能峰”是较合适的名称,因为它表示所有的初始 γ 射线能量被完全转换为电子动能的全部历程。

4. 中等探测器模型及 γ 能谱响应

在 γ 射线能谱测量中一般采用的实际探测器的尺寸既不“小”也不“大”。对于常用探测器的几何形状,γ 射线是从外部入射到探测器表面,由于有些相互作用会在接近入射表面处进行,所以即使大体积探测器也是有限的。因此常规探测器对 γ 射线的响应兼有上述两种情况的一些能谱特征,以及与沉积部分的次级 γ 射线能量有关的附加特性。这些附加的、可能发生的某些典型历程的图解说明和相应的能谱响应特征表示在图 6. 12。

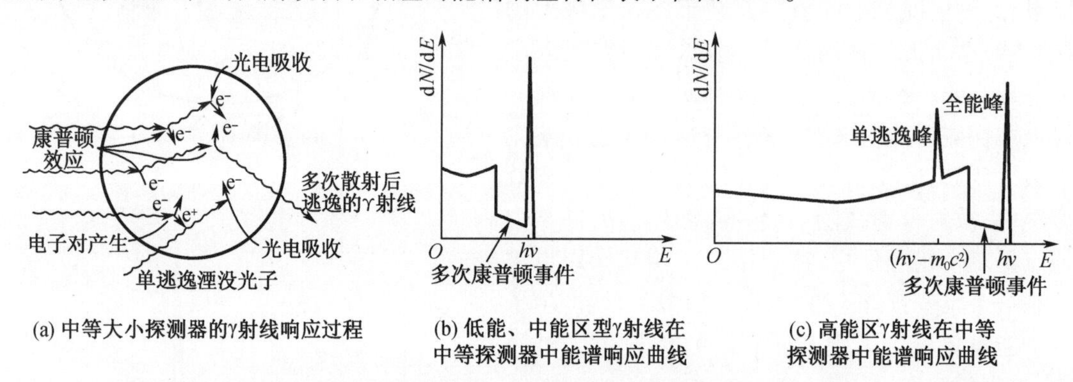

(a) 中等大小探测器的γ射线响应过程　(b) 低能、中能区型γ射线在中等探测器中能谱响应曲线　(c) 高能区γ射线在中等探测器中能谱响应曲线

图 6. 12　中等大小探测器的 γ 射线响应过程和能谱响应示意图

低能至中能的 γ 射线能量范围(在此能区内形成电子对效应并不明显),其能谱仍是由康普顿连续谱和光电峰组成。实际上,该光电峰应称为全能峰,因为它叠加了康普顿效应作用点所产生的康普顿电子、康普顿效应光子末端的光电子的能量贡献。显然由于该原因光电峰脉冲数每增加一个,则相应使康普顿连续谱下脉冲数减少一个(假设每一次入射 γ 光子与探测器作用事件均能产生可记录的脉冲)。因此,在中等探测器模型的 γ 射线能谱响应上,光电峰下的面积与康普顿连续谱下的面积之间的比值将远大于“小”探测器条件下的比值。入射 γ 射线能量愈低,康普顿效应光子的平均能量和相应的平均迁移距离也就愈小,这相当于中等尺寸的探测器好像变大了,光电峰下的相对面积随着入射光子能量降低而增加。当能量很低时

(例如 <100 keV),康普顿连续谱实际上可能消失了。

在中能区域,入射γ射线的多次康普顿效应(即一次康普顿效应产生的散射光子又发生康普顿效应,称为二次康普顿效应;二次康普顿效应产生的散射光子再发生康普顿效应,则称为三次康普顿效应,以此类推),导致多次反冲电子的总能量在探测器中沉淀显然有可能大于单次散射的最大值。而多次康普顿效应所需时间远小于探测器的固有响应时间。因此,在图6.12中,这些多次散射事件可能部分地填充在康普顿边缘和光电峰之间的空隙,并改变了“小”探测器模型中所预计的单次散射连续谱的形状。

如果γ射线能量很高,致使形成电子对的概率增加,响应过程更复杂。这时,湮没光子可能逃逸,也可能在探测器内再次进行相互作用。这些附加的相互作用可能使一个或者一对湮没光子的部分能量或全部的能量被吸收。

如果一对湮没光子逃逸而未相互作用,那么γ射线的响应同“小”探测器模型一样,将产生双逃逸峰。经常发生的历程是一个湮没光子逃逸而另一个完全被吸收,其结果是在能谱上比光电峰低 m_0c^2(0.511 MeV)的能量处出现一个单逃逸峰。

一个或一对湮没光子在探测器介质中可以通过康普顿效应和相继的散射光子将部分能量转变成反冲电子的能量,这些相互作用造成另一个康普顿连续能区,叠加在一次康普顿连续谱上。在能谱响应曲线上,这样一些事件聚集在双逃逸峰和光电峰之间。

对于一种实用的γ射线探测器,γ射线能谱响应将取决于探测器的大小、形状和结构。同时,也取决于辐照的几何条件,例如,只要一个γ射线点源由靠近探测器移向远离探测器的位置,γ射线能谱响应便稍有变化。这种变化与探测器内发生的初始相互作用的空间分布随着源几何条件的改变而出现的差别有关。实际上,很难建立一个数学表达式(或称响应函数)来准确地描述探测器输出的脉冲幅度与入射γ射线能量之间的关系。较准确的预测方法是蒙特卡罗数值模拟方法,可以在同样大小和结构的探测器中模拟实际发生的历程,得出探测器对γ射线响应的能量分布。

在γ射线能谱学中,人们感兴趣的是仪器谱的响应函数的某些特性。例如光电份额就是一个特性,即光电峰(或全能峰)面积与整个响应函数面积的比值,它可量度γ射线在探测器内进行任一种相互作用而最终积存全部能量的概率。人们总是希望光电份额值大,而使康普顿连续谱和逃逸峰等复杂效减至最小;当γ射线能量很高时,单逃逸峰和双逃逸峰就成为响应函数十分重要的部分,在某种情况下,它们可能比光电峰还大。同样,单逃逸峰或双逃逸峰面积与光电峰面积之比就是响应函数的另一个特性,它有助于解释复杂能谱。

6.3.2 γ射线仪器谱的复杂化

上文着重介绍了由γ射线与物质的光电效应、康普顿效应和形成电子对效应所产生的仪器谱贡献,并分别形成了光电峰(或称全能峰)及康普顿连续谱、单逃逸峰和双逃逸峰等能谱。事实上,在γ能谱的形成过程中,还伴随着其他的作用过程,它们也会影响仪器谱的形状,并进一步使谱线复杂化。

1. 累计效应

累计效应是指γ射线入射到探测介质发生相互作用产生的次级γ射线可以再次与物质作用,使得全能峰的计数增加的一种现象。γ射线与晶体发生康普顿效应后,散射光子可能在没有逃逸出晶体前再次发生相互作用,引起散射光子能量在此被吸收,由于散射光子能量已降低,次级产生光电作用更容易发生。散射光子在晶体中再次引起能量被吸收的过程与原散射中反冲电子被吸收事件几乎是同时发生的,它们引起晶体发光在时间上是完全重合的,这样就只输出一个脉冲,其幅度等于晶体两次吸收光子能量之和所输出的脉冲幅度,若吸收 γ 光子的全部能量,就造成全能峰的脉冲幅度,使原本属于康普顿连续谱的脉冲叠加,转移到全能峰中。对于电子对效应,也就相当于湮没辐射的两个光子又被晶体完全吸收,把原本属于单逃逸峰或双逃逸峰的计数转移到全能峰中。因此,累计效应的结果,相对提高了全能峰中的计数。通常把全能峰内的计数与全谱内的计数之比称为峰总比,又称光电分数,用 R 表示。显然,存在累计效应的峰总比要高于没有累计效应时的峰总比,而没有累计效应时的峰总比是 γ 射线在探测介质中的光电效应截面 τ 与总截面 $\tau+\sigma+\kappa$ 之比。

显然,累计效应发生与否,与 γ 射线能量、晶体材料,晶体大小和形状有关。当 γ 射线能量低,且晶体尺寸增大,晶体直径与长度之比接近于 1 时,累计效应更易发生。随着 γ 射线能量增加,峰总比总是在减小;而当晶体尺寸增大时,峰总比总是在增大。半导体探测器元素的有效原子序数低于 NaI(Tl),它的体积一般也较小,因而 γ 射线在其中的康普顿效应作用较强,散射光子容易逃逸,故与 NaI(T1)相比,累计效应较少发生,因而在能谱上显示出峰总比较小。对于 NaI(T1)晶体,一般峰总比为 1/4 ~ 1/2;而对于半导体探测器,峰总比只有几十分之一。

在 NaI(Tl)晶体中,累计效应对全能峰有一定的"加宽"作用。由于 NaI(Tl)晶体的发光线性不是很好,在低能区(<150 keV),吸收每单位能量相应的脉冲幅度要比在高能区(1 MeV)偏大 10% 左右。因此,通过累计效应所产生的脉冲将比吸收同样能量的一次作用的脉冲幅度要大。对于正常尺寸的晶体,全能峰中的不少计数来自一次作用,但也有相当多的计数来自累计作用,而它们的平均脉冲幅度又不一样,这就会使全能峰的线宽增加,称为本征加宽。对于半导体探测器,由于它的线性响应较好,不存在这种加宽作用。

2. 和峰效应

在 γ 能谱测量中,当两个(或更多)γ 光子同时被探测器晶体吸收时,将产生幅度更大的脉冲,该脉冲幅度所对应的能量为两个(或更多)光子的能量之和。例如,^{60}Co 核素一次核衰变可放出两个级联 γ 光子(能量分别为1.17 MeV 和 1.33 MeV),它们有可能同时被晶体吸收,这时探测器不是输出两个分开的脉冲,而是输出一个叠加后的脉冲,其幅度对应为两者之和的能量 2.5 MeV。因此,在 ^{60}Co 源的仪器谱上将产生一个 2.5 MeV 的峰,如图 6.13 所示。

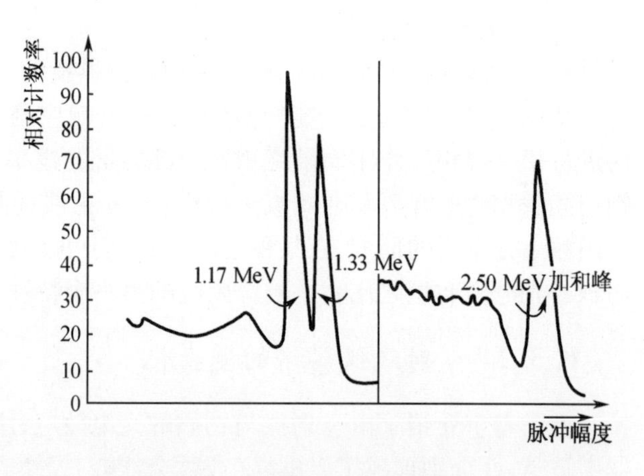

图 6.13 ^{60}Co 的 γ 射线仪器谱

由于这两个光子是由核素衰变过程中的级联作用发出的,则两个光子的同时吸收是真符合事件,该峰称为真和峰。按符合公式,真和峰计数率 n_s 为

$$n_s = A\varepsilon_{sp1}\varepsilon_{sp2} \tag{6.35}$$

式中 A——源的衰变率(即活度);

ε_{sp1} 和 ε_{sp2}——探测器对 γ1 和 γ2 的源峰探测效率。

由此式可看出：和峰效应与探测效率有很大的关系，当晶体和探测立体角较大时，容易看到和峰效应。假设，放射源的级联辐射中有一种γ光子伴随内转换现象，则还将发射特征 X 射线。这时将有两种和峰产生，一个是两个γ光子的和峰，另一个是一个γ光子和一个 X 光子的和峰，此时能谱将进一步复杂化，这样的例子有 ^{131}Hf、^{132}Tc、^{117m}Sn 的衰变。

图 6.14 是 ^{132}Tc 的γ射线仪器谱，^{132}Tc 经β衰变将放出能量分别为 230 keV 和 53 keV 两个级联光子，其中 53 keV 光子的跃迁可能以内转换形式出现，并放出能量为 28 keV 碘的 K 系特征 X 射线。在 ^{132}Tc 的γ射线仪器谱上，可明显看到 230 keV 和 28 keV 碘的 K 系特征 X 射线的和峰（能量为 258 keV）；而在能量为 283 keV 处的谱线变宽是 230 keV 和 53 keV 两个级联光子的真和峰贡献。

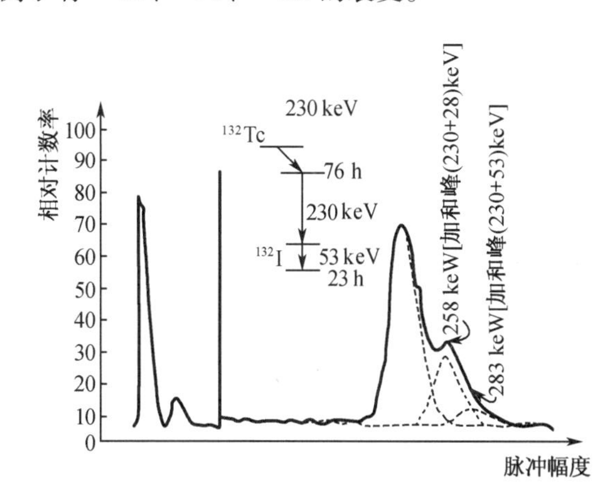

图 6.14 ^{132}Tc 的γ射线仪器谱

除级联辐射的真和峰外，通过偶然符合也能形成和峰，这就是非同一个原子核在谱仪的分辨时间 τ 内，由“同时”衰变放出的γ光子所形成的。可见偶然符合的计数率 n_{rc} 表示为

$$r_{rc} = 2n_p^2\tau \tag{6.36}$$

式中，n_p 为全谱下总计数率。

可见，由偶然符合造成的脉冲叠加，在高计数率下比较严重，并与谱仪的分辨时间 τ 成正比。

3. 特征 X 射线逃逸

当γ光子与晶体发生光电效应时，原子的相应壳层上将留出一个空位。当外层电子补入时，会有特征 X 射线或俄歇电子发出。若光电效应发生在靠近晶体表面处，则该特征 X 射线有可能逸出，使晶体内沉淀的能量比入射光子的能量小，其能量差为特征 X 射线的能量。此时，探测器γ能谱上会出现特征 X 射线的逃逸峰。例如，在 NaI(Tl) 晶体中，碘原子的 K 层特征 X 射线能量是 28 keV。如图 6.15 所示，这里采用 NaI(Tl) 闪烁谱仪测量 ^{71m}Se 的能谱，在光电峰左侧相距 28 keV 处的一个小峰就是碘特征 X 射线逃逸峰。一般在大于 170 keV 以上时，随着γ光子能量增加，这个峰逐渐消失。这是因为较高能量的γ射线将进入晶体内部较深处，所放出的 28 keV 的 X 射线不容易逸出；另外由于峰的半高宽度随着能量增加而增加，碘逃逸峰和全能峰不再容易分开。

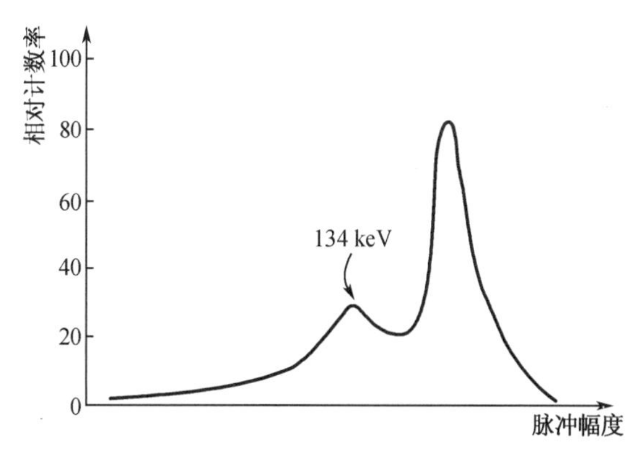

图 6.15 ^{71m}Se 的γ射线仪器谱

对 HPGe 来说，由于γ射线易进入晶体深处以及由于 Ge 的特征 X 射线能量更低，约 10 keV，更容易被吸收，故 Ge 逃逸峰不易看到。但对小于几万电子伏特的低能γ和 X 射线，仍要考虑这种效应。

4. 边缘效应

在一般情况下,γ 光子转移给次级电子的动能都被晶体所吸收。但若这个次级电子产生在靠近晶体的边缘处,它可能逸出晶体,以致将部分动能损失在晶体外,所引起的脉冲幅度也要相应地减小,这种影响称为边缘效应。特别是对于高能 γ 射线,由于次级电子的能量较高,因而其射程较长,边缘效应更显著,边缘效应将引起康普顿连续谱形状向幅度偏低的方向畸变。另外,光电峰也因此失去某些事件,与电子泄漏并不严重的情况相比,光电份额也将减少。

次级电子损失能量的另一形式是轫致辐射的逃逸。即使在探测器内,电子本身也能完全被阻止,在此吸收过程中,次级电子将发射轫致辐射,可能有一部分轫致辐射光子未经再吸收而逃逸出晶体。通过该过程损失能量的概率将随电子能量增大而急剧增加,能量超过几 MeV 的电子,轫致辐射就成为主要过程。次级电子逃逸或轫致辐射逃逸对谱线形状的影响相当敏感,而且是宽分布,当入射 γ 射线能量较大时,其影响更为显著。

6.3.3 γ 能谱测量的干扰辐射

γ 射线仪器谱还会受到来自探测器之外的一些干扰辐射的影响,使谱形进一步复杂化。一方面这些干扰辐射来自非目标放射源放出的 γ 射线;另一方面来自 γ 射线与探测器周围介质发生相互作用所产生的次级辐射。这些干扰辐射将在仪器谱上产生相应谱峰。

1. 特征 X 射线峰

许多放射源本身就有特征 X 射线放出,它们在能谱上形成特征 X 射线峰。例如,在 ^{137}Cs 的 γ 谱上,会出现一个 32 keV 的特征 X 射线峰,它是 ^{137}Cs 的衰变子体 ^{137m}Ba 放出的 K 系特征 X 射线。图 6.16 是用 AGS - 863 航空 γ 能谱仪实测的 ^{137}Cs 和 ^{241}Am 点源的仪器谱。1 号峰为 ^{137m}Ba 的 K 系特征 X 射线光电峰,其能量为 32 keV,2 号峰为 ^{241}Am 放出的 59.56 keV 的 γ 射线光电峰。

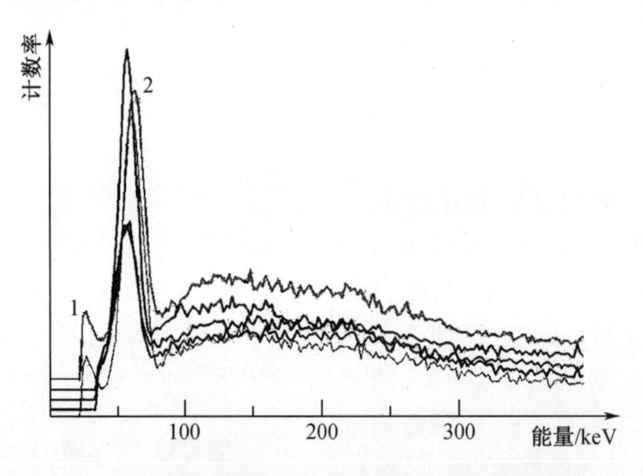

1—^{137}Cs 源放出的 32 keV 的 Ba 的 K - X 射线光电峰;

2—^{241}Am 源放出的 59.56 keV 的 γ 射线光电峰。

图 6.16 AGS - 863 航空 γ 能谱仪实测 ^{137}Cs 和 ^{241}Am 点源的仪器谱

X 射线也可以是 γ 射线和周围介质的原子发生光电效应所引起。例如,γ 射线与屏蔽层中的铅发生作用,引起 Pb 的 88 keV 的 K 系 X 射线。这种辐射并不总是可以忽略的,特别在

低能 γ 或 X 射线的照射量率测量中,有时需要进行这种辐射效应的校正。

2. 散射辐射和反散射峰

γ 射线与源的衬托物、探头外壳(包括封装晶体的外壳和光电倍增管的光阴极玻璃),以及在周围屏蔽物质都可发生散射效应,并产生散射辐射。散射射线进入晶体,会使康普顿坪区的计数增加。特别是在康普顿坪上 200 keV 左右的位置,经常能看到一些小的突起,它是反散射光子造成的,称为反散射峰。由于反散射光子的能量随入射光子能量变化不大,反散射峰通常在 200 keV 左右。对 ^{137}Cs 的 0.662 MeV 的 γ 射线来说,计算得到的反散射光子能量为 0.184 MeV。

应尽量防止或减少测量中的散射。铅室可屏蔽并降低装置的本底计数,但设计不当,也可带来新的干扰因素。一是 γ 射线在 Pb 中激起的 88 keV 的特征 X 射线,另一种是产生散射辐射。为了克服这两种干扰,一种措施是增大屏蔽结构的空间尺寸,如达到 1 ~ 1.5 m;另一种措施是采用分层屏蔽结构。

3. 湮没辐射峰

对较高能量的 γ 射线来说,当它与周围物质材料发生电子对效应并产生正电子湮没时,放出两个 0.51 MeV 的 γ 光子,可能有一个进入晶体,这样就会产生一个能量为 0.51 MeV 的光电峰及相应的康普顿坪,这个光电峰称为正负电子湮没辐射峰。当放射源有 β^+ 衰变时,β^+ 射线与周围物质也会产生湮没辐射。因此,在这些核素(如 ^{65}Zn 和 ^{24}Na)的 γ 谱上总可看到湮没辐射峰。图 6.17 给出了 ^{65}Zn 的 γ 射线能谱。湮没辐射的存在还可能造成一个 680 keV 的假峰。这是一个湮没光子和另一个湮没光子的反散射光子的符合和峰。

4. 轫致辐射干扰峰

γ 射线常常伴随着 β 衰变而放出,当 β 射线被阻止于物质中时,会产生轫致辐射。轫致辐射的能量是连续分布的,会影响 γ 射线的能谱,特别是当放射源的 β 射线强、能量高,而 γ 射线较弱时,轫致辐射的影响就更为严重。图 6.18 给出了 ^{91}Y 的 γ 射线能谱。^{91}Y 放出的 1.19 MeV 的 γ 射线,其产额仅为 2%,而 β 射线很强,产额为 100%,在它的 γ 射线能谱的康普顿坪区,可明显地看到轫致辐射的干扰峰。

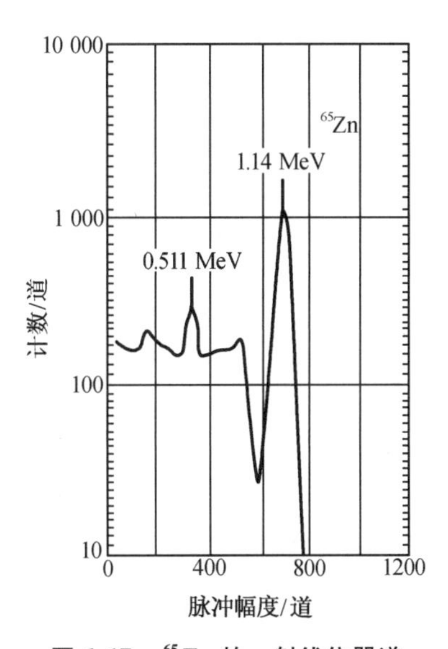

图 6.17　^{65}Zn 的 γ 射线仪器谱

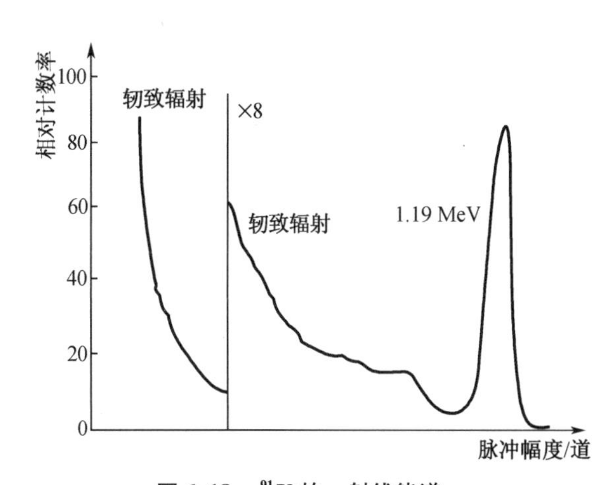

图 6.18　^{91}Y 的 γ 射线能谱

为防止β射线进入探测器,通常在源前放置一块β射线的吸收片。由于在原子序数 Z 大的材料中,韧致辐射更容易发生。因此,这种β吸收片要用低 Z 材料,如Be、Al、乙聚烯等,其质量厚度为500~1 500 mg·cm^{-3}。此外,源衬托及支架等也要用低 Z 材料制作,此时的韧致辐射影响可忽略不计。

通过以上讨论可以看出:测量一个核素的γ能谱所得到的谱形与很多因素有关,归纳起来有:

(1)γ射线的能量和分支比。对于不同能量的γ射线,γ能谱具有不同特征。在能量较低时,主要是光电峰,包括出现特征X射线的逃逸峰;对于中等能量,除光电峰外,还有一个康普顿坪;在能量较高时,特别是在1.5 MeV以上时,谱形上还出现了单逃逸峰和双逃逸峰等。

(2)放射源的辐射性质。这是指是否有特征X射线、β射线放出,是否有级联γ辐射等。

(3)探测器物理性质。探测器物理性质包括探测器类型、晶体大小和形状、能量分辨率等。

(4)实验条件和环境布置。这方面的因素如,周围物质、屏蔽材料、源距、计数率高低等。

在γ射线能谱测量中,要注意选择实验条件,要学会辨别γ谱形上的各种谱峰。在诸多谱峰中,最重要的是全能峰,它直接和射线的能量相对应,而且形状规则易于辨认。逃逸峰和全能峰形状相似,它们的区别主要是看在相应位置处是否有康普顿坪出现。另外,它们之间应该是等距的,能量相隔为0.51 MeV。康普顿坪则可根据形状,并估算其边缘位置来确定。在辨认中,必须参考标准谱形,要善于区别干扰峰,如符合和峰、反散射峰、湮没辐射峰、碘逃逸峰以及属于本底核素的谱峰等。切不要误认为,对于每一个峰都对应着的一种能量的射线或都有核素存在。

6.3.4 γ射线通过物质时仪器谱成分的变化

1. 单能射线束通过物质时谱成分的变化

单能的射线束通过物质后,射线谱成分要发生变化。光子与物质作用产生光电效应和形成电子对效应,光子被吸收,射线的能谱成分不会变化,严格来讲,光电子效应会产生特征X射线,不过总的来说,吸收光子后使射线束的照射量率减弱。但是康普顿效应形成的次级散射光子,随着吸收屏的加厚,散射光子可再次与物质相互作用形成次一级的散射光子。随着作用次数的增多,散射光子能量逐渐减小。因此,单能的射线束,经过一定厚度的吸收屏后,得到了复杂的谱。随着吸收屏厚度的变化,散射光子与起始光子的照射量率比值是变化的。随着吸收屏厚度增大,散射光子的比例也随之增加。图6.19是入射光子与1,2,3,4次散射光子相对照射量率和吸收介质厚度关系曲线。这是一组理论研究曲线,其假定条件为,起始光子的能量为

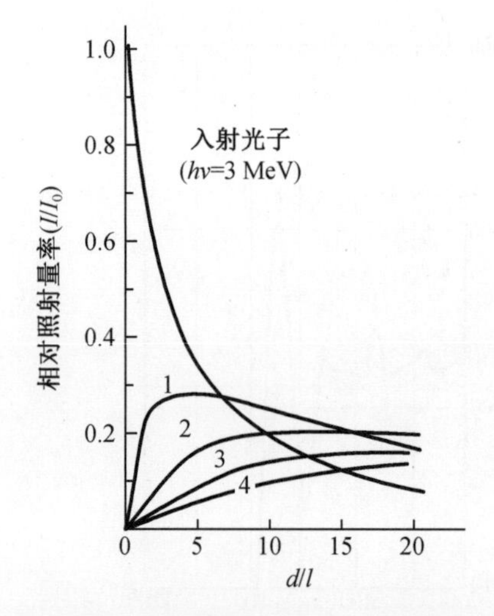

图6.19 入射光子与1,2,3,4次散射光子相对照射量率与吸收层厚度关系

3 MeV,吸收介质是轻物质,康普顿效应是射线衰减的唯一过程而忽略了光电效应和电子对效应。图 6.19 横坐标是以平均射程 l 为单位的吸收层厚度。纵坐标是散射光子与起始光子的相对照射量率。一次散射光子随吸收屏厚度增加而增长得很快。当吸收层厚度为 $3l$ 时,一次散射光子照射量率趋极大值。吸收层厚度为 $5l$ 时,一次散射光子与起始光子相对照射量率相等。以后随吸收层厚度增加而逐渐减弱,但一次散射光子的相对照射量率总大于起始光子。2,3,4 次散射光子的相对照射量率,随厚度增加而一直增加。起始光子随厚度增加,相对照射置率逐渐减小,散射光子的相对照射量率却随厚度增加而增加,所以,吸收屏到一定厚度时,起始光子照射量率减弱到很小,各次散射光子却成为主要成分。

接着再来讨论一个单能射线点源通过不同厚度砂介质后,谱成分变化的实例。用放射源 ^{51}Cr,放出能量为 323 keV 的单能射线,吸收介质密度为 1.6 g/cm^3 的砂。放射源 ^{51}Cr 与探测器间的距离(即吸收介质厚度)为 5 cm、35 cm、70 cm、80 cm(相当于 $0.83l$、$5.83l$、$11.7l$ 和 $13.3l$)。实验结果见图 6.20。吸收厚度为 5 cm($0.83l$) 的曲线上可以见到 323 keV 的光电峰。在 205 keV 处有一个峰,该峰相当于一次散射射线,70 keV 的峰是次级散射造成的。

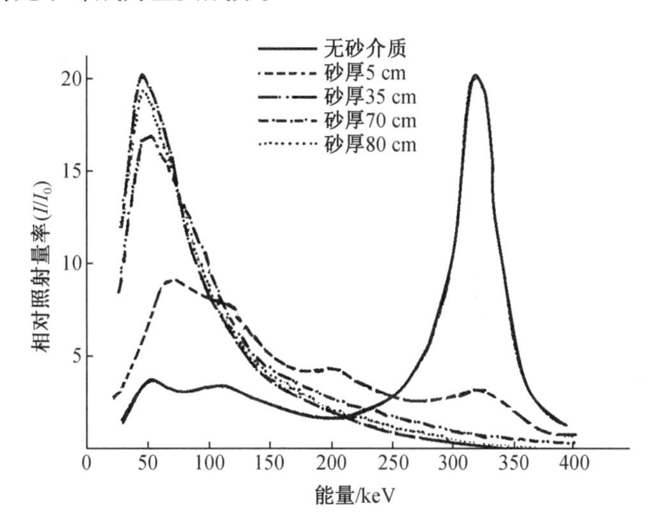

图 6.20　^{51}Cr 通过不同厚度砂介质的能谱曲线

当吸收厚度增大,大于 5 cm 后,散射成分变软,向低能方向聚集,在 50 keV 上形成相对照射量率很大的峰,而起始光子占比很小。对比吸收厚度大于 $5.83l$(相当于 35 cm) 的几条曲线可以看到,吸收层厚度增加,射线谱形状没有明显区别。射线谱成分大体一定,各能量之间相对组分大致不变,这就是达到了“谱平衡”。

达到“谱平衡”时,不论起始光子能量多少,射线谱的形状是一样的。散射成分能量变软,都向低能方向聚集,在某一能量处出现峰值。吸收介质不同,峰值对应能量不同。

2. 复杂射线通过物质时谱成分的变化

放射性矿石就是一个具有多组能量的复杂射线源。复杂射线通过物质时,低能量的射线因发生光电效应而很快被吸收,使低能量组分相对减少,高能量组分相对提高,而康普顿效应产生的次级散射射线又提高了谱成分的低能组分。这两种效应多次作用的综合结果,使吸收介质达到一定厚度后,谱成分保持一定,达到“谱平衡”。

图 6.21 是点状镭源的 γ 射线通过水泥吸收屏时谱成分的变化。实线是没有吸收屏时的仪器谱。镭源是有多组能量的复杂射线源。当置有 5 cm 水泥屏时,低能段(0 ~ 400 keV)谱线已发生很大变化,次级散射射线向 100 keV 聚集的趋势已明显,在高能段(>400 keV)仍可见到 609 keV 和 1 120 keV 等几组能量的峰。当水泥屏厚度大于 45 cm 后,谱线成分基本保持不变,起始能量较高的几组射线,经过多次散射,也都向 100 keV 方向聚集,致使谱成分相对组分不变而达到“谱平衡”。“谱平衡”后,吸收系数不再变化。由此可见,不论单能射线还是复杂

组分的 γ 射线通过轻物质，吸收屏达到一定厚度后，都会出现“谱平衡”。

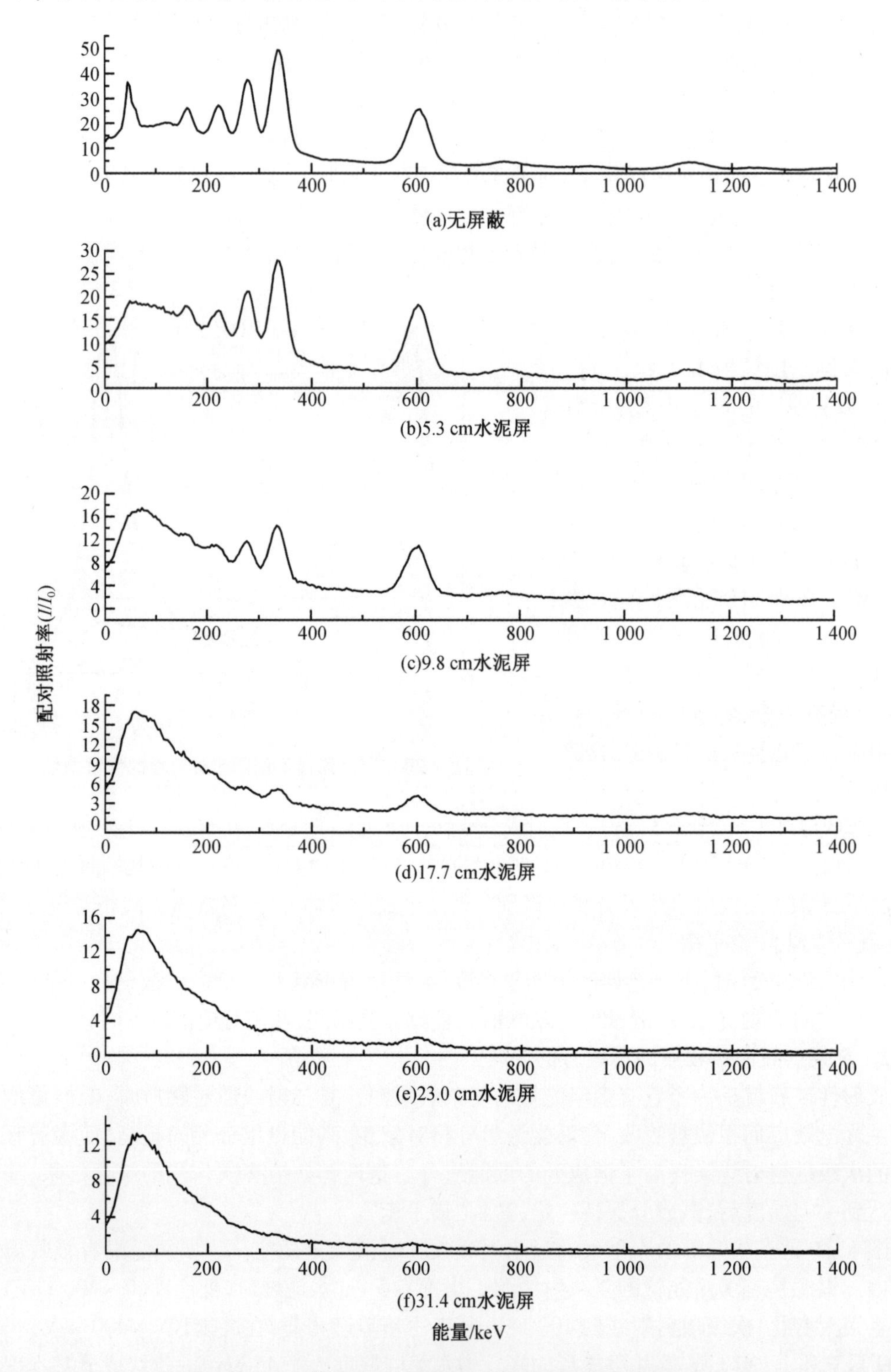

图 6.21　点状^{226}Ra 和 γ 射线通过水泥屏时谱成分的变化

6.4 γ射线能量刻度与探测效率刻度

在γ射线测量中，γ照射量率和γ射线能量是两个最主要的物理量。通过能量测量可以定性地获知放射性核素的种类，而通过照射量率测量可以获知某放射性核素的含量。但是，对一台γ能谱仪来说，获取的基本数据是脉冲计数，或给定脉冲幅度间隔内的脉冲计数（对模拟信号的γ能谱仪），或者在给定道址内的脉冲计数（对数字化信号的γ能谱仪）。因此，应用γ射线测量仪器实现γ照射量率或者γ能谱测量，首先必须建立脉冲幅度（V）或道址（CH）与γ射线能量（E）之间的关系，即γ射线仪器的能量刻度；同时，必须建立单位时间内脉冲计数（N）与γ照射量率之间的关系，即γ射线仪器的照射量率刻度。在γ射线测量的不同应用场合，一般是通过γ照射量率换算不同的物理化学参量，如γ射线剂量当量、核素含量、源活度等，即必须建立单位时间内的脉冲计数（N）与这些物理量之间的关系，以实现γ射线仪器的刻度。仪器的刻度是γ射线测量的一个重要内容，它面向应用对象，有些文献又称之为仪器标定，仪器刻度方法的正确与否，以及刻度系数的误差直接影响γ射线测量结果的准确度。

6.4.1 γ谱仪的主要技术参数

1. 能量分辨率

能量分辨率是表征γ谱仪对能量相近的γ射线分辨本领的重要参量，可用全能峰的半高宽度（full width at half maximum，FWHM）或相对半高宽度的百分比（FWHM/E，%）来表示，计算方法如图6.22所示。

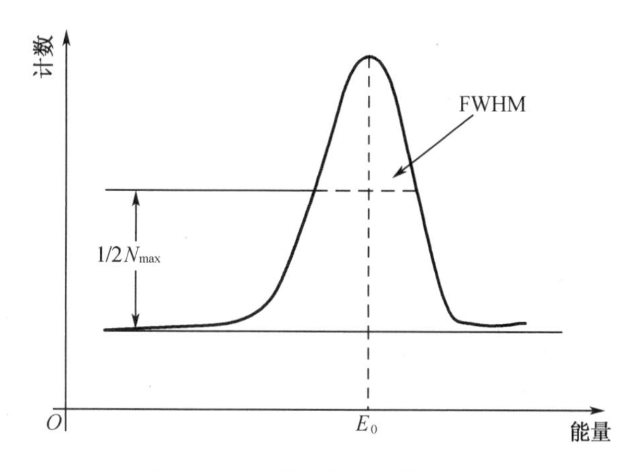

图6.22 能量分辨率计算示意图

一般采用放射性同位素源来测定γ谱仪的能量分辨率。常用诸如^{137}Cs和^{60}Co等，前者放出能量为0.662 MeV的单能γ光子；后者放出能量为1.17 MeV和1.33 MeV的两种γ光子。对γ谱仪的能量分辨率，应该明白以下几点：

（1）任何一台γ谱仪的能量分辨率，都与入射γ射线能量有关。因此，在表述γ谱仪的能量分辨率时，必须标明是针对多少能量的γ射线等测量条件。

（2）γ谱仪的能量分辨率主要取决于γ谱仪探测器的本征能量分辨本领。而探测器的本征能量分辨本领与探测器的类型、大小、结构等因素有关，图6.23给出了几种不同探测器的γ谱仪

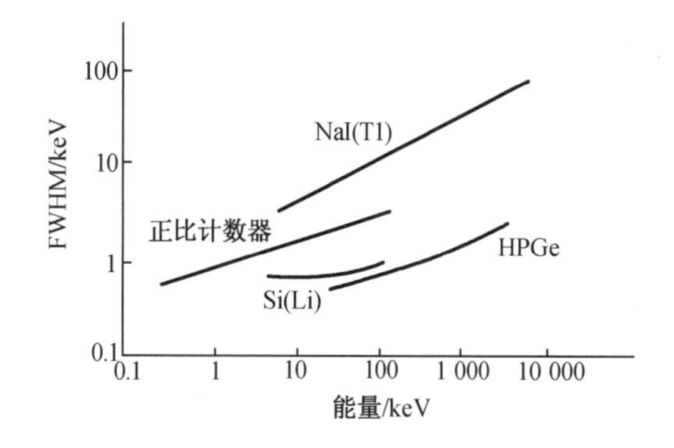

图6.23 几种γ射线探测器能量分辨率比较

的分辨率随能量变化的一般关系。

(3)γ谱仪的能量分辨率受谱仪电子学噪声的影响。在γ谱仪的电子学单元中,任何对核脉冲信号的处理过程,都影响仪器的能量分辨率,如前置放大器的电子学噪声,模拟脉冲的滤波与成形、模数转换精度、主放大器的线性、数字信号的滤波等。但对γ谱仪的能量分辨率影响最大的是前置放大器的电子学噪声。

(4)γ谱仪的能量分辨率还受入射γ照射量率大小(或者放射源的强度)的影响。该影响的根本原因在于γ谱仪的脉冲分辨时间。在高计数率下使用γ谱仪时,由于脉冲的堆积效应以及电子学线路的基线漂移等原因,致使峰位发生漂移、峰形畸变,造成能量分辨率变差。

针对γ谱仪,国内外通常是用^{137}Cs的662 keV全能峰的相对半高宽度标识,目前NaI(Tl)探测器一般水平为8%左右,好一点的可达6%~7%。对HPGe探测器γ谱仪,分辨率还常用对^{60}Co的1.33 MeV全能峰的半高宽度表示,全能峰的半高宽一般为1.8~5 keV。

2. 探测效率

γ射线谱仪的探测效率是表征γ照射量率与谱仪输出脉冲计数之间关系的一个重要物理参数,它是单位时间内谱仪输出脉冲数与入射到探测器的光子数之比。要确定γ照射量率,就必须知道γ谱仪的探测效率。在γ射线测量中,这个指标关系到怎样保证测量精度所需花费的时间和最低源强。根据入射γ光子的方式不同,探测效率有两种不同的定义,即:

本征探测效率ε_{in}:γ谱仪输出的脉冲数(S)与入射到探测器灵敏体积上γ光子数(N_d)之比

$$\varepsilon_{in} = S/N_d \tag{6.37}$$

源探测效率ε_s:γ谱仪输出的脉冲数(S)与放射性源所发射的γ光子数(N_s)之比

$$\varepsilon_s = S/N_s \tag{6.38}$$

在本征探测效率和源探测效率的定义基础上,根据γ仪器谱对脉冲计数的计算方法(全谱法与全能峰法),γ仪器的探测效率又可进一步定义为:

(1)入射本征探测效率ε_{in},指全谱的总脉冲数与射到探测器灵敏体积的γ光子数之比,即上述的本征探测效率。

(2)本征峰探测效率ε_{inp},指全能峰的脉冲数与入射到探测器灵敏体积的γ光子数之比

$$\varepsilon_{inp} = R\varepsilon_{in} \tag{6.39}$$

式中,R被定义为谱仪的峰总比,即全能峰内的计数S_p与全谱总计数S_s之比,$R = S_p/S_s$。

(3)源探测效率ε_s,若几何因子ω定义为探测器晶体对源所张的相对立体角,则源探测效率可写为

$$\varepsilon_{sp} = \omega\varepsilon_{in} \tag{6.40}$$

(4)源峰探测效率ε_{sp},在给定的几何因子(ω)条件下,全能峰内计数与源对探测器所张立体角内发射的γ光子数之比,由下式表示:

$$\varepsilon_s = \omega R\varepsilon_{in} \tag{6.41}$$

根据探测效率的定义,采用全谱法计数(即γ射线全谱的总面积S_s)包括探测器对γ射线所产生的所有幅度的脉冲。该方法虽然可得到最多的脉冲计数,但实际使用较少。这是因为,在一般测量条件下,S_s很难准确测量,它受很多因素影响,包括:①为去除噪声脉冲,仪器需要设置甄别阈,这就去除了一部分幅度小的γ脉冲;②射线打在晶体外壳,反射层、光电倍增管等物质上不可避免地发生散射,这些散射射线对计数引起干扰;③诸如特征X射线或轫致辐

射的干扰等。可以看出,这些干扰难以完全避免,并且随实验条件不同而变化。

而采用全能峰的脉冲计数,上述几个因素的影响大为减小。这是因为,散射及其他干扰辐射的脉冲幅度较小,因而就不会影响到全能峰的计数。此外,全能峰也容易辨认,靠设置甄别阈或从整个能谱曲线中求出全能峰计数都是比较容易的。因此,在实际工作中常用源峰探测效率 ε_{sp}。

另外,还往往要求谱仪电子线路单元对核脉冲的漏计为零(否则应进行死时间校正),所以γ谱仪的探测效率实际是指γ探测器的探测效率。γ探测器的探测效率与探测器类型、体积、封装材料与方式、入射γ射线能量等因素有关。例如,NaI(Tl)晶体的密度大、组成元素的原子序数高,其体积也可做得很大,因而这种谱仪的探测效率明显地优于HPGe。有时,HPGe晶体的效率常常采用相对于76 mm×76 mm的NaI(Tl)的效率来标志,对大多数同轴型HPGe,根据尺寸不同这一效率在10%~75%内,特殊形状(井型)或搭配马林杯的HPGe探测系统,相对探测效率能达到100%~175%。利用系列标准点源(^{241}Am、^{155}Eu、^{57}Co、^{133}Ba、^{137}Cs、^{54}Mn、^{65}Zn、^{22}Na、^{60}Co、^{152}Eu),在源距探测器端面25 cm的几何位置处,分别对4种γ射线探测器[3″×3″的圆柱形NaI(Tl) γ谱仪、平面型HPGe γ谱仪、相对效率为40%的同轴型HPGe γ谱仪和相对效率为30%的宽能型HPGe γ谱仪]进行26~1 408 keV能区的探测效率刻度,几种不同探测器的探测效率如图6.24所示。图中,NaI(Tl)γ谱仪的探测效率最高;同轴型HPGe γ谱仪对能量低于200 keV的低能γ射线探测效率太低,适用于中高能γ射线的测量;平面型HPGe γ谱仪对低能γ射线及X射线具有相对较高的探测效率;但随着γ射线能量的增加,探测效率迅速下降;宽能型HPGe谱仪同时兼具平面型探测器和同轴型探测器的优点,在低能区和高能区均有很好的能量分辨率及较高的探测效率,可满足核化学及放射化学研究中放射性测量的需求。

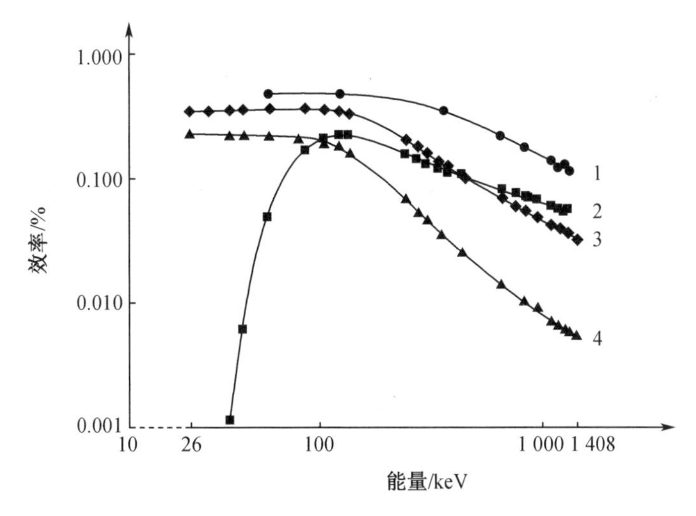

图6.24 几种γ射线谱仪的探测效率比较

3. 峰总比和峰康比

γ谱仪的峰总比(R)是在没有干扰辐射的前提下,仪器谱的全能峰面积计数(S_p)和全谱面积计数(S_s)之比,即

$$R = S_p/S_s \tag{6.42}$$

由于存在累计效应,峰总比的理论计算难以实现。可采用蒙特卡罗方法进行较准确的数值模拟。影响峰总比的因素很多,如射线能量、晶体大小、射线束是否准直以及晶体包装材料和厚度等。对于相同尺寸的晶体,比较峰总比可说明是否较好地排除了散射射线的干扰。NaI(Tl)的峰总比要比 HPGe 的大得多,通常前者为几分之一,而后者只有几十分之一。

因为峰总比难于精确测定,因此常测量与峰总比有直接关系的另一指标,即峰康比 R_c,它是指全能峰中心道的最大计数(n_p)与康普顿坪内的平均计数($\bar{n}$)之比:

$$R_c = n_p/\bar{n} \tag{6.43}$$

峰康比的意义在于它反映了若一个峰落在另一个谱线的康普顿坪上,该峰是否能清晰地表现出来,即存在高能强峰时,探测低能弱峰的能力。峰康比越大,峰越便于观察和分析。一台谱仪的峰康比是由分辨率和峰总比共同决定的。由于 HPGe 的分辨率好,峰内计数可限制在有限的能量间隔内,所以虽然它的峰总比不如 NaI(Tl)探测器,但峰康比仍然相当高。同轴 HPGe 的峰康比可达 50∶1。

4. 能量线性

γ 谱仪的能量线性一方面取决于探测器本身的输出脉冲幅度与吸收 γ 光子能量是否线性;另一方面取决于仪器电子线路单元对脉冲的线性放大与处理。对 HPGe 来说,由于平均电离能与粒子能量无关,因此 HPGe 谱仪的线性很好,目前在 150 ~ 1 300 keV 范围内,线性偏离小于 0.1 ~ 0.2 keV,它主要由仪器线路 ADC(模 - 数转换器)决定。对 NaI(Tl)谱仪来说,NaI(Tl) 晶体本身的发光性质导致其在低能部分的线性不好,因此它在上述能量范围内的 200 keV 处,线性偏差可达 12 keV。

5. 上限计数率

模拟信号和半数字化 γ 射线谱仪在高计数率下使用时,由于模拟脉冲的堆积效应以及电子学线路的基线漂移等原因,它的分辨率要变坏,峰位要漂移,峰形也发生畸变,因此使用谱仪时,计数率不能太高。这一问题,HPGe 谱仪要比 NaI(Tl)更为严重。这主要是由于前者的峰总比大,以及它的能量分辨率指标高,更易受计数率变化的影响。例如,一个未加特殊改进措施的 HPGe 谱仪,允许的计数率上限约为 3 000 cps,若峰总比为 1/30,峰内允许计数率仅为 50 cps,显然,这大大限制了数据积累速度。为了避免高计数率,就要限制源强或增加测量距离,为了满足统计误差要求,积累一定的计数就必然要增加测量时间。

从电子学线路上改进脉冲成形、增加反堆积线路,采用直流耦合或加直流恢复器可以提高计数率上限。近年来,高速模 - 数转换器与高速缓存器、数字信号处理(DSP)技术相结合,开发的数字化谱仪,基本解决了实际应用中的计数率过载问题,其计数率上限可达 5×10^6 cps 或更高。

6. 稳定性

稳定性是衡量 γ 谱仪的能量分辨率、探测效率等性能指标和峰位置有无改变的技术参数。影响仪器稳定性的因素既可来自探头,也可来自仪器电子线路。对 NaI(Tl)探头来说,主要有三个因素。①光电倍增管的增益变化。实验发现,这种变化与脉冲幅度和计数率有关。为得到好的结果,既要选择倍增管的类型,又要在同一类型的管子中进行挑选,并由实验确定最佳工作条件。对较好的管子,当计数率在 100 ~ 1 000 cps 时,峰漂可小于 0.5%。②光电倍增管的增益随温度的变化。实验证实,NaI(Tl)的发光效率受温度影响大约为每 1 ℃变化 -0.1%。③光电倍增管的增益随高压漂移的变化。为得到增益 0.1% 的稳定性,高压稳定性要求达到0.01%。由于这些因素，NaI(Tl)谱仪稳定性可控制在±1%的范围内。对HPGe谱仪来说，分辨率的变坏往往与前置电荷灵敏放大器性能的变坏有关。若使用不当，如未及时地补充液氮或电致冷效果变差，就会造成分辨率或探测效率的显著下降。

7. 本底

谱仪的本底主要取决于晶体大小和屏蔽好坏。使用厚度为5 cm左右的铅屏蔽，本底计数可降低一个数量级。对76 mm×76 mm NaI(Tl)，在30 keV以上的积分本底计数约500～1 000 cpm。相当一部分残存本底来自晶体、光电倍增管的玻璃材料和铅屏蔽材料中的杂质放射性。它们属于天然钾的^{40}K(1.46 MeV)及钍、镭系的一些放射性同位素，如^{228}Ac(0.91 MeV, 0.97 MeV)、^{208}Tl(ThC″)(2.62 MeV)、^{226}Ra(0.186 MeV)、^{214}Bi(RaC)(0.609 MeV, 1.12 MeV, 1.76 MeV)等。但要指出，由于HPGe分辨率高，峰内计数局限在比较窄的能区内，与NaI(Tl)情况相比，在这窄的能区内，本底影响仍是很小的。

8. 装置成本与维护

HPGe谱仪要求在低温下保存和使用，要定期地加液氮，显然不方便。HPGe谱仪对仪器设备的要求较高，价格较贵。基于电致冷技术的半导体探测器谱仪可免除定期加液氮的麻烦，但仍需要加强维护与管理。

6.4.2　能量刻度

在γ谱仪的测量条件都确定的情况下(包括谱仪的组成元件和使用参数，如高压、放大倍数、时间常数等)，能量刻度就是利用已知能量的γ放射源(或称刻度源)测定仪器谱上对应能量的峰位(道址)，然后求出能量和峰位(道址)的关系曲线或者数学表达式。通过能量刻度，就可以确定任一峰位所具有的射线能量，进而定性判别对应于何种核素。根据能量刻度结果还可以检验一台γ谱仪的能量线性范围和线性好坏。

1. 刻度源

在能量刻度过程中，刻度源可提供已知能量的γ射线。准确地进行能量刻度，要求标准源所具有的γ射线的能量与未知谱的被测γ射线能量相近。因为即使最好的谱仪系统，也有一定的能量非线性，沿被测能区的各点多取几个刻度峰，以便更准确地评价其非线性。

谱峰中心位置的准确确定，取决于谱仪系统的能量分辨率和测量期间的稳定性。对于高性能的HPGe系统，其峰位的不确定度与标准能量的不确定度属于同一数量级，可达十万分之一。国际原子能机构(IAEA)推荐的标准源有：^{241}Am、^{57}Co、^{203}Hg、^{22}Na、^{137}Cs、^{54}Mn、^{88}Y、^{60}Co等。在60 keV～1.8 MeV的能区，可满足基本的刻度要求；当要求极限精度时，建议使用能量为59.319 18±0.000 36 keV的钨的$K_{\alpha1}$－X射线源以及能量为411.794±0.008 keV的^{198}Au的γ射线源。常见射线源的能量和估计不确定度参见表6.2。湮灭辐射的能量为511.004 1±0.001 6 keV，也可用作标准源，但应避免在高精度刻度中使用。由于湮灭点动量的影响，所观测峰总有几keV宽度，且可偏移至电子静止质量能(511.003 keV)以下达10 eV，这种偏移反映了湮灭过程中的电子结合能，还与源周围的物质有关。针对湮灭峰的详细研究还指出，在确定峰位时，如果不考虑湮灭峰形状的微小不对称性，很易导致40～50 eV的误差。

表 6.2　用作能量刻度标准的射线源

源	能量/keV	源	能量/keV	源	能量/keV	源	能量/keV
^{241}Am	59.536 ±0.001	^{182}Ta	179.393 ±0.003	^{192}Ir	468.060 ±0.010	^{207}Bi	1 063.655 ±0.040
^{109}Cd	88.034 ±0.010	^{182}Ta	222.110 ±0.003	湮灭辐射	511.003 ±0.002	^{60}Co	1 173.231 ±0.030
^{182}Ta	100.106 ±0.001	^{212}Pb	238.624 ±0.008	^{207}Bi	569.690 ±0.030	^{22}Na	1 274.550 ±0.040
^{57}Co	122.046 ±0.020	^{203}Hg	279.179 ±0.010	^{208}Tl	583.139 ±0.023	^{60}Co	1 332.508 ±0.015
^{144}Ce	133.503 ±0.020	^{192}Ir	295.938 ±0.010	^{192}Ir	604.378 ±0.020	^{140}La	1 596.200 ±0.040
^{57}Co	136.465 ±0.020	^{193}Ir	308.440 ±0.010	^{192}Ir	612.430 ±0.020	^{124}Sb	1 691.022 ±0.040
^{141}Ce	145.442 ±0.010	^{192}Ir	316.490 ±0.010	^{137}Cs	661.615 ±0.030	^{88}Y	1 836.127 ±0.050
^{182}Ta	152.435 ±0.004	^{131}I	364.491 ±0.015	^{54}Mn	834.840 ±0.050	^{208}Tl	2 614.703 ±0.050
^{139}Ce	165.852 ±0.010	^{198}Au	411.792 ±0.008	^{88}Y	898.023 ±0.035	^{24}Na	2 754.142 ±0.060

2. 能量刻度曲线

典型的能量刻度曲线近似为一条直线,该直线不一定通过坐标原点,其线性方程为

$$E = G \cdot x_p + E_0 \tag{6.44}$$

式中　x_p——峰位;

E_0——直线的截距;

G——直线斜率,即每道所对应的能量间隔,又称为增益,单位为 keV/道。

能量刻度也可写成另一种形式

$$x_p = Z + E/G \tag{6.45}$$

式中,Z 为零截距($Z = -E_0/G$),表示对应于零能量的道数。

精确的能量刻度需要考虑能量刻度的非线性,可以采用以下两种处理方法:一是采用二次多项式(或更高次多项式)表达峰位 x_p 和能量 E 的关系;二是将峰位 x_p 和能量 E 的关系表示为逐段线性关系。相应的能量刻度函数分别为

$$E = a_0 + a_1 x_p + a_2 x_p^2 \tag{6.46}$$

$$E = E_i + (E_{i+1} - E_i)(x_p - x_{pi})/(x_{pi+1} - x_{pi}) \tag{6.47}$$

在式(6.46)中,a_0 表示零道所对应的能量;a_1 表示增益,a_2 表示系统的非线性(一般为很小的数);可至少利用 3 组已知数据(E,x_p),按最小二乘法求出。而在式(6.47)中,x_p 是属于 x_{pi}和 x_{pi+1} 中间的一个峰位;而对于任何一个峰位 x_{pi},应先确定其属于哪个区间,再由公式求出对应的能量 E_i。

在一定的测量条件下进行的能量刻度,应保持测量条件与刻度条件的一致性;当测量条件有较大变化时,应重新进行刻度,并建立定期校准机制。通常只要刻度的能量标准是准确的,采用 HPGe 谱仪测量 γ 射线能量较 NaI(Tl)谱仪具有更高的精确度,这是由于 HPGe 谱仪的分辨率和线性都较好,所测得的能谱峰位更准确。一般来说,HPGe 谱仪测量峰能量的精确度可达几百 eV ~0.1 keV(甚至几十 eV);而 NaI(Tl)谱仪的精确度不超过 5 keV。

3. 能量峰位与 γ 射线入射方向的关系

当进行高精度 γ 射线能量测量时,还必须让未知源和刻度源所发射的 γ 射线能从相同的

方向打入探测器中,这是由于峰位可随 γ 射线入射方向而发生偏移。引起该变化的相互作用可能有以下几类:第一,γ 射线与探测器相互作用所产生的次级电子在探测器电场中可得到少量能量,该能量将随次级电子的方位不同而稍有不同,而次级电子方位与入射 γ 射线的方向有关。第二,探测器收集电荷的效率差异可产生峰偏移,当探测器的整个体积受到均匀照射时,这种差异往往出现峰展宽;然而,由特定方向入射的 γ 射线,将与探测器的某些部分优先相互作用,当各部分的电荷收集效率明显不同时,峰的平均位置也可随入射 γ 射线的方位而偏移。第三,对于 NaI(Tl)晶体,当 γ 射线的入射方向或位置不同时,则 γ 光子在晶体中的发光中心的位置也不同,由于发光中心与光电倍增管光阴极距离的变化、光子传输过程中的衰减,以及晶体对光子输运的各向异性等因素,致使光子到达光电倍增管光阴极的光子数发生变化,造成光阴极光电子数量的变化,产生谱峰峰位的漂移。晶体体积越大,则峰位漂移越明显。实验表明,对 10 cm×10 cm×40 cm 大小的 NaI(Tl)晶体,当 ^{137}Cs 点源从晶体长轴方向的不同位置照射时,可引起 0.662 MeV 的 γ 射线光电峰漂移几十 keV。

6.4.3　探测效率刻度

同能量刻度一样,探测效率也是采用已知能量和照射量率的 γ 射线标准源来刻度。这里所说的放射源的"γ 照射量率"(最常见的说法是放射源的 γ 射线强度)是指辐射场某位置放射源每秒钟放出某种能量的 γ 光子数目,又称为该放射源对这种能量光子的粒子注量率,用 ϕ 表示。要注意,它和放射源活度 A 是不同的,源活度是指源的单位时间衰变数,但不难确定注量率和源活度之间具有数值联系。下面以 NaI(Tl)闪烁 γ 射线谱仪和 HPGe γ 射线谱仪为例,来说明探测效率的刻度问题。

1. NaI(Tl)闪烁谱仪的探测效率刻度

(1)本征效率和几何因子的计算

由于 NaI(Tl)晶体形状比较规则,多半为圆柱体,尺寸容易确定,γ 射线与 NaI(Tl)的相互作用截面已有很准确的数据,可采用计算方法来确定本征效率。若 γ 射线以平行垂直方向入射到一块厚度为 t 的晶体上,这种平行射线束的本征效率 ε_{in} 为

$$\varepsilon_{in} = 1 - e^{-\mu t} \tag{6.48}$$

式中,μ 是 NaI(Tl)对 γ 射线的线性吸收系数。

对点源来说,入射束不是平行的,对于不同的入射角 θ,光子在晶体中有不同的穿透厚度,因此要采用积分法来计算本征效率 ε_{in}。设点源位于晶体轴线上,离晶体表面距离为 h,晶体的半径和厚度分别为 r,t,见图 6.25。对于以 θ 到 $\theta+d\theta$ 的圆锥环状小立体角入射的 γ 射线,发生作用的光子数为

$$dn = \frac{d\Omega}{4\pi}(1 - e^{-\mu t})N \tag{6.49}$$

式中　$d\Omega$——夹角为 $d\theta$ 的圆锥环对点源所张的立体角;

x——相应的 γ 光子在晶体中穿过的最大路程长度;

N——源的发射率。

则整个晶体所记录的光子数 n 为

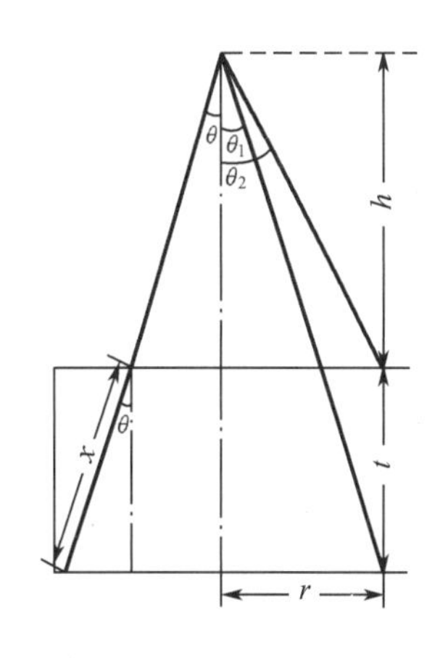

图 6.25　源与晶体的几何关系示意图

$$n = \int_{\Omega} \frac{N}{4\pi}(1 - e^{-\mu t})\mathrm{d}\Omega \tag{6.50}$$

式中,Ω 为整个晶体对点源所张的立体角,此时入射到整个晶体的光子数为 $N\Omega/(4\pi)$。

故晶体对点源的本征效率 ε_{in} 为

$$\varepsilon_{in} = \frac{n}{N\Omega/(4\pi)} = \frac{1}{\Omega}\int_{\Omega}(1 - e^{-\mu t})\mathrm{d}\Omega \tag{6.51}$$

将 $\mathrm{d}\Omega = 2\pi\sin\theta\mathrm{d}\theta$ 代入,可求得

$$\varepsilon_{in} = \int_{\theta_1}^{\theta_2} 2\pi(1 - e^{-\mu t})\sin \mathrm{d}\theta\mathrm{d}\theta \Big/ \int_{\theta_1}^{\theta_2} 2\pi\sin\theta\mathrm{d}\theta$$

令 x 为晶体边界到观测点的距离,由图6.22可看出,可将 θ 分成两个不同范围。当 $0\leqslant\theta\leqslant\theta_1$ 时,$x = t\cdot\sec\theta$,它随 θ 增大而增大;当 $\theta_1\leqslant\theta\leqslant\theta_2$ 时,$x = r\cdot\csc\theta - h\cdot\sec\theta$,它随 θ 增大而减小,可将 $\theta_1 = \arctan(r/h+t)$,$\theta_2 = \arctan(r/h)$ 代入上式求得

$$\varepsilon_{in} = \frac{1}{(1-\cos\theta_2)}\left[\int_0^{\theta_1}(1 - e^{-\mu h\sec\theta})\sin\theta\mathrm{d}\theta + \int_{\theta_1}^{\theta_2}(1 - e^{-\mu r\csc\theta - t\sec\theta})\sin\theta\mathrm{d}\theta\right] \tag{6.52}$$

此式说明,本征效率是晶体尺寸(r,t),源距(h)以及射线能量 E_γ(μ 与 E_γ 有关)的函数。已有不少人对不同尺寸的NaI(Tl)晶体和各种不同的距离 h 计算了 ε_{in},并画出了曲线。作为例子,图6.26画出了3 inch×3 inch NaI(Tl)晶体的本征效率。可看到:当源距 h 为2.5~3 cm时(相当于晶体对源所张顶角为90°左右),本征效率的数据最小。这表明在此位置时,γ射线穿透晶体的平均路程是最小的。按照式(6.52),由本征效率再乘以几何因子就可得源探测效率。几何因子按下式计算:

$$w = (1 - \cos\theta_2)/2 = (1 - h/\sqrt{r^2 + h^2})/2 \tag{6.53}$$

注意,使用上式时,源距 h 应包括探测器盒的外表面到晶体表面的一段距离。这个距离可查产品资料或通过实验确定,典型值为3~6 mm。

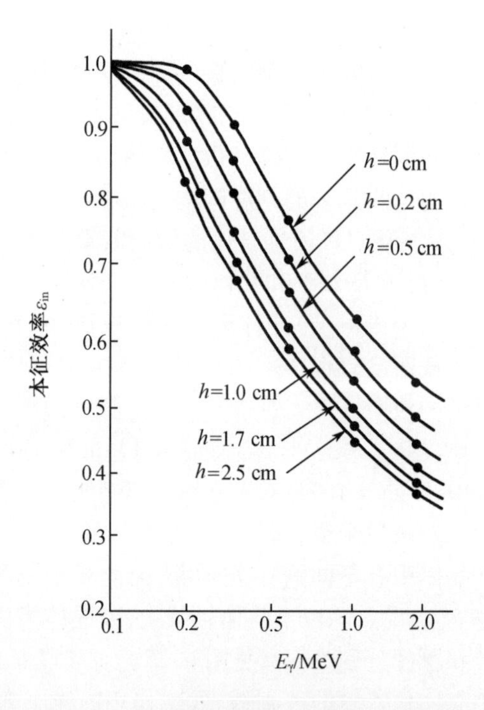

图6.26 本征效率与射线能量的关系曲线

(2)峰总比 R 的实验测定

由于存在累计效应,但由于峰总比 R 的理论计算复杂,常采用蒙特卡罗方法进行数值模拟计算,或者进行实验测定。实验测定峰总比是一项比较细致的工作,需要精确测定全能峰面积和全谱曲线面积,还应尽量不包括散射、特征X射线、β射线及其韧致辐射、光电倍增管的噪声脉冲等贡献,为此要具备相当严格的实验条件。例如,为减少散射干扰,要采用相当大的实验空间,源和探测器周围的物质要尽量移开,源衬应选用轻材料的薄膜等。

用来测定峰总比的放射性同位素应选择具有单一能量的γ射线,为减少韧致辐射干扰,最好选择电子俘获占优势的同位素源,或者选择低能β或β-γ较弱的同位素源。例如,^{203}Hg(279 keV)、

^{51}Cr(320 keV)、^{198}Au(412 keV)、^{137}Cs(662 keV)、^{54}Mn(835 keV)、^{65}Zn(1 115 keV)、^{24}Na(1 274 keV)等。

图6.27给出了能量在10 MeV范围内的3 inch×3 inch的NaI(Tl)的峰总比R与γ射线能量的实测关系曲线。从实测结果来看,峰总比与源距离变化关系不大。但射线能量、晶体大小、探头外壳结构以及射线束准直情况对峰总比的影响很大。

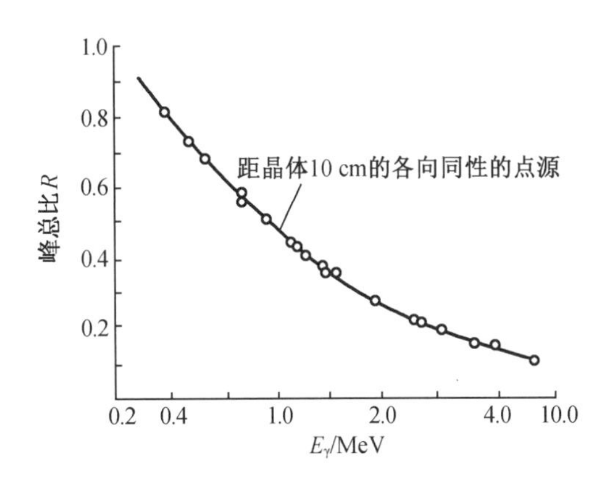

图6.27 3 inch×3 inch的NaI(Tl)的峰总比R与γ射线能量的关系

(3)源峰探测效率的直接测定及其影响因素

若有可以利用的标准源,则源峰探测效率可以按照式(6.41)通过实验方法直接测定。为便于在实验上确定峰面积,应要求标准源的射线能量单一或可足够分开。标准源的核素衰变纲图要求精确已知,且不太复杂,以便计算γ光子的产额f_i(即每次核衰变放出的第i种能量的光子数目)。有了这些数据,就可方便地把第i种能量的γ光子发射率N和源衰变率A联系起来,即

$$N_i = f_i A \tag{6.54}$$

采用式(6.54)计算源峰探测效率时,还要注意影响γ谱形的几个效应,由于在γ谱的形成过程中,这些效应都会影响全能峰的计数。一般来说,最主要的是累计效应,它使全能峰的计数增加;其次是和峰效应、边缘效应(包括碘逃逸峰,辐射损失等)等,它们会使全能峰的计数减少;在某些情况下,还必须考虑和估计这些效应对峰效率的影响,例如碘逃逸峰主要是影响较低能量的γ射线(<170 keV),边缘效应主要是影响高能γ射线。

2. HPGe谱仪的效率刻度

原则上,上面讨论的NaI(Tl)闪烁谱仪的效率刻度对于HPGe谱仪也是适用的,下面根据HPGe探测器的特点,再进一步进行讨论。

(1)源峰峰效率

采用HPGe谱仪测量γ照射量率时,一般仍使用全能峰进行源峰探测效率刻度。在能量较高时,也可使用双逃逸峰。对小体积HPGe探测器来说,在γ射线能量进入电子对效应占优的能区(大于1.5 MeV以上)时,双逃逸峰比全能峰的影响逐渐显著,如图6.28所示。但目前随着HPGe晶体制作工艺提升,大体积HPGe探测器已普遍采用,双逃逸峰探测效率亦较少使用。对于NaI(Tl)谱仪的情况就不完全一样,例

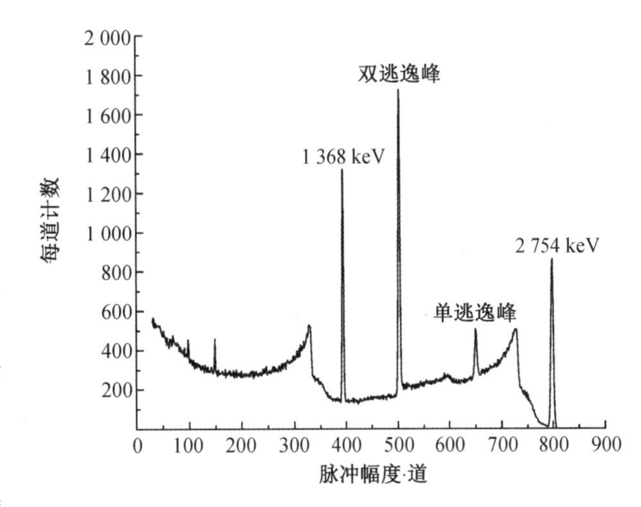

图6.28 蒙特卡罗模拟小体积HPGe测到的^{24}Na的γ仪器谱

如,采用 3 inch × 3 inch 的 NaI(Tl) 测得的 4.43 MeV 的 γ 射线能谱如图 6.29 所示,此 γ 射线来自 $^{16}N(p,2\gamma)^{12}C$ 核反应中 ^{12}C 的激发态。从该 γ 谱中可看出,随着 γ 射线的能量增加,全能峰一直占主要地位,且能量相当高时,由于分辨率等原因,全能峰、康普顿边缘、逃逸峰逐渐连在一起。

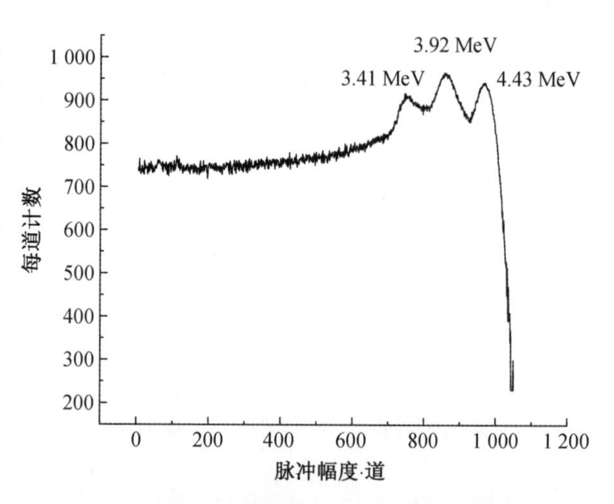

图 6.29　蒙特卡罗模拟 3 inch × 3 inch NaI(Tl) 测得的 4.43 MeV 的 γ 射线能谱

针对 N 型同轴电致冷高纯锗探测器,其型号为 GEM40P4-76,相对探测效率为 40%,并利用蒙特卡罗方法模拟其对 ^{241}Am、^{238}U、^{133}Ba、^{57}Co、^{235}U、^{40}K、^{131}I、^{137}Cs、^{60}Co、^{152}Eu、^{22}Na、^{192}Ir、^{208}Tl 和 ^{226}Ra 等核素释放不同能量 γ 射线的探测效率。全能峰效率随能量变化的典型关系曲线如图 6.30 所示。

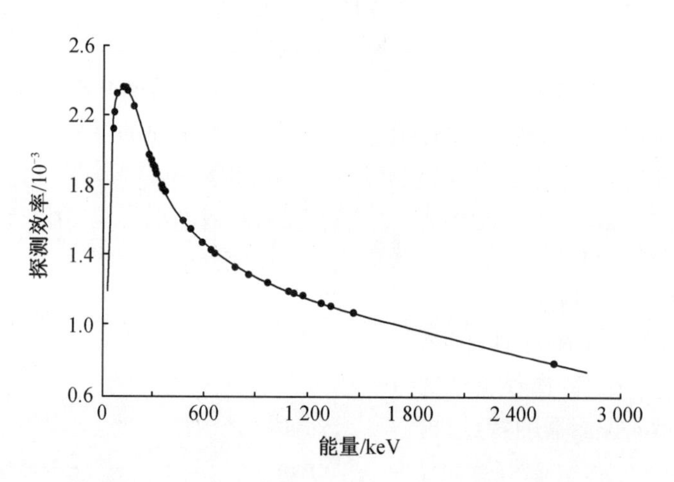

图 6.30　蒙特卡罗方法模拟获得的 HPGe 谱仪源峰效率随能量变化曲线

(2)探测效率的刻度方法

NaI(Tl)晶体探测 γ 射线的探测效率可采用计算方法获得。在小于 3 MeV 范围内,计算结果与实验符合得很好,但与 Na(Tl)不同,HPGe 探测器的计算结果适用性不大。因为目前的 HPGe 探测器的差别很大,没有统一的结构、外形和尺寸,而且即使两块 HPGe 的外形和外部尺寸一致,它们的本征层灵敏区边界和也可能不同。所以,刻度实际使用的 HPGe 探测器的探测效率应以实验方法为主。

有三种采用实验刻度探测效率的方法:

①比较 HPGe 探测器测得的峰面积与 3 inch × 3 inch NaI(Tl) 测得的峰面积,得到 HPGe 相对于该 NaI(Tl) 的相对效率。若已知该 NaI(Tl) 的绝对效率,就也可得 HPGe 的绝对效率。

②利用一套能量和活度都已精确知道的标准源进行直接测定。

以上这两种方法需要一系列能量不同的放射源或标准源,这在实践中不是很方便。

③先进行相对效率刻度,然后再转换成绝对效率刻度。此法比较方便,用得较多,具体步骤如下:

第一步,进行相对效率刻度。要求使用的 γ 射线放射源具有多种能量,其活度可为未知,但各种能量的 γ 射线的相对照射量率必是精确已知。设放射源放出第 i 种射线的能量为 E_i,相对照射量率为 k_i。通过 HPGe 谱仪的测量,得到这些能量的 γ 射线全能峰(或双逃逸峰)的计数率为 n_{pi}。把峰计数率与峰探测效率用下式联系起来:

$$n_{pi} = \varepsilon_{spi} A k_i$$

这里,A 是指在单位时间内放射源发生衰变的核数目,它可以是未知的。

改写上式得到

$$\varepsilon_{spi} = n_{pi} / (k_i \cdot A)$$

由此式可以看出,源峰效率 ε_{spi} 与 n_{pi}/k_i 成正比。因此制作 n_{pi}/k_i 能量 E_i 的关系曲线,就可实现相对效率的刻度。目前,经常使用的放射源有:^{75}Se、^{155}Eu、^{169}Yb、^{140}Ba、^{140}La、^{110m}Ag、^{226}Ra、^{182}Ta、^{152}Eu、^{82}Br、^{56}Co。

第二步,利用一个标准源测定探测器对该能量的源峰探测效率 ε_{sp}。要求此源的活度为已知,能量最好单一,如 ^{137}Cs、^{95}Nb 等。

第三步,根据这一能量的源峰效率 ε_{sp},就可把相对效率刻度换算成为绝对效率刻度。即对于第 i 种射线能量 E_i,所相应的源峰效率 ε_{spi} 为

$$\varepsilon_{spi} = \varepsilon_{spi} [(n_{pi}/k_i) / (n_{p0}/k_0)]$$

这里,n_{pi}/k_i 和 n_{p0}/k_0 都是在相对效率刻度曲线上对应于能量 E_i 和 E_0 的数值,E_0 为标准源射线的能量。

在使用这种方法时,未知活度放出多种能量的放射源可以不止一个,以便使能够刻度的能量点较多,并要求各能区彼此有覆盖部分,求出的相对效率才能彼此衔接。但确定绝对效率的标准源只要用一个就够了,当然还可以使用其他的标准源加以校准。该方法主要适用于 HPGe 谱仪,对 NaI(Tl) 谱仪使用较少。主要原因是 NaI(Tl) 谱仪的分辨率不够,峰会彼此重叠,或峰区内的本底计数太大。

6.4.4　测量条件的选择

1. 源的制备

对相对 γ 测量来说,由于 γ 射线不易被吸收,γ 源既可以是固体状,也可以是溶液状,这时需要保证待测样品和标准样品具有同样的测量条件,例如,样品大小和形状要做成一样,测量位置要保持固定。一种方便的方法是把源置于用铝环作支撑的塑料薄膜上。对溶液状源,为保证几何条件重复性好,一般使用标准计数瓶。对 γ 射线能量的相对测量,一般来说,源的大小、厚薄、形状和测量位置的影响并不大。但在精细的 γ 能量测量中,为了减少 γ 射线的能谱畸变及可能的峰位偏移,应尽量减少产生散射的辐射、轫致辐射和特征 X 射线。这时,除了要把源制得尽可能薄,以及源的衬托和支架使用原子序数低的材料外,待测源和标准源的大小、厚薄等也应尽可能取得一致。为避免计数率效应对谱峰位置影响,要求它们的相应计数率大体上一致,并将源强选择在一个合适的范围。为防止样品对探测器的可能污染,它的外侧表面

必须干净,样品的活性物质表面常用一层薄膜封住。

2. 晶体形状与大小选择

晶体大小应根据射线能量和探测效率的要求来决定。在 γ 射线能量高时,为了保证高探测效率和峰总比,应选用大尺寸的 NaI(Tl) 晶体,如 100 mm × 100 mm 或更大的晶体。在能量低时,则应选择较小的晶体。这时不仅保证有足够的探测效率,价格便宜,分辨率指标更高,还可减少本底计数和高能 γ 射线的影响。通常,对低能 γ 或 X 射线要选择薄片晶体。

在测量较弱样品时,为提高灵敏度,可选用井型晶体。它具有接近 4π 的立体角,测量液体样品尤为方便,虽然这时的分辨率可能稍许变差。HPGe 探测器有平面型和同轴型两类,一般来说,前者的分辨率更好;而后者的体积可以很大,探测效率较高。对低能 γ 或 X 射线一般可选用平面型,厚度也可较薄;对高能 γ 射线,选用同轴型为宜。晶体的形状选择与 γ 射线能量有关,例如,在测 100 keV 的 γ 射线时,可用直径大、长度短的晶体;测 10 MeV 高能 γ 射线,特别是利用双逃逸峰计数时,最好使用较长的同轴型晶体。过去,因大体积的 HPGe 制备困难,有人把几个小体积的晶体组合起来使用以提高效率,但组合起来后,结电容的增加可能使分辨率变差。现在,已有大体积的 HPGe 出售,其探测效率达到 76 mm × 76 mm 的 NaI(Tl) 的 60% ~100%。

3. 探测几何条件的选择

在探测器前,常采用专用的放射源支架,以便通过调节源位置来改变源距离。为保证较好的几何条件重复性,支架要固定,加工要精确,并有足够的刚度。为增大测量立体角,源应尽量靠近晶体,但当源较强时,为使计数率不致过大,还要保持适当的源距。另外,为了减少因几何位置不准引起的效率变化,还应使源离晶体表面有适当的距离,如保持源在中心轴线上离晶体的距离为晶体直径的两倍(相对立体角约 1.5%)。

在测量时,通常希望有较大的峰总比。在晶体尺寸等条件确定后,使用准直器也会使峰总比得到提高,一个典型的实验数据如图 6.31 所示。但使用准直器的不利之处是:除了减小立体角外,还增加了小角的散射光子,它可能使峰的低能一侧有畸变。探测器晶体通常有铝外壳包装,它们对 γ 射线的吸收一般可忽略,但在测量较低能量时,还需要考虑。若已知窗材料和厚度,吸收可通过计算校正。当窗厚未知时,可通过 ^{210}Pb(RaD)的 12 keV 的 L - X 射线和 47 keV 的 γ 射线的相对测量,或通过 ^{109}Cd 的 22 keV 的 K - X 射线和 89 keV 的 γ 射线的相对测量加以确定。当晶体的包装外壳的准确位置没有数据可查时,可用一个与晶体轴线平行移动的准直的 γ 源,也可用 X 射线照相术从实验上加以确定。

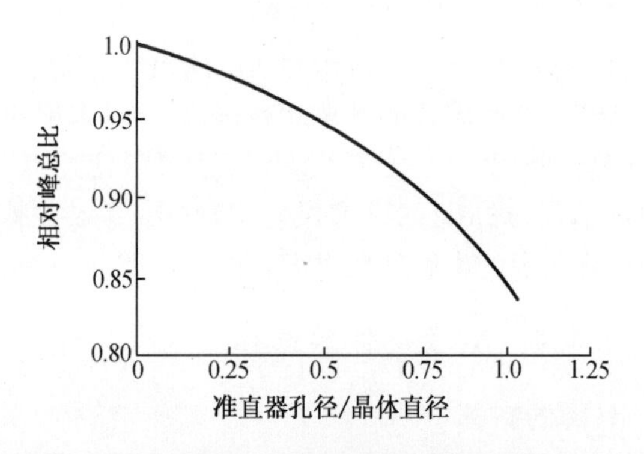

图 6.31 φ4 inch × 4 inch NaI(Tl) 晶体和 662 keV 相对峰总比与准直器孔径的关系

6.5 低水平 γ 射线的测量条件与测量装置

γ 射线的低水平活度测量方法就是通过对样品自身放出的 γ 射线进行测量以求出样品中的放射线物质比活度的方法。一般采用多道 γ 谱仪对样品进行测量，对得到的累积微分能谱进行分析，实现样品中的放射性核素鉴别与比活度确定。低水平活度样品的 γ 测量方法和常规放射性样品的测量方法基本相同，但必须考虑样品的放射性活度低，且样品量较少，甚至样品放出的 γ 照射量率远低于环境本底的水平。因此，为比较准确地测定样品中的放射性活度，对于 γ 测量装置和 γ 测量仪器的选择、样品的制备与处理，以及降低测量环境的放射性本底等方面都应特殊考虑。

6.5.1 低水平活度测量装置及其灵敏度

1. 测量装置与仪器

在低活度样品的测量中，常常采用探测效率较高的探测器，以减少测量时间。一般采用 75 mm×75 mm 的 NaI(Tl) 晶体或者相对探测效率不低于 40% 的高纯锗(HPGe)。

为了减少环境中的放射性物质对测量结果的影响，在测量过程中，要求采用低本底的铅室对探测器进行屏蔽，如图 6.32 所示。铅室厚度一般为 100 mm，同时根据探测核素的不同，要求探测器具有较高的能量分辨率。对于 NaI(Tl) 的能量分辨率不大于 9%（^{137}Cs 的 662 keV），对于高纯锗探测器的能量分辨率不大于 2.5 keV（^{60}Co 的 1 332 keV）。为了进一步提高探测效率，可采用井型探测器以提高探测的立体角。

图 6.32 低水平活度测量的铅室

2. 灵敏度

在低水平活度样品的 γ 能谱测量中，要求测量装置具有较高的灵敏度。测量装置灵敏度的高低，直接决定了测量装置的最低探测限。最低探测限可表征包括测量仪器、测量方法、样品特性等在内的一种特定测量的技术指标，常用来表示仪器的探测灵敏度高低。对于一般的谱仪系统和测量过程，先定义某核素比活度的判断限，其计算公式为

$$A_C = K_a \sigma_0 / (\varepsilon P m) \tag{6.55}$$

式中 K_a——与第一类错误判断概率 a（预先给定）相关的一个常数；

σ_0——样品净计数率（通常为净峰面积）的标准偏差；

ε——γ 射线的全能峰探测效率；

P——待测放射性核素的 γ 射线发射概率；

m——被分析样品的质量（或体积）。

判断限 A_C 只能作为样品中"有"该核素的判据，不能作"无"该核素的判据。通常取 K_a 为 1.645（即发生第一类错误概率为 5%，置信度为 95%），σ_0 取 $\sqrt{2}$ 倍于全能峰内的本底计数率标准差（$\sqrt{N_b/t}$）。此时，式(6.55)可简化为

$$A_C = \frac{2.33}{\varepsilon P m}\sqrt{N_b/t} \tag{6.56}$$

式中 t——测量时间（本底和样品测量时间相同）；

N_b——t 时间内测量的全能峰内的本底计数率,它包括探测器、周围环境中的核素引起的干扰峰计数率(如果存在的话)及其样品中其他高能 γ 发射体的连续谱的贡献。

不同解谱方法,其样品净计数率的标准偏差估算方法也不同,A_C 的计算公式也有所差别。式(6.55)或式(6.56)主要适用于峰面积解谱法。在判断限的基础上,再定义在该谱仪系统和测量过程中,某核素比活度的探测限 A_D 为

$$A_D = 2A_C = \frac{4.66}{\varepsilon P m}\sqrt{N_b/t} \tag{6.57}$$

式中各符号意义与式(6.56)相同。

上式表示了某核素的最小可探测比活度,置信度为95%,发生第一、二类错误概率均为5%。同 A_C 一样,对不同解谱方法中的 A_D 有不同的具体计算方法。式(6.57)仍然主要适用于峰面积解谱法。当给出某核素的判断限 A_C 和探测下限 A_D 时,要适当注明测量条件,如谱仪系统的主要性能、测量时间、使用特征峰及测量几何条件等。

3. 本底

从式(6.56)、式(6.57)中可以看出,仪器的探测限受到仪器本底的影响。仪器本底越大,其探测限越大,仪器的探测灵敏度降低。在低本底测量中,虽然采用铅室对探测器进行了屏蔽,但测量本底依旧存在,分析其本底的来源,主要有:①探测器自身含有的天然放射性核素;②紧靠探测器的辅助设备、支撑物和屏蔽材料的天然放射性;③由陆地、实验室墙壁或远处建筑物等的辐射本底透过铅室屏蔽层后产生的放射性;④探测器四周空气中的放射性;⑤宇宙辐射的初级成分和次级成分到达探测器的放射性部分;⑥被测样高能 γ 射线的康普顿散射对其低能量的待分析 γ 射线构成的干扰本底。

根据以上分析,为了提高探测限和仪器的探测灵敏度,可以采用一定措施来降低仪器本底。例如:①研制 γ 谱仪的探测器时,探测器和辅助材料必须选用低放射性材料,或者订购 γ 谱仪时,必须考虑并选购极低放射性水平的探测器。②采用铅室对探测器进行屏蔽,因新生产的铅中具有一定的放射性物质,所以最好选用年代久远的"老铅"作为铅室的材料,为减少铅室的散射等因素,内层可配有不同厚度的钢、镉、铜和有机玻璃等材料;为减少反散射对本底的贡献,铅室空间越大越好,但这样用铅量大,占用空间也大,所以现在的商用铅室空间都较小。③为降低铅室内空气中的大气沉降物的放射性和铀、钍衰变链的子体产物 ^{222}Rn 和 ^{220}Rn 对本底的贡献,可对铅室内空气进行过滤。④采用反符合屏蔽消除高能贯穿的宇宙辐射,并压低康普顿连续谱;如果被记录的放射性同位素同时发射一个以上的有符合关系的辐射,也可通过符合技术来大大降低本底辐射。

可见,在 γ 射线的低水平活度测量中,必须对本底进行测量。本底测量时间一般为24 h或更长,特别是高纯锗 γ 能谱仪,为使本底谱中的全能峰计数尽可能多,要求本底测量时间很长。特别是针对天然放射性核素分析,因天然放射性核素的计数率较低,本底影响较为明显,在长时间的本底测量后,其各道计数统计误差可能仍然较大,此时计算的全能峰面积和误差较大,长时间的本底测量是必需的。另外,在进行样品测量时,有样杯的本底与无样杯的本底对样品的吸收、散射等因素有所区别,为精确测量本底,一般采用相同或者相似且无放射性的介质。此外,本底测量的仪器条件应与样品测量的仪器条件保持一致,如果仪器状态发生改变,需要重新测量仪器本底。

4. 样品的制备

样品的制备应满足下列原则和要求：①确保使用的样品盒未被放射性污染；②对可能引起放射性核素吸附的样品（如液体或呈流汁状态的样品），必须选择壁吸附小或经一定壁吸附预处理的样品盒装样；③装样密度应尽可能均匀，并尽量保证与刻度源的质量密度和体积一致。在达不到质量密度或体积一致的条件时，应保证样品均匀，并准确记录装样体积和质量，以便对结果作体积和密度校正；④对含有易挥发核素或伴有放射性气体生成的样品，以及需要使母体和子体核素达到平衡后再测量的样品，在装样后必须密封；⑤对样品量充足，预测核素含量很低，装样密度又小于标准源的样品（通常可能是一些直接分析的样品），可以选用特殊的工具和手段（如压缩机），把样品尽可能压缩到样品盒中；⑥装样体积和样品质量应尽量精确，前者误差应控制在5%以内，后者应小于1%。

此外，在采集和测量样品时，应考虑采集对象和其特定场所特征、预计核素和可能浓度及分布、谱仪的探测限等多种因素，并准确确定采样的方法、数量、时间、频度以及样品的预处理方法等。

6.5.2 低水平活度样品的定性与定量分析

1. 定性分析以及核素鉴别

由于放射性核素放出的γ射线具有特征能量，所以根据测量获得的γ射线微分谱，利用特征能量的γ射线谱所形成的γ射线全能峰，可以鉴别被测样品中的放射性核素，即核素的定性分析。核素的定性分析过程可以归纳为以下三个步骤：

(1)寻峰并确定峰位。在该步骤之前，对于统计涨落较大的测量数据，应该考虑对谱线进行光滑滤波；

(2)根据峰位，求出能量刻度系数或内插求出相对应的γ射线能量；

(3)根据确定的能量，查找核素的数据库（表），以此确定被测样品的存在核素。

为了更有效地实现核素鉴别，有时还需要根据放射性核素的半衰期（可制作全能峰的面积计数随时间的衰变曲线来求取半衰期），或者一种核素的多组γ射线特征峰及其发射概率的比例，或者核素的低能特征X射线等辅助方法加以鉴别。

2. 定量分析以及活度确定

放射性核素的定量分析，是根据测量获得的γ射线微分谱上的γ射线特征峰计数率来确定样品中放射性核素比活度或者核素含量的一种方法。在核素定量分析过程中，应根据目标核素的γ射线谱特征，尽量选择γ射线发射概率大，受其他因素干扰小的一个或多个γ射线全能峰作为定量分析目标核素的特征峰。

当样品谱十分复杂，并伴有半衰期较短的核素而难以选定时，可利用不同时间获取的γ谱作适当处理。根据样品谱特征、峰的强弱以及具体条件，选择合适的峰面积计算法来计算特征峰面积。计算特征峰面积最好选用受其他谱线干扰小的孤立单峰，此时选用简单谱数据处理方法，如总峰面积法，就可以获得较好的结果。

对于γ射线谱中的重峰或受干扰严重的特征峰，必须使用具有重峰分解能力的解谱方法和程序。一般步骤包括：选取适当本底函数和峰形函数；将能谱分段，确定进行拟合的谱段；进行非线性最小二乘法拟合，求出拟合曲线的最佳参数向量；对拟合的最佳峰形函数积分或直接由有关参数计算峰面积和相关参量。在某些情况下，也可以运用适当的剥谱技术或通过总峰面积的衰变处理,或其他峰面积修正方法达到分解重峰或消除干扰影响的目的。

在获得γ射线仪器谱上的核素特征峰峰面积后,就可进行核素比活度 A 的计算。一般采用相对测量方法,其计算公式为

$$A = C_e \frac{A_s F_1}{F_2 T m e^{-\lambda \Delta t}} \tag{6.58}$$

式中 C_e——仪器的探测效率,可以根据对标准源的测量求得;

A_s——从样品测量开始到结束时所获得的核素特征峰的净面积(计数);

F_2——样品相对于刻度源的自吸收校正系数,如果样品密度和刻度源的密度相同或相近,F_2 可取值为1;

T——样品测量的活时间;

m——被测样品的质量(当被测样品不是采集的样品而是直接装样测量时,m 可用相应于采集时的样品质量或体积代替);

Δt——核素的衰变时间,即从采样时刻到样品测量时刻之间的时间间隔;

λ——放射性核素的衰变常数;

F_1——按式(6.59)计算的样品测量期间的衰变校正因子,如果被分析核素的半衰期与样品测量的时间相比大于100,F_1 可取值为1。

设 T_c 为测量样品时的真实时间(不是活时间 T),则在测量期间内的短寿命核素的衰变校正因子 F_1 可由下式求出

$$F_1 = (\lambda T_c)/(1 - e^{-\lambda T_c}) \tag{6.59}$$

3. 影响测量数据质量的因素

在低水平活度样品的γ测量中,为提高测量数据的质量与分析结果的可靠性,应充分注意以下几方面的因素。

(1)γ射线谱获取过程的注意事项

①在保持与获取刻度源γ谱相同的几何条件和工作状态下,测量样品的γ谱;

②获取时间视样品中放射性强弱和对特征峰面积统计误差的要求而定;

③在低活度样品的长期测量中,应注意和控制谱仪的工作状态变化,以及对样品谱的可能影响。特别是在天然核素较弱的样品分析时,应在测量样品之前或之后(或者前后两次)测量本底谱,并用于谱数据分析时扣除本底谱;

④对装样密度均匀性较差的样品,应在测量过程中倒置一次再接着测量;

⑤如果使用的设备是反康普顿谱仪,应同时获取反康普顿谱和符合谱或单谱。单谱用于确定样品中的级联γ辐射的核素(如 ^{60}Co),也可使用反符合谱和符合谱的相应峰面积之和来确定。若具有两个主探测器时,也可以在γ-γ符合状态下确定具有级联γ辐射的核素。

有关γ谱数据的处理可选用计算机谱分析软件,也可结合谱仪硬件功能以及手工运算来完成。有时需要几种方法和手段相互结合进行补充,才能更好地实现定性和定量分析。

(2)测量数据的稳定性因素

测量数据的稳定性与测量结果的精密度和准确度一样,有非常重要的意义。在活度测量中,测量数据不稳定的原因如下:

①探测器工作点在坪曲线的不稳定区,或探测器坪曲线过短,坪斜过大使计数率变化;

②探测器长期工作以后,性能下降使计数率变化;

③环境条件变化,特别是温度变化,使探测器性能变化,最终改变了计数率;

④与探测器相连接的电子仪器的性能漂移,使探测装置的最终响应发生变化。例如,供给探测器的电压的变化、脉冲幅度放大倍数的变化、甄别单元甄别阈的变化等;

⑤本底计数的变化。

仪器的长期稳定性和短期稳定性测量,可以采用多次测量结果的统计分析来表示。

6.6 谱数据的处理

6.6.1 峰面积的确定

在能谱分析中,确定γ照射量率的方法几乎都是根据其能谱上的特征峰面积来实现,显然,准确地确定峰面积十分重要。所谓峰面积是指构成这个峰的所有脉冲计数,但从下面的叙述中也将明确,峰面积也可以是指与峰内的脉冲数成比例的一个数。确定峰面积有很多方法,原则上可分为两类:第一类叫计数相加法,即把峰内测到的各道计数按一定公式直接相加。一般来说,这种方法比较简单,但只适于确定单峰面积;第二类叫函数拟合法,即使所测到的数据拟合于一个函数,然后积分这个函数得到峰面积。它比较准确,也适于计算重叠峰,但拟合计算的工作量较大,一般要在计算机上完成。

1. 计数相加法

按照本底扣除和边界道址的选取方法不同,计数相加法又可分为以下几种方法。

(1)全峰面积法

全峰面积法也叫TPA法。该法要求把属于峰内的所有脉冲计数相加。本方法中,本底是按直线的变化趋势(直线本底)加以扣除,如图6.33(a)所示。具体的计算步骤如下:

①确定峰的左右边界道。一般可选在峰两侧的峰谷位置,或者选在本底直线与峰底相切的那两道上。设峰的左边界道数为l,右边界道数为r,则峰所占道数为$r-l+1$。

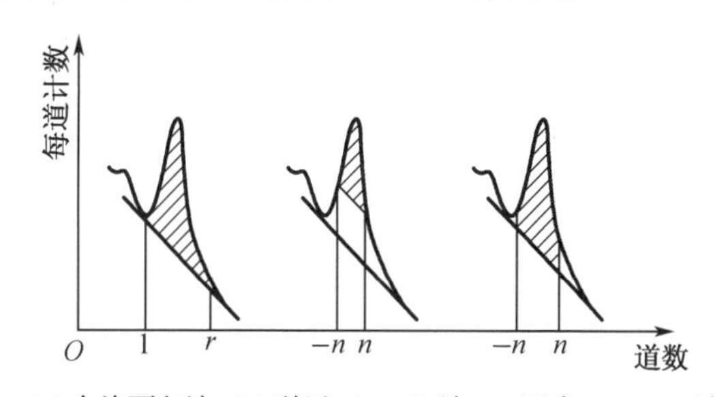

图6.33 三种峰面积计算方法示意图

②求出峰内各道计数(还未扣除本底)的总和,即以l、r为左右边界道的峰曲线下所包围的面积,可用T表示为

$$T = \sum_{i=1}^{r} y_i \tag{6.60}$$

式中,y_i为峰内第i道的计数。

③计算本底面积B。假设峰是落在一个本底为直线分布的斜坡上,因此本底面积B可按一个梯形的面积来计算,即

$$B = \frac{1}{2}(y_l + y_r)(r - l + 1) \tag{6.61}$$

④求出峰内的净计数,即峰面积,以N表示为

$$N = T - B = \sum_{i=l}^{r} y_i - \frac{1}{2}(y_l + y_r)(r - l + 1) \tag{6.62}$$

在峰面积的确定过程中,有种种原因会引起误差,在 TPA 法中误差主要来自两方面。①本底按直线变化趋势加以扣除是否正确?这要看峰区本底计数变化的实际情况。这个本底不仅包括了谱仪本身的本底计数,还包括了样品中其他高能量 γ 射线的康普顿坪干扰。在测孤立强峰或单一能量的射线时,该峰受到的其他射线干扰小,按直线扣除本底的问题不大。但在测量多种能量的射线时,该峰可能落在其他谱线的康普顿边缘或落在其他小峰上,按直线本底考虑就会造成很大误差,可采用非线性方法处理本底。在实际工作时,应该对本底情况有足够的分析,要小心处理。应该指出,在 TPA 法中,由于对峰所取用的道数较多,本底按直线考虑容易偏离实际情况。因此,本方法容易受到本底扣除不准的影响。②计数统计误差的影响。将式(6.62)改写,按统计误差计算公式可得到如下结果:

$$\begin{cases} N = \sum_{i=l}^{r} y_i + \frac{1}{2}(y_l + y_r)(l - r + 1) \\ \sigma_N^2 = \sum_{l-1}^{r+1} y_i - (y_l + y_r) + \frac{1}{4}(y_l + y_r)(1 - r + l)^2 = T + \frac{1}{2}B(r - l - 3) = N + \frac{1}{2}B(l - r - 1) \end{cases} \tag{6.63}$$

可以看出,峰面积的方差 σ_N^2 与 N、B 这两块面积有关,但 B 的系数因子是 $0.5(r-l-1)$,而 N 的系数因子是 l,因此本底面积的大小对峰面积的误差有较大贡献。为了减小统计误差,在计算本底面积时,边界道的计数可取边界附近几道计数的平均值。以上两种误差都与计算峰面积时的峰所占道数有关。为了减小误差,峰的道数不宜取得太多。与其他方法相比,TPA 法虽有不足之处,但它利用了峰内的全部脉冲数,受峰的漂移和分辨率变化的影响最小,同时也比较简单,仍是一种常用方法。

(2) Covell 法

科沃建议,在峰的前沿和后沿,对称地选取边界道,并以直线连接峰曲线上相应于边界道的两点,将此直线以下的面积作为本底来扣除,如图 6.33(b)所示。假设峰中心道采用 $i=0$ 表示,左右边界道分别采用 $i=-n$ 和 $i=n$ 表示,则所求峰面积和方差 σ_N^2 为

$$N = T - B = \sum_{i=-n}^{n} y_i - \left(n + \frac{1}{2}\right)(y_{-n} + y_n) = y_0 + \sum_{i=1}^{n-1}(y_{-i} + y_i) - \left(n - \frac{1}{2}\right)(y_{-n} + y_n) \tag{6.64}$$

$$\sigma_N^2 = y_0 + \sum_{i=1}^{n-1}(y_{-i} + y_i) + \left(n - \frac{1}{2}\right)^2(y_{-n} + y_n) = T + \frac{(2n-3)}{2}B = N + \left(n - \frac{1}{2}\right)B \tag{6.65}$$

在此方法中,由于计算峰面积的道数减少,同时又利用了峰中心附近精度较高的那些道的计数,因此相对地提高了峰面积与本底面积的比值。与 TPA 法相比,其结果受本底不确定的影响相对较小,理论上可以更优越。但本方法边界道 n 的选取要适当,n 对计算结果的精度有较大影响,当 n 选得太大时,计算峰面积的道数较多,降低了峰位的分辨率;若 n 选得太小,则容易受到峰漂和分辨率变化的影响;同时 n 太小则基线较高,从而降低了峰面积与本底面积的相对比值。总之,Covell 法与 TPA 法各有优缺点,前者受本底不确定性的影响较小,但易受分辨率变化的影响较大,后者则相反。

(3) Wasson 法

瓦生在以上两种方法的基础上，提出了一种较理想的方法。该法仍对称地选取峰的前后沿为边界道，但本底基线选择较低，如图 6.33(c)所示。此时，峰面积可由下式求得

$$N = \sum_{i=-n}^{n} y_i - \left(n + \frac{1}{2}\right)(b_{-n} + b_n) \tag{6.66}$$

式中，b_{-n}，b_n 表示左右边界道的计数(y_{-n}，y_n)线与 TPA 法中的本底基线的交点高度。

从此方法中可以看出：峰取用的道数较少，基线也低，因而进一步提高了峰面积与本底面积的比值，本底基线的不准和计数统计误差对准确计算峰面积的影响较小；但它受分辨率变化的影响与 Covell 法相同，相比 TPA 法受到的影响大。

(4) 斯特令斯基(Sterlinski)法

从 Covell 法求峰面积的方差公式，即从式(6.66)中可以看出：两个边界道计数(y_{-n}，y_n)对方差的贡献要远大于其他各道计数的贡献，这是因为边界道计数的系数因子为$(n-1/2)^2$，而其他各道计数的系数因子均为 1。为此，Sterlinski 提出了改进方法，即将边界道逐次外扩，并分别按 Covell 法计算峰面积，然后把这些峰面积相加，作为"峰面积"看待，但它与该峰的真正峰面积不同，与真正峰面积具有相同的性质，即它同样正比于射线的峰强度。由此，可根据式(6.64)求得计算峰面积的如下公式：

$$\begin{aligned} N &= \sum_{i=1}^{n} N_i = \sum_{i=1}^{n} (T - B)\big|_i = \sum_{i=1}^{n}\left[\sum_{j=-i}^{i} y_j - \left(i + \frac{1}{2}\right)(y_{-i} + y_i)\right] \\ &= n y_0 + \sum_{i=1}^{n}\left(n - 2i + \frac{1}{2}\right)(y_{-i} + y_i) \end{aligned} \tag{6.67}$$

应当注意，采用上式计算峰面积时，当然要求谱仪刻度和测量样品都采用该峰面积的计算方法；比较峰面积大小时，也要采用相同的峰面积计算方法。

(5) 奎特纳(Quittner)峰面积法

为了较准确地扣除本底，在某些情况下，希望使用非直线的本底基线。在 Quittner 峰面积法中，本底谱采用三次多项式来描述，即

$$b_i = a_0 + a_1(i - L) + a_2(i - L)^2 + a_3(i - L)^3 \tag{6.68}$$

式中 i——道序号；

b_i——第 i 道上本底计数；

L——与峰中心相距 l_L 道的左侧参考道序号(相应地，与峰中心相距为 l_R 道的右侧参考道序号记为 R)；

$a_0 \sim a_3$——四个待定系数。

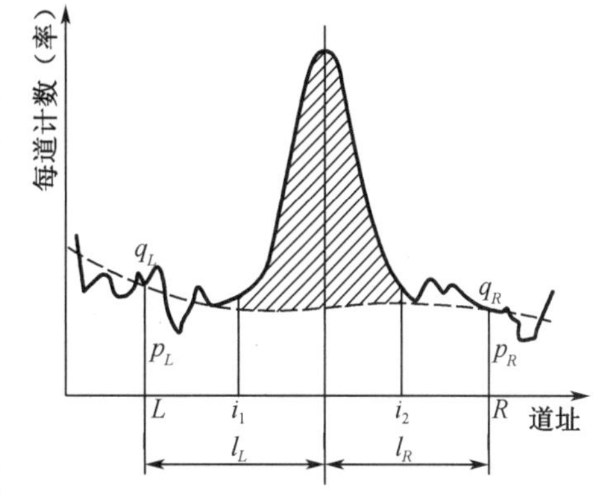

图 6.34 非线性本底基线及本底扣除示意图

为确定 $a_0 \sim a_3$ 系数，先找出第 L 道和第 R 道的本底值 P_L 和 P_R，并求出本底谱在这两道的斜率 q_L 和 q_R(图 6.34)。利用上式和它的导数式子，将可把第 L 道和第 R 道的本底值 P_L 和 P_R 以及导数值 q_L 和 q_R 代入式(6.68)，便得到关于 $a_0 \sim a_3$ 的一组方程式，从中可解出 $a_0 \sim a_3$，其求解结果为

$$b_i = p_L + q_L(i-L) + \left[\frac{-(2q_L+q_R)}{l_L+l_R} - \frac{3(p_L-p_R)}{(l_L+l_R)^2}\right](i-L)^2 + \left[\frac{q_L+q_R}{l_L+l_R} + \frac{2(p_L-p_R)}{(l_L+l_R)^2}\right](i-L)^2$$

则峰面积为

$$N = \sum_{i=i_1}^{i_2}(y_i - b_i) \tag{6.69}$$

式中 i_1、i_2——计算峰面积的边界道址;

y_i——i 道上的计数。

该方法由于对本底谱的形状作了较细致的考虑,因此可以得到较高精度的结果。特别是当谱峰的道域较宽,以及当本底面积接近或大于净峰面积时,该方法是可取的。但该方法需要峰之间有较大距离,并且计算量较大。

根据以上的思路,还可以提出其他一些方法,例如,把 Wasson 法和 Sterlinski 法结合起来的方法。在这些方法中,除前几种方法外,其他方法现已较少使用。这是由于随着计算机的发展,现在可以使用其他精度更高的方法,如下面所述的函数拟合法。但这些方法中的某些考虑,如非直线本底的扣除等仍具有实际意义。

2. 函数拟合法

若能根据所测量的峰区数据,将谱峰采用一个已知函数来描述,并能在该函数中求出诸如峰高、半宽度等参数时,此时的峰面积就可通过积分运算来求出。例如,假设一个谱峰可采用一个高斯函数来描述,则峰区各道的计数 $y(x)$ 与道数 x 的关系为

$$y(x) = y_0 e^{\frac{-(x-x_0)^2}{2\sigma^2}} \tag{6.70}$$

式中 x_0——峰中心道数;

y_0——峰中心道的计数,即 $y_0 = y(x_0)$;

σ——描述峰分布宽窄的一个参数(即均方根差)。

σ 与半高宽度(FWHM)的关系为

$$\mathrm{FWHM} = 2\sqrt{2\ln 2}\sigma = 2.35\sigma \tag{6.71}$$

假若描述峰的这些参数 y_0、σ 等都是已知的,则峰的面积 N 可通过积分来计算:

$$N = \int_{-\infty}^{+\infty} y(x)\mathrm{d}x = \int_{-\infty}^{+\infty} y_0 e^{\frac{-(x-x_0)^2}{2\sigma^2}} = \sqrt{2\pi}\sigma y_0 = \frac{1}{2}\sqrt{\frac{\pi}{\ln 2}}(\mathrm{FWHM})y_0 = 1.065(\mathrm{FWHM})y_0 \tag{6.72}$$

在上式中,求出峰高 y_0 和半高宽度 FWHM 可以有不同方法。一种直观的方法是:先画出谱的峰形,然后扣除本底(穿过峰底的一条直线或曲线),最后从峰形上测出 y_0 和 FWHM。另外一种方法是:根据半高宽度刻度曲线,求出相应于所求峰的半高宽度,然后用图解法在峰形上找出宽度与这个半高宽度相等的点,由此可测量此半高宽度以上至峰顶的距离,该值的两倍就是该峰的峰高。还有一种所谓的矩方法,该方法是把全能峰看成是服从于高斯分布的函数,因此峰的中心道数和方差可由分布的一阶矩和二阶矩求出

峰位:

$$x_0 = \left(\sum x_i y_i\right) \Big/ \left(\sum y_i\right) \tag{6.73}$$

方差:

$$\sigma^2 = \bar{x}_i^2 - x_0^2 = \left(\sum x_i^2 y_i\right) \bigg/ \left(\sum y_i\right) - x_0^2 \tag{6.74}$$

这时,可利用式(6.71)求出峰的半高宽度。

必须指出,实际峰形与高斯函数的描述有很大的差异,特别是在峰的低能侧,这是由很多原因引起的。例如,对 NaI(Tl)谱仪来说,原因可以是小角度散射的 γ 射线、碘逃逸峰干扰、边缘效应及光收集的损失,等等。为了准确计算峰面积,必须先找出能够确切地描述峰形的函数。假定这个函数形式已选定,求峰面积可分两步进行:第一步,使所测到的峰区数据拟合于一个已知函数,函数中的参量要用非线性最小二乘法求出;第二步,对这个函数积分,或利用已得到的积分公式将参量代入,求得峰面积,这种方法统称为函数拟合法。

6.6.2 数据的光滑

由于核蜕变及探测过程的统计性,在测得的 γ 谱中,每个能量间隔(即道址)中的计数有可能与预计值存在相当大的差别,从而形成一种带有统计涨落的谱形,这不但会影响峰址的确定和峰面积的计算,而且往往会掩盖掉弱峰,漏失可探测的组分。为此,在进行 γ 谱的定性和定量处理之前,先采用某种光滑方法对谱作预处理。

由于相邻各道的计数之间具有一定的相关性,所以利用某种数学方法可消除大部分统计涨落,但仍要保留原始数据中具有意义的特征,这类数学方法统称为谱光滑法。

目前,常用的光滑方法是多项式拟合移动法。该方法是在仪器谱上所要光滑的一点的两边各取 m 个点,包含本身共有 $2m+1$ 个点,以该点为中心,取 n 次多项式,对这一谱段作最小二乘法拟合多项式,其一般式为

$$\bar{y}_{nsm}(i) = \frac{1}{N_{sm}} = \sum_{K=-m}^{m} C_{Ksm} y(i+K) \tag{6.75}$$

式中 y_{nsm}——用 n 次多项式拟合第 i 道的第 S 阶微分;

C_{Ksm}和 N_{sm}——常数,它们与谱无关,可从有关文献中查到。

令 $m=(m'+1)/2$,其中 m'为光滑时每曲线段所取的点数。当 $m'=5, n=3, S=0$ 时,即为 5 个数据点、三次曲线拟合及不进行微分的光滑谱。这时,上式变为

$$y(i) = \frac{1}{35}\{-3[y(i+2)+y(i-2)]+12[y(i+1)+y(i-1)]+17y(i)\} \tag{6.76}$$

通常,光滑的最佳点数取决于拟合区的形状。若 m'太大,则光滑后会把峰展平,谱的原始特征将受到破坏;但 m'太小,则光滑效果差,往往光滑后统计涨落依然存在,也无法显露出谱的有意义特征。为此,必须选取合适的光滑点数,这可由误差理论定出。作为一般规则,选用比被光滑谱区的值小 1 至 2 道的点数进行光滑为最佳。

6.6.3 寻峰和定峰位

峰位的确定是 γ 能谱定性分析的基础,一般是先寻峰,然后定峰位。判断寻峰方法好坏的主要原则:①要有在高的自然本底或康普顿坪上寻找弱峰的本领,不要把弱峰丢失掉;②在对弱峰灵敏的前提下,不要把本底的统计涨落误认为是峰;③能判断是单峰还是重峰。若是重峰,需判断其组成数目,能区分是全能峰还是康普顿边缘;④占用计算机的内存量小,运算速度快。

最简单的寻峰方法是目视法,即分析人员可根据已掌握的 γ 谱学知识和实践经验,从获

得的γ仪器谱上利用光标直接找出峰位。常见的利用计算机找峰方法有逐道比较法、导数法等。

1. 逐道比较法

若峰位在 k 道,峰左右两侧的峰谷分别在 l 道和 r 道,峰的底宽为 $2w=r-l+1$,峰谷计数比 $S=2y_k/(y_l+y_r)$。在所找的谱段内,峰顶和峰谷处的计数应有如下关系:

$$y_k \geqslant y_{k\pm1} \geqslant y_{k+2}, \quad y_1 \leqslant y_{l\pm1}, \quad y_r \leqslant y_{r\pm1}$$

利用上式逐道比较,若找到满足上式的峰顶 k 道和其左右峰谷的 l 和 r 道后,还要利用 $2w$ 和 S 做进一步峰判定。对 Ge(Li)谱而言,当选定 $2w$ 适当大($2w>2.5\text{FWHM}$),且 $S>1.2$ 时,就可作为真峰处理。S 的大小不是绝对的,若要在高本底上选弱峰,则需 S 小一些,但这时也容易混入假峰。在确定有峰后,还需进一步确定峰顶位置。可采用二阶插值多项式进行计算,其步骤是:在找出峰道 k 后,选取三点$(k-1,y_{k+1})(k-2,y_{k-2})(k+1,y_{k+1})$,并确定一个二次三项式 $y=a+bx+cx^2$,然后求出该二次三项式的极值点 $x_p=-b/(2c)$,x_p 即为所求峰位。

此方法适于找较强的孤立单峰,分辨弱峰和重峰的能力弱,但其算法简单,运算快。

2. 导数法

我们知道,根据高斯函数的特点,在峰区附近特别是经过峰顶时,谱的各阶导数有特定的变化,利用这个性质可以寻峰。由于一阶导数在峰前沿是大于零的,在峰后沿是小于零的,在峰顶处一阶导数为零。因此,当连续几道的一阶导数明显地由正逐渐地转变为负时,便可认为存在峰,并取峰位为一阶导数等于零的道数,如图 6.35 所示。

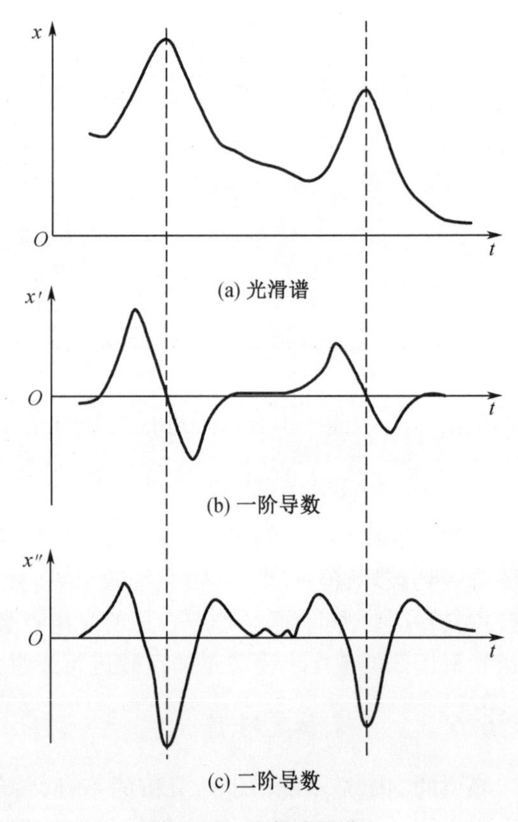

图 6.35　导数法寻峰

也可以利用二阶导数来寻峰,因为二阶导数在非峰顶处常围绕零值上下波动;而在峰顶附近,二阶导数明显地不等于零;并且对峰中心来说,二阶导数随道数的变化是对称的。

当道数从峰的左侧经过峰位转到右侧时,二阶导数先是从正到零、然后变负,在峰曲线的拐点处二阶导数为零;而到峰顶时,二阶导数有相当大的负值,然后再对称变化过去。利用这个特点,可以更容易地找峰和定峰位。在峰的两侧,二阶导数的过零处表示了该峰曲线的拐点,从而表明了该峰的宽度,将这一宽度与谱仪在该位置的分辨率相比较,便能判别该峰是单峰还是重峰。判别是康普顿边缘还是全能峰,主要看二阶导数的对称性,对康普顿边缘来说,看不到二阶导数的对称性。

6.6.4 复杂γ谱的解析

形成复杂γ谱的主要原因有以下几种:①被测对象本身是多种放射性核素的混合样品,样品放出的γ射线谱是复杂的;②γ能谱测量系统受能量分辨本领的限制,尤其是受γ射线探测器的本征能量分辨本领的限制;③γ能谱测量系统的环境物体对γ射线的散射本底。实际上,根本原因是一定能量的γ射线与物质相互作用时,散射与吸收使γ射线的谱成分发生了变化。解析复杂γ能谱,可得到各种射线的能量和计数率,从而进一步确定样品的组成核素和含量,该工作也称为解谱。

复杂γ谱的解析方法有很多,而且还正在不断完善与发展。它们大多要利用组成核素的标准谱,并基于下述假定:混合样品的能谱就是各个组成核素的标准谱按各自的计数率关系的线性叠加。这一假定意味着测量要满足以下条件:

(1)标准谱和样品谱是在相同的测量条件下获得的,谱仪的分辨率、探测效率以及能量刻度在测量前后没有显著变化。

(2)谱仪的响应性能不随计数率显著改变。这就是说,当一个核素活度增加后,其能谱的各道计数都按比例线性增加,整个谱形仍与标准谱相似。实际上,只有使计数率保持在某个上限范围内,可忽略脉冲堆积的和峰效应时才成立。

下面仅介绍曲线拟合法,其他解谱方法如剥谱法、逆矩阵法及最小二乘法等解谱方法,请参考相关文献。

1. 方法描述

曲线拟合法解谱的基本思想是:假定能谱在峰区附近的谱形可以采用一个预先规定的函数 $y_i=f(b_1,b_2,\cdots,b_N)$ 来表示,其中 i 表示道数,y_i 表示第 i 道上预期的拟合计数,$b_1,b_2,\cdots,b_N$,是 N 个待定的参数。然后,根据在峰区附近 n 个道址上所测量的计数 $y_i(i=1,2,\cdots,n,n\gg N)$,可求出使下式具有极小值的一组参数 $b_1,b_2,\cdots,b_N$,即

$$R=\sum_{i=l}^{n}\omega_i[y_i-f(b_1,b_2,\cdots,b_N,i)]^2 \tag{6.77}$$

式中,ω_i 是根据该道计数所规定的权重因子。

再由所求得的这组参数 $b_1,b_2,\cdots,b_N$ 可进一步求出峰位、峰面积等相关量,这就是非线性最小二乘法原理和方法在谱数据处理上的一个应用。曲线拟合法具有较高的精确度,可以解析单峰,如定准峰位,计算峰面积等,还可以解析重叠峰,但它的计算工作量大,总是在计算机上进行。它和其他的谱数据处理,如光滑、寻峰等功能结合在一起是实现γ谱自动分析重要的一环。

2. 拟合函数

拟合函数包括两部分,即本底函数和峰形函数。

(1)本底函数

对于较窄的峰,可选取线性本底函数 $L(i,B)$,即

$$L(i,B)=(b_1+b_2 i) \tag{6.78}$$

式中 i——道址;

B——本底直线的两个参数 b_1 和 b_2(b_1 为直线的截距,b_2 为直线斜率)。

当较宽的峰和本底非直线变化时(如在康普顿边缘上),可以选取二次或三次的本底函

数,例如,二次的本底函数为

$$L(i,B)=(b_1+b_2 i+b_3 i^2) \tag{6.79}$$

这里,B 代表描述本底曲线的三个参数 b_1、b_2、b_3。

在复杂 γ 谱的解析工作中,本底函数的确定是关键的一步,它直接影响到感兴趣光电峰的净峰面积大小,从而影响确定核素含量的准确度。特别是,对基体复杂的样品更是如此。应用频谱分析方法,对 γ 谱先进行傅氏变换,然后进行频谱分析,并确定本底谱的频谱范围,再反变换获得本底谱函数,可取得较好的拟合效果。

(2)峰形函数

在某种近似程度上,单能峰可用高斯分布函数来描述

$$y(i)=y_0 \mathrm{e}^{-(i-i_0)^2/(2\sigma^2)} \tag{6.80}$$

因此,拟合函数具有上面两个函数之和的形式。若把式中的参数改为统一的记号 b,则得到

$$y(i,B)=b_1+b_2 i+b_3 \mathrm{e}^{-(i-b_1)^2/(2b_4^2)} \tag{6.81}$$

式中,b_1、b_2、b_3、b_4 是一组待定参数,它们在等号左边采用向量 B 表示。

假如,在某个要拟合的谱段内($i=1,2,3,\cdots,n$)包括了 k 个有干扰峰,那它就是一个由 k 个单峰组成的重峰。每个单峰可分别用一个高斯函数来描述,整个拟合函数就是它们和本底函数的线性叠加。例如,若要解析一个包括 3 个单峰的重峰,则拟合函数可写成

$$f(i,B)=b_1+b_2 i+\sum_{i=1}^{3} b_{3i+1}+\mathrm{e}^{-(i-b_{3i+1})^2/(2b_{3i+2}^2)} \tag{6.82}$$

式中,$B=(b_1,b_2,b_3,\cdots,b_{11})$,共有 11 个待定的参数。

一般情况下,考虑峰宽随能量变化是很慢的,可认为在同一重峰内,各单峰的峰宽参数是相同的。于是,上面拟合函数可写成

$$f(i,B)=b_1+b_2 i+\sum_{i=1}^{3} b_{3i+1}+\mathrm{e}^{-(i-b_{2i+1})^2/(2b_3^2)} \tag{6.83}$$

式中,共有 9 个待拟合参数($b_1,b_2,b_3,\cdots,b_9$)。

需要指出,选用简单的高斯函数是一种近似拟合,但高斯函数仍然用得很多(特别是限制在峰顶附近的半宽度内)。这是由于它的拟合参数较少,便于计算。实验结果表明,这样做仍有足够的精确度。

对实际的峰形来说,由于种种原因(如载流子的陷阱俘获、光电子从灵敏区逃逸、堆积效应等),峰形会偏离高斯分布。为了更精确地描述峰形,在高斯函数的基础上,又发展了许多改进形式的峰形函数。例如,Philps 等人从分析全能峰形成的物理过程出发,考虑全能峰谱应由以下五部分组成:

$$y(x)=G(x)+D_1(x)+D_2(x)+S(x)+B(x) \tag{6.84}$$

其中,这五部分的函数可简介如下:

①高斯函数 $G(x)$:根据电子空穴对产生的统计效应,谱峰的基本特征仍具有高斯函数形式,即

$$G(x)=y_0\cdot \mathrm{e}^{-(x-x_0)^2/(2\sigma^2)} \tag{6.85}$$

式中,x、x_0、y_0、σ 分别为道数、峰位、峰高、高斯函数的方差。

②短尾函数 $D_1(x)$:表征探测器中不完全的电荷收集,以及脉冲在前置放大器中的堆积效应都会使脉冲高度降低。设降低脉冲的分布按指数衰减变化,再考虑噪声加宽效应,全能峰左

侧(低能边)应加一项所谓的短尾函数 $D_1(x)$

$$D_1(x) = \int_{-\infty}^{0} a \cdot e^{t/\beta} \cdot e^{-[t-(x-x_0)]^2/(2\sigma^2)} dt = \frac{1}{2} D_1 e^{(x-x_0)/\beta} \cdot \mathrm{erfc}\left(\frac{x - x_0}{\sqrt{2}\sigma} + \frac{\sqrt{2}\sigma}{2\beta}\right) \quad (6.86)$$

式中　β 和 D_1——与探测器质量有关的常量,对好的探测器而言,β 和 D_1 分别为 $\sigma^{1/2}$ 和 y_0 的 0.1 ~1.0 倍;

erfc(x)——误差函数,即

$$\mathrm{erfc}(x) = \int_{0}^{\infty} e^{-t^2} dt \quad (6.87)$$

③长尾函数 $D_2(x)$:对于很强的峰,由于表面效应,即入射到探测器灵敏区之外的 γ 光子所产生的高能电子进入了灵敏区,或者在边缘区域产生的高能电子逃出了灵敏区,这时便形成了变化很慢的较小脉冲。其形式为

$$D_2(x) = \frac{1}{2} D_2 e^{(x-x_0)/v} \cdot \mathrm{erfc}\left(\frac{x - x_0}{\sqrt{2}\sigma} + \frac{\sqrt{2}\sigma}{2v}\right) \quad (6.88)$$

式中,一般 v 比 β 大 2 个量级,D_2 比 D_1 小 2 到 3 个量级。

④平尾函数 $S(x)$:这对应于能量高于 2 MeV 的 γ 射线引起的电子对效应,由于其湮没辐射的康普顿散射在峰区底部所产生的平台为

$$S(x) = \frac{1}{2} S \cdot \mathrm{erfc}\left(\frac{x - x_0}{\sqrt{2}\sigma}\right) \quad (6.89)$$

⑤本底函数 $B(x)$:本底函数可采用上述的线性或非线性的二次或三次多项式函数来表示,参见式(6.78)、式(6.79)。

对于峰形函数,要根据具体谱仪和测量条件仔细选择。例如,在峰的不同区段可使用不同的函数,然后把它们光滑地连接起来。

(3)非线性最小二乘法处理

通常用最小二乘法来求解拟合函数中的系数。例如,式(6.83)中的 $B = (b_1, b_2, b_3, \cdots, b_N)$ 参数,就可按加权最小二乘法来求解,即 $B = (b_1, b_2, b_3, \cdots, b_N)$ 应使下式取得最小值

$$R(B) = \sum_{i=l}^{n} \omega_i [y_i - f(i,B)]^2 \quad (6.90)$$

式中　ω_i——第 i 道数据的权因子,在初次拟合中,可取 $\omega_i = 1/y_i$;

$f(i,B)$——一个非线性函数。

解析这样一个非线性的最小二乘问题有许多方法。这里仅介绍常用的一种比较简单的方法,即高斯 - 牛顿法。方法步骤如下:

首先,选取 B 的一组初值 $B^{(0)}$,即 $B^{(0)} = (b_1^0, b_2^0, b_3^0, \cdots, b_N^0)$,并将 B 写成

$$B = B^{(0)} + \delta B = (b_1^0 + \delta b_1, b_2^0 + \delta b_2, b_3^0 + \delta b_3, \cdots, b_N^0 + \delta b_N) \quad (6.91)$$

然后,将 $f(i,B)$ 在 $B^{(0)}$ 处按泰勒级数展开,并略去二次以上的项,可得到

$$f(i,B) = f(i,B^{(0)}) + \sum_{i=1}^{N} \left(\frac{\partial f(i,B^{(0)})}{\partial b_i}\right) \delta b_i \quad (6.92)$$

此时,可按照极值条件 $\partial R/\partial(\delta b_k) = 0$(其中,$k = 1, 2, \cdots, N$),将上式代入式(6.90),并进行运算,便可得到如下方程组[此处将函数 $f(i,B)$ 简化为 f]

$$\begin{cases}\delta b_1\sum_{i=1}^{N}\omega_i\left(\frac{\partial f}{\partial b_1}\right)^2+\delta b_2\sum_{i=1}^{N}\omega_i\left(\frac{\partial f}{\partial b_1}\frac{\partial f}{\partial b_2}\right)+\cdots+\delta b_N\sum_{i=1}^{N}\omega_i\left(\frac{\partial f}{\partial b_1}\frac{\partial f}{\partial b_N}\right)=\sum_{i=1}^{N}\omega_i(y_i-f)\frac{\partial f}{\partial b_1}\\ \delta b_1\sum_{i=1}^{N}\omega_i\left(\frac{\partial f}{\partial b_2}\frac{\partial f}{\partial b_1}\right)+\delta b_2\sum_{i=1}^{N}\omega_i\left(\frac{\partial f}{\partial b_2}\right)^2+\cdots+\delta b_N\sum_{i=1}^{N}\omega_i\left(\frac{\partial f}{\partial b_2}\frac{\partial f}{\partial b_N}\right)=\sum_{i=1}^{N}\omega_i(y_i-f)\frac{\partial f}{\partial b_2}\\ \cdots\cdots\\ \delta b_1\sum_{i=1}^{N}\omega_i\left(\frac{\partial f}{\partial b_N}\frac{\partial f}{\partial b_1}\right)+\delta b_2\sum_{i=1}^{N}\omega_i\left(\frac{\partial f}{\partial b_N}\frac{\partial f}{\partial b_2}\right)+\cdots+\delta b_N\sum_{i=1}^{N}\omega_i\left(\frac{\partial f}{\partial b_N}\right)^2=\sum_{i=1}^{N}\omega_i(y_i-f)\frac{\partial f}{\partial b_N}\end{cases}$$

由此方程组解出 $\delta B=(\delta b_1,\delta b_2,\delta b_3,\cdots,\delta b_N)$,并代入式(6.91)中的 B,即 $B^{(1)}=B^{(0)}+\delta B$。一般来说,B 不是一次求解就能得到的,它需通过多次迭代过程($B^{(k)}=B^{(k-1)}+\delta B$)求得。

应该指出,在高斯-牛顿法中,初值的选取是一个很重要的问题。这是因为实际上此方法是基于非线性函数在初值处作泰勒展开和略去高次项而化为线性函数的。如果初值选取不当,则高次项不能略去,或者说,略去高次项将出现很坏的近似,其结果是收敛很慢(迭代次数很多)或甚至导致发散。

6.7 γ 射线测量方法的应用*

6.7.1 确定放射性样品中铀、镭、钍含量

根据样品中放射性核素放出的 γ 射线,借助于仪器测量其能量和照射量率,可以测定放射性元素在样品中的含量,该方法又称为放射性分析法。下面简要介绍基于 NaI(Tl) 闪烁探测器的 γ 射线谱仪测定放射性样品中铀、镭、钍含量的基本原理,以及主要分析方法。

1. 基本原理

假设样品中放射性元素的含量为 C,单位厚度(采用面密度表示厚度,单位为 $\mathrm{g\cdot m^{-2}}$)的某能量的 γ 射线产生的计数率为 I_u,则当样品的面积一定时,I_u 与 C 成正比,即

$$I_u=K\cdot C \tag{6.93}$$

式中,K 为与放射性核素的丰度、衰变常数、该核素一次衰变放出某一种能量射线的分支比、样品密度,以及与射线谱仪测量射线照射量率的刻度系数(又称装置系数)等相关的常数。

若待测样品的厚度为 x,在放射性元素含量相同以及样品面积一定时,射线计数率和样品的厚度之间的关系曲线如图 6.36 所示。这时,射线计数率的计算公式为

$$I_x=(I_u/\bar{\mu})\cdot(1-e^{-\bar{\mu}x}) \tag{6.94}$$

式中 I_x——样品厚度为 x 时的射线计数率;

I_u——不考虑自吸收时,单位厚度样品的射线计数率;

$\bar{\mu}$——射线在样品中的有效质量自吸收系数。

现讨论如下三种情况:样品厚度小、样品厚度中等和样品厚度大。

(1)样品厚度小(薄层)

当样品厚度 x 很小时,通常称其为薄层样品,如图 6.36 所示。因 x 很小(即 $x<x_1$),样品的自吸收效应不显著,射线计数率随样品厚度 x 的增加而增加,从式(6.94)可知:$\bar{\mu}x\leqslant 0.1$,$1-e^{-\bar{\mu}x}\approx\bar{\mu}x$,故 $I_x\approx I_u x$(I_u 为常数),I_x 和 x 两者之间呈线性关系。

在相同测量条件（包括样品的物质组成、厚度或质量等因素）下，因样品产生的射线计数率与它的放射性元素含量呈线性关系（$I=KC$，C、K分别为放射性元素含量和装置系数）。因而，对于薄层样品而言，因其厚度（或质量）x的增大与射线计数率I_x的增大也呈线性关系，则薄层样品的放射性元素含量C_x与厚度（或质量）x也呈线性关系。因此，可采用“相对测量法”求样品中的放射性元素含量，此时仅需作厚度（或质量）x的校正，即

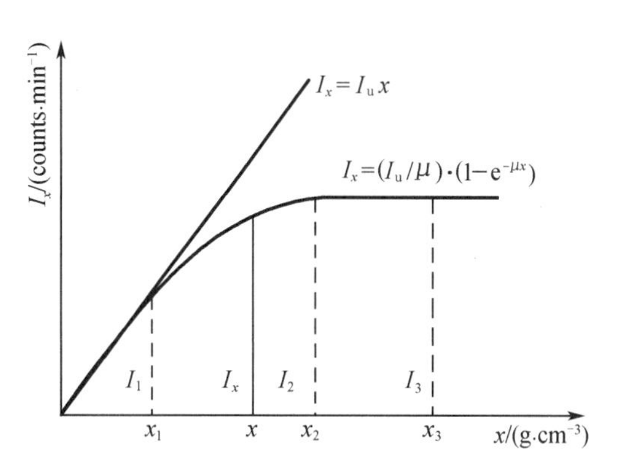

图6.36　样品厚度与计数率之间的关系曲线

$$C_x = \frac{I_x}{I_0}C_0 = \frac{I_x/P_x}{I_0/P_0}C_0 = \frac{I_x \cdot P_0}{I_0 \cdot P_x}C_0 = \frac{I_x}{I_u \cdot P_x}C_u \tag{6.95}$$

式中　P_x和P_0，C_x和C_0，I_x和I_0——样品和标样（标准源）的质量、放射性元素含量、相应的射线计数率；

C_u、I_u——标样为单位质量时的放射性元素含量与它的射线计数率。

（2）样品厚度大（厚层）

从图6.36可看出：当x很大时（即$x>x_2$），射线计数率不再随样品厚度（或质量）的增加而发生变化，此时达到了饱和层厚度，称为厚层样品。此时样品的射线计数率仅与放射性元素含量有关（呈线性正比关系），只要在$x>x_2$时进行标样（标准源）和样品的测量，就有

$$C_x = \frac{I_x}{I_0}C_0 \tag{6.96}$$

（3）样品厚度中等（过渡层）

从图6.36还可看出：当$x_1<x<x_2$，射线在样品粉末层中的吸收效应明显增强，射线计数率不再随样品厚度的增加呈线性增加，这种称为过渡层样品。虽然样品产生的射线计数率与它的放射性元素含量仍然呈线性关系（$I=KC$），但装置系数随样品厚度（或质量）x而变化，仅当样品和标样（标准源）的质量P_x和P_0相近时，式（6.96）才成立。或者，先测得标样（标准源）的I_x与x的关系曲线，再求出单位厚度（或质量）时的I_u，并按式（6.93）计算装置系数；然后，采用同样的方法求得样品的I_u，则可由式（6.93）计算样品的放射性元素含量。

一般来说，对于不同种类的射线，由于射线在物质中的穿透能力不同（即射程不同），薄层、过渡层、饱和层的厚度也各不相同。例如，对β射线来说，薄层的厚度为2～6 $\text{mg}\cdot\text{cm}^{-2}$，饱和层厚度为1.2～1.5 $\text{g}\cdot\text{cm}^{-2}$。而对γ射线来说，薄层厚度为1.5 $\text{g}\cdot\text{cm}^{-2}$，饱和层厚度为80～100 $\text{g}\cdot\text{cm}^{-2}$。另外，随测量装置的不同，薄层、过渡层、饱和层的具体厚度也有所不同。从以上讨论可知，利用薄层或厚层进行测量是比较方便的，而应尽量避免采用过渡层。

在放射性分析中，常用的放射性元素含量单位为质量浓度单位、平衡铀单位。其中，质量浓度单位以1 g样品中放射性元素的克数表示（g/g，或者无量纲）或用百分数表示（简称百分含量），例如，矿石中含1%的铀，表示1 g样品中含0.01 g铀。

然而，天然铀矿中的铀和它的衰变产物总是共生在一起，当放射性平衡时，各元素量之间比例关系是一定的，但由于衰变产物含量都非常小，用百分含量表示镭、氡等衰变产物的含量

很不方便,常用它们与铀达到平衡时的铀含量来表示,称之为“平衡铀单位”或“当量铀单位”,记为 eU。按照铀系平衡时的铀、镭、氡的量之比:$1:3.4\times10^{-7}:2.2\times10^{-12}$,如果铀含量 C_U 为 1%,则与铀处于平衡时的镭含量 C_{Ra}应为 3.4×10^{-7}%,氡含量 C_{Rn}应为 2.2×10^{-12}%。若采用 eU 单位,则铀含量 C_U 以及与铀处于平衡时的镭含量 C_{Ra}和氡含量 C_{Rn}均为 1% eU,则百分含量与当量铀含量的换算关系为 1% Ra = 2.9×10^{6}% eU,1% Rn = 4.6×10^{11}% eU。

2. β－γ 法分析铀、镭含量

在天然矿石中,铀与各衰变产物总是共生在一起。铀系可放射 β 射线的主要核素为 ^{234}Pa(UX2)、^{214}Pb(RaB)、^{214}Bi(RaC)、^{210}Bi(RaE),可放射 γ 射线的主要核素为 ^{214}Pb(RaB)、^{214}Bi(RaC)、以及 ^{234}Th(UX_1)、^{234}Pa(UX_2);而铀、镭本身并不放出 β 射线和 γ 射线。但是,当铀系平衡时,如果以 eU 为单位,则铀与各衰变产物之间的含量总是相同的,此时的铀含量与射线计数率成正比,这是 β－γ 法分析铀、镭含量的理论基础。也就是,如果对样品与平衡标样(已知铀含量的标准源)进行对比测量,可按其射线计数率确定样品中的铀含量。

通常,将样品和平衡标样装填在高为 1 cm 的样品盘中,装填密度在 1.3 g·cm^{-3}左右,即以面密度表示的厚度为 1.3 g·cm^{-2}。对 β 射线来说,此时已达饱和层厚度,而对 γ 射线来说属于薄层。根据式(6.95)和式(6.96),有

$$\begin{cases} C_x = \dfrac{I_x^{\beta}}{I_0^{\beta}}C_0 & (\beta\text{ 射线测量}) \\ C_x = \dfrac{I_x^{\gamma}\cdot P_0}{I_0^{\gamma}\cdot P_x}C_0 & (\gamma\text{ 射线测量}) \end{cases} \tag{6.97}$$

式中 C_x 和 C_0,P_x 和 P_0——平衡时的样品和标样中各自的铀含量,以及它们各自的质量;

I_x^{β} 和 I_0^{β},I_x^{γ} 和 I_0^{γ}——进行样品和标样的放射性测量,所获得的 β 射线、γ 射线的计数率。

如果样品中的铀系不平衡,根据式(6.97)确定的铀含量不是真正的铀含量,而是所谓的“当量铀含量”。通常,将按照 β 射线测量所确定的样品中的平衡铀含量称为 β 当量含量,将按照 γ 射线测量所确定的样品中的平衡铀含量称为 γ 当量含量。

由于铀和镭的地球化学性质具有明显差异,在表生带环境中,易受氧化与还原等作用的影响,铀镭平衡常被破坏,因而铀含量与射线计数率之间常常不存在正比关系,甚至会出现样品中无铀或无镭的现象。当平衡偏镭时,镭组的 ^{214}Pb(RaB)、^{214}Bi(RaC)等衰变产物所产生的 β 射线和 γ 射线的计数率比例明显偏多;反之,当平衡偏铀时,铀组的 ^{234}Th(UX_1)、^{234}Pa(UX_2)等衰变产物所产生的 β 射线和 γ 射线的计数率比例将增高。但是,铀和铀组衰变产物常常是平衡的(建立该平衡只需约一年,是一个极其短暂的地质年代),镭与镭组衰变产物也易达到平衡(还需考虑射气逸出所产生的不平衡)。在实际工作中,只需考虑铀镭平衡,而把铀组和镭组直接作为平衡看待,可分别按各组所产生的 β 射线和 γ 射线的计数率计算铀、镭含量。如果采用 I_{Ra}^{β}、I_U^{β} 分别表示铀组、镭组各自产生的 β 射线计数率,采用 I_{Ra}^{γ}、I_U^{γ} 分别表示铀组、镭组各自产生的 γ 射线计数率,则可由(6.93)求得

$$\begin{cases} I_x^{\beta} = I_U^{\beta} + I_{Ra}^{\beta} = a_1C_U + b_1C_{Ra} & (\beta\text{ 射线测量}) \\ \dfrac{I_x^{\gamma}}{P_x} = \dfrac{I_U^{\gamma}}{P_x} + \dfrac{I_{Ra}^{\gamma}}{P_x} = a_2C_U + b_2C_{Ra} & (\gamma\text{ 射线测量}) \end{cases} \tag{6.98}$$

式中 I_x^{β}、I_x^{γ}——样品中的 β 射线、γ 射线的计数率;

P_x——样品的质量；

C_U、C_{Ra}——样品中铀、镭含量；

a_1、b_1——单位含量的铀（镭）由铀组、镭组子体所产生的β射线计数率；

a_2、b_2——单位含量的铀（镭）由铀组、镭组子体所产生的γ线计数率。

通常，装置系数 a_1、b_1、a_2、b_2 随仪器灵敏度、测量几何条件（位置、样品盘大小）等诸因素而变化，为提高分析质量，实际工作中并不采用式（6.98）直接来求铀、镭含量。而与铀系平衡标样进行比对测量，即先由式（6.98）求出样品中的β当量含量和γ当量含量，再由式（6.98）求出铀系平衡标样的铀当量含量和镭当量含量。因标样的 $C_{U,0}=C_{Ra,0}$（按 eU 单位），则有

$$\begin{cases} I_0^\beta = a_1 C_{U,0} + b_1 C_{Ra,0} = (a_1 + b_1) C_{U,0} & (\beta\text{射线测量}) \\ I_0^\gamma / P_0 = a_2 C_{U,0} + b_2 C_{Ra,0} = (a_2 + b_2) C_{U,0} & (\gamma\text{射线测量}) \end{cases} \tag{6.99}$$

式中 I_0^β、I_0^γ——标样的β射线和γ射线的计数率；

$C_{U,0}$、$C_{Ra,0}$——标样的铀含量和镭含量，所有含量均采用当量铀含量单位，即 eU 单位；

P_0——标样的质量。

当难以确定样品是否达到铀镭平衡时，可将式（6.98）、式（6.99）代入式（6.97），并将由β射线测量确定的铀（镭）含量记为 C_x^β，而将由γ射线测量确定的铀（镭）含量改为 C_x^γ，则有

$$\begin{cases} C_x^\beta = \dfrac{a_1 C_U + b_1 C_{Ra}}{(a_1 + b_1) C_{U,0}} C_{U,0} & (\beta\text{射线测量}) \\ C_x^\gamma = \dfrac{a_2 C_U + b_2 C_{Ra}}{(a_2 + b_2) C_{U,0}} & (\gamma\text{射线测量}) \end{cases} \tag{6.100}$$

由此解得

$$\begin{cases} C_U = \dfrac{n}{n-b} C_x^\beta - \dfrac{b}{n-b} C_x^\gamma \\ C_{Ra} = \dfrac{a}{a-m} C_x^\gamma - \dfrac{m}{a-m} C_x^\beta \end{cases} \tag{6.101}$$

式中

$$\begin{cases} a = \dfrac{a_1}{a_1 + b_1}, b = \dfrac{b_1}{a_1 + b_1}, \text{且 } a + b = 1 \\ m = \dfrac{a_2}{a_2 + b_2}, n = \dfrac{b_2}{a_2 + b_2}, \text{且 } m + n = 1 \end{cases} \tag{6.102}$$

显然，系数 a、b、m、n 的含义分别为在铀镭平衡时，铀组产生的β射线计数率占铀系产生的总β射线计数率的比例为系数 a，镭组产生的β射线计数率占铀系产生的总β射线计数率的比例为系数 b，铀组产生的γ射线计数率占铀系产生的总γ射线计数率的比例为系数 m，镭组产生的γ射线计数率占铀系产生的总γ射线计数率的比例为系数 n。

实际上，由式（6.101）求出的镭含量是样品中 ^{214}Pb（RaB）、^{214}Bi（RaC）等衰变产物的含量。若样品有射气（Rn）逸出，样品中镭并不与这些衰变产物处于平衡状态，则样品中真正的镭含量 C'_{Ra} 和这些衰变产物的含量 C_{Ra} 之间的关系为

$$C'_{Ra} = C_{Ra} / (1 - \eta) \tag{6.103}$$

式中，η 为射气系数，为样品中逸出的 Rn 浓度与由 Ra 产生的总 Rn 浓度的比值。

3. γ 能谱法分析铀、镭、钍含量

铀、钍矿样品中的 β 射线和 γ 射线的计数率,与样品中铀,镭、钍含量直接有关。在铀镭平衡破坏时,要迅速准确地确定铀、镭、钍含量,β - γ 法已再不能适用。要解决这个问题,目前广泛采用的是 γ 能谱法,这是利用铀、镭、钍的三种不同能量的射线计数率,或不同性质的射线,与一套标样(标准源)进行比对测量,从而确定其中的铀、镭、钍含量。

γ 能谱法测定铀、镭、钍含量,是通过测量它们的子体核素的特征光电峰的计数率,而母体与子体的含量成正比(达到放射性平衡时)。因此,通过与标准源的比对,可求母体含量。例如:^{232}Th 的子体 Tl(ThC″)有一个 2.62 MeV 的 γ 射线特征谱,它是铀、钍系中能量最大的光电峰,在该峰附近没有其他谱线干扰,通过测量该光电峰的计数率可测定钍的含量。

在铀钍混合的复杂样品中,子体的特征光电峰往往还包含着别的子体核素引起的康普顿散射,以及小于探测器能量分辨率的相近能量的光电效应的贡献。以 NaI(Tl)闪烁计数器为 γ 射线探测器,测得的镭组与钍系的 γ 射线仪器谱如图 6.37 所示。显然,某一子体元素的光电峰不只是与其母体元素含量有单一对应的关系,而且还包含其他元素的干扰。因此,需要采用联立方程组进行求解的办法,在对应铀、镭、钍的特征光电峰的计数率中,扣除其他两种元素产生的 γ 射线部分,才能获得与这个光电峰对应的元素所产生的计数率。

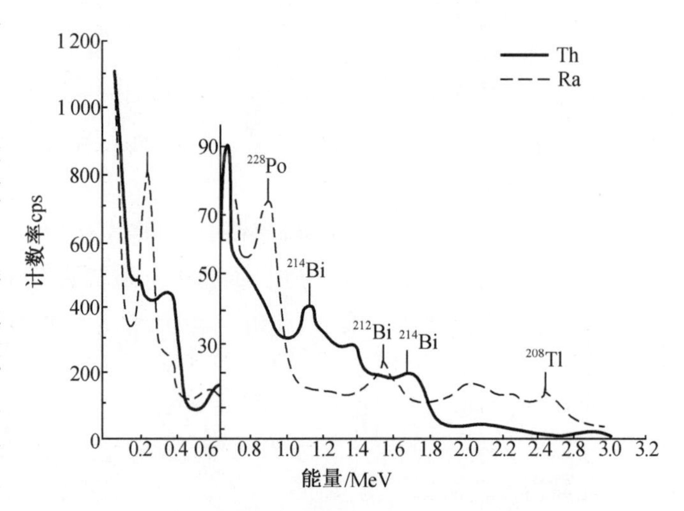

图 6.37 镭组、钍系的 γ 射线谱(道宽 35 keV)

根据三个不同的能量或三种不同性质的射线计数率,可列出如下方程组:

$$\begin{cases} I_1/P = a_1 C_{\mathrm{U}} + b_1 C_{\mathrm{Ra}} + c_1 C_{\mathrm{Th}} \\ I_2/P = a_2 C_{\mathrm{U}} + b_2 C_{\mathrm{Ra}} + c_2 C_{\mathrm{Th}} \\ I_3/P = a_3 C_{\mathrm{U}} + b_3 C_{\mathrm{Ra}} + c_3 C_{\mathrm{Th}} \end{cases} \tag{6.104}$$

式中 I_i——三种测量方式(不同能量或不同性质射线)的计数率;

P——样品质量;

a_i——单位含量、单位质量的铀、镭、钍在三种测量方式下的射线计数率;

b_i——单位含量、单位质量的镭在三种测量方式下的射线计数率;

c_i——单位含量、单位质量的钍在三种测量方式下的射线计数率;

C_{U}、C_{Ra}、C_{Th}——样品中的铀、镭、钍含量,可通过求解该联立方程组来求得其含量。

选择测量方式时需要考虑以下几点:

(1)为测量铀、镭、钍三个元素,各选一个表征自己的特征光电峰。当一个元素有几个特征光电峰时,应选择较强的光电峰,而且其他两种元素产生的贡献率要尽量小。

(2)所选的三个特征光电峰能被 γ 谱仪所分开。

(3)铀、镭、钍的 γ 能谱应尽量有所差别($a_1 : b_1 : c_1 \neq a_2 : b_2 : c_2 \neq a_3 : b_3 : c_3$),使联立方程可

求解。

根据上述原则,可以选取的谱段或射线种类按射线计数率,铀组占比重较高(相对其他测量而言)的谱段或某种射线,称为铀测量道。通常,铀测量道可选择β射线和Th(UX_1)的强特征光电峰93 keV;同理,钍测量道可选在Pb(ThB)的特征峰239 keV,或者Tl(ThC″)的硬γ特征峰2 620 keV和大于1 800 keV的硬γ积分谱段;镭测量道可选在Pb(RaB)的特征峰350 keV,或者Bi(RaC)的1 760 keV和总γ积分谱(大于140 keV的积分谱)。

在室内分析方法中,一般采用低能谱段。因为室内分析测量的是γ薄层,物质成分对谱成分的影响小,而且利用低能谱段可提高灵敏度。在野外原生露头测量中,往往采用大于1.0 MeV的高能谱段,以减小各种干扰因素。下面讨论β-γ-γ法、γ-γ-γ法等具体方法。

(1)β-γ-γ能谱法

β-γ-γ能谱分析方法是以β射线计数率作为铀测量道,Pb(ThB)的特征峰239 keV的谱段作为钍测量道,Pb(RaB)的特征峰350 keV的谱段作为镭测量道。在后两个谱段上,由于铀组γ射线所占份额很少,通常可以忽略其影响。当样品均达到了饱和层厚度时,样品质量的因素可以不考虑,所以,前面的三元一次联立方程组式(6.104)可简化为

$$\begin{cases} I_1/P = b_1 C_{\text{Ra}} + c_1 C_{\text{Th}} \\ I_2/P = b_2 C_{\text{Ra}} + c_2 C_{\text{Th}} \\ I_3/P = a_3 C_{\text{U}} + b_3 C_{\text{Ra}} + c_3 C_{\text{Th}} \end{cases} \tag{6.105}$$

式中　b_1、b_2——镭、钍测量道中单位含量、单位质量的镭(与铀平衡,以eU为单位)产生的计数率;

c_1、c_2——镭、钍测量道中单位含量、单位质量的钍产生的计数率;

a_3、b_3、c_3——单位含量的铀、镭、钍所产生的β射线计数率。

解方程组式(6.105)可求得样品中的铀、镭和钍的含量。应重视系数a、b、c的测定工作,应尽量采用含量准确的纯铀、平衡铀镭、钍的标准源,且测量时间尽量长,在不同的温度(上午、下午)下重复测量多次,若系数测量不准,可能导致精度较低或者系统误差。

(2)γ-γ-γ能谱法

γ-γ-γ能谱法与前述β-γ-γ能谱法不同的是:选择Th(UX_1)的特征峰93 keV作为铀道,而镭道和钍道与β-γ-γ法完全相同,通过方程组式(6.104)求解铀、镭、钍含量。选择铀的特征峰和测量道宽时,应尽量提高铀的分辨系数,使镭和钍在铀测量道的比重尽量减小。从图6.37可以看出,因为镭组有很强的75 keV的K-X射线,钍有84 keV的谱线,所以铀道的位置不要对称于93 keV,而应靠右一些,这样可以提高区分系数。通常,γ-γ-γ法测量镭、钍含量的效果是良好的,而对铀含量的分析误差较大,原因在于难以获得理想的铀道。

6.7.2　辐射法测定物体的密度

我国采用γ辐射法测定物体密度(称为体重)始于20世纪50年代初,目前该方法已被广泛应用于岩矿石的体重测定。在公路和铁路的建设中,路面密实度的快速测定也采用γ辐射法(所用仪器称为密实度计)。为区分煤矿采选过程中混杂的煤矸石,也常利用γ辐射法测定煤密度(所用测定装置称为核子秤)。基于辐射法测密度原理的应用还有集装箱等大型物件的无损检测、医用CT等,它们都是通过测定X或γ射线束穿过物体的透射率,进行透射图像的三维重建与处理,集装箱内部物品或结构的检测。目前,γ辐射法分为窄束γ射线吸收法、

宽束 γ 射线吸收法,以及散射法三类,下面进行简要讨论。

1. 窄束 γ 射线吸收法测定物体密度

单色(能)无散射成分的射线称为窄束射线,它穿过均匀介质的吸收规律服从指数衰减

$$I_d = I_0 e^{-\mu d} = I_0 e^{-\mu_m \rho d} \tag{6.106}$$

式中 I_0——无吸收介质时原始射线的 γ 照射量率;

I_d——射线穿过吸收介质后尚存的原始射线的 γ 照射量率;

d——吸收介质的厚度;

ρ——吸收介质的密度(ρd 称为面密度,$g \cdot cm^{-2}$);

μ——γ 射线的线吸收系数;

μ_m——相应的质量吸收系数。

可见,由式(6.107)可求得吸收介质的密度为

$$\rho = \frac{1}{\mu_m d} \ln \frac{I_0}{I_d} \tag{6.107}$$

显然,要上式成立,必须使照射量率 I_d 中不能包括散射成分的射线,而仅仅为均匀介质吸收后尚存的原始射线;另外,要使质量吸收系数 μ_m 与介质厚度无关。为此,窄束法测体重可采取"准直"措施来消除散射影响,采用单色(能)的原始射线来使 μ_m 为常数。通常,窄束法的灵敏度取决于体重增量 $\Delta\rho$ 所引起的 γ 照射量率变化 ΔI_d,由式(6.107)可知

$$\Delta I_d / \Delta\rho = -\mu_m \cdot d \cdot I_d \tag{6.108}$$

可见,在吸收系数和吸收层厚度一定时,源越强,I_d 将越大,灵敏度则越高。

2. 宽束 γ 射线吸收法测定物体密度

宽束射线是包含有散射成分的射线。在利用宽束法测定物体密度时,测量装置置于无限介质中,由于记录了大量的多次散射射线,式(6.107)中的 I_d 和 μ_m 必须进行修正。通常,引入增长因子 q 来修正 I_d,引入有效质量吸收系数 μ'_m 来代替 μ_m。此时的经验公式为

$$\rho = \frac{1}{\mu'_m d} \ln \frac{(1+q) I_0}{I_d} \tag{6.109}$$

若采用铜阴极或钢阴极计数管作为射线探测器,外加 5 mm 的铁套管,当面密度 ρd 在 60 ~ 90 $g \cdot cm^{-2}$ 时,q 值为 18%;μ'_m 值为 0.039 $g \cdot cm^{-2}$。因此,只要测出射线通过厚度为 d 的吸收层后的 I_d 值,即可采用上式直接计算其物质密度值(体重)。

必须指出,应用上述经验公式求体重有严格的条件限制,因为影响 μ'_m 值的因素较多,它不仅和测量装置、物体及源的性质有关,而且还与源到探测器的距离、物体湿度等因素相关。只有当吸收层的面密度变化不大时,μ'_m 值才保持不变。为了保证测定物体密度的准确度,μ'_m 值最好在野外现场测定。在野外现场,常常采用点状放射源,可以是镭源或其他单色源,放射源和探测器分别放在两个互相平行的炮眼中。由于采用点状源,在式(6.106)中,距离为 d 处的无吸收物体时的原始射线的 γ 照射量率 I_0,由式(6.1)来求得,即

$$I_0 = A / d^2 \tag{6.110}$$

3. 散射法测定物体密度

散射法(称为 γ - γ 法)测定物体密度的基本原理是根据散射 γ 射线的照射量率与介质体重之间存在着函数关系,即

$$I_s = f(\rho)$$

这种关系可以由实验来确定，图6.38是在一定测量装置下获得的$I_s=f(\rho)$关系曲线，该曲线包括上升和下降二部分，首先是散射γ射线的照射量率随着体重的增大而上升，达到最大值后，随着体重的继续增大，其照射量率反而下降。

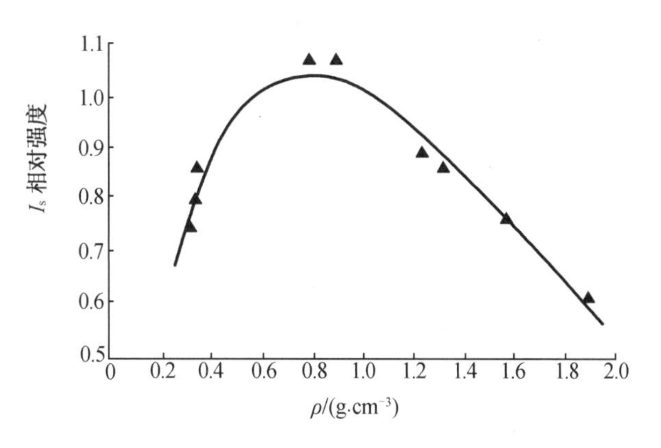

图6.38 散射γ射线的照射量率与介质密度的关系曲线

这种变化是由康普顿散射和光电吸收两个效应综合作用的结果。我们知道，康普顿吸收系数又由两部分组成，即真吸收系数和真散射系数。与散射法测量体重有关的只是真散射系数σ_s，且

$$\sigma_s = \sigma_s^e \cdot \frac{\rho LZ}{A} \tag{6.111}$$

式中 σ_s^e——在一个电子上的真散射系数；

L——阿伏伽德罗常数。

对于岩矿石密度测量而言，由于岩矿石属于轻物质，Z/A值接近于常数，则康普顿真散射系数σ_s与散射介质体重成正比。当体重增大时，单位体积中所含的电子数目亦增加，真散射系数σ_s就随之增大，散射γ射线的成分相应增加，这就是体重很小时所观察到的曲线上升现象。但由于多次散射使散射γ射线的能量显著降低，此时光电吸收系数随着γ射线能量的降低以及原子序数Z的增大而明显增加，并使散射γ射线的总量相对减少。当康普顿散射和光电吸收过程处于均势，曲线出现峰值；而体重再增加时，光电吸收的优势越来越大，探测器所记录的散射γ射线的照射量率也越来越低，曲线逐渐下降。

曲线的这种变化很重要，应用时要特别小心，并分别对待。一般来说，当介质体重小于1 $g\cdot cm^{-3}$（例如煤炭）时，可利用曲线的上升段；当介质体重大于1 $g\cdot cm^{-3}$（如一般岩矿石）时，可采用曲线的下降段。

散射γ射线的照射量率与散射介质的性质、厚度以及入射射线的能量密切相关。对于散射法测体重而言，散射γ射线的照射量率随着入射γ射线的能量减小而增加。但应当注意，随着放射源能量的减小，饱和厚度（反映了散射法测体重的探测深度）也减小，虽然选用单色低能放射源能提高测量的精度和方法的灵敏度，但应注意其探测深度。一般来说，当采用能量范围为0.6～1.25 MeV的放射源时，轻物质（如硅组元素组成的岩石）的饱和厚度为18～30 $g\cdot cm^{-2}$，相应的线厚度在9～15 cm；中等原子序数的物质（如铁）的饱和厚度为12～18 $g\cdot cm^{-2}$，相应的线厚度在2～3 cm；而重物质（如铅）的饱和厚度则小于5 $g\cdot cm^{-2}$，线厚度仅0.5 cm左右。可见，对于一般岩矿石来说，散射法的探测深度在10～15 cm。目前，经常采用^{137}Cs源进行体重测量，该源具有半衰期长、探测深度适中等优点。

6.7.3 航空γ测量及其在地质勘探中的应用

我国航空γ测量工作始于1955年，具有成果好、效率高、成本低等优势，找到了众多的铀

矿床和铀矿田。航空γ能谱测量是将专用的航空γ能谱仪安装在飞机上,在飞行过程中测量地表介质(如地面岩矿石、土壤、风化物等)所放出的γ射线,通过分析γ能谱数据来获得地表介质的铀、钍、钾等放射性核素或元素的含量,进而确定这些放射性元素或者测区的γ照射量率分布,指示地面的铀矿点,达到直接发现铀矿或者为大区域找铀指出远景区。

综合分析和解析航空γ能谱测量资料及其同时所获取的其他航空电磁测资料,还可用来普查在成因上与放射性元素相关的其他矿产。例如,铁矿、多金属矿、稀有和稀土矿、石油及天然气等;也可用来圈定地层、岩体、构造、地下燃煤区,以及为解决其他地质问题提供依据。

航空γ能谱测量技术还是辐射环境监测和核事故应急的一种主要方法,根据航空γ能谱测量资料可以编制区域氡地质潜势图、估算地-空界面上方γ辐射的吸收剂量率分布。

我国于2009年自主研发了AGS-863航空γ能谱测量系统,如图6.39所示。该系统以NaI(Tl)闪烁计数器为γ探测器,实现了1 024道全数字化γ能谱测量,其能量探测范围为0.020~10 MeV。该系统还配备了先进的GPS全球卫星导航系统和测高系统,能适应复杂条件下的航测,尤其是在戈壁、沙漠等无明显物标的地区更为优越。实践证明:航空γ能谱测量是一种多快好省的勘查手段。

图6.39 AGS-863航空γ能谱测量系统

1.航空γ测量的基本原理

假设,空气中的放射性元素所引起的γ照射量率记为I_1,飞机和仪器材料中的放射性元素所引起的γ照射量率记为I_2,宇宙射线引起的γ照射量率记为I_3,地表介质(岩石或土壤)中的放射性元素所引起的γ照射量率记为I_4;当飞机处于高度为H的空中任意测点时,仪器所能记录的γ射线总照射量率I_H可表示为

$$I_H = I_1 + I_2 + I_3 + I_4 \tag{6.112}$$

(1)空气中的放射性元素所引起的γ照射量率

大气引起γ照射量率I_1主要来源于氡衰变子体^{214}Bi,它是天然铀系中最主要的γ辐射体(即RaC)。当采用同一航空γ谱仪在同一地点、不同高度实测的不同能量的γ射线光电峰(即^{208}Tl,2.62 MeV;^{214}Bi,1.76 MeV;^{40}K,1.46 MeV;^{214}Bi,0.609 MeV)时,按其能谱曲线下的计数率面积,可获得γ照射量率随高度的变化曲线,如图6.40所示。

由于地表介质所放出的γ射线可被大气吸收和散射,因而各能谱段的γ照射量率随高度的增加呈负指数衰减规律。从理论分析可知,γ射线能量大则衰减就慢,γ射线能量小则衰减就快,如图6.40所示。图中^{208}Tl(2.62 MeV)的γ射线和^{40}K(1.46 MeV)的γ射线都符合这一特征。但是,^{214}Bi放出的能量为0.609 MeV和1.76 MeV的γ射线随高度的衰减反而都较慢且数据更分散,这是由于大气中存在有较高浓度的^{214}Bi所致。可见,大气中的^{214}Bi对航空γ能谱测量是一种不可忽略的干扰因素。

实测资料表明,由于大气中存在^{214}Bi,且其浓度随环境因素(如地面物质的组分和孔隙,近期降雨、风力强度和气压梯度等)而改变,将导致航空γ能谱测量结果的严重变化。为此,设法自动补偿或正确测定大气中^{214}Bi的γ照射量率,在航测生产中具有十分重要的意义。

此外,在核爆炸产生的大量人工放射性核素中,有些寿短命的放射性核素很快就衰变完了;而较长寿命的放射性物质可被云或尘埃带到很远的地方,并长期停留在大气中或降落到地表,它们也会影响航测成果的准确性。

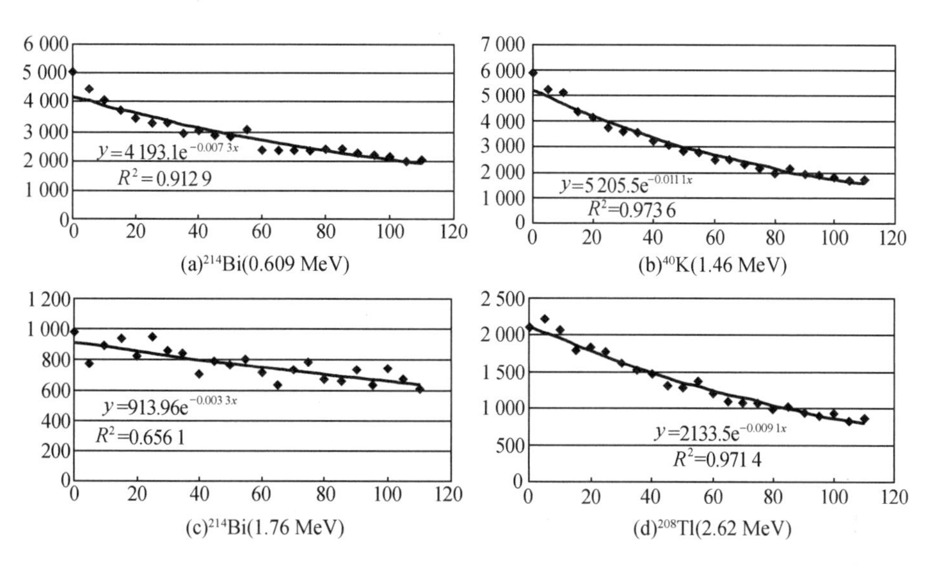

图 6.40　四种能量的γ射线光电峰计数率随高度的变化曲线

(2)飞机和仪器材料中的放射性元素所引起的γ照射量率

飞机驾驶台和各种仪表字盘常常含有新钍荧光物质,仪器的γ探测器(晶体和光电倍增管)也含有微量放射性核素,它们都可产生一定的γ照射量率 I_2。通常,可将仪器的γ探测器放在飞机尾部,并尽量减少飞机仪表的荧光物质,以减少它们所产生的γ照射量率 I_2。

(3)宇宙射线引起的γ照射量率

进入大气圈的宇宙射线主要是 μ 介子等来自宇宙空间的高能辐射 I_3,它随测区的海拔高度而变化,海拔越高则 I_3 的值越大。宇宙射线所产生的γ照射量率还随地区的纬度而变化,如表 6.3 所示。两极的 I_3 比赤道的 I_3 要高出 1.14 倍。

表 6.3　宇宙射线产生的γ照射量率随地区纬度不同的变化规律

地理纬度		0°	20°	30°	40°	50°	90°
占地磁赤道上的γ照射量率百分比	$H=0$	100	102	104	108	114	114
	$H=200$ m	100	102	108	115	122	122

在航测工作中,通常把 I_2、I_3 之和称为航测的本底γ照射量率 I_{2+3},即

$$I_{2+3} = I_2 + I_3 \tag{6.113}$$

本底照射量率 I_{2+3} 可以在海洋上空、大河、湖泊或水库的上空进行测定,也可以在离地表 600~700 m 的高空进行测定。

(4)地表介质(岩石或土壤)中的放射性元素所引起的γ照射量率

地表介质中的放射性物质所放出的γ射线是空中γ照射量率的主要来源,而地表放射性物质主要由铀系、钍系、锕系和钾-40 组成,它们所放出的γ照射量率占总γ照射量率的99%以上,空中天然γ能谱由它们所决定。

但是,铀系、钍系、锕系和钾-40放出的各种能量的γ射线谱却不能完全等同于空中的γ能谱分布,这是由于地表介质中的放射性核素所放出的γ射线经地表介质的散射与吸收,当它们射出地-空界面时,其能谱成分已发生了变化。图6.41是葛良全、李婧等人采用蒙特卡罗方法模拟的铀矿化、钍矿化和钾矿化的地层上方的γ能谱分布。如果考虑该数值模拟结果中的铀系和钍系较强的γ能谱,以及^{40}K的1.46 MeV的γ能谱,则空中γ能谱是连续谱。较高能的γ射线向低能方向软化,并在100 keV附近形成较强的散射峰。

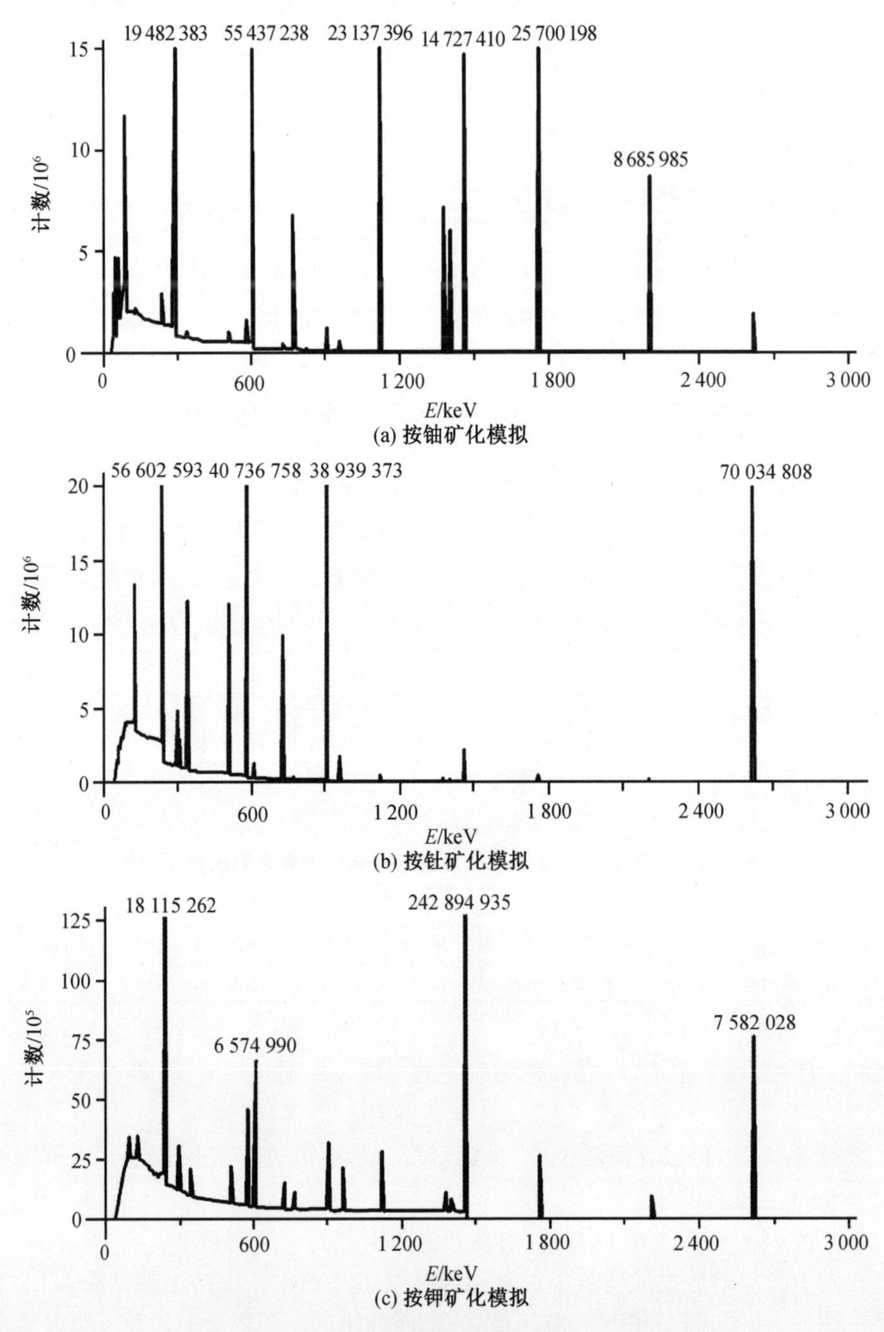

(a) 按铀矿化模拟

(b) 按钍矿化模拟

(c) 按钾矿化模拟

图6.41　地层上方的蒙特卡罗数值模拟γ能谱分布

我们知道,航空γ能谱仪并不能记录初始的γ射线谱,而是类似于图6.41所示的连续γ能谱,即经探测器响应后所形成的航空γ能谱仪的仪器谱,是较高能量的γ射线叠加在经地表介质和空气散射所形成的次级γ射线谱之上的仪器谱。图6.42是以NaI(Tl)闪烁计数器组成的航空γ能谱仪在平衡铀、平衡钍和钾模型上测得的γ仪器谱,从该γ能谱曲线可明显地分辨出铀系的0.609 MeV、1.12 MeV、1.76 MeV以及2.2 MeV的γ谱峰,以及钍系0.908 MeV和2.62 MeV的γ谱峰;此外,还有钍系2.62 MeV的γ射线在晶体中产生电子对效应所形成的单逃逸峰和双逃逸峰,其能量分别为2.11 MeV和1.60 MeV,以及钾元素1.46 MeV的γ谱峰。

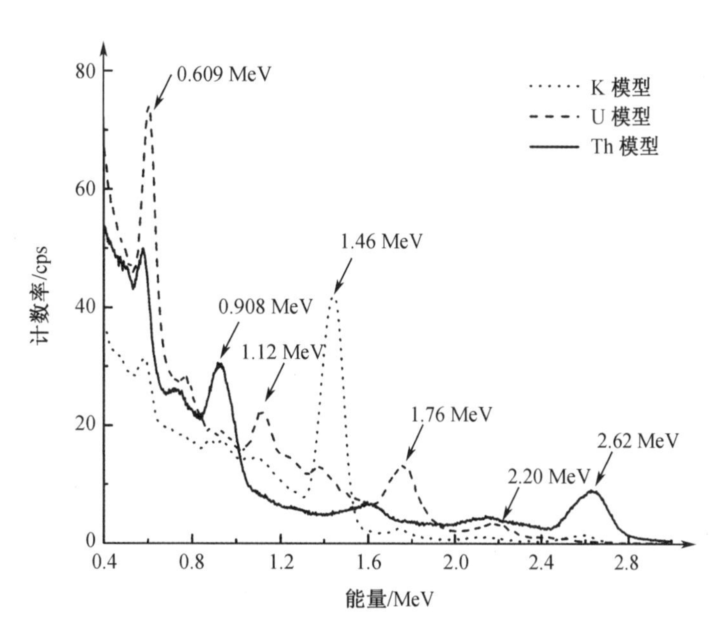

图6.42 在平衡铀、平衡钍和钾模型上测得的γ仪器谱

(晶体直径30 mm;道宽40 keV)

通常,空中γ照射量率随高度的增加而不断减弱。图6.43、图6.44和图6.45分别为铀矿石、钍矿石,以及在花岗岩表面上空按不同高度测得的γ能谱。由这些γ能谱测量曲线可以看出:当铀系、钍系、钾-40所产生的γ射线穿过空气层后,仪器计数率被显然减弱,但在200 m高度范围内的γ能谱成分变化并不大,上述特征γ射线的光电峰依然存在。

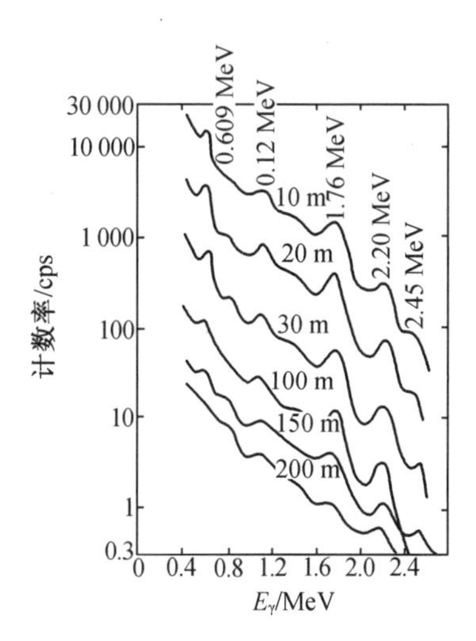

图6.43 铀矿石上空不同高度处的γ仪器谱(道宽27 keV)

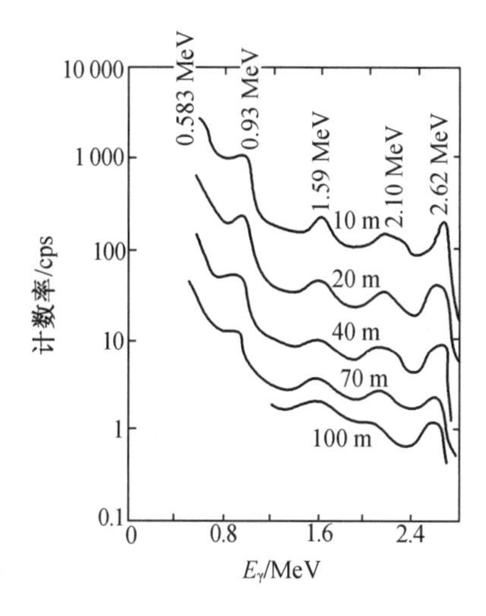

图6.44 钍矿石上空不同高度处的γ仪器谱(道宽27 keV)

测量结果还表明,不同能量段其衰减程度也有所不同,表 6.4 列出 1.46 MeV、1.76 MeV 和 2.62 MeV 的 γ 谱线在空气中按指数规律衰减时,所求得的有效衰减系数。

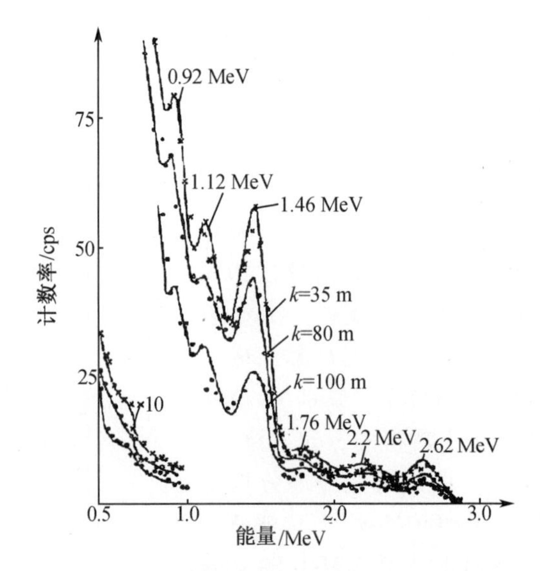

图 6.45 均匀花岗岩上空不同高度处的 γ 仪器谱

(U:3.5×10⁻⁴%;Th:3.5×10⁻⁴%;K:3.0%)

根据铀系、钍系和钾 -40 在航空 γ 谱仪上产生的 γ 能谱差异,以及 γ 特征光电峰的计数率与地表介质中相应的放射性元素含量之间存在的线性关系,就可有效地确定铀、钍、钾等元素含量。在航空 γ 能谱测量中,为更好地区分铀、钍、钾等元素,提高仪器的分辨能力和测量精度,合理地选择特征 γ 射线谱及其道宽是十分重要的。所要考虑的因素归纳如下:

(1)为了消除不同物质成分、减少仪器本底计数、避免大气污染等因素对测量结果的影响,应选择能量大于 1 MeV 的高能 γ 射线谱;(2)为提高仪器的分辨能力,以及铀、钍、钾的分析灵敏度,γ 射线谱应选择在特征 γ 射线的光电峰明显、幅度大、受其他核素谱干扰小的位置处;(3)为了减少仪器谱漂移所带来的误差,各个 γ 射线谱的上、下限道址应选择在 γ 能谱曲线较平缓的部位。

根据上述原则,在航空 γ 能谱测量中,选择铀系、钍系和钾元素的 γ 射线谱峰位置,及其上、下限能量阈值如表 6.4 所示。

表 6.4 不同能量段的 γ 射线在空气中的有效衰减系数

辐射体	能量/MeV	能谱窗/MeV	空气的有效衰减系数 $\bar{\mu}/m^{-1}$
^{40}K	1.46	1.36~1.56	7.5×10^{-3}
^{214}Bi	1.76	1.66~1.86	5.6×10^{-3}
^{208}Tl	2.62	2.42~2.82	5.6×10^{-3}
总道	—	0.4~2.82	6.6×10^{-3}

2. 航空 γ 能谱测量的剥离系数解析法

由于无限大 γ 辐射体上方的 γ 照射量率与地表介质中放射性核素含量之间呈正比例关系,并可采用式(6.25)表示。因此,根据式(6.25),可在航空 γ 能谱曲线图中,按照某一能量的特征 γ 射线(如 1.76 MeV 和 2.62 MeV)光电峰的净峰面积,采用与对应核素(^{214}Bi 和 ^{208}Tl)的正比关系,来计算这些核素的含量;当地表介质中的铀系、钍系处于放射性平衡状态时,还可计算铀、钍核素的含量。当考虑 1.46 MeV 的光电峰时,还可求钾含量。

类似于室内铀、钍样品的 γ-γ-γ 能谱分析方法,可由式(6.103)得到航空 γ 能谱测量中

的三元一次联立方程组

$$\begin{cases} N_1 = a_1 C_U + b_1 C_{Th} + c_1 C_K \\ N_2 = a_2 C_U + b_2 C_{Th} + c_2 C_K \\ N_3 = a_3 C_U + b_3 C_{Th} + c_3 C_K \end{cases} \tag{6.114}$$

式中 N_1、N_2、N_3——三个能谱段(称为铀、钍、钾道)的计数率(不包括本底计数);

C_U、C_{Th}、C_K——地表岩石或土壤中的铀(^{214}Bi)、钍(^{208}Tl)、钾(^{40}K)元素的含量;

a_i、b_i、c_i——换算系数,分别表示在γ射线饱和条件下,岩石或土壤中单位含量的铀(^{214}Bi)、钍(^{208}Tl)、钾(^{40}K)元素在相应能谱道($i=1,2,3$ 分别对应铀道、钍道、钾道)所产生的γ计数率。

通常,上述三元一次联立方程组还可表示为如下形式:

$$\begin{cases} N_1/a_1 = C_U + R_{Th\to U,1} C_{Th} + R_{K\to U,1} C_K \\ N_2/a_2 = C_U + R_{Th\to U,2} C_{Th} + R_{K\to U,2} C_K \\ N_3/a_3 = C_U + R_{Th\to U,3} C_{Th} + R_{K\to U,3} C_K \end{cases} \tag{6.115}$$

式中 $R_{Th\to U,1}$、$R_{Th\to U,2}$、$R_{Th\to U,3}$——钍分别在铀道、钍道、钾道产生的铀当量,$R_{Th\to U,1}=b_1/a_1$,$R_{Th\to U,2}=b_2/a_2$,$R_{Th\to U,3}=b_3/a_3$;

$R_{K\to U,1}$、$R_{K\to U,2}$、$R_{K\to U,3}$——钾分别在铀道、钍道、钾道产生的铀当量,$R_{K\to U,1}=c_1/a_1$,$R_{K\to U,2}=c_2/a_2$,$R_{K\to U,3}=c_3/a_3$。

通常,将比值 $C=R_{Th\to U,1}/R_{Th\to U,2}$ 称为铀钍区分系数,其值越大则方程组式(6.115)的解越稳定。当铀道、钍道、钾道相互不重叠时,还可简化方程组式(6.115),例如钾道能量低且不与铀道、钍道重叠,可不考虑钾在铀道、钍道引起的计数率,则方程组的解为

$$\begin{cases} C_U = F_U(N_1 - K_{Th\to U} N_2) \\ C_{Th} = F_{Th}(N_2 - K_{U\to Th} N_1) \\ C_K = F_K(N_3 - K_{U\to K} N_1 - K_{Th\to K} N_2) \end{cases} \tag{6.116}$$

式中 $K_{Th\to U}$、$K_{U\to Th}$、$K_{U\to K}$、$K_{Th\to K}$——引入剥离系数可分别表示钍对铀、铀对钍、铀对钾、钍对钾所造成的影响(又称影响因子),$K_{Th\to U}=b_1/b_2$,$K_{U\to Th}=a_2/a_1$,$K_{U\to K}=(a_3b_2-a_2b_3)/(a_1b_2-a_2b_1)$ 和 $K_{Th\to K}=(a_1b_3-a_3b_1)/(a_1b_2-a_2b_1)$;

F_U、F_{Th}、F_K——铀、钍、钾道的灵敏度,表示经剥离后的铀、钍、钾道的单位计数率所对应的铀、钍、钾的含量,$F_U=b_2/(a_1b_2-a_2b_1)$,$F_{Th}=a_1/(a_1b_2-a_2b_1)$,$F_K=1/c_3$。

显然,剥离系数 $K_{Th\to U}$ 表示钍道计数率附加产生的铀道计数率贡献(可在纯钍饱和模型上测定);剥离系数 $K_{U\to Th}$ 表示铀道计数率附加产生的钍道计数率贡献(可在纯铀饱和模型上测定);同理,剥离系数 $K_{U\to K}$ 和 $K_{Th\to K}$ 表示铀道计数率和钍道计数率分别附加产生的钾道计数率贡献(可在纯铀、纯钍的饱和模型上测定)。剥离系数和测量条件密切相关,表6.5中列出了不同条件下的剥离系数的取值。

表 6.5 不同测量条件下的剥离系数测量值

晶体	能谱窗/MeV	$K_{U\to K}$	$K_{Th\to K}$	$K_{Th\to U}$	$K_{U\to Th}$
3 inch(7.62 cm×7.62 cm) NaI(Tl)[1]	1.35~1.65 1.65~2.30 2.30~2.90	0.586	0.484	0.769	0
10 cm×10 cm×40 cm NaI(Tl)[2]	1.35~1.65 1.65~2.30 2.30~2.90	0.346	0.473	0.912	0
5 cm×10 cm×40 cm NaI(Tl)[2]	1.35~1.65 1.65~2.30 2.30~2.90	0.418	0.589	0.992	0

注:1. 数据来自 IAEA 技术报告 1363,2003;

2. 数据来自谷懿收集相关仪器测试结果,2021。

上述关系中考虑了钾道能量低于铀道和钍道且不与重叠(即钍道、铀道中无钾的计数率贡献),当钍道下限取更高能量(例如,取 2.3 MeV 或 2.5 MeV 以上)时,则 $a_2=0$,$K_{Th\to U}=b_1/b_2$,$K_{U\to Th}=0$,$K_{U\to K}=a_3/a_1$ 和 $K_{Th\to K}=(a_1b_3-a_3b_1)/(a_1b_2)$,$F_U=1/b_2$,$F_K=1/c_3$,表明此时钍道中无铀的贡献(表 6.5)。

由于剥离系数是相对于地表的取值,故也要进行高度修正。表 6.6 列出了 $K_{Th\to U}$、$K_{U\to K}$ 和 $K_{Th\to K}$ 随单位高度增加时的修正值。另外,还必须指出:

(1)铀、钍、钾的含量单位,由换算系数决定。例如,当测定系数中的铀、钍含量采用 10^{-6} 单位时,则求得的铀、钍含量的单位也为 10^{-6}。

(2)实际工作中,换算系数是在平衡且饱和的铀、钍模型上测定的,此时系列中的各元素含量之间成正比关系,根据 ^{214}Bi 的 γ 射线特征谱,按式(6.117)可直接求出铀含量,该铀含量又称为平衡铀单位。当铀系平衡被破坏时,由此获得的铀含量实际上是以平衡铀含量为单位表示的 ^{214}Bi 含量。在射气作用较小时(岩石情况下),可以平衡铀含量单位表示镭含量。

表 6.6 剥离系数随高度增加修正值

剥离系数	高度每增加 1 m 的修正值
$K_{U\to K}$	0.000 49
$K_{Th\to K}$	0.000 65
$K_{Th\to U}$	0.000 69

3. 航空 γ 测量的应用实例

(1)在找铀矿中的应用

实践证明,大多数铀矿床出现在航空区域 γ 辐射场的高值场边缘、高值场附近或高值场中部,可采用航空 γ 能谱测量来寻找铀矿床。一般来说,在总计数率等值线图上,铀矿床常常出现在高值场的边缘、转弯处或与能谱复合的部位;在铀含量等值线图上,铀矿床常常出现在高值场中心附近。图 6.46 是铀矿床上空的航空 γ 能谱测量的铀含量等值线图,图中 A 点为铀矿床位置(最高点的中心附近),其航空铀含量值为 36×10^{-6}。据统计,航空 γ 能谱测量高值场的特点可归纳为:(1)范围大,一般由十几、几十到上百科方千米;(2)区域场活跃,标准方差也较大,活跃的高场虽然不能说明铀的再富集,但是活跃能说明离散性强,在有利的地质、地球化学条件下迁移的铀富集或沉淀;(3)区域场的铀含量较高,一般可达 $3\times10^{-6}\sim5\times10^{-6}$,标准方差可达0.9~2.0,变异系数大于0.3~0.5。

大量数据统计表明:航空γ能谱高铀含量场反映出铀矿床与铀源的内在联系,在有利的地质、构造、岩矿、地球化学,以及地理、地貌条件下富集成矿。我国具有上述条件的高场较多,其中最主要的是燕山期花岗岩,不仅铀含量高,同时钍、钾也很高;其次是燕山期为主的各种杂岩体。此外,对含铀丰富的侏罗系火山岩、高铀含量的寒武系地层,以及印支、海西、加里东期的花岗岩都是铀源对象。数据统计还表明(图6.47):铀异常在铀含量概率直方图上往往显示为正偏,向富铀方向拉长,有时还出现几个峰,据此还可研究铀矿床的成矿期次。

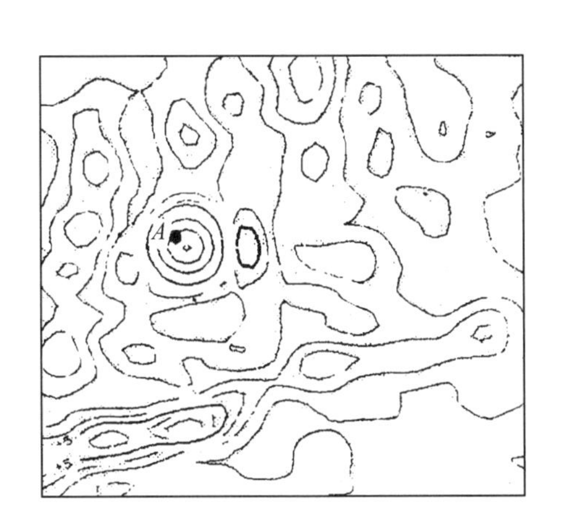

图6.46 铀矿床 *A* 上空航空γ能谱测量的铀含量等值线图(等值线间距1.5 mg/g)

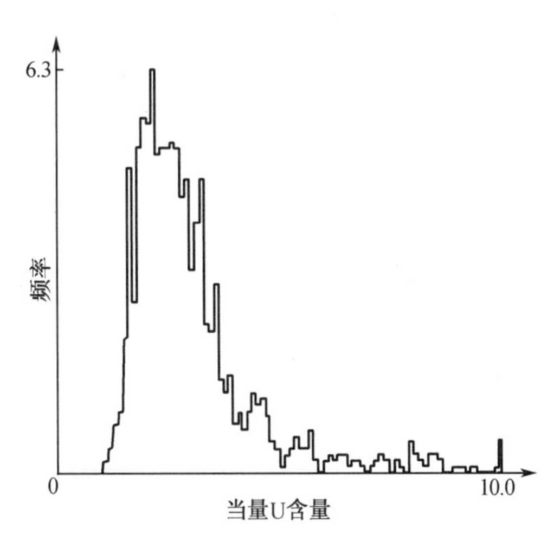

图6.47 某铀矿区上空航空γ能谱测量的铀含量概率统计直方图(26 460个样品)

(2)在找石油与天然气中的应用

在20世纪80年代中期,我国在柴达木盆地中部开展了1:10万的高精度航磁和航空γ能谱综合测量,为该地区的油气普查提供了重要线索,其中航空γ谱测量发挥了显著作用。

例如,SB-Ⅱ号气田(图6.48、图6.49)是在柴达木盆地东部三湖的气田群中的一个天然气田,它位于东台吉乃尔湖东侧,涩聂湖北。该含气构造呈北西—北北西走向,为短轴背斜,构造面积92 km²。天然气产于第四系更新统七个泉组,岩性以灰黑泥岩,粉砂岩及泥质粉砂岩为主。已探明的天然气为生物气,属背斜型粉砂岩储层生物气藏,储气层

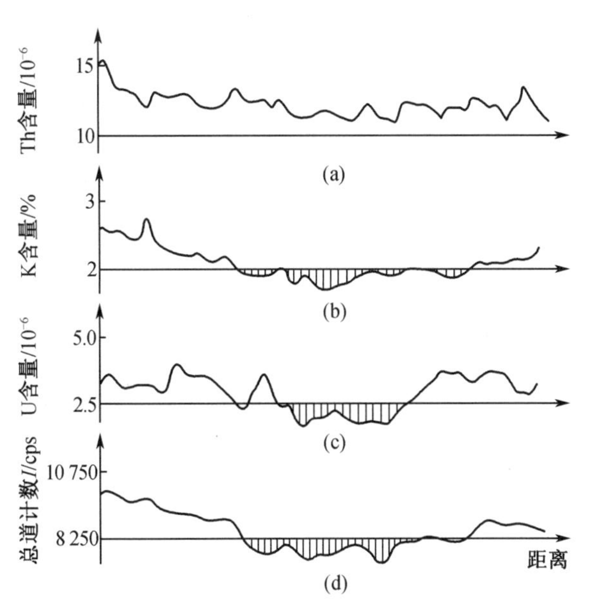

图6.48 SB-Ⅱ号气田(北参3井)航空γ能谱剖面图

深度在400~1 450 m之间。

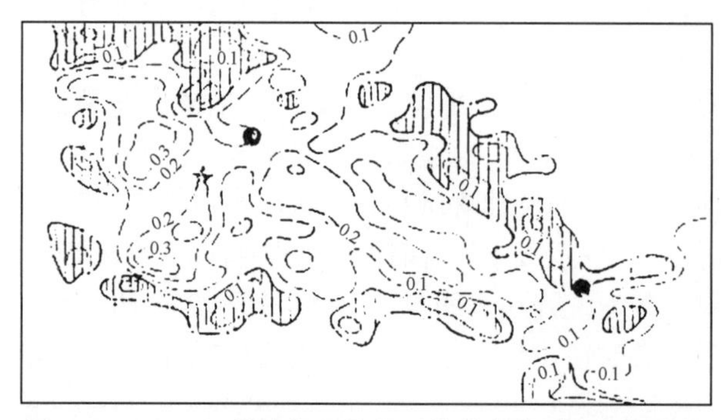

图6.49 SB-Ⅱ号油气田航空γ能谱中的剩余钾异常图

该构造在航空γ能谱图上,显示为放射性低值异常,它与气田区内铀、钾含量的降低有关,其相对降低幅度约10%~20%,剖面图上的反映较明显,如图6.48所示。在测区内,对钍数据进行归一化处理后,剩余的钾含量异常能较准确地圈出该气田的分布范围,如图6.49所示。

(3)在找非放射性固体矿产中的应用

根据这些成矿元素与放射性元素的伴生与共生关系,航空γ谱测量可用来寻找非放射性矿产,如金、铜、铅、锌、铁、稀有和稀土矿等。

图6.50是某硫化物矿体上空的航空γ能谱测量异常剖面图。该硫化物矿体产于凝灰岩与硅质岩的接触带上,由于硫化物体中富含铀、钍、钾元素,致使在航空γ能谱测量曲线上,铀、钍、钾和总γ计数率的测量值比围岩(凝灰岩)明显增大,形成了可判别的异常。图6.51是某金矿体上空的航空γ能谱测量异常剖面图。由于该金矿体具有钾化特征,在剖面曲线上呈现明显的钾含量正异常,而钍含量呈负异常,采用钍归一化处理(即以钾含量与钍含量的比值为参变量)后,其异常则更加明显。

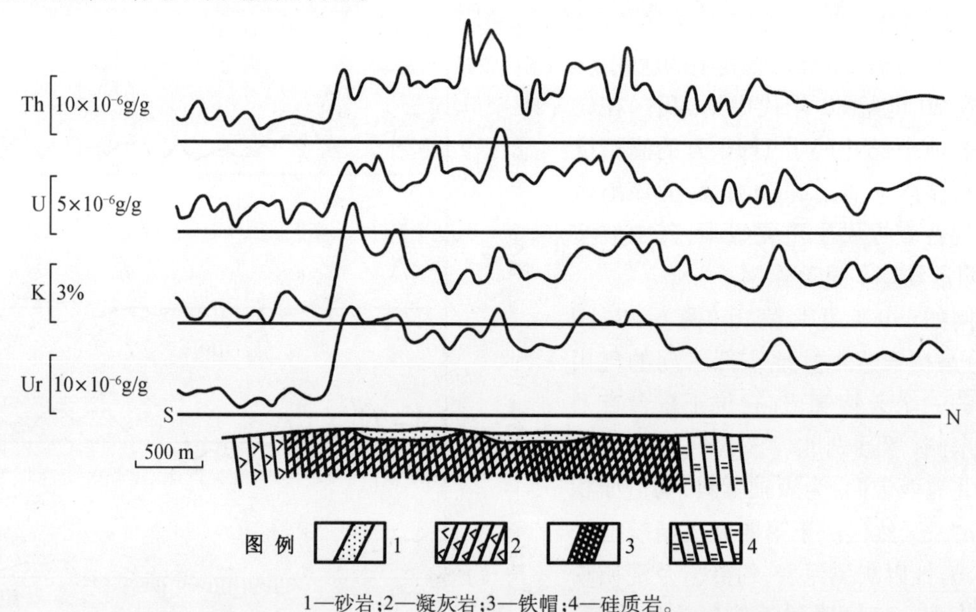

1—砂岩;2—凝灰岩;3—铁帽;4—硅质岩。

图6.50 某硫化物矿体上空航空γ能谱测量异常剖面图

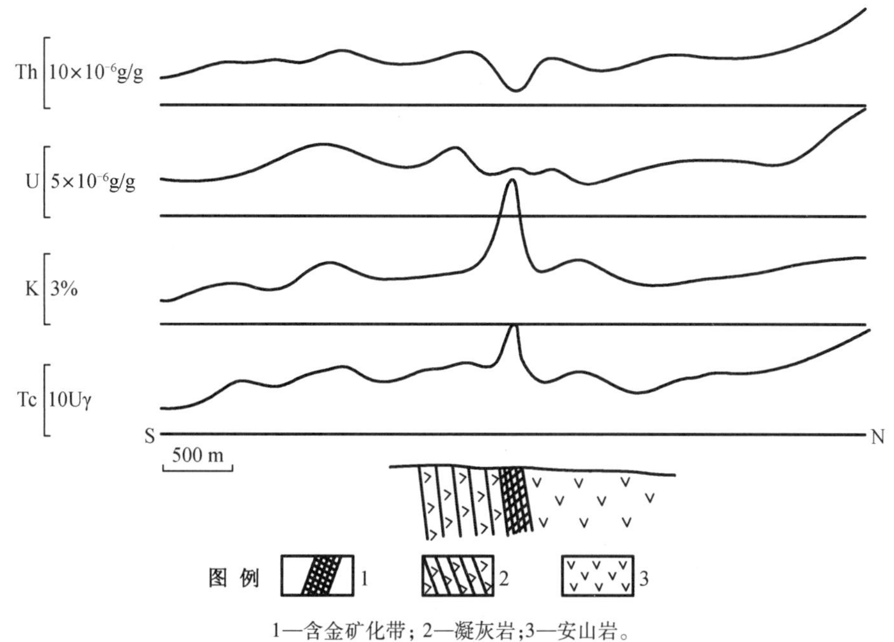

1—含金矿化带；2—凝灰岩；3—安山岩。

图6.51 某金矿体上空航空γ能谱测量异常剖面图

4. 航空γ能谱测量仪的最新发展

近年来，传统航空γ能谱测量因操作复杂，技术要求高，在辐射与核安全监测领域应用受限。国内外学者在其基础上，通过新型γ能谱探测器与无人机载具结合，开展了无人机航空γ能谱仪能量分辨率提升和谱仪轻型化、智能化研究，使之能够用于环境或应急监测、污染放射性核素识别，如图6.52和图6.53所示。

为保证辐射环境监测与核安全应急监控需要，除目前常用的NaI(Tl)探测器，也采用其他高分辨率的γ能谱探测器，目前常见的搭载无人机的航空γ能谱仪用探测器有GAGG(Ce)晶体、$LaBr_3$晶体、$CeBr_3$晶体、NaI(Tl)晶体，它们的性能见表6.7和表6.8。

表6.7 新型γ能谱探测晶体对比

探测器类型	能量分辨率/%(@662keV)	最大灵敏体积	原子序数	密度/(g·cm⁻³)	温度稳定性	可靠性	化学性质	量子效率/%	局限性
HPGe半导体	0.2~1	φ9.4 cm×10 cm	32	5.35	恒温制冷	一般	稳定	>90	需冷却，结构复杂、价格昂贵
GAGG(Ce)晶体	3.8~4.0	φ3 inch×3 inch	53	6.7	好	很好	稳定	>60	须与硅光电器件配合
碲锌镉半导体	0.5~1.5	1~2 cm^3	53	6.8	好，可室温工作	很好	稳定，无极化，不潮解	>90	对高能射线探测效率不高，需要组合成阵列，价格较高
$LaBr_3$晶体	2.5~3.0	φ3 inch×3 inch	48.3	5.63	好	一般	潮解	PMT，40~60	受温度影响大，自身放射性本底高，价格较高

表 6.7(续)

探测器类型	能量分辨率/%(@662keV)	最大灵敏体积	原子序数	密度/(g·cm^{-3})	温度稳定性	可靠性	化学性质	量子效率/%	局限性
$CeBr_3$ 晶体	4.0~5.0	ϕ3 inch×3 inch	46	5.2	好	一般	轻微潮解	PMTK,40~60	受温度影响大,价格较高
NaI(Tl)晶体	7~10	10 cm×10 cm×40 cm	50	3.6	一般	优异	易潮解	PMT,40-60	能量分辨率差,受温度影响大,易潮解

表 6.8　辐射应急监测的航空能谱测量仪参数对比

技术指标	核工业航测遥感中心航空高纯锗伽马能谱仪	南京航空航天大学-辐射应急航空辐射监测仪	成都理工大学无人机放射性应急巡测仪 XTG-3000A
采用探测器类型	HPGe	$LaBr_3$ 或 HPGe	NaI(Tl) 或 $CeBr_3$
能量分辨率	优于 2.5%@1 332.5 keV	HPGe:0.77%@1 332.5 keV LaBr3:2.95%@1 332.5 keV	NaI(Tl):优于 7.0%@662 keV $CeBr_3$:优于 4.5%@662 keV
测量能量范围	0~3 200 keV	40 keV~未知	15~ 3 000 keV
测量对象	大气污染核素测量	大气污染核素测量	大气污染核素/对地核素测量
采样周期	分钟计量	HPGe 探测器 10 min	1~65 535 s,可任意设定
性能	最低可探测活度(^{137}Cs):1 min 测量 60 nCi(测量条件未知)	最低可探测活度(^{137}Cs):10 min 测量大气 $LaBr_3$:1.026×10^{-2} Bq/m^3 HPGe:2.955×10^{2} Bq/m^3	10 nSv/h~0.1 Sv/h,最低剂量率检出限:10 nGy/h(针对^{137}Cs,且基于环境本底) 核辐射污染识别时间 <15 s,且准确率 >90%

图 6.52　多旋翼低空 γ 能谱测量仪[$CeBr_3$ 探测器]

图 6.53　无人直升机 γ 能谱测量仪[NaI(Tl)探测器]

在某退役铀矿区进行地面放射性污染无人机低空 γ 能谱测量,通过对探测区域的监测,获得了地面放射性污染尾矿渣放射性污染核素含量分布图和剂量分布图,剂量分布图如 6.54 所示,从图中可以辨别出该矿区的放射性异常点,有助于我们评估该矿区的放射性污染水平。

6.7.4 地面γ测量及其在地质勘探中的应用

地面γ测量是利用携带式γ测量仪或γ能谱仪来测量地表(岩矿石或土壤)的总γ照射量率或γ能谱,以达到发现放射性异常,并寻找放射性矿床的目的。由于放射性元素很分散,肉眼不易辨认,因此地面γ测量是铀矿普查的一种主要方法,它适合于各种地形、地貌和气候条件。只要有放射性物质存在,就可以利用仪器来测量地表的γ照射量率,尤其是在基岩出露良好和覆盖层厚度不大的区域更为有利。

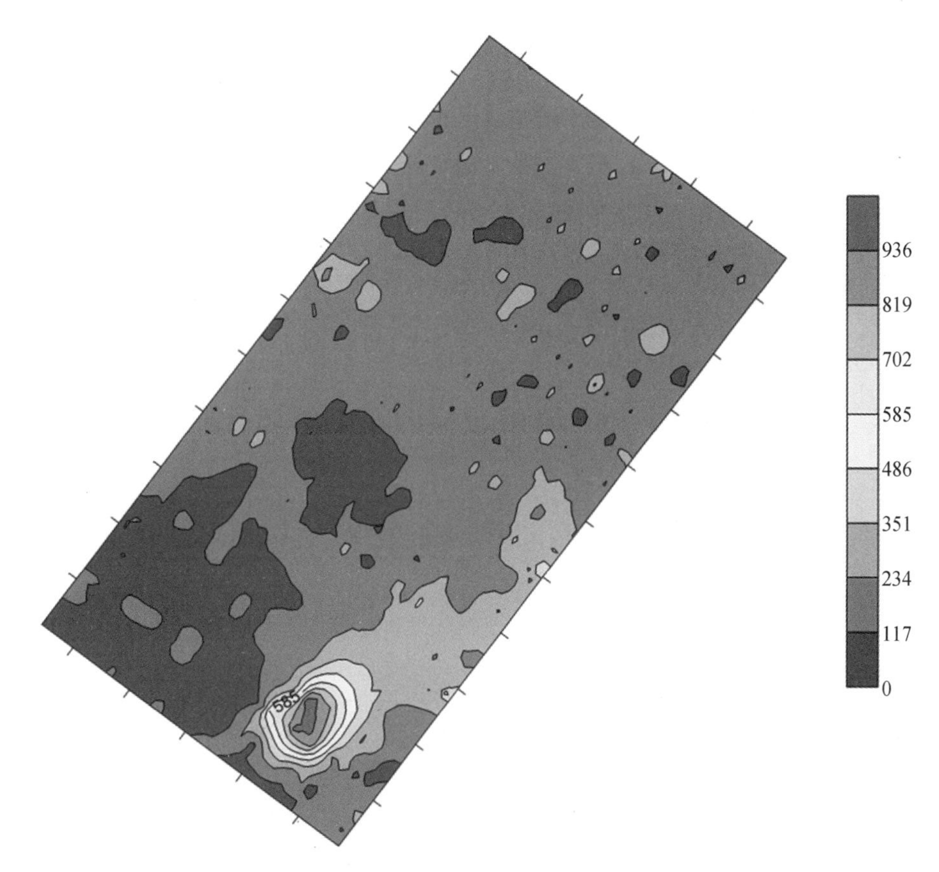

图6.54 无人机航空γ能谱测量某地空气吸收剂量分布图

(单位:nGy/h)

1. 地面γ照射量率随测量立体角的变化

在地面γ测量中,通常可忽略空气对γ射线的吸收。如果矿体对探测点所张的立体角为ω,当岩矿层或土壤的厚度无限延伸且表面无限大时,任意测点的γ照射量率可表示为

$$I = \frac{Kq\rho}{\mu}\omega \tag{6.117}$$

式中,各参数的物理含义可参见第6.2节。

显然,地面测量结果与测量立体角有很大的关系。例如,对于含量均匀的同一种放射性岩层,在凹陷外处测得的γ照射量率大于表面上的平均γ照射量率,而在突起的顶部测得的γ照射量率较小,这就是由测量立体角不同所引起的测量结果的差异,如图6.55所示。所以,在地面γ

测量工作中,一般应在平坦的表面(立体角为 2π)进行 γ 测量,并注意保持测量条件的一致性。

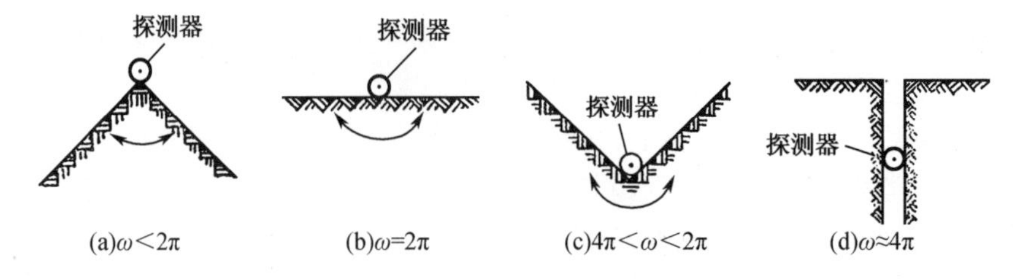

图 6.55 地面 γ 能谱测量立体角影响示意图

2. 地面 γ 照射量率和非放射性覆盖层厚度的关系

当放射性介质上方覆盖了一层非放射性介质时,其 γ 照射量率可由下式给出

$$I = \frac{2\pi K q\rho}{\mu}\Phi(\mu_1 h) = I_\infty \Phi(\mu_1 h) \tag{6.118}$$

式中,各参数的物理含义可参见 6.2 节。

上式表明,地表 γ 照射量率随覆盖层厚度 h 的增加而减小,可利用该公式估算地面 γ 测量的探测深度;当覆盖层中没有分散晕存在时,可采用探测深度估算矿体最大埋藏深度。

【例题 6.3】 设无限大铀矿体中的平衡铀含量为 0.1% eU,在铀矿层表面产生的 γ 照射量率(采用计数率表示)为 570 s^{-1}。若上覆非放射性覆盖层为泥砂质沉积岩,密度 ρ = 2.0 $g\cdot cm^{-3}$,对 γ 射线的有效质量吸收系数为 0.035 $cm^2\cdot g^{-1}$,开展 γ 测量时能分辨的最小异常值为 10 s^{-1},求本次开展的 γ 测量的最大可探测深度。

解 由题意可得

$$\Phi(\mu_1 h) = \frac{I}{I_\infty} = \frac{10}{570} \approx 0.2$$

由金格函数表可得:$\mu_1 h \approx 2.5$,则最大可探测深度为

$$h = \frac{\mu_1 h}{(\mu_1/\rho)\cdot\rho} = \frac{2.5}{0.035\times 2.0} \approx 36\ \text{cm}$$

上例表明,γ 测量的探测深度是很浅的,只有当覆盖层中的放射性元素分散晕和分散流发育时,才会增大找矿的探测深度。应注意,当在残坡积层发育的地区工作时,即使是低 γ 照射量率的异常带,也有可能存在隐伏铀矿体。

3. 利用地面 γ 能谱测量确定地表介质中的铀、钍、钾含量

在铀矿普查工作中,常常在地表开展 γ 能谱测量,它可用来确定地表介质中的铀、钍、钾含量,该项工作的基本原理、仪器标定方法与航空 γ 能谱测量类似。

在铀矿普查工作中,地面 γ 能谱仪常常采用 ϕ75 mm × 75 mm 的 NaI(Tl) 闪烁晶体作为 γ 探测器,能量分辨率一般为 7%(对 0.662 MeV 的 γ 射线光电峰的相对 FWHM),并具有自动稳谱、数据处理、含量计算、GPS 定位等功能。地面 γ 能谱与航空 γ 能谱的测量方法、谱峰选择、仪器标定等方面基本相似,例如铀道、钍道和钾道的谱段都选择能量大于 1 MeV 的特征 γ 谱峰(以尽可能地减小低能康普顿散射的干扰),常将钾道取为 1.46 MeV,铀道取为 1.76 MeV,钍道取为 2.62 MeV。再例如,确定换算系数(各道计数率与铀、钍、钾含量之间的换算关系)的主要方法都采用饱和模型标定法。

图 6.56 是应用携带式 γ 能谱仪在野外进行原位测量所获得的残坡积物中铀、钍、钾含量,并进行岩性反演的填图结果。该测区的地表残坡积物发育,覆盖约 95% 以上,平均厚度 2 ~ 4 m; 测区主要由流纹质火岩、安山岩、结晶硅化灰岩和砂板岩组成,金银矿体主要产于流纹质火山岩中。为划分测区内的岩性,以往只能大量布置探槽、浅井等山地工程,这不但增大了勘查成本,而且破坏了草地和生态环境。为此,可利用携带式 γ 能谱仪在地表残坡积物中针对铀、钍、钾含量开展 γ 能谱测量,表 6.9 是该区域的上述岩性中所含有的铀、钍、钾含量的统计结果。显然,各岩性中的平均钍、钾含量具有明显差异,可根据该差异来划分岩性。图 6.57 是该测区 Th ~ K 散点图,从该图可以看出,测区内钍、钾含量具有良好的相关性,表明 Th、K 参量的变化主要反映该区岩性的变化。

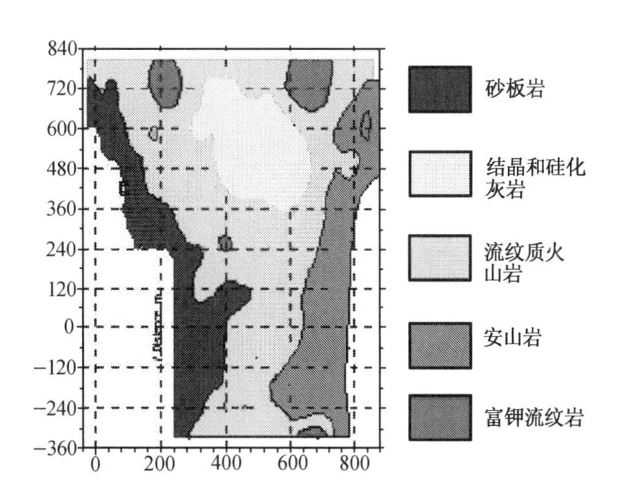

图 6.56 地面 γ 谱测量岩性反演图

表 6.9 不同岩性 γ 能谱测量的统计数据表(在农都柯金银矿点测得)

岩 性	测点数	$U/10^{-6}$		$Th/10^{-6}$		K/%	
		平均值	标准离差	平均值	标准离差	平均值	标准离差
安山岩	20	1.75	0.76	5.88	0.8	0.37	0.22
灰 岩	30	1.95	0.59	7.09	1.42	0.15	0.13
富钾流纹岩	16	2.23	1.18	14.73	1.89	2.15	0.38
砂板岩	18	3.27	0.66	11.42	1.16	0.67	0.11
流纹质火山岩	30	2.86	0.78	13.85	2.62	1.04	0.15

应该注意,本次开展的地面 γ 能谱测量所采用的实测网度为 120 m × 20 m,每点测量时间为 2 × 60 s。从图 6.56 的岩性反演结果可以看出:安山岩及安山岩形成的残坡积物主要分布在测区东部(其中,$K \leqslant 0.8\%$,$Th \leqslant 10.5 \times 10^{-6}$);而砂板岩主要分布在测区西部(其中,$K \leqslant 0.8\%$,$Th \leqslant 11 \times 10^{-6}$);灰岩和硅化灰岩主要位于测区北部的中间地带(其中,$K \leqslant 0.5\%$);两块富钾流纹岩分布于测区北部;赋存金、银多金属矿(化)体的流纹质灰岩、流纹质凝灰岩和流纹质熔岩呈条带状分布于测区中区。

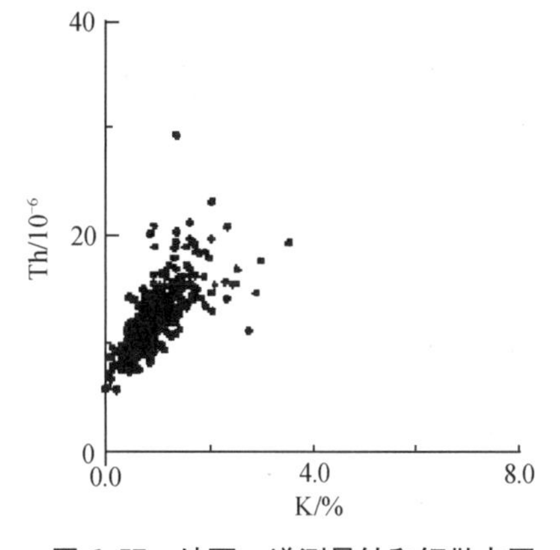

图 6.57 地面 γ 谱测量钍和钾散点图

4. 地面 γ 能谱仪新进展

车载伽马能谱测量是根据放射性核素所放射的伽马射线能量和强度的差异利用装在汽车上的伽马能谱仪测量介质放射的伽马射线能量和强度,并计算其中所含放射性核素含量的方法,用来寻找放射性矿产和监测辐射环境。在铀矿勘查中,车载伽马能谱测量主要是用来测定岩(矿)石铀、钍、钾的含量,圈定铀异常(矿化)范围和成矿远景区。

(1)国外车载伽马能谱仪

最早出现的车载伽马能谱仪产地为加拿大(如图6.58)。该仪器由两块(10×10×40)cm^3(8L)的 Na(T1)晶体探测器、GR-320 多道(256/512)伽马谱仪、GPS 定位仪和计算机集成的 256(或 512)道伽马能谱仪。可采用人工铯源(如铯源)或天然钾、铀、钍峰稳谱。能记录 0~3 000 keV 范围的天然伽马射线谱。对于铀矿勘查,车载伽马能谱道址选择 256 道即可,含量计算采用“三窗口”法。

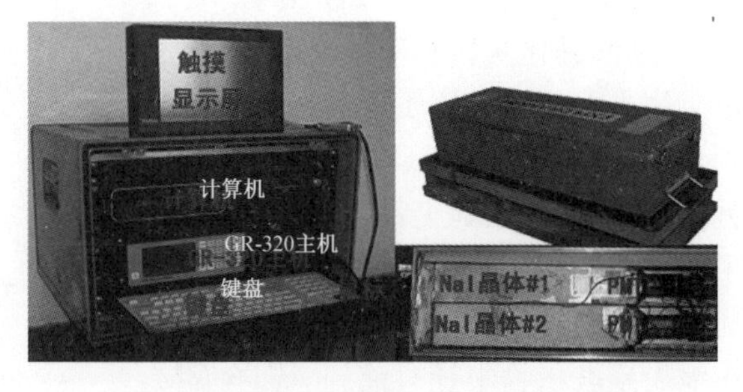

图 6.58 国外车载伽马能谱测量系统

(2)国产车载 γ 能谱仪

国产车载伽马能谱仪同样采用大体积 NaI(Tl)晶体(10×10×40)cm^3,相应匹配的光电倍增管。采取的装车方法为双联装,与配套设备共同放置在一个整流盖内配合底端的支架,方便置于车顶并且对汽车的正常行驶不造成显著影响,见图 6.59。

图 6.59 国产车载 γ 能谱仪

6.7.5 γ 测井及在铀含量计算中的应用

γ 测井是一种常见的钻井地球物理方法,也是铀矿勘探的基本方法。它是将 γ 总量测井仪或者 γ 能谱测井仪放置到钻孔中,测量井壁岩矿石的天然 γ 照射量率,并根据沿井深的 γ 照射量率曲线确定钻孔所穿过的放射性地层位置、厚度,以及放射性元素(铀、钍、钾)含量。目前,在铀矿床、铀钍混合矿床的勘探中,γ 测井已成为储量计算的主要方法,特别是在钻孔中的岩芯采取率不高时,基于定量放射性元素的 γ 测井显得尤为重要。

1. 钻孔轴线上任意点的γ照射量率计算

假设钻孔垂直穿过的水平放射性矿层的厚度为 h，将柱坐标系的原点 O 置于矿层中心，坐标 z 轴和钻孔轴线重合，柱坐标系参变量参见图 6.60。如果矿层密度和围岩密度相同，井轴（即 z 轴）任意点的γ照射量率 $I(z)$ 的计算常用方法有如下两种。

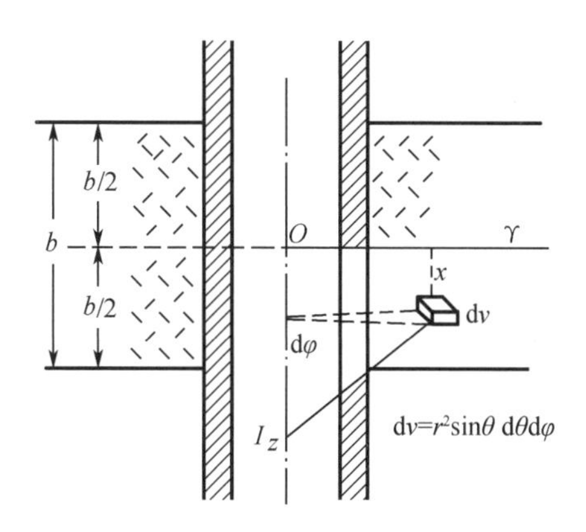

图 6.60　推导 G 函数表达式示意图

（1）G 函数表示法

根据式（6.3），经推导可求得（推导过程略）

$$I(z) = 2\pi Kq\rho\int_{r0}^{\infty}\frac{\mathrm{d}r}{r}\int_{-h/2}^{h/2}\frac{\mathrm{e}^{-[p+\mu(r-r_0)]\sqrt{1+\left(\frac{z-x}{r}\right)^2}}}{1+\left(\frac{z-x}{r}\right)^2}\mathrm{d}x \tag{6.119}$$

式中　r_0——钻孔半径（包括套管厚度）；

p——附加吸收率，它由井液、套管、探管外壳的厚度 d_1、d_2、d_3 和井液、套管、探管外壳对γ射线的有效线吸收系数 μ_1、μ_2、μ_3 计算得到，即 $p=\mu_1d_1+\mu_2d_2+\mu_3d_3$，则 $d=d_1+d_2+d_3$ 为吸收层总厚度，称为附加吸收厚度。

在γ测井中，通常引入 G 函数，其定义为

$$G(x,y,u) = \int_{y}^{\infty}\mathrm{d}\xi\int_{0}^{x/\xi}\mathrm{e}^{-(\xi-u)\sqrt{1+t^2}}\frac{\mathrm{d}t}{1+t^2} \tag{6.120}$$

将上述 G 函数表达式代入式（6.119），并令 $\xi=\mu r$，$t=\frac{z-x}{r}=\frac{\mu(z-x)}{\xi}$，经化简可得

$$I(z) = \frac{2\pi Kq\rho}{\mu}\begin{cases}G\left(\mu\left(z+\frac{h}{2}\right),\mu r_0,\mu r_0-p\right)-G\left(\mu\left(z-\frac{h}{2}\right),\mu r_0,\mu r_0-p\right), & |z|\geqslant\frac{h}{2}\\ G\left(\mu\left(\frac{h}{2}+z\right),\mu r_0,\mu r_0-p\right)-G\left(\mu\left(\frac{h}{2}-z\right),\mu r_0,\mu r_0-p\right), & |z|\leqslant\frac{h}{2}\end{cases} \tag{6.121}$$

从上式可知：矿层中心点（$z=0$ 处）的γ照射量率 $I(z)$ 将达到最大值 $I_{\max}(h)$，且可表示为

$$I_{\max}(h) = \frac{4\pi Kq\rho}{\mu}G\left(\frac{\mu h}{2},\mu r_0,\mu r_0-p\right) \tag{6.122}$$

根据上式，厚度为 h 的水平放射性矿层在井轴任意点的γ照射量率 $I(z)$ 可表示为

$$I(z)=\begin{cases}\frac{1}{2}\left(I_{\max}\left[2\left(z+\frac{h}{2}\right)\right]-I_{\max}\left[2\left(z-\frac{h}{2}\right)\right]\right), & |z|\geqslant\frac{h}{2}\\ \frac{1}{2}\left(I_{\max}\left[2\left(\frac{h}{2}+z\right)\right]+I_{\max}\left[2\left(\frac{h}{2}-z\right)\right]\right), & |z|\leqslant\frac{h}{2}\end{cases} \tag{6.123}$$

(2)地质脉冲函数 $\varphi(z)$ 表示法

地质脉冲函数 $\varphi(z)$ 是描述“平面矿体”γ 辐射场的一个基本函数,它伴随着反褶积分层解释法的产生而出现,是反褶积型分层解释法的基本函数。对地质函数作不同的处理,并采用不同的数学方法反演放射性元素含量时,就能产生不同的反褶积型的分层解释方法。地质脉冲函数 $\varphi(z)$ 的定义可理解为:对于一个横向无限延伸放射性矿层,可把该矿层划分成无数个薄矿层(即接近“平面矿体”的无限薄矿层),并假设该无限薄矿层中的放射性核素分布均匀,地层岩石(矿石)对 γ 射线的线吸收系数相同(或分段相同),井液、套管等附加吸收层的线吸收系数也相同(或分段相同),钻孔孔径不变(或分段不变)。当单位含量的放射性核素均匀分布到无限薄层时,该无限薄层(厚度为 $\mathrm{d}z$)在孔轴任意点 z 产生的 γ 照射量率为

$$\mathrm{d}I(z)=K_0\varphi(z)\,\mathrm{d}z$$

式中,K_0 为 γ 测井换算系数,表示单位含量的饱和矿层在其中心点产生的 γ 照射量率。

显然,地质脉冲函数 $\varphi(z)$ 是以坐标 z 为自变量,受地层岩石(矿石)、钻井条件、探测仪器等测量环境影响的一个参变量函数。根据 $\varphi(z)$ 的定义,按图 6.61 可推导出如下性质

$$\varphi(z)=\varphi(-z)=\varphi(|z|)\quad 且\quad \int_{-\infty}^{\infty}\varphi(z)\,\mathrm{d}z=1 \tag{6.124}$$

对于放射性核素均匀分布的矿层,其矿层边界点($z=h/2$)产生的 γ 照射量率记为

$$I_{\mathrm{m}}(h)=K_0q_0\int_{-h/2}^{h/2}\varphi\left(\frac{h}{2}-z\right)\mathrm{d}z=K_0q_0\int_{j}^{0}\varphi(z)\,\mathrm{d}z$$
$$=K_0q_0\int_{0}^{h}\varphi(z)\,\mathrm{d}z \tag{6.125}$$

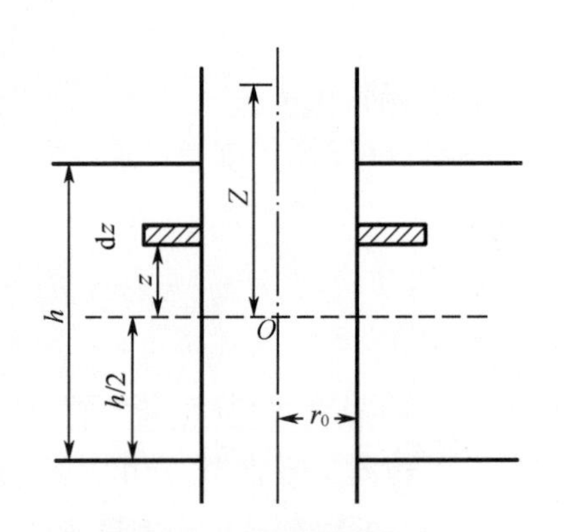

图 6.61 推导地质脉冲函数表达式示意图

式中,q_0 为均匀矿层中的放射性核素含量。

对于饱和矿层($h\to\infty$),矿层边界点的 γ 照射量率可采用中心点的 γ 照射量率表示为

$$I_{\mathrm{m}}(\infty)=\frac{1}{2}K_0q_0=\frac{1}{2}I_{\max}(\infty) \tag{6.126}$$

设放射性矿层的厚度(或视厚度)为 h,且 h 为无限薄,它在水平方向上无限延伸,当该矿层的放射性核素含量 $q(z)$ 为非均匀分布时,可将无数个无限薄矿层在井轴任意点 z 处产生的 γ 照射量率进行求和,即对上式在矿层区域求积分,可得井轴任意点的 γ 照射量率为

$$I(z)=\int\mathrm{d}I_u(Z)=K_0\int_{-h/2}^{h/2}q(Z)\varphi(z-Z)\,\mathrm{d}Z \tag{6.127}$$

当沿井轴方向的放射性核素含量在地层中的分布区间扩大到整个井轴方向(即积分区间为[$-\infty$, $+\infty$])时,不难得到井轴任意点的 γ 照射量率为

$$I(z)=K_0\int_{-\infty}^{+\infty}q(z)\varphi(z-Z)\,\mathrm{d}Z\quad 或\quad I(z)=K_0\int_{-\infty}^{+\infty}q(z-Z)\varphi(Z)\,\mathrm{d}z \tag{6.128}$$

上式称为描述钻孔γ场分布的“第一基本方程”，也是分层解释的最基本方程。

还可将式(6.128)按“单元层”概念进行离散化，也就是将矿层和围岩划分为厚度为h(常常取值为10 cm)的数个单元层，假设第i个单元层中心点的坐标为z_i，则相邻单元层的中心点坐标为$z_i \pm kh(k=1,2,\cdots)$；并假设第i个单元层的放射性核素含量为$q(z_i)=q_i$，相邻单元层的放射性核素含量为$q(z_i \pm kh)=q_{i\pm k}(k=1,2,\cdots)$。此时，沿井轴方向第$i$个单元层中心点的γ照射量率可由所有单元层各自产生的γ照射量率之和求得，即

$$\begin{aligned} I_i &= I(z_i) = \sum_{k=-\infty}^{\infty} K_0 \int_{kh-h/2}^{kh+h/2} q(Z)\varphi(z_i - Z)\mathrm{d}Z = K_0 \sum_{k=-\infty}^{\infty} q_k \left(\int_{kh-h/2}^{kh+h/2} \varphi(z_i - Z)\mathrm{d}z \right) \\ &= K_0 B(h) \sum_{k=-\infty}^{\infty} a_{i-k} q_k = K_0 B(h) \sum_{k=-\infty}^{\infty} a_k q_{i-k} \end{aligned} \tag{6.129}$$

式中，已引入形态系数a_k、厚度为h的矿层饱和度$B(h)$，并且它们的定义为

$$a_k = \frac{\int_{kh-h/2}^{kh+h/2} \varphi(z)\mathrm{d}Z}{\int_{-h/2}^{h/2} \varphi(Z)\mathrm{d}Z} \quad \text{和} \quad B(h) = \int_{-h/2}^{h/2} \varphi(Z)\mathrm{d}Z \quad (\text{其中}, k = \pm 1, \pm 2, \cdots) \tag{6.130}$$

从上述公式可以看出，对分层解释起决定作用的是地质脉冲函数，它是分层解释的最基本函数，而形态系数仅仅是地质脉冲函数的离散表达形式。可称式(6.129)为描述钻孔γ场分布的“第二基本方程”，它同式(6.128)构成了分层解释的“两个基本方程”，即正演方程。

2. 根据γ测井曲线确定铀矿层厚度

通常，根据γ测井曲线确定矿层厚度的方法有：$\frac{1}{2}I_{\max}$法、$\frac{4}{5}I_{\max}$法、给定含量法等，下面仅介绍$\frac{1}{2}I_{\max}$法。显然，矿层边界点($z=h/2$处)的γ照射量率$I_{\mathrm{m}}(h)$可由式(6.123)求得

$$I_{\mathrm{m}}(h) = \frac{1}{2} I_{\max}(2h) \tag{6.131}$$

可见，厚度为h的矿层边界点的γ照射量率等于厚度为$2h$矿层中心点照射量率的一半。当矿层达到饱和厚度($h \to \infty$)时，中心点的γ照射量率达到饱和值$I_{\max}(\infty)$，即

$$I_{\mathrm{m}}(\infty) = \frac{1}{2} I_{\max}(\infty) \tag{6.132}$$

由上式可知：对于饱和矿层，其边界点上的γ照射量率$I_{\mathrm{m}}(\infty)$等于矿层中心点γ照射量率$I_{\max}(\infty)$的一半，可据此确定饱和矿层的边界位置。也就是，只需要在γ测井曲线上找到半高度点$\frac{1}{2}I_{\max}$(图6.62)，其对应位置即为矿层边界。通常，$\frac{1}{2}I_{\max}$法在任何测井条件下(不论是否有无井液和套管)，当矿层边界清楚、矿化均匀时，均可采用$\frac{1}{2}I_{\max}$来确定矿层边界。

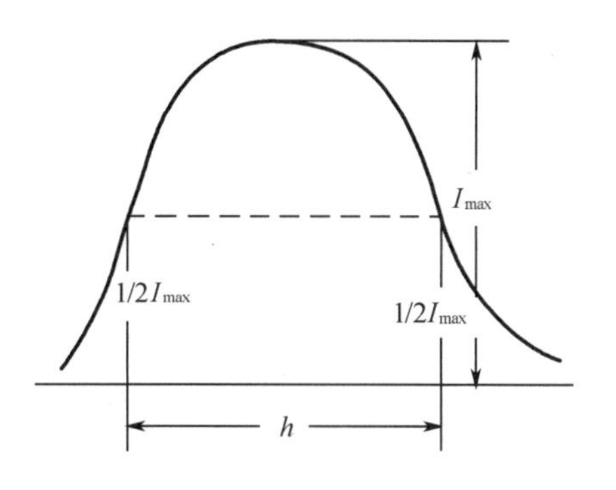

图6.62　$\frac{1}{2}I_{\max}$法确定矿层厚度

一般来说,当 $h>70$ cm(或 $h\cdot\rho=160\sim180$ g·cm^{-2})时,可近似认为矿层达到了饱和,即 $I_{\max}(h)=I_{\max}(\infty)$。实际上,对于 $\rho\approx2.5$ g·cm^{-3},$h>40$ cm 的矿层,就可近似认为 $I_{\max}(h)=I_{\max}(\infty)$,其误差大致为5%,参见图6.63的曲线。

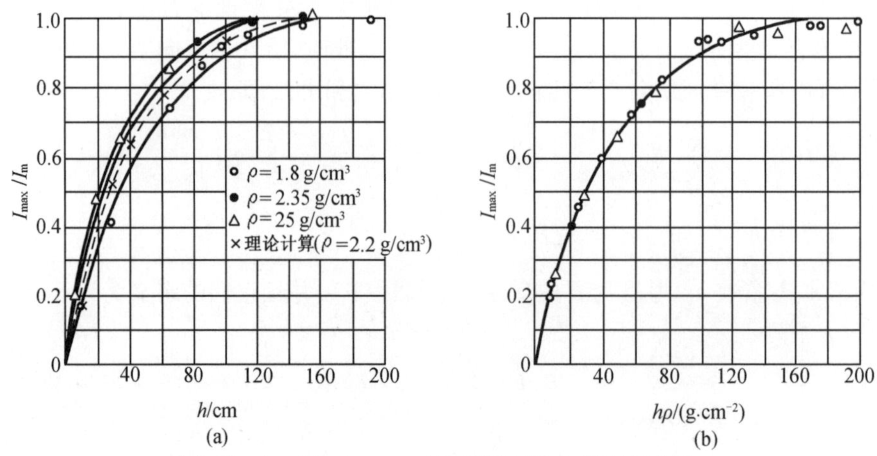

图6.63 $I_{\max}(h)/I_{\max}(\infty)$ 随矿层厚度 h 的变化曲线

3. 根据γ测井曲线确定矿层铀含量

(1)γ测井曲线面积法确定矿层铀含量

根据γ测井曲线下的异常面积 S,可以确定矿层铀含量。在分层解释方法成熟之前,它是γ测井定量解释中应用较广泛的一种方法。现讨论如下:

如图6.64所示,γ测井曲线下的面积 S 为

$$S=\int_{-\infty}^{\infty}I(z)\,\mathrm{d}z \qquad (6.133)$$

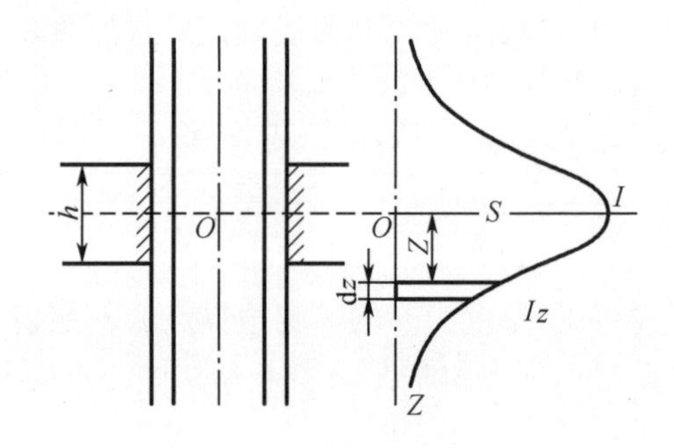

图6.64 曲线面积与含量关系推导用图

将式(6.119)的 $I(z)$ 代入上式,并进行变量置换,可得

$$S=2\pi Kq\rho\int_{r_0}^{\infty}\mathrm{d}r\int_{-h/2}^{h/2}\mathrm{d}x\int_{-\infty}^{\infty}\frac{\mathrm{e}^{-[p+\mu(r-r_0)]\sqrt{1+t^2}}}{1+t^2}\mathrm{d}t$$

$$=\frac{4\pi Kq\rho}{\mu}h\int_0^{\infty}\frac{\mathrm{e}^{-p\sqrt{1+t^2}}}{(1+t^2)^{3/2}}\mathrm{d}t$$

$$=\frac{4\pi Kq\rho}{\mu}hF(p)=h\cdot I_{\max}(\infty) \qquad (6.134)$$

式中,$I_{\max}(\infty)=\frac{4\pi Kq\rho}{\mu}\cdot F(p)$,其中 $p=\mu_1d_1+\mu_2d_2+\mu_3d_3$。

F 函数的定义参见式(6.134),它可用来表示饱和矿层中心点的γ照射量率。显然,当钻孔中有水或泥浆、铁管时,$F(p)<1$;否则 $F(p)=1$。无论何种情况,公式(6.134)都是成立的。通常,可利用 S/h 求取 $I_{\max}(\infty)$,再利用 $I_{\max}(\infty)$ 与 q 的正比关系求取矿层含量 q。当不考虑附加吸收层的吸收修正时[即假设 $F(p)=1$],上式可简化为

$$S=h\cdot I_{\max}(\infty)=h\cdot K_0q_0 \qquad (6.135)$$

式中 q_0——矿石中的平衡铀含量(%);

K_0——换算系数[C·kg^{-1}·s^{-1}·cm^{-1}·(0.01% eU)$^{-1}$]。

应当指出：在实测 K_0 和求取 S 时，只有使测井条件保持一致，公式(6.135)所表达的关系才可成立；否则，需要做相应的校正。

(2)测井曲线分层解释方法确定铀含量

分层解释方法是利用 γ 测井曲线，根据分层解释的"两个基本方程"，即正演方程式(6.128)或式(6.129)，反演求解地层岩石(矿层)的放射性核素含量的方法。一般来说，可将分层解释方法分成两大类：一类是采用形态系数的求解方法，这类方法包括逐次迭代法、逆矩阵法、数字信号法等，其中，逐次迭代法借助了线性方程组的迭代求解法，逆矩阵法、数字信号法借助了线性方程的直接求解法；另一类方法是采用地质脉冲函数和反褶积技术的求解方法，主要包括三点式反褶积法、五点式反褶积法等。下面主要介绍反褶积分层解释法。

当矿层含量仅沿钻孔深度变化时，放射性矿层所产生的井轴 γ 场可用上述钻孔 γ 场的第一基本方程式(6.128)来表示。因此，可将式(6.128)表示成为褶积和反褶积格式：

$$I(z) = K_0 q(z) * \varphi(z) = K_0 \int_{-\infty}^{\infty} q(z-Z)\varphi(Z)\mathrm{d}Z \tag{6.136}$$

$$q(z) = \frac{1}{K_0} I(z) * \varphi^*(z) = \frac{1}{K_0}\int_{-\infty}^{\infty} I(z-Z)\varphi^*(Z)\mathrm{d}Z \tag{6.137}$$

所谓"褶积"，就是利用地质脉冲函数 $\varphi(z)$ 对含量曲线 $q(z)$ 进行滤波，以便求得 γ 照射量率曲线 $I(z)$，因而 $\varphi(z)$ 又称为滤波器；所谓"反褶积"，与上述滤波过程正好相反，它是采用反地质脉冲函数 $\varphi^*(z)$(又称为反滤波器)对 γ 照射量率曲线 $I(z)$ 行滤波，以便求得含量曲线 $q(z)$。"褶积"和"反褶积"互为反运算，根据频谱变换理论，可将上述空间域的褶积公式和反褶积公式改写成为频率域中的两个乘积公式，即

$$J(\omega) = K_0 Q(\omega)\Phi(\omega) \quad 和 \quad Q(\omega) = \frac{1}{K_0} J(\omega)\Phi^*(\omega) \tag{6.138}$$

式中　$J(\omega)$、$Q(\omega)$ 和 $\Phi(\omega)$——$I(z)$、$q(z)$ 和 $\varphi(z)$ 的频谱；

$\Phi^*(\omega)$——$\varphi^*(z)$ 的频谱。

显然，通过比较式(6.138)中的两个公式，可以得到

$$\Phi^*(\omega) = \frac{1}{\Phi(\omega)} \tag{6.139}$$

综合上述，如果要从 γ 照射量率曲线 $I(z)$ 中反演出含量曲线 $q(z)$，只要将滤波器 $\varphi(Z)$ 变换成另一个滤波器 $\varphi^*(Z)$，就能实现含量计算。也就是遵行下面的变换过程

$$\varphi(z) \xrightarrow{\text{变换到频率域}} \Phi(\omega) \xrightarrow{\text{求反函数}} \Phi^*(\omega) = \frac{1}{\Phi(\omega)} \xrightarrow{\text{变换到空间域}} \varphi^*(z) \tag{6.140}$$

通常，γ 测井反褶积分层解释法采用的地质脉冲函数和相应的反地质脉冲函数分别为

$$\varphi(z) = \frac{\alpha}{2}\mathrm{e}^{-\alpha|z|} \quad 和 \quad \varphi^*(z) = \delta(z) - \frac{\delta''(z)}{\alpha^2} \tag{6.141}$$

其中，α 称为特征参数，它是受测井条件、矿层结构和探测仪器等因素作用的一个综合参数；$\delta(z)$、$\delta''(z)$ 分别表示狄拉克函数和它的二次导数。

将式(6.141)代入式(6.142)，并对 $I(z)$ 进行多项式插值，便可求得如下含量计算公式：

①一点式反褶积法的含量计算公式

$$q_i = \frac{I_i}{K_0} \tag{6.142}$$

②三点式反褶积法的含量计算公式

$$q_i = \frac{I_i}{K_0} - \frac{1}{K_0(\alpha \cdot \Delta Z)^2}(I_{i-1} - 2I_i + I_{i+1}) \tag{6.143}$$

③五点式反褶积法的含量计算公式

$$q_i = \frac{I_i}{K_0} - \frac{1}{12(\alpha \cdot \Delta Z)^2}(-I_{i-2} + 16I_{i-1} - 30I_i + 16I_{i+1} - I_{i+2}) \tag{6.144}$$

④十一点式反褶积法的含量计算公式

$$q_i = \frac{I_i}{K_0} - \frac{1}{6\,804\,000(\alpha \cdot \Delta Z)^2}\begin{pmatrix} 216I_{i-5} - 3\,375I_{i-4} + 27\,000I_{i-3} - 162\,000I_{i-2} + \\ 1\,134\,000I_{i-1} - 1\,991\,682I_i + 1\,134\,000I_{i+1} - \\ 162\,000I_{i+2} + 27\,000I_{i+3} - 3\,375I_{i+4} + 216I_{i+5} \end{pmatrix} \tag{6.145}$$

显然,一点式反褶积法的含量计算公式就是平均含量法中的给定含量法,其代数精度为零阶,误差较大;三点式、五点式反褶积法是最常用的反褶积法含量计算公式,它们分别具有二阶、三阶代数精度;虽然人们很少采用十一点式反褶积法,但它具有五阶代数精度。

表6.10是根据汤彬等人在我国石家庄模型站的U1D系列积木模型井上实测的γ测井数据,通过上述多点反褶积分层解释公式进行定量解释所得到的结果。其中,特征参数a取值为$0.095\ \text{cm}^{-1}$,换算系数取值为279.7(cps/0.01%),表中的3点式一栏是采用数字信号法中的一种特例方法求得。该模型矿层位于井深80 cm处为10 cm的单元层,其当量铀含量为0.082 2%。此时,在该薄矿层上,采用三点式反褶积法解释含量的相对误差为(0.028 2 − 0.067 7)/0.082 2 = 17.64%,十一点式反褶积法解释含量的相对误差为(0.082 2 − 0.079 5)/0.082 2 = 3.28%。

表6.10 矿层厚度为10 cm的模型γ测井数据及解释结果对比

井深 /cm	计数率 /cps	3点式 /(10^{-4}%)	5点式 /(10^{-4}%)	7点式 /(10^{-4}%)	9点式 /(10^{-4}%)	11点式 /(10^{-4}%)
0	12.2					
10	12.7	4.2				
20	14.0	4.2	4.4			
30	17.4	2.7	2.9	2.9		
40	29.8	1.1	1.9	1.8	1.5	
50	66.4	−2.4	0.5	1.9	2	1.5
60	168.9	−16.4	−22.1	−19.6	−16.3	−13.4
70	465.2	107.5	74.7	57.6	47.4	40.7
80	910.1	677.3	745.7	772.7	786.8	795.5
90	466.7	108.5	75.9	58.8	48.6	42.0
100	170.6	−16.2	−22.0	−19.6	−16.3	−13.3
110	69.2	−1.0	1.9	3.3	3.4	2.9
120	32.8	2.9	4.0	3.8	3.6	
130	18.6	2.7	2.8	2.7		
140	14.5	4.2	4.4			
150	13.0	4.3				
160	12.4					

4. γ测井影响因素及校正

(1)铁套管、水(或泥浆)吸收伽马射线的校正

不论是采用测井曲线面积法,还是采用测井曲线分层解释法,所确定的矿层铀含量都要求实际γ测井的测量条件与仪器标定(确定换算系数)时的测量条件保持一致,否则,应进行相应校正。假设钻孔中有铁管和水(泥浆),由γ测井曲线计算得到的铀含量必须经过铁管和水(泥浆)的附加吸收修正,由此才可求得真实的铀含量 q_s,也就是

$$q_s = \frac{q}{(100\% - n_1) \cdot (100\% - n_2)} \tag{6.146}$$

式中,n_1、n_2 为井液(水、泥浆)和套管(铁管)对γ射线的吸收校正系数(吸收百分比)。通常,在模型井上采用实验方法求取,即对各种厚度的套管和井液求出吸收校正系数,并制成相应的量板,或者建立数学模型[例如采用 $F(p)$ 进行计算]。

(2)有效平衡系数的校正

有效平衡系数包括铀镭平衡系数 C 和有效射气系数 η,其值为 $C(1-\eta)$。在分层解释中,了解矿石的有效平衡系数,是保证γ测井定量解释准确性的重要条件之一。由于γ测井定量解释要求准确给出矿层铀含量,因而铀镭不平衡附加的氡及其衰变产物的γ射线必须予以修正。通常,可在一个矿区或者矿段引入有效平衡系数,为此必须研究以下几点规律:①有效平衡系数与真实铀含量的相互关系;②有效平衡系数沿矿体走向、倾向和矿体厚度的变化关系;③各含矿层位、各矿体块段间有效平衡系数的变化关系;④地球化学带中的有效平衡系数变化规律;⑤地质构造与有效平衡系数的变化规律。

根据以上规律,可确定是否有必要对不同地球化学带,不同块段引入不同的有效平衡系数值。在实际生产中,若有效平衡系数值在0.9~1.1之间,可近似认为平衡,计算铀含量时可以不加校正。否则,必须采用下式计算真实的铀含量:

$$q_s = \frac{q}{C \cdot (1-\eta) \cdot (100\% - n_1) \cdot (100\% - n_2)} \tag{6.147}$$

(3)钻孔中氡(Rn)沉淀物的影响及其排除方法

当钻孔揭穿矿体后,矿体中的氡射气(还可能伴有钍射气)可向钻孔扩散,其沉淀物 RaB 和 RaC 等附着在井壁上,并产生附加的γ照射量率,使得γ测井曲线畸变,夸大了矿层厚度、提高了矿层品位。在实际生产中曾经发现,有个钻孔仅穿过了2~3 m 厚的矿体,由于氡射气扩散,使γ测井曲线上出现了数10 m 厚的假异常。根据资料统计,在直径为120 mm 的钻孔中,附加γ照射量率与氡射气浓度的关系为 $0.194 \times 10^{-14}(\mathrm{C \cdot kg^{-1}})/(\mathrm{Bq \cdot L^{-1}})$;与钍射气的关系为 $0.097 \times 10^{-14}(\mathrm{C \cdot kg^{-1} \cdot s^{-1}})/(\mathrm{Bq \cdot L^{-1}})$。通常,排除氡射气和钍射气影响的办法有:①测井前用压缩空气向孔内压气,每分钟约向孔内压送10~30 $\mathrm{m^3}$ 的空气,时间约1 h。通导压缩空气的细钻杆或胶皮管的下端应放在矿层底部;②用清水冲洗钻孔;③如果条件允许,则可在揭露射气扩散层后立即进行测井(不应迟于揭露后的1~1.5 h),在此情况下不需要采用预先冲洗或压气的方法,并且这种钻孔的测井时间要短,一般不应超过2 h。

在钻孔中充填井液,氡、钍射气的扩散速度将变得缓慢,开始只在矿层附近造成干扰γ本底,但当冲洗钻孔2~3日后,使可发现孔中的γ照射量率有增加现象,经4~6日后,γ照射量率达到最大值。然而,与干燥钻孔不同,此时的γ测井曲线形状与揭露到射气扩散层之后立即测得的γ测井曲线几乎完全相似。因此,对充有井液的钻孔来说,氡、钍射气扩散的影响是

使矿石的铀含量偏高,而矿层厚度没有明显误差。排除这种影响的方法有;①必须在揭露矿层后立即进行测井,或者在测井前不停止冲洗钻孔;②如果是经长时间封闭的钻孔,在需要进行重复测井前,应仔细进行冲洗钻孔的工作。

(4)放射性水的影响及其排除方法

在铀矿勘探过程中,含较高镭、氡含量的水渗入钻孔的情况时常有之,如果矿体被充有承压水的裂隙切穿,这种放射性水渗入钻孔的现象就更加明显。放射性水进入钻孔后,受浓度梯度和压力梯度两种因素的控制,要向上、下扩散,这会导致 γ 测井曲线的失真。此时,根据 γ 测井曲线所解释的矿层厚度和品位要比实际情况偏高。一般情况下,放射性水渗入部位的 γ 照射量率增高是特别显著的。根据资料统计,水中浓度达 3 700 $Bq\cdot L^{-1}$时,所能引起的 γ 照射量率见表 6.11。

表 6.11　水中 3 700 $Bq\cdot L^{-1}$氡浓度引起的照射量率

钻孔半径/mm	探管厚度/mm	γ 照射量率
110	50	约 280
250	50	约 840

6.7.6　行星 γ 测量在月球土壤分析中的应用

用 γ 能谱仪对月球放射性元素含量进行测定的基础来自环境 γ 能谱测量,是月球、火星等行星土壤成分分析中应用。

1. 美国月球 γ 射线谱仪(LP－GRS)

由美国的路易斯阿拉莫斯国家实验室(LANL)制造的 γ 射线谱仪(LP－GRS)(图 6.65)收集了 1998 年 1 月 16 日至 1999 年 7 月 28 日的数据,任务的两个主要阶段是高空和低空阶段。在任务的高空部分,低空航天器以 100 公里的平均高度绕月球飞行;在任务的低空部分,航天器以 30 km 的平均高度绕月球飞行。由于 LP－GRS 测量的空间分辨率主要取决于航天器的高度,因此低海拔数据的空间分辨率比高海拔数据好约 3 倍。

图 6.65　美国 γ 射线谱仪(LP－GRS)

LP－GRS 使用由塑料闪烁体反符合屏蔽(ACS)包围的 BGO 闪烁体晶体,测量 0.5 至

9 MeV 的 γ 射线，能量分辨率为 8.5%@662 keV(图 6.66)。每 32 s 累积一次完整的 γ 射线光谱测量，在此期间，LP - GRS 在近地表面行驶了约 50 km。

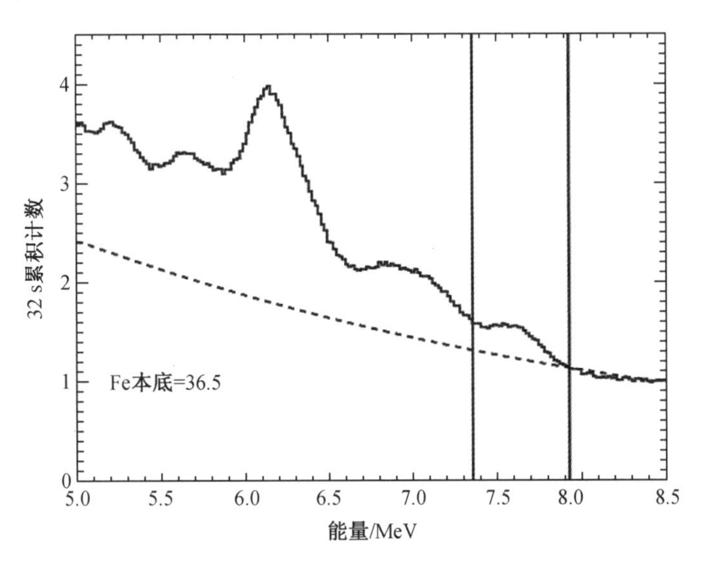

图 6.66　LP - GRS 探测伽马射线谱

2. 日本月球 γ 谱仪(SELENE - GRS)

日本于 2007 年发射卫星“月亮女神号”(SELENE)，其上装配 γ 谱仪 SELENE - GRS(图 6.67)。卫星绕月轨道为越极轨道，工作高度为月表上空 1 000 km。该谱仪采用目前能量分辨率最高的 HPGe 探测器，高纯锗晶体直径 65 mm，高 77 mm，灵敏体积 250 cm^3，相对效率 70%，能量分辨率在 1 332 keV 处可以达到 0.23%，比 LP - GRS 好 8 ~ 13 倍(图 6.68)。运行时探测晶体中轴线平行于月球表面。反符合探测器为 BGO 晶体，半球状包围住主探测器晶体，BGO 的厚度为 10 ~ 40 mm，最厚部分正对卫星机舱，屏蔽了来自飞船内部的 γ 背景射线。

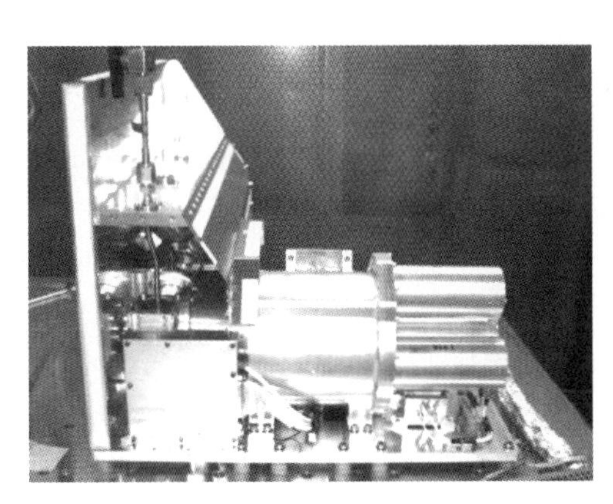

图 6.67　日本 γ 谱仪 SELENE - GRS

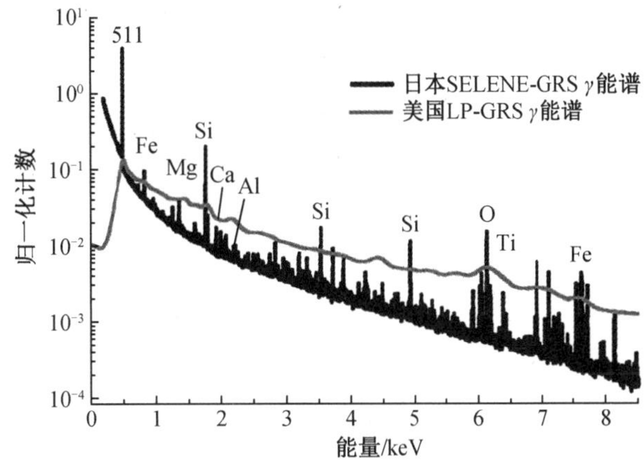

图 6.68　SELENE - GRS 与 LP - GRS γ 射线能谱对比

因为 HPGe 需要在低温下工作，所以配套制冷设备，将工作环境温度维持在 80 ~ 90 K。整套制冷设备的最大功率为 81 W，制冷机重 3.5 kg，空调系统重 4.5 kg，为卫星的负荷工作能力提出了新的挑战。

3. 中国“嫦娥一号”γ射线谱仪(CE1 - GRS)

作为第一颗探月卫星,我国在“嫦娥一号”卫星及其载荷的研制过程中,用自主技术攻克了很多国际难题,开创了我国航天科技领域的多个“第一”。“嫦娥一号”γ射线谱仪(CE1 - GRS)作为“嫦娥一号”探月卫星搭载的有效载荷之一,也是我国首个探月γ射线能谱仪。仪器被安放在卫星体内,CE1 - GRS 主要由闪烁体、光电倍增管、电子学电路及与卫星连接总线几部分组成,外观如图 6.69。

图 6.69 “嫦娥一号”γ射线谱仪(CE1 - GRS)

CE1 - GRS 安放在卫星体内,尺寸为小 18 mm × 78 mm 的 CsI(TL)主晶体位于 CE1 - GRS 中间,用于实现反符合功能的 CsI(T1)晶体位于主晶体周围,厚度为 30 mm。CE1 - GRS 的主探测器每 3 s 记录 1 条来自月球和其他非月球的γ射线能谱,反符合探测器每秒记录 1 条来自卫星本体等受宇宙射线轰击所产生的次生γ射线能谱(图 6.70)。CE1 卫星按极地轨道绕月飞行,在轨运行期间的平均轨道高度为 197.19 km。

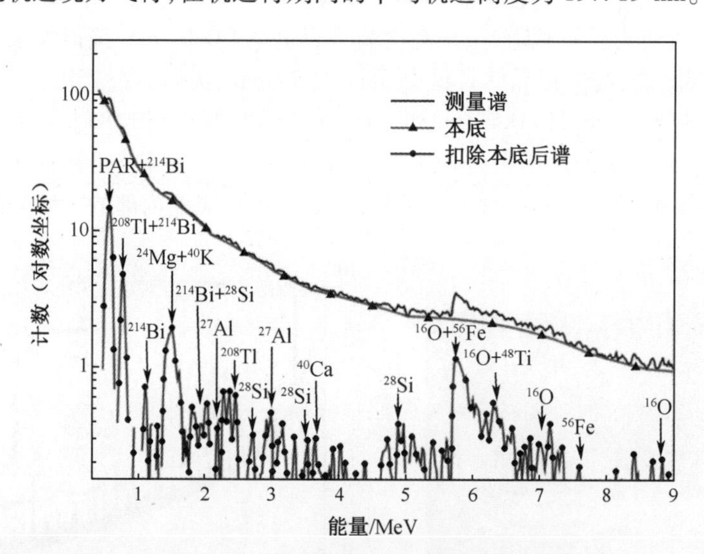

图 6.70 “嫦娥一号”在马伊姆布里姆地区的月球表面γ能谱

CE1 - GRS 的主要性能指标如下:

可探测的射线能量范围为 300 keV ~ 10 MeV;

主探测器的测量道数为 512 道,反符合探测器的测量道数为 256 道;

对 Cs 的 662 keV 全能峰的相对半高宽约为 9%;

对能量高于 5 MeV 的γ射线的反符合效率大于 97%。

探测数据对月表的覆盖范围达100%。

根据“嫦娥一号”γ能谱推断的月球表面岩体K含量分布、U含量分布、Th含量分布及等效原子序数分布分别如图6.71～图6.72所示。

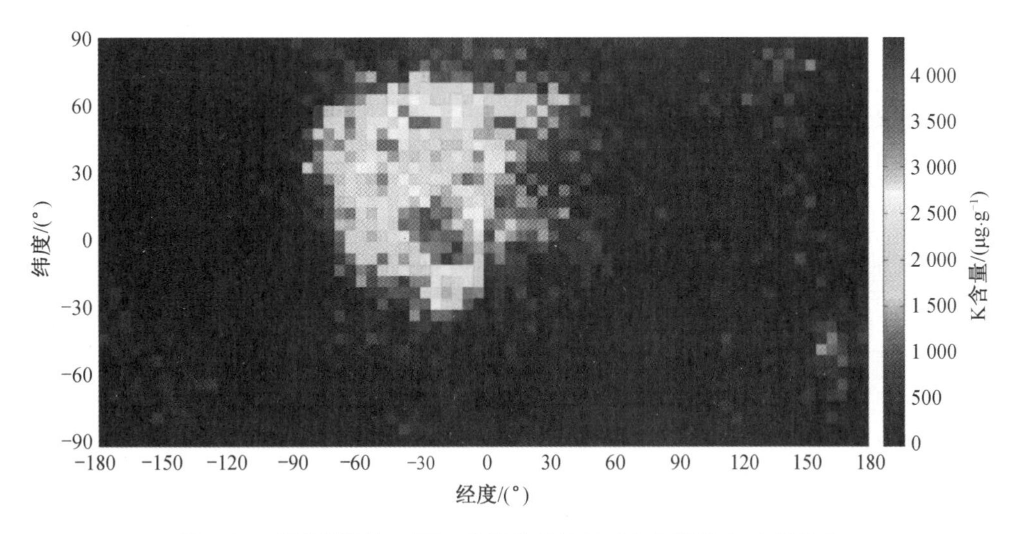

图6.71 根据“嫦娥一号”γ能谱推断的月球表面岩体K含量分布

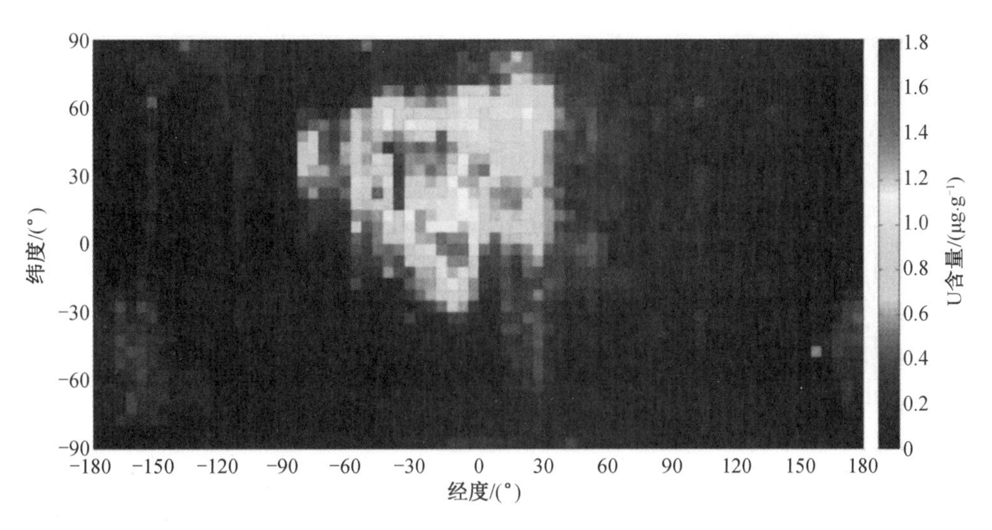

图6.72 根据“嫦娥一号”γ能谱推断的月球表面岩体U含量分布

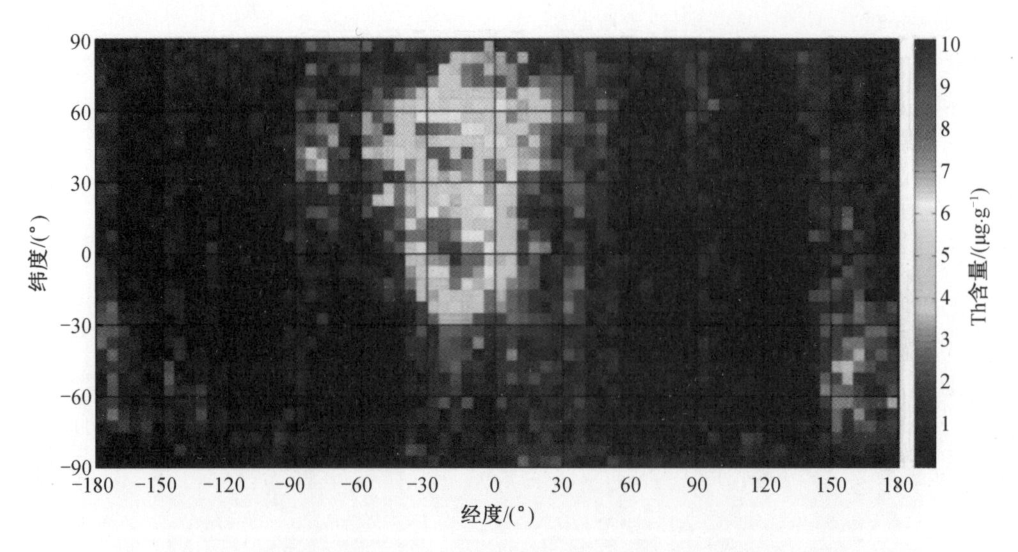

图 6.73 根据“嫦娥一号”γ 能谱推断的月球表面岩体 Th 含量分布

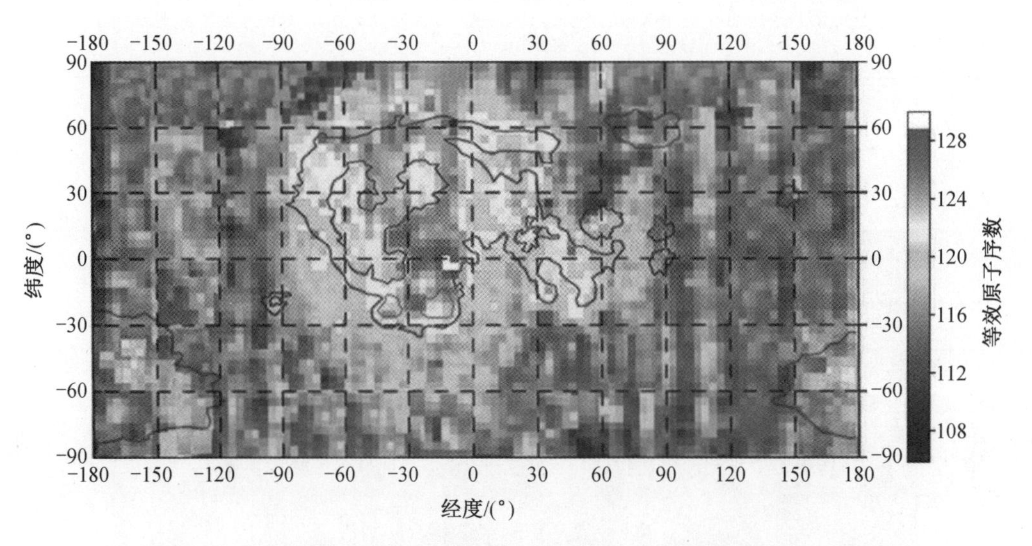

图 6.74 根据“嫦娥一号”γ 能谱推断的月球表面岩体等效原子序数分布图

思考题和练习题

6-1 γ 射线能量与 γ 照射量率的异同点有哪些?

6-2 γ 射线的点状辐射源、线状辐射源、面状辐射源与体状辐射源的异同点有哪些?

6-3 分析 γ 射线点状辐射源产生的 γ 照射量率计算公式,并简述其物理意义?

6-4 推导一个出露于地表的圆锥台状铀矿体源的空中任意点 γ 照射量率计算公式?

6-5 简述既有自吸收又有散射时的体源 γ 照射量率计算方法?

6-6 简述 γ 射线仪器谱和 γ 射线谱的异同以及光电效应形成的 γ 仪器谱的特点。

6-7 分析“小探测器模型”“大探测器模型”和“中等大小探测器”所产生的γ能谱响应特点。

6-8 分析γ射线仪器谱复杂化的主要因素,并简述这些因素的各自特点。

6-9 分析来自探测器之外的使γ射线仪器谱进一步复杂化的常见因素。

6-10 描述γ谱仪的主要技术参数有哪些?其中,怎样描述γ谱仪的能量分辨率?

6-11 什么是能量刻度?怎样实现探测效率刻度?为什么要选择刻度时的测量条件?

6-12 γ射线仪器谱中的能峰与γ射线的入射方向有何关系?

6-13 什么是低水平活度测量,怎样进行低水平活度测量?

6-14 怎样进行低水平活度样品的定性分析与定量分析?

6-15 在能谱分析中,怎样确定能谱特征峰面积?常见的峰面积计算方法有哪些?

6-16 在能谱分析中,为什么要经常进行数据光滑处理?

6-17 在能谱分析中,怎样进行寻峰?常见的寻峰算法有哪些?

6-18 什么是复杂γ谱解析?请简述常见的拟合函数解谱方法原理。

6-19 什么是样品放射性分析?请简述其确定铀、镭、钍含量的基本原理。

6-20 请简述β-γ法分析铀、镭含量的基本原理,并试推导相关定量计算公式。

6-21 比较β-γ-γ能谱分析方法和γ-γ-γ能谱分析方法的异同,并简述各自特点。

6-22 简述γ辐射法测定物体密度的基本原理。比较窄束法、宽束法、散射法的异同。

6-23 在航空γ测量工作中,引起空中任意测点的γ照射量率主要来源有哪些?

6-24 简述航空γ能谱测量中的剥离系数解析法的基本原理,并指出剥离系数的物理意义。

6-25 结合实例,论述航空γ能谱测量在矿产勘查中的应用与发展。

6-26 在地面γ测量中,引起地表任意测点的γ照射量率变化的主要因素有哪些?

6-27 结合实例,论述地面γ能谱测量在矿产勘查中的应用与发展。

6-28 在γ测井中,请论述计算井轴任意点的γ照射量率$I(z)$的两种常用方法。

6-29 在γ测井中,请简述$\frac{1}{2}I_{max}$法确定矿层厚度,及异常面积法确定矿层含量的原理。

6-30 在γ测井中,请简述反褶积分层解释法确定铀含量的基本原理和常用公式。

第7章　X射线荧光测量方法

X射线荧光测量方法是利用射线(一般情况下是放射性核素源或X射线管发出的射线)照射被测物质,使被测物质受激后发出X射线荧光,然后通过对X射线荧光的能量(或波长)和照射量率的测量,确定被测物质中有何种元素及其含量。依据波长或者能量来检测被分析元素,可以将X射线荧光测量方法分为波长色散X射线荧光分析与能量色散X射线荧光分析两类。

每个元素的特征X射线荧光有不同的波长和能量,如附图D-1所示。波长色散利用晶体分光,把不同波长的特征X射线分开,根据布拉格(Bragg)公式和莫塞莱(Moseley)定律进行元素的定性分析;由于元素的含量越高,特征X射线的照射量率就越大,据此可以进行定量分析。能量色散则直接采用半导体或其他辐射探测器配合多道分析仪器来检测样品中的特征X射线能量,以及相应能量的特征X射线的照射量率,以此进行定性和定量分析。

本章仅讨论能量色散X射线荧光分析方法。尽管如此,基于能量色散X射线荧光分析的物理原理与解决问题的基本思路,依然适用于波长色散X射线荧光分析。

7.1　X射线荧光法定性与定量分析原理

7.1.1　X射线荧光的产生与莫塞莱定律

本质上,X射线和光一样,是一种电磁辐射,其光谱波长范围大约为$10^{-2} \sim 10^{4}$ nm,介于紫外线和γ射线之间。与γ射线一样,X射线也具有光与粒子的二象性。X射线的这种波粒两重性,可随不同的实验条件而表现出来。显示X射线的微粒性有光电吸收、非相干散射、气体电离和产生闪光等现象,以一定的能量和动量为特征;显示X射线的波动性有光速、反射、折射、偏振和相干散射等,以一定的波长和频率为特征。因此,X射线是不连续的微粒性和连续的波动性的矛盾统一体。作为粒子所具有的能量E,与作为光所具有的波长λ之间具有如下关系:

$$E = h\nu = hc/\lambda \tag{7.1}$$

式中　h——普朗克常量,等于6.62×10^{-34} J·s;

c——光速,值为3.0×10^{10} cm·s^{-1};

ν——X射线频率(cm^{-1});

λ——X射线的波长(cm);

E——X射线的能量(尔格,即erg,1 erg = 10^{-7} J)。

若能量E以eV为单位,波长λ以10^{-8} cm为单位,则有

$$E = 12\,400/\lambda \tag{7.2}$$

X射线荧光是入射量子(γ,X,p,e等)与原子发生相互作用的产物,其产生过程如图7.1所示,可以分两步来讨论。首先,入射粒子与原子发生碰撞,从中逐出一个内层电子,此时原子处于受激状态。随后($10^{-12} \sim 10^{-14}$ s),原子内层电子重新配位,即原子中的内层电子空位由

较外层电子补充,两个壳层之间电子的能量差,就以 X 射线荧光的形式释放出来。

根据能量守恒的原理,如果要逐出内层电子,入射量子的能量必须略高于内层电子的结合能,其多余的能量便成为该电子的动能。根据玻尔的原子壳层理论,一个较外层电子在填充内层电子空位时,所放出的能量与两个能级之差相同,因此释放出来的光量子(即特征 X 射线荧光)的能量等于两个能级间的能量差,可由下式确定

$$E = R \cdot h \cdot c(Z - a_n)^2(1/n_1^2 - 1/n_2^2) \tag{7.3}$$

式中 E——特征 X 射线的能量;

n_1, n_2——壳层电子跃迁前后所处壳层的主量子数;

R——里德伯常数,$R = 1\ 096.776\ \text{m}^{-1}$;

h——普朗克常量,$h = 6.626 \times 10^{-34}\ \text{J·s}$;

c——真空中光速度,$c = 3.0 \times 10^8\ \text{m·s}^{-1}$;

a_n——正数,与内壳层的电子数目有关;

Z——原子序数。

对于 K 系而言,上式中的 $a_n = 1, n_1 = 1, n_2 = 2$,对于 L 系而言,$a_n = 3.5, n_1 = 2, n_2 = 3$。上式表明,特征 X 射线的能量 E 与 Z^2 成正比,或者说,每个谱系的特征 X 射线能量的平方根和原子序数呈线性关系。上述规律称为莫塞莱定律。图 7.2 称为莫塞莱图,该图表示从硼到铀的诸多元素的常用 K、L、M 系谱线能量 E 与原子序数 Z 的对数关系。

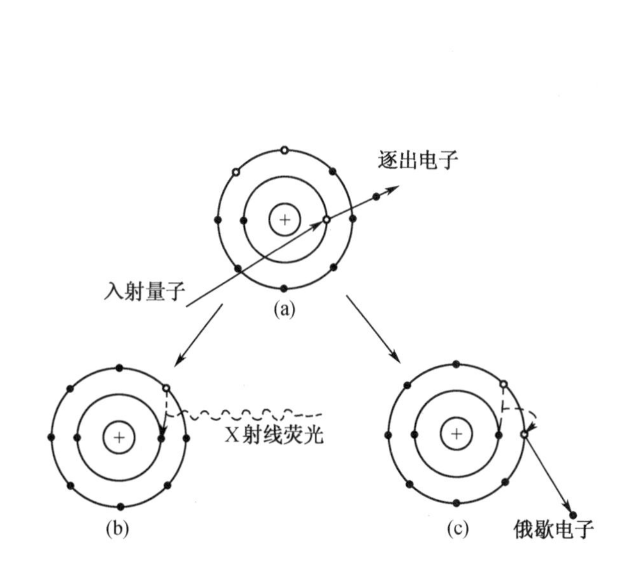

图 7.1 产生特征 X 射线和俄歇效应的示意图

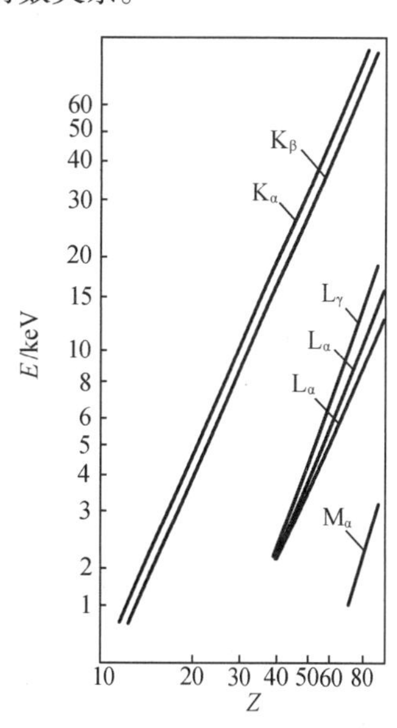

图 7.2 莫塞莱图

当低能级的电子被激发形成空位时,高能级的电子可能跃迁到低能级,以补充空位,并释放一定的能量。但是,并不是所有高能级的电子都有相同的概率来补充这一空位。概率较大的跃迁产生较强的 X 射线,概率较小的产生较弱的 X 射线。根据原子结构的量子理论,轨道之间产生跃迁应遵循一定的法则,称之为量子力学选择定则。这个选择定则是:

(1)$\Delta n \neq 0$,主量子数 n 之差不能等于零,即属于同一层的电子不能跃迁;

(2)$\Delta l \neq 1$,角量子数 l 之差等于 ±1,即角量子数 l 相同或相差大于 1 的能级之间不能跃迁;

(3)$\Delta j \neq 0$ 或 ±1,即内量子数 j 之差等于 0 或 ±1,可以跃迁。

根据该选择定则,主要的 K 系和 L 系谱线如图 7.3 所示。由图可见,一个 K(1 s)电子被驱逐出原子后,必被其中的 L 或 M 壳层中的 p 电子补充。当 K(1 s)电子空位时,由 $L_{Ⅱ}$($n=2$, $l=1$)壳层中的 4 个 2p 电子可以跃入 K 层 1 s 能级。因为,$\Delta l=1$,便发射出 $K_{\alpha1}$ 特征 X 射线;若由 $L_{Ⅱ}$($n=2$, $l=1$)层的 2 个 2p 电子跃入 K 层 1 s 能级,因 $\Delta l=1$,便发射出 $K_{\alpha2}$ 特征 X 射线;其中 $L_{Ⅰ}$($n=2$, $l=0$)层中的 2 s 电子不能跃迁到 K 层的 1 s 能级($n=1$, $l=0$),因为 $\Delta l=0$,不符合选择定则。若由 $M_{Ⅱ}$($n=3$, $l=1$)和 $M_{Ⅲ}$($n=3$, $l=1$)层 3p 层的一个电子补充,便发射出 $K_{\beta3}$ 和 K_{β_1} 特征 X 射线;由 $N_{Ⅱ}$($n=4$, $l=1$)和 $N_{Ⅲ}$($n=4$, $l=1$)层的一个电子补充时,便发射出 $K_{\beta2}$ 特征 X 射线。由于 3p 或 4p 与 1 s 能级间的能量差大于 2p 与 1 s 间的能量差,所以 K_β 辐射的光子能量大于 K_α 辐射的光子能量。

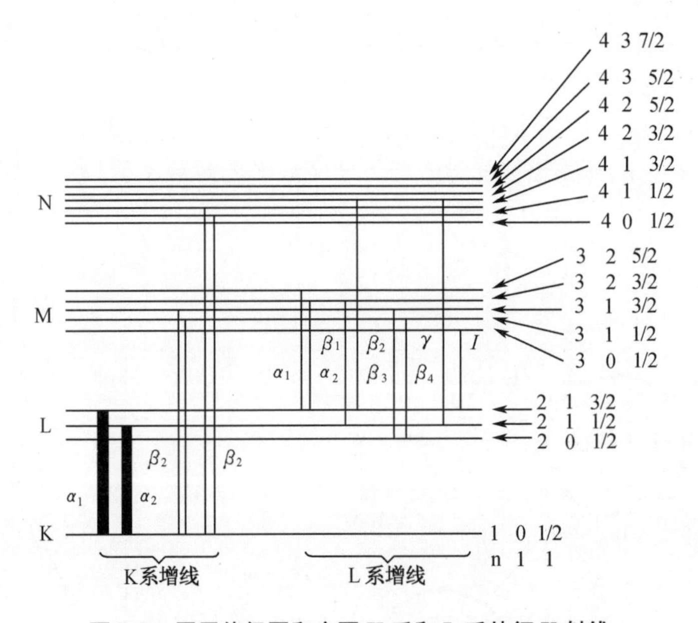

图 7.3 原子能级图和主要 K 系和 L 系特征 X 射线

如果原子的电子空位出现在 L 层,由 M 层或 N 层等外层电子补充,则发射出 L 系特征 X 射线。同样,还有 M 系特征 X 射线。

原子发射的 K,L,M 等各条特征谱线的照射量率,取决于原子各壳层电子被逐出的相对概率。采用同位素源或 X 射线管激发元素特征 X 射线的过程是通过光电效应来实现的。在光电效应过程中,入射的 γ 或 X 光子将自己的全部能量传递给原子的内层电子,使其脱离原子核的束缚成为自由的光电子,而光子本身被吸收。这个过程必须遵守能量和动量守恒原理,而只有原子核参加反应,才能满足守恒要求,故光电效应多在内层轨道电子间进行,尤以 K 层电子发生光电效应的概率最大。对于其原因可做这样的解释,K 层电子离核最近,最易使核参加反应来达到系统的守恒,因此,原子受激发后发射 K 系 X 射线的概率最大、L 系次之、M 系则更弱。根据实验结果,产生 K,L,M 系特征 X 射线光子的照射量率之比近似为

$$\dot{X}_K : \dot{X}_L : \dot{X}_M = 100 : 10 : 1 \tag{7.4}$$

7.1.2 俄歇效应与荧光产额

如图7.1(c)所示,在上述X射线荧光产生过程中,若产生特征X射线的能量大于原子某外层电子的结合能时,则有可能将能量传递给原子本身的外层电子,使之成为自由电子,而不再发射特征X射线。这一物理过程称为俄歇效应,相应的电子称为俄歇电子。俄歇电子的动能为特征X射线的能量与该外层电子结合能之差。因此,当入射量子与原子发生碰撞并使其内层电子轨道上形成空位时,在较外层电子的跃迁过程中,可以是辐射跃迁,即发射特征X射线,也可以是非辐射跃迁,即发射俄歇电子,并且各具一定的概率。发射特征X射线的概率称为荧光产额,用ω表示。荧光产额可分为K层,L层,M层等不同的荧光产额。K层荧光产额(ω_K)定义为单位时间内K层特征X射线发射光子,除以K层在同一时间形成的电子空位数或打出的电子数,即

$$\omega_K = (\sum n_{K,i})/N_K = (n_{K_{\alpha 1}} + n_{K_{\alpha 2}} + n_{K_{\beta 1}} + \cdots)/N_K \tag{7.5}$$

式中 N_K——K层单位时间内形成的电子空位数;

N_{Ki}——单位时间内i射线谱发射的光子数。

同理,L层,M层的荧光产额ω_L和ω_M的确定方法也类似。

荧光产额的计算比较复杂,常用经验公式计算。例如

$$\omega/(1-\omega)^{1/4} = A + BZ + CA^3 \tag{7.6}$$

式中 Z——原子序数;

A、B、C——系数。

表7.1列出了不同壳层的A、B、C系数值,其计算结果如图7.4所示。该图表明:低原子序数元素的荧光产额低;随着原子序数的增加,荧光产额也增大,特别是K层的荧光产额增长很快;大约是Z大于60号以上的重元素,K层荧光产额的增长才缓慢下来。荧光产额的高低直接影响到X荧光分析的灵敏度,所以低原子序数元素的X荧光分析的灵敏度较低。图7.4还表明,K层荧光产额大于L层荧光产额,更大于M层荧光产额。

表7.1 计算荧光产额ω的不同壳层A、B、C系数

常数	ω_K	ω_L	ω_M
A	-0.037 95	-0.111 07	-0.000 36
B	0.034 26	0.013 68	0.003 86
C	$-0.116\,3\times10^{-5}$	$-0.217\,7\times10^{-5}$	$0.201\,01\times10^{-5}$

因此,单纯从荧光产额这一参量来看,在进行X荧光分析时,总希望激发K层。但对重元素的X荧光分析,例如铅元素,由于激发K层需较大射线能量的激发源,一般用较低能量子的激发源去激发L层,此时也能获得较高的分析灵敏度。

7.1.3 X射线激发源

用放射性源发射的射线去轰击被测介质,使其产生特征X射线,称之为对元素进行激发。

故而,所用放射性源称为激发源。在原位X荧光分析中常用的是放射性同位素激发源和小功率的X射线管。

1. 放射性同位素源

放射性同位素源的突出优点是体积小、质量轻,成本低。可以使用放射性同位素直接放出的γ射线、β射线或X射线来激发被测对象,也可以将初级射线照射靶物质从而产生次级光子的组合源。

常见的同位素源的几何形状有三种:点源、片状源和环状源。使用哪种源主要根据被测对象的形状、大小和探测装置的几何布置等因素综合考虑。

选择同位素激发源时必须考虑以下几点:

(1)激发源放出的γ射线或X射线的能量,必须大于待测元素的K层或L层的吸收限。能激发K层最好,因为K层的荧光产额高,不得已才利用L层的吸收限。X射线能量稍大于吸收限,则光电截面最高,相应的荧光产额也高。单一能量的射线源更为有利。

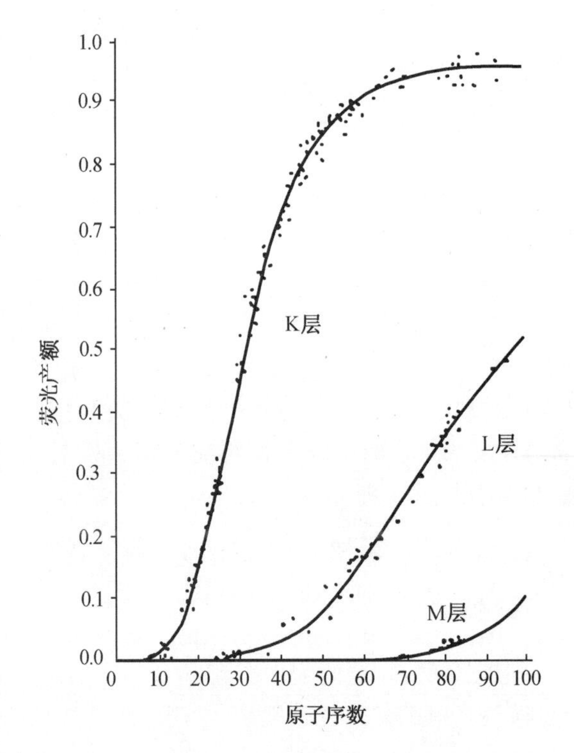

图7-4 K、L、M层荧光产额与原子序数的关系

(2)具有足够长的半衰期。足够长的半衰期不仅消除半衰期校正带来的误差,而且使用时间长,节省费用。

(3)适当的几何形状和源活度。适当的几何形状和源活度可提高待测元素特征X射线的照射量率和信噪比。

放射性同位素源在原位X辐射取样(原位X荧光分析)中已普遍采用,常见的放射性同位素源的主要特性如表7.2所示。较详细的论述可参阅相关专著。

表7.2 常用的放射性同位素激发源

核素	半衰期	蜕变类型	光子能量/keV	光子产额(光子/蜕变)	参考活度/mCi	激发元素范围 K	激发元素范围 L
^{109}Cd	453 d	E	22.11;24.95;AgK$_{\alpha,\beta}$	1.01	1~5	(22)26~44	(57)70~92
			2.98;3.35;AgK$_{\alpha2,\beta}$	0.016		14~17	
			88.0	0.04		(40)50~81	
^{238}Pu	86 a	α	13.50 UL	0.13	10~30	24~35	56~92
			16.43 UL$_2$				
			17.22 UL$_1$				
			20.16 UL$_1$				
			45.00 γ				

表 7.2(续)

核素	半衰期	蜕变类型	光子能量/keV	光子产额	参考活度/mCi	激发元素范围	
				(光子/蜕变)		K	L
^{241}Am	458 a	α	11.89 NqL	0.001 8	2 ~ 30	24 ~ 38	56 ~ 92
			13.76 NpL$_{\alpha2}$	0.135			
			13.95 NpL$_{\alpha1}$				
			16.84 NpL$_{\beta2}$	0.184			
			17.74 NpL$_{\beta1}$				
			20.77 NpL$_{\gamma1}$	0.05			
			26.35 γ	0.025			
			33.2 γ				
			59.56 γ	0.359			
^{55}Fe	2.7 a	E	5.898 MnK$_{\alpha}$	0.25	5 ~ 20	(13)17 ~ 23	40 ~ 58
			6.5 MnK$_{\beta}$				
^{135}I	60 d	E	27.40 TeK$_{\alpha}$	1.41	2 ~ 5	(26)30 ~ 48	74 ~ 92
			30.99 TeK$_{\beta}$				
			35.4 γ	0.07			
^{57}Co	270 d	E	6.4Fe K$_{\alpha}$	0.48	2 ~ 5		
			7.1Fe K$_{\beta}$			20 ~ 24	
			14.4 γ	0.08			
			121.9 γ	0.85		(55)67 ~ 92	
			136.3 γ	0.11			
^{153}Gd	242 d	E	41.30 EuK$_{\alpha}$	1.1	1 ~ 5		
			47.03 EuK$_{\beta}$			(31)40 ~ 58	
			69.7 γ	0.026			
			97.4 γ	0.3		(50)64 ~ 87	
			103.2 γ	0.2			
^{210}Pb	22 a	β	10.80 BiL$_{\alpha}$		10 ~ 20	(22)24 ~ 31	(50)55 ~ 79
			13.01 BiL$_{\beta}$	0.24			
			15.24 BiL$_{\gamma}$				
			46.5 γ	0.04			
^{170}Tm	127 d	E,β	52.1 YbK$_{\alpha}$	0.045	50 ~ 500	(40)50 ~ 80	
			59.3 YbK$_{\beta1}$				
			84.3 γ	0.033			
^{204}Tl	4.1 a	β,E	70.82 HgK$_{\alpha1}$	0.015			
			68.89 HgK$_{\alpha2}$				
			80.26 HgK$_{\beta1}$				
^{59}Ni	8×10^{4} a	E	6.93 CoK$_{\alpha}$	0.99		(17)20 ~ 25	(41)51 ~ 62
			7.65 CoK$_{\beta}$				
^{41}Ca	8×10^{4} a	E	3.31 KK$_{\alpha}$	0.129		10 ~ 17	
			3.59 KK$_{\beta}$				

表 7.2(续)

核素	半衰期	蜕变类型	光子能量/keV	光子产额（光子/蜕变）	参考活度/mCi	激发元素范围 K	激发元素范围 L
^{49}V	330 d	E	4.51 TiK_α	0.2		12～21	
			4.93 TiK_β				
^{44}Ti	48 a	E	4.09 ScK_α	0.174		12～20	
			4.46 ScK_β				
			67.8 γ				
			78.4 γ				

注:在蜕变类型栏中,E 表示电子俘获衰变;α 表示 α 衰变;β 表示 β 衰变。

2. 低功率 X 射线管

如图 7.5 所示,X 射线管实际上是一只真空二极管,它有两个电极,即作为阴极的用于发射电子的灯丝(钨丝)和作为阳极的用于接受电子轰击的靶(又称对阴极)。X 射线管供电部分至少包含有一个使灯丝加热的低压电源和一个给两极施加高电压的高压发生器。由于总是受到高能量电子的轰击,阳极还需要强制冷却。当灯丝被通电加热至高温时(达 2 000 ℃),大量的热电子产生,在极间的高压作用下被加速,高速轰击到靶面上。高速电子到达靶面时,运动突然受阻,其动能部分转变为辐射能,以 X 射线的形式放出,成为激发用的 X 光子。

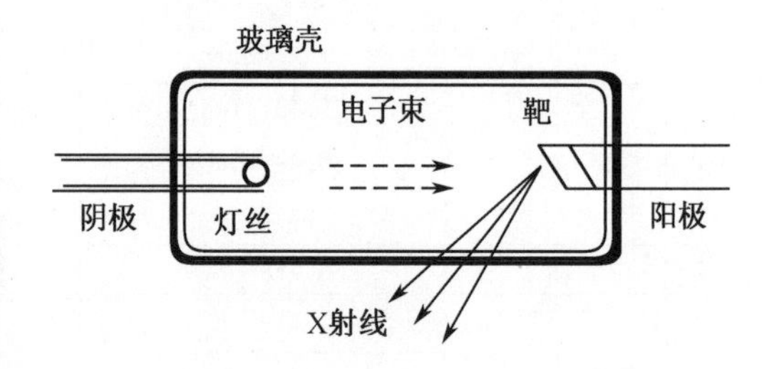

图 7.5　X 射线管的工作原理

采用低功率 X 射线管作激发源较之一般的放射性同位素源具有若干突出优点:其一,X 射线管输出的 X 射线具有一较宽的能量范围,它可直接或间接地用作大部分元素的激发源,而且它输出的能量范围和照射量率还可通过调节管压和管流得以改变,以便有选择地激发元素,不使用时可切断电源,无辐射伤害;其二,X 射线管输出 X 射线的照射量率比一般放射性同位素源高,有利于提高元素分析的灵敏度和降低检出限。例如,活度为 3.7×10^9 Bq 左右的放射性同位素源光子发射率为 $3.7\times10^9\ s^{-1}$,而操作于 100 μA 的低功率 X 射线管可发射约 $10^{12}\ s^{-1}$。

X 射线管的主要缺点是需要电源、体积较大,与探测器和被测对象间的组合方式不如放射性同位素源灵活,低功率 X 射线管输出光子流的稳定性比放射性同位素源差。

近年来,由于材料与制作工艺的提高,微型 X 射线管已商品化,并已应用于携带式 X 射线荧光仪的激发源,取得了较好的应用效果。

7.1.4　X 射线荧光定量分析基本方程

由以上讨论可知,X 射线荧光的产生是 X(γ)射线与物质相互作用的产物,也正是 X 射线与物质的相互作用的复杂性,使得待测物质中目标元素特征 X 射线照射量率与其含量之间的关系复杂化,尤其对化学成分复杂的岩(矿)石、土壤样品而言,更是如此。然而,在一定的简化和假设条件下,可推导出目标元素特征 X 射线照射量率与其含量之间关系的理论公式,将能建立各个有关量之间的大致关系,为后面讨论"基体效应""不平度效应"和"不均匀效应"等问题提供必要的基础知识。

1. 一般方程

假设样品为无限大的光滑平面,密度为 ρ,厚度为 X,目标元素分布均匀且含量为 C。激发源为单一能量的光子源,能量为 E_0,初级射线和特征 X 射线均为平行射线束,与样品表面的夹角分别为 α 和 β。激发源、样品和探测器之间的几何位置如图 7.6 所示。若样品表面上初级射线的照射量率为 I_0,则初级射线束在深度为 x 处的照射量率 $I_0(x)$ 为

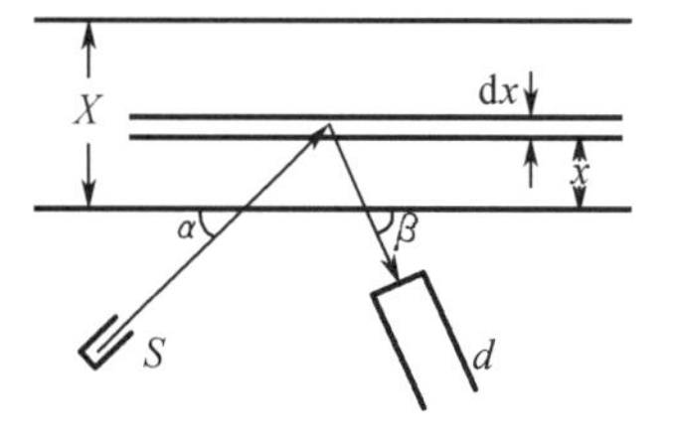

图 7.6 激发源、样品、探测器之间的几何位置示意图

$$I_0(x) = I_0 \cdot \mathrm{e}^{-\mu_0 x/\sin\alpha} x/\sin\alpha$$

式中 μ_0——初级射线在样品中的线衰减系数;

$x/\sin\alpha$——初级射线在样品中所经过的路程。

因而,初级射线束在通过薄层 dx 层时,吸收(减少)的照射量率 $\mathrm{d}I_0(x)$ 为

$$\mathrm{d}I_0(x) = -I_0 \cdot (\mu_0/\sin\alpha) \cdot \mathrm{e}^{-\mu_0 x/\sin\alpha}\mathrm{d}x$$

由于照射量率 I_0 还反映了初级射线以 α 角入射到样品表面上的总能量,所以入射到单位面积(截面积换算表面积为 $1/\sin\alpha$)、厚为 dx 薄层上的初级射线能量的变化为 $\mathrm{d}I_0(x) \cdot \sin\alpha$,这一能量的变化即是 d$x$ 层物质对初级射线的吸收。若忽略散射作用(实际上,从 X 射线在物质中的吸收特性可看出,光电效应截面比散射作用截面大 2 到 3 个数量级),则样品中目标元素 A 的某一能级 q 所吸收的能量为

$$(\mathrm{d}E_\mathrm{A})_\mathrm{q} = I_0 \cdot (\tau_\mathrm{A})_\mathrm{q} C_\mathrm{A} \cdot \mathrm{e}^{-\mu_0 x/\sin\alpha}\mathrm{d}x \tag{7.7}$$

式中 τ_A——目标元素 A 原子的光电截面;

$(\tau_\mathrm{A})_\mathrm{q}$——目标元素 A 原子 q 能级的光电截面,并且有 $(\tau_\mathrm{A})_\mathrm{q} = \tau_\mathrm{A}(S_\mathrm{q}-1)/S_\mathrm{q}$,此处 S_q 为 A 元素能级 q 的吸收陡变。

将 $(\tau_\mathrm{A})_\mathrm{q} = \tau_\mathrm{A}(S_\mathrm{q}-1)/S_\mathrm{q}$ 代入式(7.7),有

$$(\mathrm{d}E_\mathrm{A})_\mathrm{q} = I_0 \frac{S_\mathrm{q}-1}{S_\mathrm{q}} \tau_\mathrm{A} C_\mathrm{A} \cdot \mathrm{e}^{-\mu_0 x/\sin\alpha}\mathrm{d}x$$

如果以 $N_{0,\mathrm{q}}$ 表示在单位时间内,单位面积 dx 层内 A 元素原子的 q 能级吸收初级射线的光子数,则有

$$N_{0,\mathrm{q}} = (\mathrm{d}E_\mathrm{A})_\mathrm{q}/E_0$$

由于上述每一个被吸收的光子都用于激发 dx 层内 A 元素原子的能级 q,故在 dx 体积中受激发的原子数 $n_\mathrm{q}\mathrm{d}x$ 为

$$n_\mathrm{q}\mathrm{d}x = I_0 \frac{S_\mathrm{q}-1}{S_\mathrm{q}E_0} \tau_\mathrm{A} C_\mathrm{A} \cdot \mathrm{e}^{-\mu_0 x/\sin\alpha}\mathrm{d}x \tag{7.8}$$

于是,在单位时间内,单位面积的 dx 层中能够发射 A 元素 q 系 i 谱线的原子数为

$$n_{\mathrm{q},f}^{i}\mathrm{d}x = I_0 \frac{S_\mathrm{q}-1}{S_\mathrm{q}E_0} \tau_\mathrm{A} C_\mathrm{A} \omega_\mathrm{q} p_i \cdot \mathrm{e}^{-\mu_0 x/\sin\alpha}\mathrm{d}x \tag{7.9}$$

式中 ω_q——q 系的荧光产额;

p_i——对应于产生 q 系谱线 i 的电子跃迁概率。

若 A 元素 q 系谱线的能量为 E_x,则在 4π 立体角内,从单位面积 dx 层内发射出来的次级谱线 i(即特征 X 射线或荧光)的能量为

$$(\mathrm{d}E_2)_i = E_x n^i_{\mathrm{q},f}\mathrm{d}x = I_0 \frac{E_x}{E_0}\frac{S_\mathrm{q}-1}{S_\mathrm{q}}\tau_\mathrm{A} C_\mathrm{A}\omega_\mathrm{q} p_i \cdot \mathrm{e}^{-\mu_0 x/\sin\alpha}\mathrm{d}x \tag{7.10}$$

在 β 角方向上出射的特征 X 射线的能量(E_f)将受到路程($x/\sin\beta$)的衰减,为确定特征 X 射线与体积元 dx 的距离为 R 处的照射量率(或者特征 X 射线计数率),需采用位于 R 处并垂直于出射线的单位截面积上的能量来换算,即

$$\mathrm{d}I_i = \frac{(\mathrm{d}E_2)_i}{4\pi R^2}\mathrm{e}^{-\mu_x x/\sin\beta} = I_0 \frac{1}{4\pi R^2}\frac{E_x}{E_0}\frac{S_\mathrm{q}-1}{S_\mathrm{q}}\tau_\mathrm{A} C_\mathrm{A}\omega_\mathrm{q} p_i \cdot \mathrm{e}^{-(\mu_0/\sin\alpha+\mu_x/\sin\beta)x}\mathrm{d}x \tag{7.11}$$

若探测器对特征 X 射线的探测效率为 ε,将 $1/4\pi R^2$ 以立体角份数 $\Omega(x)$ 表示[$\Omega(x)$ 为探测器对该小体积元所张的立体角],由于初级射线和特征 X 射线的能量都比较低,探测器实际记录到的特征 X 射线的发出点都集中在样品的表面层,$\Omega(x)$ 可以近似认为是常数,它与 x 无关。由上式可得,在 R 处的探测器在单位时间内记录到的特征 X 射线计数为

$$\mathrm{d}I_i = I_0 \frac{\Omega(x)}{4\pi R^2}\frac{E_x}{E_0}\frac{S_\mathrm{q}-1}{S_\mathrm{q}}\tau_\mathrm{A} C_\mathrm{A}\omega_\mathrm{q} p_i \varepsilon \cdot \mathrm{e}^{-(\mu_0/\sin\alpha+\mu_x/\sin\beta)x}\mathrm{d}x \tag{7.12}$$

将上式对 x 从 0 到 X(有限厚样品)求积分,即得

$$I_i = \frac{KI_0}{\mu_0/\sin\alpha + \mu_x/\sin\beta}\cdot \mathrm{e}^{-(\mu_0/\sin\alpha+\mu_x/\sin\beta)x}X \tag{7.13}$$

式中

$$K = \frac{\Omega(x)}{4\pi R^2}\frac{E_x}{E_0}\frac{S_\mathrm{q}-1}{S_\mathrm{q}}\tau_\mathrm{A} C_\mathrm{A}\omega_\mathrm{q} p_i \varepsilon$$

显然,K 是与下列因素有关的常数。

(1)目标元素对初级射线的光电吸收截面 τ_A、特征 X 射线的荧光产额 ω_q 及其在谱系中的分之比 S_q 和电子跃迁概率 p_i;

(2)探测器的探测效率 ε,及其对样品所张的立体角 $\Omega(x)$;

(3)初级射线的能量 E_0 和特征 X 射线的能量 E_x。

式(7.13)是用来计算探测器记录到的特征 X 射线照射量率的一般公式。它表明:探测到的特征 X 射线照射量率 I_i,除了与激发源初级射线的能量或照射量率 I_0、待测元素的种类、探测性的性能和实验装置的几何布置等因素有关外,还主要取决于样品中目标元素的含量 C_A、样品的质量厚度(ρX,ρ 为样品密度)和样品对初级射线和特征 X 射线的质量吸收系数 μ_0 和 μ_x。

2. 特殊情况下的方程

下面讨论在中心源或环状源激发方式下,式(7.13)几种很有实际意义的特殊情况。

(1)中等厚度样品:在中心源或环状源激发装置下,激发源和探测器十分靠近,甚至部分重叠,因而对样品而言,入射角 α 和出射角 β 都接近于直角,即

$$\sin\alpha \approx \sin\beta \approx 1$$

于是式(7.13)可以简化为

$$I_i = \frac{KI_0 C_\mathrm{A}}{\mu_0 + \mu_x}\cdot \mathrm{e}^{-(\mu_0/\sin\alpha+\mu_x/\sin\beta)x}X \tag{7.14}$$

上式虽然是一种特殊情况,但在实际工作中,特别是使用携带式 X 射线荧光仪时,常常采用这种装置,因而上式是最常见的基本形式。

(2)厚层样品:在实际工作中,试样的厚度往往大于特征 X 射线的穿透能力,因而可以看作无限厚层,即 $\rho X \to \infty$ 。对原位 X 辐射取样而言,被测对象一般是岩(矿)石、土壤等实物,更属于该种类型。于是,式(7.13)可进一步简化为

$$I_i = \frac{KI_0 C_A}{\mu_0 + \mu_x} \tag{7.15}$$

上式表明,仪器记录的目标元素特征 X 射线的照射量率 I_i 与目标元素的含量 C_A 成正比,而与样品对初级射线和特征 X 射线的质量吸收系数(μ_0,μ_x)成反比。

在以上各式中,由于目标元素对初级射线的光电吸收截面 τ_A、特征 X 射线的荧光产额 ω_q 及其在谱系中的分之比 S_q 和电子跃迁概率 p_i,以及探测器的探测效率 ε,及其对样品所张的立体角 $\Omega(x)$ 很难精确测定,因此原位 X 辐射取样一般采用相对测量方法。

若待测样品对初级射线和特征 X 射线的质量吸收系数分别为 μ_0、μ_x,而标准样品对初级射线和特征 X 射线的质量吸收系数分别为 μ_0'、μ_x',则待测样品中目标元素特征 X 射线照射量率 I_i 与其含量 C_A 关系为

$$I_i = \frac{\mu_0' + \mu_x'}{\mu_0 + \mu_x} \cdot \frac{C_A}{C_A'} \cdot I_i' \tag{7.16}$$

式中,I_i' 和 C_A' 分别为标准样品中目标元素的特征 X 射线照射量率及其含量。

显然,只有当待测样品与标准样品对初级射线和特征 X 射线的质量吸收系数相同或相差不大时,待测样品中目标元素特征 X 射线照射量率才与目标元素的含量成正比。而实际上,由于待测样品与标准样品的化学组成和各元素间相对含量总存在差异,上述质量吸收系数常常存在明显差异,因此研究质量吸收系数的变化规律以及对其产生的影响进行校正的方法和技术,将是 X 荧光分析的重大课题。因此,把样品基体中各元素间相对含量与化学组成的变化对目标元素 X 荧光分析结果的干扰称为基体效应。

(3)薄层样品:若样品的质量厚度 ρX 很小,以至于 $(\mu_0 + \mu_x)\rho X \ll 1$。于是有

$$I_i = KI_0 C_A \rho X \tag{7.17}$$

上式表明,特征 X 射线照射量率取决于 $C_A \rho X$,即单位面积上待测元素的含量。因此,在样品足够薄的情况下,目标元素被激发,产生的特征 X 射线直接被探测器记录,不存在基体效应的干扰。根据上述同样的思路,在中心源和环状源激发装置下,源初级射线在无限大、无限厚的光滑平面的均匀样品上产生的散射射线的照射量率 I_s 为

$$I_s = \frac{K_s \cdot I_0 \cdot \sigma_s}{\mu_0 + \mu_s} \tag{7.18}$$

式中 K_s——比例常数;

σ_s——激发源初级射线在样品上产生散射射线的散射总截面(即相干散射和非相干散射的截面之和);

μ_s——散射射线的质量衰减系数。

7.2 X射线荧光分析干扰因素及其校正

7.2.1 概述

一般情况下,X射线荧光分析的对象都是多元素组成的复杂样品,例如地质勘查与开发工作中,X射线荧光测量的主要对象是岩(矿)石标本、土壤或残、坡积物样品、金属铸件及矿浆样品等。当在室内测量经过样品制备的上述样品时,X射线荧光分析的主要干扰因素是“基体效应”。所谓基体效应是指被测物质基体化学组成的变化引起的X荧光分析误差,它主要表现为,对初级射线和次级射线(特征射线和散射射线)的吸收和散射不同,引起其照射量率的变化;以及被测物质中元素间的特征吸收效应或增强效应,使目标元素特征X射线照射量率减小或增大。

除室内X荧光分析外,在地质勘查与开发工作中,还经常进行现场原位X荧光分析(常称为原位X辐射取样)。与室内X射线荧光分析相比较,一方面由于缺少样品制备或预处理环节,对原位X辐射取样的方法和取样的几何条件提出了新的要求;另一方面,由于对待测物质的基本化学组成及其变化的不可预测性,对元素间可能出现的干扰因素及干扰程度,应有较准确的估计和有效的校正方法。因此,由于原位取样的特殊性,使原位X辐射取样具有其自身的特点。影响原位X辐射取样误差的因素除了仪器误差与计数的统计误差、被测物质的基体效应外,还有物理状态和化学状态等有关的干扰因素,主要反映在以下几方面:(1)被测物质物理状态的变化引起原位X辐射取样的误差。物理状态主要表现在,目标元素和干扰元素的分布不均匀性、颗粒度的变化、测量介质表面的凹凸不平及密度与湿度的变化和偏析现象等;(2)表面污染物引起X荧光辐射线取样的误差。常见的表面污染物有粉尘、水汽和大气尘埃等。

随着现代高稳定度、高精确度现场X射线荧光分析仪和谱数据处理软件的出现与发展,上述干扰因素成为原位X辐射取样中分析误差的主要来源。在有关能量色散X射线荧光分析的论著与文章中,一些学者将样品中基体化学组成和物理、化学状态的变化对X射线荧光分析结果的影响,统称为“基体效应”。并认为由样品的基体化学组成的变化引起的特征吸收效应和激发效应是室内X射线荧光分析的主要误差来源。而对以原生产状条件下的原位X辐射取样而言,测量面表面的凹凸不平、目标元素和干扰元素的分布不均匀性和颗粒度的变化也是原位X辐射取样的主要来源之一,而且由它们引起的取样误差往往比基体效应引起的误差更大。为此,本书中仅将被测物质基体化学组成的变化对原位X辐射取样的影响定义为“基体效应”,它包括特征吸收效应和增强效应;而将由测量面表面的凹凸不平对原位X辐射取样的影响,称为“不平度效应”;将目标元素和干扰元素的分布不均匀性和颗粒度的变化对原位X辐射取样的影响,统称为“不均匀效应”。除此之外,表面污染物与湿度、温度变化对原位X辐射取样结果也存在较大影响。

7.2.2 基体效应及其校正

1. 基体效应的实质

所谓“基体”,在不同的文献中定义有所差别,人们常认为,它是不包括待测元素的整个待分析样品。但是,不论是从样品的宏观物理性质,还是从质量吸收系数的计算来说,待测元素都必须包括在内。因为,目标元素特征 X 射线照射量率不但与待测元素有关,而且射线与被测物质的作用也与待测元素有关。所以应该说,基体就是整个待测样品,它包括非待测元素和待测元素在内的全部组分。

由 X 射线与物质相互作用的基础知识可知,不论是源放出的初级射线入射到待测物质中,还是目标元素的特征 X 射线从待测物质中发出,都要与待测物质发生相互作用,使初级射线和特征 X 射线发生散射和吸收而衰减。在 X 荧光分析中,待测物质往往不是单一的纯物质,而是由多种元素组成的混合物,由于各种元素对一定能量射线的吸收与散射特性不同,当待测物质基体化学组成发生变化时,待测物质对射线的吸收与散射情况也不同,从而直接影响目标元素特征 X 射线照射量率与其含量之间的线性关系。因此,基体效应是射线与不同化学组成的物质发生相互作用造成的。

在 X 射线和软 γ 射线的能量范围内,描述射线与物质相互作用的物理过程主要有光电效应和散射效应。待测物质对射线的质量吸收系数包括质量散射吸收系数 σ 和质量光电吸收系数 τ 两部分。散射吸收系数的大小主要取决于待测物质的平均原子序数。由于待测物质平均原子序数的变化,可以估计基体散射效应的影响程度。对于以岩(矿)石为取样对象来说,在一般情况下待测物质的平均原子序数变化不大,因而散射吸收引入的影响不明显,只是在某些含量变化很大的重元素矿石(例如 Sn,Ba,Pb,Sb 等)的分析中才会造成严重的影响。

由于光电效应引入的基体效应,从物理实质上讲要复杂一些。例如,待测物质中存在 A、B 两种元素,它们都能被激发源的一次射线激发,而且 A 元素的特征 X 射线能量大于 B 元素的吸收限。这时会有以下几种物理过程:

(1)激发源的初级射线激发 B 元素,得到 B 元素的一次荧光(特征 X 射线);

(2)激发源的初级射线激发 A 元素,得到 A 元素的一次荧光(特征 X 射线);

(3)由于 A 元素的一次荧光能量大于 B 元素的吸收限,因而可能激发 B 元素,产生光电吸收,即 A 元素的一次荧光被吸收,其能量转变为 B 元素的特征 X 射线——二次荧光。

当对 A 元素进行测量时,由于 B 元素的存在,使其特征 X 射线照射量率减弱,称为吸收效应;当研究 B 元素时,除激发源的入射射线可以激发 B 元素的特征 X 射线外,A 元素的特征 X 射线还可以激发 B 元素,使其特征 X 射线增强,称为增强效应。因而,吸收效应和增强效应实质上是同一事物的两个侧面。对 A 元素特征谱线的吸收,即是对 B 元素特征谱线的增强,二者不可分割。当 A 元素的特征 X 射线稍大于 B 元素的吸收限时,由质量吸收系数曲线可以看出,质量吸收系数突然增大,A 元素特征 X 射线被 B 元素明显吸收,这一现象称之为"特征吸收"。特征吸收在吸收效应中占有重要的地位。当吸收元素存在时,其含量的少量变化将引起待测元素特征 X 射线照射量率的明显变化。例如,在铜镍矿中测定铜和镍的含量时,铁就是一种特征吸收元素。铁元素 K 系吸收限 $K_{ab}=7.11$ keV,它稍小于镍 K 系特征 X 射线能量(7.48 keV)和铜 K 系特征 X 射线能量(8.05 keV),其质量吸收系数很大,约为 $3\times10^2\ cm^2\cdot g^{-1}$。实验证明,当铁含量由 5% 增至 10% 时,铜元素 K 系特征 X 射线照射量率将下降 20%,而对镍元素 K 系特征 X 射线的吸收将更加强烈。

与吸收效应相比较,增强效应往往是引入误差的次要因素。因为吸收效应使待测元素特征 X 射线照射量率减弱的量,相对于特征 X 射线照射量率不可忽略;而增强效应对待测元素特征 X 射线的激发量,相对于激发源初级射线的照射量率来说是很小的,只有在干扰元素(A

元素)含量甚高而待测元素(B 元素)含量较低(如在铜铅锌多金属矿中,铅、锌、砷含量甚高时测少量的铜)时,才能观察到明显的影响。

对于成分更复杂的被测物质,会出现 A 元素的特征 X 射线激发 B 元素的特征 X 射线,B 元素的特征 X 射线(二次荧光)再激发 C 元素产生三次荧光;A 元素的特征 X 射线又激发 C 元素等等情况,但其基本原理仍然没有变化。对于 X 荧光测量而言,三次荧光的影响一般可忽略。

当被测物质中存在散射截面特别大的元素或组分时,对源初级射线产生强烈的散射作用,产生的散射射线也能激发待测元素,从而使待测元素的特征 X 射线照射量率明显增加,该物理过程称为散射增强效应。例如,测定石英脉中的铜或铁时,一般采用 ^{238}Pu 作激发源,由于硅的含量特别高,可产生强烈的康普顿散射作用,使铜和铁的特征 X 射线照射量率增大。

基体中存在一定(或相当高)含量的元素,这些元素对目标元素的特征 X 射线具有特征吸收效应和增强效应时,由此引起特征 X 射线照射量率的变化,我们称之为第一类基体效应。除特征吸收效应和增强效应以外,由于基体成分变化而引起特征 X 射线照射量率的变化称之为第二类基体效应。在实际工作中,正确认识、了解和克服原位 X 辐射取样中的基体效应,是保证取样结果质量的关键。

为进一步理解基体效应,图 7.7 画出了不同基体时,镍含量与测量到的 Ni 的 KX 射线计数率的关系。曲线在 100% 镍处归一,钼和铬对 Ni 的 KX 射线的吸收比镍强烈,且钼的特征 X 射线对镍的激发并不十分有效,即辐射受基体优先吸收时曲线呈凹形;碳对辐射的吸收很弱,即辐射受荧光元素优先吸收时曲线呈凸形;虽然铝和镍对 Ni 的 KX 射线的质量吸收系数很接近,但由于铝对入射辐射(能量大于 9 keV)的质量吸收系数比镍低很多,因此曲线仍呈凸形;锌比镍对 Ni 的 KX 射线有稍大一点的质量吸收系数,本来应使曲线呈微凹形,但由于 Zn 的 KX 射线对 Ni 的 KX 射线的强烈增强效应,反而使曲线呈凸形。显然,由于基体效应的存在,使荧光元素特征 X 射线的计数率与其含量之间偏离了线性关系。

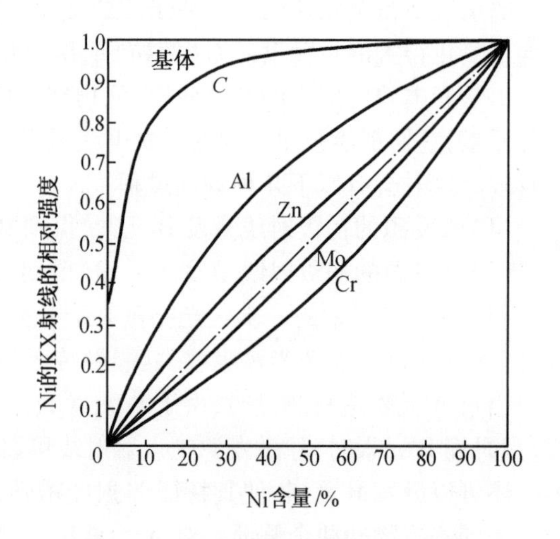

图 7.7 不同基体时 Ni 的 KX 射线计数率与含 Ni 含量关系曲线形状

2. 基体效应的校正

长期以来,许多学者从各个不同的的角度出发,对基体效应及其校正作为专门研究,提出了很多行之有效的校正方法。这些校正方法,可以划分为实验校正方法和数学校正方法两大类。实验校正法主要以实验曲线进行定量测定为特征。如:稀释法、薄试样法、增量法、列线图法、补偿法、辐射体法(又称透射校正法、发射吸收法)、内标法和散射修正法(这是一种特别的内标法)等。定量分析的数学校正法是以数学模型为特征的,与实验校正方法相比较,数学校正法可使标准样品和定标曲线的数量大为减少,从而避免了制备大量标准样品的困难。数学校正法基本上可分为两类,即经验系数法和基本参数法。

经验系数法是最早发展和最常用的数学校正方法,它用经验参数来确定系数,以表示一种元素对另一种元素的吸收——增强效应。但经验系数的确定仍需要制备一定数量的标准样品,该方法已从线性校正模型发展成为非线性校正模型,能有效地处理各种不同的多元素样品。按其校正方法不同,又可分为照射量率校正模型和含量校正模型。所谓照射量率校正模型就是以样品中的基体元素的特征 X 射线照射量率作为校正待测元素含量 C_i 的基本参数,常见的校正方法有多元回归法、特散比法、影响系数法等。含量校正模型是以样品中的基体元素的含量作为校正待测元素含量 C_i 的基本参数。

基本参数法即 FP 法,是根据 X 荧光强度与含量、厚度的函数关系,依据 X 荧光激发样品物理机制所提供的数学校正方法。该法以 X 射线荧光强度的理论公式为基础,根据实际测量的目标元素的特征 X 射线强度,以及基本物理常数和各种参数,包括荧光产额、质量吸收系数、吸收陡变比、谱线分数和仪器的几何因子(即入射角 φ_1 和出射角 φ_2)等,计算目标元素含量。采用基本参数法的基本算法可以简介如下。

首先假定,待测元素的百分含量初级近似等于对应的特征 X 射线强度相对于纯元素的射线强度之比。各元素相对含量的总和应归一为 100%,若有不能检出的成分,在运算中应从总和中扣除。然后对探测器测得的特征 X 射线强度和理论计算强度进行比较,用迭代渐近法修正百分组成,直到计算值接近实验值,用电子计算机重复三四次即可达到要求。基本参数法的最大特点是只需少量标样,可以是纯元素或者是已知含量的化合物标样。

根据相关文献,可以导出一次(原级)X 荧光理论强度为

$$P_i = \frac{1}{\sin\varphi_1} C_i K_i \int_{\lambda_0}^{\lambda_{ab}^i} \frac{I_0(\lambda)\mu_i(\lambda)}{\mu(\lambda)\cdot\csc\varphi_1 + \mu(\lambda_i)\cdot\csc\varphi_2} \mathrm{d}\lambda \tag{7.19}$$

二次(次级)X 荧光理论强度为

$$\begin{aligned} S_{ij} = & \frac{1}{2\sin\varphi_1} \sum_{\lambda_{jq}} C_i K_i C_j K_j \int_{\lambda_0}^{\lambda_{ab}^j} \frac{I_0(\lambda)\mu_i(\lambda_j)\mu_j(\lambda_j)}{\mu(\lambda)\cdot\csc\varphi_1 + \mu(\lambda_i)\cdot\csc\varphi_2} \\ & \times \left\{ \frac{1}{\mu(\lambda)\cdot\csc\varphi_1} \ln\left[1 + \frac{\mu(\lambda)\cdot\csc\varphi_1}{\mu(\lambda_j)}\right] + \frac{1}{\mu(\lambda_i)\cdot\csc\varphi_2} \ln\left[1 + \frac{\mu(\lambda_i)\cdot\csc\varphi_2}{\mu(\lambda_j)}\right] \right\} \mathrm{d}\lambda \end{aligned} \tag{7.20}$$

上两式中,S_{ij} 为 j 元素的特征 X 射线对 i 元素的二次 X 荧光强度,若不存在二次增强,则 $\sum_j S_{ij} = 0$。对于绝大多数分析对象而言,三次 X 荧光的影响一般都可忽略不计。另外

$$K_i = (1 - 1/J_i)\omega_i R_i^q \quad 和 \quad K_j = (1 - 1/J_j)\omega_j R_j^q$$

此时,i 元素产生的总强度为

$$I_i = P_i + \sum_j S_{ij}$$

上述各式中,$I_0(\lambda)$ 为 X 射线管的谱线强度分布函数,ω_i、ω_j 分别为 i 元素、j 元素的荧光产额,$\mu(\lambda)$、$\mu_i(\lambda)$、$\mu_j(\lambda)$、$\mu_i(\lambda_j)$、$\mu_j(\lambda_j)$、$\mu(\lambda_i)$、$\mu(\lambda_j)$ 分别为样品对原级 X 射线的质量吸收系数、i 元素对原级 X 射线的质量吸收系数、j 元素对原级 X 射线的质量吸收系数、i 元素对 j 元素的特征 X 射线的质量吸收系数、j 元素的特征 X 射线对自身的质量吸收系数、i 元素的特征 X 射线对样品的质量吸收系数以及 j 元素的特征 X 射线对样品的质量吸收系数;J_i、J_j 分别为 i、j 元素的吸收陡变比,R_i^q、R_j^q 分别为 i、j 元素的 q 线谱线分数,φ_1、φ_2 分别为试样对 X 光入射角和出射角,λ_{ab}^j、λ_{ab}^i 分别为 i、j 元素的吸收限波长,C_i、C_j 分别为 i、j 元素的浓度。

为克服基本参数法中物理常数准确性不高,以及经验系数法中确定系数需制备很多标准样品的困难,有一些学者致力于研究基本参数法与经验系数法联合应用的方法,称为半基本参数法,或称准绝对测量法。该方法的要点是利用基本参数法计算与样品成分相似的标样的照射量率,由此再按选定的经验校正方程,确定该标样的相互作用系数(通常用 α_{ij} 表示,并简称 α 系数),最后即可利用这些 α 系数和近似组成的标样,对未知样品进行定量测量。如,Broll 提出的有效 α 系数法,De Jengh 提出的理论 α 系数法、曹利国提出的 KI_0 灵敏度因子等。

上述介绍的多种数学校正模型,不论是经验系数法还是基本参数法都是以处理表面光滑、不存在粒度效应和无限厚的均匀样品为基本前提的。有些校正模型为了达到较高的精确度和准确度,还需要辅以制样技术。因此,上述方法主要用于室内的波长色散 X 射线光谱分析和能量色散 X 荧光分析工作。由于多种实验校正法主要取决于制样技术,其应用也局限在室内的定量分析。

在原位 X 辐射取样工作中,由于不具备实验室那样的理想化条件和不可制样性,上述大多数实验校正法和数学校正模型都难于在实际工作中得到应用,但其校正基体效应的思路和方法技巧是可以借鉴的。

对地质粉末样品和以岩(矿)石、土壤为取样对象的原位 X 辐射取样工作,虽然基体成分复杂、均匀性差,其定量分析的难度很大,但是我们应注意到,对某一具体的矿山,或者一定类型的矿石,严重影响取样结果的常常是引起吸收效应(特别是特征吸收效应)的几个含量较高的元素。而且,对某一种岩性的岩石、某一种类型的矿石、一定地球化学景观下的土壤、水系沉积物以及残、坡积物等,其主要元素或组分都具有可估性。在原位 X 辐射取样中,对这几个主要干扰元素进行校正,可以得到满足生产要求的结果。对选冶过程中的样品,由于矿石中的主量元素组分被选矿、冶冻流程而进一步的富集、集中,其元素组分相对简单,基体变化范围较小,更有利于基体效应的校正,原位定量分析的精确度和准确度也相应提高。下面介绍两种常用的基体效应校正技术。

(1)特散比法

利用目标元素特征 X 射线计数率与激发源放出初级射线在待测物质上产生的散射射线计数率的比值进行基体效应校正的方法,称之为特散比法,其比值称为特散比,记为 R。由于散射射线同 X 射线荧光一样,也是源初级射线与待测物质相互作用的产物,在原位 X 辐射取样中,散射射线同 X 射线荧光同时被取样仪器的探测器所记录。因此,以散射射线计数率来校正基体效应,实际上是一种特殊的内标法。在波长色散 X 射线光谱分析和能量色散 X 射线荧光分析中,以散射射线为标准而建立起来的方法,称为散射标准法,或散射修正法,可以在相当大的程度上用于补偿吸收效应、仪器漂移、密度变化以及表面效应。尤其是对轻基体中少量或微量元素的测定,是极为简便而有效的方法。

特散比法的原理是,考虑到待测元素 X 射线荧光与激发源初级射线的散射射线同时被样品衰减,若其能量相近、吸收系数差别不大时,用散射射线照射量率对特征 X 射线计数归一,以减小基体效应的影响。下面从特征 X 射线计数率与散射射线计数率的基本公式出发来说明。由式(7.5)和式(7.8),得到特散比为

$$R=\frac{I_i}{I_s}=\frac{K_x}{K_s}\cdot\frac{\mu_0+\mu_s}{\mu_0+\mu_x}\cdot\frac{1}{\sigma_s}\cdot C_A \tag{7.21}$$

从式(7.15)、式(7.18)和式(7.21)可看出,即使目标元素含量 C_A 不变,但当基体元素含

量变化时，将引起μ_0、μ_x、μ_s和σ_s变化，使I_i、I_s和R发生变化。在低能光子辐射场合，μ_0、μ_x、μ_s和σ_s的大小与待测物质的有效原子序数有密切关系。即

$$\mu_0 \propto Z_{\text{eff}}^4;\quad \mu_x \propto Z_{\text{eff}}^4;\quad \mu_s \propto Z_{\text{eff}}^4$$

而σ_s与原子序数的关系可近似表示为

$$\sigma_s \propto Z_{\text{eff}}^1$$

于是，待测物质的有效原子序数对特征X射线和散射射线的影响存在以下关系：

$$I_i \propto Z_{\text{eff}}^{-4};\quad I_s \propto Z_{\text{eff}}^{-3};\quad R \propto Z_{\text{eff}}^{-1}$$

显然，与I_i相比较，特散比R对待测物质的有效原子序数Z_{eff}的依赖关系大大降低了，因此应用特散比法可明显克服基体成分变化对原位X辐射取样结果带来的影响，尤其对克服第一类基体效应更为有效。

对地质、矿山样品而言，其基体组成主要由硅、铝、氧、硫和钙等轻元素组成，σ_s可近似认为是常数。此时，特散比法的校正效果主要取决于所选取的散射射线与特征X射线受待测物质吸收或衰减特性的接近程度。为提高特散比法的校正效果，下面两点是很重要的：其一，选取的散射射线能量应尽可能地靠近特征X射线的能量。这样，$\mu_x \approx \mu_s$，由式(7.21)，特散比R将独立于衰减系数而与目标元素含量C_A成正比，基本上消除了基体效应的干扰。但是，在实际取样工作中，应考虑测量系统的能量分辨率，在仪器谱上不使散射峰和特征X射线峰产生重叠干扰。特别是采用闪烁计数器和正比计数器作为探测器时，更应注意这一点。其二，待测物质，在特征X射线能量与散射射线能量之间应不存在主要干扰元素的吸收限，否则，将导致主要干扰元素对散射射线的特征吸收，使μ_s明显增大。

(2)多元回归法

在待测物质中任一元素i的含量C_i与其特征X射线计数率I_i之间都存在着互为函数的关系，这些关系既可以从物理参数严密地推导出来，也可由正常的分析实践逻辑地推出。解决这一函数关系的另一种方法，可以直接从数学回归分析入手，配出i元素含量与其特征X射线计数率之间的拟合方程，对元素进行测定。这是因为，对于任何一种函数来说，至少在一个比较小的邻域内都可以用多项式任意逼近。所以在实际问题中，不管C_i与I_i的确定关系如何，都可以用多元回归的办法进行C_i计算，尤其对野外现场的地质样品分析，其准确度、精确度要求不高的情况下，更是可行。

由于以特征X射线计数率与散射射线计数率之比R(即特散比)作基本参数比用特征X射线计数率更能克服基体效应的干扰，而与待测元素的含量有更好的线性关系；特别是对原位X射线荧光取样，以特散比作基本参数能有效地抑制测量表面不平度效应的干扰。因此，在多元回归分析中一般都以特散比作为多项式的基本参数。

对n元系地质样品，任一元素i的含量C_i与其特征X射线计数率(I_i)或者特散比R_i之间可表示为下式

$$C_i = \varepsilon_i + \sum_{j=1}^{n} A_j R_j + \sum_{j,k=1}^{n} B_{j,k} R_j R_k + \sum_{j,k,h=1}^{n} C_{j,k,h} R_j R_k R_h + \cdots \tag{7.22}$$

式中　C_i——被测介质中目标元素i的含量；

R_i、R_j、R_k、R_h——i、j、k、h元素的特散比值；

A_i、$B_{j,k}$、$C_{j,k,h}$——回归系数；

ε_i——常数项，可考虑是由于系统误差、测量误差等随机因素的影响所带来的误差。

上式中的回归系数,可由回归分析方法求出,最后得出的目标元素 i 的含量 C_j 的剩余标准差 S 可写成

$$S^2 = \frac{1}{n-p}\sum_{i=1}^{n}(C_i' - C_i)^2 \tag{7.23}$$

式中,C_i' 为地质样品中目标元素 i 的标准含量;C_i 是由式(7.22)求出的元素 i 的含量;n 为参加统计的地质样数;p 为方程式(7.22)中的系数个数。

式(7.23)表明,如果由于“保险理由”把不必要的基体元素或者不必要的项引入式(7.22)中,则自由度 $n-p$ 不必减小,尽管此时剩余偏差(或残差平方和)有所减小,其结果 s 并不减小,而造成剩余标准差大于正确校正情况下的应有值,即所谓的“过校正”。

对地质样而言,基体成分很复杂,一个样中所含的元素多达几十种。但是,有些元素(如微量元素、痕量元素、稀有元素等)因其含量很低,对基体效应的贡献很小;而另一些元素(如造岩元素),虽然含量较高,但在各个样中的含量变化范围很小,它们对基体的贡献近似相等。像这些元素若引入式(7.22),往往会出现“过校正”,因此,只要引入少数几种对目标元素干扰较大的基体元素,即可达到满意的校正效果。葛良全等提出了对地质样中各元素进行判别的判据表达式,有兴趣可参考相关文献。

3. 不平度效应及其校正

原位 X 辐射取样是一种物理相对测量方法。要想获得准确的测量结果,就必须保持待测样和标准样之间的测量条件完全一致。但是,对原位 X 辐射取样来说,其测量表面往往是呈凹凸不平状态,例如,取样对象为原生产状条件下的岩矿石时,情况就是如此。而且这种凹凸不平的程度是随机的,当把便携式 X 射线荧光仪探头置于凹凸面测量时,不能保持所测量的几何条件完全一致。这种由测量表面凹凸不平对测量结果的影响称为不平度效应。

尽管测量面的凹凸不平形态千差万别,但从原位 X 辐射取样角度来看,可归结为凸型、凹型、凹凸型和平整型等四种类型,见图 7.8。从原位 X 辐射取样的物理分析角度看,不平度效应的影响主要表现在三个方面:

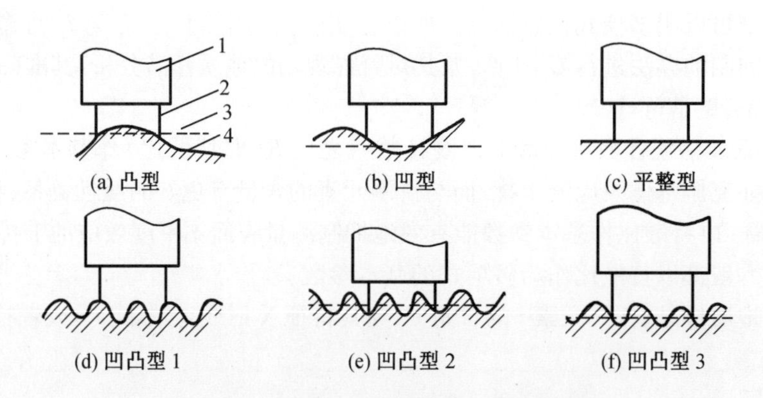

1—探测器;2—支撑螺钉;3—中位面;4—测量表面。

图 7.8　X 取样中岩壁表面形态分类与取样位置示意图

其一,源初级射线和次级射线(荧光和散射射线)在空气中路程的变化。相对平整型来说,凹型和凹凸型(图 7.8)的几何布置使射线束的路程增大,而凸型和凹凸型则减小;其二,探测器的有效探测面积的减小或增大。相对平整面来说,凸型、凹型和凹凸型的几何布置的探测

面积较大，而凹凸型的几何布置比凹型和凸型的有效探测面积更大。随着凹凸起伏幅度增大或者凹凸起伏频数的增加，探测器的有效探测面积也将增大；其三，遮盖和屏蔽X射线束。

块状岩矿石的原位X辐射取样，其不平度效应很严重，必须加以考虑。根据野外实际观察，在大面积范围内，虽然测量面（如巷壁、探槽壁）的凹凸起伏很大，但在探测器的有效探测视域内（通常约十几平方厘米），不同原生露头测量面的凹凸起伏一般都在10 mm之内。因此，对原位X辐射取样来说，只要克服 凹凸起伏在10 mm内凹凸形状的变化对原位X辐射取样结果的影响，就具有实用价值。

在冶金工业中，块状合金样品的原位X辐射取样也存在不平度效应。其表面的凹凸不平主要是在样品加工过程中（如磨料、锯料和抛光等）引起，其凹凸起伏一般在几十微米至1微米之间。Gianels、Wiles、Muler和Jenkins等研究了在X射线管作激发源的条件下，块状样品其表面的光洁度对X射线荧光谱线照射量率的影响。

为校正不平度效应对原位X辐射取样结果的影响，章晔、周四春、葛良全等研究了特征射线和源散射射线计数率随测量面凹凸形状变化的变化规律，提出了"等效源样距模型"和"凹凸面模型"，以及"仪器探头最佳源样距"方法。通过理论探讨和列举的模型实验结果，结合在锡、钼、铅（锌）、铜等矿山原位X辐射取样的实践，提出以下克服不平度效应的应用原则：

（1）以特散比 R 作基本参数，选择的散射射线的能量应尽可能地靠近目标元素特征X射线的能量；

（2）对不同的矿种，应分别采用其最佳仪器源样距；

（3）在仪器探头的视域内，尽可能地避免凸起或者凹陷的测量面，其凹凸起伏频数应大于4，最有效的办法就是在测量前用工具对测量面作适当修整；

（4）由于测量面凹凸分布的随机性，应取多个测量点的测量平均值，以进一步减小不平度效应。

4. 不均匀效应与校正

在原位X辐射取样工作中，不均匀效应主要体现在以下两个方面：其一是被测样品颗粒度的变化对原位X辐射取样结果的影响，称之为颗粒度效应；其二，对块状岩矿石的原位X辐射取样，由于矿化不均匀引起取样结果的变化，称之为矿化不均匀效应。下面分别论述之。

（1）颗粒度效应

在特征X射线照射量率（或计数率）基体方程的推导中，一般都是假定所讨论的样品是均匀的。但在实际上，只有液体样本（如真溶液），其次是经过充分抛光的纯金属或某些合金样品，才能满足这些条件。对于大量其他的多组分固体样品，如粉末样品、块状岩矿石样品，经常存在着颗粒大小不均匀的问题，而均匀样品只不过是不均匀样品的一种特例。在原位X辐射取样中，含有待测元素的颗粒称为荧光颗粒，待测元素又称为荧光元素；不含待测元素的颗粒称为非荧光颗粒，非待测元素又称为非荧光元素。颗粒的形状有球形、正立方体、长方体、片状等。

图7.9、图7.10分别是粉末样品、矿浆样品Cu的KX射线荧光强度随颗粒度的变化曲线。图中点是实验结果，实线是根据伯利－弗罗达－罗兹颗粒度模型计算的理论曲线。

理论计算与实验结果都表明：

①特征X射线荧光强度随颗粒度的增大而减小。在实际X射线荧光分析中，由于轻便型X射线荧光仪器含量标定一般都是以粉末样品为标样来获得标定系数，当应用该仪器测定颗粒度较大样品或块状岩（矿）石时，获得的元素含量往往偏低，一般偏低约30%～60%，应引起

注意。

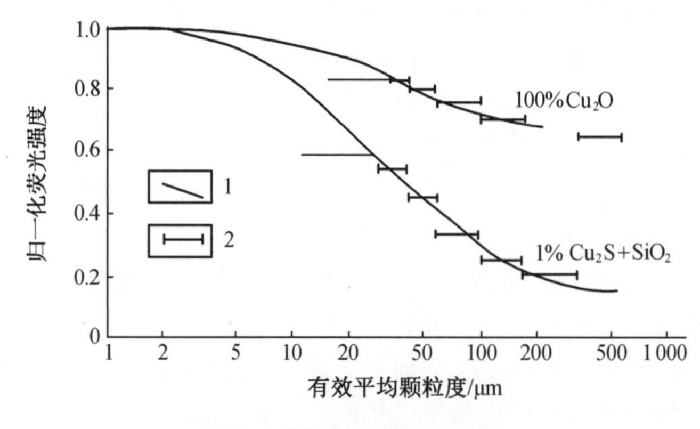

(激发源:^{238}Pu(16.5 keV);η=0.5)

1—理论曲线;2—实验结果。

图 7.9　粉末样品 Cu 的 K-X 射线照射量率随颗粒度的变化

②当颗粒度很大或者很小时,曲线 Cu_2S 都趋于平坦。在曲线的中部,也就是经常遇到的样品的颗粒度范围(10~100 μm),颗粒度效应特别严重,这个区域称作变化区。

③当特征 X 射线能量越大时,颗粒度对荧光强度影响的变化区向低颗粒度方向移动。如对 Cu 的 KX 射线(能量为 8.03 keV)荧光强度的颗粒度变化区为 20~200 μm;而对 Pb 的 KX 射线(能量为 73.5 keV)荧光强度的颗粒度变化区为 0.1~10 μm。

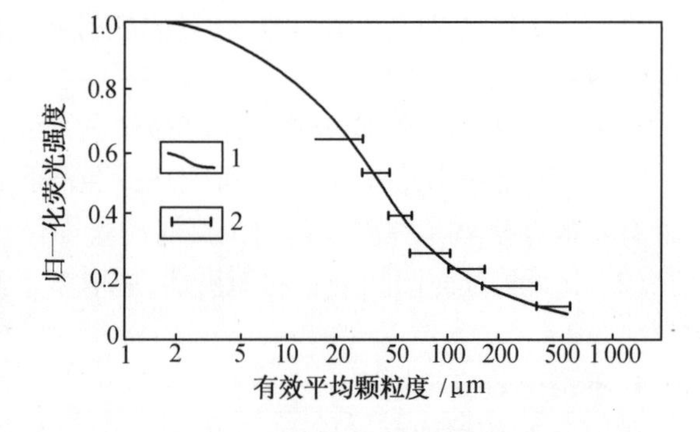

1—论曲线;2—验结果。

图 7.10　模拟矿浆中 Cu 的 K-X 射线照射量率随颗粒度的变化

(激发源:^{238}Pu(16.5 keV);样品:H_3BO_2 中 25% 的固相混合物(1.1% Cu_2S+SiO_2))

④一般说来,样品中荧光颗粒含量越高,特征 X 射线荧光强度随颗粒度的变化率越小。在图 7.9 中,较低含量的 Cu_2S(1%)的荧光强度随颗粒度增大的变化率明显大于较高含量。

在原位 X 辐射取样中,不论是粉末样品、矿浆样品,还是块状岩矿石,颗粒度效应都是客观存在的。通过上面对颗粒度效应的理论讨论和实验结果分析,可采用以下措施,达到克服或减小颗粒度效应。

①尽可能地避免变化区的颗粒大小。对中等原子序数元素的 KX 射线和高原子序数元素的 LX 射线,变化区的颗粒度大小为 20~100 μm;对高原子序数元素的 KX 射线,变化区的颗粒度大小约 1 mm。

②提高或者恒定粉末样品的填充度,可减小颗粒度效应。

③粉碎颗粒能够减小颗粒度效应。对粉末样品来说,一般总含有小颗粒,将大颗粒进一步破碎,可达到减小颗粒度的目的。这是因为,颗粒度效应是由于样品中颗粒的局部吸收造成的。经验表明,当每个颗粒对射线的吸收率都小于 10% 时,这种贯穿射线的颗粒度效应是不

明显的。

④提高或者改变入射射线的能量,可有效地克服颗粒度效应。在分析高原子序数元素时,可用激发荧光元素的 K 吸收限,代替激发 L 吸收限。

⑤在流程分析场合,每次测量的样品都经过同样的破碎、研磨和过筛工序,往往具有恒定的颗粒度分布,一般可以直接测量。要是矿物的硬度变化很大,颗粒度分布情况经常改变,那么可以在流程上附加一个平均颗粒度测量仪,用它的指示来修正分析结果。

⑥取多个取样点的平均值作为取样的最终结果。这是因为,不同颗粒度的颗粒其分布可以视为随机的,特别是对野外原位取样时,遇到颗粒度范围很宽,又不能制样的情况下,该方法是克服颗粒度效应的有效措施。

(2)矿化不均匀效应

原生产状条件下的矿体,其矿物组分分布很不均匀。当我们将 X 射线荧光仪探头置于矿体表面上逐点测量,进而测定其地质品位(即原位 X 辐射取样)时,这种矿化不均匀现象往往会给测量结果带来不能允许的误差。通常,人们把原位 X 辐射取样中由于矿化不均匀带来的影响称为矿化不均匀效应。从理论上来讲,被研究区或段的地质品位,应是所选的取样区内某一体积(如刻槽取样法是 100 cm×10 cm×3 cm)矿石中所有矿石点的品位的算术平均值。所谓所有矿石点理论上说是无穷多个。传统刻槽取样法是将取样区内全部岩矿石刻下、粉碎、混合均匀,然后化验求出该体积的品位。因此,只要严守规程,在取样体积内刻槽取样法应该是基本上不受矿化不均匀影响。与之相比,原位 X 辐射取样是靠在取样区内原位非破坏性测量有限个点来确定地质品位,难免出现如图 7.11 所示的两种影响,或是因在脉石(或贫矿)部位的测点偏多,使原位 X 辐射取样结果明显偏低[图 7.11(a)];或是因在矿脉(或富矿)部位的测点偏多[图 7.11(b)],而使原位 X 辐射取样结果明显偏高。

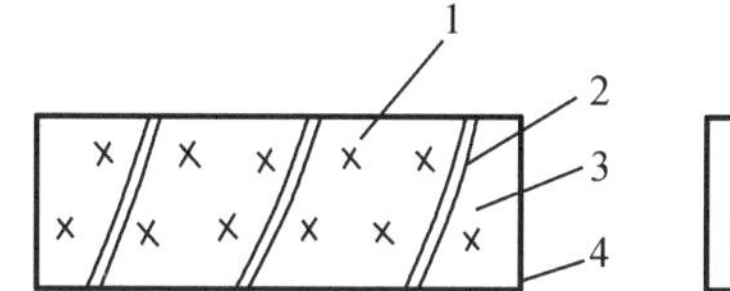

(a) 原位 X 辐射取样结果偏低　　(b) 原位 X 辐射取样结果偏低

1—测点;2—矿脉;3—围岩;4—取样区域。

图 7.11　矿化不均匀效应影响示意图

从地质品位的意义及图 7.11 所示情况可知,矿化不均匀效应主要是测网布置不合理造成的,即解决矿化不均匀效应的途径在于寻找基本不受矿化不均匀效应影响的原位 X 辐射取样测网。

周四春等研究认为,原位 X 射线荧光测量可以用抽样分布的数学模型来描述。在 68.3% 的概率下,原位 X 射线荧光测量获得的矿体品位与真矿石品位间的相对误差 η 可表示为

$$\eta = \frac{\bar{C} - \mu}{\mu} = \frac{\mu \pm \sigma/\sqrt{n} - \mu}{\mu} = \pm \frac{\sigma/\sqrt{n}}{\mu} \tag{7.24}$$

式中　σ——矿体中目标元素分布的母体方差;

μ——矿体的真矿体品位(百分含量);

n——测量点数,显然,测点数 n 越大,误差 η 越小。

上式说明,在原位X辐射取样中,应尽量多布置测点,才能尽可能少受矿化不均匀的影响。以上述模型为基础,提出了原位X荧光测量的最佳测网布置。即以仪器探头的有效探测直径作测量点距,作上下两排交叉线测量,这样既保证了测量数最大,又免被测量区域的重叠影响,从而使原位X射线荧光测量时受矿化不均匀效应影响最小。这种测网称为最佳测网。

5. 水分的影响与校正

水分对原位X辐射取样结果的影响,主要表现在两个方面:其一,水分对初级射线和次级射线(特征X射线和散射射线)的吸收;其二,水分对初级射线的散射。吸收的结果使得仪器记录的目标元素特征X射线的计数率减小,而散射的结果使散射峰计数率增高、本底增大,因此,水分对取样结果的影响是上述两方面的综合体现。

对于不同元素矿种来说,由于其特征X射线能量大小的差异,水分的影响结果亦不同。对轻元素矿种和原子序数较小的中等元素矿种(如铁、铜等),其特征X射线能量较低,水分对特征X射线的吸收占优势。当水分增高时,使得X辐射取样结果偏低。图7.12是铁矿样品中水分影响的实验曲线,它是在干矿粉末样品中逐渐加入一定蒸馏水(改变样品的水分)后测得的。由该图可见,相对于干矿样品而言,当矿石的水分达到5%时,约产生20%的分析误差。葛良全等提出了有关水分校正的较准确的散射校正模型。

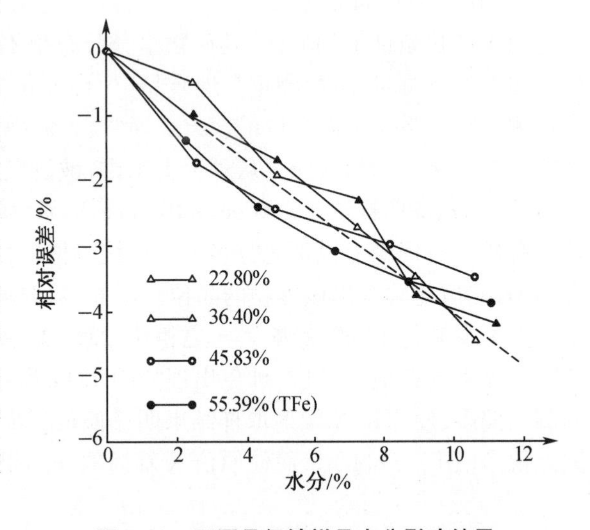

图7.12　不同品级铁样品水分影响结果

鉴于原位X辐射取样是一种相对测量方法,因此,只要用于建立标准曲线(或数学模型)的标准样品(或矿石)的湿度与待测样品基本一致,则水分的影响可以不予考虑,真正对X取样结果造成影响的,是那些与平均水分有较大偏差的离群矿石样品。但是,对于某些特殊条件下,水分的影响应该充分考虑,如下雨以后的露天采场矿石,被水浸泡后的矿石样品等。对此少数样品,可以依靠感官判断,来进行水分校正。

如对金山店铁矿井下采场进行原位X辐射取样时,块状矿石的平均含水率为3%~8%,只有少数样品(约占总数的10%),其含水率较高(大于10%)或很低(小于2%)。因此,凭感官可将矿石划分为较干矿石(含水率小于2%)、一般矿石(含水率为2%~9%)和较湿矿石(含水率大于10%)。其水分校正公式为

$$\begin{cases} C'_X = 0.984C_X & \text{较干矿石} \\ C'_X = C_X & \text{一般矿石} \\ C'_X = 1.016C_X & \text{较湿矿石} \end{cases}$$

式中　C_X——原位X辐射取样的全铁品位;

C'_X——经过水分影响校正后的最终结果。这样处理后,水分影响产生的测量误差一般小于1.5%,可达到较好的效果。

对不同元素矿种来说,由于其特征X射线能量大小的差异,水分的影响程度亦不同。一般,对较高原子序数矿种,如锡、锑、重晶石等矿种,由水分的影响造成取样结果的误差,与其因

素(如矿化不均匀,不平度效应等)引起的误差相比较,可以忽略不计。

6. 粉尘的影响与校正

由于特征X射线的能量仅几千电子伏特至几十千电子伏特,若岩、矿石表面存在粉尘或其他污染物,则不但可屏蔽初级射线进入到岩、矿石表面,而且屏蔽了来自矿石发出的目标元素特征X射线。从而,使原位X辐射取样产生很大的误差。当围岩粉尘覆盖在矿石表面时,主要是吸收初级和次级射线(特征X射线和散射射线),使取样结果偏低,而矿层粉尘则主要造成污染。当矿层粉尘吸附在矿化地段或者围岩井壁上时,取样结果是矿层粉尘中目标元素与井壁岩(矿)石中目标元素的平均含量;若粉尘较厚,则主要是矿层粉尘中目标元素的含量,造成取样结果偏高的假象。

消除粉尘影响的有效方法是在原位X辐射取样工作前,对岩矿、石表面进行清洗。这是保证取样结果准确、可靠的必要工作程序之一。

7.3 X射线荧光测量的应用*

7.3.1 在矿产资源勘查中的应用

1. 现场X射线荧光测量方法

为了减少相邻谱线的干扰,对各元素的特征X射线荧光谱线一般采用1/2极大值法确定探测窗予以测量。测量时间以分钟为基本单位。如果要进行定量测量,探测窗内计数的统计误差至少应该小于目标元素地质分析允许误差的1/2。为了保证测量的可靠性,土壤测量是在挖好的40 cm深的坑的底面上进行的(保证测量B层土壤)。将坑底面土壤弄平整,在3~5个不同位置作测量,以平均值作为该物理点的测量结果,以便减少几何效应和矿化不均匀效应。同理,岩石测量时,亦以多点测量的平均值代表一个物理点的测量结果。一般情况下,每元素的测量结果可以直接以每分钟的脉冲计数(cpm)来表示,在采用相应标准样品建立工作曲线后,也可换算成元素含量。

2. 金矿勘查中的应用

由于金矿工业品位低,X荧光仪探测限不能满足直接测量金含量的要求,故一般情况下,勘查金矿时往往测量在成因与空间分布上与金矿密切相关的一些其他元素,作为找金矿的指示元素。在四川某金矿区外围的找矿中,找矿人员采用土壤As、Cu、Fe为主的多元素X荧光测量扫面,对捕获的综合异常辅以痕金分析验证的工作程序,快速确定找矿靶位,取得突破。图7.13展示的是

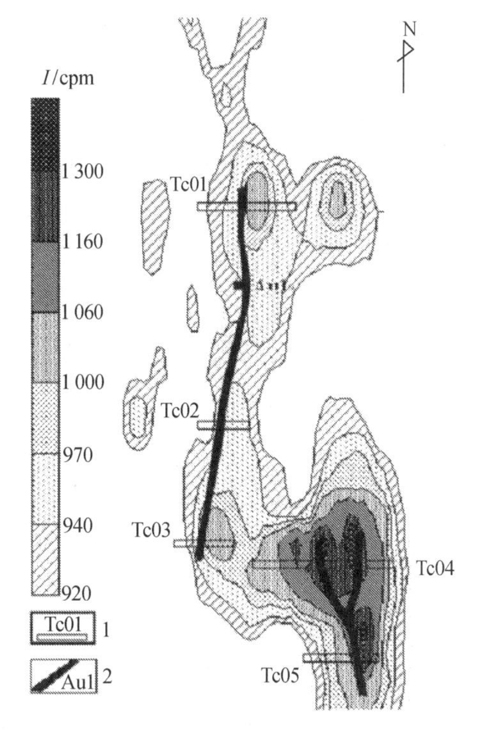

1—探槽位置与编号;2—新发现金矿体。

图7.13 HLZ地区X荧光As成果图

矿区外围HLZ普查点的X荧光测量成果图。在该普查区域上捕获总体上呈南北向分布的X荧光异常,异常有4个浓集中心。对2号异常浓集中心取样作痕金分析,Au极值到达100×10^{-9},高出Au的背景值30倍左右。经探槽揭露,证实异常为一呈南北向展布的工业金矿体所引起。

3. 锶矿勘查应用与效果

在重庆某地采用了土壤X荧光测量勘查锶矿取得良好效果。在6 500 m×500 m的测区内,以100 m×10 m网格开展了锶的土壤X荧光测量,获得近3 000个物理点的测量数据。根据统计结果,以平均值加1.5倍均方误差为异常下限,圈出了22个异常。

经异常评价模式认定,有6个异常群(每个异常群由2~3个有关联的异常组成)为锶矿引起的矿异常。率先对Ⅰ号异常群进行了布孔验证。

Ⅰ号异常群由两个异常组成,分布在测区南端的131至191线之间(图7.14)。结合矿区锶矿的保存深度条件(即锶在近地表易被淋滤后带走,在潜水面以下多被溶蚀,矿体仅在合适的深度才能保存)和异常位置处的地貌等因素,先后布孔5个。其中,除ZK1753孔因太靠近含矿层(致使穿过含矿层时深度不够)仅见锶矿化外,其余4孔均见到天青石工业矿体。

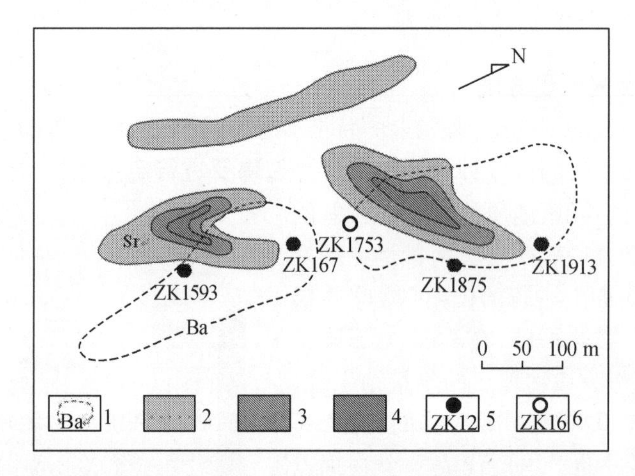

1—Ba X射线荧光异常;2—Sr X射线荧光均值+1.5倍均方根差;

3—Sr X射线荧光均值+3倍均方根差;4—Sr X射线荧光均值+5倍均方根差;

5—见矿孔位置及编号;6—未见矿孔位及编号。

图7.14 异常群及钻孔分布图

最后,对其余5个异常群陆续布孔验证,除Ⅱ号异常群仅见矿化外,其余异常群均见到工业锶矿体(表7.3)。布孔见矿率达到80%以上,比依据传统方法布孔见矿率(50%左右)提高了30%。

表7.3 异常区域见矿情况统计表

异常群编号	异常个数/个	布孔数/个	见矿钻孔数/个	各孔见矿深度/m	见矿率/%
M1	3	5	4	88~110	80
M2	4	2	0	—	0
M3	5	7	6	71~133	85.7

表 7.3(续)

异常群编号	异常个数/个	布孔数/个	见矿钻孔数/个	各孔见矿深度/m	见矿率/%
M4	5	8	6	81 ~ 114	75
M5	3	3	3	124 ~ 160	100
M6	2	5	5	75 ~ 112	100

在部分钻探先于 X 荧光测量而未见矿地段,后根据 X 荧光资料重新布孔,找到地质找矿遗漏矿段三处,由此使该矿区天青石工业储量增加 10 多万吨。

4. 金矿床地球化学分散模式研究中的应用

矿床地球化学分散模式是矿床的一项重要的地质理论研究工作,其成果对所研究矿床的开采,外围找矿工作等都具有指导性意义。我国科学工作者采用 FD - 256 与 HAD - 512 型携带式 X 荧光仪,通过现场测量,对 KNM 金矿床地球化学模式进行了研究。

模式研究选择了矿区 0 号矿体上方的 12 号勘探线,于地表土壤、坑道壁、钻孔岩芯进行了系统 X 荧光测量。测量 As、Hg、Pb、Cu、Mn、Ni 时采用 ^{238}Pu 源激发,充 Xe 正比计数管探测器配合,测量 Sr、Sb、Ba 时采用 ^{241}Am 激发,充 Kr 正比计数管探测器配合。

对测量获得的数据进行整理后,主要通过作图法(图 7.15),确定指示元素的垂向分带序列,即绘制各个指示元素的垂直剖面图,根据各个指示元素原生异常中心在空间上的相对位置确定元素的分带序列。这一结果,与按照相关文献提供的“格里戈良”计算法求出的元素垂向分带序列是一致的。最终所获得的 KNM 矿床的垂向分带序列为

Sr - Ba - Sb - Hg - As - Au - Pb - Ag - Cu - Mn - Ni

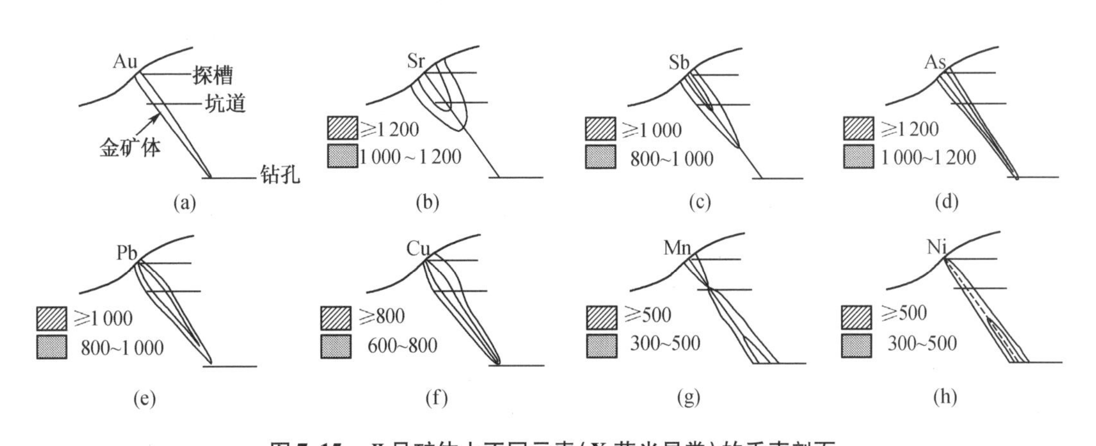

图 7.15 Ⅱ号矿体上不同元素(X 荧光异常)的垂直剖面

(单位:cpm)

在这个分带序列中,Sr、Ba、Sb 为矿体的前缘晕组合元素;As 为矿体上部的特征元素;Pb、Cu 为矿体晕元素;Mn、Ni 为矿体尾晕元素。

在各指示元素中,经分析对比提炼出两类不同的元素:找矿指示元素与矿体研究指示元素。

找矿指示元素:找矿指示元素为 Sr 与 As。Sr 作为矿区内金矿的前缘晕元素具有异常宽

大、幅度高的特点,其异常易于为X荧光测量所发现。而As作为金矿体上部的特征指示元素,则具有异常与金矿体基本吻合的特点。

矿体研究指示元素:矿体研究指示元素为Sr、As、Cu、Pb、Mn及Ni。可以利用这些元素的不同组合情况来判断矿体类型以及矿体的剥蚀深度等。

研究建立的矿区地球化学分散模式在以后指导矿区的钻探及与外围找矿中,发挥了良好的作用。

如11号勘探线在探槽揭露过程中圈出了Ⅳ、Ⅴ、Ⅵ、Ⅶ 4个矿体。这些矿体间具有何种联系?其深部是否向下延伸?深部矿体情况如何?

为了搞清楚上述找矿过程中急待了解的问题,对11号勘探线开展了系统的剖面X荧光测量,并将结果与建立的矿床地球化学模式相对比,发现矿体前缘晕元素Sr呈偏高场,矿体晕元素As、Pb、Cu元素呈高异常值,矿体尾晕元素也呈偏高场,是地下存在延伸较大富矿体的典型的元素异常组合。为此通过工程予以揭露,在25 m左右发现4个矿体合并成一个较大的工业矿体,该矿体向深部有变大和变富的趋势。

根据矿区金矿床的地球化学模式,在矿区外围的找矿工作中,开展了1:10 000的Sr、As土壤X荧光测量来找金矿的工作。捕获异常后,对产于Sr异常中的As异常进行重点解剖。在土壤X荧光扫面工作中,先后圈出LHK、QSL两片异常区。经分析研究后,对LHK异常区进行优先解剖,发现工业金矿产地一处。当年在该处建立堆场,提取黄金48 kg。

此后,对QSL异常区进行的解剖也取得突破,发现了新的工业金矿体。

7.3.2 在矿产资源开采中的应用

1.在矿山开采工作中的应用

在矿山采矿过程中,利用携带式X荧光仪器在矿体上直接测定矿石品位的技术称为X荧光辐射取样,简称X取样。我国从20世纪80年代中期起,开始在有色、黑色金属矿山推广应用这一技术。

X取样的基本工作方法是在岩矿石表面按100 cm×15 cm划分每一个地质样品的位置,此区间内,以所用仪器探头探测窗的有效探测直径为点距,逐点测量,最后取一个地质样内的全部测点的测量结果的平均值作为该地质样的品位。

为了获得可靠、准确的结果,应该注意以下几点:首先,开展X取样工作前应该根据测量目标元素,通过实验选择设定最佳仪器源样距;其次,应该根据所采用的X荧光探测器的视窗在最佳仪器源样距下的有效探测面积,布设最佳测网;第三,应该根据取样地质体的元素组合和基体效应类型,采用尽可能多的标准样,建立适合工作矿体的工作曲线。实践表明,在前述条件下,X取样可以达到不低于传统地质品位确定方法(刻槽取样化学分析法)的准确度。

表7.4列出了中条山铜矿峪铜矿开展X取样原位确定铜矿石品位初期的部分测量结果,为了检验X取样结果的准确性,对这部分样品亦进行了对比刻槽取样确定品位工作,结果一并在表7.4中列出。

表 7.4 部分 X 取样确定铜矿品位与刻槽取样品位对比表

取样方法	样品数	超差数	合格率	平均品位	对比误差
X 取样	71	13	81.69	0.546	0.02
刻槽取样	71	21	70.42	0.551	

图 7.16 为四川会理大铜矿应用 X 取样在坑道壁上确定铜矿石品位成果图。

从表 7.4 与图 7.16 中可见,应用 X 取样技术确定铜矿石品位的准确度与刻槽取样法是相当的。但 X 取样确定一地质样的品位仅需十几分钟到半个小时,较刻槽取样获取品位的工效高了几十倍。加之 X 取样是一道工序即刻获取品位,既避免了刻槽取样作业时岩尘对刻槽工人的危害,又将获取品位的成本费从 20 元左右降低到 2 元左右,不考虑提高工效带来的效益,仅统计减少的成本费一项,一个中型矿山每年就可节约约 10 万元,其效益是显著的。

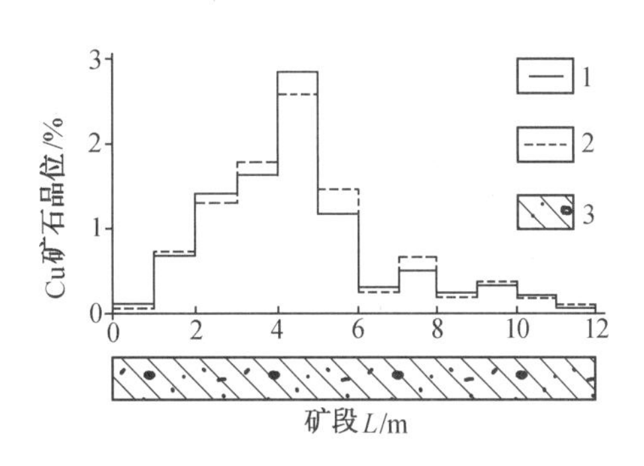

1—X 取样;2—刻槽取样;3—砾岩。

图 7.16 会理大铜矿某矿段 X 取样确定铜矿石品位成果图

除按照地质取样要求,以 100 cm × 15 cm 区域为一个地质样区域确定地质品位外,X 取样在矿山的另一应用是配合地质编录进行 X 荧光编录,即在地质编录时,应用原位 X 取样技术测定被编录的坑道壁或采掘面上各点的矿石品位,据此编制等含量线图。图 7.17 展示的是四川会理大铜矿七下二三 1 - 5 采场的采掘面的铜 X 荧光编录图。

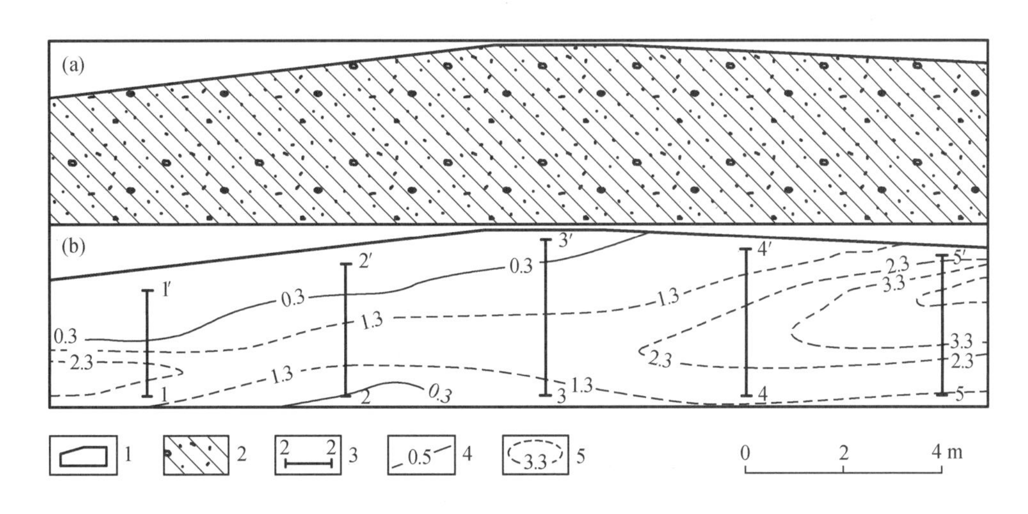

1—采掘面边界线;2—砾岩;3—X 取样测线;4—铜等含量线。

图 7.17 会理大铜矿七下二三 1 - 5 采场采掘面 X 荧光编录图

在采掘面上获取的这种编录图,不仅完整准确地划分了矿体边界,还圈出了富矿区域,对采矿工作起到了及时指导作业,避免了采用刻槽取样确定品位时因提供的化学分析结果滞后于采掘速度,无法正确识别矿体边界造成的贫化损失问题。

而在矿山的地质工作中应用 X 取样开展编录工作,则大大提高了地质工作的质量。除用于铜矿外,我国一些锡矿、锑矿、铁矿等矿山也采用了 X 取样技术。

2. 在选矿流程监测中的应用

在矿石的选矿过程中,为了保证达到设计的金属回收率,对选矿过程进行监测是必不可少的。在我国,传统的监测工作是由取样、化学分析的流程来进行的。由于化学分析获取成果的速度严重滞后于选矿进程,一般在当个选矿班次完成后才能获得分析结果,因此起不到及时调整选矿工艺以获得最佳金属回收率的目的。对于那些规模较小、不便安装在流分析系统的矿山,采用携带式 X 荧光分析仪作为监控设备,同样可以起到良好的效果。适合于采用这一方法的矿山包括 Cu、Pb、Zn、Sr、Ba、Hg、W、Fe 以及部分金矿山。

例如,我国东北某金铜矿山,采用图 7.18 所示的工作流程作为选矿监控。

图 7.18　选矿过程监控流程图

实际工作中,每半个小时在原矿、精矿、尾矿的控制点上分别采集样品;将样品置于烘烤样品的大铁板上,加热进行样品干燥处理;随后,将烘干的样品装入专用样品杯中进行测量;最后,根据测量结果求得入选矿石品位、金属回收率,并据此指导入选矿石的配矿、调整选矿药剂的用量等,以达到稳定的高金属回收率的目的。

样品采用大铁板和功率较大的电炉作烘干设备,一个样品的烘干时间一般为十几分钟,从采集样品到获取分析结果仅约 20 分钟,分析资料可以及时反馈到选矿控制室。

(1)品位监测方法

该金铜矿是一产于花岗岩中的火山岩型金铜矿床。主要金属矿物为黄铜矿、磁黄铁矿、黄铁矿、闪锌矿、方铅矿、自然金等少量。由此可知,测量铜品位时的主要基体效应将是铁对铜的吸收效应。根据实验研究,在铜地质样品测量中,采用特散比法可以基本校正这种影响。试验表明,铜特散比值与铜品位间的相关系数从特征强度的 0.59,提高到 0.96。为此,在选矿监测中对铜的测量采用了特散比法。

(2)金品位监测方法

由于矿山原、精、尾矿样品中金的品位均低于所用携带式 X 荧光仪器对金的探测限(~70 $g\cdot t^{-1}$),对金的测量只能借助其他与其相关元素的测量来实现。根据金主要赋存在各种金属硫化矿物中的特点(表 7.5),研究了采用不同元素或元素组估计金品位的方法。

表 7.5　原生金在不同矿物中的相对含量

矿物名称	黄铜矿	石英	磁黄铁矿	方铅矿	黄铁矿	辉铜矿	自然金	毒砂	$\sum$
相对含量/%	34.2	21.2	17.1	8.85	8.21	6.04	3.29	1.11	100

根据对 100 个原矿样品测试的实验结果(表 7.6),最终确定的测量金品位的方法为:设置

6.5~12.5 keV 的仪器探测能窗，测量 Cu、Zn、Pb、As 为主，包含少量 Fe 的总量 X 荧光强度来估计金品位。

表 7.6 测试金品位方法实验情况统计表

样品数	测试能窗及所包含元素	与金相关系数
100	7.04~9.04 keV，Cu	0.63
100	5.90~9.04 keV，Cu+Fe	0.77
100	5.90~9.84 keV，Cu+Zn+Fe	0.79
100	6.50~12.5 keV，Cu+Zn+Pb+As+Fe(part)	0.84

投入生产前，曾对 16 个班次选矿过程中的原、精、尾矿品位进行了监测试验。每个班次取原、精、尾矿样各 14~16 个，总计取样 720 个。经与化学分析对比，对原、精、尾矿中铜的分析合格率分别达 92%、83%和 87%；对金的合格率为 70%、81%、91%。表 7.7 列出了部分样品的铜、金品位分析结果，表 7.8 统计了分析铜品位的有关指标参数，表 7.9 统计了金品位测试的有关质量参数。

表 7.7 部分原、精、尾矿样品的 Cu、Au 品位测试结果

样号	类型	分析含量 Cu/%		绝对误差	允许误差	分析含量 Au/($g \cdot t^{-1}$)		绝对误差	允许误差
		化学	荧光(XRF)			化学	荧光(XRF)		
Y331	A	0.997	0.971	0.03	0.09	2.24	3.46	1.22	0.50
Y332	A	1.262	1.276	0.01	0.10	4.12	4.13	0.01	0.70
Y333	A	0.354	0.305	0.05	0.04	2.91	3.09	0.18	0.50
Y334	A	1.571	1.608	0.04	0.10	4.73	4.99	0.26	0.70
Y335	A	1.398	1.406	0.01	0.10	6.30	5.37	0.93	1.00
J358	B	14.58	14.52	0.06	0.90	38.9	39.1	0.20	1.50
J357	B	14.96	15.01	0.05	0.90	36.5	37.2	0.70	1.50
J312	B	14.66	14.37	0.29	0.90	37.3	36.5	0.80	1.50
J337	B	16.85	16.90	0.05	0.90	37.7	36.7	1.00	1.50
J269	B	15.44	15.86	0.42	0.90	40.6	40.3	0.30	1.50
W151	C	0.045	0.054	0.009	0.01	0.37	0.37	0.00	0.30
W148	C	0.038	0.040	0.002	0.01	0.37	0.57	0.20	0.30
W176	C	0.049	0.051	0.002	0.01	0.44	0.43	0.01	0.30
W186	C	0.052	0.047	0.005	0.01	0.31	0.35	0.04	0.30
W256	C	0.088	0.080	0.008	0.01	0.44	0.39	0.05	0.30

注：A—原矿、B—精矿、C—尾矿。

表 7.7 的实验结果表明，在对金的测量中，个别样品的结果与化学分析间存在较大误差，究其原因主要是由于 X 荧光法不能直接测量金本身，只能依靠金与其他元素间的相关关系来间接测量金，而地质样品是不均匀的，因此当个别样品中金与其他元素的组合差异较大时，将会导致较大误差。

表7.8　原、精、尾矿中铜品位分析质量统计表

分析元素	样品类别	样品数	合格率/%	平均误差
Cu	原矿	240	92	0.06
Cu	精矿	240	83	0.15
Cu	尾矿	240	87	0.006

由于这种误差来自不同样品中元素组合的随机性,因此,出现正、负误差的概率是相等的。采用多次采样的测量结果的均值将可使这种误差减小到足够小的程度,如表7.9所示。实际上从矿山的生产角度看,作为选矿产品,更有意义的是一批样品的平均品位,而在该指标参数上,X荧光法与化学分析法提供的结果间的误差足够小(表7.9),因此,可认为X荧光监测资料的准确度可以满足矿山选矿要求。

表7.9　原、精、尾矿中金品位测试质量统计表

分析元素	样品类别	样品个数	合格率/%	平均品位/($g\cdot t^{-1}$)		平均品位对比误差/($g\cdot t^{-1}$)	95%置信概率下误差限/($g\cdot t^{-1}$)
				化学	荧光(XRF)		
Au	A	240	70	4.08	4.06	-0.02	≤0.14
Au	B	240	81	32.56	32.61	0.05	≤0.95
Au	C	240	97	0.39	0.40	0.01	≤0.12

在进行试验的16个选矿班次中,由于采用X荧光监测,每半个小时可提供一次原、精、尾矿品位,根据监测结果及时调整入选品位、用药量等,使金属回收率平均提高了6%。按矿山的选矿能力(平均每班回收0.4 t铜、0.11 kg金,每天3个班次,每年按300个工作日计),每年由此可多回收铜21.6 t,金5.94 kg,获得数十万元的直接经济效益。

7.3.3　在其他方面的应用

1. 土壤样品中的重金属检测

重金属污染物在土壤中的滞留时间长,一般不易迁移,也不能被土壤微生物分解,相反,可在土壤中累积,并通过食物链在生物体中富集,或转化为毒性更大的甲基化合物,对食物链中某些生物达到有害水平,最终在人体内蓄积而危害人体健康。土壤重金属检测一般采用原子吸收光谱(AAS)、电感耦合等离子体质谱仪(ICP-MS)以及电化学等方法。上述方法是较成熟的方法,准确度高,但均需对样品进行湿法消解,检测步骤烦琐,预处理过程中易有样品损失或使样品沾污,且需使用大量的化学试剂,造成环境的二次污染。而X射线荧光光谱技术具有准确度高,分析速度快,试样形态多样性及测定时的非破坏性等特点,常用于常量元素的定性和定量分析以及进行微量元素的测定,其检出限多数可达μg/g级,测量的元素范围广,可以在十几分钟之内可同时测定20多种元素的含量。

在铅锌矿及其周边地区的土壤受到开采、选冶的影响,其铅、锌元素的含量较高。近几年来,罗立强等人针对铅锌矿的土壤重金属EDXRF分析做了大量工作。在标准物质选择和校准样品的制备中,优先考虑GBW07301~07312(水系沉积物)、GBW07401~07408(土壤)、GBW07103~07125(岩石)等国家标准物质。针对土壤重金属Pb、As、Cd、Cu、Zn的校准用样品浓度范围见表7.10。

表7.10 铅锌矿区校准样品重金属元素浓度范围

元素	浓度范围/(μg·g^{-1})
Pb	4.4~23 600
As	0.3~2 340
Cd	0.1~262
Cu	2.6~3 200
Zn	7.0~39 400

同时,不同的靶材和分析谱线对实验结果也有不同的影响。因为Pb的Lα谱线与As的Kα谱线几乎完全重合,因此在谱线分析中选择的是Pb的Lβ。Pb含量较低时,选择KBr靶分析As元素可以取得一定效果。但当Pb含量远高于As时,在As的Kα处会存在Pb的Lα谱线重叠。因此KBr靶激发As的Kα时,Pb的含量不应该过高。

南京栖霞山铅锌矿区污染土壤研究发现,在矿区及其周边菜园土壤重金属元素Pb、As、Cd和Zn污染严重,这4种重金属元素在大部分土壤中含量均超过了土壤环境质量三级标准(保障农林业生产和植物正常生长的土壤临界值),部分土壤中也存在Cu的轻度污染。

2. 水溶液中重金属元素检测

水域生态系统中的重金属是难以治理的,其难点之一就是水溶液中重金属元素的检测。μg/g级别的检出限相对于江河湖海中的重金属污染应用意义较小,但是对城镇污水和工业废水的重金属含量检测中具有相当的应用价值。

例如,使用能量色散X射线光谱仪实现水溶液中痕量级重金属离子定性定量分析,可使用国家标准溶液配置混合溶液做样品。标样配置中,混合溶液中重金属元素的质量浓度一般为0~5μg/mL,若限值比较高,则通常配置0~30μg/mL。通过选择不同的滤光片,参考最优管电流和管电压,调整光管的初级X射线。对于重金属元素的能量色散X射线荧光分析来说,一般选择K系特征谱线,但对于Pb、Hg,其K系谱线激发能量高,一般采用L系特征谱进行定性定量分析,见表7.11。

表7.11 常见重金属元素特征X射线能量参数表

元素	K系特征X射线能量/keV	元素	L系特征X射线能量/keV
Cr	5.414(Kα)	Hg	9.987(Lα)
Mn	5.898(Kα)	Pb	12.611(Lβ)
Fe	6.403(Kα)		
Ni	7.477(Kα)		
Cu	8.047(Kα)		
Zn	8.638(Kα)		
As	10.543(Kα)		
Se	11.221(Kα)		
Sb	26.375(Kα)		

X 射线荧光分析水溶液中的重金属元素时,其检出限相对电化学法、ICP - MS 等较高。对于特定水溶液的检测需要配置合适的标样。水溶液可以对 X 射线荧光谱仪造成破坏,因而 X 射线荧光谱仪在液体中的应用时,利用隔水膜将设备保护起来是相当必要的,聚乙烯膜、麦拉膜等广泛应用于 X 射线荧光谱仪的分析,但是有些薄膜成分和薄膜厚度会对 X 射线荧光谱仪的示数产生影响,因此对测试人员的能力有一定要求。

思考题和练习题

7 - 1　利用 X 荧光测量识别被测介质原子序数的原理是什么,实际工作中,我们通常采用什么方法对被测元素进行识别?

7 - 2　利用 X 荧光测量进行元素定量测定的基本原理是什么,影响定量分析准确度的主要因素有哪些?

7 - 3　从物理原理出发,讨论如何才能获得最佳 X 荧光激发。

7 - 4　X 荧光仪器的能量刻度与含量刻度是怎样进行的?

7 - 5　什么是 X 荧光分析的基体效应,常用哪些行之有效的校正方法?

第 8 章　中子测量方法

中子与物质相互作用的概率决定于原子核的性质，即使能量很低的慢中子也能引起核反应；中子能量越大，它穿透物质的本领也越大。通过测量中子及它与物质的相互作用，可以实现类似于中子测井、中子活化分析等多种应用。

8.1　中　子　源

8.1.1　中子源的主要特性

中子源是指能产生中子的装置或物质，其特性由强度、能量、半衰期等参数来描述。

1. 中子源强度

中子源强度是指单位时间内发射的中子数目，即中子强度。若每次核反应只释放一个中子，该源强度等于单位时间内在靶物质中所发生的核反应数目。有时也采用产额来描述中子源强度，即每个轰击粒子在靶上产生的中子数称为靶的产额。对于加速器中子源，常把单位强度的束流（μA 或 μC）在靶上所产生的中子数称为产额；而对于同位素中子源，则把每居里放射性物质所产生的中子强度称为产额。可见产额的定义并不严格，而是随情况而定。

2. 中子源能量

中子源能量是指中子源所能发射的中子能量。中子速度不同其能量也不同，它与物质相互作用的行为也不一样。因而中子源发射中子的方式及能量，决定了这些中子在物质中所能发生的核反应类型，从而也决定了探测中子的方法。通常所说的中子能量是指其动能，即

$$E_n = mv^2/2 \tag{8.1}$$

式中　m——中子质量；

　　v——中子速度。

E_n 的单位常用 eV 或 MeV。

热中子的能量与环境温度有关。若能量 E_n 单位为 eV，温度 T 的单位为 K，则

$$E_n = 8.617\,1 \times 10^{-5} T \tag{8.2}$$

对于标准热中子，$T = 293.58$ K，$E_n = 0.025$ eV。中子能量也可用其速度 v（单位为 $\mathrm{m \cdot s^{-1}}$）表示，代入上式有 $E_n = 5.226\,95 \times 10^{-9} v^2$，则标准热中子的速度为 $v = 2.2 \times 10^3\ \mathrm{m \cdot s^{-1}}$。

具有单一能量的中子叫单能中子（或称单色中子），能量分布连续的中子叫连续谱中子。一般中子源发射中子的初始能量多在 MeV 级，同位素源的中子能量为几个 MeV，加速器中子源的中子能量为十几个 MeV，反应堆中子源的中子能量则为 0.025 eV ~ 17 MeV。

3. 中子源半衰期

同位素中子源还有一个重要参数，即源的半衰期。源的半衰期是指发射轰击粒子的放射性同位素的半衰期。设同位素源出厂时的强度为 Q_0，经时间 t 后的强度将减少到

$$Q = Q_0 \cdot e^{-\lambda t} = Q_0 \cdot e^{-0.693 \cdot t / T_{1/2}} \tag{8.3}$$

8.1.2 中子源的类型

中子源一般分为同位素中子源、加速器中子源、反应堆中子源及中子发生器四类。

1. 同位素中子源

利用放射性同位素的核衰变所放出的高能粒子去轰击某些靶物质,实现发射中子的核反应,该类源称之为同位素中子源或放射性中子源。同位素中子源的主要特点是体积小、制备简单、使用方便,故在中子测量中得到了广泛应用。

同位素中子源分为(α,n)和(γ,n)两类。某些人造重核素具有很强的自发裂变中子发射率,虽然它们产生中子的机理与前两类不一样,通常也将其列入同位素中子源。

(1)(α,n)中子源:天然衰变系中有不少发射α粒子的核素,其能量从4~6 MeV,许多人造重元素产生的α粒子能量也在该范围,这些α核素均可用于(α,n)中子源。常用(α,n)中子源几乎都用铍做靶材料,这是由于轻元素铍的(α,n)中子产额最高,其反应式为

$$^{9}_{4}Be + \alpha \rightarrow ^{12}_{6}C + n + 5.70\ MeV \tag{8.4}$$

所有(α,n)中子源发射的中子都具有连续变化的能谱,习惯上采用产生轰击粒子的放射性同位素的活度来度量这类中子源的强度(单位为 Ci)。具有相同活度的中子源,由于发射轰击粒子的放射性同位素和靶材料的不同,单位时间里发射的中子数(即中子产额)也不相同。表8.1中列出了目前常见的(α,n)中子源的相关参数。下面介绍几种主要的(α,n)中子源。

表8.1 常用的(α,n)中子源

中子源	半衰期	平均中子能量/MeV	中子产额/$(10^6\ s^{-1}\cdot Ci^{-1})$	伴生γ强度/$(10^6\ mR\cdot h^{-1}\cdot m^{-1})$
$^{210}Pb-^{9}Be$	22 a	4.5~5.0	2.3~2.5	9
$^{210}Po-^{9}Be$	138.4 d	4.2	2.3~3.0	>0.1
$^{226}Ra-^{9}Be$	1 600 a	3.9~4.7	10.0~17.1	60
$^{227}Ac-^{9}Be$	21.8 a	4.0~4.7	15~25	8
$^{228}Th-^{9}Be$	1.913 a	—	17~20	30
$^{238}Pu-^{9}Be$	86 a	5.0	2.2~4.0	<1
$^{239}Pu-^{9}Be$	24 400 a	4.5~5.0	1.5~2.7	<1
$^{241}Am-^{9}Be$	458 a	5.0	2.2~2.7	1
$^{241}Cm-^{9}Be$	163 d	—	3.0~7.0	<1
$^{244}Cm-^{9}Be$	18.0 a	—	6.0	<1
^{252}Cf	2.65 a	2.3	4 400	—

镭铍中子源($^{226}Ra-^{9}Be$):它用天然镭发射α粒子,以^{9}Be作靶材料制成中子源。镭、铍重量比为1:5。二者均匀混合后压制成小圆柱体,再用两层金属密封。因镭的半衰期长达1 600 a,中子强度几乎不随时间变化,可作标准中子源,但具有很强的伴生γ辐射。

钋铍中子源($^{210}Po-^{9}Be$):^{210}Po的半衰期为138.4 d,α粒子能量为5.305 MeV。我国生产的钋铍中子源,为双层不锈钢密封,半径为16.5 mm、高为18.5 mm的圆柱体,其优点是伴生

γ辐射特别弱,缺点是半衰期短,虽性能不及 $^{241}Am-^{9}Be$ 源或 $^{238}Pu-^{9}Be$ 源,但价格便宜,购置方便。钋铍中子源的中子能谱见图8.1。

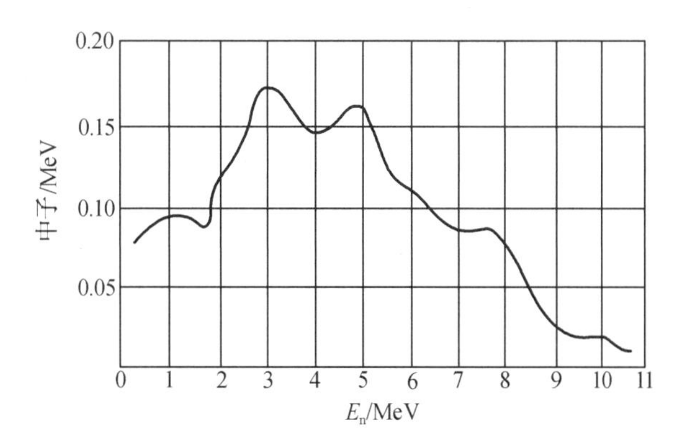

图8.1　钋铍源中子能谱

镅铍中子源($^{241}Am-^{9}Be$):具有伴生γ辐射低和半衰期长(458 a)等优点,最适宜在中子测井中使用。但比钋铍源价格昂贵,体积也较大。镅铍源中子能谱见图8.2。

钚铍中子源($^{238}Pu-^{9}Be$ 或 $^{239}Pu-^{9}Be$):早期钚铍源以 ^{239}Pu 为α辐射体,但现在已被 ^{238}Pu 所取代。这类中子源不如镅铍源用得普遍。

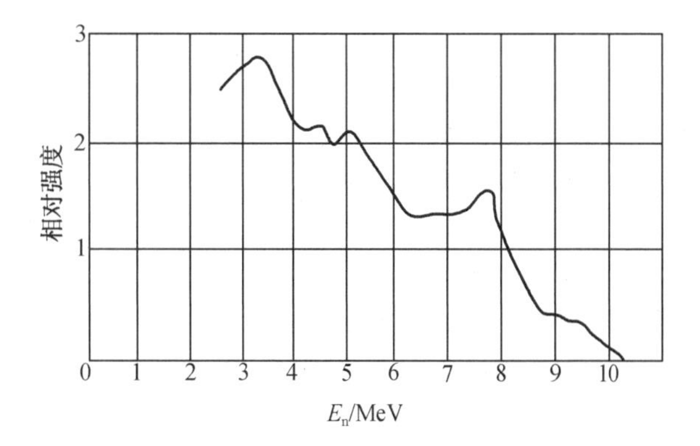

图8.2　镅铍源中子能谱

此外还有 $^{244}Cm-^{9}Be$, $^{228}Th-^{9}Be$ 中子源等,与 $^{210}Po-^{9}Be$ 源一样,可制成体积小、强度大的中子源,已有中子强度大于 $10^{9}\ s^{-1}$ 的这类中子源。国外还研制了带有“开关”的中子源,其中子强度在源“打开”和“关闭”时相差两个数量级,发展此类源很有实用价值。

(2)自发裂变中子源:在所有重核中,利用锎(^{252}Cf)作为中子源最为合适。其半衰期为2.65 a,自发裂变中子的产额为 $2.31\times10^{12}\ s^{-1}\cdot g^{-1}$。它的中子发射率是任何其他同位素不能比的。近几年已有人注意研究锎源在测井中的应用,特别是在活化测井方面可能由此开辟出新的领域。从发展趋势来看,它很可能取代一些(α,n)源或(γ,n)源。

2. 加速器中子源

加速器是用人工方法使带电粒子获得较高能量,然后用加速后的带电粒子去轰击某些靶核的一种装置。利用高速带电粒子轰击靶核引起核反应而发射中子的装置称为加速器中子源。与同位素中子源比较,这类中子源有下列特点:①中子强度高,可以在广阔能区获得单色中子,也可以产生脉冲中子;②加速器不运行时,没有很强的放射性。图8.3是利用加速器制作中子源的主要部件。常见的加速器中子源是一种利用100~200 kV电压产生1~2 mA电流的氘离子束且体积不大的加速器。通过选择合适的离子源和离子能量及靶材料,可以产生不同能量的中子。最常用的是氘离子(D)照射氚(T)靶,即根据 $T(d,n)^{4}He$ 反应做成中子源

$$T + d \rightarrow {}^{4}He + n + 17.588\ MeV \tag{8.5}$$

式中, $T(d,n)^{4}He$ 反应所释放的17.588 MeV能量分配给中子和氦核。

通常,中子能量随着轰击氘核的能量 E_d 和中子发射的角度 θ 而变化。当氘核的能量 $E_d=0.126$ MeV时,核反应截面达到最大值;当 E_d 为0.1~0.2 MeV时,中子能量平均为14 MeV。而当 E_d 达到3.71 MeV时, θ 方向的中子能量可略大于20 MeV。此外,利用 $D(d,n)^{3}He$ 反应,还可提供能量为2.7 MeV的单色中子,该核反应为

$$D + d \rightarrow {}^{3}He + n + 3.266\ MeV \tag{8.6}$$

式中，氘核的能量 $E_d = 2$ MeV 时，反应截面有最大值。

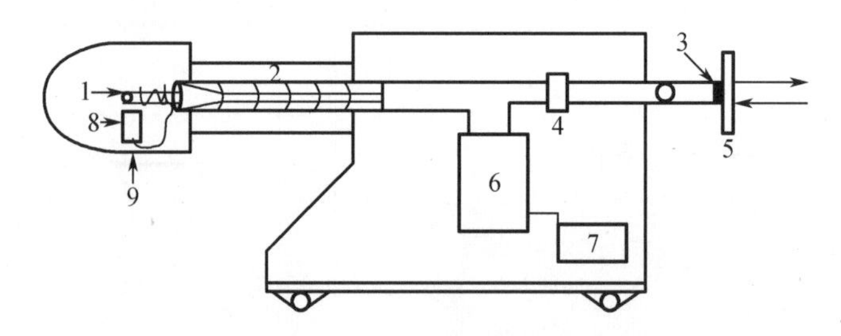

1—离子源;2—加速器管道;3—靶支持物;4—用于靶的水冷却的接合处;5—样品支持物(气动系统的终端);6—真空泵;7—前级真空泵;8—自动的重水分解器(氘源);9—高压电源接头。

图 8.3 中子发生器的主要单元

另外，由氚或氚靶、氘离子源和加速系统组装起来，并置入玻璃管中就可构成一个中子源，称其为加速器中子源，或称为中子发生器或中子管。如冷阴极中子管、密封中子管都可以制作得很小。

3. 反应堆中子源

该类源的中子来自反应堆内的链式反应，其特点是强度大，能谱宽(0.025 eV ~ 17 MeV)。缺点是装置庞大，造价高，并会带来一系列安全问题。这是因为核反应堆释放的辐射种类很多，在这些辐射中，中子和 γ 辐射穿透能力最强。一般满足了对它们的屏蔽防护要求，则其他辐射的屏蔽就可以基本满足要求。

4. 散裂中子源

散裂中子源使用 $10^8 \sim 10^9$ eV 的质子、氘等轻带电粒子轰击重核(钨、汞等元素)，被轰击的重核不稳定而“蒸发”出 20 ~ 30 个中子，这样就像重核“裂开”并向各个方向“发散”出大量的中子。

中国散裂中子源的主要原理是通过离子源产生负氢离子，利用一系列直线加速器将负氢离子加速到 80 MeV，之后将负氢离子经剥离作用变成质子后注入一台快循环同步加速器中，将质子束流加速到 1.6 GeV 的能量，引出后经束流传输线打向钨靶，在靶上发生散裂反应产生中子，通过慢化器、中子导管等引向中子谱仪，供用户开展实验研究。

常见中子源(主要用于活化分析)的主要特征见表 8.2 所示。

表 8.2 常见中子源及分类

源的类型	源的特点	源的平均强度
同位素中子源		
$^{210}Po - {}^{9}Be$、$^{241}Am - {}^{9}Be$、$^{239}Pu - {}^{9}Be$ 等	慢中子、快中子(1 ~ 6 MeV)	$10^5 \sim 10^8\ s^{-1}$
^{252}Cf(1 mg)	裂变谱	$10^8 \sim 10^9\ s^{-1}$
加速器中子源		
直线加速器	p、d、He、γ 辐射	$10^{11}\ s^{-1}$
电子感应加速器(30 MeV)	快中子、γ 辐射	20 mGy·s^{-1}(γ 为 0.3 mGy/s)

表 8.2(续)

源的类型	源的特点	源的平均强度
电子回旋加速器(30 MeV)	快中子、γ 辐射	10^{11} s^{-1}(γ 为 40 mGy/s)
范德格拉夫静电加速器(5 MeV)	p、d、He	10^{14} s^{-1}(He 为 10^{13} s^{-1})
回旋加速器(25 MeV)	He、p、d	10^{14} ~ 10^{15} s^{-1}
中子倍增管	慢中子和快中子(镉下)	10^{5} ~ 10^{8} s^{-1}
Ng-2 中子发生器	快中子(14 MeV)、慢中子	10^{10} s^{-1}(慢中子为 10^{8} s^{-1})
闭合管中子发生器(苏联 NG-2)	快中子(14 MeV)、慢中子	10^{8} s^{-1}(慢中子为 10^{7} s^{-1})
反应堆中子源		
实验核反应堆	慢中子、快中子(约 2 MeV)	10^{18} ~ 10^{19} $m^{-2}\cdot s^{-1}$
教学用堆	慢中子和快中子	10^{15} ~ 10^{16} $m^{-2}\cdot s^{-1}$
脉冲堆	慢中子和快中子	10^{20} ~ 10^{22} $m^{-2}\cdot s^{-1}$
散裂中子源		
CSCN(中国)	慢中子和快中子	2×10^{11} $m^{-2}\cdot s^{-1}$@14 m

8.2　中子探测基本原理与方法

中子探测在核技术应用中占有重要地位,原因有三:①在核反应堆、核武器等核能利用过程中,中子对核能的释放起着关键的作用;②利用中子开展的活化分析、水分测量、探矿测井、癌症治疗、辐射育种和辐射成像等应用技术中,中子作为辐射源的技术得到了快速发展;③利用中子引起的核反应来研究原子核的性质和结构中,中子具有特殊的优越性。

中子、带电粒子和 γ 射线与物质相互作用,能够产生不同的物理、化学和生物效应,通过这些效应可实现对这些粒子的探测。对中子测量而言,主要是利用中子产生的核反应、核反冲、核裂变与活化等物理效应。下面叙述利用这四种物理效应进行中子探测的基本原理。

8.2.1　核反应法

由于中子本身不带电,它和物质中的原子核之间没有库仑力,因此很容易进入原子核并发生核反应。选择某种能产生带电粒子的核反应,通过记录该带电粒子引起的电离现象,就可实现中子探测。这种方法主要用于探测慢中子强度,在个别情况下,也可用于测量快中子能谱。例如:

$$\begin{cases} n + {}^{10}B \rightarrow \alpha + {}^{7}Li + 2.792\ \text{MeV} & (\sigma_0 = 3\ 837 \pm 9\ b) \\ n + {}^{6}Li \rightarrow \alpha + T + 4.786\ \text{MeV} & (\sigma_0 = 940 \pm 4\ b) \\ n + {}^{3}He \rightarrow p + T + 0.765\ \text{MeV} & (\sigma_0 = 5\ 333 \pm 7\ b) \\ n + {}^{155}Gd \rightarrow {}^{156}Gd + \gamma & (\sigma_0 = 60\ 801\ b) \\ n + {}^{157}Gd \rightarrow {}^{158}Gd + \gamma & (\sigma_0 = 253\ 929\ b) \end{cases} \tag{8.7}$$

式中,${}^{10}B$、${}^{6}Li$、${}^{3}He$ 反应中 2.792 MeV、4.786 MeV、0.765 MeV 分别是这五个核反应过程所释

放的能量(即 Q 值,这五个核反应都是放热反应,所以 $Q>0$);σ_0 是热中子的反应截面。

通常,中子和原子核作用的截面都只有几个靶(b),而上述五个反应的截面都很大,所以采用这五种核反应来探测中子是比较理想的方法。另外,不同能量的中子所产生的核反应截面也是不同的,如图 8.4 所示。图中,中子能量和反应截面的坐标都采用对数坐标,这五种靶核在应用上各有其优点,下面分别予以讨论。

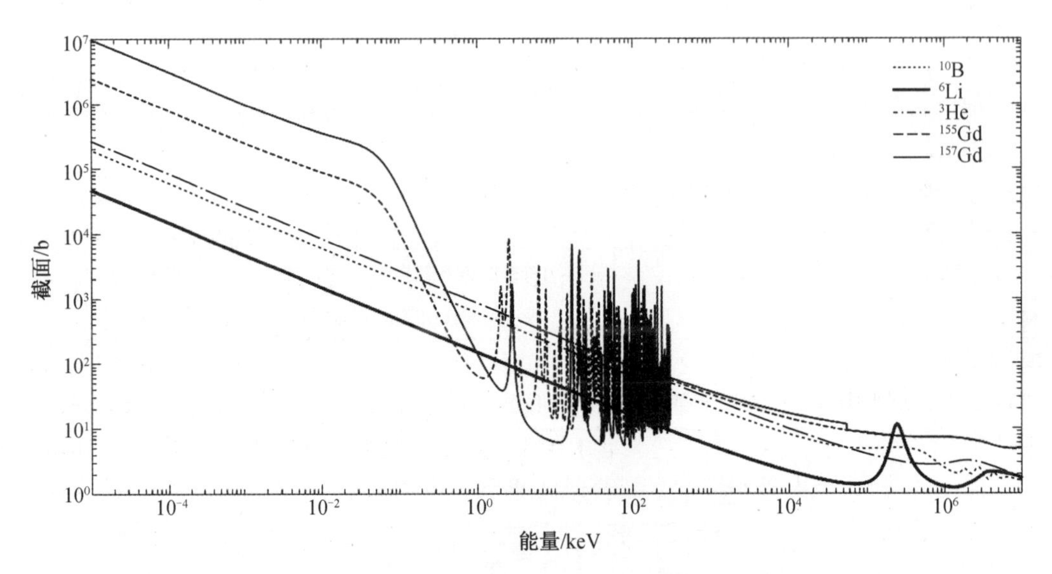

图 8.4　^{10}B、^{6}Li、^{3}He、^{155}Gd、^{157}Gd 的核反应中子截面

1. $^{10}B(n,\alpha)$ 反应

目前,$^{10}B(n,\alpha)$ 反应应用的是最广泛的。主要原因是硼材料较易获得,气态材料可选用 BF_3 气体,固态材料可选取氧化硼。天然硼中 ^{10}B 的含量约为 19.8%。为了提高探测效率,在中子探测器的制造中多用浓缩硼(^{10}B 浓度达 96% 以上),而获得浓缩硼也比较容易。所以,目前利用这种核反应的中子探测器占了很大比重。中子与 ^{10}B 作用有两种反应过程,即

$$n + {}^{10}B \rightarrow \begin{cases} {}^{7}Li + \alpha + 2.792\ \text{MeV}\ (6.1\%) \\ {}^{7}Li^{*} + \alpha + 2.31\ \text{MeV}\ (93.9\%) \end{cases} \tag{8.8}$$

其中,第二种方式的概率占 93.9%,反应产物是 ^{7}Li 的激发态 $^{7}Li^{*}$,其平均寿命是 7.3×10^{-14} s,通过释放能量为 $E_\gamma=0.478$ MeV 的 γ 光子,该反应立即从激发态跃迁到基态,即

$${}^{7}Li^{*} \rightarrow {}^{7}Li + \gamma + 0.478\ \text{MeV} \tag{8.9}$$

从图 8.4 还可看出:对于慢中子而言,其作用截面随中子能量的变化具有一定的规律性,即截面与能量之间近似为线性关系,其斜率为 $-1/2$,并可用关系式 $\ln\sigma=-\ln E/2$ 来表示,也就是截面与能量的关系为 $\sigma\propto\sqrt{E_0}$。由于慢中子能区,关系式 $E(=mv^2/2)\propto v^2$ 成立,则有关系式 $\sigma\propto1/v$,称之为截面变化的 $1/v$ 定律。

还应注意,在小于 1 keV 的中子能区,不仅硼有上述规律性,锂和一些其他元素也有这样的规律。利用截面具有 $1/v$ 定律的材料构成的探测器又被称为 $1/v$ 探测器。

常见的基于 $^{10}B(n,\alpha)$ 反应原理的中子探测器有三氟化硼正比计数管、含硼电离室、载硼闪烁计数器等。

2. ^{6}Li(n,α)反应

^{6}Li(n,α)反应的优点是放出的能量很大,容易区分中子产生的信号和γ本底;缺点是没有^{6}Li的合适气体化合物,只能采用固体材料。另外,天然锂中的^{6}Li含量只有7.5%,以天然锂做成的探测器其探测效率较低,通常都用高浓缩的氟化锂(^{6}Li含量占90%~95%),因而价格也比较昂贵。

3. ^{3}He(n,p)反应

^{3}He(n,p)反应的优点是反应截面大;缺点是反应放出的能量小,探测器不容易去除γ本底,而且天然氦气中^{3}He的含量很低(约只占1.4×10^{-4}%),^{3}He的获得比较困难。制备^{3}He有两种途径,一是靠同位素分离技术把^{3}He从天然氦气中分离出来;另一种是由同位素氚经β衰变后得到,这时往往气体内混杂有氚,因此要有特殊的消除氚的装置。用这两种方法制备^{3}He的价格都比较昂贵,20世纪70年代后才逐渐使用较多,且多数是制成^{3}He的正比计数管或电离室。

4. ^{155,157}Gd(n,γ)反应

Gd(钆)是一种稀土元素,由于^{155}Gd、^{157}Gd的热中子俘获截面很大,在医疗、工业、核能等领域广泛应用。^{155}Gd、^{157}Gd与中子反应后,生成$^{156}Gd^{*}$和$^{158}Gd^{*}$,主要通过放出级联γ射线和内转换电子衰变到基态,通过测量它们放出的γ射线而探测中子。

8.2.2 核反冲法

入射能量为E的中子和原子核发生弹性散射时,中子的运动方向将发生改变,能量也有所减少,中子减少的能量传给原子核,使原子核以一定速度运动。这个原子核被称为反冲核。反冲核具有一定的电荷,可以作为带电粒子来记录,记录该反冲核,就可探测到该中子,这种探测中子的方法称为核反冲法,它是探测快中子的主要方法。

由动量守恒和能量守恒定律可以推出,反冲核的质量愈小,获得的能量就愈大。所以,在核反冲法中,通常都选用氢核做靶,即此时的反冲核就是质子,故也称为反冲质子法。显然,由动量守恒和能量守恒定律可知,反冲质子的能量E_p和出射方向角ϕ的关系为

$$E_p = E\cos^2\phi \tag{8.10}$$

当入射中子和氢核迎面正碰,即$\phi=0°$时,反冲核获得的能量$E_p=E$为最大;当$\phi=10°$时,$\cos\phi=0.9848$,$\cos^2\phi=0.97$,则$E_p=0.97E$;而当ϕ在0°~10°之间变化时,反冲质子的能量只变化了3%。在实用中,仅测$\phi=0°$方向的质子数太少,一般都沿入射中子束方向,测量张角为±10°的反冲质子。此时探测到的反冲质子较多,且测得的反冲质子能量粗略地等于入射中子的能量,即中子能量测量可近似转化为质子能量测量。

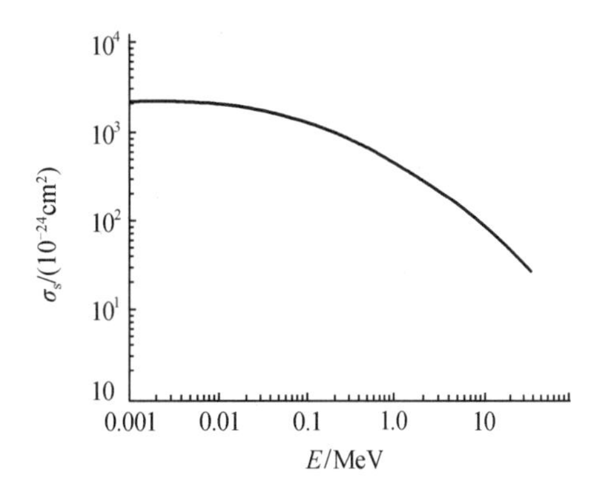

图8.5 氢的中子散射截面

入射中子在氢中的散射截面见图8.5。图中可以看出,当中子能量较低时(<0.8 MeV),其散射截面比较大。

8.2.3 核裂变法

中子与重核作用可以发生裂变,裂变法就是通过记录重核裂变碎片来探测中子的方法。对于热中子和慢中子,总是选用^{238}U、^{239}Pu、^{233}U 为裂变材料。表 8.3 列出了它们的热中子裂变截面。在慢中子能区,^{238}U、^{232}Th、^{237}Np 的裂变截面随能量变化的关系如图 8.6 所示。

表 8.3 三种裂变材料的热中子裂变截面

核种类	$\sigma_f/(10^{-24}\ cm^2)$
^{238}U	583.5
^{239}Pu	744.0
^{233}U	529.9

中子引起裂变时所放出的能量都很大,大约为 200 MeV,两个裂变碎片共带走 165 MeV。入射中子的能量一般都远小于这个数值,因此该方法不能直接用来测定中子能量,主要用来测定中子通量。由于核裂变法所放出的反应能很大,因此 γ 本底几乎对测量无影响,可用于强 γ 本底下的中子测量。

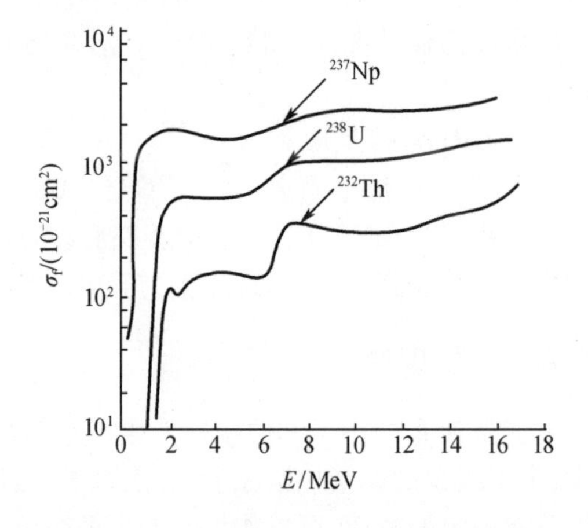

图 8.6 ^{238}U、^{232}Th、^{237}Np 的裂变截面

只有在入射中子的能量大于某个值(称为阈值)后,才能使某些重核发生裂变。例如,入射中子能量大于 1.5 MeV 后,^{238}U 才可能裂变,因而可利用不同阈能的裂变材料来判断中子能量,称这样的探测器为“阈探测器”。

表 8.4 列出了常用裂变阈能探测材料。^{238}U、^{239}Pu、^{233}U 等材料的裂变截面随中子能量的关系曲线如图 8.7 所示。

表 8.4 常用裂变阈能探测器材料的特性

裂变材料	热中子裂变截面 $/(10^{-27}\ cm^2)$	阈能 /MeV	3 MeV 时的截面 $/(10^{-27}\ cm^2)$	半衰期 /a
^{232}Th	<0.2	1.3	0.19	1.41×10^{10}
^{231}Pa	10	0.5	1.1	3.28×10^{10}
^{234}U	<0.6	0.4	1.5	2.45×10^{5}
^{236}U	—	0.8	0.85	2.34×10^{7}
^{238}U	<0.5	1.5	0.55	4.47×10^{9}
^{237}Np	19	0.4	1.5	2.14×10^{6}

8.2.4 活化法

辐射俘获是中子和原子核发生相互作用的主要作用过程之一。中子很容易进入原子核,并形成一个处于激发态的复合核,复合核通过发射一个或几个光子迅速跃回到基态。这种俘获中子,放出γ辐射的过程称为辐射俘获,用(n,γ)表示,典型例子是用 ^{115}In 作为激活材料,让它受到中子照射,可发生如下反应

$$n + {}^{115}In \rightarrow {}^{116}In^* \rightarrow {}^{116}In + \gamma \qquad (8.11)$$

新生成的核素一般都不稳定,本例中生成的 ^{116}In 就是β放射体,并继续进行如下衰变

$${}^{116}In \xrightarrow{\beta^-} {}^{116}Sn + \gamma \qquad (8.12)$$

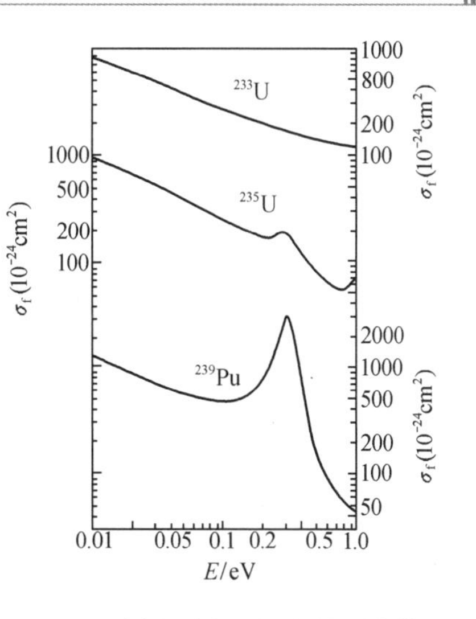

图 8.7 裂变阈能探测材料的裂变截面

这种现象称为“活化”或“激活”,所产生的放射性核素称为“感生放射性核素”。测量经过中子辐照后,根据各种材料中的放射性,就可知道中子的强度,这就是活化法。

综上所述,探测中子的四种基本方法,就是中子和原子核相互作用的四种基本过程。把探测中子的四种基本过程列入表 8.5 中,可得到一些定性比较结果。

表 8.5 中子探测的基本方法

探测方法	中子与核作用方式	所用材料(辐射体)	截面/(10^{-24} cm^{-2})	主要用途
核反应法	(n,α)、(n,p)	^{10}B、^{6}Li、^{3}He	~1 000	热慢中子通量密度
核反冲法	(n,n)	H	~1	快中子能量
核裂变法	(n,f)	^{235}U、^{239}Pu 等 阈能 ^{238}U 等	~500 ~1	热中子通量密度
活化法	(n,γ)	In、Au、Dy	热中子 ~100 共振中子 ~1 000 快中子 ~1	中子通量密度

在不同中子能区,这些作用过程的截面相差很大,所以对不同能区的中子要采用不同的探测方法和探测器。由于中子作用截面一般都不大,所以中子探测效率,尤其是快中子探测效率都较低。与α、β、γ辐射探测器相比,中子探测器的探测效率要低一些,过程也要复杂一些,测量精度也要差一些。在大多数情况下,中子辐射总是伴随着γ辐射,它对中子探测往往也有一定的影响,所以,在探测中子时,常遇到中子和γ辐射的甄别问题。

8.2.5 中子探测器

从上述分析可知,探测中子需要两个过程:首先是中子与原子核相互作用发射带电粒子,然后记录该种带电粒子。依据带电粒子产生的电信号(电脉冲或电离电流)及其特征,就可探

测元素的种类和数量。带电粒子探测器种类很多,因此中子探测器的种类也很多,它们的性能、特点各不相同,适用的领域和场合也不同。下面简单介绍常用的中子探测器。

1. 气体探测器

三氟化硼(BF_3)正比计数管是一种最常用的中子探测器,简称 BF_3 计数管。用它测量慢中子的效率很高,其结构与测量 γ 射线的 G-M 计数管类似,差异只是管内充气为 BF_3 气体。原理是热中子通过 $^{10}B(n,\alpha)^{7}Li$ 反应,在计数管内产生离子对,在外加电场作用下,经放大输出电信号。若在管外套上厚的石蜡或塑料等中子慢化剂层,也可用于探测快中子。

硼电离室是在电离室的一个电极上涂一层含浓缩 ^{10}B 的硼膜。中子打在硼膜上,产生 $^{10}B(n,\alpha)^{7}Li$ 反应,产生 α 粒子和 ^{7}Li 核,其中之一可使极板间的气体产生电离,记录它们引起的电离电流,来测定入射中子的通量密度。由于硼电离室常用于探测反应堆中的中子,而反应堆中的 γ 射线很强,在强 γ 射线背景下测量中子通量,必须消除 γ 射线的影响,为此需选择合适的工作气体和工作状态。

一种充氦的“补偿型电离室”如图 8.8 所示。图中Ⅰ、Ⅱ分别表示两个背靠背的电离室。电离室Ⅱ中的两个电极上涂 ^{10}B,它对中子、γ 光子都能产生带电粒子并形成电离电流,各自产生的电离电流分别记为 In 和 $I_{\gamma1}$,电离室Ⅰ的电极不涂 ^{10}B,只有 γ 光子产生的电离电流,记作 $I_{\gamma2}$,由于设计两个电离室的有效体积相等,故 $I_{\gamma1}=I_{\gamma2}$。在两个电离室上加反向电压,使 $I_{\gamma1}$ 和 $I_{\gamma2}$ 通过电流计的方向相反,此时通过电流计的电流为

$$I = I_n + I_{\gamma1} - I_{\gamma2} = I_n \tag{8.13}$$

为了提高灵敏度,补偿型硼电离室总是做成多层的,一般为 50 层,且要求体积小、吸收中子少、耐高温、耐辐照等。

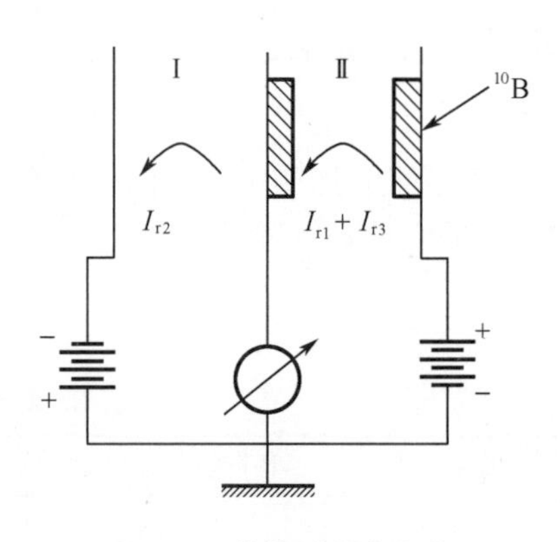

图 8.8 补偿型硼电离室结构示意图

裂变室是一种在电离室电极上涂上裂变物质 ^{235}U 构成的电离室。原理是中子打在 ^{235}U 上,即发生裂变,记录裂变碎片的电离作用大小来测量中子通量。裂变室有的记录电脉冲,有的记录电离电流,通常也做成多层裂变室,以提高灵敏度。

电离室、裂变室等是核反应堆中不可缺少的中子探测器。因为反应堆中热中子通量正比于堆的功率,常用硼电离室和 ^{235}U 裂变室来测量热中子通量,以控制堆的启动和运转。

2. 闪烁探测器

闪烁探测器是最常用的中子探测器之一,这是因为它的中子探测效率高、时间响应快,对提高工作效率、增加计数率十分有利。

硫化锌快中子屏:它是由 ZnS(Ag) 与有机玻璃粉均匀混合后,热压成圆柱状的闪烁体,呈乳白色,光透明度不高,故一般厚度小于 7 mm。原理是快中子在有机玻璃中产生的反冲质子,使 ZnS(Ag) 发光。若把透明的纯有机玻璃圆筒镶入这种闪烁体中,部分闪光可经过纯的有机玻璃光导透射出来,被光电倍增管记录,俗称“花卷式”中子屏。因此用光导可使闪烁体做得厚一些,以提高探测效率。它适用于测量能量大于 0.5 MeV 的快中子强度。

硫化锌慢中子屏:它是把 ZnS(Ag)、甘油和硼酸均匀混合后,压制密封于装有有机玻璃盖的铝盒内制成。原理是中子通过 $^{10}B(n,\alpha)^{7}Li$ 反应,产生的 α 粒子和 ^{7}Li 核,使 ZnS(Ag) 发

光,闪光被光电倍增管记录。由于热中子反应截面很大,所以慢中子屏对热中子探测效率很高。在甄别100 $\mu R \cdot s^{-1}$的 γ 本底后,探测效率为5%至10%。若将中子屏做成中空的圆筒,套在有四面窗的光电倍增管光阴极上,所构成的闪烁体称中子杯。

锂玻璃闪烁体:它是铈激活的锂玻璃,成分是 $LiO_2 \cdot 2SiO_2(Ce)$,Li 含量6.04%,其中^6Li丰度为90%以上,易制备,大小、形状、成分均可变化较大范围。其原理是利用$^6Li(n,\alpha)T$反应,生成的T和 α 粒子使闪烁体闪光,再被光电倍增管记录。它适用的中子能量范围较宽,从热中子到几百 keV 的中子都可以。对热中子的探测效率极高,4 mm 厚的闪烁体,效率可达100%。而且对热中子产生的谱峰有一定的分辨本领。同一种锂玻璃闪烁体,探测效率随入射中子能量的增加而减小,但对中能中子也有10%以上。

有机闪烁体:有机闪烁体都是碳氢化合物制成,内含大量氢原子,用于探测快中子。原理是快中子打在氢核上,通过 n-p 弹性散射产生的反冲质子,引起闪烁体产生特征荧光而被光电倍增管记录。主要特点有:由于其发光衰减时间短,故可用于高通量中子测量。而且在快中子能谱测量技术的飞行时间法中,发光时间快的有机闪烁体是唯一可采用的探测器。其二,对于电子和重带电粒子是不同的,前者是 γ 光子产生的,后者是快中子产生的反冲质子,其闪光输出产额随时间变化。利用这种变化通过适当的电子甄别技术就可区分中子电脉冲和 γ 电脉冲波形,从而能在 γ 本底较高的情况下测量中子强度。常用的有机闪烁体是蒽晶体、塑料闪烁体及液体闪烁体。

3. 半导体探测器

下面利用核反冲法、核反应法和核裂变法原理,结合^6LiF中子谱仪介绍半导体探测器。

^6LiF中子谱仪是两个金硅面垒半导体探测器面对面靠在一起,中间夹一层浓缩的^6LiF的薄锂膜(厚度一般为100 $\mu g \cdot cm^{-2}$或50 $\mu g \cdot cm^{-2}$),故又称"夹心式中子谱仪"。中子作用于锂膜上发生$^6LiF(n,\alpha)T$反应,所产生的 α 和T分别被两个金硅面垒探测器记录其输出电脉冲。该输出电脉冲的幅度相对于入射中子能量与$^6LiF(n,\alpha)T$反应能 Q 之和,因 $Q=4.786$ MeV 为固定值,由此它不仅可测量中子强度,还可确定中子能量,当入射中子能量为几 MeV 时,α 和T的总能量约为10 MeV。^6LiF中子谱仪的特点是可在非常强的 γ 本底下工作,常用于测量反应堆的快中子能谱,从10 keV 到6 MeV 的快中子都可测量;缺点是由于该半导体探测器的辐射损伤,导致寿命短,在反应堆中只能使用几次。

^3He中子谱仪:若在夹心式半导体探测器中间充以^3He气体,利用下面核反应

$$n + {}^3He \rightarrow T + P + 0.76\ \text{MeV} \tag{8.14}$$

可测量T和P的动能,并可算出中子能量,这就是^3He谱仪的工作原理。由于该核反应的 Q 值仅为0.76 MeV,所以其分辨率可提高,但是抗 γ 本底能力会变差。

其他夹心式半导体探测器:在半导体探测器金膜上蒸镀一层^{235}U或^{238}U或其他可裂变元素,则可以测量这些裂变核由不同能量中子引起裂变时,碎片的能量分布和质量分布情况。另外,在半导体探测器前放置聚乙烯有机膜,就可以用核反冲法测量快中子的能量和通量。

还有其他中子探测器,例如"自给能"探测器、固体径迹探测器、^3He计数管、镉晶体与NaI(Tl)晶体构成的中子计数器等,本教材不一一列举。

8.3 中子能谱测量方法

测量从核反应产生的中子能谱可得到核能级的信息,测量非弹性散射中子能谱可获得核激发能级数据,测量裂变元素的裂变中子能谱以及各种动力装置中的中子能谱,对于反应堆和核武器的设计和试验都是必不可少的。因此,中子能谱测量具有十分重要的意义。

8.3.1 慢中子能谱测量方法

1. 飞行时间法

如果将中子质量记为 m,当确定中子速度 v 后,按 $E = mv^2/2$ 就可推算中子能量 E。一般认为,当中子能量小于 30 MeV 时,不必进行相对论效应的修正,只要测量中子在一段固定距离 l 上的通过时间 t(称为中子飞行时间),就可由 $E = mv^2/2$ 定出中子能量。

飞行时间法是最直接、最经典的一种慢中子能谱测量方法,该法曾在 1940—1950 年得到了广泛应用。随着快闪烁计数器的出现和纳秒脉冲技术的发展,自 20 世纪 50 年代中期开始,飞行时间法被应用于快中子能谱测量,其测量精确性和应用范围都大大超过了其他测量方法。所以,自 20 世纪 60 年代和 70 年代初,利用基于飞行时间法的中子能谱仪,在各种类型的加速器中测量了大量的实验数据。目前,飞行时间法还被应用于其他粒子的能谱测量。

显然,根据 $E = mv^2/2$ 和 $v = l/t$,可得到

$$E = ml^2/(2t^2) \tag{8.15}$$

如果中子能量 E 的单位为 eV,飞行距离 l 的单位是 m,飞行时间 t 的单位用 μs,可得

$$E = 5\,226l^2/t^2 \quad 或 \quad t = 72.3l/\sqrt{E} \tag{8.16}$$

可以将不同飞行距离 l 下的飞行时间 t 和中子能量 E 之间的关系制作成图表,如图 8.9 所示,表 8.6 还列出了飞行距离分别为1 m、10 m、100 m 时几种中子能量所需的飞行时间。由此可见:对于慢中子而言,可测量的飞行时间都在微秒量级;而对于快中子而言,当距离为 1 m 时,中子飞行时间约为几十纳秒。

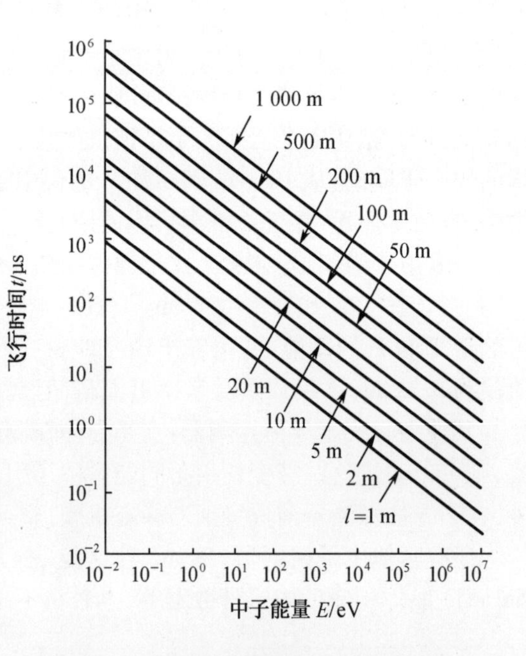

图 8.9 不同飞行距离 l 时,飞行时间 t 与中子能量 E 的关系示意图

如果要测量飞行时间,必须记录中子在飞行距离上的起点(出发)时刻和终点(到达)时刻。若在终点处的中子探测器中出现了脉冲,则此时可确定为中子的到达时刻,而出发时刻可由下面几种方法来确定:

①在飞行距离起点处放置有机闪烁计数器,记录该计数器内的中子散射作用的发生时刻;

②采用伴随粒子法,把同时与中子产生的带电粒子给出的脉冲作为起始信号;

③采用脉冲中子源,以中子从源中的飞出

时刻与中子出现的同步电脉冲作为起始标志。

表 8.6 几种能量中子的飞行时间 单位:μs

能量 E	飞行距离 l		
	1 m	10 m	100 m
1 eV	72.3	723	7 230
1 keV	2.29	22.9	229
1 MeV	0.072 3	0.723	7.23

在慢中子能谱测量中,只采用第三种方法,宽度大约为 1 μs 的中子脉冲在核反应堆上用机械选择器产生,或在回旋加速器和电子直线加速器上,用脉冲调制束流的方法来获得 1 μs 左右的脉冲中子束。

在中子能谱测量中,还可由式(8.16)来定义中子谱仪的能量分辨本领,即相对误差

$$\Delta E/E = 2\Delta t/t + 2\Delta l/l \tag{8.17}$$

即该中子谱仪的能量分辨本领是由它的分辨时间 Δt 和飞行距离误差 Δl 所决定的。飞行距离 l 可十分精确地确定,因此能量分辨本领主要取决于飞行时间 t 的不确定值 Δt。即

$$\Delta E/E \approx 2\Delta t/t \approx 2.8\sqrt{E}(\Delta t/l) \tag{8.18}$$

式中,飞行时间的不确定值 Δt 由下列因素决定:①中子脉冲宽度 Δt_1;②中子探测器的分辨时间 Δt_2;③时间分析器的分辨时间 Δt_3。则总的分辨时间为

$$\Delta t = \sqrt{\Delta t_1^2 + \Delta t_2^2 + \Delta t_3^2} \tag{8.19}$$

上述三式中,中子能量 E 的单位是 eV,分辨时间 Δt 的单位是 μs,飞行距离 l 的单位是 m,中子谱仪的能量分辨本领 $\Delta E/E$ 可直接采用百分数表示。

从上述公式可以看出,能量分辨本领取决于 $\Delta t/l$ 的值,确定该值就确定了该中子谱仪的能量分辨本领;其次,能量分辨本领并不是常数,而与$\sqrt{E}$成正比,即能量增加则能量分辨本领将变差。因此,飞行时间谱仪的能量分辨率一般不用 $\Delta E/E$ 表示,而是直接用 $\Delta t/l$ 表示。知道能量分辨率 $\Delta t/l$ 后,由式(8.18)就可求得能量分辨本领。例如,当 $\Delta t = 1$ μs,$l = 10$ m 时,$\Delta t/l = 0.1$ μs/m,对中能中子 $E = 100$ eV,$\Delta E/E = 2.8\%$;又如,当 $\Delta t = 1$ ns,$l = 1$ m 时,即 $\Delta t/l = 1$ ns/m,对快中子 $E = 1$ MeV,也有 $\Delta E/E = 2.8\%$。

除了上述因素外,中子能谱分析结果的精确度还依赖于作为中子源的起始带电粒子的能量分布,靶的能量厚度等因素。

在实际工作中,还十分关心中子能谱测量的计数效率问题,即时间分析器平均每道有多少计数。这与许多因素有关,包括中子源强度、中子脉冲的重复频率、飞行距离及探测器效率等。同时还必须指出,各道计数是不均匀的。

描述中子飞行时间谱仪的特性,除了上述能量分辨率和中子探测效率这两个参数外,在有关文献中还提到了另一参数,即动态范围,其含义为在同一测量时间的中子最大能量 E_{max} 和最小能量 E_{min}之间的比值,即定义 E_{max}/E_{min} 为中子能谱测量的动态范围。

2. 晶体衍射法

由于中子具有波动性,当它的波长和物质中原子之间的距离同数量级时,中子在物质中会

发生衍射现象。利用这一原理,制成了中子晶体衍射谱仪,它既可用来研究中子能量分布,又可分解出单色中子。

在晶体上,中子发生衍射和 X 射线发生衍射的过程十分相似。当中子波以掠射角 θ(不是入射角 α)射向晶面时,在相邻两个晶面上的反射中子波有 $2d\sin\theta$ 的路程差(d 为相邻两个晶面之间的距离)。当 $2d\sin\theta$ 等于波长的整数倍时,这两支反射波便相干加强,否则就相干减弱甚至抵消,如图 8.10 所示。把无数个平行晶面上的反射累加,便得到相干产生极大的条件,即布拉格公式

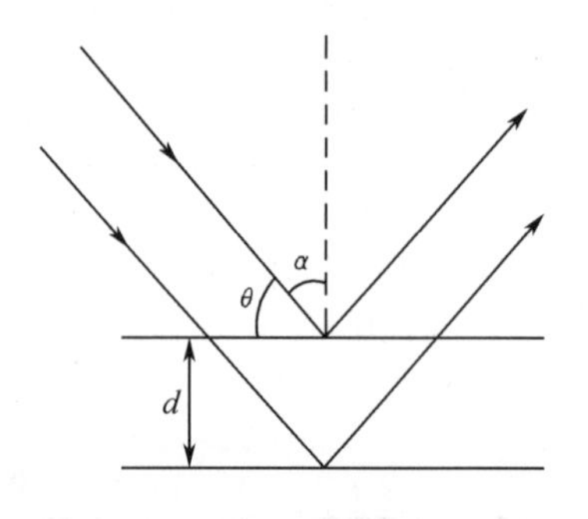

图 8.10 中子波在晶体上的反射

$$2d\sin\theta = n\lambda \tag{8.20}$$

式中 n——级数,$n=1,2,3,\cdots$为正整数;

λ——中子波长,λ 与中子能量 E 的关系为

$$\lambda = h/p = h/\sqrt{2mE} \tag{8.21}$$

其中 h——普朗克常量;

p——中子动量;

m——中子质量,表 8.7 列出了某些中子能量和波长的对应关系。

表 8.7 中子的能量、波长和速度之间的关系

E/eV	λ/(0.1 nm)	v/(cm·s^{-1})	飞行 1 m 所需时间/μs
10^3	0.009 1	4.375×10^7	2.29
10^2	0.028 6	1.384×10^6	7.23
10^1	0.090 5	4.375×10^6	22.9
1	0.286	1.384×10^6	72.3
10^{-1}	0.905	4.375×10^5	229
10^{-2}	2.86	1.384×10^5	723
10^{-3}	9.05	4.385×10^4	2 286

将式(8.21)代入式(8.20),可得

$$2d\sin\theta = n = nh/\sqrt{2mE} \quad 或 \quad E = (n^2/\sin^2\theta)h^2/(8md^2) \tag{8.22}$$

满足式(8.22)这一条件的反射称为中子布拉格反射。也就是说,只有能量 E 满足式(8.22)的中子才能在 θ 方向得到最大的反射,并且反射中子能量和入射中子能量相等,在其他方向则得不到反射。

由于随着级数 n 的增加,反射中子强度迅速减弱,所以,在实际应用中,一般只用第一级($n=1$)的反射。

该原理可用来分析中子能谱,假设投射到晶体上的中子是包含各种能量的中子束,根据式(8.22),只需要改变 θ 角,不同能量的中子就会有不同 θ 角的反射,用探测器测量不同 θ 角的反射中子,就可得到中子能谱。

图 8.11 是测量中子能谱的晶体衍射谱仪的示意图。由反应堆孔道引出的中子束以掠射

角 θ 投射到晶体表面，在晶体上反射后用 BF3 计数管记录。反射中子束与入射中子束之间夹角为 2θ。设计机械装置使得探测器和晶体转动同步，即保证在转动过程中探测器和入射中子束的夹角始终是晶体和入射中子束之间夹角的两倍。这样，掠射角 θ 从 $0°$ 开始逐步增大，探测器只接受到相应 θ 的布拉格反射中子，也就是连续测量中子的能量。

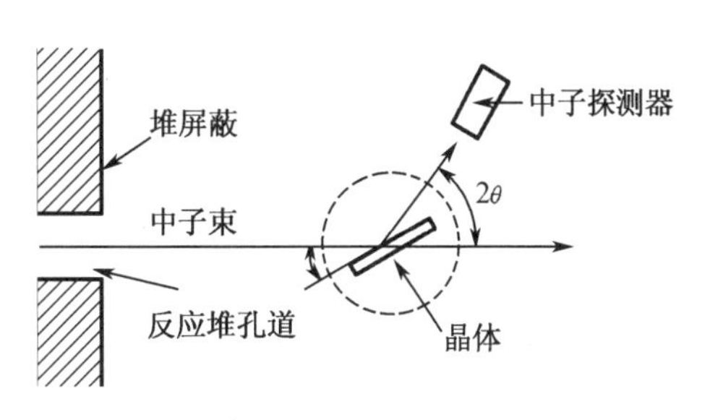

图 8.11　中子晶体衍射谱仪的示意图

8.3.2　快中子能谱测量方法

快中子能谱测量有四种方法：氢反冲法、核反应法、飞行时间法和阈探测器法。前两种方法较简便，应用也很多；飞行时间法的测量精确度最高，但仪器设备比较复杂；阈探测器是最简单，但只能做些粗略的测量。

1. 飞行时间法

对快中子而言，要记录中子在起点的出发时刻和在终点的到达时刻，前面章节介绍的确定方法都是可行的。例如，利用有机闪烁计数器中产生反冲质子作为起始信号，该方法很简单，但散射效率太低，使用该方法有所不便。

在快中子能谱测量中，经常使用加速器作为中子源的伴随粒子法。例如，在 $T(d,n)^4He$ 反应获得中子时，必然伴随有 ^4He 产生。如图 8.12 所示，当入射粒子束（D 束）打在靶（吸附氚的钛靶）上并产生中子时，中子经过一定飞行距离（一般 l 为几米）到达探测器Ⅱ而被记录，探测器Ⅰ记录在靶上打出中子时所伴随产生的 α 粒子，经过延迟电路送到符合电路。调节延迟时间，使中子飞行时间和延迟时间相等时，符合电路才有输出计数。因此，只有逐步改变延迟时间，才可得到中子按飞行时间的分布，即中子能谱分布。

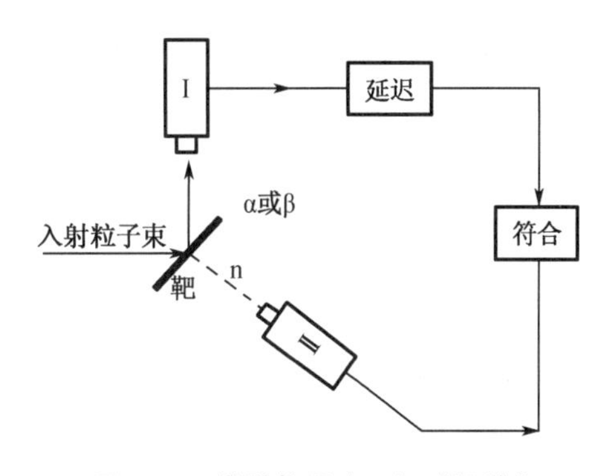

图 8.12　伴随粒子法飞行时间谱仪

2. 氢反冲法

反冲法的基本原理已在前面章节中做了介绍，这里再介绍氢反冲法中微分测量和积分测量的具体测量方法。

微分测量方法的示意图如图 8.13 所示。当中子源、辐射体和探测器的尺寸相比它们之间的距离要小很多时，入射中子束可看作平行束，探测器接收到从辐射体来的反冲质子的反冲角都是 φ。如果入射的是单能中子，探测器测到的反冲质子也是单能的，根据式(8.12)，就可由 E_p 算出中子能量 E。探测器对辐射体所张的立体角 ω 应尽量小，以便计算中子能量时的不确定性小一些。但探测器总有一定尺寸，又考虑到要有一定的计数率，因此 ω 不能取得很小。

假设，入射到辐射体上的能量为 E 的中子通量为 $\phi(E)$，辐射体中的氢原子数为 n，中子作用于氢的散射截面为 $\sigma(E)$，则产生的反冲质子总数为 $\phi(E)n\sigma(E)$。再假定散射产生的反冲质子是各向同性发射的，则在 ω 立体角内，射到探测器并被记录的反冲质子数为 $J(E_p)$ ~

$\phi(E)n\sigma(E)(\omega/4\pi)$。因此,可根据测到的反冲质子数 $J(E_p)$ 来推算中子通量 $\phi(E)$。

微分测量法常用的探测器主要有核乳胶和计数器望远镜。虽然应用乳胶在中子能谱测量方面曾得到很有意义的结果,但是该方法的最大缺点是工作繁重,得出结果的时间太长,所以正被其他探测器所替代。但该方法本身体积小,对中子场畸变小,测得的反冲质子径迹清晰、结果可靠,所以在某些场合仍在使用。

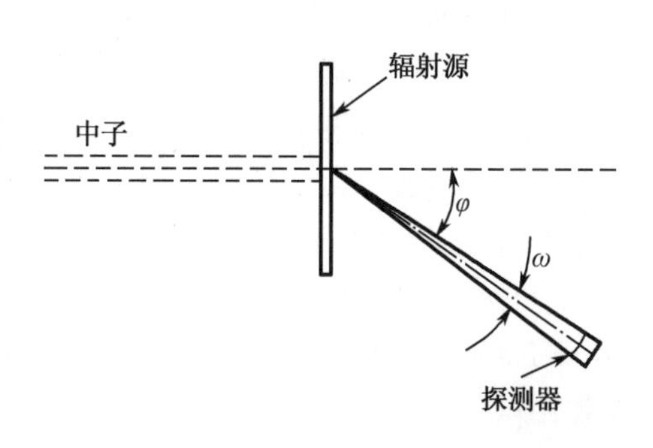

图 8.13　反冲核法测量的示意图

计数望远镜是指把几个带电粒子计数器组成一个系统,将准直的反冲质子束区分出来并测定其能量。带电粒子计数器可以是气体探测器、闪烁探测器、半导体探测器,或是它们的组合。图 8.14 是闪烁探测器组成计数望远镜的一个实例。图 8.15 给出了闪烁计数器望远镜测量反冲质子能谱的一个较好结果。对入射中子能量 $E=13.7$ MeV 的反冲质子,其能量分辨率为 5.3%,效率为 10^{-5}。计数器望远镜方法的效率较低,这是由于辐射体只能取得较薄,且只收集一部分反冲质子之故。

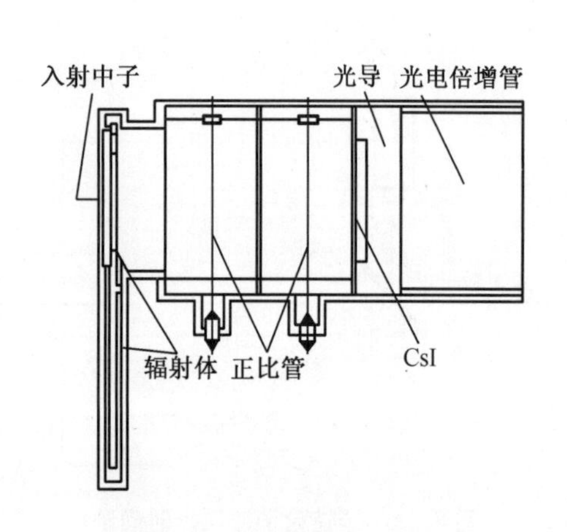

图 8.14　闪烁计数器望远镜

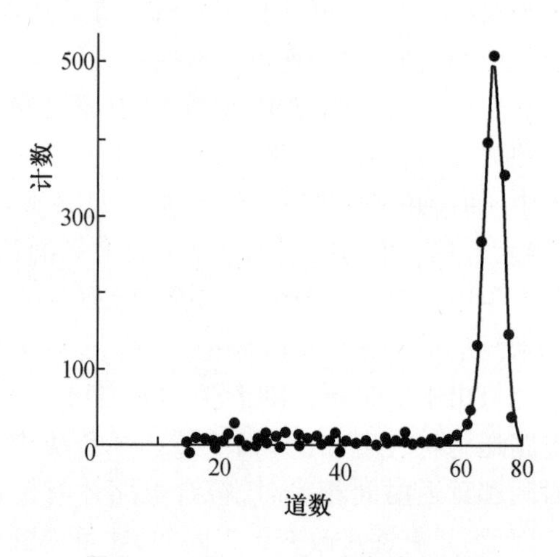

图 8.15　T(d,n)He 反尖的中子谱

下述积分测量法能够收集所有出射的反冲质子,从而提高探测效率。可以证明,单能中子产生的反冲质子能谱是一个矩形谱,如图 8.16 所示。当反冲质子能量从零到最大值 E 时,反冲质子数都是一样的。

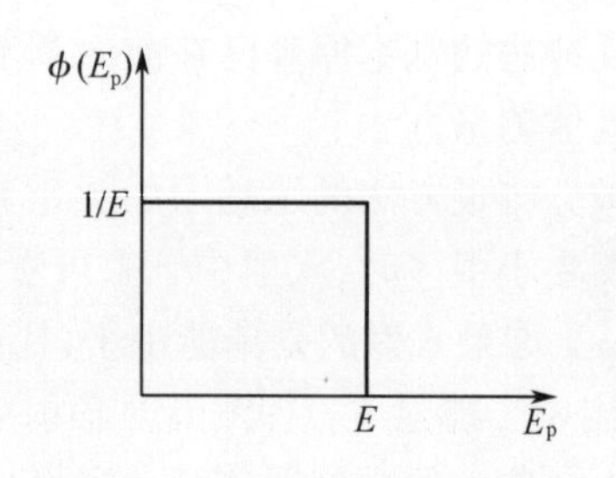

图 8.16　单能中子的反冲质子谱

假设,入射中子不是单能,而具有一定的能量分布,所产生的反冲质子谱则很复杂,如图 8.17 所示。设入射中子通量密度为 $\phi(E)$,$\phi(E)\mathrm{d}E$,表示能量在 E 到 $E+\mathrm{d}E$ 之间的中子通量;又设 $J(E_p)$ 表示能量为 E_p 处的单位能量间隔的反冲质子数,$J(E_p)\mathrm{d}E_p$ 为 E_p 到 $E_p+\mathrm{d}E_p$ 之间的反冲质子数。显

然，此时可把图 8.17(a)的中子通量看成是各种单能中子的叠加。于是，反冲质子能量分布将是各种能量的中子所产生的小矩形分布[图 8.17(b)]叠加起来的结果。

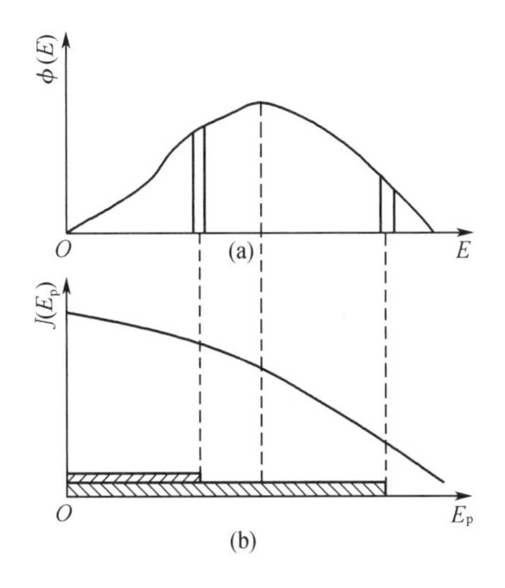

图 8.17 非单能中子的反冲质子谱

通常，采用正比计数管、有机晶体闪烁探测器和平面膜半导体探测器进行反冲质子积分谱的测量。

3. 核反应法

目前，最常用的核反应法的谱仪主要有 ^{6}Li 和 ^{3}He 等中子谱仪。近年来，^{6}LiI(Eu)闪烁体和 ^{6}LiF 夹心式半导体探测器得到了较快发展，但由于 ^{6}Li(n,α)反应的 Q 值较大，而闪烁谱仪的分辨率较差，所以利用 ^{6}LiI(Eu)闪烁体只能测量 MeV 能区的中子。当中子通量很高时，主要使用 ^{6}LiF 夹心式半导体探测器中子谱仪。由于半导体探测器的分辨率高，故可测能量下限达 10 keV 的中子，并且有相当好的分辨率。例如，对于 100 keV 的中子，其分辨率为 14.3 keV；对于 6 keV 的中子，其分辨率为 3.75 keV。

8.3.3 脉冲中子能谱测量方法

脉冲中子能谱测量方法与快中子能谱测量方法基本相似，目前常用的脉冲中子能谱测量方法有飞行时间法和反冲质子法。其原理在前面章节已进行了介绍，下面仅简要介绍一些常见的脉冲中子源。

1. 由加速器提供脉冲中子源

各种类型的加速器都可提供脉冲中子。在回旋加速器中，离子只有在通过 D 型盒间隙时才被外加高频电场加速，所以离子加速过程本身就是脉冲化的，这种脉冲是纳秒量级的。当离子运动到最外层的轨道附近时，在静电偏转板上加一脉冲高压，使离子束偏离原来轨道，打在靶上就可得到微秒量级的脉冲中子。其他类型的加速器也可类似地获得脉冲中子束。

2. 脉冲反应堆中子源

经过特殊设计的热中子反应堆，在快速提升控制棒后，反应堆迅速到达临界，随着温度上升，由于负温度效应，功率立即下降，回复到初始状态。这种热中子反应堆在堆芯中可得到 $10^{16}\ s^{-1}$ 量级的峰值热中子，其脉冲宽度(FWHM)约为 10 ms。

3. 地爆

地下核爆作为一种单次脉冲中子源，其强度比现有实验室的中子源都要高。这种中子源在测量中的主要缺点是中子脉冲太宽，分辨率不高，实验条件不易。

8.4 中子通量密度测量方法

在核物理中,习惯上将中子注量称为中子通量,将中子注量率称为中子通量密度。

8.4.1 中子通量密度测量的重要性

在核物理中,研究中子与原子核相互作用的问题,首先涉及中子通量密度的测量问题。例如,中子与原子核反应截面、中子角分布等测量问题,都涉及中子通量密度测量问题。中子通量密度测量的准确性,直接影响其他各种参数测量的准确性。

在核反应堆内,中子通量密度分布是堆的重要物理特性,设计、启动、运行和操纵反应堆,中子通量密度分布的测量都是必不可少的。近年来,中子活化分析等技术日益广泛地应用于各个领域,中子通量密度的准确测量是决定分析精度的重要因素。从安全防护的角度出发,对反应堆、加速器周围各处的中子通量密度都必须有准确的测量。工厂生产、研制各种中子探测器和中子剂量仪,它们的效率刻度与校准也涉及中子通量密度的绝对测量。

8.4.2 中子通量密度和中子密度

在实际工作中,研究一束中子与物质的相互作用时,主要关心每秒钟射到物体上的中子数。为此,将单位时间内通过垂直于中子运动方向的单位面积上的中子数定义为中子通量密度,用符号 ϕ 表示(单位为 $cm^{-2} \cdot s^{-1}$)。此时,当物体距中子源较远时,入射中子束就可近似地看成平行中子束,每秒钟射到物体上的中子数就可采用中子通量密度来描述。

如果利用同位素源或加速器来产生中子,一般将其视为点源,并将单位体积内出射的中子数 n 定义为中子密度(单位为 cm^{-3}),则当中子的出射速度为 v(单位为 $cm \cdot s^{-1}$)时,单位时间内从单位体积内出射的中子数就是中子密度 n 和速度 v 的乘积 nv,也就是该点源的中子通量密度 ϕ。

当中子通量密度按能量 E 具有连续分布 $\phi(E)$ 时,则可采用 $\phi(E)\mathrm{d}E$ 代表能量在 E 到 $E+\mathrm{d}E$ 范围内的中子通量密度,此时中子的总通量密度为

$$\Phi = \int_E \phi(E)\mathrm{d}E \tag{8.23}$$

如果同位素中子源离作用物体较远时,该源可看作各向同性的点源,从源出射的中子必通过 $4\pi R^2$ 的球面,所以物体表面的中子通量密度 ϕ 可按下式计算,即

$$\phi = Q/(4\pi R^2) \tag{8.24}$$

式中,Q 为中子源的强度,即每秒放出的中子总数。

对于加速器中子源,由于中子产额是各向异性的,即与出射方向有关,在计算中子通量密度时,必须考虑靶上产生中子的角分布,要用给定方向上的单位立体角内的中子数代替上式中的 $Q/(4\pi)$。

对于反应堆中子源,因为中子具有各种各样的运动方向,不可能找出一个与所有中子速度方向都垂直的平面,这样就要用一个更普遍的定义,即把每秒钟进入一个其截面积为一平方厘米的小球体的中子数称为中子通量密度。不难证明,其值还是 nv。

由此可见,中子通量密度是没有方向性的,与具有方向性的量(如电流强度)的概念是不

一样的，在类似电流强度的概念中，如有两个相反方向的电流存在，它们就要相互抵消。然而，在中子通量密度概念中，相反方向的分量不是抵消，而是相加。这是因为中子和物质发生相互作用的数目是与通量密度成正比的。显然，中子是否和物质发生作用与中子究竟从那个方向入射无关。

8.4.3 测量中子通量密度的基本方法

中子通量密度测量的具体办法有几十种之多，能区不同所采用的方法也不同，但归纳起来，不外乎下面三种基本方法。

1. 标准截面法

由于中子不带电，不能直接探测，而中子与原子核反应有可能产生带电粒子（或生成新放射性核素），可对带电粒子（或新放射性核素）进行绝对测量。通常，只要知道了核反应截面，通过测量带电粒子强度（或新放射性核素活度），就可通过两者之积来确定中子通量密度。举例说明如下：

（1）在许多被采用的标准截面中，H(n,n)H 反应的截面是最重要的标准截面。目前，实验和理论计算得出的数据已相当精确，并且符合得很好，在 0.1 MeV 到 24 MeV 能区内，误差不超过 0.5%。所以，以氢的弹性散射截面为标准，通过测量反冲质子数目来测定快中子通量密度是目前采用得最为广泛的方法，通常称为“氢反冲法”。

（2）一些元素在俘获中子后将变成放射性核，例如 $^{197}Au(n,\gamma)^{198}Au$，$^{55}Mn(n,\gamma)^{56}Mn$ 等。由于反应截面已知，测量 ^{198}Au 和 ^{56}Mn 的放射性活度，也可以求出中子通量密度，这是热中子通量密度最常用的测量方法。

（3）利用中子和 ^{6}Li 或 ^{10}B 的核反应产生带电粒子，也可间接地测量中子通量密度。

2. 伴随粒子法

伴随事件法可分为伴随粒子法和伴随放射性法。当使用加速器作为中子源时，在 $T(d,n)^{4}He$，$D(d,n)^{3}He$ 和 $T(p,n)^{3}He$ 等核反应中，每产生一个中子必然伴随产生一个 ^{4}He 或 ^{3}He 的重带电粒子。因此，进行较简单的 ^{4}He 或 ^{3}He 的绝对通量密度测量，就可以确定出射中子的绝对通量密度，这种方法的精确度可达 2%，对 14 MeV 的中子，精度可达 1%。

3. 伴随放射性法

在有些情况下，可以通过对反应产物的放射性活度进行测量，以此来确定核反应中所放出的中子数。例如，利用 $^{7}Li(p,n)^{7}Be$ 反应作为加速器中子源时，核反应产物 ^{7}Be 是不稳定的，以 K 俘获的方式衰变到 ^{7}Li（半衰期为 53.3 d）。其中，一部分先衰变到 ^{7}Li 的激发态，在短时间内（约 7.3×10^{-14} s），激发态又以辐射 478 keV 的 γ 射线跃迁到 ^{7}Li 的基态（占 10.4%）；另一部分则直接跃迁到 ^{7}Li 的基态，其衰变纲图如图 8.18 所示。

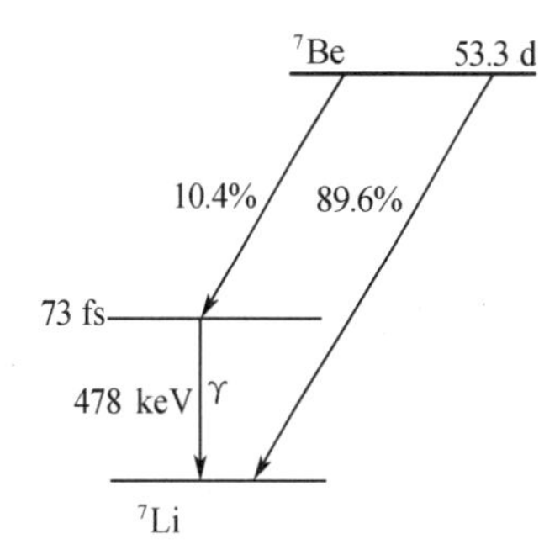

图 8.18 ^{7}Be 的衰变纲图

也可以说，在 $^{7}Li(p,n)^{7}Be$ 反应中，每产生一个中子，有一定比例的能量为 478 keV 的伴随 γ 射线产生，只要测得该 γ 射线的绝对强度，就可求得 ^{7}Be 核的总数，进而从中子的角分布中求得中子通量密度。这种方法的最大优点是适于 keV 能区的中子通量密度测量，并可作为一种独立的方法和其他方法比较，目前精度可达 3%。另外，也

可以利用 $^{51}V(p,n)^{51}Cr$ 反应,同样只要测出 ^{51}Cr 的 γ 放射性强度就可求得中子通量密度。

4. 计数器测量方法

长计数器的效率与中子能量的关系不大。目前,最好的长计数器的效率平坦区可从 0.025 eV 的热中子一直延伸到 14 MeV 的快中子,效率的精确度为 2% ~5%。这种方法比其他测量方法的效率高,使用方便,因此,只要事前把长计数器的效率刻度好,就可用它来测量从热中子到 14 MeV 快中子之间的任何能量的中子通量。

8.5 中子测量的应用*

8.5.1 天然中子测量及应用

研究表明,地-空界面的天然中子流主要来源于大气中子。早在 20 世纪 30 年代后期就开始了大气中子的观测和研究;20 世纪 60 年代以后,其观测和研究工作取得了许多有意义的成果,包括对大气中子形成、大气中子的天顶角分布、大气中子随大气深度和纬度的分布,以及大气中子的能谱分布等方面都开展了许多实验观测与理论计算。

1. 大气中子来源与分布特点

大气中子主要来源于初级宇宙线与空气中原子核(主要是 N 和 O)的相互作用产物,产生中子的过程主要是级联作用和蒸发作用;负 μ 介子被原子核俘获可产生反冲中子,高能 γ 量子引起原子核光分裂反应并产生中子;以及太阳发射的中子(因中子半衰期仅为 640 s,故太阳系以外的任何天体所发射的中子很难到达地球附近)等。

在大气中,一方面形成中子流,另一方面因减速与吸收作用使中子被吸收,大气中子注量率在大气深度 50 ~80 $g\cdot cm^{-2}$ 处可达最大值,其后随大气深度增大呈指数规律减小。在 50°N 的 10 km 高度处,大气中子注量率为 2 ~ 3 $cm^{-2}\cdot s^{-1}$;在海平面,大气中子注量率约为 $0.5\times10^{-2}\sim2\times10^{-2}\ cm^{-2}\cdot s^{-1}$。因高空宇宙射线分布的纬度效应,大气中子注量率也随纬度的增加而增高,如北京与纽约地磁纬度相差一倍,10 km 高度处的中子剂量北京仅是纽约的 1/2。

当大气中子到达地表后,它将与地表介质的原子核发生弹性或非弹性碰撞,一部分被地表介质所吸收,另一部分经多次散射并被反射出地面,形成上升中子流,称之为反射大气中子。在地-空界面上,上升中子流的另一个来源是宇宙射线中其他粒子与地表介质原子核相互作用所产生的中子,以及地层中天然放射产生的中子和某些重核自发裂变产生的中子。反射大气中子流是地-空界面上上升中子流的主要成分,约占总量的 80% 以上。因此,在地-空界面上,某一时间内中子辐射场的强弱和中子能谱的分布除了与初级宇宙线的注量率有关外,还与浅层地表介质的成分、湿度、密度,以及大气参数有关。

2. 天然中子测量方法及其应用

反射宇宙中子法是以天然宇宙中子流作为中子源,根据地表媒介(岩石、土壤)对宇宙中子的慢化、扩散和吸收等特性的不同,测量地-空界面上的上升中子流强度与能谱,从而确定地表岩石和土壤的含水率,从而解决某些地质问题。与传统的用人工中子源方法测定岩石和土壤的含水率相比,反射宇宙中子法具有仪器设备简单、易携带等优点,特别是免除了人工中子源的防护难题。虽然早在 20 世纪 30 年代就已开展了天然中子流的测量工作,但直到 20 世纪70年代后期，才取得了确定地－空界面上的上升中子流强度与岩石(土壤)化学成分、湿度之间关系的研究成果。这是因为必须采用非常高灵敏的中子测量装置所致，该装置不但能探测很弱的天然中子流并区分出上升中子流的入射中子流，而且还要能够反映出不同湿度地段的上升中子流强度的差异。目前，反射宇宙中子法正逐步得到广泛的应用。

(1)由地－空界面上升快中子流来确定地质介质含水率

采用人工中子源的中子测水分技术已广泛应用于水文与水利以及工农业生产中，并取得了显著的应用效果与经济效益。但要求对中子源进行防护与管理，阻碍了中子测水分技术的进一步推广与应用。虽然天然中子注量率很小，但采用高灵敏度的中子探测装置所测量的上升快中子流，其粒子注量率可以反映被测地表介质的含水量。

(2)由地－空界面天然中子流来预测大气瞬态变化

由于地－空界面上的天然中子流主要来源于初级宇宙射线与大气原子核相互作用的产物。在地－空界面上，快中子流与慢热中子流的注量率既与大气的物质组分相关，也与大气密度相关。由于大气中的中子平均射程约为400 m(在海平面)，其平均寿命约0.2 s，在天然中子流测量的时空范围内，当气象条件变化时，大气密度或物质组分也将发生变化，破坏了“大气平衡区内”天然中子流与中子能谱分布的原始平衡，引起天然中子流的注量率瞬态变化。长期监测结果表明，地－空界面上的天然中子流的注量率突变往往与12 h内的大气环境变化有关。因此，在地－空界面上对天然中子流的测量可用来监测时空内大气的物质组分变化与大气密度的变化。

(3)地－空界面天然中子流与地震的可能关联研究

长期观测表明，地－空界面上的天然中子流强弱与气象条件变化的关系很明显。但地－空界面上的天然中子流增强与观测时期内地震的震级记录对比，似乎显示出一定的关联性。地震的发生与地－空界面上的中子暴涨有关联吗？目前尚不明确其机理。一种可能的解释是，地震发生前、后岩石的形变引起氡气释放，而氡及其子体的α衰变可能诱发原子核的(α,n)反应，从而可能造成地－空界面上的中子本底暴涨。

(4)地－空界面天然中子流产生的辐射环境问题

在环境辐射预测与防护方面，从辐射产生的生物效应来分析，γ、X、β射线属于低传能线密度辐射，而中子与α粒子、质子一样，属高传能线密度辐射，中子的品质因数 $Q=10$，它比γ射线的 $Q=1$ 高10倍。特别是，快中子与机体组织作用产生的反冲质子和感生γ射线，可对机体产生强烈的损伤作用，因此，天然中子对环境辐射的贡献不容忽视。对地－空界面中子辐射场的研究，可预测不同地区和不同地质景观下，环境中子辐射的生物效应，并推算中子辐射对辐射总剂量的贡献份额。

8.5.2　中子活化分析法及应用

中子活化分析是借助中子源照射待测物质，以此研究待测物质成分和含量的一种多元素定性和定量的分析方法，该法在微量和痕量元素分析中占有重要位置，被广泛应用于环境、地质、冶金、生物、医学、考古、刑侦和半导体工业等领域，是一种快速无损的检测技术。

1. 中子活化分析原理、方法、步骤与特点

中子活化分析的原理：用中子源照射待测样品，使之活化成为放射性核素(称之为感生放射性核素)，通过测量感生放射性核素的放射性，从而实现待测样品的物理分析。通常，在稳

定通量的中子照射下,所测得的待测样品中的感生放射性核素的 γ 照射量率为

$$I = (N_A/A) \cdot W \cdot Q \cdot \sigma \cdot \Phi \cdot I_\gamma \cdot \varepsilon \cdot (1 - e^{-\lambda t_i}) \cdot e^{-\lambda t_c} \tag{8.25}$$

式中 A——待测元素的原子量;

N_A——阿伏伽德罗常数,指 1 mol 物质中的核子数;

W——待测元素含量;

Q——起反应的同位素在待测元素中的丰度;

σ——中子反应截面;

Φ——入射中子的通量;

ε——探测器探测效率;

I_γ——γ 因子,表示中子照射所产生的核衰变中发射待测特征 γ 射线的概率;

t_i——照射时间;

t_c——冷却时间,表示从中子照射结束到测量开始的时间间隔;

$1 - e^{-\lambda t_i}$——饱和因子,用 S 表示;

$e^{-\lambda t_c}$——衰变因子,用 D 表示。

由式(8.25)可知,只要知道 Q、σ、Φ、I_γ、ε 和 λ,就可由测量得到的 γ 照射量率 I 来确定待测元素的含量 W,这称之为绝对测量。若将系数 C 表示为

$$C = 1/[(N_A/A) \cdot Q \cdot \sigma \cdot \Phi \cdot I_\gamma \cdot \varepsilon \cdot (1 - e^{-\lambda t_i}) \cdot e^{-\lambda t_c}]$$

则式(8.25)可表示为

$$W = CI \tag{8.26}$$

在实际测量中,系数 C 中的许多因子不容易确定,比如探测效率 ε 是 γ 能量的函数,σ 是中子能量的函数,Φ 往往不稳定,是时间的函数。如果中子能量具有一定的分布,则 σ 是具有平均中子能量的含义,有时还需要表示成较为复杂的形式,加之许多核参数尚不完善,因此往往影响测量精度。为了解决上述矛盾,通常采用相对测量法。

亦即,先制备已知待测元素含量的标准样品,与待测样品进行同样条件下的照射和测量,然后比较待测样品和标准样品的 γ 谱,则可实现待测元素含量的确定。由式(8.26),得

$$W = W_s \cdot I/I_s \tag{8.27}$$

式中 W_s——标准样品的待测元素的含量;

I_s——标准样品经活化后的照射量率。综上可知,相对测量法在没有其他因素影响下,可以提高测量精度。

一般来说,中子活化分析可分如下五个步骤:①准备工作,即根据分析任务来设计照射条件,计算样品冷却时间、干扰因素,以及消除方法;②制备待测样品和标准样品;③照射待测样品和标准样品;④测量待测样品和标准样品;⑤进行数据处理,并求取待测样品含量。下面就中子活化分析中的注意事项简介如下:

(1)标准参考物质和化学标准的采用规则。①标准参考物质,一般是指由国际机构、国家标准部门或其他指定机构发行的、对其中的各自目标元素含量提供了权威数据的各种物质的总称。这些物质必须包括多种化学成分且要求组分均匀稳定,并通过采样和干燥,粉碎至一定程度后混匀分装,经过均匀度检查和分析定值等制备流程。标准参考物质除直接用于标准分析外,还可用于实验室本身的质量监控及实验室之间的分析结果对比,保证可用于检验各种新活化分析方法的可靠性评价。②化学标准,由高纯化学试剂制作,例如光谱纯的金属、氧化物

或硝酸盐试剂，而不宜采用氯化物、溴化物和硫酸盐，以免由于气候对其造成干扰。

(2)样品的制备。样品包括地质类的岩矿石标本、水系沉积物、古生物化石、生物医学中的病变组织、中草药、谷物和水果等多种来源；样品制备包括取样和制样两个环节。

(3)样品测量的其他注意问题。包括辐照条件的选择和冷却时间的确定、测量核素和特征谱线的选择、干扰因素的考虑等其他需要注意细节的问题。

综合来说，中子活化分析技术具有如下主要特点：灵敏度高、鉴别能力强、选择性好；可以使样品不受损坏、可以进行快速分析、也可同时分析多种元素，并可与待测元素的化学性质和化学形态无关等。其中，反应堆中子活化分析技术和快中子活化分析技术还具有如下优势：①反应堆中子活化分析技术是通过反应堆产生的高通量中子，其热中子俘获截面大，可以分析除轻元素以外的近百种元素，采用该技术还可进行灵敏度高达 10^{-13} g 的高灵敏度分析，可进行快速分析、无损测量和多元素分析。例如，用高分辨率的 Ge(Li)半导体探测器与计算机配合，可以从一个样品同时分析出三十多种元素，还可以进行超热中子分析。②快中子活化分析技术是采用 10^9 s^{-1}以上的 14 MeV 的快中子发生器进行活化分析的技术，可以进行无损分析和精确测量，并可分析出近六十种元素。

2. 中子活化分析在物理分析中的应用

(1)在分析高纯材料中的应用

超导合金中的材料成分和杂质成分分析，核裂变燃料中的“有毒”元素分析，高纯半导体材料和其他高纯试剂中的杂质含量分析等方面都可采用中子活化分析技术。例如，采用中子活化分析技术确定高纯硅等半导体材料中的 Na、Au、Ca、F、Cr、P、Ag、Zn 等杂质元素含量时，其分析出的元素含量可低至 10^{-12} ~ 10^{-11}。

(2)在冶炼工业中的应用

用快中子活化分析技术可以分析金属中的多种元素，也可用热中子活化分析技术分析各种冶金产品内的贵金属、稀有金属等。

(3)在其他方面的应用

中子活化分析还可用于采矿、地质、环境、农业、医学、食品和考古学的研究。例如，1962年，有人对已逝一百多年的拿破仑的头发进行中子活化分析，发现头发里有过量的砷，并对他死前五年中不同时期的头发进行活化分析，推测出不同时期的砷进食量，由此推测拿破仑可能是由于食物中含砷量较大，属于慢性中毒而死亡。我国马王堆轪侯夫人的墓葬及其尸体分析也采用了活化分析技术。

总之，中子活化分析技术与其他痕量分析方法相比，由于其灵敏度高、取样量少，对于高纯物质分析，以及水和土壤环境地球化学、大气环境宇宙化学、生命科学中的稀有样品研究等方面具有十分重要的意义。这是因为，中子活化分析可测元素范围广，除了周期表中氟以前的元素没有找到合适半衰期的感生放射性核素外，几乎在氟以后的元素中均可寻找到一种或多种感生放射性核素，其分析灵敏度在 10^{-12} ~ 10^{-6}g 之间，是痕量元素分析中准确度相当高的一种方法。另外，其分析灵敏度随中子通量和照射时间的增加可增加到某一极限。由于高分辨半导体探测器和多道 γ 谱仪，以及计算机技术的发展和广泛应用，在几分钟内就可给出一个复杂 γ 谱的峰值能量和峰面积等数据，并可进行速度的非破坏性分析。

但是，由于中子活化分析需要反应堆或中子发生器等高精密仪器和设备，因其价格昂贵且难以得到，同时存在复杂的辐射防护等问题，也限制了该分析技术的更广泛应用。

8.5.3 中子测量方法在找矿勘探中的应用

在中子测量技术应用于解决地质问题的研究方面,早期主要用于油气田勘探,接着用于金属矿和煤矿勘探,现在还可用于岩石地球物理学和工程地质学等领域。其中,实验室分析和中子测井的应用最为普及,主要是通过实验室分析来确定岩石和金属矿中的元素成分,并逐步应用于岩矿出露条件下的井内、溶洞和露头等野外场所。

在碳酸盐岩油气田的勘探和开发中,由于其复杂的孔隙结构条件,通过传统的电测井资料来研究碳酸盐岩遇到了困难,特别是在利用油基泥浆的钻井中进行电测井时,电测井(除感应测井外)方法几乎不能使用,因而促进了中子方法应用于解决地质问题的迅速发展。

1. 中子与地层物质的相互作用

中子与地层物质的相互作用主要包括:快中子的非弹性散射、快中子对原子核的活化、快中子的弹性散射及其减速、热中子在岩石中的扩散与被俘获等,下面分别进行介绍。

(1)快中子非弹性散射

快中子先被靶核吸收形成复核,而后再放出一个能量较低的中子,靶核仍处于激发态,并处于较高的能级,这种作用过程叫非弹性散射,或称(n,n')核反应。这些处于激发态的核,常常以发射γ射线的方式释放出激发能而回到基态,由此产生的γ射线称为非弹性散射γ射线。以中子的非弹性散射为基础的测井方法,称为快中子非弹性散射γ法,如碳/氧测井方法就是测定快中子与^{12}C及^{16}O核经非弹性散射所放出的γ射线。

若要发生非弹性散射,则中子能量必须大于靶核最低激发能级,即非弹性散射阈能为

$$E_1 = E_\gamma(M+m)/M \tag{8.28}$$

式中 E_γ——放出γ光子的最低能量;

M——反冲原子核的质量;

m——中子的质量。

一个快中子与一个靶核发生非弹性散射的概率称为非弹性散射截面(采用单位b表示,$1\ b=10^{-24}\ cm^2$)。非弹性散射截面随着中子能量及靶核质量数的增大而增大,同位素中子源发射的中子能量低,超过阈能的中子所占比例很小,引起非弹性散射的概率可小到忽略不计;而中子发生器所发射的中子能量高达14 MeV,在射入地层后的最初$10^{-8}\sim10^{-7}$ s时间间隔内,非弹性散射占支配地位,所发射的γ射线几乎全部为非弹性散射所致。如果测量中子发射后的$10^{-8}\sim10^{-7}$ s时间间隔内的能量为4.43 MeV及6.13 MeV的γ射线,此时为对应于中子与^{12}C和^{16}O的非弹性散射所造成的γ射线,该测井曲线就能反映钻井剖面中含碳量和含氧量,并可以此求出含油饱和度,进而区分油层和水层的核测井方法称为碳氧比测井。

(2)快中子对原子核的活化

快中子还能与某些元素的原子核发生(n,α)、(n,p)及(n,γ)等核反应。其中,因快中子引起的(n,γ)反应的截面非常小,故在核测井中没有实际意义。但(n,α)和(n,p)反应截面都较大,且中子的能量越高反应截面越大,由这些核反应产生的感生放射性核素,也能按一定的半衰期衰变发射β或γ射线,其中放出的γ射线称为感生活化γ射线。通常,对核测井有实际意义的是硅活化核反应和铝活化核反应,即$^{28}Si(n,p)^{28}Al$和$^{27}Al(n,p)^{27}Mg$等。

快中子引起硅活化核反应的方程为$^{28}Si(n,p)^{28}Al$,发生这一核反应的截面随中子能量的增大而增大。反应产物$^{28}_{13}Al$是具有β衰变的放射性核素,半衰期为2.3 min,伴随β衰变所发

射的 γ 射线能量为 1.782 MeV。$^{28}_{13}Al$ 发生 β 衰变的反应式为

$$^{28}_{13}Al \rightarrow ^{28}_{14}Si + \beta + \gamma + Q \tag{8.29}$$

利用 $^{28}Si(n,p)^{28}Al$ 核反应和 $^{28}_{13}Al$ 的 β 衰变测定硅含量的测井方法称为硅测井，它是识别岩性的一种核测井方法。在硅测井时，中子源装在仪器的上部，探测器在仪器的下部，中间有屏蔽隔开，源距 3.66 m，以 3 ~4 m/min 的测速，连续选择记录 1.728 MeV 的 γ 射线照射量率，进而得出硅含量沿井轴的分布，以此区分砂岩和碳酸盐岩地层。

同样道理，快中子引起的铝活化核反应的方程为 $^{27}Al(n,p)^{27}Mg$，即

$$^{27}_{13}Al + n \rightarrow ^{27}_{13}Mg + p \tag{8.30}$$

其中，$^{27}_{13}Mg$ 是铝活化生成的感生放射性核素，$^{27}_{13}Mg$ 的半衰期为 9.5 min，所放出的 γ 射线能量为 0.84 MeV 和 1.015 MeV。通常，称单独测铝含量的核测井为铝测井，与硅测井组合可构成硅铝比测井，可用这些测井方法来识别岩性和测定泥质含量。

(3)快中子的弹性散射及其减速过程涉及的物理量

高能中子源发射的快中子，经过 1 ~2 次非弹性碰撞后，在极短时间内可损失大部分能量，而再无足够能量发生非弹性散射或(n,p)核反应，只能经弹性散射而继续减速，也就是进入弹性散射过程后，中子所损失的动能将全部转变成反冲核的动能(此时反冲核仍处于基态)。通常，能量为 14 MeV 的快中子在进入地层后，其弹性散射发生在 10^{-6} ~10^{-3} s；而同位素中子源发射的中子，因只有几 MeV 能量，则首先是以弹性散射为主的减速过程。

快中子因弹性碰撞而损失的能量与靶核质量数 A、入射中子初始能量 E_0、散射角 φ 等因数有关。当 $\varphi=180°$时，其损失的能量最大。中子因一次弹性碰撞可损失的最大能量为

$$\Delta E_{max} = (1-\alpha)E_0 \tag{8.31}$$

式中，$\alpha=(A-1)^2/(A+1)^2$。

对氢核而言，因质量数 $A=1$，$\alpha=0$，故 $\Delta E_{max}=E_0$，即中子与氢核发生正碰撞时，中子将失去全部动能；对碳核而言，$A=12$，则 $\alpha=0.716$，即中子与碳核发生正碰撞时，中子可能损失的最大能量是 $0.284E_0$；而对于质量数 $A=100$ 的钯核，中子因一次碰撞可能损失的最大能量只占碰撞前中子能量的4%。可见，氢是所有元素中最强的中子减速剂，是中子测井法解决地层中与含氢量有关的各种地质问题的依据，是中子测井方法中的一个重要概念。

描述中子在岩石中的弹性碰撞及其减速的物理量主要有：岩石的宏观散射截面、岩石的宏观减速能力、岩石的快中子减速时间、岩石的快中子减速长度等。下面进行简要介绍。

①岩石的宏观散射截面

通常，一个中子与一个原子核发生散射的概率称为微观散射截面，以 σ_s 表示；1 cm^3 物质中的原子核的微观散射截面之和称为该物质的宏观散射截面，以 Σ_s 表示。若岩石是由单一核素所组成，在 1 cm^3 中含有的原子核 N 个，则其宏观散射截面为

$$\Sigma_s = N\sigma_s \tag{8.32}$$

虽然岩石总是由多种核素组成，但对于纯矿物骨架和单一孔隙流体的地层而言，仍然有

$$\Sigma_s = N_A \frac{\rho_{m\alpha}}{M_{m\alpha}}(1-\Phi)\sum_{i=1}^{n} v_i\sigma_{si} + \frac{\rho_f}{M_f}\varphi\sum_{i=n+1}^{n+m} v_i\sigma_{si} \tag{8.33}$$

式中 N_A——阿伏伽德罗常数；

$\rho_{m\alpha}$、ρ_f——岩石骨架和孔隙流体的密度；

φ——孔隙度；

v_i——在分子中第 i 种核的个数;

$M_{m\alpha}$、M_f——岩石骨架矿物和孔隙流体的摩尔质量;

n——在固体骨架中有 n 种原子核;

m——孔隙流体中有 m 种原子核。

某些原子核的 ρ_s 及一些矿物、岩石的 Σ_s 值可查有关手册。应该指出,这些数值在不同的著作中不尽相同,在使用时应注意结合实际进行校核。

②岩石的宏观减速能力

宏观散射截面 Σ_s 和平均对数能量减缩 ε 的乘积称为宏观减速能力(或称慢化本领),记为 β。对由单一原子组成的介质,$\beta=\Sigma_s\times\varepsilon=N\sigma_s\times\varepsilon$,$N$ 是 1 cm^3 中该种原子核的数目。强的减速剂应该有大的散射截面和大的 ε 值。

水是地层中减速能力最强的物质,其宏观减速能力 $\beta=1.53\ cm^{-1}$。由其他轻元素组成的物质,其减速能力比水小 1 ~2 个数量级,如纯石灰岩骨架 $\varepsilon=0.130$,$\Sigma_s=0.043\ 2$,$\beta=0.056\ cm^{-1}$。由重元素组成的物质宏观减速能力更差,因而可以近似地认为岩石的减速能力等于其孔隙中水或原油的减速能力(设骨架中不含氢)。

③岩石的快中子减速时间

在岩石中,快中子从初始能量减速到 0.025 eV 的热中子所需要的时间 τ_f 称为中子在岩石中的减速时间。设具有初始能量 E_0 的中子减速到能量为 E_t 的热中子所需碰撞次数足够多,则中子减速过程中速度 v 可近似地看成是时间 t 的连续函数,即 $v=v(t)$。在时间间隔 dt 中,中子移动的距离是 $v(t)\mathrm{d}t$,与散射核的碰撞次数为 $v\mathrm{d}t\times\Sigma_s$,则相应的中子能量的自然对数的减小量为

$$-\mathrm{dln}\ E=\xi\cdot\Sigma_s\cdot v\mathrm{d}t \tag{8.34}$$

而 $\mathrm{d}(\ln E)/\mathrm{d}E=1/E$;$v=\sqrt{2E/m}$,$m$ 是中子质量(1.66×10^{-24} g)。将这些关系代入上式并略加整理,得

$$\mathrm{d}t=-\frac{\sqrt{m}}{\xi\Sigma_s\sqrt{2E}\cdot E}\cdot\mathrm{d}E \tag{8.35}$$

按定义可得

$$\tau_f=-\int_{E_0}^{E_t}\frac{\sqrt{m}}{\sqrt{2}\xi\cdot\Sigma_s}\cdot E^{-\frac{3}{2}}\cdot\mathrm{d}E=\frac{1}{\xi\Sigma_s}\cdot\sqrt{2}m\left(\frac{1}{\sqrt{E_t}}-\frac{1}{\sqrt{E_0}}\right) \tag{8.36}$$

为计算 τ_f,Σ_s 以 cm^{-1} 为单位,m 以 g 为单位($m=1.66\times10^{-24}$ g),E_t 和 E_0 以 erg 为单位(1 MeV $=1.602\times10^{-10}$ erg)。设 $E_0=2$ MeV,$E_t=0.025$ eV,则可求出水的 $\tau_f=10^{-5}$ s。

④岩石里快中子的减速长度

中子源发射出的快中子($E=E_0$),减速到热中子($E=E_t$)所移动的直线距离 R 称为中子的减速距离。由核物理可以证明:若介质是由质量数较大的核素组成的,则减速距离的均方值为

$$\overline{R^2}=\frac{2\lambda_s\cdot\ln(E_0/E_t)}{\xi\cdot\Sigma_s}=\frac{2\ln(E_0/E_t)}{\xi\cdot\Sigma_s^2} \tag{8.37}$$

式中,λ_s 是散射平均自由程,即一个中子在受到散射前所走过的平均距离,$\lambda_s=\Sigma_s^{-1}$。

对轻核组成的物质有

$$\overline{R^2} = \frac{2}{\left(1-\frac{2}{3A}\right)} \cdot \frac{\ln(E_0/E_t)}{\xi \cdot \Sigma_s^2} \tag{8.38}$$

显然,当 A 很大时,式(8.39)就变成式(8.38)。

中子在岩石中的减速长度 L_f 定义为

$$L_f = \sqrt{\overline{R^2}/6} \tag{8.39}$$

岩石的宏观减速能力主要由含氢量来决定。含氢量大的岩石中子减速长度 L_f 小。淡水的 $L_f = 7.7$ cm,石英、方解石的 L_f 分别为 37 cm 和 35 cm。

(4)热中子在岩石中的扩散与被俘获

快中子经过一系列的非弹性碰撞及弹性碰撞,能量逐渐减小,最后当中子的能量与组成地层的原子处于热平衡状态时,中子不再减速。处于这种能量状态的中子叫热中子。在温度为 25 ℃,标准热中子能量为 0.025 eV,速度为 2.2×10^5 cm/s。此后,中子与物质的相互作用将不再是减速,其作用过程如下:

①热中子的扩散

热中子在介质中的扩散过程与气体分子的扩散相类似,即从热中子密度(单位体积中的热中子数)大的区域向密度小的区域扩散,直到被该介质的原子核俘获为止。描述这个过程的主要参数有:热中子的扩散长度 L_t、寿命 τ_t 及宏观俘获截面 Σ_a。

②岩石的宏观俘获截面

一个原子核俘获热中子的概率称为该种核的微观俘获截面,以 b 为单位,用符号 σ_a 表示。1 cm^3 的介质中所有原子核微观俘获截面的总和称为俘获截面,用 Σ_a 表示,单位为 cm^{-1}。单一核素介质的宏观俘获截面 $\Sigma_a = N\sigma_a$,N 是 1 cm^3 的介质中的原子核数目。

③热中子寿命

中子在岩石中从变为热中子的瞬间起,到被吸收的时刻止,所经过的平均时间叫热中子的寿命,也叫扩散时间。在无限均匀介质中,热中子的寿命在数值上等于在该介质中热中子的平均扩散自由程 $\bar{\lambda}_a$ 和热中子的平均速度 v 的比值,即

$$\tau_t = \bar{\lambda}_a / v \tag{8.40}$$

$v = 2.2 \times 10^5$ cm/s,因为 $\bar{\lambda}_a = 1/\Sigma_a$,所以上式可写为

$$\tau_t = 1/(v\Sigma_a) \tag{8.41}$$

从此式可见,岩石的热中子寿命与它的宏观俘获截面成反比。v 与温度有关,当温度确定后 v 是常数。当地层中含有俘获截面高的核素时,τ_t 就大大减小。矿化水层的 τ_t 要比油层小得多,据此可以确定油水界面和区分油水层。

④热中子在岩石中的扩散长度

热中子从产生的位置到被吸收的位置的直线距离叫扩散距离(图 8.19),以 r_t 表示。在核物理中把热中子在介质中的扩散长度定义为

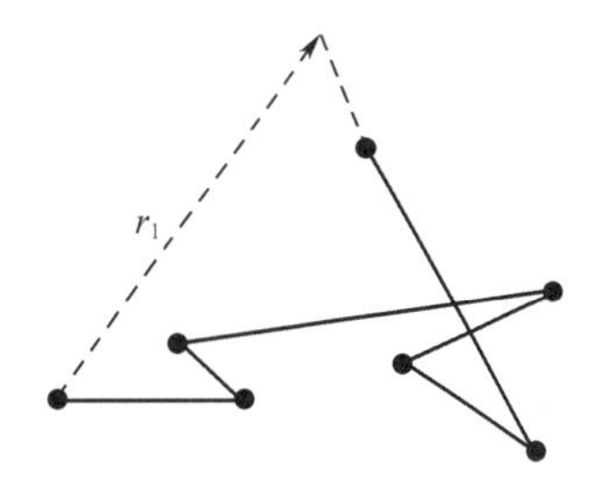

图 8.19 热中子扩散距离图

$$L_t = \sqrt{r_t^2/6} \tag{8.42}$$

⑤辐射俘获核反应

靶核俘获一个热中子而变为激发态的复合核,然后复合核放出一个或几个γ光子,放出激发能而回到基态。这种反应就叫辐射俘获核反应,或称(n,γ)反应。

在(n,γ)核反应中放出的γ射线称为俘获γ射线,测井中习惯上称为中子γ射线。以这一反应为基础的测井方法叫中子γ测井。不同的原子核具有不同的能级,因而各种原子核放出的γ射线能量也不相同,这是中子γ能谱测井的物理基础。在(n,γ)核反应中,氢核与其他的原子核相比已不像在减速过程中那样起决定性的作用,然而岩石及地层水中的其他成分的作用也是不可忽视的。其中,氯的俘获截面很大,且能放出能量很高的γ射线,因而记录热中子寿命 τ_t 及热中子俘获宏观截面 Σ_a,或选择记录与氯的(n,γ)反应相应的γ射线,都能反映含氯的变化。根据这些参数,可以区分高矿化度的水层和油层。

⑥热中子引起的核活化

热中子使某些原子核活化主要是通过(n,γ)核反应。反应结果产生的新核往往是放射性的,新核以一定的半衰期衰变,并发射一定能量的γ射线,这是热中子活化测井的基础。

⑦(n,α)核反应

低能中子产生的(n,p)及(n,α)核反应极少,下列两个核反应是很重要的,即

$$^{10}\mathrm{B}(n,\alpha)^{7}\mathrm{Li} \quad \sigma = 3\,998\ \mathrm{b} \tag{8.43}$$

$$^{6}\mathrm{Li}(n,\alpha)^{3}\mathrm{H} \quad \sigma = 910\ \mathrm{b} \tag{8.44}$$

第一个反应产生的α粒子及 ^{7}Li 都有很强的电离能力,BF_3 计数管就是利用这一反应来记录中子的。第二个反应产生氚,它是氢的放射性同位素,半衰期为12.5 a。

2. 中子通量的空间分布

中子密度(或通量)的空间和时间分布规律,是中子测井法的理论基础。中子通量在空间的分布状况及其随时间的变化规律,决定于中子和介质相互作用的特征。掌握了这种规律,就能选择适当的源距和适当的测量时间,以便更有效地划分地质剖面、岩性和解决其他问题。

(1)扩散方程

依据中子守恒定律,在一定体积里,中子通量随时间的变化率 $\partial n/\partial t$ 等于它的产生率减去吸收率和泄漏率,表示这一普遍规律的方程可写为

$$产生率 - 泄漏率 - 吸收率 = \partial n/\partial t \tag{8.45}$$

式中,泄漏率 $= -D\nabla^2\Phi$;产生率 $=S$;吸收率 $=\Sigma_a\Phi$。这样上式可写为

$$D\nabla^2\Phi - \Sigma_a\Phi + S = \partial n/\partial t \tag{8.46}$$

其中 Φ——中子通量(标量);

D——对应于 Φ 的扩散系数;

∇^2——拉普拉斯算子;

Σ_a——介质宏观俘获截面。

上式称为扩散方程,在中子测井中有广泛的应用。从理论上讲,它的应用范围仅限于单能中子,而且只适用于离开强源、强吸收剂或距离不同物质边界两三个平均自由程以外的区域。

实际中遇到的钻井条件,虽不能满足上述条件,但在大多数情况下用式(8.47)研究测井中遇到的中子分布问题,仍可以得到满意的结果。

(2)无限均匀介质里点状中子源的中子分布

在点状同位素中子源的情况下,可认为中子密度随时间的变化是稳定的,此时上式为

$$D\nabla^2\Phi - \Sigma_a\Phi + S = 0 \tag{8.47}$$

由于除了中子源所在位置以外,空间的其他各点处的中子产生率 S 均等于零,故上式变成

$$D\nabla^2\Phi - K^2\Phi = 0 \tag{8.48}$$

式中,$K^2 = \Sigma_a/D$,量纲是 m^{-2}。

在数学上,上式称为波动方程。不同几何参数的波动方程都可以用标准数学方法求得普遍解,在一定的边界条件下求得问题的特定解。对于在无限均匀介质里,以点源为原点的球坐标中,解得中子通量密度的表达式为

$$\Phi = \frac{e^{-kr}}{4\pi Dr} \tag{8.49}$$

这一公式给出无限介质内在每秒放出一个中子的点源周围定态下的中子通量分布。

(3)分组扩散法

要简化地层中中子减速问题的数学分析,可以利用分组扩散法。在这种处理方法中,假设中子能量由源能量到热能之间可以分成有限的几个能量区间,或者叫"能组"。假定中子在每一组内扩散时并不损失能量,而当它们经过了多次的碰撞足以使能量减低到次一组(较低)时,中子在这一瞬间转移到第二(较低)组内。并假设这种过程一直持续到中子的能量从最高能组下降到最低能组为止。

很显然,分组处理时组分得越多越与实际情况接近,但工作量也越大。最简单的办法是单组处理,如把所有中子都当作热中子来处理,即把测井时用的点状快中子源当作点状热中子源来处理。这时解扩散方程可得到与式(8.49)相同形式的解,式中常数是相应于热中子的。这样做当然过于粗糙,但由于快中子在源周围较小的范围内已减速成热中子,而探测器离源又比较远,所以单组处理的结果还是可以作为定性分析的依据。

用双组处理方法研究中子的分布,已能满足中子测井方法研究的需要。所谓双组处理,就是将中子分为两个组,热中子组成一个组,而所有能量更高的中子组成另外一组。具体到中子测井的问题,把所有能量高于热中子的中子都当作超热中子来处理。此时中子的扩散处于稳态,即$\partial n/\partial t = 0$,由式(8.48)知这两组中子的扩散方程可写为

$$D_e\nabla^2\Phi_e - \Sigma_e\Phi_e + S = 0 \tag{8.50}$$

$$D_t\nabla^2\Phi_t - \Sigma_t\Phi_t + \Sigma_e\Phi_e = 0 \tag{8.51}$$

式中,角码 e 和 t 分别表示超热中子和热中子。可以把 Σ_e 称作快组中子的减速截面,而 $\Sigma_e\Phi_e$ 表示每秒每立方厘米由快中子组减速降到热中子组的中子数。对于快中子组来说,它代表"吸收"项;而对于热中子来说,它是产生项。除源所在的位置外,$S = 0$。

在点状同位素源置于均匀无限介质中的具体条件下,解式(8.50)和式(8.51),可得

$$\Phi_e(r) = \frac{e^{-r/L_e}}{4\pi D_e r} \tag{8.52}$$

$$\Phi_t(r) = \frac{L_t^2}{4\pi D_t(L_e^2 - L_t^2)}\left(\frac{e^{-r/L_e}}{r} - \frac{e^{-r/L_t}}{r}\right) \tag{8.53}$$

式中 $L_e = \sqrt{D_e/\Sigma_e}$,$L_t = \sqrt{D_t/\Sigma_t}$——快组中子的减速长度和热中子的扩散长度;

D_e、D_t——快组中子和热中子的扩散系数;

r——观察点离点源的距离,在中子测井中称为源距。

在解上述方程组时,和解方程式(8.48)一样,假设中子源强 $Q=1$。若 $Q\neq1$,则式(8.52)和式(8.53)的右边应乘以 Q。式(8.52)和式(8.53)分别描述点状同位素快中子源在均匀无限介质中造成的超热中子和热中子通量的空间分布。

很显然,测井所遇到的条件是极为复杂的,它涉及带有井孔的层状介质。在这种条件下解扩散方程是相当困难的,它涉及更多的核物理和数学知识。读者可参阅中子测井理论专著。但应该指出,直到目前核测井的定量解释还是以实验数据为依据的,还不能由理论计算而得到满意的结果。

上述表明,热中子通量的分布不仅取决于地层对快中子的减速性质,而且与地层的吸收性质 D_t 和 L_t 有关。对于超热中子测井而言,它只反映了地层对快中子的减速性质,而与地层对热中子的吸收性质(俘获能力)无关,因而有利于测定地层含氢指数(1 cm^3 的任何岩石或矿物中氢核数与同样体积的淡水中氢核数的比值)。而且超热中子分布范围小,探测井壁深度浅,探测器计数率低,源距小,探井条件影响大。

由双组扩散理论导出的,在均匀无限介质中由点状快中子源形成的热中子通量,在地层中也由式(8.53)确定,也是由地层的减速性质(含氢量)决定的。但是在随后产生中子 γ 射线的核反应(n,γ),却与氢及其他几种核素有关

$$ {}_{1}^{1}\mathrm{H} + {}_{1}^{0}\mathrm{n} \rightarrow {}_{1}^{2}\mathrm{H} + \gamma\ (E_{\gamma} = 2.23\ \mathrm{MeV}) \tag{8.54} $$

$$ {}_{17}^{35}\mathrm{Cl} + {}_{0}^{1}\mathrm{n} \rightarrow {}_{17}^{36}\mathrm{Cl} + \gamma(E_{\gamma} = 7.29\ \mathrm{MeV}\ 和\ 8.6\ \mathrm{MeV}) \tag{8.55} $$

在沉积岩中,硅与钙的(n,γ)反应也很重要。

沿井轴测定 γ 射线的照射量率 $J_{n-\gamma}$,就可反映地层的含氢量或 NaCl 含量(水矿化度)。中子 γ 测井范围比超热中子和热中子测井都大。中子测井中,测量的对象都属于慢中子范畴。测量它的探测器有 BF_3 正比计数管、含硼闪烁计数器、含锂闪烁计数器和 ^{3}He 计数管等。

3. 常见中子测井方法

(1)利用连续中子源的测井方法

连续中子源一般是指同位素源,中子源放出的中子都是能量大、速度高的快中子,当它与岩石的原子核发生碰撞时,损失了自己的能量,速度减少,经过多次碰撞后,能量不断消耗,速度不断减慢,最后变成只能做热运动的热中子。这个过程就是前面所说的减速过程,不同元素的原子核对中子的减速能力是不同的。重原子的减速能力差,轻原子的减速能力强,因此,快中子在岩层中尤其是常见沉积岩中的减速过程主要取决于含氢量。例如,石油和水以及泥岩含有大量的氢,因此对快中子的减速能力很大,所以快中子距中子源不远就会变成热中子,而在含氢量少的干砂、致密的石灰岩和硬石膏中,快中子要在距中子源较远的地方才能变成热中子。

热中子速度慢,它停留在原子核附近的时间就会较长,因此它比快中子更容易被原子核俘获。很明显,岩石中不同元素的原子核对热中子的俘获能力是不同的。目前,常见的连续中子源测井方法有中子-γ 测井、中子-中子测井和连续活化测井。中子 γ-测井前一节已经进行了介绍,这里主要介绍中子-中子测井和连续活化测井。

中子-中子测井是利用中子与物质相互作用的各种效应来研究钻井剖面岩层性质的一组测井方法的统称。按记录的对象,它分为中子热-中子测井,中子-超热中子测井和中子 γ 测井等。按仪器的结构特征,它分为普通中子测井、井壁中子测井和补偿中子测井等。

连续活化测井中利用的有氧的次生活化生成物 ^{16}N、硅的次生活化生成物 ^{28}Al,以及铝的次生活化生成物 ^{27}Mg 等衰变时放出的 γ 射线。从次生活化 γ 射线可以知道氧、硅和铝的量,从而提出了泥质砂岩中求泥质含量的方法。

(2)利用脉冲中子源的测井方法

脉冲中子源是一种可控的加速器形式的脉冲中子发生器,它以脉冲形式向地层发射能量为 14 MeV 的快中子。目前常见的脉冲中子源测井方法有碳氧比测井、氯测井、中子寿命测井和循环活化测井。碳氧比测井、氯测井和中子寿命测井的原理前面已经介绍;而循环活化测井的原理与连续输出的中子源活化测井相同,其优点是比连续输出中子的方法精度高。

(3)野外现场的中子测量方法

基于中子同岩石和矿石作用而建立的野外中子测量方法包括中子活化法、中子辐射法、中子中子法和 γ 中子法等。借助野外中子法可以解决大量的地质、地球化学和采矿等方面的问题。这里简要地介绍下中子辐射法和 γ 中子法。

用中子辐射法确定元素含量,是通过记录被测元素核对中子俘获后即放出的瞬时 γ 射线来完成的。也就是说,该方法是基于中子的俘获反应的。唯一不一样的是,在测定硼元素时,是采用 $^{10}B(n,\alpha)^{7}Li^{*}$,测量的是激发核 $^{7}Li^{*}$ 在激发态时寿命是很短的,因此 γ 射线同样可以认为是瞬时的。这个方法可用于在海底研究铁锰结核。

γ 中子法可用于普查和评价铍矿床,是基于 $^{9}Be(\gamma,n)^{8}Be$ 核反应的,其能量阈为 1.67 MeV。γ 源选用核素 ^{124}Sb(最强的谱线为 1.69 MeV)。

思考题和练习题

8-1 通常按能量怎样划分中子类型,中子与原子核相互作用分为哪两大类?

8-2 通常中子源包括哪三个主要特性,它们都具有什么样的物理含义?

8-3 目前中子源可以划分为哪三大类,通过实例说明同位素中子源的工作原理?

8-4 通常中子测量划分为哪几大类方法,简述各类中子探测方法的基本原理?

8-5 中子与 ^{10}B(硼)相互作用有哪两个反应过程,简述 $^{10}B(n,\alpha)$ 核反应的用途?

8-6 什么是反冲核,通常采用什么原子核作为反冲核,为什么?

8-7 探测中子时消除伴随 γ 辐射的电离装置是什么,并简述该装置的工作原理?

8-8 探测中子的气体探测器有哪些,闪烁探测器有哪些,并简述其工作原理。

8-9 简述 ^{6}LiF 中子谱仪的工作原理,并说明一般怎样才能测量到中子能量?

8-10 什么是中子测井,有什么核地球物理依据,碳氧比中子测井用来解决什么问题?

8-11 什么是硅活化核反应和铝活化核反应,它们构成的测井称为什么核测井?

8-12 什么是感生放射性核素?通过实例说明感生放射性核素产生的原理。

8-13 什么是辐射俘获核反应?采用其特点说明中子 γ 能谱测井的工作原理。

8-14 简述中子活化分析的工作原理,并说明感生放射性核素的积累与衰变有何规律?

第9章　辐射效应与辐射防护概论

核辐射测量和放射性核素的应用技术已有百余年的历史。虽然它能给人类带来巨大的利益,但也会对人体健康造成一定程度的影响和危害。为保障人们的健康与安全,又使核应用技术得以顺利开展,必须探索核辐射对人体的基本作用以及所引发的效应,使人们对核辐射危害有一个正确的认识。在引起必要重视的同时,清除不必要的恐惧,为此必须建立辐射防护基本原则,制定辐射防护标准,采取有效管理和防护措施,减少或避免不必要的照射。

9.1　辐射防护中的常用物理量

为了定量地描述辐射对人体作用的物理、化学和生物效应,在辐射剂量学中引入了若干物理量。例如在第一章中介绍的描述辐射场的物理量、描述射线与物质相互作用的物理量,以及描述辐射剂量的物理量等,下面还将介绍描述辐射防护中涉及的物理量。

9.1.1　与个体相关的防护

1. 剂量当量

相同吸收剂量未必产生同等生物效应,因为生物效应受到辐射类型和能量、辐射剂量(或剂量率)和照射条件以及个体差异等因素的影响。在辐射防护中,为了在同一尺度下描述不同类型和能量的辐射 R 对人体造成的生物效应,在吸收剂量 D_{TR} 的基础上定义了剂量当量 H,以此表示该生物效应的严重程度或发生概率,人体组织或器官 T 中某点处的剂量当量 H 定义为

$$H = DQN \tag{9.1}$$

式中　D——该点的吸收剂量;

N——其他修正因数的乘积,国际放射防护委员会(ICRP)指定 $N=1$;

Q——该点处的辐射品质因数,定义为水中碰撞阻止本领 L_{∞} 的函数。

从定义可以看出,剂量当量是用若干无量纲的因数对吸收剂量的加权,可见,剂量当量与吸收剂量的度量单位都为 $J \cdot kg^{-1}$,但吸收剂量给予了专用单位 Gy。这里给予剂量当量的专用单位为希伏或希(Sievert,Sv),它的曾用单位为雷姆(rem),1 Sv = 100 rem。

2. 当量剂量

ICRP 60 号出版物中第 22 条到 32 条中指出,吸收剂量是以辐射防护为目标,不再沿用过去"点"的观念。吸收剂量是指体内某器官总的吸收的电离辐射能量除以该器官的质量,即某器官的平均吸收剂量。同时,品质因数 Q 值用辐射权重因子 W_R 所取代,定义了新的物理量当量剂量 H_T:

$$H_T = \sum_R W_R \cdot D_{TR} \tag{9.2}$$

式中　W_R——辐射权重因子,是与辐射品质相对应的加权因子,无量纲;

D_{TR}——按组织或器官 T 计算得到的来自辐射 R 的平均吸收剂量。

常见辐射类型的辐射权重因子见表 9.1,不同能量中子的辐射权重因子如图 9.1 所示。

表 9.1 常见辐射类型的辐射权重因子

辐射类型和能量范围		辐射权重因子 W_R
光子	所有能量	1
电子和 μ 介子	所有能量	1
质子和带电 π 介子	所有能量	2
α 粒子、裂变碎片及重粒子	所有能量	20
中子	见图 9.1	—

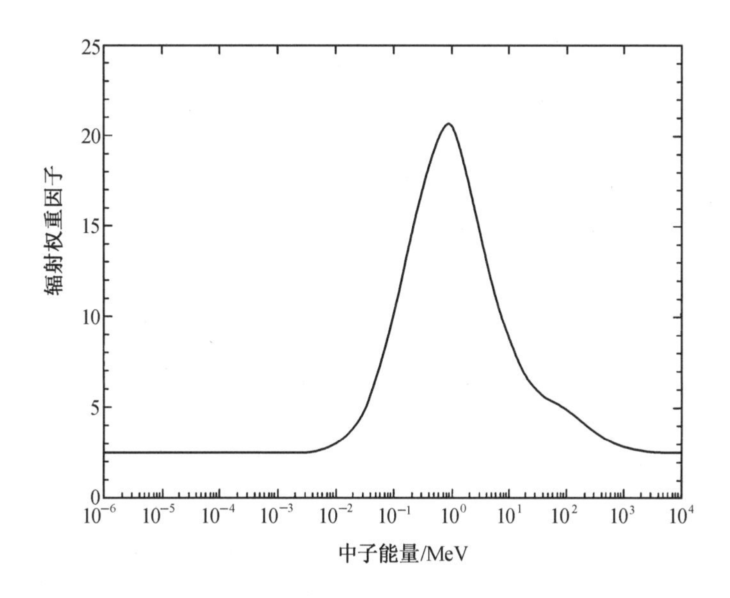

图 9.1 不同能量中子的辐射权重因子(W_R)

辐射权重因子 W_R 是根据辐射到身体上(或源在体内辐射)的辐射种类与能量来取值的。需要注意的是,上述 W_R 值不适用于描述高剂量(或高剂量率)下所产生的急性辐射损伤。因此,当量剂量仅限定在辐射防护所涉及的剂量范围内使用。

3. 有效剂量

一般情况下,人体受到的任何照射均涉及多个器官或组织,每个器官或组织受到照射的危害(或危险)均属于随机性效应,其概率与当量剂量、受照组织或器官都有关系。为了综合上述因素,可采用有效剂量 H_E 来表示受照器官和组织的总危害,即

$$H_E = \sum_T W_T \cdot H_T \tag{9.3}$$

式中 H_T——器官或组织 T 的当量剂量;

W_T——器官或组织 T 的组织权重因子(其推荐值列于表 9.2 中),它是器官或组织 T 受照所产生的危害与全身均匀受照所产生的总危害的比值,它反映了在全身均匀受照下,各器官或组织对总危害的相对贡献;

H_E——有效剂量,表示当随机效应在非均匀照射下的发生率与均匀照射下的发生率相同时,所对应的全身均匀照射的当量剂量,其度量单位与当量剂量相同,专用单位为Sv。

分析式(9.1)和式(9.3)可知,有效剂量还可表示为各器官或组织的吸收剂量的双重加权之和,即

$$H_E = \sum_T \sum_R W_T \cdot W_R \cdot D_{TR} \tag{9.4}$$

表9.2 组织权重因子

组织或器官	ICRP 60 号出版物	ICRP 103 号出版物
性腺	0.20	0.08
红骨髓	0.12	0.12
结肠	0.12	0.12
肺	0.12	0.12
胃	0.12	0.12
乳腺	0.05	0.12
膀胱	0.05	0.04
肝	0.05	0.04
食道	0.05	0.04
甲状腺	0.05	0.04
脑	—	0.01
唾腺	—	0.01
皮肤	0.01	0.01
骨表面	0.01	0.01
其余组织或器官	0.05	0.15

注:其余组织或器官包括肾上腺、外胸区、胆囊、心脏、肾、淋巴结、肌肉、口腔粘黏、胰腺、前列腺、小肠、脾、子宫(颈)。

从当量剂量与有效剂量的定义可知道:辐射权重因子与辐射种类和能量有关,但与器官或组织无关;而组织权重因子与辐射种类和能量无关,但与器官或组织有关,这既能区分两者之间的概念,又能大致评价辐射的危害(或危险)。

4. 待积当量剂量与待积有效剂量

放射性物质进入人体后,一方面由于衰变和排泄而减少,同时会浓集于某些器官或组织中形成内照射。在内照射情况下,为了定量计算放射性核素进入体内所造成的危害,在辐射防护中还引入了待积当量剂量 $H_{50,T}$和待积有效剂量 $H_{50,E}$的概念。其中,待积当量剂量 $H_{50,T}$表示人体一次性摄入放射性物质后,某一器官或组织在50年内(对人来说是足够长的时间)将要受到的累积的当量剂量;待积有效剂量 $H_{50,E}$是对人体每个器官或组织的待积当量剂量 $H_{50,E}$按其危害大小作为权重因子 W_T 进行加权求和的结果。其定义式为

$$H_{50,T} = \int_{t_0}^{t_0+50} \dot{H}_t(t)\,dt \quad 和 \quad H_{50,E} = \sum_T W_T \cdot H_{50,T} \tag{9.5}$$

式中 t_0——摄入放射性物质的时刻;

$\dot{H}_T(t)$——在 t 时刻器官或组织 T 受到的当量剂量率。

待积当量剂量 $H_{50,T}$ 和待积有效剂量 $H_{50,E}$ 的单位都是 Sv，可用它们来预计个人因摄入放射性核素后可能发生随机性效应的平均概率。

9.1.2 与群体相关的吸收剂量

1. 集体当量剂量

除了要研究个人受照所获得的危害外，还需要讨论集体受照所获得的危害。例如，一次大的放射性事故或放射性实践会涉及许多人，因此需要采用集体当量剂量来表示这一次放射性事件对社会总的危害，即群体所受的总当量剂量。集体当量剂量 S_T 的定义式为

$$S_T = \sum_i \overline{H}_{T,i} \cdot N_i \tag{9.6}$$

式中 $\overline{H}_{T,i}$——所考虑的群体中的第 i 组成员所受到的平均当量剂量；

N_i——第 i 组成员的人数；

S_T——集体当量剂量，是某一辐射源所照射的群体成员的平均当量剂量之和，单位为人·希伏。

2. 集体有效剂量

对于一给定的辐射源，受照群体所受的总有效剂量被定义为集体有效剂量 S_E，即

$$S_E = \sum_i \overline{H}_{E,i} \cdot N_i \tag{9.7}$$

式中 $\overline{H}_{E,i}$——群体中的第 i 组成员的平均有效剂量；

N_i——该组的成员数。

集体有效剂量 S_E 的单位也为人·希伏。

类似地，还可定义集体待积当量剂量、集体待积有效剂量等。在剂量学中，还有一些辅助的剂量表示，例如周围剂量当量、定向剂量当量、深部个人剂量当量、浅表个人剂量当量等实用量，限于篇幅，不一一介绍。

9.2 辐射对人体的生物效应及其危险度分析

人类在利用各种电离辐射的过程中，逐步认识了各种辐射对人类健康的危害。需要人类最大限度地利用辐射源和核能，同时加强防护，尽量避免和减少可能引起的健康危害。

9.2.1 辐射对人体健康的影响

各种射线对人类健康造成的危害，来源于电离和激发作用所引起的组织细胞中的原子与分子的改变，主要通过对脱氧核糖核酸（DNA）分子的作用使细胞受到损伤，导致某些特有的效应，并引发各种健康危害。这些效应的性质和程度主要决定于人体组织吸收的辐射能。从生物体吸收辐射能到发生生物效应，乃至机体损伤或死亡，要经历许多不同性质的变化，以及机体组织、器官、系统及其相互关系的改变，其过程十分复杂，图 9.2 为其演变过程示意图。

通常，辐射损伤过程大体可划分为原发作用和继发作用两个阶段，但两个阶段之间没有确切的分界线。总之，机体受射线照射并吸收能量，使原子或分子发生电离和激发，例如蛋白质、

核酸及水组分等生物基质发生电离和激发,从而引起生物分子结构和性质改变,由分子水平的损伤进一步造成了细胞水平、器官水平和整体水平的损伤,出现相应的生化代谢紊乱,并由此产生一系列临床症状。可见,生物基质电离和激发是辐射的生物效应基础。

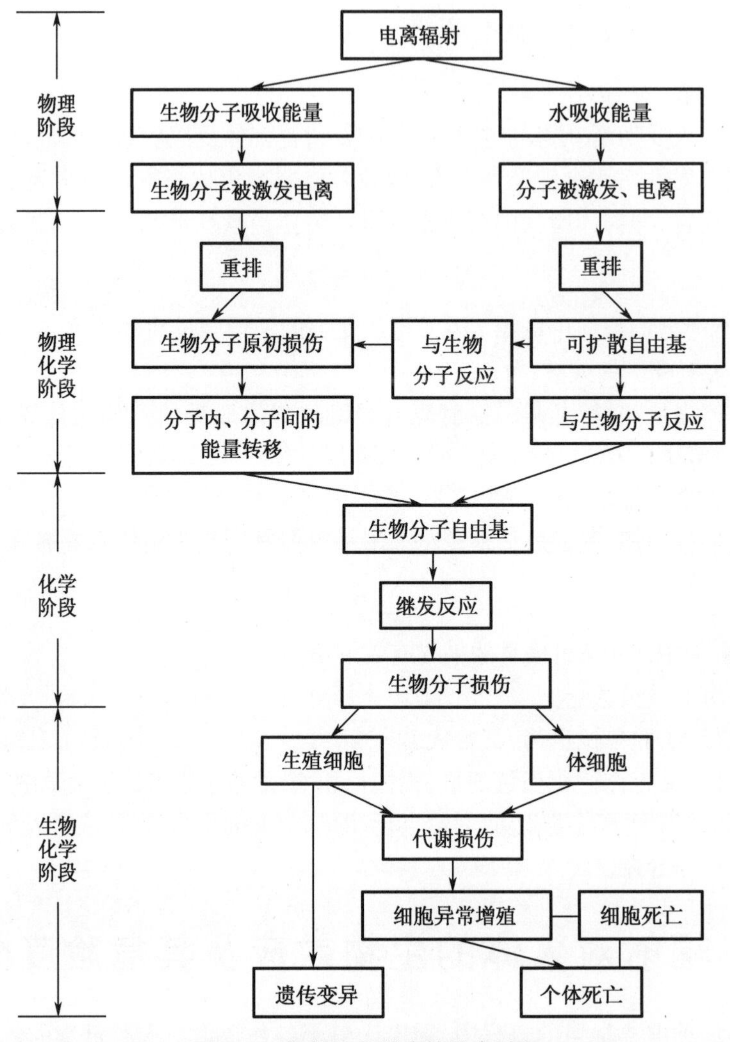

图 9.2　辐射生物效应的演变过程

原发作用包括直接作用和间接作用。直接作用是指射线能量直接作用于生物分子,引起生物分子电离和激发并破坏机体的蛋白质、核酸等具有生命力的物质,是一种直接由射线造成的生物分子损伤。间接作用是指射线对水的发生作用,引起水分子电离和激发(以电离为主),水分子电离后产生许多自由基,通过自由基再作用于生物分子,造成正常结构的破坏,这是一种通过作用水而间接造成的辐射效应。水占成年人体重的70%左右,射线作用于机体,水可以吸收大部分辐射能,产生固有数量的自由基。因此,电离辐射通过自由基的间接作用造成的辐射损伤,在其发病机理上占有重要的地位。

机体受到电离辐射后,还可使很多生物活性物质(特别是生物大分子)受到损伤,其中最重要的是细胞核中的DNA。细胞核中的DNA与蛋白质相结合称为染色体,染色体是生物遗传信息即基因的载体。电离辐射可以引起基因突变和染色体畸变,这两种突变几乎都是DNA断裂的结果;辐射引起DNA分子的变化还可以导致细胞死亡。在大剂量照射时,处于分裂的细胞可因细胞遭到破坏而立即死亡。

9.2.2 影响辐射生物学的作用因素

影响辐射生物学的作用因素很多,基本上可归纳为两个方面,一是与辐射有关的,称为物理因素;二是与机体有关的,称为生物因素。

1. 物理因素

物理因素主要是指:辐射类型、辐射能量、吸收剂量(或剂量率)以及照射方式等。

辐射类型:不同类型的辐射对生物机体可引起不同的生物效应,这主要取决于辐射的电离密度和穿透能力。例如α射线的电离密度大,则产生的内照射对机体的损伤作用很大;但α射线的穿透能力很弱,则产生的外照射对机体的损伤作用很小。在其他条件相同的情况下,α、β和γ射线引起的辐射危害程度为:外照射时,$\gamma > \beta > \alpha$;内照射时,$\alpha > \beta > \gamma$。

剂量率及分次照射:通常,在吸收剂量相同情况下,剂量率越大,生物效应越显著。同时,生物效应还与给予剂量的分次情况有关。一次大剂量急性照射与相同剂量下分次慢性照射产生的生物效应是截然不同的,分次越多,各次照射的间隔时间越长,生物效应就越小。

照射部位和面积:辐射损伤与受照部位及受照面积密切相关。这是因为不同部位和器官对辐射的敏感性是不同的;另一方面,不同器官受到损伤后给整个人体带来的影响也不尽相同。例如,全身受到γ射线照射达到5 Gy时,可能发生重度的骨髓型急性放射病;而若以同样剂量照射人体的某些局部部位,有可能不会出现明显的临床症状。照射剂量相同,受照面积愈大,产生的效应也愈大。

照射的几何条件:在外照射情况下,人体内的剂量分布受到辐射的入射角分布、空间分布以及辐射能的影响,还与人体受照时的姿势及其在辐射场的取向有关。因此,不同的照射条件所造成的生物效应往往会有很大差别。

在内照射情况下,辐射的生物效应还取决于进入核素的种类、数量、相关物理化学性质,在体内沉积的部位以及核素在相关部位滞留的时间,这里不一一分析。

2. 生物因素

研究表明,当照射的各种物理因素完全相同时,不同的细胞、组织、器官或个体对辐射的生物反应有着很大差异,这是因为它们对辐射的敏感程度是不同的。通常,将这种生物效应的反应强弱或迅速程度称为辐射敏感性。度量辐射敏感性的指标大多采用研究对象的死亡率来表示,或采用研究对象在形态、功能或遗传学方面的改变程度来表示。

不同生物种系的辐射敏感性:表9.3列出了不同种系的生物受到X、γ射线照射,其死亡率达到50%时所需要的吸收剂量值。由表可知,种系演化程度越高,机体结构越复杂,辐射敏感性也越高。

表9.3 使不同种系生物死亡50%时所需X、γ射线的吸收剂量值LD_{50}

生物种系	人	猴	大鼠	鸡	龟	大肠杆菌	病毒
LD_{50}(Gy)	4.0	6.0	7.0	7.15	15.00	56.00	2×10^4

(1)个体的不同发育阶段的辐射敏感性:在人的个体发育的不同阶段,辐射敏感性从幼年、少年、青年至成年依次降低,但老年的机体功能逐步衰退,其辐射敏感性又明显高于成年期。因此青少年不应参加职业性放射工作。受精卵约经38天后发育成的雏形胚胎,对辐射敏感性最高,因此妊娠早期的孕妇应避免腹部受照射。

(2)不同细胞、组织或器官的辐射敏性:一般,人体繁殖能力越强,代谢越活跃;分化程度越低,细胞对辐射越敏感。由于不同细胞、组织或器官具有不同的辐射敏感性,若以照射后组织的形态变化作为敏感程度的指标,则人体的组成按辐射敏感性的高低大致可分为四类:①高度敏感,包括淋巴组织(淋巴细胞和幼稚淋巴细胞)、胸腺(胸腺细胞)、骨髓(幼稚红、粒和巨核细胞);胃肠上皮(特别是小肠隐窝上皮细胞)、性腺(睾丸和卵巢的生殖细胞)、胚胎组织;②中度敏感,包括感觉器官(角膜、晶状体、结膜);内皮细胞(主要是血管、血窦和淋巴管内皮细胞);皮肤上皮(包括囊上皮细胞);唾液腺;肾、肝、肺组织的上皮细胞;③轻度敏感,包括中枢神经系统,内分泌腺(包括性腺的内分泌细胞)、心脏。④不敏感,包括肌肉组织、软骨和骨组织、结缔组织。

9.2.3 辐射剂量与辐射效应的关系

根据辐射剂量与辐射效应之间的关系,可把辐射对人体的危害分为随机性效应和确定性效应两类。

1. 随机性效应和确定性效应

根据实践资料并从尽量安全的角度出发,进行随机性效应和确定性效应的定性描述,如图9.3所示。

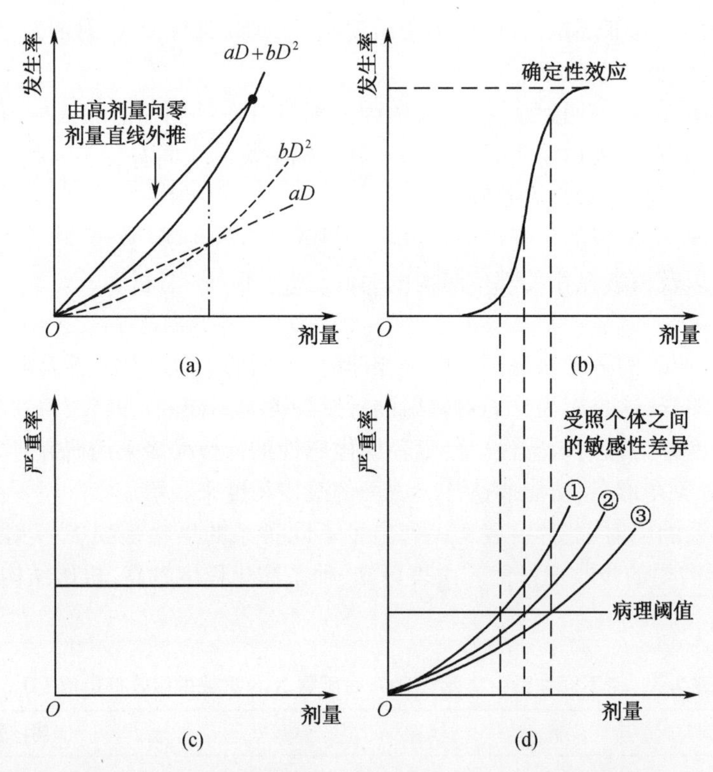

图9.3 随机性效应和确定性效应的发生率、严重性与剂量关系

(1)随机性效应是指辐射效应的发生率(而非严重性)与剂量大小有关联,但目前还很难准确描述其严重性。图9.3(a)和9.3(c)分别表示辐射剂量与辐射效应的发生率和严重性的关系。针对低LET辐射(低LET辐射是指在水中的线碰撞阻止本领小于3.5 keV·μm^{-1}的辐射,一般为β、γ和X辐射,其剂量低于几Gy)而言,在辐射防护中所遇到的一般剂量水平下(即放射性工作人员日常所受到的小剂量),随机性效应的发生率与辐射剂量之间尚未完全肯定其关系(因实践中的随机性效应的发生概率非常低),为慎重起见,常把随机性效应与剂量的关系简化为假设的"线性"或"无阈"关系。所谓线性是假设随机性效应的发生率与受照剂量之间具有线性关系,然后外推大剂量和高剂量率情况下的随机性效应的发生率,但已有资料表明,该假定对一般小剂量水平下的危险估计偏高,是偏安全的做法;所谓无阈就是意味着任何微小的剂量都可能诱发随机性效应,该假定势必导致尽可能降低辐射剂量水平,是一种尽可能安全的慎重作法。依据上述假设,就可简单地把一个器官或组织受到的若干次照射的剂量相加在一起,用以量度该器官或组织的总辐射效应。

(2)确定性效应(又称非随机性效应)是一种有"阈值"的辐射效应,但具体阈值大小与具体个体情况有关。当受照剂量大于阈值时,该辐射效应就会发生,而且其严重程度与受照剂量的大小密切相关,剂量越大后果越严重。换句话说,引起这种效应的概率在小剂量时为零,但在某一剂量阈值以上时,则陡然上升到100%;在该阈值以上,辐射效应的严重性也将随剂量增加而变得严重。图9.3(b)表明了确定性效应的发生率与剂量的关系,在相当窄的剂量范围内,发生率从0增加到100%。图9.3(d)表明了确定性效应的严重性与剂量的关系,对不同个体又有一定差别,曲线①为阈值低的个别情况,即在较低剂量水平下可达病理阈值;曲线②为有50%人员达到病理阈值的情况;曲线③则表示最不易发生这种确定性效应的个体情况。表9.4给出了几个对辐射比较敏感的组织发生确定性效应的剂量阈值。值得注意的是,确定性效应的剂量阈值是相当大的,在正常情况下一般不可能达到该阈值,只有在重大放射性事故时才有可能达到该阈值。

表9.4 确定性效应的剂量阈值

组织与辐射效应		单次照射阈值/Sv	多次照射的累积剂量的阈值/Sv
睾丸	精子减少	0.15	无意义
	永久性不育	3.5	无意义
卵巢	永久性绝育	2.5~6.0	6.0
眼晶体	混浊	0.5~2.0	5.0
	视力障碍	5.0	>8.0
骨髓	血细胞暂时减少	0.5	无意义
	致死性再生不良	1.5	无意义

2. 躯体效应和遗传效应

(1)急性躯体效应:由辐射引起的、显现在受照者身上的有害效应称为躯体效应。急性躯体效应是受到大剂量照射(或放射性事故)情况下,短时间发生的躯体效应,属于确定性效应。

人体组织中的细胞能不断分裂并生长出新细胞,辐射可以损伤细胞的分裂机构,使细胞不能分裂。当被直接杀死和被损坏了分裂机构的细胞不太多时,其他正常细胞分裂所生成的新细胞可以取代它们,这种情况表现为辐射损伤轻缓且能被完全修复。

如果直接被杀死和分裂机构被破坏了的细胞数目太大,超过了某个阈值,损伤的机体无法用其他正常细胞分裂所生成的新细胞来修复,整个机体组织就被破坏和严重损伤,产生足以观察到的损害,其表现为急性躯体效应。

(2)遗传效应和远期效应:在辐射防护所遇到的一般剂量范围内,遗传效应是一种随机性效应,表现为受照者后代的身体缺陷。

研究表明,生物体细胞中有细胞核,细胞核内有23对染色体,每一条染色体有许多基因串联而成。当细胞分裂时,细胞核内的染色体和染色体上的基因全部复制两份传给两个子细胞。染色体和基因不论对细胞的生长发育还是对细胞分裂的规则性和方向性都起着决定性作用。如果因某种原因,基因结构发生了改变,必将在生物体上产生某种全新的特征,这就是突变。在自然环境下发生的突变称为自然突变,自然突变的存在是物种进化的根据。

动物实验表明,辐射也可引起细胞基因突变。如果该突变发生在母体的生殖细胞上,且刚好由该突变的生殖细胞形成了受精卵,那么就会在后代个体上产生某种特殊变化,称为辐射的遗传效应。人类在长期的发展过程中,经过自然选择,有益的适于生存的自然突变结果被保存下来了,逐渐淘汰了有害的突变结果。从慎重的观点出发,一般认为在已有的人体细胞中,基因的自然突变应该是有害的,必须避免因辐射引起的人体细胞内的基因突变。研究表明,使自然突变概率增加一倍的剂量称为突变倍加剂量,约为0.1~1 Gy,代表值为0.7 Gy。

辐射的远期效应是一种具有很长时间潜伏期才显现在受照者身上的效应,是一种随机性效应。其主要表现为白血病、癌症等,辐射能诱发癌症和白血病已被实际调查材料所证实,但具体机制还不甚明了,一般看法是由于辐射使人体细胞发生某种突变所致。

9.3 环境辐射水平及辐射防护基本原则与标准

地球上的所有生命,每时每刻都受到宇宙射线和地球环境中原始存在的放射性射线的照射。也就是说,天然放射性是客观存在的,称之为天然本底照射,它是迄今人类受到的电离辐射的最主要来源。另一方面,半个世纪以来的核试验、核动力生产、医疗照射、核能和核技术开发与应用,产生了不少新的放射性物质和放射性照射,称之为人工辐射源照射。

9.3.1 天然本底照射

天然辐射源按其起因可分为宇宙射线、宇生核素和原生核素三类:宇宙射线是来自宇宙空间的高能粒子流,其中有质子、α粒子、中子、电子、光子、介子及其他重粒子等;宇生核素主要是由宇宙射线与大气中的原子核相互作用产生的放射性核素;原生核素是存在于地壳中的天然放射性核素。

在正常本底地区,由天然辐射源对人类造成的照射水平的估计值见表9.5所示。由该表可知,天然辐射源对成年人造成的平均年有效剂量约为2.4 mSv,且内照射所致的有效剂量约比外照射高一倍。在引起内照射的各种辐射源中,^{222}Rn的短寿命子体最为重要,由它们造成的有效剂量约为所有内照射辐源贡献的50%以上。在外照射中,宇宙射线的贡献略低于原生核素。在年有效剂量中,^{238}U系起着重要作用,约占全部天然本底照射水平的52.4%。

表9.5　来自天然辐射的成人年有效剂量　　单位：μSv

	射线源	中国		世界
		现在估算值	20世纪90年代初估算值	
外照射	宇宙射线电离成分	260	260	280
内照射	中子	100	57	100
	陆地γ辐射	540	540	480
	氡及其短寿命体	1 560	916	1 150
	^{40}K	170	170	170
	其他核素	315	170	120
总计		约3 100	约2 300	2 400

由于世界个别地区的地表放射性物质含量较高，因此这些地区的本底辐射水平明显高于正常本底地区，称这类地区为高本底地区。高海拔地区或上述高本底地区的居民将会受到较高的外照射剂量；居住在通风不良的室内居民也会受到较高的内照射剂量。

空气、水、食品中也含有一定量的天然放射性核素，因此每人每天都在食入放射性物质，按一个参考人所食入放射性物质的结果列于表9.6中。估计天然辐射源所引起的全球居民的年集体有效剂量的近似值为10^7人·希伏。

表9.6　每天食入及体内的放射性物质含量估计值

放射性核素	每天食入量/$(Bq\cdot d^{-1})$	体内含量*/Bq
^{3}H	0.592～2.22	9.25～3.7
^{14}C	44.4～66.6	85×10^3
^{40}K	59.2～88.8	$(2.96～44.4)\times10^3$
^{210}Pb	0.037～0.259	27.8
^{226}Ra	0.018 5～0.066 6	1.11～1.48
^{232}Th	0.011 1	0.074
^{238}U	0.022 2	1.85～3.33

注：*体内含量是以平均体重为70 kg的参考人进行估算。

9.3.2　人工辐射

当今世界，人类所受到的人工辐射主要来源于医疗照射、核动力生产、核爆炸等人类的核能开发和核技术应用。

1. 医疗照射

在当今人类所受到的人工辐射源的照射中，医疗照射居于首位。医疗照射主要来源于X射线的诊断和检查，放射治疗过程，以及体内引入的放射性核素的核医学诊断等。

随着医学事业的发展，接受医疗照射的人数愈来愈多。据统计，在发达国家接受X射线检查的频率每年每1 000居民约为300～900人次，发展中国家约为发达国家的10%。在医疗照射的剂量中，小者每次在的mGy量级，大者可达mGy量级以上。表9.7列出了各种X射线诊断检查所致的有效剂量值。表9.8则是核医学诊断、治疗中由放射性药物所致的内照射有效剂量。全世界由于医疗照射所致的年集体有效剂量约为天然辐射源产生的年集体有效剂量的1/5。与此相应的世界居民的年人均有效剂量约为0.4 mSv。

表9.7　各种X射线诊断所致的有效剂量　单位:mSv

检查部位	日本(1979年)		波兰(1976年)
	摄片	透视	
臀部和股骨上部	0.84	0.16	2.71
骨盆	0.46	0.07	—
腰椎	0.78	0.06	4.87
尿道	0.98	0.38	17.85
尿道膀胱	0.99	0.14	—
胃和上部胃肠道摄片	1.67	—	—
胃和上部胃肠道透视	—	4.15	4.20
胃和上部胃肠道荧光摄影	2.77	—	—

表9.8　放射药物诊断、治疗所致内照射有效当量剂量

核素	化合物	摄入方式	有效剂量/($mSv \cdot MBq^{-1}$)	核素	化合物	摄入方式	有效剂量/($mSv \cdot MBq^{-1}$)
^{3}H	中性脂肪和游离脂肪酸	—	2.2×10^{-1}	$^{99}Tc^{m}$	替曲膦(Myoview)	静脉	2.2×10^{-2}
^{11}C	标记的氨基酸	静脉	5.6×10^{-3}	$^{99}Tc^{m}$	气溶胶(肺快速清除)	吸入	3.6×10^{-2}
^{14}C	标记尿素	静脉/口服	3.1×10^{-2}	$^{99}Tc^{m}$	不吸收标记物(液体)	口服	6.2×10^{-2}
^{15}O	水	静脉/口服	1.1×10^{-3}	$^{99}Tc^{m}$	红血球	静脉	3.9×10^{-2}
^{18}F	标记的氨基酸	静脉	2.3×10^{-2}	$^{99}Tc^{m}$	葡萄糖酸盐,葡糖腙	静脉	4.2×10^{-2}
^{18}F	氟化物	静脉	1.7×10^{-2}	$^{99}Tc^{m}$	高锝气体	吸入	7.9×10^{-2}
^{32}P	磷酸盐	静脉	2.2	$^{99}Tc^{m}$	血小板	静脉	0.12
^{51}Cr	乙二胺四酸	静脉肾功能正常	2.0×10^{-3}	^{123}I	碘	静脉,甲状腺高摄取	3.0
^{51}Cr	乙二胺四酸	静脉肾功能异常	2.0×10^{-3}	^{123}I	白蛋白(IIAS)	静脉	0.15
^{51}Cr	乙二胺四酸	口服	3.1×10^{-2}	^{123}I	玫瑰红钠	静脉	0.47
^{58}Ga	柠檬酸盐	静脉	0.10	^{123}I	大聚体白蛋白(MAA)	口服	0.13
^{68}Ga	标记的乙二胺四乙酸	静脉	4.0×10^{-2}	^{123}I	不吸收标记物(液体)	口服	1.1
^{75}Se	标记的氨基酸	静脉	2.2	^{123}I	标记的脑受体物质	静脉	3.2×10^{-1}
^{75}Se	标记为胆汁酸	静脉	6.9×10^{-1}	^{111}In	气溶胶(肺快速清除)	吸入	0.14
^{201}Ti	铊离子	静脉	1.4×10^{-1}	^{111}In	气溶胶(肺慢速清除)	吸入	1.5
^{127}Xe	氙气体	再呼吸10分钟	1.1×10^{-3}	^{111}In	血小板	静脉	3.7

资料来源:《核医学放射防护要求》(GBZ 120—2020)。

目前我国已仅次于美国和日本成为 CT 应用大国,CT 数量大约 4 000 多台,每年约有 1 250 万人次进行 CT 检查,而 CT 检查的剂量远远大于普通 X 射线检查的剂量,头部、胸部、腹部(或盆腔)CT 检查的典型有效剂量,分别等效于做 115 次、400 次、500 次胸部 X 射线摄影检查的剂量,分别近似等效于 1 年、3.6 年和 4.5 年天然照射剂量。因此,在我国由医疗照射造成的有效剂量需要大家引起重视。

2. 核爆炸

在大气中形成的人工放射性物质主要来源于核爆炸,也是环境受到污染的原因。核爆炸形成的人工放射性物质最初大多进入大气层上部,然后从大气层上部缓慢地向大气层下部转移,最终降落到地面,称之为落下灰。当落下灰的各种放射性核素存在于地面空气时,可通过吸入而引起内照射,当其沉降于植物或土壤上时,则可通过外照射和食入引起内照射。

核爆炸始于 1945 年,1954—1958 年及 1961—1962 年间曾在大气中进行过大量的核试验,最后一次是在 1980 年 10 月。地下核试验所造成的环境污染较小。

虽然核爆炸可产生数百种放射性核素,但其中多数不是产量很少就是很短时间就能全部衰变完,对全球居民的有效剂量负担贡献大于 1% 的只有 7 种,按对人体照射水平的递减顺序分别是 ^{14}C、^{137}Cs、^{95}Zr、^{90}Sr、^{106}Ru、^{144}Ce、^{3}H。落下灰对居民的照射水平,因居住地所处的纬度而异,一般,南半球居民受到的照射要比北半球低。表 9.9 列出了核爆炸给生活在南北温带及全世界居民造成的有效剂量负担值。该表表明,核爆炸对居民照射的主要途径是食入,其次是外照射。1980 年底前由大气核爆炸造成的集体有效剂量负担总计为 3×10^7 人·希伏,相当于当今世界人口额外受到大约 4 年的天然本底辐射。就核爆炸引起的人均年剂量而言,1963 年最大,相当于天然辐射源所致平均年剂量的 7%,1966 年则下降为 2% 左右,目前则低于 1%。随着全球核武器禁行条约的有效执行,目前由核爆炸带来的剂量影响将不再是重要部分。

表 9.9 1981 年底以前进行的大气层核爆造成的有效剂量负担及其贡献途径

地点	有效剂量负担/mSv	贡献途径/%		
		食入	外照射	吸入
北温带	4.5	7.1	24	5
南温带	3.1	90	8	2
全世界	3.8	70	18	3

3. 核动力生产

截至 2001 年年底,全世界正在运行的核电站共有 438 座,总发电量约为 353 千兆瓦,占全球发电量的 16%,累计运行时间已超过 1 万堆年(1 堆年相当于核电站中的 1 个反应堆运行 1 年),核发电量在国内总发电量中所占比例超过 20% 的有 19 个国家,比 2000 年增加了两个。由于常规能源逐渐紧缺以及公众环保意识的逐渐提高,全球对兴建相对清洁的核电站的态度已经变得越来越支持,因此相信未来的几十年内,核电站的数量将有较大幅度的增加。

用核反应堆生产电能是以核燃料循环为先决条件,核燃料循环包括:铀矿石的开采和水冶,转变成不同的化学形态,^{235}U 同位素含量的富集,燃料元件的制造,在核反应堆内的功率生产,受照燃料和放射性废物的后处理,不同阶段和不同装置的核材料运输等。

由于核燃料循环的每个环节都会向环境释放少量放射性物质。因此,在目前的核燃料循环中,不包括核废物处置在内的放射性排出物对附近居民造成的集体有效剂量负担为5.7 人·希伏,其中98%是在排放后5 年内给予的;对全球居民造成的集体有效剂量负担为670 人·希伏。

图9.4 是以天然辐射源照射水平为基准,给出了上述三种主要人工辐射源所致的年人均有效剂量和集体有效剂量。其中,图9.4(a)为年人均有效剂量随时间的变化趋势,图9.4(b)为集体有效剂量随时间的变化趋势。人类除了受到上述三种人工辐射源的照射外,还受到由于工业技术发展所造成的天然辐射源增加的照射(例如,燃煤发电、磷肥生产造成的环境放射性污染,空中旅行、宇宙航行导致额外的宇宙射线照射等),以及各种消费品(例如,夜光钟表、含铀和钍的制品,某些电子电气器件等)的人工辐射源的照射。不过,由这些人工辐射源所致的世界居民的集体有效剂量与天然辐射源相比,一般都很小,总计不过天然辐射源的1%,当量剂量随世界人口数的增加而增加。

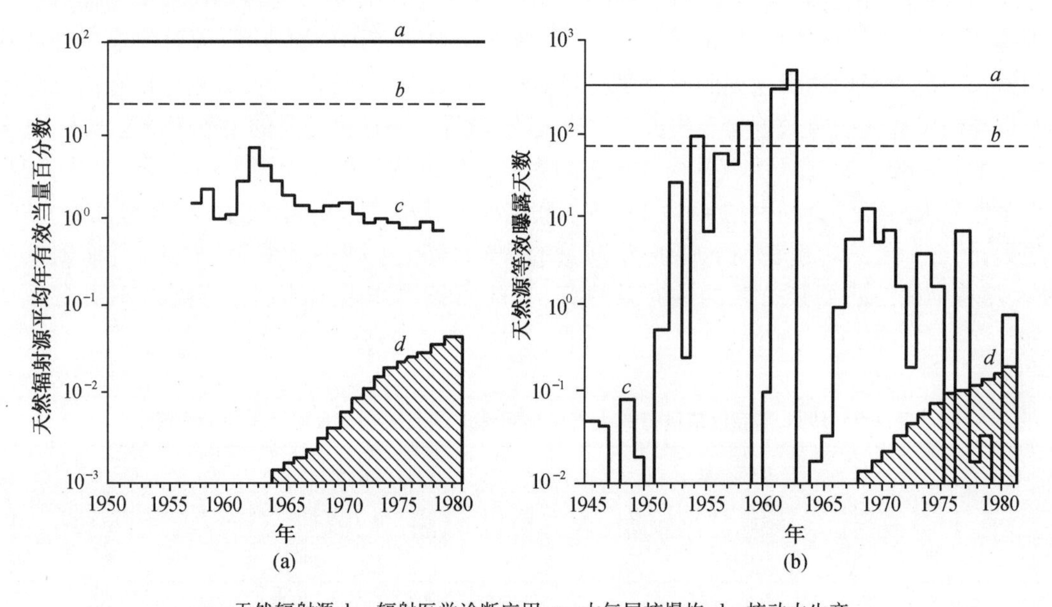

a—天然辐射源;b—辐射医学诊断应用;c—大气层核爆炸;d—核动力生产。

图9.4 来自不同辐射源的当量剂量随时间的变化趋势

9.3.3 辐射防护基本目的与基本原则

当今,人们对辐射有了比较深刻的认识,只要思想重视、认真对待、利用高科技手段、采取适当措施,就一定能够减少或避免辐射的危害。

1. 辐射防护的任务与目的

辐射防护的任务是既要保护放射工作者和他们的后代,以及公众乃至全人类的安全,又要保护环境,同时还要允许进行可能会产生辐射的必要实践,以造福于人类。辐射防护的目的是防止有害的确定性效应并限制随机性效应,使之达到被认为可接受的水平。

2. 辐射防护基本原则

为了达到辐射防护目的，辐射防护必须遵循辐射实践正当化、防护与安全最优化、限制个人剂量三项基本原则。

(1)辐射实践的正当化：在进行伴有辐射的任何实践之前，要经过充分论证，权衡利弊。只有当该项实践所带来的利益大于为其所付出的代价时，才能认为该项辐射实践是正当的。在判断辐射实践正当化时，需要综合考虑政治、经济、社会等诸多因素，但往往对于危害的考虑只是全部危害中的一小部分，所以实践的正当化远远超越了辐射防护自身的范围，是否选出了最佳方案已超出辐射防护部门的职责范围。因此，需要多个部门的协调与合作。

(2)防护与安全的最优化：在实际工作中，防护与安全的最优化占有重要地位。在实施某些辐射项目的实践过程中，可能有几个可供选择的方案，应当运用最优化选择程序。也就是在考虑了经济和社会等因素之后，应使个人剂量的大小、受照人数的数目，以及发生照射的可能性均保持在可达到的尽可能低的合理水平(as low as reasonably achievable，ALARA)，因此，防护与安全的最优化原则也称 ALARA 原则。可见，在辐射防护中并不是要求当量剂量越低越好，而是在考虑社会和经济因素后，使照射水平低到可以合理达到的程度。防护与安全的最优化主要是在防护措施的选择、设备的设计以及各种管理限值的确定。当然，最优化不是唯一的因素，但它是确定这些措施、设计和限值的重要因素。

(3)限制个人剂量：在不同群体中，利益和代价的分布具有不一致性。虽然辐射实践满足了正当化要求，防护与安全亦做到了最优化，但还不一定能对每个个人提供足够的防护。因此，对于给定的某项辐射实践，不论代价与利益的分析结果如何，必须用剂量限值对个人所受照射加以限制。在 ICPR 60 号出版物中提出了辐射防护体系的这个新的概念，即干预的防护体系，其目的是限制受照剂量。

有些人类活动增加了总的辐射，例如引入新源、改变途径与个人活动、改变现有源到人的传播途径等，从而增加了个人受到的照射或者增加了受照人数，这类活动称为“实践”。另一些人类活动降低了总的照射，例如移开现有源、改变途径与个人活动、减少受照人数等，这种活动称为“干预”。为更好地实施辐射防护体系，可以通过干预手段，对职业照射通常在三个部分实施干预手段：对源而言，是限定其特性及对附近进行屏蔽与围封；对环境(途径)而言，是通风或附加屏蔽；对个人活动而言，是改变工作方式与使用防护衣具及器械等。在大多数情况下，干预无法施用于源，而只好施用于环境以及人的行动自由。在开始制订干预计划前，必须表明所提出的干预将是正当的，即利多于害。在有些情况下，在考虑干预手段时，源、途径及受照个体均已存在，因此在复审原有实践时可以引入新的干预过程。

正当性判断与最优化过程都适用于防护行动，所以在做出决策时两者都应加以考虑。正当性判断是要判定干预的每一组成部分，即每一防护行动，使得很可能减少的剂量足以抵偿其不利之处。最优化过程是指决定干预行动的方法、规模及时长，以谋取最大的净利益。简单地讲，利与弊之间的差额应尽可能量化表示，对每一项所采取的防护行动应为正值，而且在制造这项行动的细节中应使其达到最大值。干预的代价不仅是用金钱表示的代价，有些防护或被救措施可能带来非放射性的危险或严重的社会代价，例如，居民短期离家未必花费过多金钱，但可能使家庭成员暂时分离而造成“焦虑”；长期撤离或永久移居要花费大量资金，而且有时也会带来精神创伤。在考虑进行干预的许多情况中，有不少是长期存在的，不要求紧迫行动。由事故引起的干预，是在不采取即时措施时就可能造成严重照射，在应急情况下的干预的计划应作为正常运行手续中的不可分的一部分来考虑。

9.3.4 辐射防护标准简述

在放射性研究初期,由于人们缺乏对辐射危害的认识,不断发生放射性损伤。在逐步引起人们重视后,不少科学工作者开始进行辐射损伤的机理研究,包括提出和制定剂量标准,研究有效的防护方法及监测手段等。制定辐射防护标准是保护职业人员避免遭受辐射损伤的关键措施,是人们进行辐射防护的基本依据,是人们在掌握和发展核能的过程中,战胜自然和保护自我的手段之一。随着对辐射效应认识的不断加深,辐射防护标准也在不断改进。

1925 年,第一届国际放射学大会上提出了耐受剂量标准;1950 年,ICRP 会议上提出了最大容许剂量标准;直至 1977 年,ICRP 发表了第 26 号出版物,提出了一系列新概念和新术语,建立了辐射防护的近代标准体系;1991 年又发表了 ICRP 60 号出版物,它是目前世界绝大多数国家制定辐射防护法规的依据;2007 年发表的 ICRP 103 号出版物,在保持 ICRP 60 号出版物整体不变的情况下,根据近年的试验数据和事实对某些细节进行了修正和清晰化描述。

过去,我国执行《放射卫生防护基本标准》(GB 4792—1984)和《辐射防护规定》(GB 8703—1988)两个标准,它们主要参考了 1977 年的 ICRP 26 号出版物。由于 ICRP 发表了新的出版物,修改了某些概念、术语以及其他重要内容,我国现已制定了《电离辐射防护与辐射源安全基本安全标准》(GB 18871—2002)等新的辐射防护标准,它是参考了国际六大组织(包括联合国粮农组织、国际原子能机构、世界卫生组织等)于 1994 年底联合制定的《国际电离辐射防护与辐射源安全基本安全标准》,而国际六大组织所制定的标准又是以 1991 年的 ICRP 60 号出版物所阐明的防护与安全原则为基础。有关新标准的若干重要概念及术语在本章前几节都已进行了简述,新标准主要分为职业照射、医疗照射、公众照射,这里主要介绍它们的剂量限值。

1. 剂量限值

这里规定的剂量限值不包括医疗照射和天然本底照射。

(1)职业照射:为了使随机性效应的发生率限制在可接受的水平,应对工作人员的职业照射水平进行控制,一般按 5 年平均,规定年有效剂量的限值为 20 mSv,具体情况见表 9.10 所示。

表 9.10 辐射防护的基本剂量限值

人员与部位	剂量限值	
	职业	公众
有效剂量(按 5 年平均值)	$20\ mSv \cdot a^{-1}$	$1\ mSv \cdot a^{-1}$
当量剂量	—	—
眼晶体	$150\ mSv \cdot a^{-1}$	$15\ mSv \cdot a^{-1}$
皮肤	$500\ mSv \cdot a^{-1}$	$50\ mSv \cdot a^{-1}$
手和足	$500\ mSv \cdot a^{-1}$	—

注:1. 基本剂量限值用于指定期限内的外照射剂量与该期间摄入 50 年(儿童算到 70 岁)的待积剂量之和。

2. 在任一年内,有效剂量不得超过 50 mSv 的附加条件,对孕妇职业照射要施加进一步限制。

3. 在特殊情况下,每 5 年内的平均值不超过 $1\ mSv \cdot a^{-1}$,但单独一年内的有效剂量可达 $5\ mSv \cdot a^{-1}$。

4. 对有效剂量的限制足以防止皮肤的随机性效应,对局部照射需设附加限值,以防止确定性效应发生。

(2)内外照射:上述所规定的基本剂量限值仅适用于规定期间内的外照射所致剂量和在同一期间里摄入所致待积剂量之和;计算待积剂量的期限对成年人的摄入一般应为50年,对儿童的摄入则应算至70岁。为确认是否遵守剂量限值,应利用规定期间里贯穿整个辐射所致的外照射个人当量剂量与同一期间里摄入放射性物质所致的待积当量剂量(或待积有效剂量,视具体情况而定)之和,应采用下列方法之一来确定是否符合有效剂量的剂量限值要求。

方法一 比较总有效剂量是否超过相应剂量限值。总有效剂量 E_{T} 值计算式为

$$E_{\mathrm{T}} = H_{\mathrm{P}}(d) + \sum_{j} e(g)_{j,\mathrm{ing}} I_{j,\mathrm{ing}} + \sum_{j} e(g)_{j,\mathrm{inh}} I_{j,\mathrm{inh}} \tag{9.8}$$

式中 $H_{\mathrm{P}}(d)$——该年内贯穿整个辐射所致的个人当量剂量;

$e(g)_{j,\mathrm{ing}}$、$e(g)_{j,\mathrm{inh}}$——同一期间内年龄为 g 的人群组,每人食入或吸入的单位摄入量的放射性核素 j 后的待积有效剂量;

$I_{j,\mathrm{ing}}$、$I_{j,\mathrm{inh}}$——同一期间内食入或吸入的放射性核素 j 的摄入量。

方法二 检验是否满足下列条件:

$$\frac{H_{\mathrm{P}}}{\mathrm{DL}} + \sum_{j} \frac{I_{j,\mathrm{ing}}}{I_{j,\mathrm{ing},L}} + \sum_{j} \frac{I_{j,\mathrm{inh}}}{I_{j,\mathrm{inh},L}} \leqslant 1 \tag{9.9}$$

式中 DL——相应的有效剂量限值;

$I_{j,\mathrm{ing},L}$、$I_{j,\mathrm{inh},L}$——食入或吸入放射性核素 j 的年摄入量限值(ALI)(即通过有关途径摄入的放射性核素 j 的量所导致的待积有效剂量等于有效剂量的剂量限值)。

(3)徒工与学生:对于接受涉及辐射的就业培训,其徒工和学生的年龄为16~18岁,在学习过程中,如果他们需要使用放射源,应控制其职业照射不超过限值。年有效剂量为6 mSv;眼晶体当量剂量为50 $\mathrm{mSv \cdot a^{-1}}$;四肢(手和脚)或皮肤的当量剂量为150 $\mathrm{mSv \cdot a^{-1}}$。

(4)孕妇的工作条件:发觉自己怀孕后的女性工作人员应及时通知用人单位,以便必要时改善其工作条件。孕妇和授乳妇女应避免受到内照射。用人单位有责任改善怀孕女性工作人员的工作条件,以保证为胚胎和胎儿提供与公众成员相同的防护水平。

(5)特殊情况:在特殊情况下,可依据标准所规定的要求对剂量限值进行如下临时变更。依照审管部门的规定,可将上述规定"连续5年内的年平均有效剂量不超过20 mSv"中的剂量平均期破例延长到10个连续年,并且在此期间,任何工作人员所接受的年平均有效剂量不应超过20 mSv,任何单一年份不应超过50 mSv。此外,当任何一个工作人员自此延长期开始,所接受的累计剂量达到100 mSv时,应对这种情况进行审查;剂量限制的临时变更应遵循审管部门的规定,但任何一年内不得超过50 mSv,临时变更的期限不得超过5年。

(6)公众照射:实践使公众中有关关键人群组的成员所受到的平均剂量估计值不应超过表中所列限值。特殊情况下,如果5个连续年的平均剂量不超过1 $\mathrm{mSv \cdot a^{-1}}$,则某一单一年份的有效剂量可提高到5 mSv。

2. 剂量限值的安全评价

所有人类活动都伴随着某种危险,一些危险并未被减少到"合理达到的最低值",但这些活动却可以被大多数人所接受。例如,交通在一定程度上具有危险,并不会因为限制交通发展就能降低危险。人们越来越清楚地认识到只要能够尽量合理地减少危险,就可接受人类的这些活动。

在辐射防护领域,由变化、损伤、损害和危害四个术语来评价安全。变化表示可能有害,也

可能无害;损伤表示某种程度的有害变化,例如细胞变化未必是对受照射人是十分有害的变化;损害指临床上可观察到的有害效应,表现于个体(躯体效应)或其后代(遗传效应);危害是一个复杂的概念,结合了损害的概率、严重程度与显现时间,它不易用单一变量来表示,理应把其他形式的危害也考虑在内,但本教材在使用这个术语来指健康危害。

用危害一词来表达有害健康的效应的发生概率,并对该效应的严重程度进行判断。危害包括许多方面,使得选用单个量来表示危险是不合适的,所以要采用一个多维的概念。

危险的主要分量是以下随机量,包括可归因致死癌的概率、非致死癌的加权概率、严重遗传效应的加权概率,以及如果发生伤害所损失的寿命。关于随机性效应的概率与剂量的关系可用概率系数来表达,例如死亡概率系数为剂量增量引起的死亡数与该剂量增量值之商,这里的剂量为当量剂量或有效剂量,这种系数必然是指一特定的人群。再例如标称致死概率系数是指每单位有效剂量引起的致死癌概率,它适于小剂量与低剂量率下累积到的大剂量。对于职业工人与全体公众,ICRP 60 号出版物给出了随机性效应的标称概率系数值,见表 9.11 所示。

表 9.11　随机性效应的标称概率系数

受照人群	危害/($10^{-2}Sv^{-1}$)			
	致死癌	非致死癌	严重遗传效应	总计
成年工人	4.0	0.8	0.8	5.6
全部人口	5.0	1.0	1.3	7.3

注:在 1977 年的 ICRP 26 号出版物中给出的致死癌标称概率系数为 1.25×10^{-2} Sv^{-1}。

根据统计,大多数职业放射性工作人员每年所接受的平均当量剂量不会超过年限值的 10%,这是由于年当量剂量的分布通常遵从对数正态分布,接近或超过限值的人数很少,即大多数工作人员受照剂量是很低的,其算术平均值为 2 mSv。与此相应的职业照射时的致死癌的平均死亡率为 $2\times10^{-3}(Sv)\times4\times10^{-2}(Sv^{-1})=8.0\times10^{-5}$,即每百万人平均死亡 80 人。

为判断辐射工作所致危险的可接受水平,一种正确的分析方法是把这种危险同其他认为安全程度较高的职业危险度相比较,表 9.12 列出了人类在各种情形下的危险度。由表可见,类似于服务行业、制造业、公务员等安全性较高的职业的平均死亡率(一般指平均每年因职业危害造成的死亡率)不超过 1×10^{-4}。事实上,除事故死亡以外的大多数非辐射职业中也有职业伤残,如果将辐射工作人员所受照射限制在当量剂量限值以内,很少会引起其他类型的损伤或疾病。可以相信,辐射工作的安全程度不会低于安全标准较高的行业。

在日常生活中,公众中的个人总会受到各种环境危害,例如交通事故,1996 年我国交通管理部门共受理道路交通事故案件 287 685 起,73 655 人死亡,174 447 人受伤,直接经济损失 17.2 亿元。ICRP 认为,每年死亡率不超过 10^{-5}(天然辐射水平的危险度)的辐射危险度应该是可被公众所接受的,此时,公众剂量限值为 1 $mSv\cdot a^{-1}$(见表 9.12,公众中的个人实际受到的平均照射水平约为 0.1 $mSv\cdot a^{-1}$),并且全体人口的致死率的危害为 5.0×10^{-2} Sv^{-1}(表 9.13)。所以,公众剂量限值的安全程度也是很高的,辐射危险只占总危害的极小部分。

表 9.12 各种类型危险的比较

自然性		疾病性		交通事故	
类别	危险度	类别	危险度	类别	危险度
天然辐射	10^{-5}	我国癌死率	5×10^{-1}	我国大城市车祸	10^{-4}
洪水	2×10^{-6}	世界癌死率	10^{-3}		
旋风	10^{-5}	英国 20~50 岁自然死亡率	10^{-3}	路面事故重大伤害	10^{-3}
地震	10^{-6}				
雷击	10^{-6}	流感死亡率	10^{-4}	航运事故	10^{-5}
我国 1980 年统计的不同产业的数据					
类别	危险度	类别	危险度	类别	危险度
农业	10^{-5}	林业	5×10^{-5}	石油	5×10^{-4}
商业	10^{-5}	水利	10^{-4}	化工	3×10^{-4}
机械	3×10^{-5}	冶金	3×10^{-4}	建材	2×10^{-4}
纺织	2×10^{-5}	电力	3×10^{-4}	煤炭	10^{-3}

9.4 外照射剂量计算与防护*

外照射防护的目的，就是控制人从体外所受到的辐射，并使之保持在可合理达到的尽可能低的水平，了解外照射剂量计算是外照射防护的基础。

9.4.1 点源的外照射剂量计算

本教材 6.2 讨论了不同形体的辐射源所形成的 X、γ 射线辐射场问题，相关计算公式适用于 X、γ 射线的外照射剂量的计算，已在 6.2 节讨论了的内容，本节仅给出结论性公式。

1. X、γ 射线点源的外照射剂量计算

如果将一个 X、γ 射线的点状辐射源（简称点源）置于均匀的空气介质中，则该点源将形成向外发散的球状辐射场，在其距离 r 处所产生的 X、γ 射线的照射量率为

$$\dot{X} = A\Gamma_X/r^2 \tag{9.10}$$

式中 A——点源的放射性活度（Bq）；

r——点源与观测点之间的距离（m）；

Γ_X——照射量率常数（$C\cdot m^2\cdot kg^{-1}$或 $C\cdot m^2\cdot Bq^{-1}\cdot kg^{-1}\cdot s^{-1}$），表示该点源发射 X、γ 射线在其发射能量和发射数量等方面的能力，其取值等于具有单位活度的点源在单位距离处产生的照射量率。

显然，照射量率常数 Γ_X 与光子能量等因素密切相关，是表征点源特征的一个物理量，可按式（9.10）通过实验来反推照射量率常数 Γ_X 的取值，即

$$\Gamma_X = r^2\dot{X}/A \tag{9.11}$$

式中，$\dot{X}$ 是放射性活度为 A 的点源产生的确定能量（一般取能量大于 δ）的光子在 r 距离处所

造成的照射量率($C \cdot kg^{-1} \cdot s^{-1}$);其他参数的含义与度量单位参见式(9.10)。

对于非单能的X、γ点源,可按其能量与发射粒子数目求得照射量率常数。相对于6.2.2节,只要将式(6.5)、式(6.6)中的能量单位由J改为MeV,便可推导出下式:

$$\Gamma_X = \sum_i \Gamma_i = \frac{1}{4\pi(W/e)} \sum_i n_i E_i \cdot \mu_{m-ca,i} = 3.766 \times 10^{-16} \sum_i n_i E_i \cdot (\mu_{ca}/\rho)_i \quad (9.12)$$

式中 n_iE_i——该放射性核素每次衰变所发射第 i 种光子的数目和能量之积($MeV \cdot Bq^{-1} \cdot s^{-1}$);

$\mu_{m-ca,i} = (\mu_{ca}/\rho)_i$——空气对第 i 种光子的质量能量吸收系数($m^2 \cdot kg^{-1}$);

W——转换电子在空气中每形成一个离子对时所消耗的平均能量(33.85 eV或33.97 eV);

e——单位电荷(C)。

表9.13列出了常见放射性核素的γ照射量率常数 Γ_X(δ 取值为10 keV)。由第1.5节内容可知,照射量率 $\dot{X}$ 与吸收剂量率 $\dot{D}$、比释动能率 $\dot{K}$ 之间可以相互换算,即 $\dot{D} = (1-g)\dot{K} = f \cdot \dot{X}$。其中,在X、γ射线能量 $E < 10$ MeV的低能状态时,取 $g = 0$;在空气中,取 $f = 33.85$。

表9.13 常见放射性核素的γ照射量率常数与空气比释动能率常数 Γ_K 的取值

核素名称	照射率常数 Γ_X /($C \cdot m^2 \cdot Bq^{-1} \cdot kg^{-1} \cdot s^{-1}$)	空气比释动能率常数 Γ_K /($Gy \cdot m^2 \cdot Bq^{-1} \cdot s^{-1}$)	核素名称	照射率常数 Γ_X /($C \cdot m^2 \cdot Bq^{-1} \cdot kg^{-1} \cdot s^{-1}$)	空气比释动能率常数 Γ_K /($Gy \cdot m^2 \cdot Bq^{-1} \cdot s^{-1}$)
^{24}Na	3.532×10^{-18}	1.23×10^{-16}	^{131}I	4.198×10^{-19}	1.44×10^{-17}
^{46}Sc	2.097×10^{-18}	7.14×10^{-17}	^{134}Cs	1.699×10^{-18}	5.72×10^{-17}
^{47}Sc	1.051×10^{-19}	3.55×10^{-18}	^{137}Cs	6.312×10^{-19}	2.12×10^{-17}
^{59}Fe	1.203×10^{-18}	4.80×10^{-17}	^{182}Ta	1.304×10^{-18}	4.47×10^{-17}
^{57}Co	1.951×10^{-19}	6.36×10^{-18}	^{192}Ir	8.966×10^{-19}	3.15×10^{-17}
^{60}Co	2.503×10^{-18}	8.67×10^{-17}	^{198}Au	4.488×10^{-19}	1.51×10^{-17}
^{65}Zn	5.950×10^{-19}	1.77×10^{-17}	^{199}Au	9.034×10^{-20}	5.91×10^{-17}
^{87}Sr*	4.490×10^{-19}	1.13×10^{-17}	^{226}Ra	1.758×10^{-18}	6.13×10^{-17}
^{90}Mo	3.261×10^{-19}	1.18×10^{-17}	^{226}Ra*	—	5.40×10^{-17}
^{110}Ag*	3.000×10^{-18}	9.38×10^{-17}	^{235}U	1.382×10^{-19}	4.48×10^{-18}
^{111}Ag	3.427×10^{-20}	1.32×10^{-18}	^{238}U	—	4.71×10^{-19}
^{125}I	2.938×10^{-19}	—	^{241}Am	2.298×10^{-20}	4.13×10^{-18}

注:标*处表示该放射性核素经过0.5 mm厚的铂过滤后的测量值。

由此可知,在任意X、γ辐射场中,外照射剂量的计算可通过空气介质中求得的照射量率,经换算化为相应介质的吸收剂量率(甚至可化为相应介质的粒子注量率或能注量率,其换算关系参见第1.5节)。为方便起见,常把式(9.10)中的照射量率常数更换为吸收剂量率常数 Γ_D(或比释动能率常数 Γ_K),相应吸收剂量率(或比释动能率)的计算式可由式(9.10)推得

$$\dot{D} = A\Gamma_D/r^2 \quad 和 \quad \dot{K} = A\Gamma_K/r^2 \quad (9.13)$$

在医疗、工业和科研部门,一般由X光机和电子加速器产生X射线。常见的X光机是工作电压低于400 kV的各种医用诊断机、深部治疗机、工业探伤机和X射线衍射仪;电子加速器能够产生能量高达2~30 MeV的X射线。一般可将它们看成点源,此时有

$$\dot{D} = I\delta_D/r^2 \quad (9.14)$$

式中 $\dot{D}$——X 光机或加速器产生的 X 源与被照物相距 r 距离处所产生的吸收剂量率(或比释动能率 $\dot{K}$,此时将 δ_D 改为 δ_K 即可)($Gy \cdot s^{-1}$);

I——管电流或电子束流强度(mA);

δ_D——发射率常数,表示当管电流为 1 mA 时,距离阳极靶 1 m 处,由初级射线束产生的吸收剂量率($Gy \cdot m^2 \cdot mA^{-1} \cdot s^{-1}$),可见发射率常数对应于 γ 源活度。

应当注意,X 光机的发射率常数与 X 射线管的类型、管电压及其电压波形、靶材料和形状以及过滤片材料和厚度等因素有关,准确的发射率常数应通过实验测量。

还应注意,X 光机的发射率常数也可从现已出版的曲线图表或说明书中查得。通常,曲线图表或说明书中给出的发射率常数是指不存在被照物时的空气比释动能率,如果所观测位置上有人体,则人体表面处的比释动能率比曲线所示结果要高出 20% ~40%;同时,考虑到电压波形对发射率常数的影响,当管电压和过滤条件相同时,恒定电压的 X 光机的发射率常数大约为单相半波整流脉动电压 X 光机的 2 ~3 倍。

同理,对于加速器 X 源,由于加速器输出电子束流所产生的 X 射线主要是电子束被靶或其他物质阻止所产生的具有连续能谱的轫致辐射,因此其 X 射线的发射率同电子能量、束流强度、靶物质原子序数以及靶厚等因素有关,并随其出射角度而异。一般,当电子能量低于1 MeV 时,最大发射率方向与电子束的入射方向垂直;随电子能量的增高,最大发射率方向越来越偏向入射电子束方向。不同能量的单能电子束,在原子序数 Z 很大的厚靶上产生的 X 射线发射率具有角分布;当电子束入射到低 Z 的厚靶材料上时,向垂直方向和向前方向出射的 X 射线的发射率常数可以利用高 Z 的厚靶的发射率常数值乘以表 9.14 中给出的修正因子给予粗略估计。

表 9.14 近似估计低 Z 靶或结构材料的 X 射线发射率所用的修正因子

靶或结构材料	原子序数 Z	向前方向(0°方向)	垂直方向(90°方向)
铜或铁	26 或 29	0.7	0.5
铝和混凝土	13	0.5	0.3

注:本表适用于能量≤10 MeV 的入射电子,若能量≥10 MeV,修正因子取 1.0。

2. 带电粒子外照射点源的剂量计算

一般,带电粒子可分为轻带电粒子和重带电粒子。前者有电子、$\beta^{\pm}$ 粒子等;后者是质量大于电子的 α 粒子、质子、$\pi^{\pm}$ 等。下面以 β 粒子为例,简要介绍带电粒子的剂量计算。

β 粒子具有连续能谱,它在物质中的减弱也可近似为指数规律,但它在物质中的散射却很显著,散射情况与源周围的物质性质、源的形状以及观测点与源的距离等因素密切相关。因此,β 粒子的剂量计算远比 γ 射线复杂,迄今为止还没有满意的理论公式,通常采用经验公式来近似估算。例如,当 β 粒子的最大能量为 0.167 ~2.24 MeV 时,β 粒子在空气中的吸收剂量率 $\dot{D}$(单位为 $Gy \cdot s^{-1}$)可采用类似于式(9.13)的公式进行粗略估算,即估算公式为

$$\dot{D} = 8.1 \times 10^{-12} A/r^2 \tag{9.15}$$

式中 A——β 点源的放射性活度(Bq);

r——观测点与点源的距离(m)。

如果 β 点源周围的均匀介质不是空气,必须考虑散射,则距离 r 处的吸收剂量率 $\dot{D}$ 为

$$\dot{D}=\frac{A\delta_\beta}{r^2}\delta_R=\frac{4.608\times10^{-8}\bar{E}_\beta\cdot\rho^2\cdot\alpha\cdot\nu\cdot A}{r^2}\left\{c\left[1-\frac{\nu r}{c}e^{1-(\nu r/C)}\right]+\nu r e^{1-\nu r}\right\} \quad (9.16)$$

式中 r——采用面密度表示的吸收介质厚度($g\cdot cm^{-2}$),即观测点离β点源的距离;

A——β点源的活度(Bq);

δ_β——不考虑β射线在介质中散射时的该β点源在单位距离上产生的吸收剂量率($Gy\cdot cm^4\cdot s^{-1}\cdot g^{-2}$),$\delta_\beta=4.608\times10^{-8}\cdot\rho^2\cdot\nu\cdot\bar{E}_\beta\cdot\alpha$;

δ_R——对β射线在介质中的散射等因素进行修正的系数,$\delta_R=c[1-(\nu r/c)e^{1-(\nu r/C)}]+\nu r e^{1-\nu r}$;

$\bar{E}_\beta$——β粒子平均能量(MeV);

ρ——吸收介质密度($g\cdot cm^{-3}$);

$\dot{D}$——在吸收介质中离β点源相距r处的吸收剂量率($Gy\cdot s^{-1}$)。

参数α、c和ν的计算公式为

$$\begin{cases} c=\begin{cases}2 & 当0.17\ MeV<E<0.5\ MeV\\ 1.5 & 当0.5\ MeV\leqslant E<1.5\ MeV\\ 1 & 当1.5\ MeV\leqslant E<3\ MeV\end{cases} \\ \nu=[18.6/(E_{max}-0.036)^{1.37}](2-\bar{E}_\beta/\bar{E}^*)\end{cases} \quad (在软组织中) \quad (9.17)$$

$$\begin{cases} c=3.11e^{-0.55}E_{max} \\ \nu=16.0/(E_{max}-0.036)^{1.40}\cdot(2-\bar{E}_\beta/\bar{E}^*)\end{cases} \quad (在空气中) \quad (9.18)$$

$$\alpha=[3c^2-(c^2-1)e]^{-1} \quad (9.19)$$

式中 E_{max}——β粒子的最大能量(MeV);

$\bar{E}_\beta$——β粒子的平均能量(MeV);

$\bar{E}^*$——假定β转变为容许跃迁时,理论计算的β能谱平均能量(MeV)。

注意:核素^{89}Sr和^{90}Sr的$\bar{E}_\beta/\bar{E}^*=1.17$,核素$^{210}Bi$的$\bar{E}_\beta/\bar{E}^*=0.77$,其他常见β放射性核素均有$\bar{E}_\beta/\bar{E}^*=1$。另外,当$\nu r\geqslant c$时,取$1-(\nu r/c)e^{1-(\nu r/c)}\equiv0$。某些常见放射性核素的β粒子能量参见表9.15。

表9.15 某些常见放射性核素的β粒子最大能量和平均能量

核素	半衰期	β粒子最大能量/MeV(分支比/%)	β粒子平均能量/MeV	核素	半衰期	β粒子最大能量/MeV(分支比/%)	β粒子平均能量/MeV
H-3	12.35 a	0.018 6(100)	0.005 71	Cs-147	30.0 a	0.514 0(94.6)	0.174 3
C-14	5 730 a	0.156 1(100)	0.049 3			1.176(5.4)	0.047 9
P-32	14.29 d	1.711(100)	0.695	Pm-147	2.62 a	0.255(≈100)	0.064
S-35	87.44 d	0.167 4(100)	0.048 8	Au-198	2.696 d	0.2853(1.3)	0.079 6
Ca-45	164 d	0.258 7(100)	0.078 8			0.961 2(98.7)	0.314 8
Co-60	5.271 a	0.319 7(99.92)	0.095 8	Tl-204	3.78 a	0.763 4(97.45)	0.139
Ni-63	96 a	0.065 87(100)	0.017 13	混合裂变物		3.5	1.01
Sr-89	50.5 d	1.488(99.985)	0.581 5	天然铀	—	2.32	0.865
Sr-90	28.5 a	0.546(100)	0.195 8	Y-90	64.0 h	2.284(99.984)	0.934 8

9.4.2 非点源的外照射剂量计算

日常使用的辐射源因形态各异,其外照射剂量率的计算也很复杂。一般可将其分为点源、线源、面源和体源。这种分类是相对的,对任何形状的辐射源,当观测点与源的距离比辐射源本身的最大尺寸大5倍以上时,都可将其视为点源,由此而引入的误差在5%以内。

1. X、γ射线线源的外照射剂量计算实例

以本教材第6.2.2节中的直线状线源为例(图6.3),讨论其外照射剂量计算问题。由于该线源的核素分布均匀,可按长度方向将其划分为微分长度为 dx 的数个点源,则在不考虑自吸收时,该线源上方任意点(高度为 h,横坐标为 x)的吸收剂量率可由式(6.7)表示为

$$\dot{D}=f\cdot\dot{X}=f\cdot\int\frac{\Gamma_X(A_x\mathrm{d}x)}{r^2}=f\cdot\int\frac{A\Gamma_X}{Lr^2}\mathrm{d}x \tag{9.20}$$

式中,各参数的物理含义参见第6.2.2节中的直线状线源实例,其他参数参见式(9.10)。

当观测点在该线源上方的左端点处,即图中①的位置时,该线源端点上方的吸收剂量率 $\dot{D}$ 可由式(9.20)求得

$$\begin{aligned}\dot{D}_1&=f\cdot\int\frac{A\Gamma_X}{L(h\sec\theta)^2}h\sec^2\theta\mathrm{d}\theta=f\cdot\int_0^{\theta_0}\frac{A\Gamma_X}{Lh}\mathrm{d}\theta\\&=\frac{A\Gamma_X}{Lh}\arctan\left(\frac{L}{h}\right)\end{aligned} \tag{9.21}$$

同理,观测点在该线源上方任意点(高度为 h,横坐标为 x)的吸收剂量率分三类情况:

(1)观测点的垂直投影落在该线源两个端点之内,即图中②的位置时,由式(9.21)可得

$$\begin{aligned}\dot{D}_2&=f\cdot\frac{\frac{xA}{L}\Gamma_X}{xh}\arctan\left(\frac{x}{h}\right)+f\cdot\frac{\frac{(L-x)A}{L}\Gamma_X}{(L-x)h}\arctan\left(\frac{L-x}{h}\right)\\&=f\cdot\frac{A\Gamma_X}{Lh}\left[\arctan\left(\frac{x}{h}\right)+\arctan\left(\frac{L-x}{h}\right)\right]\end{aligned} \tag{9.22}$$

(2)观测点的垂直投影落在该线源两个端点之外,即图中③的位置时,由式(9.21)可得

$$\begin{aligned}\dot{D}_3&=f\cdot\frac{\frac{xA}{L}\Gamma_X}{xh}\arctan\left(\frac{x}{h}\right)-f\cdot\frac{\frac{(x-L)A}{L}\Gamma_X}{(x-L)h}\arctan\left(\frac{x-L}{h}\right)\\&=f\cdot\frac{A\Gamma_X}{Lh}\left[\arctan\left(\frac{x}{h}\right)-\arctan\left(\frac{x-L}{h}\right)\right]\end{aligned} \tag{9.23}$$

(3)观测点的垂直投影落在该线源中点,即 $x=L/2$ 处,由式(9.22)求得

$$\begin{aligned}\dot{D}&=f\cdot\frac{A\Gamma_X}{Lh}\left[\arctan\left(\frac{L/2}{h}\right)+\arctan\left(\frac{L-L/2}{h}\right)\right]\\&=f\cdot\frac{2A\Gamma_X}{Lh}\arctan\left(\frac{L/2}{h}\right)\end{aligned} \tag{9.24}$$

2. 带电粒子面源的外照射剂量计算实例

同样道理,如果辐射源为面源或体源,也可按照微分方法将其分解为微分元面积 ds 或者微分元体积 dv 的数个点源,通过面积分或者体积分求得其观测点的照射率。另外,如果将 Γ_X

更换为 Γ_D 或 Γ_K,也可求得相应条件下的吸收剂量率 $\dot{D}$ 或比释动能率 $\dot{K}$。下面以圆盘状 β 面源为例,给出其吸收剂量率的计算公式:对于一个半径为 r(单位为 $\mathrm{g \cdot cm^{-2}}$)的圆盘状 β 面源,其面活度为 σ(单位为 $\mathrm{Bq \cdot cm^{-2}}$),观测点在其高度为 h(单位为 $\mathrm{g \cdot cm^{-2}}$)的中心点上方,该点的吸收剂量率可由式(9.16)得到(请读者自己推导),即

$$\dot{D} = 2.89 \times 10^{-7} \bar{E}_\beta \cdot \alpha \cdot \nu \cdot \sigma \left\{ c\left[1 + \ln \frac{c}{\nu h} - e^{1-(\nu h/c)}\right] + e^{1-\nu h} - e^{[1-\nu(h^2+r^2)^{1/2}]} \right\} \tag{9.25}$$

当半径 $r \to \infty$ 时,上述圆盘状 β 面源可视为无限大平面源,因此式(9.25)可化简为

$$\dot{D} = 2.89 \times 10^{-7} \bar{E}_\beta \cdot \alpha \cdot \nu \cdot \sigma \left\{ \left[1 + \ln \frac{c}{\nu h} - e^{1-(\nu h/c)}\right] + e^{1-\nu h} \right\} \tag{9.26}$$

为了简单估算由较大半径的 β 面源在空气中的吸收剂量率,也可用下面近似公式估算

$$\dot{D} = 2.7 \times 10^{-10} A_s \bar{E}_\beta (\omega / 2\pi) \tag{9.27}$$

式中 A_s——该 β 面源的放射性比活度($\mathrm{Bq \cdot g^{-1}}$);

$\bar{E}_\beta$——β 粒子的平均能量(MeV);

ω——β 源到测量点所张的立体角。

9.4.3 中子的外照射剂量计算

中子是一种间接致电离粒子。快中子与人体组织中的氢、碳、氮、氧等原子核发生弹性和非弹性碰撞,不断地把能量传递给人体组织而被慢化。当中子慢化到热中子能区时,热中子发生 $^{1}\mathrm{H}(n,\gamma)\mathrm{D}$ 和 $^{14}\mathrm{N}(n,p)^{14}\mathrm{C}$ 核反应而被人体组织吸收。

在高能区内(能量在 0.5 ~ 10 Mev),中子主要是与人体组织中的氢、氮、碳、氧发生弹性碰撞,并形成反冲核对人体组织进行电离作用,此时的剂量约占中子总剂量的 90%(质子产生的剂量占 70% ~80%,其他反冲核产生的剂量仅占 20% ~30%)。随着快中子被慢化,使其进入热中子俘获过程。因此,中子被人体组织吸收的剂量是这两个过程的总剂量。

可见,在计算中子剂量时,必须知道中子的注量、能谱、组织成分的百分比,以及各种反应截面。本教材将介绍两种常见中子剂量计算方法:一种是当量剂量指数因子法;另一种是已知中子能谱时所采用的比释动能法(把比释动能值近似作为吸收剂量)。

1. 采用当量剂量指数因子法计算中子剂量

如果中子为一点源,将其置于不考虑吸收的空气介质中,则该点源中心向外发散到半径为 r 的球面任意点(小区域)的中子注量率 $\dot{\varphi}$ 的计算公式应该与式(9.28)类似,即

$$\dot{\varphi}_r = A_y / (4\pi r^2) \tag{9.28}$$

式中 A_y——该点源的中子发射率($\mathrm{s^{-1}}$);

$\dot{\varphi}_r$——半径为 r 的球面上任意点的中子注量率($\mathrm{m^{-2} \cdot s^{-1}}$)。

如果已知不同能量的单能中子和常见中子源在某观测点的中子注量(或注量率)时,可由表 9.16 查得相应剂量转换因子(又称当量剂量指数因子,记为 f_H),可求得相应的当量剂量,即单能中子和常见中子源形成的辐射场的当量剂量(或当量剂量率)可按下列公式计算:

$$H_T = f_H \Phi \quad 或 \quad \dot{H}_T = f_H \dot{\varphi} \tag{9.29}$$

表 9.16 中子能量与当量剂量指数因子对照表

中子能量 /MeV	当量剂量指数因子/(Sv·m²)	中子能量 /MeV	当量剂量指数因子/(Sv·m²)
$2.5\times^{10-8}$	1.068	2	39.68
1×10^{-7}	1.157	10	40.85
1×10^{-6}	1.236	20	42.74
1×10^{-5}	1.208	50	45.54
1×10^{-4}	1.157	Po - Be(2.8)	33.1
1×10^{-3}	1.029	Po - Be(4.2)	35.5
1×10^{-2}	0.992	Ra - Be(4.0)	34.5
1×10^{-1}	5.787	Pu - Be(4.1)	35.2
0.5	19.84	Am - Be(4.5)	39.6
1	32.68	Cf - 252(2.13)	33.21

2. 采用比释动能法计算中子剂量

从第 1.5 节可知,具有能谱分布的不带电粒子(这里指中子)在物质中的比释动能 K 为

$$K=\int\mu_{\mathrm{m-tr}}\Psi_E\mathrm{d}E=\int(\mu_{\mathrm{tr}}/\rho)\Phi_E E\mathrm{d}E=\int f_K\Phi_{\mathrm{E}}E\mathrm{d}E \tag{9.30}$$

式中 $\Psi_{\mathrm{E}}=\Phi_{\mathrm{E}}E$——能量为 E 的单能中子的能注量($\mathrm{J\cdot m^{-2}}$);

Φ_{E}——中子注量的微分分布($\mathrm{m^{-2}}$);

$\mu_{\mathrm{m-tr}}=\mu_{\mathrm{tr}}/\rho$——质量能量转移系数($\mathrm{m^2\cdot kg^{-1}}$),表示其反应截面;

$f_{\mathrm{K}}=\mu_{\mathrm{m-tr}}E$——单能中子的比释动能因子($\mathrm{J\cdot m^2\cdot kg^{-1}}$,专用单位为 $\mathrm{Gy\cdot m^2}$),表示单位中子注量的比释动能。

与上述谱分布相应的中子的平均比释动能因子 $\bar{f}_{\mathrm{K}}$ 和比释动能的计算公式 K 为

$$\bar{f}_{\mathrm{K}}=\int\Phi_{\mathrm{E}}f_{\mathrm{K}}\mathrm{d}E/\int\Phi_{\mathrm{E}}\mathrm{d}E \quad 和 \quad K=\bar{f}_{\mathrm{K}}\Phi \tag{9.31}$$

不同能量的中子在不同物质或者人体组织中将产生相应的比释动能变化,可制作成相应的比释动能因子表(参见有关参考资料),通过查表求得 F_{K} 值后,可按上式计算其比释动能 K。一般来说,可将比释动能看作是吸收剂量的近似值(当中子能量≤30 MeV 时,其误差可忽略不计,即 $D\approx K$)。如果还要计算辐射对人体造成的生物效应,即计算当量剂量 H_{T},可从图 9.1 查得相应中子能量下的辐射权重因子 W_{R},再按式(9.2)计算中子的当量剂量 H_{T}。如果已知中子辐射场中物质 1 的比释动能 K_1,则同一点受照物质 2 的比释动能 K_2 求法详见第 1.5 节。

9.4.4 外照射的防护和屏蔽计算

外照射防护的常见手段和方法包括尽量缩短受照时间、尽量增大与辐射源的距离,及在人和放射源之间增加屏蔽。

1. 外照射的常见防护手段和方法

控制受照时间:累积剂量和受照时间有关,受照时间越长,所受累积剂量越大。为了限制个人所受剂量,在正式操作前应进行模拟操作和训练,以尽量缩短受照时间。

增大与辐射源距离:增大与辐射源距离可以降低受照剂量。对于一个γ射线点源来说,与辐射源距离增加一倍,剂量率可减少到原来的四分之一。

增加屏蔽装置:在实际工作中,由于条件所限,往往单靠缩短受照时间和增大受照距离并不能达到安全工作的目的,必须采用屏蔽防护。屏蔽防护就是根据辐射通过物质时减弱的原理,在人与辐射源之间加一层足够厚的屏蔽物,把外照射剂量减小到容许水平以下。屏蔽装置的设计与屏蔽方式、屏蔽材料和屏蔽厚度等因素都有密切关系。

屏蔽方式是根据防护要求的不同,将屏蔽物设计为固定方式或者移动方式,其中固定方式的屏蔽物是指护墙、地板、天花板、防护门、观察窗等,移动方式的屏蔽物是指包装容器、各种结构的手套、防护屏及铅砖等。

屏蔽材料多种多样,常见的用于X和γ射线的屏蔽材料有水、土壤、岩石、铁矿石、混凝土、铁、铅、铅玻璃及铀钨合金等。在实际工作中,必须根据辐射源的活度、用途和工作性质来具体选择屏蔽材料。如安装固定式的γ辐射源或X光机时,通常选用普通混凝土作为屏蔽材料。也可把γ源贮藏在地下,利用泥土、沙石或水作为屏蔽材料。如果安装的是可移动的治疗用的γ源,则屏蔽体积应尽量小,可选用铅、铀钨合金等高密度材料。总之,选择屏蔽材料既要考虑使用需要,又要考虑成本和材料来源。

在核工程及强源操作中,都要涉及屏蔽问题。进行屏蔽防护时,要根据辐射源的种类、活度、用途进行具体设计。屏蔽设计的主要内容包括选择合适的屏蔽材料、确定屏蔽的结构形式、计算屏蔽层厚度、妥善处理散射和孔道泄露问题等。其中计算屏蔽厚度是设计的关键内容,也是下面要讨论的内容。

2. X、γ射线的屏蔽计算

通常,穿过屏蔽层的X、γ射线由两部分组成,一部分是没有发生相互作用的光子,其能量和方向均未发生变化。另一部分是发生过一次或多次康普顿效应的散射光子,其方向和能量均发生了变化。所谓窄束X、γ射线是指不包括散射成分的光子束,不是指几何学上的“细小”概念。该词来源于实验,即可通过准直器得到一束细小的不包括散射成分的光子束而得名。窄束单能X、γ射线在物质中的减弱是遵从简单的指数规律,即

$$N = N_0 e^{-\mu d} \quad 或 \quad N = N_0 e^{-\mu_m \rho d}$$

式中 N_0、N——穿过物质层前后的光子数;

d——屏蔽层的厚度;

μ——X、γ射线在该物质中的线衰减系数;

$\mu_m = \mu/\rho$——质量衰减系数(以此消除温度变化所引入的误差)。

关于不同屏蔽材料的质量衰减系数 μ_m 的取值,很多文献提供了 μ_m 值表供查询和使用。但在实际的屏蔽计算中,X、γ射线多为宽束光子,即包括了散射成分的光子束,由于考虑了散射射线的影响,需要在上述减弱规律中引入一个修正因子(称为积累因子,它是描述散射光子影响的物理量,记为 B),则宽束X、γ射线辐射的减弱规律为

$$N = BN_0 e^{-\mu d} \quad 或 \quad \mu d = \ln(BN_0) - \ln N \tag{9.32}$$

在实际应用中，常常采用照射量积累因子 B_X 来计算屏蔽材料的厚度 d，即

$$\dot{X} = B_X \dot{X}_0 e^{-\mu d} \quad 或 \quad \mu d = \ln(B_X \dot{X}_0) - \ln \dot{X} \tag{9.33}$$

式中，$\dot{X}_0$、$\dot{X}$ 分别表示宽束 X、γ 射线通过厚度为 d 的屏蔽层前、后在同一点的照射量率。

由上可知，累积因子 B 是表示在物质中所考虑的那一点的光子总计数与未经碰撞的光子数之比。显然，B 总是大于 1，仅在理想的窄束条件下才有 B 等于 1。累积因子取值大小与多种因素有关，包括光子的能量、屏蔽层材料的原子序数 Z、屏蔽层的厚度、屏蔽层的几何条件、源与屏蔽层及观测点之间的相对位置等。

应该注意，高能 X、γ 射线穿过屏蔽层时，由次级电子产生的韧致辐射对累积因子有显著影响，这对高 Z 材料尤为明显。例如，8 MeV 的 γ 射线穿过 5 个平均自由程（平均自由程表示光子注量率在物质中减弱到 e 倍时所需的介质厚度，取值为 $\lambda = 1/\mu$）的铅材料时，韧致辐射对累积因子的贡献高达 33%，在实际工作中碰到这类问题时，应进行累积因子的修正。

当辐射源和屏蔽介质具有确定关系时，累积因子 B_X 主要与光子能量 E_γ、屏蔽介质厚度 d 有密切关系，可将累积因子表示成函数形式，即 $B_X(E, \mu d)$。在屏蔽设计中，可采用查表方法或经验公式计算 B_X，本教材提供查表方法。

各向同性的点源在常见材料中的累积因子 B_X 与介质厚度 μd 的关系列于表 9.17 中，它在混凝土与铅中的累积因子 B_X 与介质厚度 μd 的关系见图 9.5。由此看出：入射光子能量越低，介质厚度越大，累积因子 B_X 也越大；随着介质 Z 值增大，累积因子 B_X 变小。但对铅而言，由于康普顿散射占优势的光子能区很窄，因此它的累积因子 B_X 变化较为特殊。

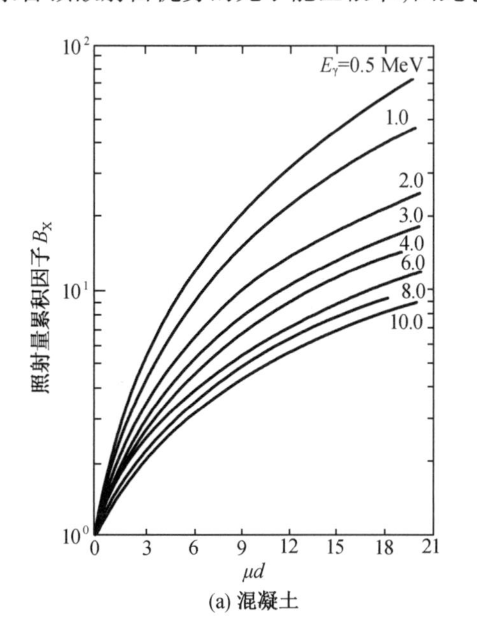

(a) 混凝土

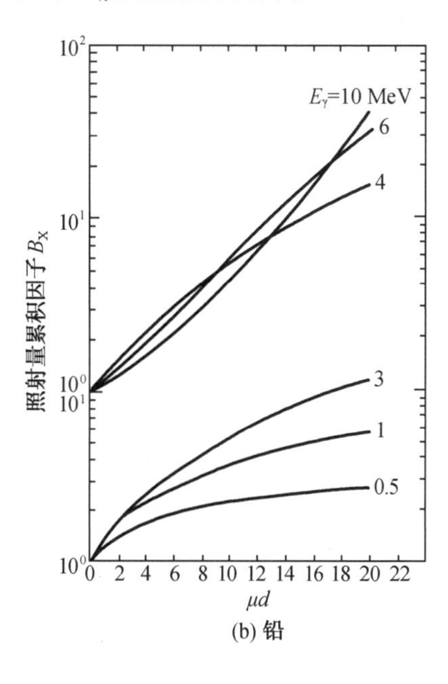

(b) 铅

图 9.5 各向同性点源在混凝土和铅中的照射量累积因子的变化

表 9.17 各向同性点源在常见材料中的照射量累积因子 B_X 与介质厚度 μd 的关系

材料	E_γ /MeV	μ_m /($10^2 m^2 \cdot kg^{-1}$)	μd(无量纲)						
			1	2	4	7	10	15	20
水 $\rho=1.00\times$ ($10^3 kg \cdot m^{-3}$)	0.255	12.694	3.09	7.14	23.0	72.9	166	456	982
	0.5	9.687	2.52	5.14	14.3	38.8	77.6	178	334
	1.0	7.070	2.13	3.71	7.68	16.2	27.1	50.4	82.2
	2.0	4.940	1.83	2.77	4.88	8.46	12.4	19.5	27.7
	3.0	3.969	1.69	2.42	3.91	6.23	8.63	12.8	17.0
	4.0	3.403	1.58	2.17	3.34	5.13	6.94	9.97	12.9
	6.0	2.771	1.46	1.91	2.76	3.99	5.18	7.09	8.85
	8.0	2.429	1.38	1.74	2.40	3.34	4.25	5.66	6.95
	10.0	2.219	1.33	1.63	2.19	2.97	3.72	4.90	5.98
混凝土 $\rho=2.35\times$ ($10^3 kg \cdot m^{-3}$)	0.255	11.667	2.60	4.85	11.4	27.3	52.2	119.6	227.0
	0.5	8.767	2.28	4.04	9.00	20.2	36.4	75.5	129.8
	1.0	6.381	1.99	3.24	6.43	12.7	20.7	37.1	56.5
	2.0	4.482	1.76	2.62	4.56	7.88	11.6	18.3	25.6
	3.0	3.654	1.63	2.30	3.73	6.03	8.45	12.7	17.0
	4.0	3.189	1.54	2.10	3.26	5.07	6.94	10.2	13.5
	6.0	2.696	1.42	1.84	2.68	3.96	5.26	7.47	9.72
	8.0	2.450	1.34	1.68	2.35	3.37	4.40	6.16	7.97
	10.0	2.311	1.29	1.57	2.13	2.98	3.86	5.38	6.96

材料	E_γ /MeV	μ_m /($10^2 m^2 \cdot kg^{-1}$)	μd(无量纲)						
			1	2	4	7	10	15	20
铁 $\rho=7.80\times$ ($10^3 kg \cdot m^{-3}$)	0.255	12.600	1.95	2.91	5.08	9.11	14.1	24.4	37.6
	0.5	8.413	2.00	3.15	6.07	12.0	19.7	36.3	57.8
	1.0	5.994	1.85	2.86	5.34	10.1	15.9	27.7	41.6
	2.0	4.265	1.68	2.45	4.20	7.26	10.7	17.2	24.4
	3.0	3.662	1.56	2.18	3.56	5.94	8.62	13.6	19.2
	4.0	3.311	1.47	1.99	3.14	5.12	7.37	11.6	16.5
	6.0	3.057	1.35	1.73	2.57	4.07	5.84	9.35	13.5
	8.0	2.991	1.27	1.56	2.24	3.48	5.00	8.22	12.2
	10.0	2.994	1.22	1.45	2.01	3.07	4.43	7.52	11.8
铅 $\rho=11.34\times$ ($10^3 kg \cdot m^{-3}$)	0.255	67.075	1.08	1.14	1.21	1.30	1.37	1.45	1.57
	0.5	16.130	1.22	1.38	1.61	1.88	2.09	2.36	2.68
	1.0	7.103	1.37	1.67	2.19	2.89	3.51	4.43	5.36
	2.0	4.607	1.39	1.77	2.54	3.75	5.05	7.39	9.98
	3.0	4.234	1.33	1.68	2.44	3.79	5.41	8.71	12.8
	4.0	4.197	1.27	1.57	2.27	3.61	5.38	9.45	15.2
	6.0	4.391	1.19	1.40	1.95	3.15	4.99	10.3	20.3
	8.0	4.675	1.14	1.30	1.74	2.79	4.61	11.0	26.3
	10.0	4.972	1.11	1.24	1.59	2.51	4.29	11.6	33.9

在 X、γ 辐射场的屏蔽计算中，除了直接按照式(9.33)计算屏蔽层厚度外，还引入了下面四个参数：①减弱倍数 K，表示该屏蔽材料对辐射的屏蔽能力，$K=\dot{X}_0/\dot{X}=e^{\mu d}/B_X(E_\gamma,\mu d)$；②透射比 η，表示辐射透射该屏蔽材料的能力，其值为减弱倍数 K 的倒数，即 $\eta=1/K$；③半减弱厚度 $\Delta_{1/2}$，表示入射光子数或注量率或照射量率减弱到 1/2 时所需的屏蔽厚度；④十倍减弱厚度 $\Delta_{1/10}$，表示入射光子数或注量率或照射量率减弱到 1/10 所需的屏蔽厚度。可以通过上述参数估算屏蔽厚度，例如减弱倍数 K 为 10 时，屏蔽厚度正好为 $\Delta_{1/10}$。若将这些参数与屏蔽厚度 d 制成曲线，就可从该曲线求得所需屏蔽厚度。

【例题 9.1】 如图 9.6 所示，某钴－60 辐照室的源活度为 3 754 Ci，源到墙外的距离为 3 m，容许墙外 γ 照射率为 0.25 mR/h，若采用混凝土建屏蔽墙，请计算需屏蔽墙厚度为多少？

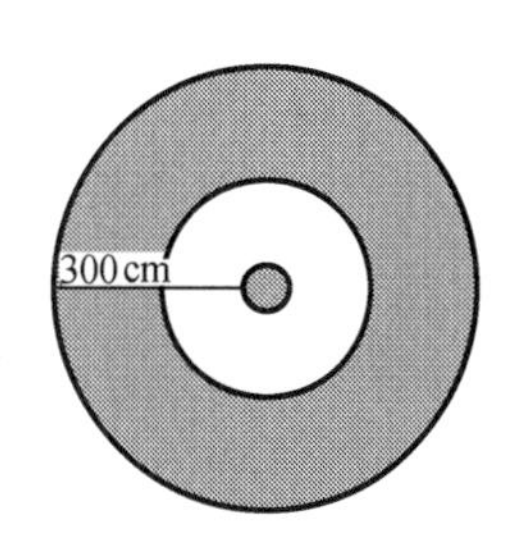

图 9.6 例题 9.1 用图

解 查表(9.13)，得 ^{60}Co 的 $\Gamma_X=2.503\times10^{-18}$ C·m^2·Bq^{-1}·kg^{-1}·s^{-1}，则由式(9.10)，可求得无屏蔽时的墙外照射量率为

$$\dot{X}_0=A\Gamma_X/r^2=[(3\ 754\times3.7\times10^{10})\times2.503\times10^{-18}]/3^2$$
$$=3.87\times10^{-5}\ \mathrm{C\cdot kg^{-1}\cdot s^{-1}}$$

将上式代入式(9.33)，得到有屏蔽墙时的墙外照射量率计算式为

$$\dot{X}=3.87\times10^{-5}B_X e^{-\mu d}$$

已知 ^{60}Co 的 γ 射线平均能量为 $E_\gamma=1.25$ MeV，对表 9.17 按 1.25 MeV 插值，结果见表 9.18。其中，B_X 与 μd 的关系见第 2 列，并将其代入上式求得相应 $\dot{X}$ 见第 3 列。

表 9.18 例题用表

μd	1	2	4	7	10	15	20
$E_\gamma=1.25$ MeV 时的 B_X 插值	1.93	3.09	5.96	11.5	18.4	32.4	48.8
$E_\gamma=1.25$ MeV 求得的 $\dot{X}$	2.75×10^{-5}	1.62×10^{-5}	4.23×10^{-6}	4.06×10^{-7}	3.24×10^{-8}	3.84×10^{-10}	3.89×10^{-12}

注：表中数值单位与文中相同，这里不再列出。

按照题意，屏蔽墙外的照射量率为：$\dot{X}=0.25$ mR/h $=0.25\times10^{-3}\times(2.58\times10^{-4}/3\ 600)=1.79\times10^{-11}$ C·kg^{-1}·s^{-1}；为安全起见，再将墙外照射量率降低 1/2，即 $\dot{X}=8.95\times10^{-12}$ C·kg^{-1}·s^{-1}。可见该值落在上表 $\mu d=15$ 和 $\mu d=20$ 之间，通过 $\dot{X}=8.95\times10^{-12}$ C·kg^{-1}·s^{-1}在 3.84×10^{-10} 和 3.89×10^{-12}之间插值，可求得 $\mu d=19.8$，即 $d=19.8$。对于混凝土而言，$E_\gamma=1.25$ MeV 时的 $\mu_m=5.789\times10^{-3}$ m^2·kg^{-1}，而一般混凝土的 $\rho=2.35\times10^3$ kg·m^{-3}，则 $\mu=\mu_m\rho=13.6$ m^{-1}，所以，需要混凝土的厚度约为 $d=19.8/\mu=1.45$ m $=145$ cm。

3. 带电粒子的屏蔽计算

在物质中，带电粒子主要通过激发和电离损失能量。带电粒子在物质中沿其入射方向穿过的最大直线距离称为带电粒子在该物质中的射程。只要物质层的厚度大于带电粒子的最大射程，则所有入射的带电粒子才将被吸收。本教材仅简要介绍电子和 β 粒子的屏蔽计算。

电子和 β 粒子在物质中的最大射程的计算方法很多,但使用较多的是下面经验公式

$$\begin{cases} R = 0.412E^{(1.265-0.0954\ln E)} & (0.01 < E < 2.5\ \text{MeV}) \\ R = 0.53E - 1.06 & (2.5 \leqslant E < 20\ \text{MeV}) \end{cases} \tag{9.34}$$

式中 E——电子能量(MeV);

R——电子在低 Z 物质中的质量射程($\text{g}\cdot\text{cm}^{-2}$)。

所谓质量射程是以质量厚度表示的射程,以面密度质量为单位。尽管屏蔽电子和 β 粒子的常用材料具有很大的密度差异,但采用质量射程表示其射程时,它们之间的质量射程却很接近。

与 X、γ 射线的屏蔽计算类似,当屏蔽层厚度小于 β 粒子最大射程时,β 粒子在材料中的减弱也可采用半减弱层 $\Delta_{1/2}$ 方法来估算,即可推导出屏蔽层对 β 粒子的减弱倍数 K_β 为

$$K_\beta = e^{-0.693d/\Delta_{1/2}} \tag{9.35}$$

屏蔽厚度 d 与半减弱层的单位相同。表 9.19 给出了 β 粒子在屏蔽铝中的 $\Delta_{1/2}$ 值。

表 9.19 不同能量的 β 粒子在铝中的 $\Delta_{1/2}$ 值

β 能量 /MeV	$\Delta_{1/2}$ /($\text{mg}\cdot\text{cm}^{-2}$)	β 能量 /MeV	$\Delta_{1/2}$ /($\text{mg}\cdot\text{cm}^{-2}$)	β 能量 /MeV	$\Delta_{1/2}$ /($\text{mg}\cdot\text{cm}^{-2}$)
0.05	0.8	0.6	24	1.8	121
0.07	1.3	0.7	30	2.0	140
0.10	1.8	0.8	37	2.5	173
0.15	2.6	0.9	45	3.0	210
0.20	3.9	1.0	53	3.5	244
0.30	7.0	1.2	70	4.0	280
0.40	11.7	1.4	87	4.5	313
0.50	17.5	1.6	107	5.0	350

应当注意,在电子和 β 粒子被物质吸收的过程中,由此产生的轫致辐射将增大粒子射程,为此,需要尽量选用减少轫致辐射的低 Z 物质的屏蔽材料。

4. 中子的屏蔽计算

从中子屏蔽角度来看,一般可将中子在物质中的减弱规律分为下面两个过程:一是快中子与物质的非弹性散射和弹性散射使中子慢化成为热中子;二是热中子被物质俘获吸收。

首先,要使快中子很快慢化,应选用较重的物质作为屏蔽材料,中子在该材料中的非弹性散射使其能量很快降低到与原子核的第一激发态能级相应的能量以下;此后再选用含氢物质,通过弹性散射使中子能量进一步慢化到热中子能区。

其次,要选择对热中子吸收截面大、产生俘获 γ 辐射能量低的材料。也就是,该材料既可大量吸收热中子(此时也减少或避免了热中子吸收过程中产生大量俘获 γ 辐射),又便于屏蔽所产生的低能俘获 γ 辐射。表 9.20 列出了某些元素的热中子吸收截面及相应的俘获 γ 辐射的最大能量。可见,在屏蔽层中加入适量 ^{10}B 和 ^{6}Li 可达此目的。

表9.20 某些元素的热中子吸收截面及相应γ俘获的最大能量

元素	热中子(n,γ)截面/b	俘获γ的最高能量/MeV	元素	热中子(n,γ)截面/b	俘获γ的最高能量/MeV
氢	0.332	2.23	钴	37.0	7.49
硼-10	3 837	0.478	镍	4.8	9.00
氮	0.075	10.8	铜	3.77	7.91
钠	0.534	6.41	锌	1.10	9.51
镁	0.036	10.09	锆	0.18	8.66
铝	0.235	7.72	铌	1.15	7.19
硅	0.160	10.59	钼	2.7	9.15
磷	0.190	7.94	银	63	7.27
钙	0.44	7.83	镉	2 450	9.05
钪	24	8.85	铟	198	5.87
钛	5.8	10.47	锡	0.625	9.35
钒	4.98	7.98	钽	21	8.04
铬	3.1	9.72	钨	19.2	7.42
锰	13.2	7.26	铅	0.17	7.38
铁	2.35	10.16	铋	0.084	4.17

中子流在屏蔽体中的减弱规律与γ射线的减弱规律基本类似,其减弱规律为

$$\begin{cases}\text{窄束中子}:\varphi_r = \varphi_{r0}e^{-\Sigma d}\\ \text{宽束中子}:\varphi_r = \varphi_{r0}B_n e^{-\Sigma d}\end{cases} \tag{9.36}$$

式中 φ_{r0}、φ_r——与辐射源相距 r 的某点、设置屏蔽层(厚度为 d)前、后的中子注量率;

Σ——屏蔽材料对入射中子的宏观总截面;

B_n——宽束情况下的累积因子。

本教材主要按照式(9.36),针对宽束中子讨论分出截面法所涉及的中子屏蔽计算问题。分出截面法的基本出发点是:选择合适的屏蔽材料使得中子在屏蔽层中一经散射便能在很短的距离内迅速地慢化,并保证在屏蔽层内被吸收。也就是说,那些经历了散射作用的中子能够被有效地从穿出屏蔽层的中子束中"分离出来",即穿过屏蔽层的都是那些在屏蔽层内未经相互作用的中子。在这种情况下,即使是宽束中子,它在屏蔽层中的减弱也能满足式(9.36)的指数规律。如果要运用分出截面法处理宽束中子,屏蔽材料必须满足下列三个条件:

①屏蔽层足够厚,使得在屏蔽后的当量剂量主要是由中子束中一组贯穿能力最强的中子的贡献所致;②屏蔽层内必须有像铁、铅之类的中等重或重材料,以使入射中子的能量通过非弹性散射很快降到1 MeV左右;③屏蔽层内有足够的氢,以保证在很短的距离内,使中子能量从1 MeV左右很快地降到热中子能区,并使其在屏蔽层内被吸收。

当满足上述三个条件时,宽束中子在屏蔽体中的减弱规律就可用下式描述

$$\varphi_r = \varphi_{r0}e^{-\Sigma_R d} \quad \text{或} \quad \dot{H}_l = \dot{H}_{l0}e^{-\Sigma_R d} \tag{9.37}$$

式中 Σ_R——屏蔽材料对中子的宏观分出截面;

φ_{r0}、$\dot{H}_I$、φ_r 和 $\dot{H}_I$、$\dot{H}_{I0}$——设置屏蔽层前、后,在辐射场中离源 r 距离处的注量率和当量剂量率。

通常,屏蔽材料对裂变中子的宏观分出截面 Σ_R 与微观分出截面 σ_R 之间具有如下关系

$$\Sigma_R = (0.602/M_A)\rho\sigma_R \tag{9.38}$$

式中 M_A——核素摩尔质量($g \cdot mol^{-1}$);

ρ——材料密度($g \cdot cm^{-3}$)。

Σ_R 单位为 cm^{-1},σ_R 单位为 b。

若屏蔽层由混合物或化合物组成,则总宏观分出截面等于各元素的宏观分出截面之和。表9.21和表9.22分别给出了某些材料和若干元素对裂变中子的宏观分出截面。氢的分出截面约为其总截面的90%,即

$$\sigma_R(H) = 0.9\sigma_H \tag{9.39}$$

式中,$\sigma_R(H)$、σ_H 分别是屏蔽层中氢的微观分出截面和微观总截面。

而微观总截面 σ_H 可用经验公式计算

$$\sigma_H = 10.97/(E_a + 1.66) \tag{9.40}$$

式中,E_a 是中子能量(MeV)。在能量为1.5~20 MeV时,上式求得的 σ_H 值的准确度约为2%。

表9.21 裂变中子在不同材料中的宏观分出截面

材料	普通土(含10%的水)	石墨 $\rho = 1.54\ g \cdot cm^{-3}$	普通混凝土	水	石蜡	聚乙烯	铁
Σ_R/cm^{-1}	0.041	0.078 5	0.089	0.103	0.118	0.123	0.157 6

表9.22 裂变中子在元素中的宏观分出截面

Z	元素	原子量 A	密度 ρ /($g \cdot cm^{-3}$)	宏观分出截面 Σ_R/cm^{-1}
3	Li	6.940	0.534	0.049
4	Be	9.013	1.85	0.124 8
5	B	10.81	2.535	0.145 8
6	C	12.001	1.670	0.083 8
13	*Al*	26.982	2.669	0.079 2
26	*Fe*	55.847	7.865	0.156 0
27	*Co*	58.933	8.900	0.172 6
28	*Ni*	58.70	8.900	0.169 3
29	*Cu*	63.546	8.940	0.166 7
30	*Zn*	65.38	7.140	0.130 6
47	*Ag*	107.87	10.503	0.149 1
79	*Au*	197	19.302	0.204 5
82	*Pb*	207.2	11.347	0.117 6
92	*U*	238	18.700	0.181 6

按照分出截面法确定宏观分出截面 Σ_R，就可通过式(9.37)计算屏蔽层厚度。但是，由于平时使用的中子源所发射的中子能量以及发射率都比裂变中子低很多，所需的屏蔽层也不厚，因而散射中子有可能穿出屏蔽层，从而对屏蔽层外所考虑的那个点上的当量剂量指数会有一定贡献。这时，必须引入中子的累积因子 B，以便对散射中子的影响进行修正，此时的屏蔽厚度计算完全可与 X、γ 射线进行类比。下面由公式推导出屏蔽厚度计算式。

假设，将参考点中子注量率降低到 $\dot{\varphi}_L$ 限值，求所需屏蔽层厚度 d。显然，无屏蔽的中子点源的注量率可由式(9.28)表示为 $\dot{\varphi}_{r0} = A_y/(4\pi r^2)$，将其代入式(9.36)和式(9.37)的宽束中子计算公式中得 $\varphi_r = \varphi_{r0} B_n q e^{-\Sigma_R d} \leqslant \dot{\varphi}_L$（此处引入了居留因子 q，表示辐射源开启时间内工作人员在屏蔽层外停留时间长短，用于修正工作负荷或发射率，全时停留 $q=1$），可解得

$$d = (1/\Sigma_R)\ln\left[A_y B_n q/(4\pi r^2 \dot{\varphi}_L)\right] \tag{9.41}$$

式中 d——屏蔽层厚度(cm)；

Σ_R——屏蔽材料的宏观分出截面(cm^{-1})；

$A_y = A \cdot y$——源的中子发射率(s^{-1})，其中 A 为源的活度(Bq)；

y——该源的中子产额($Bq^{-1} \cdot s^{-1}$)；

B_n——累积因子(无量纲)；

q——居留因子(无量纲)；

$\dot{\varphi}_L$——离源 r 距离(cm)的参考点的注量率限值($cm^{-2} \cdot s^{-1}$)。

9.5 内照射剂量估算与防护*

内照射是放射性核素进入人体并在体内所产生的照射。当监测到工作人员已摄入过量放射性物质或被牵涉到可能摄入过量放射性物质时，应根据监测结果估算这些核素在体内的积存量和它们所产生的内照射剂量，从而控制和调整今后的受照剂量。内照射剂量的估算方法通常有三种：一是通过全身计数器直接测量并推算体内污染；二是通过对排泄物的监测来推算体内污染；三是通过环境介质的监测来推算体内污染。本节仅介绍内照射剂量估算所涉及的基本概念、最基本的估算方法和内照射防护的基本原则。

9.5.1 内照射剂量估算中的基本物理量与估算公式

1. 辐照量

对于不同的照射模式，可采用下式来统一定义其辐照量(记为 Q)：

$$Q = \int_0^t q_c(t)\,dt = f_2 \int_0^t q(t)\,dt \tag{9.42}$$

式中 $q_c(t)$——初始沉积到第 t 天后的放射性核素在关键器官中的积存量[因 $q_c(t)$ 难以测量，可采用 t 时刻的放射性核素在全身积存量 $q(t)$ 与关键器官内某放射性核素含量在全身含量中所占的份数 f_2 之积来替代]；

Q——辐照量。

$q_c(t)$、$q(t)$ 和 Q 的度量单位均为 Bq 或 μCi。

2. 当量剂量

体内某关键器官受到照射的当量剂量(记为H,专用单位为Sv)可按下式来计算:

$$H = 5.12 \times 10^{-4}\xi Q/m \tag{9.43}$$

式中 ξ——有效能量(MeV);

m——器官质量(kg);

Q——辐照量(μCi);

5.12×10^{-4}——实现单位转换的系数。

3. 有效半衰期

有效半衰期表示滞留在人体内的某些放射性核素,由于生物代谢和放射性衰变的双重作用,使其减少到一半所需要的时间(记为T),也可采用有效衰变常数λ来度量。显然,T与λ取决于生物半排期T_b(或衰排常数λ_b)和物理半衰期T_r(或衰变常数λ_r),其关系如下

$$T = T_r T_b/(T_r + T_b) \quad 和 \quad \lambda = \lambda_r + \lambda_b \tag{9.44}$$

4. 有效能量

为了计算组织或器官的当量剂量,引入了有效能量(记为ξ,单位为MeV)的概念。有效能量是指放射性核素及其子体在整个核转变过程中,各次核转变所发射的某种电离辐射授予组织或器官的能量E_i与该种辐射的品质因数Q_i、相对危险因子N_i(含其他修正系数)予以及放射性核素转变链因子F_i(即该转变在转变总数中所占的百分比)的乘积之和,即

$$\xi = \sum E_i F_i Q_i N_i \tag{9.45}$$

式中,240余种放射性核素授予各器官的有效能量ξ列在ICRP 2号出版物中,可供查用。

5. 比有效能量

计算内照射剂量时,常把含有核素的器官或组织称为源器官(记为S),而把吸收辐射能量的器官或组织称为靶器官(记为T)。源器官和靶器官既可为相同的也可为不同的器官或组织。例如,肺沉积了γ放射性核素,肺是源器官,由肺中发射出的γ射线能量同时被肺本身及附近的心脏等器官所吸收,这时,肺和心脏都是靶器官,而肺既是源器官又是靶器官。

设由辐射i引起的源器官对靶器官的比有效能量记为$\mathrm{SEE}(T\leftarrow S)_i$(单位为$\mathrm{MeV\cdot g^{-1}}$),则计算式可由下式表示

$$\mathrm{SEE}(T \leftarrow S)_i = \sum_i Y_i AF(T \leftarrow S)_i Q_i E_i / M_T \tag{9.46}$$

式中 Y_i——放射性核素j每次核转变所产生的辐射i的产额;

$AF(T\leftarrow S)_i$——源器官每发射一次辐射i使靶器官所吸收的辐射能量的份额;

Q_i——相应于辐射i的品质因数;

E_i——辐射i的能量或平均能量;

M_T——靶器官的质量。

6. 其他常用术语

参考人:所谓参考人是指在辐射防护中,为了在共同的生物学基础上计算放射性核素的年摄入量限值,而规定的一种假想的成年人模型。表9.23列出了ICRP中参考人的器官和组织的质量,表9.24和表9.25列出了其呼吸、摄入与排出标准和水平。

表 9.23 ICRP 中的参考人的器官和组织的质量 单位:g

源器官	质量/g	靶器官	质量/g
肌肉	28 000	肾	310
皮肤	2 600	肝	1 800
皮质骨	4 000	胰	100
红骨髓	1 500	脾	180
肺	1 000	胸腺	20
胃内容物	250	甲状腺	20
胃壁	150	肾上腺	14
上段大肠内容物	220	卵巢	11
下段大肠内容物	135	睾丸	35
小肠内容物	400	子宫	80
小肠壁	640	骨表面	120
膀胱内容物	200	小梁骨	1 000
膀胱壁	45	全身	70 000

表 9.24 参考人的呼吸标准

总肺的容量/L	5.6
肺活量/L	4.3
每分钟吸入的空气量/($L\cdot min^{-1}$)	
休息时	7.5
轻体力劳动时	20
参考人一天吸入的空气量/($L\cdot d^{-1}$)	
8 h 轻体力劳动	9 600
8 h 非职业性活动	9 600
8 h 休息	3 600
总计/($L\cdot d^{-1}$)	23 000

注:参考人的职业照射时间为 8 h/d,40 小时/周,50 周/年(即一年工作 2 000 h,则工作一年吸入 24 000 m^3 空气,约一生工作 50 年)。

表 9.25 参考人的摄入与排出水平

摄入/($mL\cdot d^{-1}$)		排出/($mL\cdot d^{-1}$)	
总的液体摄入	1 950	尿	1 400
食物中的水	700	粪中	100
食物氧化	350	觉察不到的损耗	850
总计	3 000	汗	650
		总计	3 000

体内污染途径:体内污染途径是指放射性物质通过吸入、食入、皮肤或伤口渗入体内的途径,此外还包括吸入放射性物质由气管排出后被咽下等途径,主要的代谢途径如图 9.7 所示。在一般情况下,主要通过消化道和呼吸道进入体内。

摄入量:进入鼻或口的放射性核素的量称为摄入量(Bq 或 mCi)。

吸收量:被吸收到细胞外体液中的放射性核素的量称为吸收量(Bq 或 mCi)。

沉积量:存在于所考虑的器官中的放射性核素的量称为沉积量(Bq 或 mCi)。

9.5.2 内照射剂量的基本估算

估算内照射剂量的程序为:(1)确定放射性核素进入体内的途径、种类及物理化学性质;(2)利用有关监测数据,推算体内的存量;(3)由积存量推算人体或器官所受的剂量。

1. 两种主要摄入方式

按放射性物质进入体内的时间进程,可分为单次摄入和连续摄入两类,因而提出了两种摄入模式,其中短期内反复多次摄入也可作为单次摄入看待。

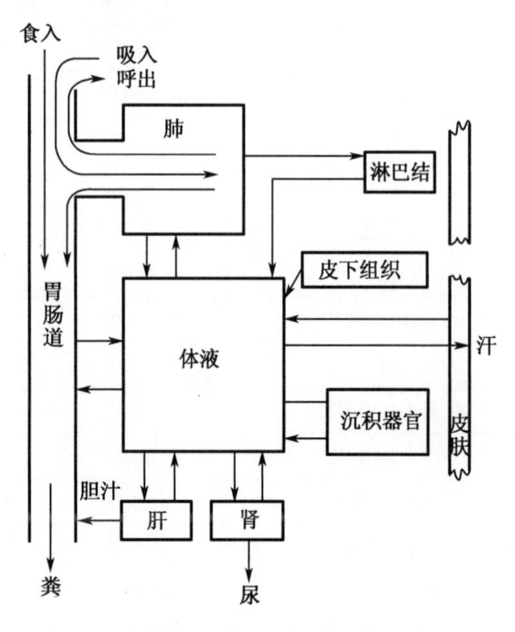

图 9.7 放射性核素在体内的主要代谢途径

连续摄入:连续摄入是指在长时间以基本恒定的速度摄入放射性核素,体内的积存量随时间的增长而增加。例如,长期吸入含某一恒定浓度的放射性物质污染的空气时,血液中的放射性吸收率 $I(t)$(单位为 $\mu Ci \cdot d^{-1}$)保持恒定,而器官内的积存量 $q(t)$(单位为 μCi)则随着时间的增长而增加。对于有效半衰期很短的核素(如甲状腺内的 ^{131}I),只要经过短时间后,器官内的积存量和损失量就会达到平衡,如图 9.8 所示。对于有效半衰期较长的核素,即使经过 50 年的连续摄入,器官内的积存量也难以达到平衡。

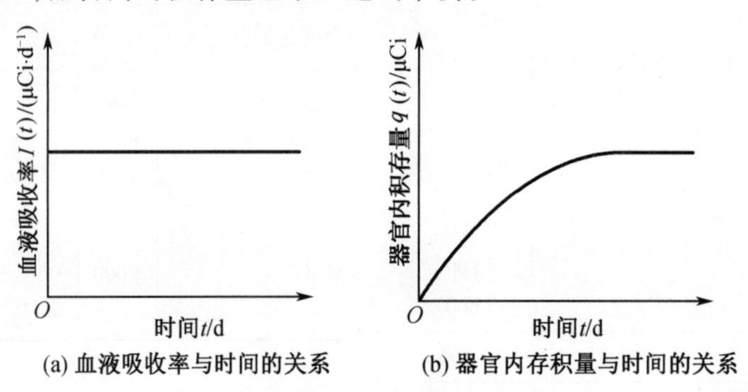

(a) 血液吸收率与时间的关系　(b) 器官内存积量与时间的关系

图 9.8 慢性吸收

单次摄入:单次摄入是指持续时间不超过几个小时的摄入。例如,事故性摄入就属于此种情况,此时血液中的吸收率在摄入期间存在突升,器官内的积存量也迅速上升,当摄入停止后又逐渐消失,如图 9.9 所示。

短期内的多次反复摄入:当短期内重复多次发生单次摄入的过程,在实际处理时,可视为单次摄入的特例。例如,每次摄入的时间间隔为三四个有效半衰期,则可把各次摄入作为多个单次摄入的叠加,然后估计总的效应;再例如,若知道在 T 天内吸入的总量为 A(单位为 mCi),可将该吸入总量 A 视为均匀分布在 T 天内的单次摄入,按天求其平均(A/T)来处理每天的单次摄入量,如图 9.10 所示。

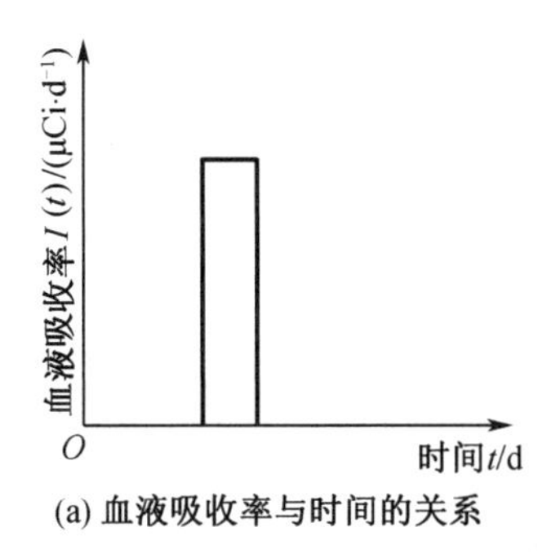

(a) 血液吸收率与时间的关系

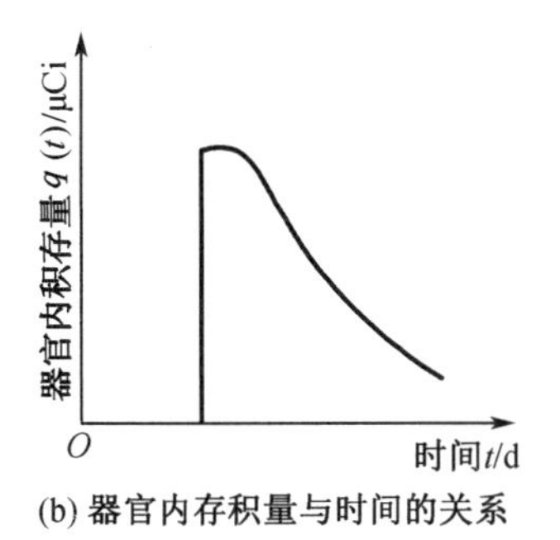

(b) 器官内存积量与时间的关系

图 9.9 单次吸收

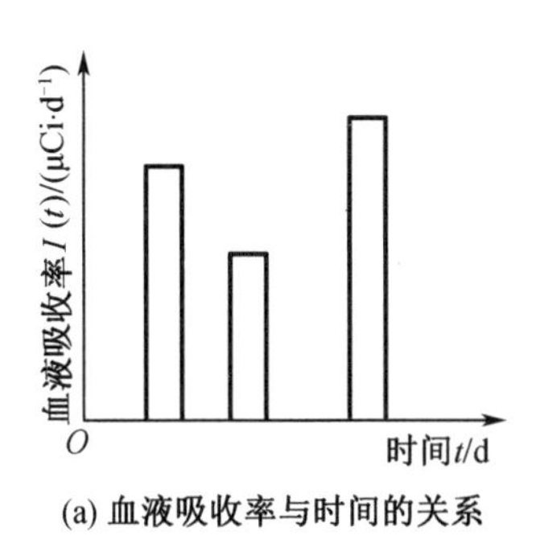

(a) 血液吸收率与时间的关系

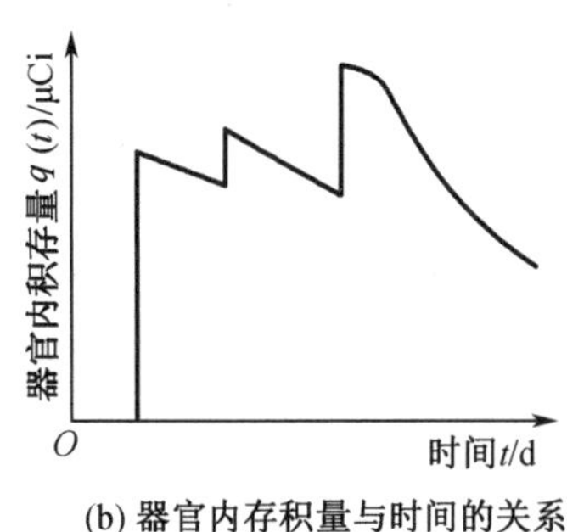

(b) 器官内存积量与时间的关系

图 9.10 短期内多次吸收

综上所述,虽然具体的摄入方式有所不同,但原则上可归结为单次或持续两种摄入模式。

2. 待积当量剂量估算

为了推导方便,假定源器官 S 中的放射性核素在每次核转变过程中只放射某一类型的辐射 i,那么靶器官中的待积当量剂量为

$$H_{50,\mathrm{T}} = 1.6 \times 10^{-10} U_s \cdot \mathrm{SEE}(T \leftarrow S)_i \tag{9.47}$$

式中 U_s——摄入放射性核素后,源器官 S 在 50 年内所含的放射性核素 j 的核转变数;

$\mathrm{SEE}(T \leftarrow S)_i$——源器官 S 每次核转变所发射的辐射 i 授予靶器官 T 的比有效能量;

1.6×10^{-10}——实现从单位 $\mathrm{MeV \cdot g^{-1}}$ 到单位 $\mathrm{J \cdot kg^{-1}}$(即专用单位 Sv)的转换系数。

考虑一般情况,假设摄入的放射性核素有 j 种(混合物),每种又含有 i 种辐射,那么靶器官的待积当量剂量为

$$H_{50,\mathrm{T}} = 1.6 \times 10^{-10} \sum^{j} \left[U_s \sum_i \mathrm{SEE}(T \leftarrow S)_i \right]_j \tag{9.48}$$

若靶器官 T 受到 s 个源器官 S 所致的辐射,则靶器官 T 的待积当量剂量为

$$H_{50,\mathrm{T}} = 1.6 \times 10^{-10} \sum_s \left(\sum_j \left[U_s \cdot \sum_i \mathrm{SEE}(T \leftarrow S)_i \right] j \right)_s \tag{9.49}$$

因此有效能量仅与一次核转变有关,可对上面两种情况下 $\mathrm{SEE}(T \leftarrow S)_i$ 的取相同值。

9.5.3 根据环境放射性核素推算体内剂量

本节叙述从环境介质空气或水中摄入放射性核素的剂量估算,同时考虑此节仅为介绍性内容,故仅简要说明持续摄入放射性核素所致的器官剂量的基本公式、单次摄入放射性核素所

致的内照射剂量估算。

1. 持续摄入放射性核素所致的器官剂量

设工作人员持续摄入到某器官中的放射性核素量为 $I(t)$ ($\mu Ci\cdot d^{-1}$),从初始摄入起,到以后的时刻 t,器官内每天增加的积存量为

$$dq_c(t)/dt = I(t) - \lambda q_c(t) \tag{9.50}$$

利用初始条件:$t=0$ 时 $q_c(t)=0$,解上述方程得 t 时刻器官内放射性核素的含量为

$$q_c(t) = I(t)(1 - e^{-\lambda t})/\lambda \tag{9.51}$$

式中,λ 是某种放射性核素在所考虑的器官内的有效衰变常数。

将上式代入式(9.42),并积分后可得到辐照量的计算公式为

$$Q = I(t)[t + (e^{-\lambda t} - 1)/\lambda]/\lambda \tag{9.52}$$

再将上式代入式(9.43),则体内某关键器官受到照射的当量剂量 H 为

$$H = 5.12 \times 10^{-4}\xi[t + (e^{-\lambda t} - 1)/\lambda]I(t)/(\lambda m) \tag{9.53}$$

上式是持续摄入情况下的基本计算式。对于从水中或空气中的持续摄入而造成的当量剂量,均可对 $I(t)$ 进行相应的改变。如下是水中和空气中的 $I(t)$ 改变的相应表达式:

设每天从水中(或空气中)摄入的放射性核素量为 $V_W C_W$(或 $V_a C_a$),放射性核素进入关键器官的份数为 f_W(或 f_a),则每天进入该器官的放射性核素量 $I(t)$ ($\mu Ci\cdot d^{-1}$)可表示为

$$I(t) = V_W C_W f_W \quad 或 \quad I(t) = V_a C_a f_a \tag{9.54}$$

式中 V_W(或 V_a)——每天摄入的水量(或空气量)($cm^3\cdot d^{-1}$);

C_W(或 C_a)——水(或空气)中的放射性核素浓度($\mu Ci\cdot cm^{-3}$)。

按一个参考人平均每年吸入的空气量来计算,则有 $V_a = 6.9\times 10^6\ cm^3\cdot d^{-1}$。

2. 单次摄入放射性核素所致的内照射剂量

设单次摄入放射性核素量为 q_0,t 时刻的该核素量为 $q(t)$,则该核素量的变化率为

$$dq(t)/dt = -E(t) - \lambda_r q(t) \tag{9.55}$$

式中 λ_r——放射性核素的物理衰变常数;

$E(t)$——t 时刻每单位时间内排出的放射性核素量。

以 q_0 除上式,得到随时间而减少的全身的放射性核素量的份数 $dR(t)/dt$ 的表达式为

$$dR(t)/dt = dq(t)/(q_0 dt) = -E(t)/q_0 - \lambda_r q(t)/q_0 = -Y(t) - \lambda_r R(t) \tag{9.56}$$

式中 $Y(t)$——排出份数,表示 t 时刻每单位时间内的排泄量与初始时刻的体内积存量之比;

$R(t)$——滞留份数,表示 t 时刻体内的存积量与初始时刻体内的积存量之比。

解上述微分方程可得 $R(t)$ 与 $Y(t)$ 的函数关系为

$$R(t) = e^{-\lambda_r t}\left(1 - \int_0^t e^{-\lambda_r t} Y(t)\,dt\right) \tag{9.57}$$

通常,$R(t)$ 函数式称为滞留份数方程,$Y(t)$ 函数式称为排出份数方程。在实际工作中,可由实测数据求出 $Y(t)$ 的经验公式,再代入上式求出 $R(t)$ 函数式。根据多年来对大量放射性核素的代谢研究,$R(t)$[或 $Y(t)$]可按不同情况进行数学描述。

下面介绍指数方程和幂函数两种情况下的滞留份数方程,即滞留份数方程分别采用指数方程和和幂函数两种数学形式表示的方程式:

指数方程

$$R(t) = e^{-\lambda_r t}\sum K_i e^{-\lambda_{bi} t} \tag{9.58}$$

幂函数

$$R(t) = e^{-\lambda_r t} A t^{-n} \tag{9.59}$$

式中 λ_{bi}——放射性核素在体内各器官或组织中的生物衰变常数；

K_i——放射性核素分布在各器官或组织中的份数，且有 $\sum K_i = 1$；

A——经过 1 天后($t=1$)剩下的份数；

$t>1, 0<n<1$。

指数方程式(9.58)描述了进入人体的放射性核素通过几个代谢途径的排泄情况。通常，方程中生物半衰期最短的一项，表示放射性核素在血液中的滞留；生物半衰期最长的一项，表示放射性核素在关键器官中的停留。幂函数式(9.59)通常表示放射性核素在骨骼中的滞留，且 A 和 n 的值可由排泄率与时间的关系曲线求出。

显然，通过上述方程求解 $R(t)$ 和 $Y(t)$ 后，可按式(9.56)求得 $q(t)$，再通过式(9.42)求得辐照量 Q，代入式(9.43)就能够求解体内某关键器官受到照射的当量剂量 H。

9.5.4 内照射防护的一般原则和基本措施

随工作条件的不同，工作人员所受的照射可能是仅有外照射或仅有内照射或两者同时并存。内照射通常是因为吸入被放射性污染的空气、饮用被放射性物质污染的水、食用被放射性物质污染的食物，或者是发生事故情况下放射性物质从伤口进入体内所致。

内照射不同于外照射的显著特点是，即使在停止接触放射性物质后，已经进入体内的放射性核素仍将产生辐射。特别是有效半衰期很长的核素(如 ^{239}Pu 等)在体内排泄极慢，即使摄入产生的积存量很小，其受照当量剂量也可能很大。因此，内照射防护的基本原则是要采取各种措施，尽可能隔断放射性物质进入人体的各种途径，使摄入量减少到容许标准以下尽量低的水平。下面仅扼要介绍内照射防护应采取的基本措施。

1. 防止放射性物质经呼吸道进入人体内

放射性粉尘或放射性气体逸入空间，可能严重造成工作场所的空气污染。例如铀矿开采和选冶、金属铀加工和精制、浓缩铀生产和燃料元件制造、核燃料后处理、放射性同位素制备等环节，以及夜光粉生产和涂料车间、乙级以上放射化学实验室等场所，是造成放射性物质污染空气并经呼吸道进入人体的主要途径。其基本防治措施有：

(1)空气净化，通过空气过滤、除尘等方法，尽量降低空气中放射性粉尘或放射性气溶胶的浓度。

(2)稀释，不断排出被污染的空气并换以清洁空气，换气次数视空气被污染的速度和水平而定。为防止环境放射性污染，被排出的污染空气一般经过滤器过滤。

(3)密闭包容，把可能成为污染源的放射性物质存放在密闭的容器中或者在密闭的手套箱或热室中进行操作，使之与工作场所的空气隔绝。

(4)个人防护，工作人员佩戴高效率的口罩、采用隔绝式或活性炭过滤式防护面罩。当空气污染严重时，工作人员可戴头盔或穿气衣作业。

2. 防止放射性物质经口进入人体内

防止放射性物质经口进入人体，在通常情况下，主要是防止衣物和水源污染，食品被放射性物质污染较为少见。极个别情况下，工作人员可能经被污染的手接触食物而将放射性物质转移至体内。因此，必须严格遵守有关安全操作规程。

应特别重视的是防止水源污染。放射性物质不经过处理,大量排入江河、湖泊或注入地质条件较差的深井,都可能造成地面水或地下水源的严重污染。某些水生植物或鱼类能浓集某些放射性核素,经过食用,进而造成人体内放射性核素的沉积。例如,汉福特是美国最大的钚工业中心,其后处理工厂的一些废水和反应堆冷却水排入哥伦比亚河,曾严重地污染了该河,虽经河水稀释,然而估计哥伦比亚河流域个别渔民的骨骼剂量曾达到最大容许剂量的40%。因此,必须严格控制往江河湖泊排放放射性物质,排放之前一定要经过净化处理。在我国《放射防护规定》中规定"低放射性废水向江河的排放应避开经济鱼类产卵区和水生生物养殖场,根据江河的有效稀释能力,控制放射性废水的排放量和排放浓度,以保证在最不利的条件下,距排放口下游最近取水区的水中放射性物质含量低于露天水源中的限制浓度。在设计和控制排放量时,应取10倍的安全系数"。

在厂区,生活用水系统和生产用水系统应分别设置界限,以免生产用水污染生活用水。

3. 建立内照射监测体系

应对工作环境和周围环境中的空气、水源、有代表性的农牧产品进行常规监测,以便及时发现操作中的问题,改进防护措施。在必要的情况下,应对某些工作人员的排泄物进行定期检查或用全身计数器进行检查,以便及时发现体内污染事件。

9.6 辐射剂量测量原则

就概念而言,辐射测量与剂量测量是两个不同的术语,前者注重于辐射粒子与探测器(探测介质)的相互作用,并测量其产生的可探测信号;而后者是通过前者的测量结果,推算出来的与沉积能量相关的物理量,包括吸收剂量和当量剂量等。可见,前者是后者的基础。

电离法在剂量测量学中使用最早,它首先测量电离辐射与物质相互作用过程中所产生的次级粒子的电离电荷量,然后利用平均电离能计算电离辐射所沉积的能量,即吸收剂量。因电离室的本身特性限制,对不同能量的辐射,电离法测量仪器和剂量推算方法又略有不同。例如,自由空气电离室主要针对中低能X、γ射线,空腔电离室主要针对高能X、γ射线,外推电离室主要针对电子束和β射线。另外还可采用辐射置热法、化学剂量计法等方法来测算吸收剂量。随着探测器技术的发展,用于辐射测量的其他探测器(例如计数管、闪烁室、半导体、胶片、热释光计等)也可用于吸收剂量的测算。此外,当量剂量的测算主要是确定转换因子。

9.6.1 采用电离法实现吸收剂量的标准测量

从前面的章节可知,电离法可实现照射量或照射量率的准确测量(和绝对测量),属于照射量或照射量率的标准测量方法,并以此实现吸收剂量的标准测量(或推算)。

1. 自由空气电离室及测量方法

自由空气电离室结构图如图9.11所示。光栏A用于限定入射X、γ射线束的截面积a_0。射线从A射入,通过空气平板电离室由孔B射出。H为电离室的高压电极;C为收集电极,常将C分成C_1、C_2、C_3,以分段观测电场均匀性,长度L_1、L_2、L_3之和保持为L;G是保护电极,G的电位与C电极相近;H、C电极之间以等间隔安置一组保持中间电压的保护丝,借此使H、C电极的电势差所形成的电场分布均匀并与H、C电极垂直。X、γ射线束的边缘到电极的垂直距离,以及C_1电极前缘到射线入口的距离、C_3电极后缘到射线出口的距离至少都应该大于次级电子在空气中的射程，从而保证次级电子不会碰到电极，而使电子平衡条件得以满足。这样，在保护丝和H、C电极所围成的体积（称为收集体积或电离体积）内产生的全部离子对，都是由入射X、γ射线在测量体积V（阴影部分）中释放的次级电子所产生。

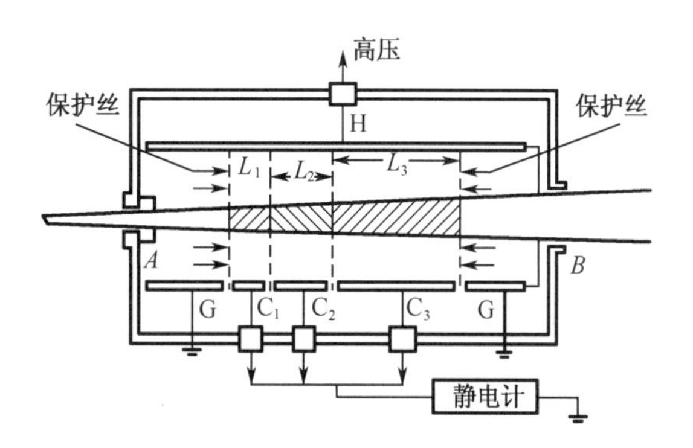

图9.11　自由空气电离室的结构示意图

测量体积V与收集电极长度L和有效体积中心处的束面积成正比。由于入射束面积随着离开辐射源的距离平方而改变，而照射量与此距离的平方成反比，因此，在电离室的测量体积内产生的次级电子在电离室体积中产生的一种符号离子的总电荷量为$Q=Xa_0L\rho$，这里X是入射X、γ射线在入射光栏A处的照射量（$C \cdot kg^{-1}$）；a_0是入射光栏截面积（m^2）；L是收集电极有效长度（m）；ρ是标准状况下空气密度（$kg \cdot m^{-3}$），即$\rho=1.293\ kg \cdot m^{-3}$。于是，入射光栏位置处的辐射量$X$可由下式给出：

$$X = Q/(a_0L\rho) = Q/(V\rho) = 0.773Q/V \tag{9.60}$$

自由空气电离室也可用来测量空气中的吸收剂量D_a或者比释动能K_a，即可按式（1.121）~式（1.123）和式（9.60）的关系，求得

$$K_a = (W_a/e) \cdot [1/(1-g_a)] \cdot [Q(V\rho)] \tag{9.61}$$

$$D_a = (1-g_a)K_a \tag{9.62}$$

式中　W_a——电子在标准状态下的干燥空气中每产生一个离子对所消耗的平均能量；

e——一个电子的电荷量且$W_a/e=33.85\ J \cdot C^{-1}$；

g_a——次级电子能量在慢化中损失于轫致辐射的份额。

实际上，根据以上公式得到的测量结果还需要对射线束在光栏和收集体积之间的减弱，离子复合过程造成的离子对损失，以及入射辐射的散射等进行修正。考虑到全部有关因素后，用自由空气电离室测量照射量的准确度约在1%以内。

在大气压下的自由空气电离室已被用作照射室的标准计量装置。但是适用的X、γ射线的能量范围一般限于50 keV~3 MeV之间。当射线能量大于3 MeV时，由于次级电子射程较长，为满足电子平衡条件需要建立一个很大的自由空气电离室或充以高气压的电离室。这在技术上有较大的困难。当能量低于50 keV的X、γ射线，因空气吸收严重，以至测量误差较大。目前，较高能量的X、γ射线的照射量的测量，大多采用空腔电离室。

2. 布拉格－戈瑞原理与空腔电离室及测量方法

设一束均匀的X、γ射线照射固体介质，假定该固体介质内存在一个充有气体的小腔A，空腔线度足够小，以至于：①射线直接在小腔内产生的电离可忽略不计，腔内的气体电离几乎全部由介质中的次级电子所引起；②空腔的存在不会改变介质中初始光子和次级电子的能谱和角分布；③空腔周围的辐射场是均匀的，且周围介质厚度大于次级电子在其中的最大射程。在满足上述条件下，可认为空腔位置存在电子平衡。则当腔体不存在时，该位置上空腔介质（m）的吸收剂量D_m（$J \cdot kg^{-1}$）与空腔气体（g）中由次级电子产生的电离之间有如下关系：

$$D_m = q_g(W_g/e) \cdot \bar{S}_{m,g} \tag{9.63}$$

式中 q_g——次级电子在空腔中由单位质量的气体所产生的电荷($C \cdot kg^{-1}$);

$\bar{S}_{m,g}$——空腔介质(m)与空腔气体(g)的平均质量碰撞阻止本领比,数值上等于次级电子分别授予单位质量的介质和气体的平均能量的比值($\bar{E}_m/\bar{E}_g$),即 $\bar{S}_{m,g} = (S/\rho)_m/(S/\rho)_g = \bar{E}_m/\bar{E}_g$。

以上所述称为布拉格-戈瑞原理,式(9.63)称为布拉格-戈瑞公式。该公式是剂量测量学中的一个基本公式,适用于任何介质和充满小腔的任何气体。显然,当求出 $\bar{S}_{m,g}$ 和 W_g/e 的值后,通过测定腔体内的电离电荷 q_g,就可按式(9.63)计算相关位置上的介质的吸收剂量。

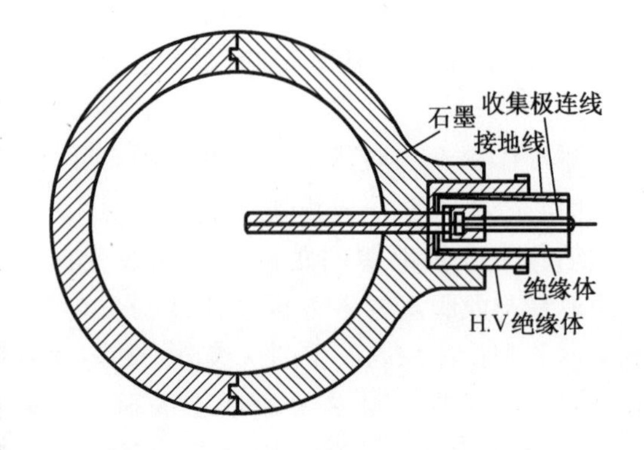

图9.12 球形石墨空腔电离室的结构示意图

根据布拉格-戈瑞原理,可以设计和制作空腔电离室。常见的球形石墨空腔电离室的结构如图9.12所示。当上述假设条件得到满足时,式(9.63)可以写成

$$D_w = q_g(W_g/e) \cdot \bar{S}_{w,g} \tag{9.64}$$

式中 D_w——空腔位置上电离室壁材料的吸收剂量;

$\bar{S}_{w,g}$——室壁材料和腔内气体对次级电子的平均质量阻止本领之比。

根据式(1.121)和式(1.122)、式(1.126)和式(9.64)的关系,可得

$$X = q_g\bar{S}_{w,g} \cdot [(\mu_{en}/\rho)_a/(\mu_{en}/\rho)_w] \cdot [(W_g/e)/(W_a/e)] \tag{9.65}$$

显然,用来测量照射量的空腔可充入任何气体,只要上式中的各项参数都能求得即可。理想情况是用空气等效电离室。即室壁材料、腔内气体都与空气等效,则可简化上式为

$$X = q_g = \bar{Q}/(V\rho) \tag{9.66}$$

可见,此种情形下,空气等效电离室与自由空气电离室类似,都可采用式(9.60)描述。实际上,要完全使室壁材料与空气等效是十分困难的,但在一定条件下可实现近似等效。根据式(9.65)中的 $\bar{S}_{w,g}$ 与相关物质的有效原子序数 Z_e、原子量(或分子量)A 存在的关系式 $\bar{S}_{w,g} = (Z_e/A)_w/(Z_e/A)_g$,将其代入式(9.65)中,并假定腔内气体就是空气,则有

$$\begin{aligned} X &= q_a[(Z_e/A)_w/(Z_e/A)_a] \cdot [(\mu_{en}/\rho)_a/(\mu_{en}/\rho)_w] \\ &= [Q/(V\rho)]g[(Z_e/A)_w/(Z_e/A)_a] \cdot [(\mu_{en}/\rho)_a/(\mu_{en}/\rho)_w] \end{aligned} \tag{9.67}$$

若用碳、铝等低 $Z(Z<30)$ 材料做成电离室壁(W),则公式中的 $(Z_e/A)_w/(Z_e/A)_a \approx 1$。若入射光子与室壁作用是以康普顿散射为主的能区,则式(9.67)中的 $(\mu_{en}/\rho)_a/(\mu_{en}/\rho)_w \approx 1$,于是,根据上式可得到误差很小的结果,即 $X \approx Q(V\rho)$。因此,目前国际上都以石墨电离室作为测量X、γ射线照射量的标准装置,这类电离室对 ^{60}Co 的γ射线的测量精度好于0.7%。

3. X、γ射线的吸收剂量测算

吸收剂量适用于量度各种电离辐射对于各种物质所造成的照射。为了确定人体或人体组织以及模拟材料中的吸收剂量,通常都以水作为参考介质。

目前,采用空气等效电离室和空气等效壁空腔电离室两种方法,可用来确定水中某一特定点处的吸收剂量(一般是对测量仪器进行照射量或比释动能校准,再利用换算方法求出水中某点的吸收剂量)。其中,空气等效电离室主要针对能量为几十kV到几百kV的中能γ射线

测定其吸收剂量 D_h，空气等效壁空腔电离室主要针对能量为几 MeV 至几十 MeV 的光子束测定其吸收剂量 D_{H_2O}。假设在水体模的深度 h 处获得了仪器读数为 M_h(C·kg^{-1})，则有

$$D_h = f \cdot M_h N_c \quad 和 \quad D_{H_2O} = C_\lambda M_h N_c \tag{9.68}$$

式中 M_h——对温度、气压、复合损失、极化效应等进行修正后的电离室的仪器读数或照射量(C·kg^{-1})；

N_c——将电离室读数转换为照射量的校准因子(如果 M_h 给定照射量，则 $N_c = 1$)；

f——针对空气等效电离室将照射量换算成水的吸收剂量的转换因子，该转换因子包括了剂量测量时因电离室引入，置换了部分待测介质的置换修正，表 9.26 列出了 f 的取值；

C_λ——针对空气等效壁空腔电离室的仪器读数计算水的吸收剂量的换算因子，其值由表 9.27 给出。

表 9.26 换算因子 f 单位：Gy·C^{-1}·kg

半减弱厚度	半减弱厚度处(mm, Al)					
	0.5	1.0	2.0	4.0	6.0	8.0
推荐 f 值	34.5	34.1	33.7	34.1	34.5	

半减弱厚度或核素	半减弱厚度处(mm, Cu)						核素
	0.5	1.0	2.0	4.0	6.0	8.0	$^{60}Co/^{137}Cs$
推荐 f 值	34.5	35.3	36.0	36.4	36.8	37.2	36.8

注：表中的半减弱厚度是针对初始辐射射线束而言的。

表 9.27 换算因子 C_λ 单位：Gy·C^{-1}·kg

辐射物(核素)或辐射能/MeV	^{60}Co	2	4	6	8	10	12
校准深度/cm	5	5	5	5	5	5	7
推荐 C_λ 值	36.8	36.8	36.4	36.4	36.0	36.0	35.6
辐射物(核素)或辐射能/MeV	14	16	18	20	25	30	35
校准深度/cm	7	7	7	7	7	10	10
推荐 C_λ 值	35.6	35.3	35.3	34.9	34.9	34.5	34.1

注：表中的辐射物指特定的核素(可计算平均辐射能)。

应注意：空气腔内的电离除了水中的次级电子外，还有部分由空腔壁中的次级电子所引起的电离，因此采用表中的数据会有 5% 的偏差。

还要注意，C_λ 值一般由下式来计算

$$C_\lambda = (W/e) \cdot [(\mu_{en}/\rho)_w / (\mu_{en}/\rho)_a] \cdot A \tag{9.69}$$

式中，A 为置换因子，表示由于电离室的引入而置换了一部分水所引起的衰减和散射修正。

9.6.2 通过校准剂量测量仪器实现吸收剂量测量

因为带电粒子能够使介质直接电离，因而电离室也可用于带电粒子的吸收剂量测算，甚至用于中子的吸收剂量测算，只是要针对不同的粒子考虑电离室不同的材料、形状和尺寸等因

素,本教材不一一介绍。目前,辐射测量的仪器和方法越来越多,它们大多可以用于吸收剂量的测算,其前提是要在标准装置(或采用标准物)进行校准。不同辐射测量仪器的校准方法也有所不同,通常使用最多的是标准仪器法和标准源法两种。

1. 标准仪器法

将待校准(或刻度)仪器与标准仪器置于相同的辐射场(通常是均匀辐射场)中,并使两者的探测器的有效中心在辐射场的相同位置(或者同一剂量区),此时得到的两台仪器读数具有相同的可比关系,即使交换位置,两台仪器读数所具有的可比关系也相同。因此,可认为两台仪器具有相同的剂量标准,通过标准仪器的剂量量值,可以推算待校准(或刻度)仪器的刻度因子。通常,如果两台仪器是同类型的辐射测量仪器,则两台仪器的读数应相同或相近。

一般情况下,仪器读数与吸收剂量存在固定的比值关系(仪器线性很好),此时就是求取待校准(或刻度)仪器的刻度因子,即

$$\dot{D} = R_1 \cdot N_1 = R_2 \cdot N_2 \tag{9.70}$$

式中 $\dot{D}$——同一位置的吸收剂量;

R_1、R_2——校准(或刻度)仪器与标准仪器的刻度因子;

N_1、N_2——校准(或刻度)仪器与标准仪器的读数。

2. 标准源法

标准源法就是采用能够提供标准剂量的实验装置,通过该实验装置提供的标准剂量和标准测量方法,获得待校准(或刻度)仪器的刻度因子。同样道理,标准源法所提供的辐射场通常也是均匀辐射场,当待校准(或刻度)的仪器或探测器的有效中心置于辐射场中时,实验装置能够给出该点的准确剂量量值,则剂量量值与仪器读数之比就是该仪器的刻度因子。通常,通过更换不同剂量量值测得不同仪器读数,以此比较刻度因子是否为常数(误差应很小)。

思考题和练习题

9-1 何谓吸收剂量 D、当量剂量 H 与有效剂量 E? 请简述它们的定义、物理意义、单位、适用条件及相互联系。

9-2 待积当量剂量 $H_{50,\mathrm{T}}$、待积有效剂量 $H_{50,\mathrm{E}}$、集体剂量 S_{H} 与集体有效剂量 S 这些概念的引入是为了什么目的?

9-3 试述影响辐射损伤的因素及其与辐射防护的关系。

9-4 各举一例说明什么是辐射对机体组织的随机性效应和确定性效应? 说明随机性效应和确定性效应的特征,及辐射防护的主要目的是什么?

9-5 什么是辐射权重因子与组织权重因子,什么是危险度,为什么要引入这些重要的概念?

9-6 造成天然本底照射的主要来源,正常地区天然本底的水平是多少? 日常生活中人工辐射源的主项是什么,平均每年对每个人造成多大照射?

9-7 辐射防护体系(剂量限制体系)的主要内容是什么?

9-8 辐射防护标准中的限值有哪几类,并简述它们的基本规定。

9-9 判断如下几种说法是否全面,并加以解释:①辐射对人体有危害,所以不应该进行

任何与辐射有关的工作;②在从事放射性工作时,应该使剂量愈低愈好;③我要采取适当措施,把剂量水平降低到使工作人员所受当量剂量低于限值,就能保证绝对安全。

9-10 一位辐射工作人员在非均匀照射条件下工作肺部受到50 $mSv \cdot a^{-1}$的照射,乳腺也受到50 $mSv \cdot a^{-1}$的照射,问这一年中,她所受的有效剂量是多少?

9-11 为什么说核工业是安全程度良好的行业?

附录 A　天然放射性系列的衰变图

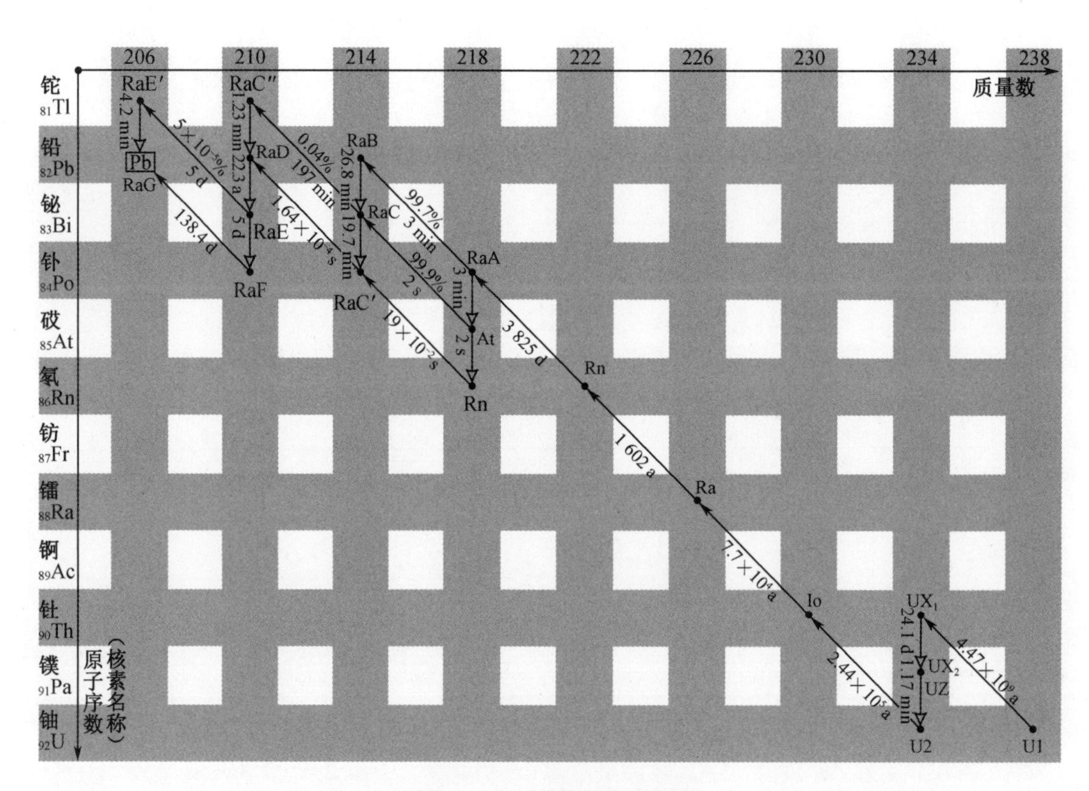

附图 A-1　铀系衰变示意图

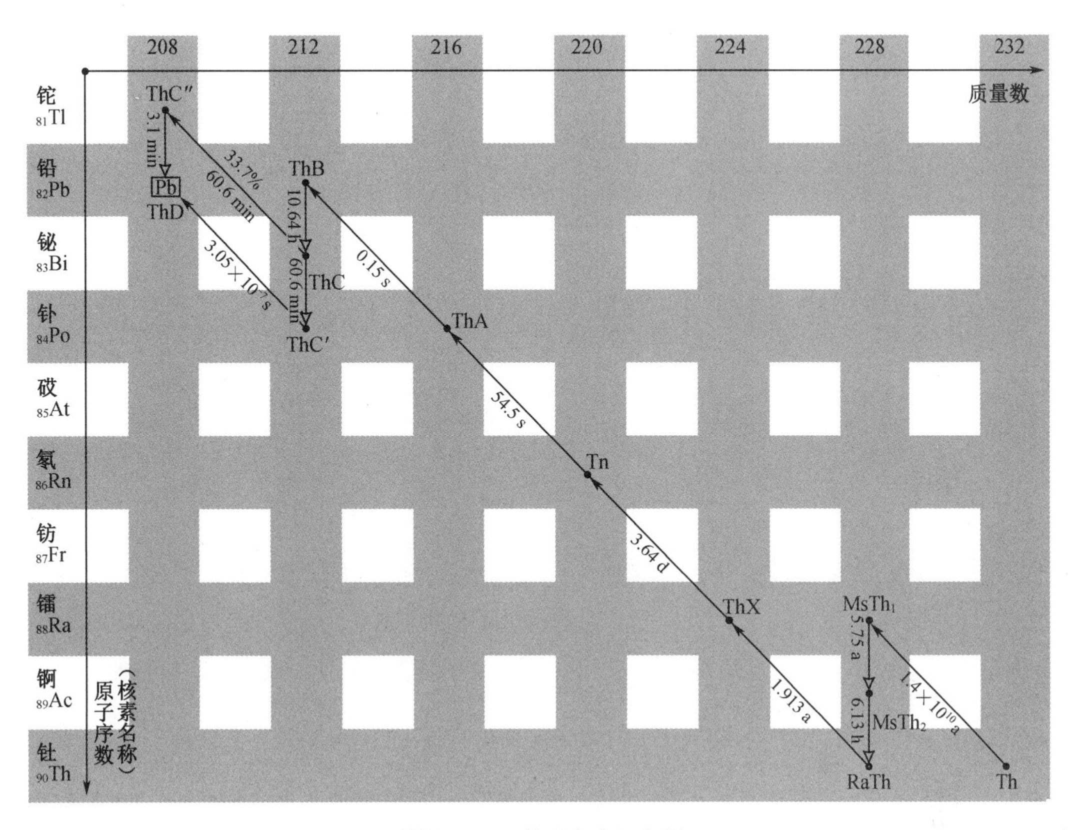

附图 A－2 钍系衰变示意图

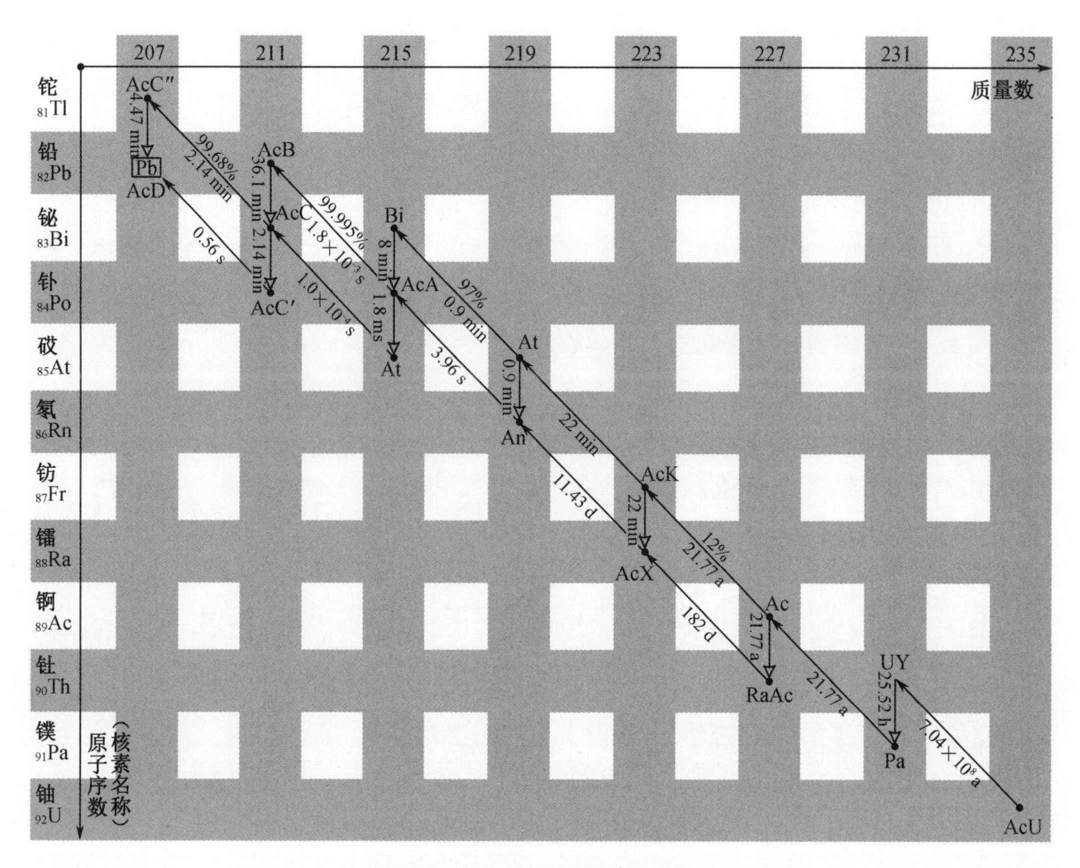

附图 A－3　锕铀系衰变示意图

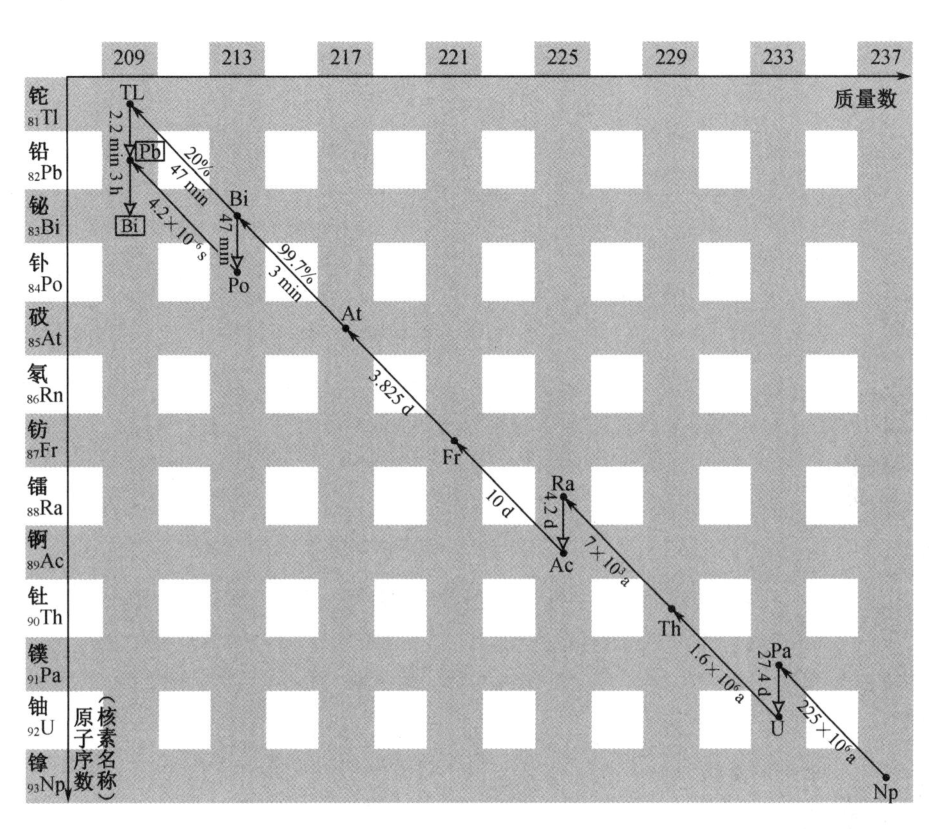

附图 A－4　镎系衰变示意图

附录 B　天然放射性核素的射线谱

附表 B-1　铀系的 α、β、γ 射线谱分布

核素	α 射线			β 射线			γ 射线		
	百次衰变粒子数 n	能量 E /MeV	相对强度 $nE/\sum nE$ /%	百次衰变粒子数 n	能量 E /MeV	相对强度 $nE/\sum nE$ /%	一次衰变光子数 n	能量 E /MeV	相对强度 $nE/\sum nE$ /%
U1($^{238}_{92}U$)	100	4.185	9.8				0.000 23 0.187 00	0.112 0.048	0.5
UX_1($^{234}_{90}Th$)				35 65	0.103 0.193	2.7	0.148 0.065 0.065	0.093 0.064 0.020	1
UX_2 + UZ ($^{234}_{91}Pa$)				0.56 1.44 97.85 0.12 0.027 0.03	0.600 1.370 2.300 0.465 0.843 1.350	38.3	0.001 9 0.001 2 0.006 0 0.007 0 0.003 7 0.000 2 0.000 4	0.250 0.750 0.760 0.910 1.000 1.680 1.810	0.6
U2($^{234}_{92}U$)	100	4.756	11.1				0.000 3	0.121	~0
Io($^{230}_{90}Th$)	100	4.660	10.9				0.000 17 0.000 14 0.000 70 0.005 90	0.253 0.184 0.142 0.068	~0

附表 B－1（续 1）

核素	α 射线			β 射线			γ 射线		
	百次衰变粒子数 n	能量 E /MeV	相对强度 $nE/\sum nE$ /%	百次衰变粒子数 n	能量 E /MeV	相对强度 $nE/\sum nE$ /%	一次衰变光子数 n	能量 E /MeV	相对强度 $nE/\sum nE$ /%
铀组总和			31.8			41.0			2.1
Ra($^{220}_{88}$Ra)	100	4.761	11.1				0.012 00	0.184	~0
Rn($^{222}_{86}$Rn)	100	5.482	12.8				0.000 64	0.510	~0
RaA($^{218}_{84}$Po)	100	6.002	14.0						
RaB($^{214}_{82}$Pb)				2.2 91.5 6.3	0.350 0.680 0.980	11.5	0.377 0.189 0.052 0.105	0.352 0.295 0.285 0.242	12.4
RaC($^{214}_{83}$Bi)	0.021 0.011	5.448 5.512	~0	10.00 58.98 11.99 18.99	0.380 1.290 2.100 3.200	27.6	0.016 0.002 0.004 0.052 0.014 0.001 0.001 0.004 0.008 0.020 0.163 0.024 0.010 0.004	2.446 2.410 2.297 2.204 2.117 2.090 2.017 1.900 1.862 1.848 1.764 1.728 1.668 1.605	85.5

附表 B－1(续2)

核素	α射线			β射线			γ射线		
	百次衰变粒子数 n	能量 E /MeV	相对强度 $nE/\sum nE$ /%	百次衰变粒子数 n	能量 E /MeV	相对强度 $nE/\sum nE$ /%	一次衰变光子数 n	能量 E /MeV	相对强度 $nE/\sum nE$ /%
							0.011	1.583	
							0.008	1.541	
							0.022	1.509	
							0.040	1.403	
							0.048	1.378	
							0.017	1.281	
							0.060	1.238	
							0.006	1.207	
							0.018	1.155	
							0.166	1.120	
							0.006	1.050	
							0.005	0.960	
							0.033	0.885	
							0.004	0.837	
							0.009	0.806	
							0.015	0.787	
							0.012	0.769	
							0.053	0.740	
							0.004	0.721	
							0.007	0.703	
							0.008	0.666	
							0.023		

附表 B-1(续3)

核素	α射线			β射线			γ射线		
	百次衰变粒子数 n	能量 E /MeV	相对强度 $nE/\sum nE$ /%	百次衰变粒子数 n	能量 E /MeV	相对强度 $nE/\sum nE$ /%	一次衰变光子数 n	能量 E /MeV	相对强度 $nE/\sum nE$ /%
							0.471 0.009 0.013 0.015 0.010 0.010 0.008 0.013	0.609 0.535 0.509 0.485 0.465 0.450 0.417 0.395	
RaC′($^{214}_{84}$Po)	99.96	7.687	17.9						
RaC″($^{210}_{81}$Tl)				0.04	1.960	~0			
RaD($^{210}_{82}$Pb)				100.00	0.023	0.4	0.002 5	0.047	~0
RaE($^{210}_{83}$Bi)				100.00	1.170	19.5			
RaF($^{210}_{84}$Po)	100.00	5.301	12.4						
镭组总和			68.2			59.0			97.9

附表 B－2　钍系的 α、β、γ 射线谱分布

核素	α 射线			β 射线			γ 射线		
	百次衰变粒子数 n	能量 E /MeV	相对强度 $nE/\sum nE$ /%	百次衰变粒子数 n	能量 E /MeV	相对强度 $nE/\sum nE$ /%	一次衰变光子数 n	能量 E /MeV	相对强度 $nE/\sum nE$ /%
Th($^{232}_{90}Th$)	100	3.993	11.1				0.197	0.060	0.6
$MsTh_1$(^{228}Ra)				100	0.035	1			
$MsTh_2$($^{228}_{89}Ac$)				67 21 12	1.18 1.76 2.10	37.6	0.100 0.250 0.016 0.045 0.008 0.095 0.033 0.031 0.040 0.106 0.700	0.960 0.908 0.831 0.790 0.779 0.338 0.328 0.270 0.209 0.129 0.058	26.2
RaTh($^{228}_{90}Th$)	100	5.412	15.0				0.002 7 0.000 3 0.001 2 0.002 3 0.016 0	0.217 0.205 0.169 0.133 0.084	0.1
ThX($^{224}_{88}Ra$)	100	5.677	15.8				0.030 3	0.241	0.4
Tn(^{224}Rn)	100	6.282	17.5				0.000 3	0.542	~0
ThA($^{216}_{84}Po$)	100	6.774	18.8						
ThB($^{212}_{82}Pb$)				78.1 21.9	0.320 0.569	10	0.001 6 0.032 0 0.470 0 0.002 4 0.006 6	0.415 0.300 0.239 0.177 0.155	6.1

附表 B－2(续)

核素	α射线			β射线			γ射线		
	百次衰变粒子数 n	能量 E /MeV	相对强度 $nE/\sum nE$ /%	百次衰变粒子数 n	能量 E /MeV	相对强度 $nE/\sum nE$ /%	一次衰变光子数 n	能量 E /MeV	相对强度 $nE/\sum nE$ /%
ThC($^{212}_{83}$Bi)	33.7	6.051	5.6	4.7 5.0 56.6	0.640 1.520 2.25	36.2	0.016 80 0.006 48 0.003 89 0.003 89 0.010 40 0.066 00 0.004 54 0.001 27 0.003 70 0.001 51 0.003 66 0.010 5	1.620 1.073 0.953 0.893 0.786 0.727 0.513 0.493 0.453 0.328 0.288 0.040	5.6
ThC′($^{212}_{84}$Po)	66.3	8.785	16.2						
ThC″($^{208}_{81}$Tl)				9.33 24.23 0.14	1.25 1.72 2.387	15.2	0.337 0 0.040 4 0.006 7 0.293 2 0.084 2 0.001 7 0.037 7 0.003 4 0.001 0	2.620 0.860 0.763 0.583 0.511 0.486 0.277 0.252 0.233	61.0

附表 B-3　锕系的 α、β、γ 射线谱分布

核素	α 射线		β 射线		γ 射线	
	百次衰变粒子数 n	能量 E /MeV	百次衰变粒子数 n	能量 E /MeV	一次衰变光子数 n	能量 E /MeV
AcU($^{235}_{92}U$)	100	4.372			0.04 0.55 0.04 0.12 0.05 0.09	0.200 0.185 0.165 0.143 0.110 0.095
UY($^{231}_{90}Th$)			48 52	0.165 0.302	0.015 0 0.015 0 0.050 8 0.220 0 0.015 0 0.050 9 0.290 0 0.028 2 0.161 1 0.015 0 0.028 2 0.161 1 0.319 0 0.050 9	0.310 0 0.218 0 0.169 3 0.164 0 0.096 0 0.085 1 0.084 2 0.081 2 0.073 2 0.073 0 0.066 5 0.062 1 0.058 5 0.057 9
$^{231}_{91}Pa$	100	4.964			0.014 0 0.027 5 0.027 5 0.027 5 0.027 5 0.021 0 0.014 0 0.049 0 0.234 0 0.502 0 0.167 0	0.356 0.329 0.302 0.299 0.283 0.260 0.101 0.097 0.064 0.046 0.030

附表 B－3(续1)

核素	α 射线		β 射线		γ 射线	
	百次衰变粒子数 n	能量 E /MeV	百次衰变粒子数 n	能量 E /MeV	一次衰变光子数 n	能量 E /MeV
$^{227}_{89}Ac$	12.0	4.942	98.800	0.040		
RaAc($^{227}_{90}Th$)	98.8	5.887			0.015 0 0.020 0 0.029 0 0.017 0 0.029 0 0.017 0 0.019 0 0.080 0 0.020 0 0.080 0 0.020 0 0.003 0 0.080 0 0.003 3 0.003 3 0.030 0 0.054 0 0.012 0 0.029 0 0.120 0 0.200 0	0.350 0.343 0.334 0.330 0.304 0.300 0.296 0.286 0.282 0.256 0.250 0.248 0.236 0.205 0.174 0.113 0.080 0.061 0.048 0.031 0.030
AcK($^{223}_{87}Fr$)			0.072 1.128	0.805 1.110	0.008 0.030 0.240 0.400	0.310 0.215 0.080 0.050

附表 B－3(续2)

核素	α射线		β射线		γ射线	
	百次衰变粒子数 n	能量 E /MeV	百次衰变粒子数 n	能量 E /MeV	一次衰变光子数 n	能量 E /MeV
AcX($^{223}_{88}Ra$)	100	5.651			0.002 8 0.019 5 0.230 0 0.465 0 0.005 0 0.055 0 0.041 0 0.003 4	0.371 0.338 0.324 0.270 0.180 0.154 0.144 0.122
An($^{219}_{86}Rn$)	100	6.722				
AcA($^{215}_{84}Po$)	~100	7.365				
$^{215}_{85}At$	5×10^{-4}	8.00				
AcB($^{211}_{82}Pb$)			8 92	0.580 1.350	0.130 0.010 0.003 0.060 0.060 0.010	0.829 0.764 0.487 0.425 0.404 0.065
AcC($^{211}_{83}Bi$)	99.68	6.562			0.137	0.351
AcC′($^{211}_{84}Po$)	0.32	7.423				
AcC″($^{207}_{81}Tl$)			99.68	1.436	0.005	0.890

附录 C　核辐射测量中的常用物理量和单位

附表 C-1　核辐射测量中的常用物理量和单位

物理量	法定计量单位		非法定计量单位		换算关系
	名称	符号	名称	符号	
时间(半衰期)	秒、分、小时、天、年	s, min, h, d, a			尽量不用 min, h, d, a
长度	米、毫米、微米	m, mm, μm			
质量	千克、克、原子质量单位	kg, g, u			$1\ u = 1.66057 \times 10^{-24}\ g$
计数(粒子数)	个	无量纲(无符号)			
计数率	秒$^{-1}$	s^{-1}	每秒计数	cps	$1\ cps = 1\ s^{-1}$
衰变常数	秒$^{-1}$	s^{-1}			
电荷(电量)	库仑、单位电荷(电子电量)	C, e			$1e = 1.6 \times 10^{-19}\ C$
能量(功、热量)	焦耳、电子伏特	J, eV			$1\ eV = 1.6 \times 10^{-19}\ J$
放射性活度	贝克[勒尔]	Bq	居里	Ci	$1\ Bq = 1\ s^{-1}$ $1\ Ci = 3.7 \times 10^{10}\ Bq$
放射性比活度	贝克·千克$^{-1}$、贝克·克$^{-1}$	$Bq \cdot kg^{-1}$, $Bq \cdot g^{-1}$			
放射性浓度	贝克·米$^{-3}$、贝克·厘米$^{-3}$	$Bq \cdot m^{-3}$, $Bq \cdot cm^{-3}$	贝克·升$^{-1}$	$Bq \cdot L^{-1}$	
粒子注量	米$^{-2}$、厘米$^{-2}$、毫米$^{-2}$	m^{-2}, cm^{-2}, mm^{-2}			
粒子注量率	米$^{-2}$·秒$^{-1}$	$m^{-2} \cdot s^{-1}$			
能注量	焦耳·米$^{-2}$	$J \cdot m^{-2}$			
能注量率	焦耳·米$^{-2}$·秒$^{-1}$	$J \cdot m^{-2} \cdot s^{-1}$			
照射量	库仑·千克$^{-1}$	$C \cdot kg^{-1}$	伦琴	R	$1\ R = 2.58 \times 10^{-4}\ C \cdot kg^{-1}$

附表 C－1(续)

物理量	法定计量单位		非法定计量单位		换算关系
	名称	符号	名称	符号	
照射量率	库仑·千克$^{-1}$·秒$^{-1}$	$C \cdot kg^{-1} \cdot s^{-1}$	伦琴·秒$^{-1}$	$R \cdot s^{-1}$	
吸收剂量 比释动能	戈瑞	Gy	拉德	rad	$1\ Gy = 1\ J \cdot kg^{-1}$ $1\ rad = 10^{-2}\ Gy$
吸收剂量率 比释动能率	戈瑞·秒$^{-1}$	$Gy \cdot s^{-1}$	拉德·秒$^{-1}$	$rad \cdot s^{-1}$	
剂量当量 有效剂量 待积剂量	希[沃特]	Sv	雷姆	rem	$1\ Sv = 1\ J \cdot kg^{-1}$ $1\ rem = 10^{-2}\ Sv$
线衰减系数 线能量转移系数 线能量吸收系数	米$^{-1}$、厘米$^{-1}$	m^{-1}, cm^{-1}			
质量衰减系数 质量能量转移系数 质量能量吸收系数	米^{2}·千克$^{-1}$、厘米^{2}·克$^{-1}$	$m^2 \cdot kg^{-1}, cm^2 \cdot g^{-1}$			
线阻止本领 碰撞阻止本领 辐射阻止本领	焦耳·米$^{-1}$	$J \cdot m^{-1}$			
质量阻止本领 质量碰撞阻止本领 质量辐射阻止本领	焦耳·米^{2}·千克$^{-1}$	$J \cdot m^2 \cdot kg^{-1}$			
核反应截面	靶	b			$1\ b = 10^{-28}\ m^2$

附录 D　元素特征 X 射线参数表

附表 D-1　元素特征 X 射线参数表

原子序数	元素		密度（标准温度压力下）/(g·cm^{-2})	K 吸收限			主要 K 系特征 X 射线							荧光产额 ω_K	L 吸收限能量 /keV			主要 L 系特征 X 射线能量 /keV					荧光产额 ω_K
				能量 /keV	质量吸收系数 /(cm^2·g^{-1})		$K_{\alpha1}$	$K_{\alpha2}$		$K_{\beta1}$		$K_{\beta2}$											
					μ_1	μ_2	能量 /keV	能量	比例	能量	比例	能量	比例		L_{I}	L_{II}	L_{III}	$L_{\alpha1}$	$L_{\alpha2}$	$L_{\beta1}$	$L_{\beta2}$	$L_{\gamma1}$	
1	氢	H	8.98×10^{-5}	0.0136																			
2	氦	He	1.78×10^{-4}	0.0246																			
3	锂	Li	0.53	0.055			0.052																
4	铍	Be	1.84	0.116			0.110																
5	硼	B	2.34	0.192			0.185																
6	碳	C	2.25	0.283	1 000		0.282							0.001									
7	氮	N	1.25×10^{-3}	0.339	840		0.392							0.002									
8	氧	O	1.43×10^{-3}	0.531	720	11 000	0.523							0.003									
9	氟	F	1.70×10^{-3}	0.687	600	8 600	0.677							0.005									
10	氖	Ne	0.90×10^{-3}	0.874	500	6 800	0.851							0.008	0.048	0.022	0.022						
11	钠	Na	0.97	1.08	420	5 400	1.041			1.067				0.013	0.055	0.034	0.034						
12	镁	Mg	1.74	1.303	350	4 500	1.254			1.297				0.019	0.063	0.050	0.049						
13	铝	Al	2.7	1.559	300	3 700	1.487	1.486		1.553				0.026	0.087	0.073	0.072						
14	硅	Si	2.35	1.838	250	3 000	1.740	1.739		1.832				0.036	0.118	0.099	0.098						
15	磷	P	2.2	2.142	215	2 500	2.015	2.014		2.136				0.047	0.154	0.129	0.128						
16	硫	S	2	2.470	185	2 100	2.308	2.306		2.464				0.061	0.193	0.264	0.163						
17	氯	Cl	3.21×10^{-3}	2.826	160	1 800	2.622	2.621		2.815				0.078	0.238	0.203	0.202						

附表 D－1(续 1)

原子序数	元素		密度(标准温度压力下)/(g·cm^{-2})	K 吸收限			主要 K 系特征 X 射线							荧光产额 ω_K	L 吸收限能量/keV			主要 L 系特征 X 射线能量/keV					荧光产额 ω_K
				能量/keV	质量吸收系数/(cm^2·g^{-1})		$K_{\alpha1}$	$K_{\alpha2}$		$K_{\beta1}$		$K_{\beta2}$											
					μ_1	μ_2	能量/keV	能量	比例	能量	比例	能量	比例		L_{I}	L_{II}	L_{III}	$L_{\alpha1}$	$L_{\alpha2}$	$L_{\beta1}$	$L_{\beta2}$	$L_{\gamma1}$	
18	氩	Ar	1.78×10^{-3}	3.203	140	1500	2.957	2.955		3.192				0.097	0.287	0.247	0.245						
19	钾	K	0.86	3.607	120	1250	3.313	3.310		3.589	19			0.118	0.341	0.297	0.294						
20	钙	Ca	1.54	4.038	104	1050	3.691	3.688	52	4.012	19			0.142	0.399	0.352	0.349	0.341		0.344			0.001
21	钪	Sc	3	4.496	91	900	4.090	4.085	52	4.460	18			0.168	0.462	0.411	0.406	0.395		0.399			0.001
22	钛	Ti	4.5	4.964	80	760	4.510	4.504	51	4.931	17			0.197	0.530	0.460	0.454	0.452		0.458			0.001
23	钒	V	5.9	5.463	72	660	4.952	4.944	51	5.427	17			0.227	0.604	0.519	0.512	0.510		0.519			0.002
24	铬	Cr	6.9	5.988	64	580	5.414	5.405	51	5.946	16			0.258	0.679	0.583	0.574	0.571		0.581			0.002
25	锰	Mn	7.42	6.537	57	500	5.898	5.887	51	6.490	16			0.291	0.762	0.65	0.639	0.636		0.647			0.003
26	铁	Fe	7.9	7.111	51	450	6.403	6.390	50	7.057	16			0.324	0.849	0.721	0.708	0.704		0.717			0.003
27	钴	Co	8.9	7.709	45	390	6.930	6.915	50	7.649	16			0.358	0.929	0.794	0.779	0.775		0.790			0.004
28	镍	Ni	8.8	8.331	42	345	7.477	7.460	50	8.264	17	8.328		0.392	1.015	0.871	0.853	0.849		0.866			0.005
29	铜	Cu	8.9	8.980	37	310	8.047	8.027	50	8.904	17	8.976		0.425	1.100	0.953	0.933	0.928		0.948			0.006
30	锌	Zn	7.1	9.660	33.5	275	8.638	8.615	50	9.571	18	9.657		0.458	1.200	1.045	1.022	1.009		1.032			0.007
31	镓	Ga	5.9	10.368	30.5	245	9.251	9.234	50	10.263	19	10.365	0.4	0.489	1.30	1.134	1.117	1.096		1.122			0.009
32	锗	Ge	5.46	11.103	27.5	220	9.885	9.854	50	10.981	19	11.100	0.6	0.520	1.42	1.248	1.217	1.186		1.216			0.010
33	砷	As	5.7	11.863	25	200	10.543	10.507	50	11.725	20	11.861	0.9	0.549	1.529	1.359	1.323	1.282		1.317			0.012
34	硒	Se	4.5	12.652	23	180	11.221	11.181	50	12.495	20	12.651	1.3	0.577	1.652	1.473	1.434	1.379		1.419			0.014
35	溴	Br	3.1	13.475	21.4	162	11.923	11.877	50	13.290	21	13.465	1.7	0.604	1.794	1.599	1.552	1.480		1.526			0.016
36	氪	Kr	3.71×10^{-3}	14.323	19.6	150	12.648	12.597	50	14.112	21	14.313	2.1	0.629	1.931	1.727	1.675	1.587		1.638			0.019

附表 D-1(续2)

原子序数	元素		密度(标准温度压力下)/(g·cm^{-2})	K 吸收限			主要 K 系特征 X 射线							荧光产额 ω_K	L 吸收限能量/keV			主要 L 系特征 X 射线能量/keV					荧光产额 ω_K
				能量/keV	质量吸收系数/(cm^2·g^{-1})		$K_{\alpha1}$	$K_{\alpha2}$		$K_{\beta1}$		$K_{\beta2}$											
					μ_1	μ_2	能量/keV	能量	比例	能量	比例	能量	比例		L_{I}	L_{II}	L_{III}	$L_{\alpha1}$	$L_{\alpha2}$	$L_{\beta1}$	$L_{\beta2}$	$L_{\gamma1}$	
37	铷	Rb	1.5	15.201	18.2	134	13.394	13.335	50	14.960	22	15.184	2.4	0.653	2.067	1.866	1.806	1.694	1.692	1.752			0.021
38	锶	Sr	2.55	16.106	16.9	121	14.164	14.097	50	15.834	22	16.083	2.8	0.675	2.221	2.008	1.941	1.806	1.805	1.872			0.024
39	钇	Y	4.5	17.037	15.5	111	14.957	14.882	50	16.736	22	17.011	3.1	0.695	2.369	2.154	2.079	1.922	1.920	1.996			0.027
40	锆	Zr	6.54	17.998	14.4	102	15.774	15.690	50	17.666	23	17.969	3.4	0.715	2.547	2.305	2.220	2.042	2.040	2.124	2.219	2.302	0.031
41	铌	Nb	8.57	18.987	13.4	94	16.614	16.520	50	18.621	23	18.951	3.7	0.732	2.706	2.467	2.374	2.166	2.163	2.257	2.367	2.462	0.035
42	钼	Mo	10.2	20.002	12.5	86	17.478	17.373	50	19.607	24	19.964	4	0.749	2.884	2.627	2.523	2.293	2.290	2.395	2.518	2.623	0.039
43	锝	Tc	11.5	21.054	11.7	79	18.410	18.328	50	20.585	24	21.012	4.2	0.765	3.054	2.795	2.677	2.424	2.420	2.538	2.674	2.792	0.043
44	钌	Ru	12.1	22.118	11.0	73	19.278	19.149	50	21.655	24	22.072	4.4	0.779	3.236	2.966	2.837	2.558	2.554	2.683	2.836	2.964	0.047
45	铑	Rh	12.4	23.224	10.2	67	20.214	20.072	50	22.721	25	23.169	4.6	0.792	3.419	3.145	3.002	2.696	2.692	2.834	3.001	3.114	0.052
46	钯	Pd	12.2	24.347	9.8	62	21.175	21.018	50	23.816	25	24.297	4.8	0.805	3.617	3.329	3.172	2.838	2.833	2.990	3.172	3.328	0.058
47	银	Ag	10.5	25.517	9.2	58	22.162	21.988	51	24.942	25	25.454	5	0.816	3.810	3.528	3.352	2.984	2.978	3.151	3.348	3.519	0.063
48	镉	Cd	8.6	26.712	8.6	53	23.172	22.982	51	26.093	26	26.641	5	0.827	4.019	3.727	3.538	3.133	3.127	3.316	3.528	3.716	0.069
49	铟	In	7.3	27.928	8.2	49	24.207	24.000	51	27.274	26	27.859	5	0.836	4.237	3.939	3.729	3.287	3.279	3.487	3.713	3.920	0.075
50	锡	Sn	7.3	29.190	7.7	46	25.270	25.042	51	28.483	26	29.106	5	0.845	4.464	4.157	3.928	3.444	3.435	3.662	3.904	4.131	0.081
51	锑	Sb	6.7	30.486	7.2	43	26.357	26.109	51	29.723	27	30.387	5	0.854	4.697	4.381	4.132	3.605	3.595	3.843	4.100	4.347	0.088
52	碲	Te	6.0	31.809	6.8	39.5	27.471	27.200	51	30.993	27	31.698	6	0.862	4.938	4.613	4.341	3.769	3.758	4.029	4.301	4.570	0.095
53	碘	I	4.9	33.164	6.5	37.0	28.610	28.315	51	32.292	27	33.016	6	0.869	5.190	4.856	4.559	3.937	3.926	4.220	4.507	4.800	0.102
54	氙	Xe	5.85×10^{-3}	34.519	6.2	34.5	29.802	29.485	52	33.644	28	34.446	6	0.876	5.452	5.104	4.782	4.111	4.098	4.422	4.720	5.036	0.110

附表 D－1(续3)

原子序数	元素		密度(标准温度压力下)/(g·cm^{-2})	K 吸收限			主要 K 系特征 X 射线							荧光产额 ω_K	L 吸收限能量/keV			主要 L 系特征 X 射线能量/keV					荧光产额 ω_K
				能量/keV	质量吸收系数/(cm^2·g^{-1})		$K_{\alpha1}$	$K_{\alpha2}$		$K_{\beta1}$		$K_{\beta2}$			L_{I}	L_{II}	L_{III}	$L_{\alpha1}$	$L_{\alpha2}$	$L_{\beta1}$	$L_{\beta2}$	$L_{\gamma1}$	
					μ_1	μ_2	能量/keV	能量	比例	能量	比例	能量	比例										
55	铯	Cs	1.87	35.959	5.8	32.0	30.970	30.623	52	34.984	28	35.819	6	0.882	5.720	5.358	5.011	4.286	4.272	4.620	4.936	5.280	0.118
56	钡	Ba	3.5	37.410	5.5	30.0	32.191	31.815	52	36.376	28	37.255	6	0.888	5.995	5.623	5.247	4.467	4.451	4.828	5.156	5.531	0.126
57	镧	La	6.1	38.931	5.2	28.5	33.440	33.033	52	37.799	28	38.728	6	0.893	6.283	5.894	5.489	4.651	4.635	5.043	5.384	5.789	0.135
58	铈	Ce	6.8	40.449	5.0	26.5	34.717	34.276	52	39.255	29	40.231	6	0.898	6.561	6.165	5.729	4.840	4.823	5.262	5.613	6.052	0.143
59	镨	Pr	6.8	41.998	4.75	25.0	36.023	35.548	52	40.746	29	41.772	6	0.902	6.846	6.443	5.968	5.034	5.014	5.489	5.850	6.322	0.152
60	钕	Nd	6.9	43.571	4.5	23.5	37.359	36.845	52	42.269	29	43.298	6	0.907	7.144	6.727	6.215	5.230	5.208	5.722	6.090	6.602	0.161
61	钷	Pm	6.78	45.207	4.35	22.5	38.649	38.160	52	43.945	30	44.955	6	0.911	7.448	7.018	6.466	5.431	5.408	5.956	6.336	6.891	0.171
62	钐	Sm	7.5	46.846	4.15	21.0	40.124	39.523	53	45.400	30	46.553	7	0.915	7.754	7.281	6.721	5.636	5.609	6.206	6.587	7.180	0.180
63	铕	Eu	5.26	48.515	4.0	19.5	41.529	40.877	53	47.027	30	48.241	7	0.918	8.069	7.624	6.983	5.846	5.816	6.456	6.842	7.478	0.190
64	钆	Gd	7.95	50.229	3.8	18.5	42.983	42.280	53	48.718	30	49.961	7	0.921	8.393	7.940	7.252	6.059	6.027	6.714	7.102	7.788	0.200
65	铽	Tb	8.27	51.998	3.7	17.5	44.470	43.737	53	50.391	31	51.737	7	0.924	8.724	8.258	7.519	6.275	6.241	6.979	7.368	8.104	0.210
66	镝	Dy	8.54	53.789	3.55	16.5	45.985	45.193	53	52.178	31	53.491	7	0.927	9.083	8.261	7.850	6.495	6.457	7.249	7.638	8.418	0.220
67	钬	Ho	8.8	55.615	3.4	15.7	47.528	46.686	53	53.934	31	55.292	7	0.930	9.411	8.920	8.074	6.720	6.680	7.528	7.912	8.748	0.231
68	铒	Er	9.05	57.483	3.25	14.8	49.099	48.205	53	55.690	32	57.088	7	0.932	9.776	9.263	8.364	6.948	6.904	7.810	8.188	9.089	0.240
69	铥	Tm	9.33	59.335	3.15	14.0	50.730	49.762	54	57.576	32	58.969	7	0.934	10.144	9.628	8.652	7.181	7.135	8.103	8.472	9.424	0.251
70	镱	Yb	6.98	61.303	3.0	13.3	52.360	51.326	54	59.352	32	60.959	7	0.937	10.487	9.977	8.943	7.414	7.367	8.401	8.758	9.779	0.262
71	镥	Lu	9.84	63.304	2.9	12.7	54.063	52.959	54	61.282	32	62.946	8	0.939	10.867	10.345	9.241	7.654	7.604	8.708	9.048	10.142	0.272
72	铪	Hf	13.3	65.313	2.85	12.1	55.757	54.579	54	63.209	33	64.936	8	0.941	11.264	10.734	9.556	7.898	7.843	9.021	9.346	10.514	0.283
73	钽	Ta	16.6	67.400	2.75	11.8	57.524	56.270	54	65.210	33	66.999	8	0.942	11.676	11.130	9.876	8.145	8.087	9.341	9.649	10.892	0.293
74	钨	W	19.3	69.503	2.7	11.3	59.310	57.973	54	67.233	33	69.090	8	0.944	12.090	11.535	10.198	8.396	8.333	9.670	9.959	11.283	0.304
75	铼	Re	21	71.662	2.6	10.5	61.131	59.707	54	69.298	34	71.220	8	0.945	12.522	11.955	10.531	8.651	8.584	10.008	10.273	11.684	0.314

参 考 文 献

[1] 复旦大学,清华大学,北京大学. 原子核物理实验方法[M].3 版(修订本). 北京:原子能出版社,1997.

[2] 卢希庭. 原子核物理[M]. 北京:原子能出版社,1981.

[3] 章晔,华荣洲,石柏慎. 放射性方法勘查[M]. 北京:原子能出版社,1990.

[4] 安继刚. 电离辐射探测器[M]. 北京:原子能出版社,1995.

[5] 丁洪林. 半导体探测器及其应用[M]. 北京:原子能出版社,1989.

[6] 成都地质学院三系第二教研室. 放射性勘探仪器[M]. 北京:原子能出版社,1979.

[7] 盛骤,谢式千,潘承毅. 概率论与数理统计[M]. 3 版. 北京:高等教育出版社,2001.

[8] KNOLL G F. 辐射探测与测量[M]. 李旭,张瑞增, 徐海珊,等,译. 北京:原子能出版社,1988.

[9] 王芝英,楼滨杰,朱俊杰,等. 核电子技术原理[M]. 北京:原子能出版社,1989.

[10] 倪育才. 实用测量不确定度评定[M]. 北京:中国计量出版社,2004.

[11] 放射性核素强度的绝对测量:1979 年讨论会资料选编[G]. 北京:原子能出版社,1981.

[12] 于孝忠,吕国刚,张觐,等. 核辐射物理学[M]. 北京:原子能出版社,1986.

[13] 王汝瞻,卓韵裳. 核辐射测量与防护[M]. 北京:原子能出版社,1990.

[14] 贾文懿. 核地球物理仪器[M]. 北京:原子能出版社,1998.

[15] 贾文懿. 利用天然放射性找地下水[M]. 北京:原子能出版社,1986.

[16] 贾文懿. 核地球物理的理论与实践[M]. 成都:四川大学出版社,2001.

[17] 放射性方法勘查油气藏文集[M]. 北京:原子能出版社,1996.

[18] ВЛАСОБНА . 中子[M]. 周沛平, 译. 北京:高等教育出版社,1959.

[19] 二机部核数据中心. 评价中子数据汇编: 下册[G]. 北京:原子能出版社,1978.

[20] РЫБАКОВ В В, СИДОЛЛОВ В А. 快中子能谱测量[M]. 中国科学院原子核科学委员会编辑委员会, 译. 北京:科学出版社,1961.

[21] 汤彬. γ 测井分层解释法[M]. 北京:原子能出版社,1993.

[22] 黄隆基. 核测井原理:光子 - 中子 - 核磁[M]. 东营:石油大学出版社,2000.

[23] 卢存恒,刘庆成,韩长青. 空间 γ 场的弹性变化及应用[M]. 北京:原子能出版社,2006.

[24] 宋明昌,陈晓枫,任天山. 国境卫生检疫放射性监测[M]. 北京:原子能出版社,1996.

[25] 郑成法,毛家骏,秦启宗. 核化学及核技术应用[M]. 北京:原子能出版社,1990.

[26] 容超凡. 电离辐射计量[M]. 北京:原子能出版社,2002.

[27] 中国科学院原子能研究所快中子激发曲线组. 加速器单能中子源常用数据手册[M]. 北京:中国科学院原子能研究所,1976.

[28] 清华大学工程物理系. 核辐射物理及探测学[M]. 北京:[出版者不详],2004.

[29] KNOLL G F. Radiation detection and measurement[M]. 3rd ed. New York: John Wiley and Sons, inc. ,2000.

[30] WATT D E, RAMSDEN D. High Sensitivity Counting Techniques[M]. New York:

Macmillan, 1964.

[31] PRICE W J. Nuclear Radiation Detection[M]. New York: McGraw-Hill Book Company, Inc., 1958.

[32] CURTISS L F. Introduction to Neutron Physics[M]. New York: D. Van Nostrand Company, Inc., 1959.

[33] BECKURTS K H, WIRTZ K. Neutron Physics[M]. Berlin: Springer-Verlag, 1964.

[34] MARION J B, FOWLER J L. Fast Neutron Physics[M]. New York: Interscience Publishers, 1960.

[35] TSOULFANIDIS N. Measurement and Detection of Radiation[M]. New York: McGraw-Hill Book Company, Inc., 1983.

[36] 赖万昌. 核地球物理学现场X射线荧光分析的关键性技术研究[D]. 成都:成都理工大学,2007.

[47] 汤彬. 钻孔γ场理论与核测井分层解释方法研究与应用[D]. 成都:成都理工大学,2008.

[38] 朱世富,赵北君,王瑞林,等. 室温半导体核辐射探测器新材料及其器件研究[J]. 人工晶体学报,2004,33(1):6-12.

[39] 杨进蔚,曾庆希,张炜,等. 10~150keV X射线碘化汞探测器阵列研制[J]. 核电子学与探测技术,2001,21(3):185-188.

[40] 李莹,史伟民,潘美军,等. HgI2探测器中晶体表面处理的研究[J]. 上海大学学报(自然科学版),2003,9(2):167-171.

[41] 焦兴国. 离子感烟探测器电离室的理论分析[J]. 消防科技,1982,2:1-10.

[42] 花铁森. 离子式感烟火灾探测器研制及应用技术探讨[J]. 核电子学与探测技术,1996,16(6):462-467.

[43] 周长庚,黄文. 高可靠离子感烟探测器[J]. 核电子学与探测技术,1997,17(6):453-457.

[44] 郄建华. 离子感烟探测器电路分析[J]. 太原师范学院学报,2008,7(4):98-101.

[45] 葛良全. 反射宇宙中子法的应用研究[J]. 现代地质,1995,9(3):382-386.

[46] 葛良全,赖万昌,林延畅,等. 地—空界面天然中子辐射场的扰动及其环境意义[J]. 地球科学进展,2004,19(S1):9-14.

[47] 葛良全,赖万昌,林延昌,等. 天然中子源中子测水技术的初步研究[J]. 核电子学与探测技术,2004,24(1):5-7.

[48] 汤彬,刘玲,周书民,等. 能谱型核测井的逐点剥谱反褶积解释方法[J]. 核技术,2006,29(12):909-912.

[49] SEIGBAHN K. Alpha-Beta and Gamma-Ray Spectroscopy[M]. Amsterdam: North-Holland Publishing Co., 1965.

[50] CONAWAY J G, BRISTOW Q, KILLEEN P G. Optimization of gamma-ray logging techniques for uranium[J]. Geophysics, 1980, 45(2):292.

[51] BAMBYNEK W B. Precise Solid Angle Counting[C]//Proceedings of a symposium on Standardization of Radionuclides, October 10-14, 1966, Vienna. Vienna: International

Atomic Energy Agency, 1967: 373 - 386.

[52] CAMPION P J . The standardization of radioisotopes by the beta-gamma coincidence method using high efficiency detectors [J]. The International Journal of Applied Radiation and Isotopes, 1959,4(3-4):232-240.

[53] 张家骅, 徐君权, 朱节清. 放射性同位素 X 射线荧光分析[M]. 北京:原子能出版社,1981.

[54] EVANS R D. The Atomic Nucleus [M]. New York: McGraw-Hill Book Company, Inc., 1955.

[55] IAEA. Guidelines for radioelement mapping using gamma ray spectrometry data[M]. Vienna: IAEA, 2003.

[56] 李晓丽. 嫦娥二号伽玛谱数据处理及月表放射性元素填图[D]. 成都:成都理工大学, 2016.

[57] 赵剑锟. 月表诱发伽玛辐射场特征与有效原子序数研究[D]. 成都:成都理工大学, 2017.

[58] HASEBE N,SHIBAMURA E,MIYACHI T, et al. Gamma-ray spectrometer (GRS) for lunar polar orbiter SELENE [J]. Earth, Planets and Space,2010,60(4):299-312.

[59] 徐立鹏. 水体在线 γ 能谱测量关键技术研究[D]. 成都:成都理工大学, 2020.

[60] 马鹏,孙宏清,唐培家. 4 种 γ 射线探测器探测效率的比较[J]. 中国原子能科学研究院年报, 2007(1):270.

[61] 姚锦其,赵友方,李大德,等. 氡气测量圈定油气藏边界[J]. 矿产与地,2011,25(3):248-252.

[62] 王平,熊盛青. 油气放射性勘查原理方法与应用[M]. 北京:地质出版社,1997.